园林树木1600种

张天麟　编著

中国建筑工业出版社

图书在版编目（CIP）数据

园林树木1600种/张天麟编著．—北京：中国建筑工业出版社，2010（2024.4重印）
ISBN 978-7-112-11911-0

Ⅰ．园…　Ⅱ．张…　Ⅲ．园林树木—简介—中国
Ⅳ．S68

中国版本图书馆CIP数据核字（2010）第044284号

责任编辑：杜　洁
责任设计：赵明霞
责任校对：王金珠　刘　钰

园林树木1600种
张天麟　编著

*

中国建筑工业出版社出版、发行（北京海淀三里河路9号）
各地新华书店、建筑书店经销
北京嘉泰利德公司制版
天津安泰印刷有限公司印刷

*

开本：880 x 1230毫米　1/32　印张：18⅞　字数：885千字
2010年5月第一版　2024年4月第二十次印刷
定价：**49.00**元
ISBN 978-7-112-11911-0
(19166)

内容豐富
與時俱進
树種多樣
精益求精

贺天麟新著问世

陈俊愉

2010, 2. 26.

中国工程院资深院士陈俊愉教授为本书题词

内容丰富　与时俱进　树种多样　精益求精

序*

张天麟编著《园林树木1200种》，系其多年从事教学、结合研究的成果结晶。他是我的老学生，对其功底与孜孜以求的精神，均知之甚深。我听说他将有新著问世，就主动提出要为之写序。这一件事对本人而言，还是破天荒第一遭。

为什么要主动提出为之写序呢？理由有三：第一，该书在保持原有之实用性、严谨性和简明性的基础上，又增加了200种园林树种，使原书扩大了范围，增添了原来缺乏的，主要是国内外热带、亚热带树种。这样，覆盖面就更大，内容也就更加全面了。第二，该书在被子植物分类上，采用了克朗奎斯特（A. Cronquist）新系统。这比原用哈钦松（J. Hutchinson）1959的系统更为科学而合理、自然。为了精益求精，与时俱进，不惜打乱原有格局，费了很多精力来重新编排撰写。这种精神，是值得赞扬和提倡的。第三，该书在树木品种（栽培变种）名称与分类上，增加了很多新内容。这就对园林绿化工作者在选引新优树种和品种上大有裨益，所产生的实际指导作用，确是难以估量的。

著者勤奋好学，对所教课程内容不断扩充、修改。终于克服了诸多困难，抱病完成了这一艰巨的改编和扩写任务，必可使之成为学习园林树木的绝佳参考书。对广大的园林工作者和爱好者而言，此书之问世也将发挥其有益的指导作用。

我在写序之前，曾通读全书，并在内容和文句上做了少量修改。这是我应当郑重声明的。是为序。

陈俊愉

2004年3月16日于

北京林业大学梅菊斋中

---

* 这是陈俊愉院士为本书的前身《园林树木1200种》所写的序言。

前　言

本书最早的前身是《园林树木900种》，曾于1983年内部铅印过，是编者在多年的园林树木教学实践和广泛树种调查的基础上编写而成的。随着资料的积累，后来又在原有的基础上进行全面的修订和补充，并亲自绘制树木插图800幅，于1990年以《园林树木1000种》的书名正式出版。十多年后，原书早已脱销，为了满足学生和读者的迫切需要，编者再次对原书中的内容，尤其是树种和品种进行全面修订，并增加了树种和插图，于2005年以《园林树木1200种》的书名由中国建筑工业出版社出版。该书对我国园林、风景园林、观赏园艺和风景旅游等专业的学生以及园林绿化工作者学习园林树木，尤其是识别树种方面发挥过积极的作用。到目前为止，《园林树木1200种》出版近5年来已经第9次印刷，说明还是比较受学生和读者欢迎的。由于编者已退休多年，有较多自己支配的时间来参阅大量国内外的最新文献资料，并有机会去广州、深圳等地进行园林树木的实地考察。在积累了较丰富的资料后，这次进一步把树种增加到1600种，插图也增加到1014幅。新增加的树种以我国南方目前引用的为主，并包括一些室内应用的木本花卉，也适当兼顾东北和西北地区的树种。尤其值得一提的是增加了较多栽培变种（品种），这将对园林绿化工作者在新优树种和品种的选用和引种工作中有所帮助。

全书共编集我国各主要城市及风景区的栽培和习见野生木本植物1600种，加上亚种(ssp.)、变种(var.)、变型(f.)、栽培变种(cv.)和附加的种，总数在2600种以上，隶属于133科，629属。各树种按科属系统排列，各属均有树种数和分布的说明，重要的属有简要的形态说明。各树种的形态特征描述力求简明、准确，注意其识别要点；对产地、分布、习性、观赏特性、园林用途及重要的经济价值也有所说明。所有树种均有拉丁学名，大部分树种还附有英文名（置于〔〕内，以别于拉丁学名）。书末附有拉丁文科属名索引、中文名索引和主要木本植物分科检索表。该分科检索表包括了本书中全部树种所属的科（辣木科和蚁栖树科除外）。它除了可以帮助读者对完全陌生的树种查到科以外，对了解科的特征也将会大有帮助。

本书各科的排列，裸子植物按国内通用的郑万钧系统；被子植物采用美国学者**克朗奎斯特**（A. Cronquist）的新分类系统。

书中科和亚科中属的排列，大体是按照先乔木，再灌木，最后藤木；先单叶，后复叶；羽状复叶中先一回，再二回、三回等由简到繁的次序安排的。一些重要的属有简要的形态特征说明。读者在查阅这些属中的树种时应先阅读该属的说明文字。有些属虽然没有属的形态特征说明，但该属中的第一个树种通常介绍得较为全面。其中包含着该属的一些共同特点，如单叶、复叶，掌状复叶还是羽状复叶，互生还是对生、轮生，以及花的结构、花序的类型、果的性质等。而同属的其他树种为避免不必要的重复则形态描述一般从简，只讲其识别要点。

本书在编写过程中承蒙恩师陈俊愉院士鼓励和指导，成稿后多次惠予审阅校正，并为写序，在此谨致衷心的谢意。由于编者水平所限，虽经努力，书中缺点错误仍在所难免，请读者不吝指正。

张天麟

2009 年 12 月于北京林业大学

目　　录

园林树木概述

园林树木是适于在城市园林绿地及风景区栽植应用的木本植物，包括各种乔木、灌木和藤木。很多园林树木是花、果、叶、茎或树形美丽的观赏树木。园林树木也包括虽不以美观见长，但在城市与工矿区绿化及风景区建设中能起到卫生防护和改善环境作用的树种。因此，园林树木所包括的范围要比观赏树木更为宽广。

一、我国丰富多彩的园林树木资源

我国的园林树木资源十分丰富。原产中国的木本植物多达8000种，其中乔木树种约2500种。而原产欧洲的乔木树种仅250余种，原产北美的乔木树种也只有600余种。中国，尤其是华西山区是世界著名的园林树木分布中心之一。很多著名的花木，如山茶（*Camellia*）、杜鹃花（*Rhododendron*）、丁香（*Syringa*）、溲疏（*Deutzia*）、石楠（*Photinia*）、花楸（*Sorbus*）、海棠（*Malus*）、蚊母树（*Distylium*）、蜡瓣花（*Corylopsis*）、含笑（*Michelia*）、槭树（*Acer*）、椴树（*Tilia*）、栒子（*Cotoneaster*）、绣线菊（*Spiraea*）等属植物都以中国为其世界分布中心。中国还有许多在世界其他地区早已绝迹的古生树种，被人们称为“活化石”。如银杏、水杉、水松、银杉、穗花杉、金钱松等。此外，还有许多中国特产的树种，如珙桐、鹅掌楸、梅花、牡丹、黄牡丹、蜡梅、南天竹、桂花、栀子花、月月红、木香、棣棠、猬实、方竹等。长期以来它们在世界城市园林绿化及庭园美化中起着重要作用。有些种类还对世界花木育种工作作出过杰出的贡献。目前，我国城市园林绿地中应用的树种数量有限，尤其是优良品种的应用很不够，这与我国丰富的树木资源是不相称的。

二、园林树木在城市园林绿化中的作用

园林树木是城市园林绿化的重要题材。它们在各类型园林绿地及风景区中起着重要的骨干作用。各种园林树木，不论是乔木、灌木、藤木或地被植物，经过精心选择，巧妙配植，都能在保护环境、改善环境、美化环境和经济副产品方面发挥重要作用。

1. 防护作用　园林树木大都体形高大，枝叶茂密，根系深广。它们应用于城市绿化，能有效地起到调节温湿度、防风、防尘、减弱噪声、保持水土等作用。尤其明显的是在炎热的夏季，街道上种植行道树后，可以直接遮荫降暑，使行人感到凉爽。此外，绿色的树木在进行光合作用过程中大量吸收二氧化碳、放出氧气，使城市空气保持新鲜。有些树木还能吸收一些有害气体，有些则能放出杀菌素。这些都直接有利于人体的健康。因此，树木大量应用于城市绿化，对改善环境、保护环境和促进生态平衡起着相当显著的作用。

2. 美化作用　很多园林树木具有很高的观赏价值，是观花、观果、观叶，或赏其姿态，都各有所长。只要精心选择和配置，都能在美化环境、美化市容、衬托建筑，以及园林风景构图等方面起到突出的作用。

园林树木的美化作用，是通过其本身的个体美、群体美以及它们与建筑、

雕塑、地形、山石等的配合、构图中的自然美来达到的。

（1）**个体美** 是由树木本身的体态、色彩、风韵等特色来体现的。而这些特色又往往随着树龄和季节的变化有所丰富和发展。

（2）**群体美** 树木成排、成行的种植是一种整齐的群体美。园林绿地中更多的是树木自然成丛、成片、成林的群体美。这种自然的群体种植，可以是单纯的树种，更多的是由不同树种或乔灌草搭配的复杂组合体。它们在体形、色彩和季相等方面可以有较丰富的变化。

（3）**自然美** 园林树木的自然美包括其动态、声响以及朝夕、四季的变化中体现出来的美。风中的垂柳，雨中的芭蕉，雾中迷离的翠竹，阳光下盛开的花朵，雪中的苍松翠柏，秋天的累累果实和满山的红叶……这种多变的自然美，是任何非生命的艺术品所不能比的。

此外，具有悠久文化历史的中华民族有以植物的姿态、习性来比拟人的性格和品质的传统。例如，把挺拔苍劲和四季常青的松树代表坚贞不屈和革命精神；由竹子的形态风姿，联想到人的潇洒、清高和气节；由梅花的傲雪而开，联想到人的坚忍不拔和超凡脱俗。因此，连中国普通的老百姓都知道松竹梅是“岁寒三友”。

3. 生产作用 许多园林树木是很有价值的经济树木。它们可以在不影响其防护和美化两个主要作用的前提下积极为社会创造一些物质财富。举例如下：

（1）**果品** 桃、杏、枣、山楂、海棠、葡萄、柑橘、杨梅、枇杷、龙眼、荔枝、芒果、番木瓜、猕猴桃、栗子、榛子、银杏等。

（2）**油料** 核桃、山核桃、油茶、红花油茶、油棕、油橄榄、文冠果、乌桕、油桐、山桐子等。

（3）**木材** 松、杉、柏、楸、杨、桉、楝、榉、竹等。

（4）**药材** 银杏、侧柏、杜仲、厚朴、七叶树、合欢、海州常山、五味子、金樱子、牡丹、十大功劳、枸杞、连翘、金银花、使君子等。

（5）**香料** 茉莉、白兰花、含笑、桂花、玫瑰、樟树、柠檬桉等。

（6）**其他** 有淀粉、纤维、鞣料、树胶、树脂、饲料、饮料、蔬菜（竹笋、香椿）等方面的树种。

三、园林树木的分类

1. 按植物学的科属系统分类

在植物科学分类中，采用一系列的分类单位：门、纲、目、科、属、种等。有时还加设亚门、亚纲、亚目、亚科和亚属等次级单位。种（species）是分类的最基本单位，并集相近的种而成属，相近的属而成科，由科集成目，由目集成纲，由纲集成门，从而形成一个完整的植物分类系统。种以下可有亚种（subspecies）、变种（varietas）和变型（forma）等更小的分类单位。

目前国内常采用的被子植物分类系统有：恩格勒（Engler）系统、哈钦松（J. Hutchinson）系统和克朗奎斯特（A. Cronquist）系统等。

恩格勒系统的特点是：①被子植物分单子叶植物和双子叶植物两个纲，单子叶植物纲在前（1964年的新版本已改为双子叶植物在前）。②双子叶植物纲分离瓣花和合瓣花两个亚纲，离瓣花亚纲在前。③在离瓣花亚纲中，按无被花、单被花、异被花的次序排列，因此将葇荑花序类（无被和单被花类）放在最前面。④在各类植物中又大致按子房上位、子房半下位、子房下位的次序排列。

哈钦松系统的特点是：①被子植物门分双子叶植物和单子叶植物两个纲，双子叶植物纲在前。②双子叶植物纲分木本植物和草本植物两大群。木本群以木兰目为起点；草本群以毛茛目为起点。木本群在草本群前。③单子叶植物起源于毛茛目，较双子叶植物进化。④不用人为的离瓣花、合瓣花两大类，而是把合瓣花类分散到木本、草本群中去。

本书的被子植物分类采用**克朗奎斯特**系统。该系统能较好地反映被子植物的进化亲缘关系，总体上要较恩格勒系统和哈钦松系统都更科学、更自然、更合理。现将该系统的大轮廓简介一下：被子植物门（有花植物门）分为双子叶植物和单子叶植物两个纲。

（1）**双子叶植物纲**（木兰纲）分为6个亚纲：

①**木兰亚纲** 花具离生心皮，花瓣离生或无，雄蕊多数而向心发育。这是最原始的有花植物类群（毛茛复合群）。

②**金缕梅亚纲** 花常退化并为单性，花被不发育或无，具葇荑花序；果单室且单种子。大多是一些适合于风媒传粉的木本植物（只有杨柳科因其果具有多数种子等原因而被移至五桠果亚纲）。

③**石竹亚纲** 植株倾向草本性状，常具特立中央胎座和基生胎座，离瓣花为主，只有少量的合瓣花（如本书中的白花丹科）。

④**五桠果亚纲** 离瓣花为主，雄蕊多数而离心发育；子房每室不止1个胚珠，很少有蜜腺花盘。约有1/3的科是合瓣花，它们的雄蕊常多于花冠裂片数，若同数则与其对生。

⑤**蔷薇亚纲** 绝大部分是离瓣花，雄蕊多数并向心发育。其中一些更进化的科常倾向于子房每室1胚珠并有蜜腺花盘。

⑥**菊亚纲** 是由蔷薇亚纲发展而来的，全部都是进化更高的合瓣花；雄蕊等于或少于花冠裂片数，若相等则与其互生。其中唇形科和菊科是向虫媒传粉发展的高级形式。

（2）**单子叶植物纲**（百合纲）分为泽泻亚纲、棕榈亚纲、鸭跖草亚纲、姜亚纲和百合亚纲等5个亚纲，说明从略。

克朗奎斯特系统中科的范围与哈钦松系统基本上是一致的，但有一些科的范围较大。如本书中的小檗科含南天竹科，桦木科含榛科，藤黄科含金丝桃科，杜鹃花科含越橘科，八仙花科含山梅花科，酢浆草科含阳桃科，大风子科含天料木科，马钱科含灰莉科，萝藦科含杠柳科，紫草科含厚壳树科，百合科含假叶树科和龙舌兰科中的木本属等。

2. 按树木在园林绿化中的用途和应用方式分类

（1）**庭荫树** 是植于庭园或公园以取其绿荫为主要目的的树种。一般多为冠大荫浓的落叶乔木，在冬季人们需要阳光时落叶。例如：梧桐、银杏、七叶树、槐树、栾树、朴树、榔榆、榉树、榕树、樟树等。

（2）**行道树** 是种在道路两旁给车辆和行人遮荫并构成街景的树木。遮荫效果好的落叶或常绿乔木均可作行道树，但必须具有抗性强（适应城市环境，耐烟尘，不怕碰）、耐修剪、主干直、分枝点高等特点。例如：悬铃木、槐树、椴树、银杏、七叶树、鹅掌楸、毛白杨、元宝枫、樟树、榕树、银桦等。还有一些可以观花的行道树种，如栾树、合欢、紫花泡桐、木棉、凤凰木、羊蹄甲、蓝花楹等。

(3) **园景树**(孤赏树) 通常作为庭园和园林局部的中心景物，赏其树形或姿态，也有赏其花、果、叶色等的。如南洋杉、日本金松、雪松、金钱松、龙柏、云杉、冷杉、紫杉、灯台树、紫叶李、龙爪槐等。

(4) **花灌木** 通常是指有美丽芳香的花朵或色彩艳丽的果实的灌木或小乔木。这类树木种类繁多，观赏效果显著，在园林绿地中应用广泛。它们可以用于较高大乔木与地面之间的过渡。还可以在草坪或湖池周围构成引人入胜的边饰。有许多种类还可以布置成专类花园。其中观花的有梅花、桃花、樱花、海棠花、榆叶梅、月季、黄刺玫、白鹃梅、绣线菊、锦带花、丁香、山茶花、杜鹃花、牡丹、夹竹桃、扶桑、木芙蓉、木槿、紫薇、连翘、迎春、金丝桃、醉鱼草、溲疏、太平花等。观果的有枸骨、火棘、小檗、金银木、山楂、栒子、南天竹、紫珠、接骨木、雪果等。

(5) **藤木** 是具有细长茎蔓的木质藤本植物。它们可以攀援或垂挂在各种支架上，有些可以直接吸附在垂直的墙壁上。它们不占或很少占用土地面积，应用形式灵活多样，是各种棚架、凉廊、栅栏、围篱、拱门、灯柱、山石、枯树等的绿化好材料。对提高绿化质量，丰富园林景色，美化建筑立面等方面有其独到之处。例如：紫藤、凌霄、络石、爬山虎、常春藤、薜荔、葡萄、胶东卫矛、南蛇藤、金银花、铁线莲、木香、山荞麦、素馨、炮仗花、叶子花、大花山牵牛等。

(6) **绿篱树种** 是适于栽作绿篱的树种。绿篱是成行密植，通常修剪整齐的一种园林栽植方式。主要起限定范围和防范作用，也可用来分隔空间和屏障视线，或作雕像、喷泉等的背景。用作绿篱的树种，一般都是耐修剪、多分枝和生长较慢的常绿树种。如圆柏、侧柏、杜松、黄杨、大叶黄杨、女贞、小蜡、珊瑚树等。也有以赏其花、果为主而不加太多修整的自然式绿篱。适用树种有：小檗、贴梗海棠、黄刺玫、玫瑰、珍珠梅、太平花、栀子花、扶桑、木槿、枸橘等。

(7) **木本地被植物** 是指用于对裸露地面或斜坡进行绿化覆盖的低矮、匍匐的灌木或藤木。它们起着防尘、降温、增加空气湿度及固土护坡、美化环境等作用。常用的树种有：铺地柏、偃柏、沙地柏、平枝栒子、箬竹、倭竹、菲白竹、络石、常春藤、金银花、美国地锦、薜荔等。木本地被植物的应用有一定局限性。因为它既不能遮荫，又不能让人们在上面活动，园林绿地中不宜搞得太多。

(8) **抗污染树种** 这类树种对烟尘及有害气体的抗性较强，有些还能吸收一部分有害气体，起到净化空气的作用。它们适用于工厂和矿区绿化。

适合我国北方应用的有：构树、皂荚、臭椿、榆树、小叶朴、旱柳、加杨、刺槐、槐树、桑树、栾树、合欢、山桃、沙枣、丝绵木、银杏、侧柏、圆柏、白皮松、柽柳、木槿、紫穗槐、雪柳、接骨木、连翘、紫薇、紫藤、地锦、美国地锦等。

适合长江流域应用的有：悬铃木、梧桐、楝树、朴树、女贞、棕榈、樟树、广玉兰、蚊母树、罗汉松、枸橘、枸骨、胡颓子、珊瑚树、大叶黄杨、夹竹桃、海桐、凤尾兰、石榴、无花果等。

适于华南应用的有：木麻黄、台湾相思、银桦、石栗、榕树、高山榕、印度胶榕、盆架树、蒲葵、木波罗、黄槿、五色梅等。

3. 按树木观赏特性为主的分类

传统的观赏树木是以其观赏特性为主进行分类的，通常有以下几大类：

（1）**花木类** 即观花树木类。

（2）**果木类** 即观果树木类。

（3）**叶木类** 即观叶树木类。

园林树木叶子的形状、大小、颜色、质地等丰富多彩，千变万化，能引起人们无穷的兴趣。拿叶色来说，夏天的树木大多为绿色，但也有深浅的不同和斑彩、异色等变化。还有一些树种春天嫩叶的色彩与夏天不同，表现不同程度的新叶美；到了秋天，树木更是色彩缤纷，它们呈现红、黄、紫、橙等各种美丽的颜色。因此观叶树木又可以细分为：

①**春色叶树** 新叶明显发红的有：臭椿、栾树、黄连木、清香木、鸡爪槭、七叶树、石榴等。

②**秋色叶树** 秋叶红色的有：枫香、乌桕、野漆树、火炬树、黄栌、元宝枫、花楸、鸡爪槭、茶条槭、卫矛、南天竹、爬山虎、柿树等；秋叶黄色的有：银杏、鹅掌楸、无患子、栾树、连香树、金钱松等。

③**常年异色叶树** 紫色或紫红色的有：紫叶李、紫叶桃、紫叶小檗、红枫（紫红鸡爪槭）、红羽毛枫（红细叶鸡爪槭）、紫叶黄栌、紫叶矮樱、紫叶稠李、紫锦木、红檵木等；黄色的有：金叶女贞、金叶鸡爪槭、金叶假连翘、金叶粉花绣线菊、金叶雪松等。

④**斑彩叶树** 叶上有两三种颜色的有：金心大叶黄杨、花叶锦带花、斑叶常春藤、变叶木、洒金东瀛珊瑚、斑叶印度胶榕、木天蓼、菲白竹、花叶芦竹等。

（4）**荫木类** 即冠大荫浓的绿荫树木类。

（5）**蔓木类** 即木质藤本植物。

（6）**林木类** 是指适于在风景区及大型园林绿地中成片成林种植以构成森林之美的树木。

这种分类方法在应用上有其方便之处，但有时界限难以划分，已经不能适应目前园林绿化的实际需要，但可以作为前一个分类的补充。

四、园林树木的习性

园林树木的习性包括树木的生物学特性和生态习性两方面。

1. 生物学特性 主要是指树木的生长发育规律，即由种子萌发经幼苗、小树到开花结实，最后衰老死亡的整个生命过程的发生、发展规律。具体表现在它的寿命长短、生长快慢、结果年龄、分枝特点、根系深浅、萌蘖性和发枝力的强弱、是否耐移植和修剪，以及物候期（发叶、落叶的早晚，花果期）等。

2. 生态习性 主要是指树木对环境条件的要求和适应能力。环境条件中影响树木生长发育的主要是气候因子和土壤因子。气候因子包括温度、水分、光照、空气等。在土壤方面，主要是指其理化性质，如土质、通透性、肥瘦程度、酸碱度等。

此外，与树木的习性尤其是生态习性有紧密关系的是树木的分布。要真正了解一种树木的习性，最好知道它的分布区（包括自然分布区和栽培分布区）。通过对分布区自然环境条件（气候、土壤、地形、海拔高度等）的了解，可以进一步加深对树木习性的认识。

掌握园林树木的习性是栽培和应用好园林树木的主要依据。只有对树木的习性有了深入而全面的了解，才有可能把园林树木的栽培和应用放在坚实的科学基础上。

根据树种对生态因子的要求和适应能力的不同择其重要的分述如下：

（1）**温度因子**

①**喜热树种**（热带树种） 橡胶树、木棉、柚木、团花、凤凰木、肉桂、八宝树、菩提树、印度胶榕、罗望子、荔枝、龙眼、杧果、腰果、可可、咖啡、椰子、槟榔、油棕、鱼尾葵等。

②**喜温树种**（亚热带树种） 杉木、马尾松、油茶、茶、油桐、樟树、木荷、苦槠、杜英、柑橘、枇杷、无花果、夹竹桃、棕榈、毛竹等。

③**耐寒树种**（温带树种） 油松、赤松、侧柏、毛白杨、旱柳、刺槐、苹果、白梨、榆树、胡桃、枣树等。

④**最耐寒树种**（寒温带树种） 落叶松、樟子松、偃松、雪岭云杉、西伯利亚冷杉、白桦等。

（2）**水分因子**

①**湿生树种** 水松、落羽杉、池杉、水椰、红树等。

②**耐水湿树种** 柳树（大多数）、水杉、赤杨、枫杨、楝树、重阳木、三角枫、乌桕、丝绵木、白蜡、夹竹桃、桑、紫穗槐、柽柳、栀子花等。

③**耐干旱树种** 马尾松、油松、樟子松、侧柏、木麻黄、相思树、臭椿、构树、栓皮栎、黄连木、沙枣、酸枣、荆条、柽柳等。

④**旱生树种** 骆驼刺、沙拐枣、梭梭树等。

（3）**光照因子**

①**阳性树种**（喜光树种） 马尾松、油松、赤松、侧柏、落叶松属、桦木属、杨属、柳属、桉属、泡桐属、悬铃木属、合欢属、金合欢属、木棉、木麻黄、刺槐、臭椿、麻栎、栓皮栎、枣树、桃、杏、紫藤等。

②**阴性树种**（耐荫树种） 冷杉属、云杉属、红豆杉属、铁杉属、罗汉松、香榧、粗榧、海桐、杨梅、八角金盘、栀子花、南天竹、冬青、枸骨、八仙花、洒金东瀛珊瑚、紫金牛、常春藤、络石等。

③**中性树种** 槭树属、椴树属、樟树、杉木、圆柏、华山松、红松、木荷、苦槠、七叶树、栾树、鹅耳枥、珍珠梅、猕猴桃等。

（4）**土壤因子**

①**酸土树种** 马尾松、云南松、红松、杉木、木荷、桉树、檫木、茶、油茶、山茶花、杜鹃花、乌饭树、吊钟花、马醉木、冬青、枸骨、茉莉花、栀子花、白兰花、含笑、八仙花、苏铁、毛竹、柑橘类及大多数棕榈科植物等。

②**喜钙树种** 柏木、侧柏、青檀、臭椿、南天竹、黄连木、朴树、珊瑚朴、黄檀等。

③**耐盐碱树种** 柽柳、紫穗槐、加杨、毛白杨、青杨、小叶杨、新疆杨、银白杨、胡杨、旱柳、黑松、榆树、槐树、刺槐、楝树、杜仲、皂荚、臭椿、绒毛白蜡、杜梨、君迁子、文冠果、沙枣、沙棘、盐豆木、白刺花、枸杞、杠柳等。

五、园林树木的应用

园林工作者要学会根据园林绿化综合任务的要求，对各类型园林绿地的树种进行选择、搭配和布置。也就是要学会应用好园林树木。这是学习园林树木的主要目的。

首先，树种的选择要得当。要能满足园林绿化综合功能（防护、美化、结合生产）的基本要求。根据具体情况可以有所侧重，以发挥其主要功能。

第二，要尽量满足树木的生态习性的要求。必要时可以改善或创造一些条件，做到适地适树，以保证树木能正常健康地生长。

第三，布置上要讲究艺术性。在选好树种的基础上，根据树木的形体、大小、色彩等特点精心布置，尽可能使乔木、灌木、藤木及地被植物各得其所。可以按照绿化的不同功能要求采用孤植、对植、列植、丛植以及成片、成林的配植方式。对重点美化地区或局部，尽量做到四季有景，并富于季相变化。在进行树丛、树群等人工群落设计时，要注意其结构层次的安排，要有主有次，各具特色。此外，园林树木在与建筑、道路、山石、雕塑以及草花、草坪等相配时，一定要统一考虑，力求相互协调、和谐。

第四，注意树木是有生命的，由小到大、到老会有许多变化。因此要预先估计到十几年、几十年甚至上百年以后的效果。

总之，要使各种园林树木都能各得其所，既满足其习性的要求，又能在艺术效果和防护要求上发挥其特长，是一件颇为复杂的事。它涉及面广，既有科学性，又有艺术性，要求科学性与艺术性紧密结合。要做到这一点，园林工作者必须对各种园林树木的生长发育规律、生态习性、观赏特性及防护性能等有较深入而全面的了解，并具有一定艺术修养。这样在进行树种选择和配置时，才能做到适地适树，保证树木能正常、健康地生长，并能保持长久稳定状态，从而到达理想的绿化质量和艺术效果。

六、园林树木的拉丁学名

树种的拉丁学名（简称拉丁名或学名）是国际通用的名称。主要由**属名**和**种加词**组成，其后附有命名人的姓氏缩写。在种的下面可能有**亚种**(ssp.)、**变种**(var.)和**变型**(f.，forma)，它们的拉丁名加在种名之后，前面分别有 ssp.、var.、f. 作为标志，其后也附有命名人。拉丁名的主体部分（属名、种加词、亚种名、变种名和变型名）通常在印刷时用斜体，属名的首字母大写，其余字母一律小写。命名人若是两人，则用 et 连接；如果两人名之间用 ex 连接，表示该拉丁名是由前者提议而由后者发表的。有时在命名人前的（ ）中还有命名人，这是属名有改变或分类等级有调整，（ ）内的是原命名人。拉丁名中有时会出现×(乘号)，它在属名前是属间杂种，在属名后是种间或种内杂种。

园林树木有许多**栽培变种**(cv.，cultivar.)，也叫园艺变种或**品种**。其国际通用名一律置于单引号‘ ’内，首字母均要大写，其后不附命名人；按国际新规定，前面也不再冠以 cv. 标志。

园林工作者或学生在编制公园树木名录、种植设计树种名单以及一般性文章中提到的树种需要附上拉丁名时，可以将命名人全部省略掉。例如：银杏 *Ginkgo biloba*，凹叶厚朴 *Magnolia officinalis* ssp. *biloba*，黑皮油松 *Pinus tabulaeformis* var. *mukdensis*，垂枝圆柏 *Sabina chinensis* f. *pendula*，碧桃 *Prunus persica* ‘Duplex’，千瓣月季石榴 *Punica granatum* ‘Nana Plena’ 等。

园林树种各论

一、蕨类植物门 PTERIDOPHYTA

1. 桫椤科 Cyatheceae

【木桫椤属 *Alsophila*】约 230 种，产世界热带和亚热带地区；中国约 15 种。

（1）**桫　椤**（刺桫椤）

Alsophila spinulosa（Wall. ex Hook.）Tryon

（*Cyathea spinulosa* Wall. ex Hook.）〔Taiwan Tree-fern〕

树状蕨类，高 2～3(6)m，干上部有宿存的叶柄，下部常密生气根。大型叶 3 回羽状复叶状深裂，集生于茎端，长 1～3m；叶柄棕色，具刺状突起；羽片 17～20 对，互生，长 30～50cm，有短柄，小羽片 18～20 对，长 10～12cm，羽裂几达小羽轴；小裂片披针形，有疏齿；幼叶拳卷。孢子囊群生于叶背小脉分叉点上，囊群盖球形。

产我国华南、西南及台湾；印度、尼泊尔、泰国、越南、菲律宾和日本也有分布。喜暖湿气候，耐半荫，不耐寒；喜肥沃、湿润而疏松土壤。树形优雅别致，可植于暖湿之荫处或盆栽观赏。

【黑桫椤属 *Gymnosphaera*】约 20 余种，产热带亚洲；中国 6 种。

（2）**黑桫椤**

Gymnosphaera podophylla（Wall. ex Hook.）Copel.

（*Alsophila podophylla* Wall. ex Hook.）

树状蕨类，高 1～3m，茎干被黑褐色气根和宿存的叶柄基部所覆盖。大型叶 1 至 2 回羽状复叶状深裂，集生于茎端，长 2～3m，小裂片线状披针形，端尖；叶柄棕黑色至紫红色。孢子囊群着生于叶背面侧脉近基部，无囊群盖。

产华南和西南各地；中南半岛和泰国也有分布。树冠伞形，具较高风景观赏价值。

〔附〕**大黑桫椤 *G. gigantea***（Wall. ex Hook.）Ching　高 2～5m，主干暗褐色，有宿存叶柄。大型叶为 3 回羽状复叶状深裂；叶柄乌木色，有光泽。孢子囊群生于小裂片背面主脉与叶缘之间，无囊群盖。产华南及云南；南亚及东南亚各国也有分布。

【白桫椤属 *Sphaeropteris*】约 120 种，产热带亚洲至澳大利亚；中国 3 种。

（3）**笔筒树**

Sphaeropteris lepifera（J. Sm. ex Hook.）Tryon

树状蕨类，高达 10m，干上有大而明显的椭圆形叶痕，且排列有序。大型叶 3 回羽状复叶状深裂，集生于茎端，长达 2～3m；叶柄禾秆色，具白粉，连同叶轴有小瘤状突起。孢子囊群生于叶背面侧脉的分叉处。

产我国台湾和福建等地。其树干可制成笔筒，既美观又实用，故名笔筒树。

树冠伞形，树干挺拔，且有图案般的美丽大叶痕，有较高的观赏价值，在暖地宜植于庭园观赏。

2. 乌毛蕨科 Blechnaceae

【苏铁蕨属 *Brainea*】1种，产热带亚洲；华南有分布。

（4）**苏铁蕨**

Brainea insignis（Hook.）J. Sm.

苏铁状蕨类，高1～3m，茎粗壮直立。羽状复叶集生茎端，小叶多，线状披针形至线形，基部耳形，两面无毛，质较软，边缘有细密刺齿并反卷，具网状脉，背面着生褐色的孢子囊群（无盖）。嫩叶绯红，后转为绿色。

广布于亚洲热带地区。羽叶婆娑，极似苏铁植物，常用作盆栽或盆景材料。

二、裸子植物门 GYMNOSPERMAE

3. 苏铁科 Cycadaceae

【苏铁属 *Cycas*】常绿木本，茎柱状，通常不分枝。大羽状复叶集生于茎端，小叶有时1至多次2叉分裂，具中脉。雌雄异株，大孢子叶扁平，螺旋状排列；种子核果状。约60～80种；中国约产20余种。

（5）**苏　铁**（铁树）

Cycas revoluta Thunb. 〔Sago Cycad，Fern Palm〕

茎干高达2～5m。羽状复叶长0.5～1.2m，小叶约100对，线形，长15～20cm，宽3～5mm，硬革质，边缘显著反卷，背面有疏毛。小孢子叶球圆柱形，密被黄褐色绒毛；大孢子叶球扁球形，大孢子叶羽状裂，密被黄褐色毛；种子红色。

产我国福建沿海低山区及其邻近岛屿；日本九州鹿儿岛、琉球群岛也有分布。是本属中栽培最普遍的一种。喜温暖湿润气候及酸性土壤，不耐寒；生长甚慢，寿命长。福州鼓山涌泉寺有唐代栽种的苏铁，至今已有千余年的历史。长江流域及北方各城市常盆栽观赏，温室越冬；暖地则可于庭园栽培。有**金叶**‘Aurea’、**金心叶**‘Picturata’等品种。

图1　苏　铁

（6）**台东苏铁**

Cycas taitungensis C. F. Shen et al.

茎干高2.5～5m；顶端密被淡褐色厚绒毛。羽状复叶长1～2m，小叶100～200对，条形，长14～20cm，宽5～8mm，先端渐尖，基部下延，背面疏生柔毛，边缘平或稍反卷，横断面呈宽 V 字形；叶柄长 15～30cm，具刺 7～14 对。大孢子叶球紧密，成熟时绒毛渐脱落；种子有毛，深红色。

原产台湾台东县，生海岸边海拔 300～900m 疏林或峭壁上。华南一些城市（广州、深圳、中山）有栽培，供庭园观赏。外形很像苏铁，但小叶边缘不明显反卷。

（7）**广东苏铁**（台湾苏铁）

Cycas taiwaniana Carr.

茎干高达 3.5m；干皮黑褐色，茎端无绒毛。羽状复叶长 1.5～3m，幼叶灰绿色，叶柄长 40～120cm，具三角状刺 30～60 对；小叶 76～144 对，长 18～35cm，宽 10～16mm，边缘平或稍反卷，横断面近平。大孢子叶密被暗褐色绒毛，后渐脱落，顶裂片菱形至卵状椭圆形，大孢子叶球紧包。种子无毛，熟时红褐色。

产广东、广西东北部、湖南南部及云南东南部；越南北部也有分布。本种早期命名时误认为台湾产，事实上台湾不产。近年在广州的园林绿地广泛栽培，常被称为“龙尾苏铁”。

〔附〕**海南苏铁** ***C. hainanensis*** C. J. Chen　与广东苏铁相近似，主要不同是：茎干向下渐增粗，干皮自上而下由黑色变为灰白色，渐平滑；大孢子叶绿色，三角状，边缘有篦齿状尖刺，常被金黄色绒毛。产我国海南，生于海拔 100～800m 热带雨林下。

（8）**四川苏铁**

Cycas szechuanensis W. C. Cheng et L. K. Fu

茎干易分叉或分蘖，高 2～5m，干基不膨大，茎端无绒毛。羽状复叶长1～3m，叶轴直伸性强，幼时被锈色毛，小叶 50～120 对，线状披针形，长 20～40cm，宽 1～1.5(2)cm，中脉两面隆起或背面平，边缘平，基部下延，深绿色；叶柄有刺。大孢子叶鸡爪状（顶裂片与侧裂片近等大），绿色，每侧生 2～5 胚珠。

原产福建沙溪流域；四川（成都及其附近一些城市）、福建（南平）、广东、广西等地常见栽培。喜光，耐半荫，耐瘠薄，不耐寒；寿命长。本种羽叶茂盛而挺拔，四季常青，是优良的园林景观树种。在四川峨眉山的报国寺和伏虎寺庭园内植有多株老四川苏铁。

（9）**仙湖苏铁**

Cycas fairylakea D. Y. Wang

茎干树桩状，高达 1.5～2m，灰白色，光滑。羽状复叶多片，长 2～3m，上部常柔软下弯，幼叶锈褐色，叶柄长 0.6～1.3m，两侧有刺；小叶 66～113 对，中部小叶长 17～39cm，宽 8～17mm，边缘平或稍反卷，中脉两面隆起。大孢子叶顶裂片比侧裂片稍大，大孢子叶球开花时松软。

产我国广东，在深圳塘朗山有大片原生林。株形秀美，宜植于庭园观赏。

〔附〕**刺叶苏铁** ***C. rumphii*** Miq.　高 2～4m；羽叶长达 1.5～2.5m，小叶长 20～35cm，宽 12～16mm，边缘平或微反卷，无毛，中脉两面隆起，基部下延；叶柄两侧有刺。大孢子叶球松散，后期下垂，大孢子叶顶端披针形或菱形，具细尖短齿。原产印尼、巴布亚新几内亚及斐济等地；适应性较强，在世界热带和亚热带地区常见栽培。我国华南的一些植物园有少量栽培。

(10) **篦齿苏铁**

Cycas pectinata Hamilt. 〔Nepal Cycad〕

茎干高3～15m，灰白色，老树常有分枝。羽叶长1.5～2.4m，通常直而不弯垂；小叶80～138对，条形，长13～25cm，宽6～9(11)mm，先端渐尖，边缘平或微反卷，背面疏生柔毛或变无毛，基部下延，中脉在背面隆起；羽叶基部之小叶成两列等长针刺。大孢子叶上端篦齿状深裂，顶裂片比侧裂片明显长；种子外种皮具海绵状纤维层。

产亚洲热带，我国云南西南部有分布。云南、四川及华南有少量栽培，供庭园观赏。

〔附〕**越南篦齿苏铁** ***C. elongata*** (Leandri) D. Y. Wang et T. Chen 与篦齿苏铁的主要区别是：大孢子叶的顶裂片比侧裂片短。原产越南沿海山区；我国深圳、广州等地有引种，生长良好。是南方很好的风景园林树种。

(11) **宽叶苏铁**（云南苏铁）

Cycas tonkinensis L. Linden et Rodigas (*C. balansae* Waburg.)

茎干高0.3～1.8m，基部常膨大。羽叶长1.5～3m，小叶40～120对，长25～33cm，宽1.5～2.5cm，较薄，边缘常波状，不反卷，基部不下延；叶柄长30～90cm，初呈绿色。本种叶柄长而小叶排列稀疏（间距1.5～4cm）为其特点。

产我国云南南部及广西西南部；泰国、缅甸、老挝及越南北部也有分布。华南偶见栽培观赏。

(12) **攀枝花苏铁**

Cycas panzhihuaensis L. Zhou et S. Y. Yang

茎干高达2.5～4m；茎端密被深褐色绒毛。羽叶长65～150cm，叶柄长14～20cm，两侧有短刺；小叶线形，厚革质，长6～22cm，宽4～7mm，边缘不反卷，中脉在表面微隆起，在背面显著隆起，背面无毛。种子无毛，红褐色。

产四川与云南交界的金沙江热河谷区的石灰岩山地。成都、昆明及广州等地有栽培，供观赏。

(13) **石山苏铁**（山菠萝）

Cycas miquelii Warb.

灌木状，茎干基部膨大呈圆盘状，似菠萝；茎端无绒毛。羽叶长50～170cm，叶柄少刺；小叶条形，长8～28cm，宽5～12mm，平展，中脉在背面隆起。大孢子叶卵形至菱状椭圆形，羽状深裂。

产我国广西和云南，常生于石灰岩山地石隙中；越南也有分布。植株天生矮小，是盆景植物的好材料。有**金叶**'Aurea'品种。

〔附〕**葫芦苏铁** ***C. changjianensis*** N. Liu 地下块茎圆盘状或葫芦状，地上茎高达50cm，下部近光滑。羽叶长50～130cm；小叶条形，长10～20cm，宽4～8mm，平展，中脉在表面明显隆起。大孢子叶鸡爪状，密被黄褐色绒毛。产海南昌江县。旱季落叶，雨季长叶，是落叶型苏铁。其地下块茎苍劲古朴，是理想的盆景材料。

(14) **叉叶苏铁**

Cycas micholitzii Dyer

茎干有部分生地下，地上茎高达40～60cm；具羽状叶3～8(10)片。羽叶长2～3.5m，叶柄长1～1.5m，两侧具短刺；小叶呈1～2(3)次二叉状裂，裂片条形，中部者长 10～40cm，宽 1.5～3.2cm，中脉两面隆起，小叶柄长 2～35mm。

产我国广西西部、云南东南部；越南北、中部和柬埔寨也有分布。宜植于庭园观赏。

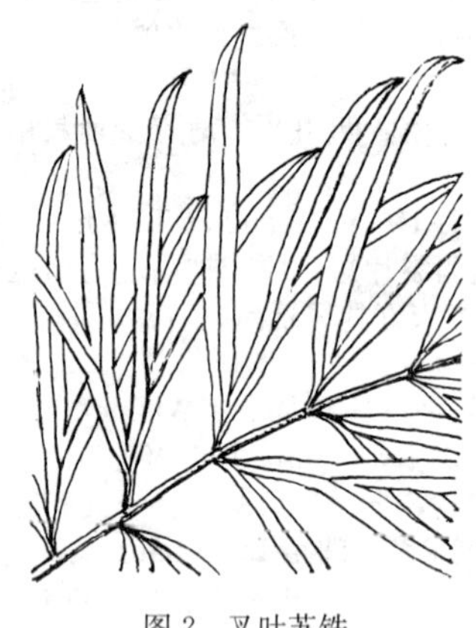

图 2 叉叶苏铁

图 3 多歧苏铁

(15) **多歧苏铁**（独脚铁）

Cycas multipinnata C. J. Chen et S. Y. Yang

茎干约一半生地下，地上茎高达 40～60cm；仅有羽状叶 1～2 片。叶 3 回羽状复叶状深裂，长 3～5(7)m，叶柄粗壮而长（1～2.7m），具扁圆锥状刺；羽片 5～7 次二叉分歧，最后裂片倒披针形，长 7～15cm，宽 1.2～2.4cm，先端尾状尖。

产我国云南红河流域，生于低山热带雨林下；越南北部也有分布。厦门植物园 1985 年就有栽培，直至 1993 年才找到其野生产地。

〔附〕**德保苏铁** ***C. debaoensis*** Y. C. Zhong et C. J. Chen 与多歧苏铁相似，叶 3 回羽状复叶状深裂，但羽状叶多达 3～9(15)片；羽片的最后裂片条形，长 10～22cm，宽约 1cm，先端长渐尖。产广西西部（德保县）及云南东南部；是 1996 年秋发现的新种。形态似蕨又似竹，是观赏苏铁类中的珍品。

图 4 德保苏铁

4. 泽米铁科 Zamiaceae

【泽米铁属(美洲苏铁属)*Zamia*】常绿木本；羽状复叶，小叶具多条平行的纵脉或 2 叉状细脉，但无中脉，基部有关节；大孢子叶外侧呈六角形。约 60 余种，原产中、南美洲的热带和亚热带地区；中国引入约2种。

（16）**鳞秕泽米铁**（阔叶美洲苏铁）

Zamia furfuracea L. f. 〔Cardboard Plam〕

茎单生或丛生，大部分埋于土中，地上部分高10～30cm。羽状复叶，长50～150cm，叶柄有刺，密被褐色绒毛；小叶宽大，7～13对，长椭圆形，长8～20cm，先端圆或钝尖，硬革质，全缘（或中上部有浅齿），新叶黄绿色，密被锈色毛。雌球果茶褐色至深褐色，卵状圆柱形，直立，具长柄；种子红色至粉红色。

原产墨西哥及哥伦比亚；世界各地广泛栽培观赏。适应性强，喜光，也耐半荫，耐干旱瘠薄；萌芽力强。华南地区有引种，生长良好。是优良的园林景观及盆栽观赏植物。有**金叶**'Aurea'品种。

〔附〕**矮泽米铁** ***Z. pumila*** L. 植株矮小，茎干多分枝，大部分生于地下。羽状复叶长60～120cm，叶柄圆柱形，小叶8～10对，条状披针形，长10～13cm，深绿色。雌球果成熟时红褐色，形似手雷。种子椭球形，红色。原产古巴、多米尼加等中美国家及岛屿；我国深圳等地有栽培。姿态优美，果形奇特，在暖地可于园林绿地作配景材料。

【大泽米铁属（澳洲苏铁属）***Macrozamia***】常绿木本；羽状复叶，小叶无中脉，但有纵沟槽，有数条等粗的平行脉；大孢子叶顶端成盾状。约17种，原产澳大利亚本土；中国引入约3种。

（17）**普通大泽米铁**（澳洲苏铁）

Macrozamia communis L. Johns. 〔Large Comptie〕

茎干高达1～1.8m，径50cm。羽状复叶多达100片，长1.5～2m，小叶40～60对，线形，长30～35cm，直伸，全缘，先端针刺状，叶轴下部的小叶退化成刺状；叶柄长13～40cm。雌球果松果状，长约70cm；雄球花长约50cm，褐色。

原产澳大利亚新南威尔士海滨地带，生于干旱多石的沙地上。华南有少量栽培，供观赏。

（18）**摩瑞大泽米铁**

Macrozamia moorei F. Muell.

茎干粗壮，高2～7m，径50～80cm，有叶基宿存，常黑褐色。大型羽状复叶多达百余枚集生茎端，长1～2.5m；小叶60～110对，线形，先端刺化，浅灰绿色，有光泽。雌球果卵形，长40～80cm，大孢子叶顶端具尖刺；种子卵状，红色。

原产澳大利亚昆士兰中部和新南威尔士北部。我国深圳等地有引种，生长良好。喜光，耐高温和干旱。茎干粗壮雄伟，羽叶蓬松舒展，高雅华丽，是优美的苏铁类植物。近年广东大量从澳大利亚进口苗木，用于园林绿化工程之中。

【非洲苏铁属 ***Encephalartos***】约50～100种，产非洲南部和中部。

（19）**刺叶非洲苏铁**

Encephalartos ferox G. Bertol.

无茎或仅有很短的地上茎。羽状复叶丛生，长1～2m；小叶多数，长卵形至椭圆形，两侧具缺刻状刺齿，亮绿色。雌球果卵状圆柱形，呈亮丽的橘红色；

种子熟时深红色。

原产南非、莫桑比克和安哥拉，生于海滩常绿阔叶林及灌丛中。适应性强，是苏铁类植物中栽培最广的种类之一。我国深圳等地有引种，生长良好。

【双子铁属(墨西哥苏铁属)*Dioon*】约 11 种，产墨西哥的热带雨林边缘旷地；中国引入约 2 种。

(20) **大型双子铁**(刺叶双子铁)

Dioon spinulosum Dyer

茎干不分枝，光滑，灰白色，原产地高达 12m。大型羽状复叶在干端均匀地向四周开展，长 1～2m，小叶 80～120 对，长 15～20cm，宽 1～1.5cm，无中脉，基部宽而无柄，缘有 5～8 对不规则的短刺。雌球果长 35～50cm，成熟时垂于叶冠之下。

原产墨西哥；我国广州、深圳等地有栽培。大型羽叶亮绿色，端庄华丽，是观赏价值极高的耐荫植物。

〔附〕**食用双子铁** ***D. edule*** Lindl. 〔Mexican Fern Palm〕 茎干粗壮，高达 2m，密被宿存的叶柄。羽状复叶长 1～1.5m；小叶披针形，无中脉，顶端尖锐，缘具刺齿，亮绿色，被白色绒毛。雄球花圆柱形，雌球果卵状圆锥形；种子卵形，红色。原产墨西哥和洪都拉斯；华南有栽培。种子经水浸排毒后可煮食；茎干的髓心淀粉漂洗去毒后也可食用。

5. 银杏科 Ginkgoaceae

【银杏属 *Ginkgo*】1 种，特产中国。

(21) **银 杏**(白果)

Ginkgo biloba L. 〔Maidenhair Tree〕

落叶乔木，高达 40m。叶折扇形，先端常 2 裂，有长柄，在长枝上互生，短枝上簇生。雌雄异株；种子核果状，具肉质外种皮。花期 3～4 月；种子 9～10 月成熟。

中国特产，为世界著名的古生树种，被称为“活化石”。我国北自沈阳，南至广州均有栽培。喜光，耐寒，适应性颇强，耐干旱，不耐水涝，对大气污染也有一定的抗性；深根性，生长较慢，寿命可达千年以上。树干端直，树冠雄伟壮丽，秋叶鲜黄，颇为美观，宜作庭荫树、行道树及风景树。种子供食用和药用；材质优良，为珍贵用材树种。主要栽培变种如下：

图 5 银 杏

①**垂枝银杏 ‘Pendula’** 枝条下垂。

②**塔形银杏 ‘Fastigiata’** 枝向上伸，形成圆柱形或尖塔形树冠。

③**斑叶银杏 ‘Variegata’** 叶有黄色或黄白色斑。

④**黄叶银杏 ‘Aurea’** 叶黄色。

⑤**裂叶银杏 ‘Laciniata’** 叶较大，有深裂。

⑥**叶籽银杏‘Epiphylla’** 部分种子着生在叶片上，种柄和叶柄合生；种子小而形状多变。我国山东沂源县织女洞风景区的一古庙中有一株。

6. 南洋杉科 Araucariaceae

【南洋杉属 *Araucaria*】常绿乔木，大枝轮生；叶螺旋状互生。雌雄异株；球果大，每果鳞仅1种子；种子与苞鳞合生。约14种，产大洋洲及南美；中国引入6种。

（22）**南洋杉**（异叶南洋杉，诺福克南洋杉）

Araucaria heterophylla (Salisb.) Franco

(*A. excelsa* R. Br.)〔Norfolk Island Pine〕

高达50～70m，树冠塔形；大枝轮生而平展，侧生小枝羽状密生而常呈V形。幼树及侧生小枝之叶锥形，4棱，通常两侧扁；大树及花果枝之叶卵形至三角状卵形。

原产大洋洲诺福克岛。喜光，喜暖热的海洋性气候，很不耐寒；生长较快，寿命长。树姿优美，其轮生的大枝形成层层叠翠的美丽树形，是世界著名庭园观赏树种之一。我国福州、厦门、广州等地有栽培，作庭园观赏树及行道树；长江流域及北方城市常于温室盆栽观赏。本种在我国远比下种栽培普遍。

（23）**肯氏南洋杉**（猴子杉）

Araucaria cunninghamii Sweet

〔Hoop Pine〕

高达60～70m；大枝轮生，侧生小枝羽状排列并下垂；老树树冠顶部稍平，形似鸡毛掸。老树之叶卵形、三角状卵形或三角形；幼树之叶锥形，通常上下扁，上面无明显棱脊。

原产澳大利亚东南沿海地区。喜暖热气候，很不耐寒；生长较快。我国广州、厦门等地有栽培；长江流域及北方城市则于温室盆栽。

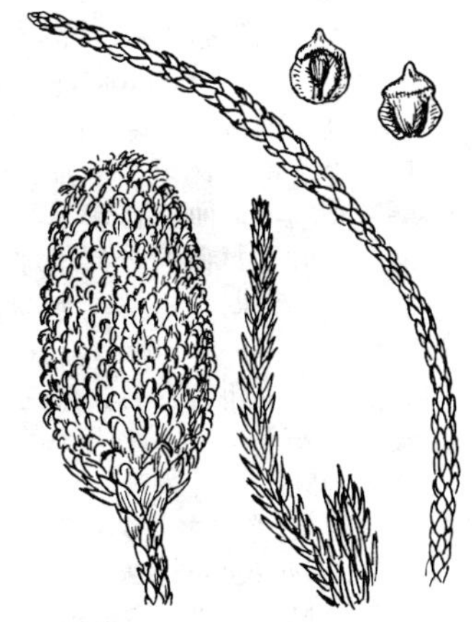

图6 肯氏南洋杉

（24）**大叶南洋杉**

Araucaria bidwillii Hook.

〔Bunya-bunya Pine〕

高达50m，树冠塔形；大枝轮生而平展，小枝羽状密生并下垂。叶较宽大，在枝上排成二列，卵状披针形或披针形，长2.5～6.5cm，有多条平行脉，无主脉。花期3月；球果第三年秋后成熟。

原产澳大利亚沿海地区。不耐寒。我国福州、厦门、广州等地有栽培；长江流域及北方城市常盆栽观赏，温室越冬。

〔附〕**智利南洋杉** ***A. araucana*** (Mol.) C. Koch〔Monkey-puzzle Tree, Chilean Pine〕 高24～30m，树冠开展呈蘑菇形；树皮灰色，多褶皱，枝密生，向上弯曲。叶较大而扁平，卵状披针形，长2.5～5cm，暗绿色，有光泽，硬而尖，紧密叠生枝上。原产智利和阿根廷。耐寒性较强，在北美及欧洲常栽作观赏树；我国有少量引种栽培。

【贝壳杉属 ***Agathis***】20余种，产亚洲热带及大洋洲；中国引入4种。

(25) **贝壳杉**

Agathis dammara (Lamb.) Rich. 〔Amboina Pine〕

常绿乔木，高达38m，树冠圆锥形；大枝平展，近轮生，小枝略下垂。叶矩圆状披针形至长椭圆形，长5～12cm，革质，深绿色，具多条不明显平行细脉；叶在主枝上螺旋状着生，在侧枝上对生、互生或近对生。种子与苞鳞离生，仅一侧有翅。

原产马来半岛和菲律宾；我国厦门、福州、广州等地有引种栽培。喜光，喜暖热湿润气候，很不耐寒，生长快。播种或扦插繁殖。树姿优美，嫩叶发红，后变深绿色。在暖地宜作庭园观赏树及行道树。

7. 松　科 Pinaceae

【冷杉属 ***Abies***】常绿乔木；大枝轮生，小枝对生，基部有宿存芽鳞。叶扁线形，表面中肋凹下，背面有两条白色气孔带。球果直立，果鳞脱落。约50种，产北半球高山及寒冷地带；中国21种及6变种，引入1种。

(26) **日本冷杉**

Abies firma Sieb. et Zucc.

〔Momi fir, Japanese Fir〕

树高30～40m，栽培树高通常12～18m；小枝具纵沟槽及圆形平叶痕。叶长2～3.5cm，叶端常2裂，背面气孔带不明显，螺旋状着生并两侧展开，每侧又分层。球果长12～15cm，苞鳞露出。花期4～5月；球果10月成熟。

图7　日本冷杉

原产日本；20世纪20年代引入中国，庐山、南京、杭州、青岛、大连等地有栽培。喜凉爽湿润气候，耐荫，不耐烟尘；生长较快。为优美的庭园观赏树。

(27) **辽东冷杉**（杉松）

Abies holophylla Maxim.

〔Needle Fir, Manchurian Fir〕

树高达30m，小枝灰色，无毛。叶端尖，长2～4cm，排列紧密，枝条下面的叶向上伸展，叶内树脂道2，中生。球果苞鳞不露出，果鳞扇状椭圆形。花期4～5月；球果9～10月成熟。

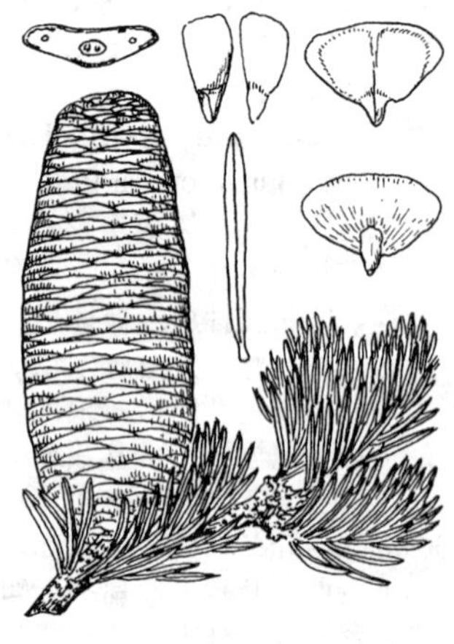

图8　辽东冷杉

产我国东北东南部，在长白山、牡丹江山区为主要森林树种之一；朝鲜、俄罗斯也有分布。喜凉润气候及肥沃、湿润的酸性土壤，阴性，耐寒，抗烟尘能力较差。北京园林绿地中常见栽培，生长良好。树形端庄优美，是良好的园林绿化及观赏树种。

（28）**臭冷杉**（东陵冷杉，臭松）

Abies nephrolepis（Trautv. ex Maxim.）Maxim. 〔Khingan Fir〕

树高达30m，树干通直。树皮幼时光滑，灰白；小枝灰白色，密生短柔毛。叶端尖或有凹缺，长1～2.5(3)cm，树脂道2，中生。球果苞鳞微露出。花期4～5月；球果9～10月成熟。

主产东北小兴安岭至长白山山地，河北小五台山及山西五台山也有分布。耐荫，耐寒，喜冷湿气候及酸性土壤；浅根性，生长慢。只要土壤及空气湿度较高，枝叶即使在冬季也显得格外青翠秀丽。在北方可用作园林绿化及观赏树种。

（29）**冷　杉**

Abies fabri（Mast.）Craib 〔Faber Fir〕

树高达40m；小枝淡褐色至灰黄色，沟槽内疏生短毛或无毛。叶端微凹或钝，长1.5～3cm，边缘略反卷，叶内树脂道2，边生。球果苞鳞微露出，尖头通常向外反曲。花期5月；球果10月成熟。

产四川中部至南部海拔2000～4000m高山，在峨眉山中上部构成美丽的风景林。喜冷凉、湿润气候及酸性土壤，耐荫性强；浅根性，生长较慢。在产地主要作为造林用材树种，也可植于庭园观赏。

（30）**欧洲冷杉**

Abies alba Mill. 〔European Silver Fir〕

树高一般15～25m，原产地树高达45m；幼枝有灰色直立的毛，冬芽不具树脂。叶长1.5～3cm，先端圆，并微凹，表面暗绿色，有光泽，背面有两条灰白色气孔带；叶内树脂道2，边生。球果圆柱形，长达13.5cm，成熟时红褐色。

原产欧洲中南部；久经栽培，并有许多栽培变种。耐寒性强。原种在我国无锡等地有少量栽培。

【油杉属 ***Keteleeria***】常绿乔木；叶扁线形，两面中肋隆起，背面苍绿色。球果顶生，直立，果鳞宿存。约8～12种，产东亚；大部分产中国。

（31）**云南油杉**（云南杉松）

Keteleeria evelyniana Mast.

〔Evelynia Keteleeria〕

树高达40m；干皮厚而粗糙，不规则深纵裂。一年生枝粉红至淡褐红色，有褐色毛。叶较厚，长2～6.5(9)cm，宽2～3mm，先端尖，成不规则二列状。球果圆柱形，长15～20cm，径约5cm，果鳞上缘向外反卷。花期4～5月；球果10月成熟。

产我国西南部高原，在昆明温泉附近山上可见成片纯林。喜光，不耐荫，喜温暖湿润及干湿季明显的气候，抗旱性较强；主根发达，生长较慢。为云贵高原造林树种，天然更新能力很强。

图9　云南油杉

(32) **铁坚油杉**(铁坚杉)

Keteleeria davidiana (Bertr.) Beissn.

高达30～40m；小枝淡黄灰色、灰色或黄色，无毛。叶扁线形，长3～4cm，宽2～3mm，先端尖。球果圆柱形，长8～21cm，果鳞上缘微向外反卷。花期4月；球果10月成熟。

产甘肃东南部、陕西南部、湖北西部、贵州北部和四川等地。是油杉属中最耐寒的一种。

图10 油 杉

(33) **油 杉**

Keteleeria fortunei (Murr.) Carr.

高达30m，树冠塔形；小枝红褐色或淡褐色。叶长1.2～3cm，宽2～4mm，先端圆或钝，表面无气孔线。果鳞宽圆形，上部边缘微向内曲。花期3～4月；球果10月成熟。

产福建、广东、广西山地。喜光，喜暖湿气候及酸性土壤；主根发达，生长快。为产区造林及风景园林树种。

变种**江南油杉**(浙江油杉) var. ***cyclolepis*** (Flous) Silba 与原种的主要区别是：叶表面有时在中上部或中脉两侧有气孔线；球果长7～15cm，果鳞斜方形或斜方状卵形，边缘微向外卷。产我国长江以南地区山地。杭州植物园有栽培，生长良好。

图11 黄 杉

【黄杉属 *Pseudotsuga*】常绿乔木；小枝具微隆起之叶枕，顶芽尖。叶线形扁平，表面中肋凹下，背面有两条白色气孔带，在小枝上成二列状。球果下垂，果鳞宿存，苞鳞显著外露并3裂。约6种；中国3～4种，引入2种。

(34) **黄 杉**

Pseudotsuga sinensis Dode

〔Chinese Douglas Fir〕

树高达50m；小枝通常有褐色短毛。叶长1.5～2cm，宽2mm，先端凹缺，淡黄绿色。球果卵形，长4～8cm；果鳞扁斜方形，露出部分密被褐色毛，苞鳞露出部分向后反曲。花期4～5月；球果10～11月成熟。

产云南、贵州、四川、湖北、湖南等地，多生于海拔1800～2800m的深山。喜光，喜温暖湿润气候及带酸性之土壤，能耐冬春干旱。材质优良，为产区造林用材树种；也可作园林绿化树种。

图12 华东黄杉

(35) **华东黄杉**(浙皖黄杉)

Pseudotsuga gaussenii Flous

〔Gaussen Douglas Fir〕

树高可达 40m；小枝密生褐色毛。叶长 2～3cm，先端凹缺。球果圆锥状卵形或卵圆形，长 3.5～5cm，果鳞肾形，外露部分无毛或近于无毛。花期 4～5 月；球果 10 月成熟。

产浙江西部和南部、安徽南部及江西东北部山地；杭州植物园和上海植物园有栽培。喜温暖湿润气候，喜光，耐侧方庇荫。材质优良，为产区造林用材树种。树姿挺拔雄伟，也宜作风景及观赏树种。有学者将该种并入**黄杉**（*P. sinensis* Dode）。

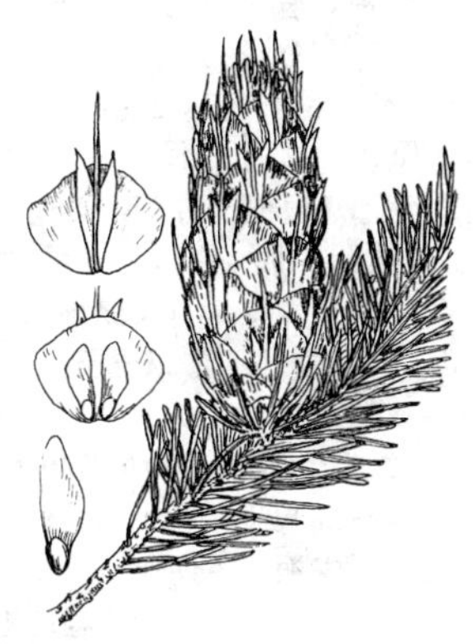

图 13　北美黄杉

(36) **北美黄杉**（花旗松）

Pseudotsuga menziesii (Mirb.) Franco

〔Douglas Fir〕

大乔木，一般高 22m，原产地最高可达 100 余米，胸径 12m。树皮幼时平滑，老则深裂成鳞状；小枝灰黄色，略下垂。叶长 1.5～3cm，宽 1～2mm，先端钝或微尖，背面气孔带灰绿色。球果长约 8cm。

原产北美太平洋沿岸，是北美最重要的用材树种之一。树干通直高大，树冠尖塔形，壮丽而优美，寿命长达 1400 年。我国庐山（1935 年引种）、北京、青岛等地有栽培。

【铁杉属 ***Tsuga***】常绿乔木；小枝具隆起之叶枕。叶线形扁平，有短柄，背面有两条白色气孔带。球果小，通常下垂，苞鳞不露或微露出。16 种，产东亚及北美；中国 7 种。

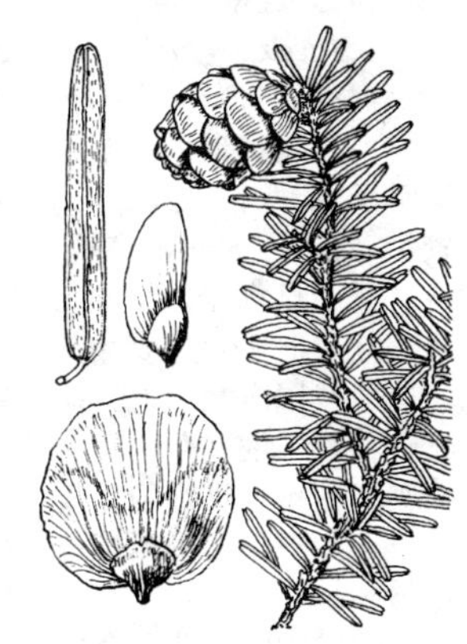

图 14　铁　杉

(37) **铁　杉**（南方铁杉）

Tsuga chinensis (Franch.) Pritz.

(*T. tchekiangensis* Flous)

〔Chinese Hemlock〕

树高可达 30～50m，树冠塔形；小枝槽内有短毛。叶长 1～2.7cm，宽1.5～3mm，先端凹缺，通常全缘，背面初有白粉，后渐脱落。球果卵形，长1.5～2.5cm，种鳞 5 边状卵形至近圆形，边缘略向内卷。花期 3～4 月；球果 10 月成熟。

产我国中西部至东南部。喜生于雨量高、云雾多、气候凉润、土壤酸性而排水良好的山区。极耐荫，生长慢，寿命长，浅根性。树干通直，树体高大，姿态优美，是珍贵用材和绿化、观赏树种。

(38) **云南铁杉**（喜马拉雅铁杉）

Tsuga dumosa (D. Don) Eichl. (*T. yunnanensis* Pritz.)

〔Yunnan Hemlock〕

树高达 40m；小枝密生褐色短毛。叶长 1～2.4cm，先端尖或钝，有时微凹缺，边缘中部以上常具细微锯齿，背面有显著的白粉带。球果长卵形，长1.5～2.5cm，种鳞薄，上部边缘微外曲。花期4～5月；球果10～11月成熟。

产喜马拉雅地区，我国西藏南部、云南及四川高山有分布。为产区重要森林树种。喜凉润多雨气候，耐荫性强。材质坚硬致密，耐水湿。

〔附〕**加拿大铁杉** *T. canadensis* (L.) Carr. 〔Canada Hemlock, Eastern Hemlock〕 高达24m，树冠阔圆锥形；叶长达1.2cm，先端钝或稍尖，缘有细微锯齿，表面暗绿色，背面有银白色气孔带，排成二列状；球果卵形，长1.3～2cm，有短柄。原产北美；有许多栽培变种。

【云杉属 *Picea*】常绿乔木；小枝具显著叶枕及沟槽。叶针形，横断面四方形、菱形或近扁平，无柄。球果下垂，果鳞薄。约35种，产欧洲、亚洲及北美洲；中国约14种及若干变种，引入2种。

(39) **云　杉**

Picea asperata Mast. 〔Dragon Spruce〕

树高可达45m；小枝淡黄褐色，常有短柔毛，多少有白粉。针叶长1～2cm，先端尖，横切面菱形，灰绿色或蓝绿色。球果圆柱形，长6～10cm，成熟前绿色。花期4～5月；球果9～10月成熟。

产陕西、甘肃及四川高山，常组成大面积纯林。喜凉润气候及深厚而排水良好的酸性土壤，较喜光，耐荫，耐干冷；浅根性。本种分布面积广，材质优良，是我国西南、西北高山林区主要用材树种。树形优美，宜作庭园观赏树及风景树。

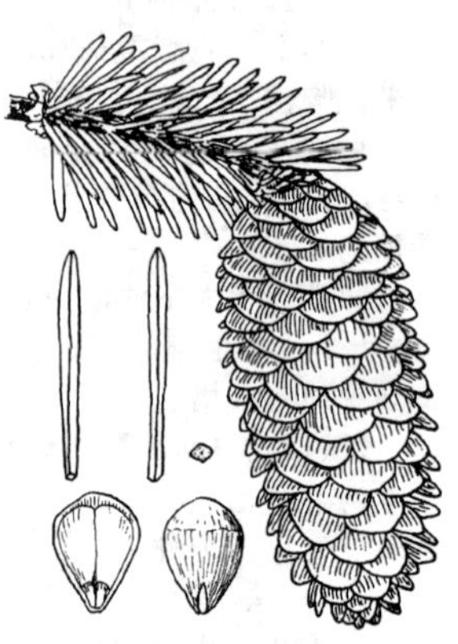

图15　红皮云杉

(40) **红皮云杉**

Picea koraiensis Nakai 〔Korean Spruce〕

树高达30余米；小枝细，径2～4mm，淡红褐色至淡黄褐色，无白粉，基部宿存的芽鳞先端常反曲。针叶长1.2～2.2cm，先端尖。球果较小，长5～8cm，果鳞先端圆形，露出部分平滑，无明显纵槽，球果成熟前绿色。花期5～6月；球果9～10月成熟。

产我国东北山地，在小兴安岭和吉林山区习见；朝鲜、俄罗斯也有分布。喜空气湿度大、土壤肥厚而排水良好的环境，较耐荫，耐寒，也耐干旱；浅根性，侧根发达，生长较快。是良好的用材和绿化树种，在东北一些城市已用于街道绿化及庭园观赏。北京有引种栽培，生长良好。

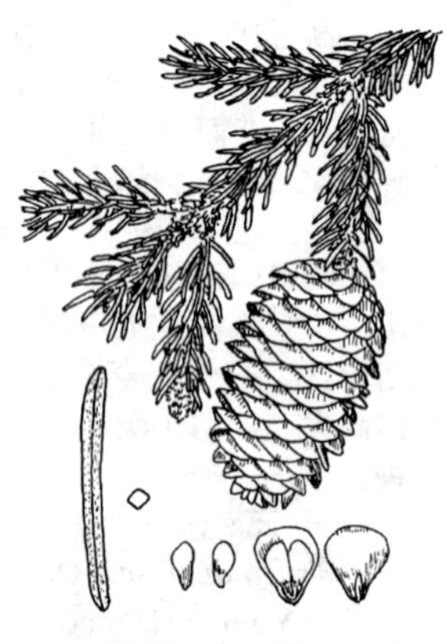

图16　白　杄

(41) **白　杄**

Picea meyeri Rehd. et Wils.

〔Meyer's Spruce〕

树高达30m；小枝常有短柔毛，淡黄褐色，有白粉；小枝基部宿存芽鳞反曲或开展。针叶长

1.3～3cm，微弯曲，横切面菱形，先端微钝，粉绿色。球果圆柱形，幼时常紫红色。花期 4 月；球果 9～10 月成熟。

产河北、山西及内蒙古等省区高山。喜较冷凉湿润气候，幼树耐荫性较强；生长较慢。为用材及绿化、观赏树种。北京、济南等地园林绿地中常见栽培。

(42) **青　杄**

Picea wilsonii Mast. 〔Wilson Spruce〕

树高可达 50m；小枝细，色较浅，淡灰黄或淡黄色，通常无毛，基部宿存的芽鳞紧贴小枝。针叶较短，长 0.8～1.3cm，横切面菱形或扁菱形，四面均为绿色，先端尖。球果长 4～7cm，成熟前绿色。花期 4 月；球果 10 月成熟。

广布于内蒙古、河北、山西、陕西、甘肃、青海、四川及湖北等省区高山。耐荫，喜温凉气候及湿润、深厚而排水良好的酸性土壤，适应性较强；生长缓慢。是用材及绿化、观赏树种。北京、青岛、济南等城市园林绿地中有栽培。

〔附〕**大果青杄 *P. neoveitchii*** Mast.　与青杄相似，但叶较粗长，长 1.5～2.5cm；球果较大，长 8～14cm。产湖北西部、陕西南部及甘肃东南部。北京植物园有栽培。

(43) **鱼鳞云杉**（鱼鳞松）

Picea jezoensis Carr. var. ***microsperma***（Lindl.）Cheng et L. K. Fu 〔Yeddo Spruce〕

树高 40～50m，大枝水平开展形成圆锥形树冠。小枝不下垂，冬芽圆锥形；1 年生枝褐色、淡黄褐色或淡褐色，无毛或疏生短毛。叶横断面扁平或扁三角形，仅腹面有两条气孔带，背面无气孔线。球果长 4～6(9)cm，果鳞卵状椭圆形或菱状椭圆形。花期 5～6 月；球果 9～10 月成熟。

产我国东北大、小兴安岭及松花江中下游林区；俄罗斯也有分布。阴性，耐寒力强，适生于深厚、湿润、排水良好的微酸性土壤中，稍耐湿；浅根性，抗风力弱。树形优美，球花也很别致，宜栽作园林绿化树种。

〔附〕**长白鱼鳞云杉 *P. jezoensis*** var. ***komarovii***（V. Vassil.）Cheng et L. K. Fu　与鱼鳞云杉的主要区别是：1 年生枝黄色或淡黄色，间或微带淡褐色，无毛；球果较短，长 3～4cm，中部果鳞菱状卵形。产吉林长白山；朝鲜及俄罗斯远东地区也有分布。

(44) **日本云杉**（针枞，虎尾枞）

Picea torana（Sieb. et Zucc.）Koehne 〔Tiger-tail Spruce〕

高达 35m；小枝粗（径 3～4mm），冬芽大（长 6～10mm）。针叶粗硬，长 1.5～2(2.5)cm，横切面菱形，高大于宽，先端锐尖。

原产日本。我国青岛、杭州、北京等地有少量栽培，供观赏。

(45) **欧洲云杉**（挪威云杉）

Picea abies（L.）Karst. 〔Norway Spruce〕

原产地树高 36～60m，树冠窄尖塔形；大枝斜展，小枝常下垂。1 年生枝红褐色至橘红色，冬芽上部芽鳞显著反卷。针叶鲜绿色，长 1.2～2.5cm，横切面菱形，先端急尖。球果细长，长 10～15(20)cm，果鳞菱状卵形。

原产北欧至中欧。喜凉润气候及深厚、湿润之酸性土壤。是当地重要造林及园林树种。常栽培作为圣诞树用，有许多变种和品种，其中若干在庭园布置，尤其在欧洲岩石园点缀中，可起重要作用。我国庐山、熊岳、青岛及华东一些城市有栽培，生长良好。

（46）**蓝粉云杉**

Picea pungens Englm. f. ***glauca***（Reg.）Beissn.

（*P. pungens* 'Glauca'）〔Colorado Blue Spruce〕

高达30m；小枝黄褐色，无毛。针叶4棱，硬而尖，长达3cm，近于银白的蓝绿色，在小枝上呈螺旋状排列。球果长达10cm.

原产北美西部山地；在美国及北欧广泛栽作观赏树。耐寒，耐干旱，抗空气污染。北京植物园有引种栽培。在众多的绿色树木中出现蓝灰色的树种是十分引人注目的，它在风景构图中有特殊的作用。

（47）**丽江云杉**

Picea likiangensis（Franch.）Pritz.〔Likiang Spruce〕

高达35～45(50)m；小枝淡褐色或带红色，常有短毛。针叶长0.6～1.5cm，横切面菱形，上面每边有白色气孔线5～6条，下面无气孔线或仅有1～3条不完整的气孔线，先端尖。球果长7～12cm，成熟前鳞背绿色，上部边缘红紫色。花期4～5月；球果9～10月成熟。

产云南西北部、四川西南部及西藏东南部高山。要求排水良好、阳光充足的立地条件；生长较快。材质优良，为产地造林用材树种。幼果及雄花序在4～5月时呈美丽的红色，宜栽作庭园绿化及观赏树。

（48）**雪岭云杉**（天山云杉）

Picea schrenkiana Fisch. et Mey.

高达35～40m，树冠窄塔形；树皮暗褐色。小枝淡黄色或黄色，下垂，基部宿存芽鳞排列较松。针叶4棱，长2～3.5cm。球果圆柱形，长8～10cm，成熟前暗紫色或绿色，果鳞三角状倒卵形。花期5～6月；球果9～10月成熟。

产新疆天山地区及昆仑山西部；哈萨克斯坦及吉尔吉斯斯坦也有分布。阴性，浅根性，对水分条件要求较高。为优良用材及风景树种，在天池周围形成美丽的森林。现已用作新疆城市绿化树种。

（49）**青海云杉**

Picea crassifolia Kom.

高达23m；1年生枝红褐色，多少被白粉，有毛或近无毛；冬芽圆锥形，宿存芽鳞开展或反曲。针叶4棱形，长1～3.5cm，顶端钝尖或钝。球果圆柱形，长7～11cm，熟时褐色。

产甘肃、青海、宁夏及内蒙古山地。喜光，耐旱，耐寒；生长快。我国西北地区可用作造林和城乡绿化树种，在新疆、兰州等地有栽培。

（50）**长叶云杉**

Picea smithiana（Wall.）Boiss.〔Himalayan Spruce〕

高达50m，胸径1.7m；大枝平展，小枝细长下垂。针叶细长，长3.5～5.5cm，先端尖，微弯，横切面高大于宽或近四方形；在枝上辐射斜上伸展。球果长12～18cm，亮紫褐色。

产喜马拉雅山脉南坡，我国西藏吉隆及尼泊尔、阿富汗、印度北部有分布；上海、北京有引种。小枝细长下垂，有较高的观赏价值。

【银杉属 *Cathaya*】1种，中国特产。

(51) **银　杉**

Cathaya argyrophylla Chun et Kuang

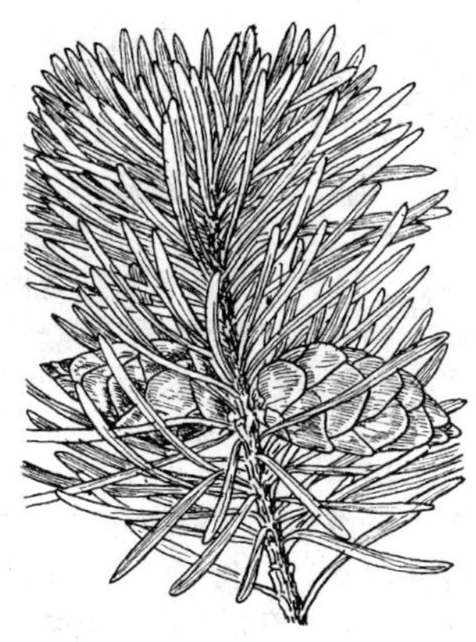
图17　银　杉

常绿乔木，高达20余米。叶线形扁平，长2.5～5cm，宽约2mm，表面绿色，中脉凹下，背面中脉隆起，有2条白色气孔带；螺旋状着生，但枝端之叶密集呈簇生状。球果腋生，先直立，后下垂，当年成熟。花期5月；球果10月成熟。

我国特产稀有古生树种，也是国家一级保护树种。分布于广西花坪、四川金佛山、贵州道真县及湖南新宁等地。喜温暖湿润气候及排水良好之酸性土壤。叶背的银白带使植株极富观赏价值，可植于园林绿地观赏。

【落叶松属 ***Larix***】落叶乔木；叶线形扁平，宽度小于2mm，在长枝上螺旋状互生，在短枝上簇生。球果直立，当年成熟，果鳞革质，宿存。15种，产北半球高山至寒带；中国10种2变种，引入栽培2种。

(52) **华北落叶松**

Larix principis-rupprechtii Mayr

〔Prince Rupprecht's Larch〕

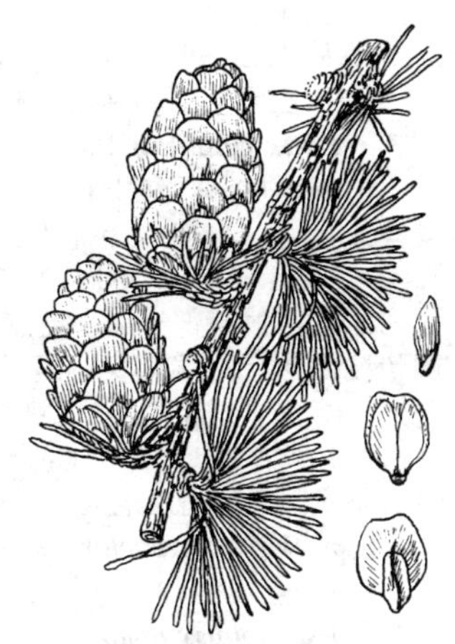
图18　华北落叶松

高达30m；1年生小枝淡黄褐色，无白粉，径约1.5～2.5mm。叶长2～3cm，宽约1mm。球果长卵形，长2～3.5(4)cm，苞鳞暗紫色，微露出。花期4～5月；球果10月成熟。

产华北地区高山上部。强阳性，甚耐寒。材质优良，树形优美，为华北高山造林用材及绿化树种。

(53) **落叶松**（兴安落叶松）

Larix gmelini（Rupr.）Rupr.

〔Dahurian Larch〕

高达35m；1年生小枝较细，径约1mm，淡黄色。球果中部果鳞五角状卵形，长大于宽，先端平截或微凹，略向外反卷。花期5～6月；球果9月成熟。

产东北大、小兴安岭山地，是东北林区主要森林树种之一；俄罗斯西伯利亚地区也有分布。强阳性，耐寒力强，喜温凉湿润气候，对土壤要求不严，较耐湿，适应性强。在东北地区可用作园林绿化树种。

(54) **黄花落叶松**（黄花松，长白落叶松）

Larix olgensis Henry〔Korean Larch〕

高达30m；1年生小枝淡红褐色或淡褐色，径约1mm，有毛，无白粉。球果中部果鳞方圆形或方状广卵形，长宽近相等。花期5月；球果10月成熟。

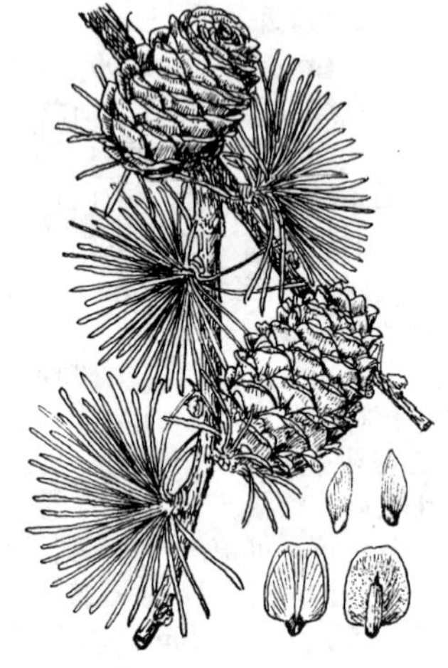

图 19　日本落叶松

产我国东北长白山及老爷岭山区；朝鲜北部及俄罗斯远东地区也有分布。强阳性，耐严寒，适应性较强，喜湿润（常生长在沼泽地上），也耐干旱和轻碱；浅根性，生长较快。是东北地区主要速生用材树种之一。树形优美，也宜作园林绿化及风景林树种。

(55) **日本落叶松**

Larix kaempferi (Lamb.) Carr.

〔Japanese Larch〕

树高达 30m；1 年生小枝淡黄色或淡红褐色，有白粉，幼时有褐毛。叶长 1.5～3.5cm。球果卵球形，长 2～3.5cm；果鳞显著向外反曲，背面常有褐腺毛；苞鳞不外露。花期 4～5 月；球果 9～10 月成熟。

原产日本；我国东北南部及山东、河南、天津、北京等地有栽培。喜光，喜肥厚的酸性土壤，适应性强，抗早期落叶病，虫害少，生长快。是园林绿化、风景林及荒山造林优良树种。有**金斑叶**'Aureo-variegata'、**垂枝**'Pendula'、**矮生**'Nana' 及**平卧**'Prostrata' 等品种。

(56) **红　杉**（西南落叶松）

Larix potaninii Batal.〔Chinese Larch〕

图 20　红　杉

树高达 50m；小枝下垂，1 年生枝红褐色或淡紫褐色，初有毛，后脱落。叶条形，长 1.2～3.5cm，表面中脉隆起。球果圆柱形，长 3～5cm；种鳞背部有细小瘤点和短毛；苞鳞长圆状披针形，先端渐尖，显著露出，不反折。花期4～5 月；球果 10 月成熟。

产甘肃南部、四川北部至西部的高山地带。是我国西部高山地区重要造林树种。

【金钱松属 ***Pseudolarix***】1 种，中国特产。

(57) **金钱松**

Pseudolarix amabilis (Nels.) Rehd.

(*P. kaempferi* Gord.)

〔Golden Larch〕

落叶乔木，高可达 40m；树冠圆锥形；有明显的长短枝。叶线形，扁平，长 3～7cm，宽 2～3.5cm，柔软而鲜绿，在长枝上螺旋状排列，在短枝上轮状簇生，入秋变黄如金钱。雄球花簇生。球果当年成熟，果鳞木质，熟时脱落。花期 4～5 月；球果 10～11 月成熟。

中国特产，分布于长江下游一带。强阳性，喜温暖多雨气候及深厚、肥沃的酸性土壤，耐寒性不强；深根性，抗风力强，生长较慢。播种繁殖。本种树姿优美，叶态秀丽，秋叶金黄，为世界名贵庭园观赏树种之一。也是产区造林用材树种；根皮可药用。

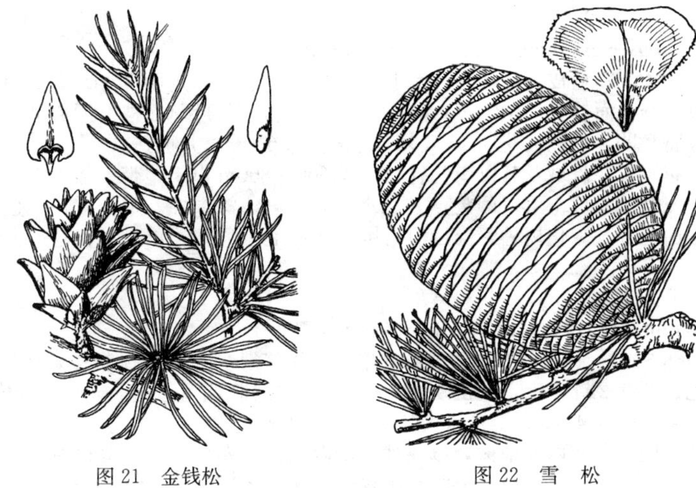

图 21 金钱松　　图 22 雪 松

栽培变种**矮金钱松‘Nana’** 丛生状，高仅 1m，更适于盆栽观赏。

【雪松属 ***Cedrus***】4 种，产亚洲及北非；中国栽培 2 种。

(58) **雪 松**

Cedrus deodara (Roxb.) G. Don〔Himalayan Cedar, Indian Cedar〕

常绿乔木，在原产地高达 75m，树冠圆锥形；大枝平展，小枝略下垂。叶针形，长 2.5～5cm，横切面三角形，灰绿色，在长枝上散生，在短枝上簇生。球果长 7～12cm，翌年成熟，果鳞脱落。花期 10～11 月；球果翌年 10 月成熟。

原产喜马拉雅山脉西部海拔 1000～4000m 地带。喜光，稍耐荫，喜温和凉润气候，有一定的耐寒性，对过于湿热的气候适应能力较差；不耐水湿，较耐干旱瘠薄，但以深厚、肥沃、排水良好的酸性土壤生长最好；浅根性，抗风力不强；抗烟害能力差，幼叶对二氧化硫和氟化氢极为敏感。播种或扦插繁殖。树姿优美，终年苍翠，是珍贵的庭园观赏及城市绿化树种。我国长江中下游各城市普遍栽培，20 世纪 50 年代末以来北京、大连等北方城市也有较多栽植，为绿化、美化城市起着重要的作用。

有**垂枝**‘Pendula’、**曲枝**‘Raywood's Contorted’、**金叶**‘Aurea’(春天嫩叶金黄色) 等品种。

〔附〕**北非雪松 *C. atlantica*** (Endl.) Manetti〔Atlas Cedar〕 高达 30m；枝平展或斜展，不下垂。针叶较短，长 1.5～3.5cm，横切面四角状。球果长 5～7cm。原产非洲西北部阿特拉斯山区。我国南京等地有引种栽培。有**金叶**‘Aurea’、**银白叶**‘Argentea’、**蓝叶**‘Glauca’、**垂枝**‘Pendula’、**蓝叶垂枝**‘Glauca Pendula’及**窄冠**‘Fastigiata’等品种。

【松属 ***Pinus***】常绿乔木；叶针形，2、3 或 5 针 1 束，基部有叶鞘。雄球花聚生于新枝下部，雌球花生于新枝顶部；球果翌年成熟，果鳞端厚。约 110 种，产欧亚、北美及非洲；中国产 22 种及若干变种，引入十余种。

(59) **马尾松**

Pinus massoniana Lamb. 〔Masson Pine〕

高达 40m；树皮下部灰褐色，上部红褐色，裂成不规则的厚块片。针叶 2 针 1 束，细长而软，长 12～20cm，下垂或略下垂，针叶丛在枝上形似马尾。果鳞的鳞脐微凹，无刺。花期 4～5 月；球果翌年 10～12 月成熟。

广布于长江流域及其以南各省区海拔 600～800m 以下地带。强阳性，喜温暖多雨气候及酸性土壤，耐瘠薄，忌水涝和盐碱；深根性，生长较快。是产区重要荒山造林及绿化树种，惟目前马尾松林松毛虫危害严重，不宜营造大面积单纯林。

(60) **油　松**

Pinus tabulaeformis Carr. 〔Chinese Pine〕

高达 30m；干皮深灰褐色或褐灰色，鳞片状裂，老年树冠常成伞形；冬芽灰褐色。针叶 2 针 1 束，较粗硬，长 6.5～15cm，树脂道边生。球果鳞背隆起，鳞脐有刺。花期 4～5 月；球果翌年 9～10 月成熟。

产我国华北及西北地区，以陕西、山西为其分布中心；朝鲜也有分布。强阳性，耐寒，耐干旱、瘠薄土壤，在酸性、中性及钙质土上均能生长；深根性，生长速度中等，寿命可长达千年以上。树姿苍劲古雅，枝叶繁茂，在华北的园林、风景区极为常见；同时也是华北、西北中海拔地带最主要的荒山造林树种。常见变种有：

①**黑皮油松** var. ***mukdensis*** Uyeki　树皮黑灰色。产河北承德以东至辽宁沈阳、鞍山等地。

②**扫帚油松** var. ***umbraculifera*** Liou et Wang　小乔木，大枝斜上形成扫帚形树冠。产辽宁千山和天津盘山。嫁接繁殖。

(61) **黑　松**（日本黑松）

Pinus thunbergii Parl. 〔Japanese Black Pine〕

高达 30～40m；干皮黑灰色；冬芽灰白色。针叶 2 针 1 束，粗硬，长 6～12cm，深绿色，常微弯曲，树脂道 6～11，中生。球果成熟时褐色，果鳞的鳞脐具短刺。花期 4～5 月；球果翌年 10 月成熟。

原产日本及朝鲜南部，多生于沿海地区；我国华东沿海城市及大连普遍栽培。强阳性，耐干旱、瘠薄及盐碱土，抗海潮风，适于温暖多湿的海滨生长，在山东沿海地区生长旺盛，抗松毛虫及松干蚧能力较强。栽培变种有：

①**花叶黑松 'Aurea'**　针叶基部黄色。

②**蛇目黑松 'Oculus-draconis'**　针叶上有 2 黄色段。

③**虎斑黑松 'Trigrina'**　针叶上有不规则的黄白斑。

④**垂枝黑松 'Pendula'**　小枝下垂。

⑤**锦松 'Corticosa'**（'Tsukasa'）　树干木栓质树皮特别发达并深裂，形态奇特。是制作盆景的好材料，上海等地有栽培。

〔附〕**欧洲黑松 *P. nigra*** Arn. 〔Austrian Pine, Black Pine〕　与黑松的主要区别：冬芽淡褐色；针叶长 8～18cm，树脂道 3(～6)；球果熟时黄褐色。原产欧洲南部、亚洲西南部及非洲西北部山地。适应性强，有许多栽培变种。辽宁、河北、河南、山东、江苏、浙江及江西等地有栽培。

(62) **赤　松**（日本赤松）

Pinus densiflora Sieb. et Zucc.

〔Japanese Red Pine〕

高达 30～40m；干皮红褐色，裂成鳞状薄片剥落。小枝橙色或淡黄色，略被白粉，无毛。针叶 2 针 1 束，细软而较短，长 8～12cm，暗绿色，树脂道边生。果鳞较薄，鳞盾平。花期 4 月；球果翌年 9～10 月成熟。

产我国北部沿海山地至东北长白山低海拔处；日本、朝鲜、俄罗斯也有分布。强阳性，耐瘠薄，不耐盐碱土；深根性，抗风力强。纯林常遭松毛虫、松干蚧危害。常见有下列栽培变种：

①**平头赤松**（千头赤松）**'Umbraculifera'** 丛生大灌木状，高达 3～4m，树冠呈伞形平头状。沪、杭、宁一带时见植于庭园观赏。

②**球冠赤松 'Globosa'** 树干矮，枝自基部丛生向上，形成球形树冠；叶较短而密生。宜作盆景观赏。

图 23　赤　松

③**垂枝赤松 'Pendula'** 枝下垂。沪、杭等地庭园偶见栽培观赏。

④**白爪赤松 'Albo-terminata'** 针叶先端白色或黄白色。

⑤**蛇目赤松 'Oculus-draconis'** 针叶中下部黄白色。

⑥**蛇目垂枝赤松 'Pendula Oculus-draconis'** 枝下垂；针叶中下部黄白色。

⑦**蛇目平头赤松 'Umbraaculifera Oculus-draconis'** 针叶中下部黄白色，其余特征同平头赤松。

(63) **黄山松**（台湾松）

Pinus taiwanensis Hayata 〔Taiwan Pine〕

高达 30m；干皮深灰褐色，裂成鳞状厚块片。小枝淡黄褐色或暗红褐色，无毛；冬芽深褐色。针叶 2 针 1 束，稍粗硬，长 7～10cm，树脂道中生。果鳞鳞脐具短刺；种子有红色斑纹。花期 4～5 月；球果翌年 10 月成熟。

产长江中下游海拔 800～1800m 酸性土山地，在皖南黄山上部、皖西天柱山及赣北庐山上部均构成优美的风景林。喜光，喜凉润的中山气候，耐瘠薄，抗风力极强。在平原地区生长不良，但可作盆景材料。材质较马尾松好，是重要造林用材树种。

(64) **欧洲赤松**

Pinus sylvestris L. 〔Scotch Pine〕

在原产地树高达 40m；树皮红褐色，裂成薄片脱落；冬芽红褐色，有树脂。针叶 2 针 1 束，长 3～7cm，径约 1.6mm。球果熟时暗黄褐色，长 4～6.5cm，鳞脐钝状或瘤状。

原产欧洲，是当地常见的森林树种；有许多栽培变种。我国东北（抚顺、辽阳、熊岳、大连）及北京植物园等地有栽培。中国有以下两个变种：

①**樟子松** var. ***mongolica*** Litv.　高达 30m；树干下部深纵裂，灰褐色或黑

褐色，上部树皮黄色至褐黄色，裂成薄片脱落；冬芽淡褐黄色。针叶长 4～9cm，径 1.5～2mm，常扭曲，黄绿色。球果熟时淡绿褐色，鳞脐隆起特高。花期 5～6 月；球果翌年 9～10 月成熟。

产东北大兴安岭山区，是当地主要森林树种之一。强阳性，极耐干冷气候及瘠薄土壤；深根性，主、侧根均发达，抗风沙。是沈阳以北山区及沙丘地带重要的造林树种，防风固沙作用显著。也可作为园林绿化树种，北京园林绿地中有栽培，在新疆乌鲁木齐等地生长良好。

②**长白松**（长白赤松）var. ***sylvestriformis***（Takenouchi）Cheng et C. D. Chu 树干中上部树皮棕黄至金黄色，裂成薄鳞片脱落；冬芽红褐色。针叶长 5～8cm，径 1～1.5mm，绿色。球果熟时淡褐灰色。

产东北长白山北坡海拔 800～1600m 地带。当地 10 年生以上的树外皮脱落后露出光亮优美的赤黄色皮，树枝集中于树顶部，呈伞形树冠，观赏价值高，故有“美人松”之称。哈尔滨、北京植物园等地有栽培。

(65) **海岸松**

Pinus pinaster Ait. 〔Cluster Pine, Maritime Pine〕

高达 30m；小枝淡红褐色，无白粉；冬芽褐色，无树脂。针叶 2 针 1 束，长而粗硬，长 10～20(25)cm，径 2mm，常扭曲。球果大，长 10～18cm，鳞盾显著隆起，鳞脐有刺。

原产地中海沿岸。我国南京、云台山及上海等地有引种栽培，生长良好，长势旺盛。是很有发展前途的造林绿化树种。

(66) **北美短叶松**（班克松）

Pinus banksiana Lamb. 〔Jack Pine〕

原产地高达 25m，有时呈灌木状；树皮黑褐色；小枝黄绿色，光滑。针叶 2 针 1 束，短而粗，长 2～3(4)cm，径约 2mm，通常扭曲。球果小，长 3～5cm，基部歪，鳞盾平，鳞脐无刺。

原产北美东北部。我国东北一些城市及北京、青岛、庐山、鸡公山等地有引种栽培。阳性，耐干旱，生长较慢。

(67) **白皮松**

Pinus bungeana Zucc. ex Endl. 〔Lace-bark Pine〕

高达 30m，有时多分枝而缺主干。树干不规则薄鳞片状剥落后留下大片黄白色斑块，老树树皮乳白色。针叶 3 针 1 束，长 5～10cm，叶鞘早落。花期 4～5 月；球果翌年 10～11 月成熟。

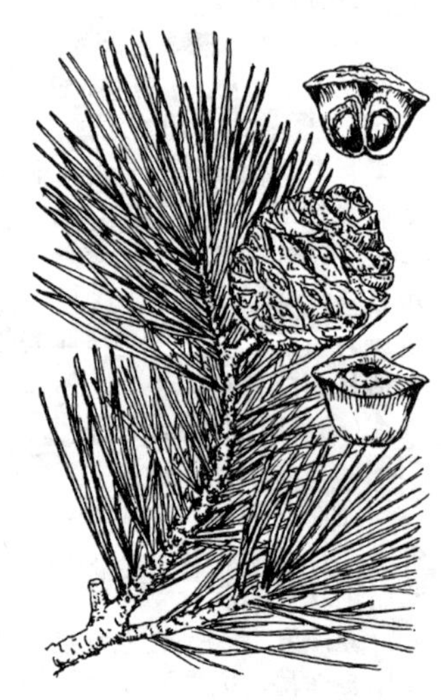
图 24 白皮松

产中国和朝鲜，是华北及西北南部地区的乡土树种。喜光，适应干冷气候，耐瘠薄和轻盐碱土壤，对二氧化硫及烟尘抗性强；生长缓慢，寿命可长达千年以上。树姿优美，树皮洁白雅净，为珍贵庭园观赏树种。常植于公园、庭院、寺庙及墓地，北京尤多古树，生长好；

长江流域各城市也有少量栽培，但生长较差。

(68) **云南松**

Pinus yunnanensis Franch. 〔Yunnan Pine〕

高达 30m；1 年生枝粗壮，淡红褐色；冬芽红褐色。针叶 3 针 1 束，间或 2 针 1 束，长 10～30cm，较软而略下垂，叶鞘宿存。球果较小，长 6～8cm。花期 4～5 月；球果翌年 10 月成熟。

产我国西南部高原山区，云南为其中心产区。强阳性，适应性强，能耐冬春干旱气候及瘠薄土壤；天然更新力强，能飞籽成林。是西南高原主要造林用材及绿化树种。北京植物园有少量栽培。

(69) **长叶松**（大王松）

Pinus palustris Mill. 〔Longleaf Pine〕

原产地高达 45m；1 年生小枝粗壮，橙褐色；冬芽大，银白色，无树脂。针叶较刚硬，3 针 1 束，长 20～45cm，呈垂发状，叶鞘宿存。球果长 15～20cm；种子具脱落性长翅。

原产美国东南部及南部各州。喜湿热的海洋性气候。是当地用材和采树脂树种。我国华东一些城市有栽培，供观赏。

〔附〕**喜马拉雅长叶松 *P. roxburghii*** Sarg. 高达 30～45m；针叶 3 针 1 束，长 20～35cm，下垂，旱季落叶；球果长卵形，长 10～20cm，种子具不脱落性之长翅。产印度之喜马拉雅山南部及阿富汗等山地；我国藏西南部吉隆有分布。

(70) **美国黄松**（西黄松）

Pinus ponderosa Dougl. ex Laws. 〔West Yellow Pine〕

一般高约 20m，原产地树最高可达 75m；树干通直高大，干皮深纵裂，侧枝较短，下部枝常下垂。小枝粗壮，折断后有香气；冬芽褐色，有树脂。针叶较粗硬而长，灰绿色，长 12～26(36)cm，扭曲，通常 3 针 1 束，间有 4 或 5 针 1 束，叶鞘宿存。球果卵形，紫褐色，长 8～20cm，常与少数基部鳞片分离。

原产美国西部。高大雄伟，是当地重要用材树种。耐盐碱，适应性较强。我国哈尔滨、锦州、熊岳、大连、北京、南京、庐山、鸡公山等地有引种栽培，生长尚好。

(71) **湿地松**

Pinus elliottii Engelm. 〔Slash Pine〕

高达 25～35m，树干通直；树皮紫褐色，不规则块状开裂；冬芽灰褐色。针叶 3 针及 2 针 1 束，长 15～25(30)cm，较粗硬，径约 2mm，叶鞘宿存。果鳞鳞脐有短刺；种翅易脱落。花期 2～3 月；球果翌年成熟。

原产北美东南海岸。强阳性，喜温暖多雨气候，较耐水湿和盐土，不耐干旱，抗风力较强。播种或扦插繁殖。我国长江流域至华南地区有引种栽培，生长较马尾松快，抗病虫力强，已成为我国南方速生优良用材树种之一。

〔附〕**加勒比松 *P. caribaea*** Morelet 〔Caribbean Pine〕 与湿地松相似，但嫩枝粉绿色，后变黄褐色；针叶 3 针 1 束，间有 4 或 5 针 1 束；种翅基部不易脱落而残留于种子上。原产中美洲一些岛屿。华南地区有引种，生长良好，抗风力强，表现为速生、干直，但很不耐寒。

(72) **火炬松**

Pinus taeda L. 〔Loblolly Pine〕

树高达30m，树冠形似火炬；树皮红褐色，深裂，宽鳞片状脱落；冬芽淡褐色，芽鳞分离，并有反曲尖头。针叶3针1束，罕2或4针1束，长12～23cm，较湿地松稍细，径约1.5mm，蓝绿色。球果无柄，对称腋生。

原产美国东南部低山区，是重要用材树种。较耐荫，喜温暖湿润气候及酸性土壤，耐干旱瘠薄，不耐水湿和盐碱。播种或嫁接繁殖。我国南方有引种栽培，生长较马尾松快，干形直，可推广为长江以南低山、丘陵地带造林绿化树种。

(73) **刚　松**

Pinus rigida Mill. 〔Pitch Pine〕

树高达25m，树干有不定芽长出的枝叶；枝条每年能生长数轮，1年生枝红褐色。针叶3针1束，长8～16cm，暗绿色，较刚硬而扭转。球果无柄，卵状圆锥形，长3～9cm，鳞脐具刺尖。

原产美国东部及加拿大东南部，在干旱多石的土壤中表现良好。我国大连、青岛、熊岳、南京、上海、武汉等地有引种栽培，主要供观赏。

变种**晚松** var. ***serotina*** Loud. ex Hoopes 叶较长，15～25cm。产美国东南部。我国有引种，生长比马尾松快。

〔附〕**萌芽松** ***P. echinata*** Mill. 〔Shortleaf Pine〕 与刚松相似，树干上常有不定芽萌发之枝叶。但1年生枝初被白粉；叶2或3针1束，长7～12cm，细柔而扁，暗蓝绿色，不扭曲；球果具内曲短刺。原产北美东部；我国东部沿海省份有栽培。耐干旱瘠薄土壤，抗风。

(74) **红　松**（海松）

Pinus koraiensis Sieb. et Zucc. 〔Korean Pine〕

树高达40(50)m；树干灰褐色，纵裂，内皮红褐色；小枝灰褐色，密生黄褐色毛。针叶5针1束，较粗硬，长8～12cm，蓝绿色。球果大，长9～14cm，果鳞端常向外反卷；种子大，无翅。花期6月；球果翌年9～10月成熟。

产我国东北长白山及小兴安岭，是东北林区主要森林树种之一；俄罗斯、朝鲜及日本也有分布。弱阳性，喜冷凉湿润气候，耐寒，在土壤肥厚、排水好、pH5.5～6.5的山坡地带生长最好。材质优良，为东北林区最主要的用材树种；种子大，供食用。也可选作东北地区园林绿化树种。**‘龙眼’红松‘Dragon's Eye’** 针叶有黄白色段斑。

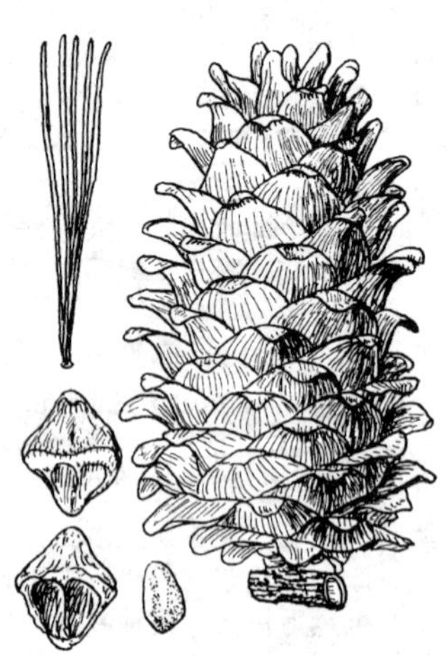

图25　红　松

(75) **华山松**

Pinus armandii Franch. 〔Armand's Pine，Chinese White Pine〕

高达25～35m；小枝绿色或灰绿色，无毛。针叶5针1束，较细软，长8～

15cm，灰绿色。球果圆锥状柱形，长 10～20cm，最后下垂；种子无翅，为松属中最大的。

产我国中部至西南部高山地区。喜温凉湿润气候及深厚而排水良好的土壤，在阴坡生长较好，不耐碱，抗大气污染；浅根性，侧根发达。播种繁殖。材质较好，种子供食用或榨油。北京、郑州、武汉、南京、青岛等地园林绿地中常有栽培，生长良好。

（76）**华南五针松**（广东五针松）

Pinus kwangtungensis Chun ex Tsiang

高达 30m，胸径 1.5m。小枝暗红褐色，无毛。针叶 5 针 1 束，较短而硬，长 3.5～8cm，径 1～1.5mm。球果柱状长卵形，长达 14cm，径 3～6cm，明显具柄，下垂，成熟时淡红褐色，果鳞上部边缘微向内曲。花期 4～5 月；球果翌年 10 月成熟。

产湖南南部、贵州、两广和海南五指山，常生于海拔 700～1600m 山地；越南北部也有分布。喜光，喜暖热气候及酸性土壤，耐干旱。播种繁殖。枝细叶短，是优良的园林绿化和观赏树种；也是制作盆景的好材料。

（77）**偃　松**

Pinus pumila（Pall.）Regel 〔Dwarf Siberian Pine〕

偃伏状灌木，多分枝，大枝卧伏或斜展，冠幅可达 5～10m；小枝密被柔毛。针叶 5(3～8) 针 1 束，较细短，长 4～6(8)cm，密生。花期 6～7 月；球果翌年 9 月成熟。

产我国东北高山寒冷地带；俄罗斯、朝鲜、日本也有分布。喜生于阴湿山坡，在大兴安岭落叶松林下生长茂盛，常形成近于郁闭的地被。可植于园林绿地观赏。

（78）**日本五针松**（五针松）

Pinus parviflora Sieb. et Zucc. 〔Japanese White Pine〕

原产地树高达 30 余米，引入我国常呈灌木状小乔木，高 2～5m；小枝有毛。针叶 5 针 1 束，细而短，长 3～6(10)cm，因有明显的白色气孔线而呈蓝绿色，稍弯曲。种子较大，其种翅短于种子长。

原产日本南部；我国长江流域各城市及青岛等地有栽培。能耐荫，忌湿畏热，不耐寒，生长慢。结实不正常，常用嫁接繁殖。是珍贵的园林观赏树种，品种很多，特适作盆景及布置假山园材料。

（79）**乔　松**

Pinus wallichiana A. B. Jacks.（*P. griffithii* McClelland）〔Himalayan Pine〕

原产地树高达 70m；树皮暗灰褐色，裂成小块片脱落；小枝绿色，无毛，微被白粉。针叶 5 针 1 束，细柔下垂，长 12～20cm，蓝绿色。球果圆柱形，下垂，长 15～25cm；种子有翅。花期 4～5 月；球果翌年秋季成熟。

产西藏南部和西南部以及云南西北部海拔 1600～3300m 山地。喜温暖湿润气候，喜光，稍耐荫，耐干旱。树干通直，材质优良，是产区重要造林用材树种。北京植物园有引种、栽培，生长尚好。

有**矮生**‘Nana’、**斑叶**‘Zebrina’（针叶有黄色段斑）等品种。

(80) **北美乔松**（美国白松，美国五针松）

Pinus strobus L. 〔Eastern White Pine〕

一般高约20m，原产地树高达50m；树皮带紫色，深裂；分枝低，分层明显；小枝绿褐色，幼时被毛，后即脱落，无白粉。针叶5针1束，细而柔软，长7～14cm，不下垂。球果长8～12cm；种子小，有长翅。

原产美国东部及加拿大东南部。我国北京、南京、大连、熊岳等地有栽培。耐寒，抗污染力较差。树形美观，并有许多栽培变种，宜作庭园绿化及观赏树种。有**矮生**'Nana'、**伏枝**'Prostrata'、**垂枝**'Pendula'、**柱形**'Fastigiata'、**塔形**'Pyramidalis'、**伞形**'Umbraculifera'等品种。

〔附〕**北京乔松** ***P. strobes*** × ***P. wallichiana*** 是乔松与北美乔松的杂交种，由中国科学院北京植物园育成。高10～15m，性状介于两者之间。生长较快，抗性较强。

8. 金松科 Sciadopityaceae

【金松属 *Sciadopitys*】本科1属1种，产日本。本属曾置于杉科。

(81) **金　松**（日本金松）

Sciadopitys verticillata (Thunb.) Sieb. et Zucc. 〔Japanese Umbrella Pine〕

常绿乔木，原产地高达40m；枝叶密生，树冠圆锥形。叶线形扁圆，长8～12cm，两面中央均有一沟槽，背面有2条白色气孔线，20～30枚轮状簇生于枝端；嫩枝上有小鳞叶散生。球果果鳞木质，每个发育的果鳞有种子5～9粒。

原产日本南部；我国庐山、青岛、南京等地有栽培。性喜荫，喜深厚、肥沃、排水良好的土壤，有一定的耐寒能力；生长慢。是世界著名的庭园观赏树之一。

有**垂枝**'Pendula'、**斑叶**'Variegata'（矮型，叶有黄条纹）等品种。

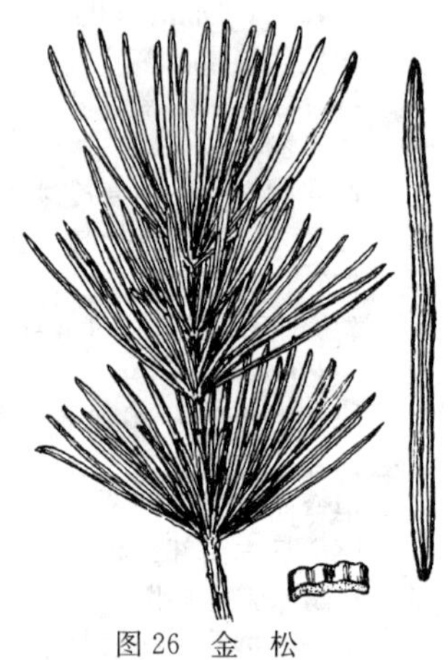

图26　金　松

9. 杉　科 Taxodiaceae

【杉木属 *Cunninghamia*】1种1变种，产中国、越南和老挝。

(82) **杉　木**

Cunninghamia lanceolata (Lamb.) Hook. 〔Chinese Fir〕

常绿乔木，高30～35m；树冠圆锥形。叶线状披针形，长3～6cm，硬革质，边缘有极细锯齿，螺旋状着生，在侧枝上常扭成二列状。球果苞鳞大，果鳞小而膜质。花期4月；球果10月成熟。

产我国秦岭、淮河以南各省区丘陵及中低山地带。喜温暖湿润气候及深厚、肥沃、排水良好的酸性土壤，不耐水淹和盐碱，在阴坡生长较好；浅根性，生长快。播种或扦插繁殖。是我国中部及南部重要速生用材树种，15～20年即可成材。材质软硬适中，纹理直，易加工，较耐腐，供建筑、桥梁等用。

有**灰叶**'Glauca'（叶灰绿色）、**软叶**'Mollifolia'（叶薄而柔软，先端不具刺尖）等品种。

变种**台湾杉木** var. ***konishii***（Hayata）Fujita（*C. konishii* Hayata）叶、果均较原种小：叶长1.5～2cm，宽1.5～2mm，两面均有白色气孔带；球果长1.5～2.5cm。产我国台湾，为当地主要用材树种之一。

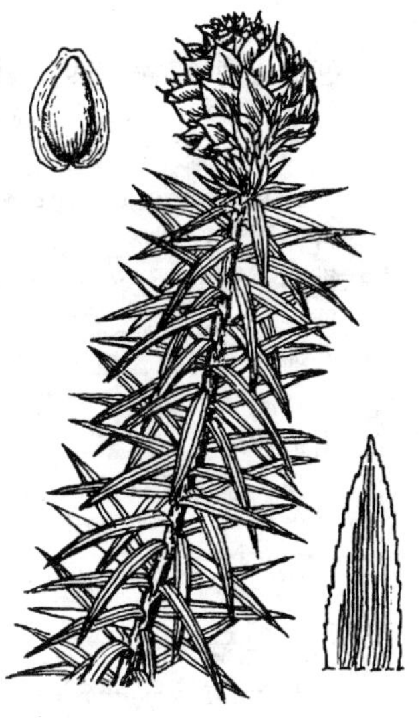

图27　杉　木

【柳杉属 ***Cryptomeria***】1种1变种，产日本和中国。

（83）**日本柳杉**

Cryptomeria japonica（L. f.）D. Don

〔Japanese Cedar〕

常绿乔木，原产地高达40～60m；小枝略下垂。叶线状锥形，长0.4～2cm，叶较直，先端通常不内曲。果鳞20～30片，每片有种子2～5粒。

原产日本，为日本重要造林树种。我国长江流域一带城市和山区常栽作园林绿化及观赏树种。在长期栽培过程中，出现许多园艺变种，常见的如下：

①**猿尾柳杉**（猴爪柳杉）'**Araucarioides**'灌木状，高2～3m；小枝细长（30～100cm）下垂如猿尾；叶较短（不足1～1.5cm）而硬，通常长短不一，长叶和短叶在枝上交错成段分布。上海等地庭园偶见栽培观赏。

②**扁叶柳杉**（矮丛柳杉）'**Elegans**'灌木状，分枝密，小枝下垂；叶扁平而柔软，长1～2.5cm，向外开展或反曲，亮绿色，秋后变红褐色。

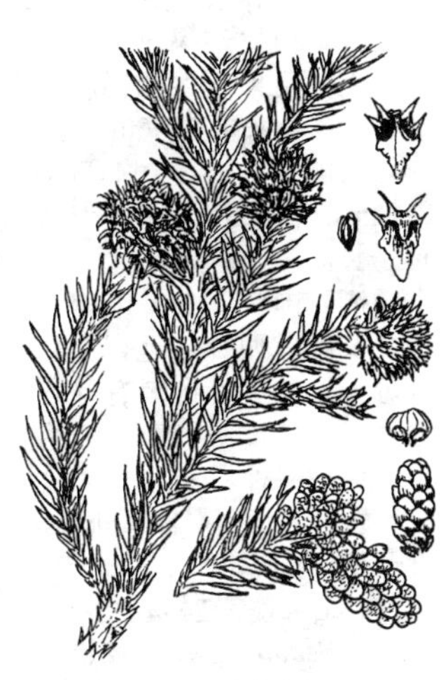

图28　日本柳杉

③**千头柳杉**'**Vilmoriniana**'灌木，高40～60cm，树冠近球形；小枝密集，短而直伸；叶甚短小，长仅3～5mm，排列紧密，深绿色。

④**鸡冠柳杉**'**Cristata**'　小枝扁化成鸡冠状。

⑤**卷叶柳杉**'**Spiralis**'　树高4～5m，小枝扭曲；叶在枝上明显卷曲。

⑥**塔形柳杉**'**Pyamidata**'　树冠窄塔形或柱形。

⑦**银芽柳杉**'**Albo-spicata**'　灌木，高1～2m，新芽在冬季银白色。

⑧**雪冠柳杉**'**Aurea**'　春天新芽黄白色，后渐增加绿色，到冬天先端仍残

留黄色。

⑨**冬青柳杉‘Viridis’** 枝叶在冬天仍保持绿色。

⑩**矮生柳杉‘Nana’** 高不足1m，平生枝枝端下垂。

(84) **柳　杉**（孔雀杉）

Cryptomeria japonica var. ***sinensis*** Miq.（*C. fortunei* Hooibrenk）

常绿乔木，高达40m；树皮棕褐色，条状纵裂；小枝细长，明显下垂。叶线状锥形，长1～1.5cm，先端略内曲。果鳞约20片，每片有种子2粒。花期4月；球果10～11月成熟。

产浙江、安徽、福建及江西，在庐山和西天目山上有古老大树。喜温暖湿润气候及肥厚、湿润、排水良好的酸性土壤，特别适生于空气湿度大、夏季凉爽的山地环境，不耐寒，稍耐荫；浅根性，侧根发达，生长较快；对二氧化硫抗性较强。播种或扦插繁殖。树姿优美，绿叶婆娑，是很好的园林绿化树种。木材可供建筑、造船等用。

【台湾杉属 ***Taiwania***】1种，产中国和缅甸。

(85) **台湾杉**（秃杉）

Taiwania cryptomerioides Hayata

（*T. flousiana* Gaussen）〔Taiwan-cedar〕

常绿大乔木，高达75m；树皮裂成不规则长条片，内皮红褐色。叶螺旋状互生，基部下延。大树及果枝之叶鳞状锥形，横切面四棱形或三角形，长3.5～6mm；幼树或萌芽枝之叶锥形，两侧扁，长6～14(20)mm。球果长1.5～2.2cm，果鳞15～39，背面上部有明显腺点。种子长而扁，两侧有翅。

图29　台湾杉

产我国台湾中央山脉、云南西部、贵州东南部及湖北西部山地，星散分布；缅甸北部也有分布。杭州植物园有栽培。幼树耐荫，大树喜光；生长较快，寿命长达千年。为中国一级重点保护树种。

【北美红杉属 ***Sequoia***】1种，产美国；中国有栽培。

(86) **北美红杉**（红木杉，长叶世界爷）

Sequoia sempervirens（Lamb.）Endl.

〔Coast Redwood，Redwood〕

常绿大乔木，原产地高达112m，干径8～10m；干皮松软，红褐色。侧枝上的叶线形扁平，长0.8～2cm，表面暗绿色，中肋下凹，背面有2条白色气孔带，羽状二列；主枝上的叶卵状长椭圆形，长约6mm，螺旋状排列。球果当年成熟，果鳞盾状，15～20片。

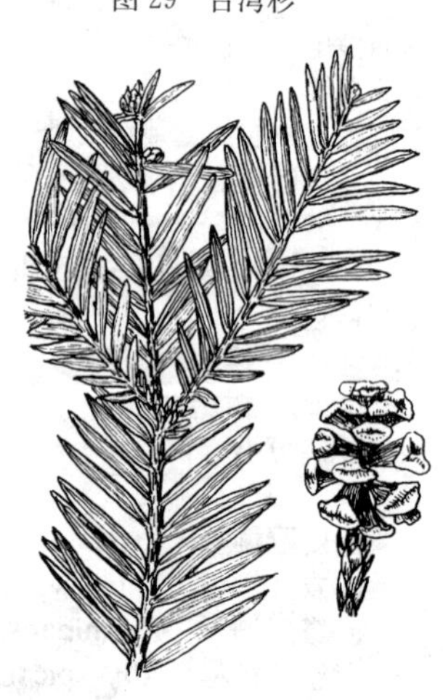

图30　北美红杉

原产美国西海岸，在加利福尼亚州有纯林。

喜温凉湿润气候及排水良好的土壤，弱阳性；生长快（20年生树高可达27m），根萌蘖力强；扦插容易成活。我国杭州、上海、南京等地有引种栽培。本种为树木中之巨人，树干端直，气势雄伟，寿命极长，是世界著名树木之一。

【巨杉属 ***Sequoiadendron***】1种，产美国；中国有栽培。

（87）**巨　杉**（世界爷）

Sequoiadendron giganteum（Lindl.）Buchh.

〔Giant Sequoia，Giant Redwood〕

常绿大乔木，原产地高达106m，干径可达11m；树皮红褐色，海绵状，深纵裂；冬芽裸露。叶鳞状钻形，先端刺状尖，亮绿色，螺旋状着生，下部贴生小枝，上部分离，分离部分长3～6mm。球果翌年成熟，果鳞25～40片。

原产美国加利福尼亚州，是世界著名树木之一。寿命长达3000年。我国杭州植物园有引种栽培。

【水松属 ***Glyptostrobus***】1种，中国特产。

（88）**水　松**

Glyptostrobus pensilis（Staunt.）K. Koch〔Chinese Sweep Cypress〕

落叶乔木，一般高8～10m，罕达25m。生于低湿处者树干基部常膨大，并有呼吸根伸出土面；干皮松软，长片状剥落。小枝绿色，有两种：生芽之枝具鳞形叶，冬季不脱落；无芽之枝具针状叶，冬季与叶俱落。叶均螺旋状互生，但针状叶常成二列状。花期1～2月；球果秋后成熟。花期1～2月；秋后球果成熟。

图31　水　松

中国特产，星散分布于华南和西南地区。阳性，喜温暖多雨气候及酸性土壤，不耐寒，很耐水湿；根系发达，病虫害少。播种或扦插繁殖。宜作华南防风护堤及水边湿地绿化树种。树姿优美，秋叶褐红色，也常植于园林水边观赏。

【落羽杉属 ***Taxodium***】3种（或2种1变种），产北美；中国均有栽培。

（89）**落羽杉**（落羽松）

Taxodium distichum（L.）Rich.

〔Bald Cypress〕

落叶乔木，原产地高达50m；树干基部常膨大，具膝状呼吸根；树皮赤褐色，裂成长条片。大枝近水平开展，侧生短枝排成二列。叶扁线形，长1～1.5cm，互生，羽状排列，淡绿色，冬季与小枝俱落。球果圆球形，径约2.5cm，幼时紫色。花期3月；球果10月成熟。

图32　落羽杉

原产美国密西西比河两岸，多生于排水不良的沼泽地区。我国1927从美国引入，长江流域及其以南地区有栽培，生长良好。喜光，耐水湿，有一定耐寒能力；生长较快。播种或扦插繁殖。树形美丽，秋叶变为红褐色，是南方平原、水边的优良绿化用材及观赏树种。

栽培变种**垂枝落羽杉'Pendens'** 小枝下垂；球果较大。

(90) **池 杉**（池柏）

Taxodium ascendens Brongn.（*T. distichum* var. *imbricatum* Croom, *T. d.* var. *nutans* Sweet）〔Pond Cypress〕

落叶乔木，高达25m；树皮纵裂成长条片状脱落。大枝向上伸展，二年生枝褐红色，脱落性小枝常直立向上。叶钻形略扁，长4～10mm，螺旋状互生，贴近小枝，通常不为二列状。

原产北美东南部；生于沼泽地上，常具膝状呼吸根。喜光，喜温热气候，也有一定耐寒性，极耐水湿，也颇耐干旱，不耐碱性土；抗风力强，生长较快。我国长江流域有引种栽培，已成为平原水网地区主要造林绿化树种之一。树形优美，秋叶鲜褐色，也常在园林绿地中栽植观赏。

(91) **墨西哥落羽杉**（墨杉）

Taxodium mucronatum Tenore〔Montezuma Cypress〕

常绿或半常绿乔木，原产地高达50m，胸径4m；树皮裂成长条片。大枝水平开展；侧生短枝螺旋状散生，不为二列，在第二年春季脱落。叶扁线形，长约1cm，互生，紧密排成羽状二列。球果卵球形，表面有瘤状突起。

原产墨西哥及美国西南部，生于暖湿的沼泽地。喜温暖，耐寒性差，耐水湿，对碱性土适应能力较强。我国南京、上海、武汉、广州等地有引种栽培。

【水杉属 ***Metasequoia***】叶及果鳞均对生。1种，中国特产。

(92) **水 杉**

Metasequoia glyptostroboides Hu et Cheng〔Water Fir, Dawn Redwood〕

落叶乔木，高可达40m；大枝不规则轮生，小枝对生。叶扁线形，长1～2cm，柔软，淡绿色，对生，呈羽状排列，冬季与无芽小枝俱落。球果近球形，长1.8～2.5cm，当年成熟，下垂，果鳞交互对生。花期2月下旬；球果11月成熟。

图33 水 杉

本种为世界著名的古生树种，天然分布于我国川东、鄂西南和湘西北海拔800～1500m山区。1948年被定名发表后，国内外广为引种栽培。喜光，喜温暖气候及湿润、肥沃而排水良好的土壤，酸性、石灰性及轻盐碱土上均可生长，长期积水及过于干旱处生长不良；具有一定的耐寒性，北京能露地生长；生长较快，寿命长，病虫害少。播种或扦插繁殖。是我国中南、华东平原及低地、水边的重要绿化用材及观赏树种。

有垂枝‘Pendulum’、金叶‘Aurea’(‘Ogon’)等品种。

10. 柏 科 Cupressaceae

【翠柏属 *Calocedrus*】2种，产中国和北美；中国1种1变种。

(93) **翠 柏**(大鳞肖楠)

Calocedrus macrolepis Kurz

常绿乔木，高达35m。小枝扁平，排成平面。鳞叶宽大而薄，长2～4mm，表面叶绿色，背面叶有白粉；中间之叶先端尖，两侧之叶先端长尖而直伸或稍外展；着生雌球花及球果的小枝四方形。球果长卵形，长1～2cm，果鳞扁平，木质开裂，3对，仅中间一对每果鳞具2种子。种子上部具二不等长的翅。

图34 翠 柏

产我国云南、贵州、广西及海南；越南、缅甸也有分布。喜光，喜温暖气候及较湿润的土壤。是优良的用材及观赏树种。昆明春节时常用其枝插瓶供室内观赏，称“花瓶柏”。

变种**台湾翠柏** var. *formosana* (Florin) Cheng et L. K. Fu 着生雌球花及球果的小枝单生而扁平，不为圆柱形或四方形。原产台湾；福建、厦门和昆明等地有栽培。

【侧柏属 *Platycladus*】主要特点是种子无翅。1种，产中国和朝鲜半岛。

(94) **侧 柏**

Platycladus orientalis (L.) Franco

(*Biota orientalis* Endl., *Thuja orientalis* L.)〔Orientalis Arborvitae〕

常绿乔木，高达20m；小枝片竖直排列。叶鳞片状，长1～3mm，先端微钝，对生，两面均为绿色。球果卵形，长1.5～2cm，褐色，果鳞木质而厚，先端反曲；种子无翅。花期3～4月；球果9～10月成熟。

图35 侧 柏

原产我国北部；现南北各地普遍栽培，庭园、寺庙、风景区尤为习见。喜光，耐干旱瘠薄和盐碱地，不耐水涝；能适应干冷气候，也能在暖湿气候条件下生长；浅根性，侧根发达；生长较慢，寿命长。播种繁殖。为喜钙树种，是长江以北、华北石灰岩山地的主要造林树种之一。耐修剪，在华北园林中常作绿篱材料。木材供建筑、桥梁、家具等用；叶、种子等供药用。常见栽培变种有：

①**千头柏‘Sieboldii’**(‘Nanus’) 灌木，无主干，树冠紧密，近球形；小枝片明显直立。

②**金枝千头柏‘Aureo-nanus’** 灌木，树冠卵形，高约1.5m；嫩枝叶黄

色。常植于庭园观赏。

③**金球侧柏‘Semperaurescens’** 灌木，高达3m，树冠近球形；叶全年保持金黄色。

④**金塔侧柏‘Beverleyensis’** 小乔木，树冠塔形；新叶金黄色，后渐变黄绿色。北京、南京、杭州等地园林绿地中有栽培。

⑤**窄冠侧柏‘Columnaris’** 枝向上伸展，形成柱状树冠；叶亮绿色。

⑥**垂丝侧柏‘Flagelliformis’**（‘Filiformis’，‘Pendulus’） 树冠塔形，分枝稀疏；小枝线状下垂，叶端尖而远离。

【崖柏属 ***Thuja***】果鳞薄，扁平；种子扁，两侧有窄翅。6种，产东亚和北美；中国2种，引入栽培3种。

(95) **美国香柏**（香柏，美国侧柏，金钟柏）

Thuja occidentalis L.

〔American Arborvitae〕

常绿乔木，高达15～20m；干皮常红褐色。大枝平展，小枝片扭旋近水平或斜向排列，上面叶暗绿色，下面叶灰绿色。鳞叶先端突尖，中间鳞叶具发香的油腺点。球果长卵形，果鳞薄；种子扁平，周围有窄翅。

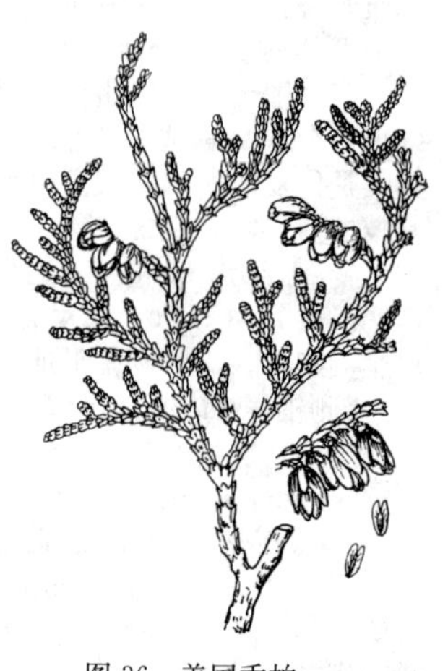

图36 美国香柏

原产北美东部；我国南京、庐山、青岛、北京等地有栽培。生长慢，寿命较短。播种或扦插繁殖。因叶被揉碎后有浓烈的苹果香气而受人们的喜爱。广泛应用于欧美园林，尤其是整形式园林中。有许多栽培变种，如**金叶**‘Aurea’、**金斑**‘Aureo-variegata’、**银斑**‘Columbia’、**球形**‘Globosa’、**金球**‘Golden Globe’、**塔形**‘Pyramidalis’、**柱形**‘Columna’、**伞形**‘Umbraculifera’、**垂枝**‘Pendula’、**垂线**‘Filiformis’、**矮生**‘Pumila’等。

(96) **朝鲜崖柏**（长白香柏）

Thuja koraiensis Nakai 〔Korean Arborvitae〕

乔木，高达10m；树冠圆锥形。小枝片水平排列，上面叶绿色，下面叶有白粉。鳞叶先端钝或微尖，中间鳞叶背部有腺点或不明显，两侧鳞叶较短而尖头内弯。球果椭球形，长0.9～1cm，果鳞薄。

产我国吉林长白山海拔700～1400m地带；朝鲜也有分布。稍耐荫，浅根性，扦插易活。可作园林绿化树种。

(97) **日本香柏**

Thuja standishii（Gord.）Carr. 〔Japonese Arborvitae〕

乔木，高达18m；树冠宽塔形。生叶小枝片近平展而较厚，上面叶亮绿色，下面叶有明显白色三角形带。鳞叶先端尖，中间鳞叶背部无腺点，两侧鳞叶尖头内弯，叶揉碎后无香气。球果卵形，果鳞薄。

原产日本。我国庐山、杭州、南京、青岛等地有栽培，生长良好。

(98) **北美乔柏**

Thuja plicata J. Don ex D. Don

〔Western Red Cedar, Giant Arborvitae〕

高20～30(60)m，树皮棕红色。枝片上面鳞叶亮绿色，下面鳞叶带白色。鳞叶先端急尖，有长尖头；两侧鳞叶略长于中央鳞叶，尖头直伸不弯曲，与小枝间有一空隙；叶揉碎后有凤梨香味。球果椭球形，径约1.2cm。

原产加拿大西部及美国西北部，在当地常组成大面积森林，并有许多栽培变种。我国庐山、南京、南宁等地有引种；可植于园林绿地观赏。

【罗汉柏属 ***Thujopsis***】1种，产日本；中国有栽培。

(99) **罗汉柏**（蜈蚣柏）

Thujopsis dolabrata（Thunb. ex L. f.）Sieb. et Zucc.〔Hiba Arborvitae〕

常绿乔木，高达20m；树冠尖塔形。生叶小枝片平展；鳞叶宽大而厚，长4～7mm，先端钝，枝上面叶浓绿而有光泽，下面叶有显著白色气孔群，两侧鳞叶先端内弯。球果球形，果鳞木质，扁平，每果鳞有种子3～5；种子两侧有窄翅。

原产日本。耐荫性强，喜温凉湿润环境，要求土壤排水良好，不耐寒。我国青岛、庐山等地有引种栽培。树姿美丽，鳞叶绿白相映，我国各地常盆栽观赏。有**金叶**'Aurea'（新枝叶黄色）、**斑叶**'Variegata'（叶有黄白色斑）、**矮生**'Nana'（高不足1m）等品种。

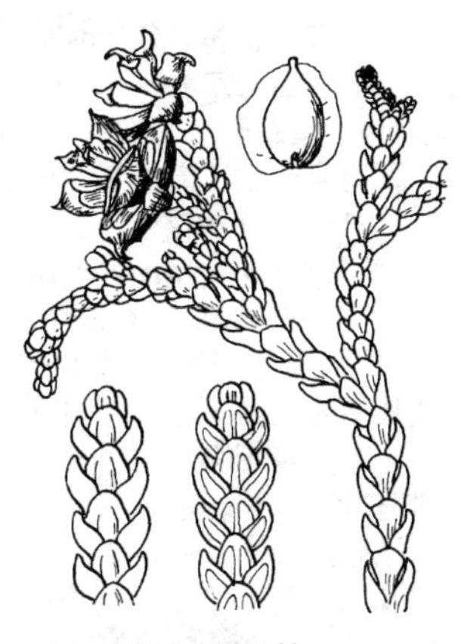

图37　罗汉柏

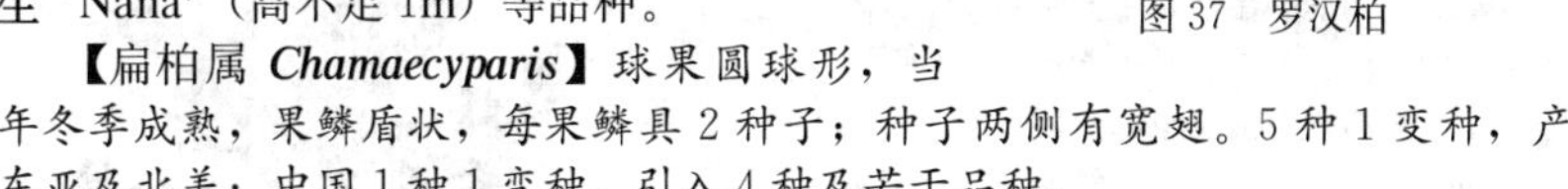

【扁柏属 ***Chamaecyparis***】球果圆球形，当年冬季成熟，果鳞盾状，每果鳞具2种子；种子两侧有宽翅。5种1变种，产东亚及北美；中国1种1变种，引入4种及若干品种。

(100) **日本扁柏**（扁柏，钝叶花柏）

Chamaecyparis obtusa（Sieb. et Zucc.）Endl.〔Hinoki Cypress〕

乔木，原产地高达40m；树皮纵长裂，树冠尖塔形。鳞叶较厚，先端钝，两侧之叶对生成Y形，且远较中间之叶为大。球果直径0.8～1cm。花期4月；球果10～11月成熟。

原产日本，生于高山。喜凉爽湿润气候及较湿润而排水良好的肥沃土壤，较耐荫；浅根性。树姿优美，我国长江流域有栽培，多作庭园观赏树。常见栽培变种有：

①**云片柏'Breviramea'**　高约5m，树冠窄塔形。小枝片先端圆钝，片片平展如云。为园林绿地常见观赏树种。

②**金边云片柏'Breviramea Aurea'**　小枝

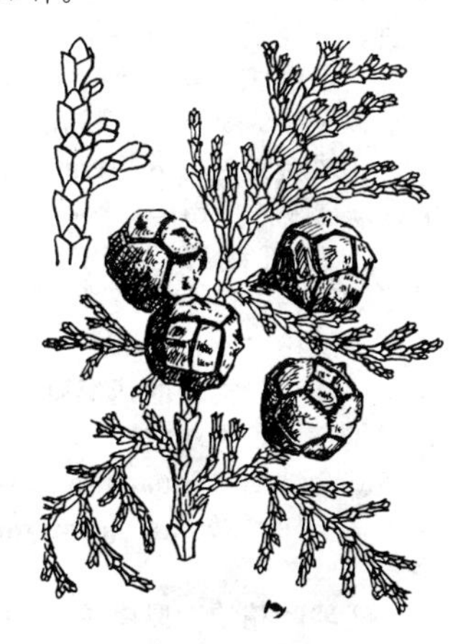

图38　日本扁柏

片先端金黄色，其余特征同云片柏。

③**孔雀柏‘Tetragona’** 灌木，生叶小枝四棱状，在主枝上成长短不一的2或3列状。

④**金孔雀柏‘Tetragona Aurea’** 鳞叶金黄色，其余特征同孔雀柏。

⑤**凤尾柏‘Filicoides’** 灌木，小枝短，末端鳞叶枝短而扁平，排列密集，外形颇似凤尾蕨；鳞叶端钝，常有腺点。

⑥**金凤尾柏‘Filicoides Aurea’** 新枝叶金黄色，其他特征同凤尾柏。

⑦**矮扁柏‘Nana’** 灌木，高约60cm，枝叶密生，暗绿色。

⑧**金枝矮扁柏‘Nana Aurea’** 外形同矮扁柏，但新枝叶金黄色。

⑨**金叶扁柏‘Aurea’** 新叶金黄色。

⑩**黄叶扁柏‘Crippsii’** 叶淡黄色。

变种**台湾扁柏** var. ***formosana***（Hayata）Rehd. 叶、球果和种子均较原种小；鳞叶较薄，中央鳞叶先端钝尖，两侧鳞叶先端略内曲；球果径1～1.1cm。产我国台湾山区海拔1000～2900m地带。

（101）**日本花柏**

Chamaecyparis pisifera（Sieb. et Zucc.）Endl.

〔Sawara Cypress〕

乔木，原产地高达50m，树冠尖塔形；小枝片平展而略下垂。鳞叶先端尖锐，两侧之叶大于中间者不多，先端略开展；枝片背面叶白粉显著。球果较小，径约6mm。

原产日本。中性，较耐荫，喜温暖湿润气候及深厚的沙壤土，耐寒性较差。我国长江流域各城市有栽培，供庭园观赏。栽培变种很多，常见有：

图39 日本花柏

①**线柏‘Filifera’** 灌木或小乔木；小枝细长而圆，下垂如线；鳞叶形小，端锐尖，暗绿色。各地庭园时见栽培观赏。

②**金线柏‘Filifera Aurea’** 外形如线柏，但小枝及叶为金黄色。杭州等地有栽培。

③**矮金线柏‘Filifera Aurea Nana’** 高约60cm，冠幅约1m；其他特点如金线柏。

④**金斑线柏‘Filifera Aureo-vaeiegata’** 外形如线柏，但小枝及叶有绿、黄二色。

⑤**绒柏‘Squarrosa’** 灌木或小乔木，枝密生；叶全为柔软的线形刺叶，长6～8mm，背面有两条白色气孔带。我国各地时见栽培，供观赏。

⑥**金绒柏‘Squarrosa Aurea’** 叶形同绒柏，但为黄色。

⑦**卡柏‘Squarrosa Intermedia’** 幼树圆球形；叶如绒柏而较短，密生，有白粉。

⑧**羽叶花柏**（凤尾柏）**‘Plumosa’** 树冠紧密，圆锥形；小枝羽状，近直立，先端向下卷。鳞叶刺状，但质软，长3～4mm，表面绿色，背面粉白色。

耐修剪，扦插易活。江南一些城市有栽培，供观赏。

⑨**银斑羽叶花柏**（银斑凤尾柏）**'Plumosa Argentea'**　枝端之叶银白色，其他特征同羽叶花柏。

⑩**金斑羽叶花柏**（金斑凤尾柏）**'Plumosa Aurea'**　枝端之叶金黄色，其他特征同羽叶花柏。

此外，还有**金叶**'Aurea'、**矮生**'Nana'（高约50cm）、**金叶矮生**'Aurea Nana'、**密枝**'Compacta'、**斑叶密枝**'Compata Variegata'等品种。

（102）**美国花柏**（劳森花柏）

Chamaecyparis lawsoniana（A. Murr.）Parl.〔Lawson Cypress〕

乔木，原产地高达60m；树皮红褐色，鳞状深裂。小枝常下垂，小枝片下面之叶微有白粉，鳞叶先端钝尖或微钝，背部有腺点。雄球花深红色。球果红褐色，径约8mm，发育果鳞具2～4种子。

原产美国西部；我国庐山、南京、杭州、昆明等地有栽培。在欧洲和北美园林中有许多栽培变种，如**金叶**'Aurea'、**蓝叶**'Glauca'、**银叶**'Argentea'、**垂枝**'Pendula'、**蓝叶垂枝**'Intertexta'、**球形**'Globosa'、**柱形**'Columnaris'、**塔形**'Pyramidalis'、**微型**'Minima'（高0.6m，近圆球形）、**金叶微型**'Minima Aurea'、**蓝叶柱形**'Columnaris Glauca'等。

（103）**美国尖叶扁柏**

Chamaecyparis thyoides（L.）Britton〔White Cyperss〕

高达25m，树冠狭圆锥形。生叶小枝片扁平，不下垂，排列不整齐；枝片上面绿色，下面色稍淡，无白粉。鳞叶先端钝尖，背部隆起，有纵脊，具明显腺体。雄球花暗红色。球果小，径约6mm，蓝灰色，发育果鳞具1～2种子。

原产美国东部，多生于平原湿地及沼泽地；我国上海、南京、杭州、庐山、郑州、昆明等地有栽培。喜在潮湿的土壤上生长。是湖河地区绿化、观赏的好树种。

（104）**红　桧**

Chamaecyparis formosensis Matsum.

高达57m；树皮淡红褐色。鳞叶先端锐尖，枝片背面的叶有白粉。球果椭球形，长1～1.2cm；果鳞5～6对。

特产我国台湾山地。阿里山有两株大树，最大的一株高达57m，胸径6.5m，寿命长达2700余年，为东亚最大的树木。深圳仙湖植物园有引种，生长旺盛。

图40　柏　木

【柏木属 *Cupressus*】球果圆球形，翌年初夏成熟，果鳞盾状，每果鳞具5至多数种子，种子两侧有窄翅。约20种，产亚洲、欧洲及北美；中国5种，引入若干种。

（105）**柏　木**

Cupressus funebris Endl.

〔Mourning Cypress〕

树高达35m；小枝扁平，细长下垂，排成

平面。鳞叶先端尖，偶有柔软线形刺叶。球果较小，径 1～1.2cm。花期3～4月；球果翌年 5～6 月成熟。

产长江流域以南温暖多雨地区。喜光，稍耐荫，耐干旱瘠薄，稍耐水湿；喜钙质土，在中性、微酸性土上也能生长；浅根性，侧根发达，能生于岩缝中。材质优良，是南方石灰岩山地造林用材树种。枝叶浓密，树姿优美，也常栽作园林绿化及观赏树种。

(106) **干香柏**（滇柏，冲天柏）

Cupressus duclouxiana Hickel

树高 25m；小枝细圆，径约 1mm，不成片状，也不下垂。鳞叶先端微钝，微被白粉。球果较大，径 1.6～3cm，有白粉。

产云南中部及西北部、四川西南部和贵州西部山区。喜光，稍耐侧方庇荫，适生于气候温和、夏秋多雨、冬春干旱的地区；是喜钙树种，酸性土上也能生长。木材坚硬耐久，有香味。是优良用材及绿化树种。

(107) **西藏柏木**（喜马拉雅柏木）

Cupressus torulosa D. Don 〔Bhutan Cypress, Himalaya Cypress〕

树高达 45m；小枝方形，径约 1.2mm，枝片平展。鳞叶先端尖锐，与枝分离，无刺叶。球果径 1.2～1.6cm。

产我国西藏东南部，生于石灰岩山地；印度北部、尼泊尔、不丹及克什米尔地区也有分布。昆明有栽培，生长较快。为优良园林绿化及观赏树种。

(108) **地中海柏木**（意大利柏木）

Cupressus sempervirens L. 〔Mediterranean Cypress, Italian Cypress〕

树高达 25m，树冠圆柱形；小枝不排成平面，末端枝四棱形，径约 1mm。鳞叶排列紧密，先端钝或钝尖，绿色，无白粉。球果较大，径 2～3cm。

产欧洲南部地中海地区及亚洲西部；在当地园林绿地中常见栽培观赏。我国南京、庐山、武汉、上海等地有引种栽培，生长良好。

(109) **绿干柏**

Cupressus arizonica Greene

常绿乔木，高 15m；树皮红褐色，纵裂；树冠圆锥状。生鳞叶小枝近方形，枝片直立；鳞叶背部有明显的腺点，先端钝尖或尖，蓝绿色，微被白粉；芳香。球果长椭球形，红褐色。

原产墨西哥北部及美国西南部；我国江苏、江西及广西等地有引种，常作园林观赏树种。

(110) **墨西哥柏木**

Cupressus lusitanica Mill. 〔Portuguese Cypress, Mexican Cypress〕

树高达 30m；树皮红褐色。小枝下垂，不排成平面，末端小枝四棱形，径约 1mm；鳞叶蓝绿色，被白粉，先端尖，背部有纵脊。球果球形，有白粉，径 1～1.5cm。

原产墨西哥。因生长快，许多国家引种栽培为绿化及观赏树。我国南京、上海等地有引种，生长良好。20 世纪 70 年代南京中山植物园选出优良品种**中山柏 'Zhongshan'**，生长快，枝叶密集，树冠狭圆锥形，叶色鲜绿；已在长江中下游地区推广。

【福建柏属 ***Fokienia***】1 种，产中国和越南。

(111) **福建柏**（建柏）

Fokienia hodginsii (Dunn) Henry et Thomas

常绿乔木，高达20m。小枝扁平，排成平面，平展。鳞叶大而薄，长4～7mm，先端尖或钝尖；枝片上面叶绿色，下面叶有白色气孔群。球果圆球形，径2～2.5cm，果鳞6～8对，木质盾形；种子上部有两个大小不等的薄翅。花期3～4月；球果翌年10～11月成熟。

产我国南部及西南部山地；越南北部也有分布。喜光，稍耐荫，喜温暖多雨气候及酸性土壤；根虽浅，但根系发达，故能抗风。播种繁殖。材质优良，为南方高山造林用材树种。也可植于园林观赏。

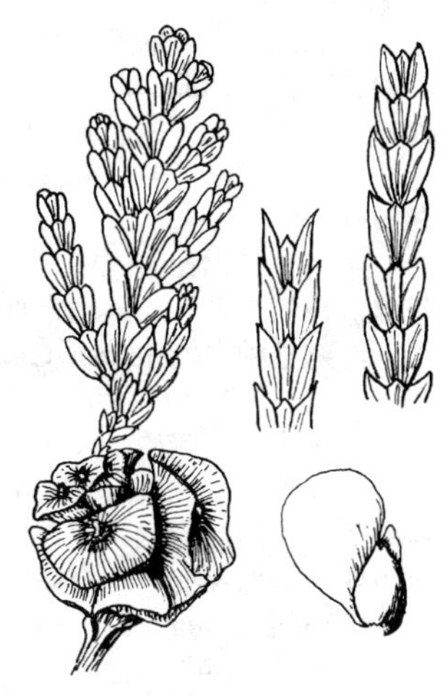

图41　福建柏

【圆柏属 ***Sabina***】刺叶或鳞叶，或二者兼有，刺叶基部下延，无关节。雌雄异株，稀同株；球果肉质，成熟时不开裂或仅顶端微开裂。约30种，产北半球；中国18种12变种，引入2种。国外文献多将该属并入*Juniperus*（刺柏属）。

(112) **圆　柏**（桧柏）

Sabina chinensis (L.) Ant.

(*Juniperus chinensis* L.)〔Chinese Juniper〕

乔木，高达20m；干皮条状纵裂，树冠圆锥形变广圆形。叶二型：成年树及老树鳞叶为主，鳞叶先端钝；幼树常为刺叶，长0.6～1.2cm，上面微凹，有两条白色气孔带。果球形，径6～8mm，褐色，被白粉，翌年成熟，不开裂。

原产我国北部及中部，现各地广为栽培。喜光，幼树稍耐荫，耐寒，耐干旱瘠薄，也较耐湿，酸性、中性及钙质土上均能生长。是优良用材、园林绿化及观赏树种；耐修剪，易整形，华北地区常作绿篱材料。常见变种、变型及栽培变种有：

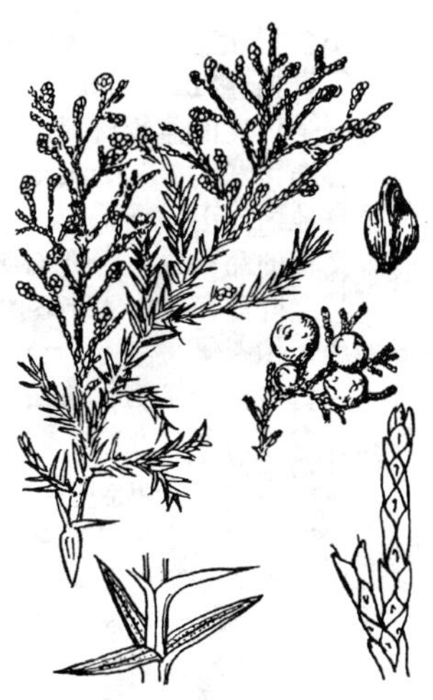

图42　圆　柏

①**龙柏‘Kaizuka’**（‘Torulosa’）　树体通常瘦削，成圆柱形树冠；侧枝短而环抱主干，端梢扭转上升，如龙舞空。全为鳞叶，嫩时鲜黄绿色，老则变灰绿色。抗烟尘及多种有害气体能力较强。长江流域各大城市普遍栽作观赏树；有一定耐寒能力，北京可露地栽培。嫁接或扦插繁殖。

②**金龙柏‘Kaizuka Aurea’**　枝端叶金黄色，其余特征同龙柏。

③**匍地龙柏‘Kaizuka Procumbens’**　植株匍地生长，以鳞叶为主。是庐山植物园用龙柏侧枝扦插繁殖偶然发现的变异体。

④**金叶桧‘Aurea’**　直立灌木，宽塔形，高3～5m；小枝具刺叶和鳞叶，

刺叶中脉及叶缘黄绿色，嫩枝端的鳞叶金黄色。

⑤**球桧‘Globosa’** 丛生球形或半球形灌木，高约1.2m；枝密生，斜上展；通常全为鳞叶，偶有刺叶。

⑥**金星球桧‘Aureo-globosa’** 丛生球形或卵形灌木，枝端绿叶中杂有金黄色枝叶。

⑦**塔柏‘Pyramidalis’** 树冠圆柱状塔形，枝密集；通常全为刺叶。华北和长江流域城市园林绿地中常见栽培观赏。

⑧**蓝柱柏‘Columnar Glauca’** 树冠窄柱形，高达8m，分枝稀疏；叶银灰绿色。

⑨**龙角柏**（躺柏）**‘Ceratocaulis’** 植株介于乔木和灌木之间，大致成扁圆锥形，高达3m，冠幅达10m左右；侧枝伸展广，枝端略上翘，小枝密生；叶深绿色，以刺叶为主，而顶部老枝上鳞叶较多。仅青岛中山公园有数株，是早年由龙柏基部芽变枝培育而成。

⑩**羽桧‘Plumosa’** 矮灌木，大枝广展，小枝羽状，顶端下俯；叶多为鳞叶，亮橄榄绿色。羽桧又有**金叶**（‘Plumosa Aurea’）、**斑叶**（‘Plumosa Albo-variegata’）等品种。

⑪**万峰桧‘Wanfengui’**（‘Nana’） 灌木，树冠近球形；树冠外围着生刺叶的小枝直立向上，呈无数峰状。还有洒金、洒玉等不同类型。

⑫**真柏‘Shimpaku’** 匍匐灌木，枝条常弯曲；鳞叶，极少数为刺叶，深绿色。是优良的盆景材料。

⑬**鹿角柏‘Pfitzeriana’**（*Juniperus* × *media*‘Pfitzeriana’） 丛生灌木，大枝自地面向上斜展，小枝端下垂；通常全为鳞叶，灰绿色。是圆柏与沙地柏的杂交种的品种之一。姿态优美，多于庭园栽培观赏。

⑭**金叶鹿角柏‘Aureo-pfitzeriana’**（*J.* × *media*‘Aureo-pfitzeriana’） 外形如鹿角柏，惟嫩枝叶为金黄色。

⑮**垂枝圆柏** f. *pendula* Cheng et W. T. Wang 小枝细长下垂。产陕西南部和甘肃东南部；北京有栽培。

⑯**偃柏** var. ***sargentii***（Henry）Cheng et L. K. Fu 匍匐灌木；大枝匍地生，小枝上升成密丛状。幼树为刺叶，并常交互对生，长3～6mm，鲜绿或蓝绿色；老树多为鳞叶，蓝绿色。产我国东北张广才岭；俄罗斯、日本也有分布。耐寒性强。各地庭园常栽培观赏，也是制作盆景的好材料。

（113）**铺地柏**（爬地柏）

Sabina procumbens（Sieb. ex Endl.）Iwata et Kusata

（*J. procumbens* Miq.）〔Procumbent Juniper〕

匍匐灌木，小枝端上升。全为刺叶，3枚轮生，长6～8mm，灰绿色，顶端有角质锐尖头，背面沿中脉有纵槽。球果具2～3种子。

原产日本。喜海滨气候，适应性强，不择土壤，但以阳光充足、土壤排水良好处生长最宜。我国各地园林绿地中常见栽培，是布置岩石园、制作盆景及覆盖地面和斜坡的好材料。

（114）**兴安桧**（兴安圆柏）

Sabina davurica（Pall.）Ant.（*J. davuricus* Pall.）〔Daurian Juniper〕

匍匐灌木，多分枝，可延伸至6～7m。刺叶和鳞叶并存，皆交互对生。刺叶细密柔软，长 5～9mm；鳞叶长 1～3mm。球果为不规则球形。

产我国大、小兴安岭及长白山区；生于海拔 900m 以上之石质山地及沙丘，常形成青翠的地毯状景观。朝鲜及俄罗斯远东地区也有分布。喜光，稍耐荫，耐寒性强，耐干旱，要求土壤排水良好。可植于园林观赏或栽作盆景。

斑叶品种有 'Aureo-spicata' 和 'Variegata'。

（115）**高山柏**

Sabina squamata（Buch. -Ham.）Ant. （*J. squamata* Buch. -Ham.）

直立灌木，有时匍匐状或为乔木。全为刺叶，3 枚轮生，叶长 6～10mm，刺叶仅正面具白粉带，背面绿色，沿脊（至少下部）有细槽。球果仅具 1 粒种子。

主产我国西南部及陕西、甘肃南部、安徽（黄山）、福建、台湾等地高山。

栽培变种**翠蓝柏**（翠柏、粉柏）**'Meyeri'**〔Meyer Singleseed Juniper〕 直立灌木，分枝硬直而开展；刺叶两面均显著被白粉，呈翠蓝色。我国各地庭园有栽培，供观赏。

（116）**垂枝香柏**

Sabina pingii（Cheng ex Ferre）Cheng et L. K. Fu

（*J. pingii* Cheng ex Ferre）〔Ping Juniper〕

乔木，高达 30m；小枝较细，6 棱，常下垂。全为刺叶，长仅 3～4mm，背部有明显纵脊，沿脊无细槽；叶排列紧密，下面之叶的先端常瓦覆于上面之叶的下部，使生叶小枝呈柱状六棱形。球果具 1 种子。

产四川西南部及云南西北部；昆明常栽培作园景树。

变种**香柏** var. ***wilsonii***（Rehd.）Cheng et L. K. Fu 灌木，大枝常成匍匐状；小枝较粗，径 2.5～3mm，直伸或斜展，梢头常俯垂。产我国西部高山。耐寒，喜湿润气候及适当庇荫环境。是高山上部水土保持树种。北京等地有引种栽培，宜作盆景及岩石园材料。

（117）**垂枝柏**（曲枝柏，醉柏）

Sabina recurva（Buch. -Ham.）Ant. （*J. recurva* Buch. -Ham.）

〔Drooping Juniper，Himalayan Juniper〕

小乔木，高 9～12(25)m；树冠圆锥形或宽塔形。小枝细长，显著下垂。全为细小刺叶，长 3～6(9)mm，贴近枝，正面具白粉，无绿色中脉；叶在脱落前变成褐色。球果卵形，长 9～12mm，仅具 1 种子。

产西藏南部喜马拉雅山区。

变种**小果垂枝柏** var. ***coxii*** Cheng et L. K. Fu 常为灌木状，小枝更长，更下垂；叶之正面有两条白色气孔带，绿色中脉明显；球果较小，长 6～8mm。产云南西北部及缅甸；昆明等地有栽培。是优美的庭园观赏树。

（118）**沙地柏**（叉子圆柏）

Sabina vulgaris Ant.（*J. sabina* L.）〔Savin Juniper〕

匍匐状灌木，通常高不及 1m。幼树常为刺叶，交叉对生，长 3～7mm，背面有长椭圆形或条状腺体；壮龄树几乎全为鳞叶，背面中部有腺体；叶揉碎后有不愉快的香味。球果倒三角形或叉状球形。

产南欧及中亚，我国西北及内蒙古有分布；常生于多石山坡及沙丘地。耐寒，耐干旱；扦插易活。西安、北京等地有引种栽培。可作水土保持、护坡、固沙及园林观赏树种。国外有许多栽培变种。

(119) **蜀 柏**(笔柏,塔枝圆柏)

Sabina komarovii(Florin)Cheng et W. T. Wang

(*J. komarovii* Florin)〔Komarov Juniper〕

小乔木,高达10m。枝近直立向上,小枝4棱形(先端近圆形)。全为鳞叶,对生,紧贴枝上,三角形至卵形,基部有腺体。生鳞叶的二回或三回分枝均从下部到上部逐渐变短,使整个分枝的轮廓成塔形。球果近球形,长约1cm,深褐色至蓝黑色,含1粒种子。

产四川西部高山;北京、大连等地有引种栽培。

(120) **昆明柏**

Sabina gaussenii Cheng et W. T. Wang (*J. gaussenii* Cheng)

小乔木,高约8m,或灌木状;枝密集,直立或斜展。全为刺叶,背面有纵脊;小枝上部的叶长6~8mm,3枚轮生;小枝下部的叶较短小,长2~4.5mm,对生或轮生。

产云南昆明、西畴等地。极耐修剪,且刺叶摸之不太刺手;昆明等地常栽作绿篱及庭园观赏树。

(121) **铅笔柏**(北美圆柏)

Sabina virginiana(L.)Ant.(*J. virginiana* L.)

〔Red Cedar,Pencil Cedar〕

乔木,原产地高达30m;树冠常狭圆锥形;树皮红褐色,裂成长条片。生鳞叶小枝细,径约0.8mm,鳞叶排列疏松,先端锐尖,背面近基部常有下凹的腺体;刺叶通常交叉对生,长5~6mm,上面凹,被白粉。球果蓝黑色,径约6mm,当年成熟,内含1~3种子。花期3月;球果翌年10月成熟。

原产北美东部;我国华东地区有栽培。适应性强,能耐干燥、低湿和砂砾地,喜酸性和中性土,也较耐盐碱土,抗有毒气体和锈病能力较强;生长较快。树姿优美,宜作园林绿化及观赏用。木材优良,供制高级铅笔杆用。

国外有许多栽培变种,如**白斑叶**‘Albo-variegata’、**垂枝**‘Pendula’、**灰绿垂枝**‘Glauca Pendula’、**矮球**‘Globosa’、**塔形**‘Pyramidalis’等。

【刺柏属 ***Juniperus***】本属与圆柏属之区别主要是:全为刺叶,3枚轮生,基部有关节,不下延。约10余种,产欧洲、亚洲及北美洲;中国3种,引入栽培1种。

(122) **刺 柏**(台湾桧)

Juniperus formosana Hayata

小乔木,高12m;树冠窄塔形。小枝柔软下垂。刺叶线形,长1.2~2cm,先端锐尖,正面微凹,有2条白粉带。

广布于我国中西部至东南部及台湾。中性偏阴,喜温暖多雨气候及石灰质土壤。材质优良又极耐水湿,树形美观,是用材及观赏树种。北方偶见盆栽观赏。

栽培变种**蓝刺柏**‘**Blue Alps**’ 叶蓝绿色。

图43 刺 柏

（123）**杜　松**

Juniperus rigida Sieb. et Zucc.

〔Needle Juniper〕

小乔木，高达10m；幼时树冠窄塔形，后变圆锥形。刺叶针形，坚硬而长，正面有一条白粉带在深槽内，背面有明显纵脊。

产我国东北、华北、内蒙古及西北地区；朝鲜、日本也有分布。阳性，耐寒，耐干旱瘠薄，适应性强；生长较慢。树形优美，宜作园林绿化及观赏树，也可栽作盆景及绿篱材料。

栽培变种**垂枝杜松‘Pendula’** 枝细长下垂。

图44　杜　松

（124）**欧洲刺柏**（瓔珞柏）

Juniperus communis L. 〔Common Juniper〕

小乔木，高达12m，或成灌木状。刺叶线状

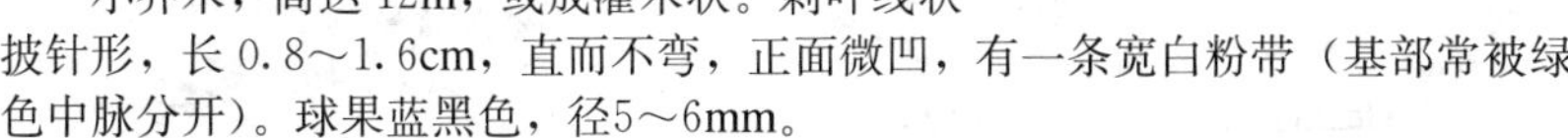

披针形，长0.8～1.6cm，直而不弯，正面微凹，有一条宽白粉带（基部常被绿色中脉分开）。球果蓝黑色，径5～6mm。

产欧洲、中亚、西伯利亚、北非、北美等地。欧美各国园林中常栽培观赏，并有许多变态品种。我国华北及长江流域城市有引种栽培，通常枝条柔软下垂。

（125）**西伯利亚刺柏**

Juniperus sibirica Burgsd.

匍匐灌木，高30～70cm，或枝丛生斜向上方呈杯形，高约1m；小枝较粗壮，密生。刺叶披针形，长7～10mm，微成镰状弯曲，质较薄，正面微凹，中间有一条宽白粉带，绿色中脉不显；背面具纵脊。球果熟时褐黑色，被白粉。

产我国东北（大、小兴安岭及长白山海拔1000m以上）、新疆及西藏高山；欧洲、中亚、西伯利亚、朝鲜、日本也有分布。阳性，喜寒冷气候及湿润土壤。是寒地高山水土保持树种，也可植于庭园观赏。

11. 罗汉松科 Podocarpaceae

【罗汉松属 ***Podocarpus***】叶具中肋，互生；种子核果状，全为肉质假种皮所包，生于肉质种托上。约100种，主产南半球，东南亚和北美也有；中国7种。

（126）**罗汉松**

Podocarpus macrophyllus（Thunb.）Sweet

〔Long-leaved Podocarpus, Buddhist Pine〕

常绿乔木，高达20m。叶线状披针形，长7～10cm，宽7～10mm，全缘，有明显中肋，螺旋状互生。种子核果状，着生于肥大肉质的紫色种托上，全形如披着袈裟的罗汉。花期4～5月；种子9～10月成熟。

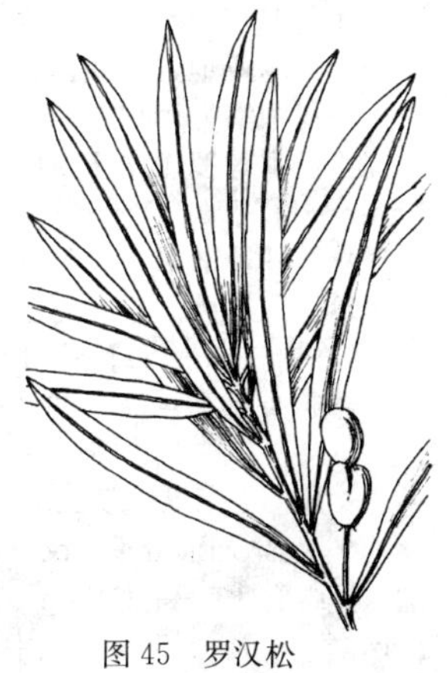

图45　罗汉松

产我国长江以南地区；日本也有分布。稍耐

荫，不耐寒。播种或扦插繁殖。多植为庭园观赏树。其常见变种和栽培变种如下：

①**小叶罗汉松** var. ***maki*** Endl. 叶较小，长4～7cm，宽3～7mm。原产日本。我国长江以南各地庭园普遍栽培观赏；北方多温室盆栽，用于室内绿化、观赏。也是制作盆景的好材料。

②**短小叶罗汉松‘Condensatus’** 叶特短小，长在3.5cm以下，密生。多作为盆景材料。

③**斑叶罗汉松‘Agenteus’**（‘Aureus’） 叶有白色至淡黄色斑。

④**狭叶罗汉松** var. ***angustifolius*** Bl. 叶较狭，长5～10cm，宽3～6mm，先端成长尖头。产四川、贵州、江西等省；日本也有分布。

⑤**柱冠罗汉松** var. ***chingii*** N. E. Gray 树冠柱状，叶较狭小。产浙江。

（127）**大理罗汉松**

Podocarpus forrestii Craib et W. W. Smith

常为灌木状，高达3m。叶互生，狭长椭圆形或椭圆状披针形，长5～8cm，宽0.6～1.3cm，厚革质，先端钝圆，表面深绿色，背面微具白粉，有短柄。种子生于肉质种托上。

产云南大理苍山上海拔2500～3000m地带；喜生于阴湿处。昆明、大理、楚雄等地多植于庭园观赏。

图46 大理罗汉松

（128）**百日青**

Podocarpus neriifolius D. Don 〔Oleander Podocarpus〕

常绿乔木，高达25m。叶披针形，长7～15(20)cm，宽1～1.5cm，先端渐长尖，中肋明显，通常微弯，螺旋状互生。种子生于肥厚肉质种托上。花期5月；种子翌年10～11月成熟。

产东南亚地区；我国东南、南部及西南部有分布。喜暖热湿润气候，不耐寒。是我国南方用材及园林观赏树种。

〔附〕**垂叶罗汉松 *P. henkelii*** Staf ex Dallim. et A. B. Jack. 原产地高达30m；枝叶密集。叶条形，长5～17cm，两端渐尖，明显下垂，黄绿色，有时稍弯曲。种子球形，径约1cm，绿色，有白粉。原产非洲东南部。是庭园美化及盆栽的好树种。

【竹柏属 ***Nageia***】叶对生，无中肋；种托干瘦木质。5种，产东南亚、印度东北部和西太平洋的一些岛屿；中国3种。

（129）**竹　柏**

Nageia nagi (Thunb.) Kuntze （*Podocarpus nagi* Zoll. et Mor.）〔Broadleaf Podocarpus〕

常绿乔木，高达20m。叶对生，卵状长椭圆形至披针状椭圆形，长3.5～9cm，宽1.5～2.5cm，无中肋，具多数平行细脉，厚革质，有光泽。种子生于干瘦木质种托上。花期3～4月；种子10月成熟。

产我国东南部至华南；日本也有分布。喜温暖湿润气候及深厚疏松土壤，常生于沟谷两旁，耐荫性强，不耐寒。播种或扦插繁殖。材质优良，种子可榨油，树形优美；为南方用材、油料及园林观赏树种，也可栽作行道树。

有**金叶**'Aurea'、**白斑**'Cacsius'、**黄纹**'Vriegata'、**圆叶**'Ovatus'、**细叶**'Angustifolius'及**垂枝**'Penula'等品种。

〔附〕**长叶竹柏** ***N. fleuryi*** (Hickel) de Laub. (*P. fleuryi* Hickel) 常绿乔木；叶卵状椭圆形至卵状披针形，长8～18cm，宽2.2～5cm，先端渐尖，基部楔形，厚革质。产华南、台湾及云南；越南和柬埔寨也有分布。树形美观，枝叶翠绿，是暖地优美的园林绿化及观赏树种。

图47 竹 柏

【鸡毛松属 ***Dacrycarpus***】9种，广布于缅甸至新西兰；中国1种。

(130) **鸡毛松**

Dacrycarpus imbricatus (Bl.) de Laub.

(*Podocarpus imbricatus* Bl.)

常绿乔木，高达30m。叶二型：幼树、萌芽枝或小枝顶端的叶线形，对生，羽状二列，形似鸡毛；老枝及果枝上为鳞叶，形小，螺旋状排列。种子红色，种托肥厚肉质，无柄。花期4月；种子10～11月成熟。

产我国广西、海南、云南，生于海拔400～1500m热带山地雨林中；越南、菲律宾及印尼也有分布。喜暖热多湿气候；生长慢。树干通直，枝叶秀丽，在华南可作用材树种和园林绿化树种。

图48 鸡毛松

【陆均松属 ***Dacrydium***】约20种，产东南亚、新西兰和南美；中国1种。

(131) **陆均松**（卧子松）

Dacrydium pectinatum de Laubent. (*D. pierrei* auct. non Hickel)

常绿乔木，高达30m；大枝轮生，小枝细长下垂，绿色。叶互生，螺旋状排列；幼树及大树下部枝条的叶针状钻形，长1.5～2cm；老树及大树上部枝条的叶鳞状钻形，长3～5mm。雌雄异株。种子坚果状，卵圆形，长4～5mm，横生，假种皮杯状，熟时红色或褐红色；无肉质种托。花期3月；种子10～11月成熟。

产海南岛，为当地山地中上部主要乔木树种之一；越南、柬埔寨及泰国也有分布。福州、厦门、庐山等地有栽培。喜光，喜暖热气候及酸性土壤。材质优良，为一类用材树种。树姿优美，叶色翠绿，种子红色鲜艳，可供观赏。

12. 三尖杉科（粗榧科）Cephalotaxaceae

【三尖杉属（粗榧属）*Cephalotaxus*】常绿木本；小枝对生，基部有宿存芽鳞。叶扁线形，中肋明显，螺旋状着生，二列状。雄花序为头状花序；种子核果状，全为肉质假种皮所包；雌雄异株。7 种 2 变种，产东亚至南亚；中国 6 种 2 变种。

（132）**粗　榧**

Cephalotaxus sinensis （Rehd. et Wils.）Li

小乔木或灌木，高达 10m。叶扁线形，长 2～4cm，先端突尖，基部圆形，背面有 2 条白粉带。雄花序球之梗短，仅 3mm。花期 3～4 月；种子 10～11 月成熟。

产我国长江流域及其以南地区海拔 600～2200m 山地。喜温凉湿润气候，耐荫性强；有一定的耐寒性。播种或扦插繁殖。北京有引种栽培，生长良好，作园林观赏树用。

〔附〕**柱冠日本粗榧** ***C. harringtonia*** K. Koch **'Fastigiata'** 灌木，树冠柱状，枝向上直伸；叶不成二列，斜上伸展。产日本；我国上海、杭州、庐山等地偶见栽培。

图 49　粗　榧

（133）**三尖杉**

Cephalotxus fortunei Hook. f. 〔Chinese Plum-yew〕

乔木，高达 20m；树冠开展，多分枝，小枝略下垂。叶较长，长 5～10cm，先端渐尖，基部楔形或广楔形，表面暗绿色，背面有 2 条宽白粉带。花期 4 月；种子 8～10 月成熟。

产我国东南部、中南部至西南部。阴性，不耐寒。是用材、油料及药用树种，也可植于园林绿地观赏。

（134）**篦子三尖杉**

Cephalotaxus oliveri Mast.

灌木或小乔木，高达 4m。叶长 1.4～3.2cm，先端急尖，基部平截或近心形，上表面拱圆，中脉不显，背面微凹，有 2 条白粉带；叶在小枝上排成紧密的二列，形如篦子。种子倒卵形至卵形，径约 2cm。花期 3～4 月；种子 9～10 月成熟。

产我国中南至西南部；越南北部也有分布。上海、成都等地有栽培，作园林绿化树种。

13. 红豆杉科（紫杉科）Taxaceae

【红豆杉属（紫杉属）*Taxus*】常绿木本；小枝互生。叶扁线形，中肋明显，螺旋状互生。种子当年成熟，假种皮杯状，红色；雌雄异株。约 10 种，产北半球温带至亚热带；中国 5 种 2 变种。

(135) **紫　杉**（东北红豆杉）

Taxus cuspidata Sieb. et Zucc.

〔Japanese Yew〕

图 50　紫　杉

乔木，高达 20m；树皮红褐色，有浅裂纹。枝密生，小枝基部有宿存芽鳞。叶较短而密，长 1.5～2.5cm，暗绿色，通常直而不弯，成不规则上翘二列。花期 5～6 月；种子 9～10 月成熟。

产我国东北东部海拔 500～1000m 山地；俄罗斯、朝鲜、日本也有分布。阴性，耐寒性强，喜冷凉湿润气候及肥沃湿润而排水良好的酸性土壤；生长慢。枝叶繁茂，终年常绿，为东北地区优良的园林绿化及绿篱树种。

变种**矮紫杉**（伽罗木）var. ***umbraculifera*** Mak.（var. *nana* Rehd.）灌木状，多分枝而向上，高达 2m。产日本（北海道）及朝鲜，在高山和亚高山自生。我国北方园林绿地中有栽培，各地也常栽作盆景观赏。

此外，还有**金叶矮紫杉**'Nana Aurea'、**黄果紫杉**'Luteo-baccata'、**铺地紫杉**'Prostrata'、**微型紫杉**'Minima'（高仅 45cm）等品种。

(136) **喜马拉雅红豆杉**（云南红豆杉）

Taxus wallichiana Zucc.（*T. yunnanensis* Cheng et L. K. Fu）

乔木，高达 20m；小枝基部的芽鳞脱落或部分宿存。叶狭披针状线形，长 2～3(4.7)cm，先端渐尖，基部歪斜，边缘稍反卷，常呈弯镰状，背面中脉与气孔带同色，密生细小的乳头状突起，质地较薄而软；叶在枝上排成较疏松的羽状二列。花期 3～4 月。

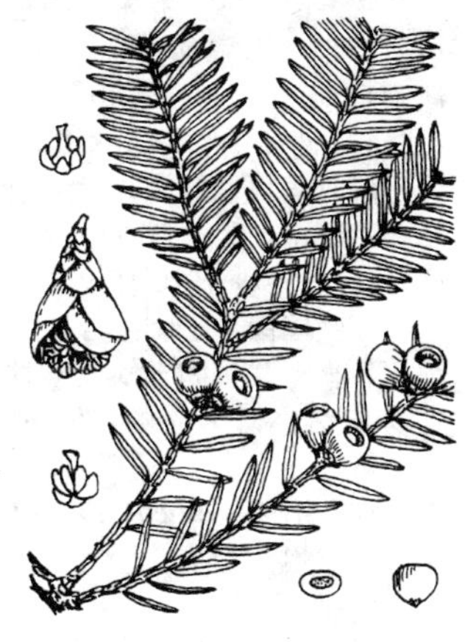

图 51　红豆杉

产亚洲南部及东南部；我国西藏东南部、云南西北及西部、四川西南部有分布。是优良的园林绿化树种。

(137) **红豆杉**

Taxus wallichiana var. ***chinensis*** (Pilg.) Florin（*T. chinensis* Rehd.）

〔Chinese Yew〕

高达 30m；树皮褐色，裂成条片状脱落。叶线形，长 1.5～2.4cm，宽 3mm，直或稍弯曲，边缘平，背面中脉与气孔带同色，质地较厚；有在枝上成羽状二列。

产我国西部及中部地区。为优良用材及园林观赏树种。

(138) **南方红豆杉**（美丽红豆杉）

Taxus wallichiana var. ***mairei***（Lemee et Lévl.）L. K. Fu et N. Li（*T. mairei* S. Y. Hu et Liu）

高达16m。叶线形，长2～4cm，宽2.5～4mm，边缘略反卷，通常镰状弯曲，背面中脉与气孔带不同色，质地较厚；叶在枝上成羽状二列。

产长江流域以南各省区山地。阴性，喜温暖多雨气候及酸性土壤，在中性土及钙质土上也能生长；生长慢。是南方优良用材及园林观赏树种。

(139) **欧洲紫杉**

Taxus baccata L. 〔English Yew〕

乔木，高达25m，分枝紧密；小枝基部有宿存芽鳞。叶扁线形，长达3cm，先端渐尖，表面暗绿而有光泽，背面苍白，排成较疏之二列状。假种皮近球形，红色，径达1.2cm。

原产欧洲、北非及西亚；我国庐山、南京、北京、上海等地有少量引种。是欧洲园林中常见的观赏树种，久经栽培。有许多栽培变种，如**柱状**'Fastigiata'、**金叶**'Aurea'、**金柱**'Fastigiata Aurea'、**匍匐**'Repandens'、**金叶匍匐**'Repandens Aurea'、**黄果**'Lutea'、**矮生**'Nana'、**垂枝**'Pendula'等。

〔附〕**杂种紫杉**（曼地亚紫杉）***T.* × *media*** Rehd. 是紫杉与欧洲紫杉的杂交种。灌木或小乔木；叶扁线形，先端尖，通常排成二列，表面暗绿色，背面色较浅；种子包藏于红色假种皮中。耐荫又耐寒，适应性强。在国外广泛栽培，并有许多品种。我国引入的品种'**Hicksii**'，高达6～8m，叶橄榄绿色，有光泽，背面中脉显著白色；生长快，耐修剪，是很好的绿篱树种。

图52 白豆杉

【白豆杉属 ***Pseudotaxus***】1种，中国特产。

(140) **白豆杉**

Pseudotaxus chienii (Cheng) Cheng

常绿灌木或小乔木，高达4m。大枝轮生，小枝对生；小枝基部有宿存芽鳞。叶扁线形，螺旋状互生，基部扭成二列状，长1.5～2.6cm，两面中肋隆起，背面有2条白色气孔带。雌雄异株，球花单生叶腋。种子卵圆形，长5～8mm，生于肉质杯状白色假种皮内。花期4～5月；种子10月成熟。

产我国南部，常生于山顶矮林和石缝中。耐荫，喜温暖湿润气候及酸性土壤。扦插繁殖容易成活。树形秀丽，假种皮白色，颇为奇特，可栽培观赏。

图53 穗花杉

【穗花杉属 ***Amentotaxus***】3种，产中国和越南；中国3种均产。

(141) **穗花杉**

Amentotaxus argotaenia (Hance) Pilg.

常绿小乔木或灌木，高7～10m；树皮呈片状剥落。叶线状披针形，长4～10cm，背面有2条与绿色边带近等宽的白色气孔带。雌雄异株；雄球花交互对生成穗状（常2穗集生），雌球花单生于当年生枝叶腋。种子具鲜红色假种皮。花期 4 月；种子 10 月成熟。

主产我国东南至中南部，生于海拔 700～1500m 山地阴湿溪谷林中；越南也有分布。耐荫性强，不耐干燥瘠薄。播种繁殖。树形优美，叶色苍翠，种子红色美丽，可植于庭园观赏。

〔附〕**云南穗花杉** ***A. yunnanensis*** Li　高达 15m；叶背的气孔带较绿色边带为宽；雄球花常 4 穗以上集生；种子假种皮红紫色。产我国云南东南部、贵州西南部及越南。树姿优雅，可植于园林绿地观赏。

【榧树属 *Torreya*】常绿乔木；大枝轮生，小枝对生。叶扁线形，刚直而尖，表面无明显中肋，对生，二列。种子全部被假种皮所包；雌雄异株，稀同株。6 种，产东亚和北美；中国 3 种 2 变种。

(142) **榧　树**

Torreya grandis Fort. ex Lindl.

高达 25～30m；2 年生枝黄绿色。叶长 1.1～2.5cm，基部圆形，先端突尖，成刺状短尖头。种子卵形至倒卵状椭圆形，长 2～4.5cm。花期 4 月；种子翌年 10 月成熟。

主产长江以南地区，浙江西天目山有野生大树。阴性，不耐寒，抗烟尘。

栽培变种**香榧 'Merrillii'**　小枝下垂；叶深绿色，质较软。嫁接繁殖。主产浙江诸暨、东阳等地。种子大，为著名干果，营养丰富，炒食味美香酥，也可榨油食用。

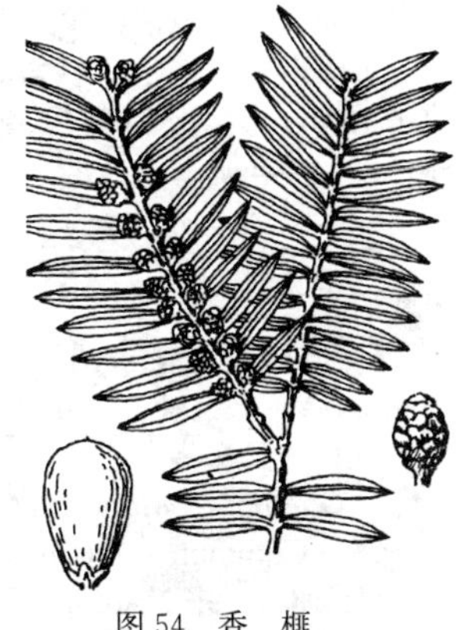

图 54　香　榧

(143) **日本榧树**

Torreya nucifera (L.) Sieb. et Zucc.

〔Japanese Torreya, Kaya Nut〕

原产地树高达 25m；2 年生枝渐变红褐色。叶稍镰形，长 2～3cm，基部微圆或楔形，先端刺尖较长，背面 2 条气孔带微凹，中肋微隆起；叶折碎后很香。

原产日本；我国华东一些城市有少量栽培。阴性，喜酸性、肥沃土壤，也耐微碱性土壤；生长慢。是优良的园林绿化及观赏树种。

栽培变种**斑叶日本榧树 'Variegata'**　叶有黄斑。

〔附〕**长叶榧树**（浙榧）***T. jackii*** Chun　常绿乔木，高达 12m；小枝平展或略下垂。叶条状披针形，长 3.5～9cm，背面的气孔带灰白色。产浙江和福建北部，生于海拔 400～1000m 山地林中。杭州有栽培，供观赏。

14. 麻黄科 Ephedraceae

【麻黄属 *Ephedra*】本科仅此 1 属，约 40 种，产亚洲、美洲、东南欧及北非干旱荒漠地区；中国 14 种。

(144) **木贼麻黄**

Ephedra equisetina Bunge 〔Mongolia Ephedra〕

灌木，高达 1m；小枝绿色有节，径约 1mm，小枝中部节间长 1.5～2.5cm，节间有多条细纵槽。叶膜质，鳞片状，2 片包于茎节上，下部3/4合生，先端钝。球花腋生，成熟时红色美丽。花期 6～7 月；种子 8～9 月成熟。

产华北、内蒙古及西北地区；俄罗斯、蒙古也有分布。喜光，抗寒，耐干旱；深根性，萌芽力强。播种繁殖。是重要药用植物，用于提制麻黄碱。北京园林绿地中有栽培，供观赏。

〔附〕**中麻黄** ***E. intermedia*** Schrenk et Mey. 灌木；小枝较粗，径 2～3mm，节间较长，3～6cm；鞘状鳞叶 2～3 裂，下部 2/3 合生。广布于中亚至西亚干旱地带，我国主产内蒙古及西北地区。极耐干旱，常生于沙漠、沙滩及干旱山坡。药用植物。雌球花成熟时其苞片肉质增大成红色球状，十分显眼。

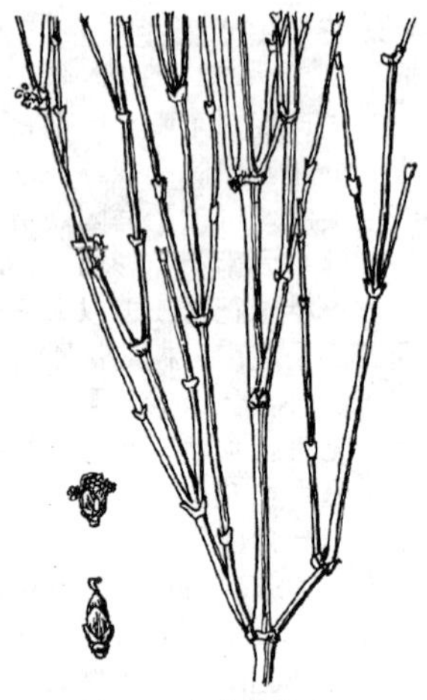

图 55　木贼麻黄

15. 买麻藤科 Gnetaceae

【买麻藤属 ***Gnetum***】茎缠绕，外形极似双子叶植物，且花有花被，但其胚珠裸露。约 30 余种，产亚洲、非洲及南美洲；中国产 9 种。

(145) **买麻藤**

Gnetum montanum Markgr.

〔Common Jointfir〕

常绿藤木，长达 10m 以上，节部膨大呈关节状。叶对生，长圆形，长 10～20cm，宽 4～11cm，全缘，羽状脉，革质。雌雄异株；雄球花多数轮生于具节的穗状花序上（有 13～17 轮环状总苞），并再集成圆锥花序；雌球花生于老枝节上，多分枝。种子核果状，长卵形至长椭球形，长 1.2～1.6cm，熟时黄褐色或红褐色；种子有柄，长 2～5mm。花期 6～7 月；种子8～9 月成熟。

产亚洲南部；我国华南及云南有分布。较耐荫，喜暖热潮湿气候，不耐寒。播种或扦插繁殖。是裸子植物中少见植物类型，外形极似双子叶植物。叶大荫浓，叶色青翠，缠绕性强，种子成熟时颇为美观；在南方可用作攀援绿化材料。

图 56　买麻藤

〔附〕**小叶买麻藤** ***G. parvifolium*** (Warb.) C. Y. Cheng ex Chun　茎较细弱，皮孔明显；叶对生，椭圆形至长倒卵形，长 4～10cm，宽约 2.5cm，侧脉细，在背面隆起。雄球花穗有 5～10 轮环状总苞。种子无柄或近无柄，假种皮红色。产华南及福建、江西、湖南等地。枝叶茂密，在南方园林绿地中可作攀援绿化材料。

三、被子植物门 ANGIOSPERMAE

Ⅰ. 双子叶植物纲 Magnoliopsida（Dicotyledons）

（一）木兰亚纲 Magnoliidae

16. 木兰科 Magnoliaceae

【木兰属 *Magnolia*】枝常具环状托叶痕；单叶互生，全缘。花大，两性，单生枝端；蓇葖果聚合成球果状，各具1～2种子。90～100种，产亚洲和北美；中国约31种，引入栽培数种。

(146) **紫玉兰**（木兰，辛夷，木笔）

Magnolia liliflora Desr.（*M. quinquepeta* Dandy）〔Lily Magnolia〕

落叶大灌木，高达3～5m。叶椭圆形或倒卵状椭圆形，长8～18cm，先端急渐尖或渐尖，基部楔形并稍下延，背面无毛或沿中脉有柔毛。花大，花瓣6片，外面紫色，里面近白色；萼片小，3枚，披针形，绿色。春天（4月）叶前开花；9～10月果熟。

图57　紫玉兰

原产我国中部，现各地广为栽培。喜光，较耐寒。分株或压条繁殖。通常植于庭园观赏，也可作嫁接玉兰的砧木。花蕾（称“辛夷”）供药用。

栽培变种**小木兰 'Gracilis'** 灌木，枝较细；叶狭，花瓣也较细小，外侧淡紫色，内侧白色；开花较迟，与叶同放。此外，还有**'红元宝'**（花瓣较宽圆，两面皆紫红色，花朵形若元宝状，夏季开花）等品种。

(147) **玉　兰**（白玉兰）

Magnolia denudata Desr.（*M. heptapeta* Dandy）〔Yulan〕

落叶乔木，高达15～20m；幼枝及芽具柔毛。叶倒卵状椭圆形，长8～18cm，先端突尖而短钝，基部圆形或广楔形，幼时背面有毛。花大，花萼、花瓣相似，共9片，纯白色，厚而肉质，有香气。早春叶前开花；9～10月果熟。

图58　玉　兰

原产我国中部，自唐以来久经栽培。喜

光，有一定的耐寒性，喜肥沃、湿润而排水良好的酸性土壤，中性及微碱性土上也能生长，较耐干旱，不耐积水；生长慢。播种、嫁接、扦插或压条繁殖。玉兰花大而洁白、芳香，早春白花满树，十分美丽，是驰名中外的珍贵庭园观花树种。将其与海棠、迎春、牡丹、桂花等配植在一起，即为中国传统园林中“玉堂春富贵”意境的体现。玉兰还是上海市的市花。常见栽培品种有：

①**多瓣玉兰**（‘长安玉灯’）**‘Multitepala’** 花朵将开时形如灯泡，花瓣多达20～30片，纯白色。

②**红脉玉兰‘Red Nerve’** 花被片9，白色，基部外侧淡红色，脉纹色较浓。

③**黄花玉兰**（‘飞黄’）**‘Feihuang’** 花淡黄至淡黄绿色，花期比玉兰晚15～20天。

（148）**武当木兰**（应春树）

Magnolia sprengeri Pamp.

（*M. denudata* var. *purpurascens* Rehd. et Wils.）

落叶乔木，高达20m。叶倒卵形，长10～17cm，先端急尖或急短渐尖，基部楔形，背面幼时有柔毛。花被片12(－14)，相近似，外面粉红或紫红色，里面色浅，花开放时雌、雄蕊群均露出；春天叶前开花或与叶同放。

产鄂西、川东、豫西南、陕南及甘南一带森林中。花大而美丽、芳香，为优良的庭园观花树种。华东一些城市及汉中等地偶有栽培；欧美各国早已引种栽培观赏。

栽培变种**紫红武当木兰**（紫红玉兰）**‘Diva’** 花色较深，外面紫红色，里面粉红色；栽培较多。

图59 武当木兰

（149）**凹叶木兰**

Magnolia sargentiana Rehd. et Wils.

落叶乔木，高达18m。叶倒卵形，长达20cm，先端圆或凹，暗绿色，叶背密被灰柔毛。花芳香，径达20cm，花被片12～16，内侧白色，外侧淡红紫色，基部色较深。聚合果细长，常扭旋，长达7.5cm。仲春至晚春开花。

产四川、云南等地。花大而美丽，可植于园林绿地观赏。

变种**大花凹叶木兰** var. ***rubusta*** Rehd. et Wils. 灌木状；花大，径达30cm，深玫瑰紫色，叶前开放。该变种更适于庭园观赏。

（150）**二乔玉兰**（朱砂玉兰）

Magnolia* × *soulangeana Soul.-Bod. 〔Saucer Magnolia〕

落叶小乔木，高6～10m。叶倒卵形，长6～15cm，先端短急尖，基部楔形，背面多少有柔毛，侧脉7～9对。花瓣6，外面多淡紫色，基部色较深，里面白色；萼片3，常花瓣状，长度只达其半或与之等长（有时花萼为绿色）。春天（3月）叶前开花。

是玉兰与紫玉兰的杂交种，较亲本更耐寒、耐旱。欧美各国园林中甚普通，并有许多园艺品种。我国各地常见栽培的品种有：

①**紫二乔玉兰‘Purpurea’** 花被片 9，紫色；北京颐和园有栽培。

②**常春二乔玉兰‘Semperflorens’** 一年能几次开花。

③**‘红运’玉兰‘Red Lucky’** 花被片 6～9，花鲜红或紫色，能在春夏秋三次开花。

④**‘紫霞’玉兰‘Chameleon’** 叶倒卵状长椭圆形，花蕾长卵形，花被片桃红色。

⑤**‘红霞’玉兰‘Hongxia’** 花被片 9，近圆形，深红色至淡紫色。

〔附〕**‘丹馨’玉兰 *Magnolia* ‘Fragrant Cloud’** 植株矮壮；叶倒卵形至近圆形，厚纸质。花蕾卵圆形，花被片 9，较圆短，外面桃红至紫红色，内面近白色，芳香；4 月和 7 月可两次开花，花朵密集。是庭园及盆栽观赏的好树种。

(151) **望春玉兰**（望春花）

Magnolia biondii Pamp. （*M. fargesii* Cheng）

落叶乔木，高达 12m。叶长椭圆状披针形或卵状披针形，长 10～18cm，侧脉 10～15 对。花瓣 6，长 4～5cm，白色，基部带紫红色；萼片 3，狭小，长约 1cm，紫红色；芳香。早春（3 月）叶前开花。

产甘肃、陕西、河南、湖北、湖南、四川等地。喜光，喜温凉湿润气候及微酸性土壤。是优良园林观赏树种，北京园林绿地中常见栽培。

变型**紫望春玉兰** f. ***purpurascens*** Law et Gao 花全为紫色；产河南鲁山与南召交界处。

(152) **多瓣紫玉兰**

Magnolia polytepala Law et R. Z. Zhou

落叶灌木，高 1.5～2m；芽和花蕾被白色长柔毛。叶卵圆形至卵状椭圆形，长 8～14cm，先端渐尖或长渐尖，基部楔形，背面叶脉被褐色柔毛。花被片 12～15，外轮 3 片披针形，绿色带紫晕，其余为花瓣状，倒卵状长椭圆形，外面深紫色，里面近白色，雄蕊深红色，雌蕊群红色。聚合果圆柱形。花期 3 月下旬至 4 月下旬；果期 9～10 月。

产福建武夷山，生于海拔 500～1200m 的常绿阔叶林中。喜光，喜温暖湿润气候，不耐寒。播种或嫁接繁殖。枝叶茂密，花美丽而芳香，是优良的园林绿化及观赏树种。

(153) **天目木兰**

Magnolia amoena Cheng

落叶乔木，高 8～15m；树冠广卵形。叶倒广披针形至椭圆形，先端长渐尖或短尾尖，背面脉上及脉腋有毛。花被片 9，粉红至淡紫色，花丝紫红色；4 月开放。聚合果圆柱形。花期 4～5 月；果期 9～10 月。

产浙江、安徽、江西、江苏等地，常生于海拔 200～1000m 低山丘陵混交林中。花美丽，可栽作庭园观赏树及行道树。

图 60 天目木兰

(154) **黄山木兰**

Magnolia cylindrica Wils.

落叶小乔木，高达10m；幼枝有淡黄色长毛。叶倒卵状长椭圆形，长5～13cm，先端钝或稍尖，背面苍白色。花芳香，花被内轮6片白色，仅外侧基部带紫红色，外轮3片萼片状；3～4月开花。聚合果圆柱形；种子鲜红色。

零星分布于安徽（黄山）、浙江、江西、福建；生于海拔600～1700m的山坡、沟谷疏林或山顶灌丛中。幼树较耐荫，喜温暖湿润气候，能耐－12℃的低温；根系发达，萌蘖性强。花美丽芳香，种子鲜红，宜植于庭园观赏。

(155) **宝华玉兰**

Magnolia zenii Cheng

落叶乔木，高达11m。叶倒卵状长圆形，长7～16cm，先端圆而具短突尖，基部广楔形，背面脉上被长弯毛，侧脉8～10对。花芳香，径约12cm，花被片9，近匙形，白色，中下部淡紫色，长7～8cm。聚合果圆柱形，长5～7cm。花期3～4月；果期8～9月。

产江苏句容宝华山，生于海拔约220m丘陵山地。是美丽的庭园观赏树种。

(156) **滇藏木兰**

Magnolia campbellii Hook. F. et Thoms. 〔Pink Tulip Tree〕

落叶乔木，高15～30m。叶椭圆形至长椭圆状倒卵形，长10～23cm，先端尖或短渐尖，基部常圆形，表面光滑，背面有毛，侧脉12对以上。花大，径15～25cm，花被片12(－16)，粉红色，大小近相等，基部狭成爪，最内轮花被片直立，包围着雌雄蕊群；春天叶前开花。

产西藏东南部、云南西北部和西部及四川西南部；印度、缅甸、尼泊尔等国也有分布。花大而美丽，早年引入欧美栽培，视为珍贵观赏树种，并出现大花、白花、白瓣基部发紫及紫红等品种。惟开花较迟，约15～20年生树才开花。但用二乔玉兰作砧木嫁接的苗木5年生即可开花。

(157) **天女花**（天女木兰）

Magnolia sieboldii K. Koch

（*M. parviflora* Sieb. et Zucc.）

落叶小乔木，高可达10m。叶倒广卵形，长6～12(15)cm，先端突尖，基部近圆形，背面疏生有毛，侧脉6～8对。花在新枝上与叶对生，径7～10cm；萼片3，淡粉红色，花瓣6，白色，雄蕊紫红色，花梗细长；花期5～6月。聚合果红色，8～9月成熟。

产我国辽宁、安徽（黄山）、江西及广西北部；朝鲜、日本也有分布。喜生于阴坡及湿润的山谷中。移植较困难，最好带土球。本种花朵洁白似玉，并有紫红色的雄蕊点缀，美丽而芳香，花梗细长，盛开时随风飘荡，宛若天女散花。宜植于庭园观赏。**多瓣天女花 'Multitepala'** 花被片15～21，西安等地有栽培。

图61 天女花

(158) **龙女花**(川滇木兰，西康木兰)

Magnolia wilsonii (Finet et Gagnep.) Rehd.

(*M. wilsonii* f. *taliensis* Rehd.)

落叶小乔木，高达8m；树皮灰褐色，木栓质。叶椭圆状卵形至长圆状卵形，长达12cm，中部以下最宽，背面密被银灰色长柔毛。花被片9(12)，白色，花药紫红色，芳香，径约12cm，花梗细而下弯；花与叶同放。聚合果红色；种子鲜红色。花期5～6月；果期9～10月。

产四川中部和西部、云南西部和南部，生于海拔1900～3300m的山地阔叶林和灌丛中。播种繁殖。在云南大理市苍山的一古庙中曾有一株“高数丈，大数围，香类优昙，闻数里，一开千百朵”的大树。可见是一值得推广的优良庭园观赏树种，欧美各国早已引种栽培。

图62 日本辛夷

(159) **日本辛夷**

Magnolia kobus DC.

〔Northern Japanese Magnolia〕

落叶乔木，高达20m；幼枝无毛。叶倒卵状椭圆形，长8～17cm，先端急渐尖，基部楔形，背面脉上有毛，叶面因叶脉凹入而起皱。花白色，芳香，径约10cm；花瓣6(—9)，质薄而略狭长，外面基部常带淡紫色；萼片3，狭小而早落。果实成熟时粉红色，开裂后沿着白线垂下红色种子，颇为有趣。花期3～4月；果期9～10月。

原产日本和朝鲜南部；我国青岛、南京、杭州等地有栽培。喜光，性强健，生长快；约15年生树始开花。是美丽的庭园观赏树种。

(160) **星花木兰**(星玉兰)

Magnolia stellata Maxim.

(*M. tomentosa* Thunb.)

〔Star Magnolia〕

落叶多分枝大灌木，高可达5m；树皮幼时芳香。叶狭长椭圆形至长倒卵形，长4～10cm。花纯白色，径约8cm，花瓣长条形，12～18片；有香气；早春叶前开花。

原产日本。我国青岛、大连、南京、西安等地有栽培，供观赏。有**粉花**‘Rosea’、**红花**‘Rubra’、花瓣更多浅粉色的‘**Water Lily**’(‘睡莲’)和花大雪白花瓣更多的‘**Royal Star**’(‘皇家’)等品种。

图63 星花木兰

(161) **广玉兰**(荷花玉兰)

Magnolia grandiflora L.

〔Bull Bay, Southern Magnolia〕

图 64 广玉兰

常绿乔木,原产地高达 30m。叶长椭圆形,长 10~20cm,厚革质,表面亮绿色,背面有锈色绒毛。花大,径 15~20(25)cm,白色,芳香。花期 6~7 月;果期 10 月。

原产美国东南部;约 1913 年首先引入我国广州栽培,故有广玉兰之名。喜光,喜温暖湿润气候及湿润肥沃土壤,不耐寒,耐烟尘,对二氧化硫等有害气体抗性较强。嫁接或高压繁殖。为优良的城市绿化及观赏树种。我国长江流域及其以南各城市广为栽培,华北常见盆栽观赏。叶入药,治高血压。

栽培变种**狭叶广玉兰 'Exmouth'**('Lanceolata') 叶较狭,背面苍绿色,毛较少;树冠也较窄。上海、杭州等地有栽培。

(162) **山玉兰**(优昙花)

Magnolia delavayi Franch.

图 65 山玉兰

常绿小乔木,高达 6~12m;小枝密被毛。叶椭圆形或卵状椭圆形,长 17~32cm,革质,背面有白粉;托叶贴生于叶柄,托叶痕延至叶柄顶部。花大,径 15~20cm,奶油白色,花药淡黄色,微芳香。花期 4~6 月;果期 8~10 月。

产云南、四川及贵州西南部山林中。喜温暖湿润气候,稍耐荫,喜深厚肥沃土壤,也耐干旱和石灰质土,忌水湿;生长较慢,寿命长达千年。播种繁殖。是优良的庭园绿化及观赏树种。

变型**红花山玉兰 f. *rubra*** K. M. Feng 花粉红至红色;花期 6~8 月。近年在云南牟定新发现,生于海拔 1000~1900m 次生常绿林中。昆明等地已广为栽培。

(163) **馨香木兰**

Magnolia odoratissima Law et R. Z. Zhou

常绿小乔木,高 4~6m;嫩枝密被灰褐色长毛。叶卵状椭圆形至长椭圆形,长 8~14cm,先端渐尖,基部楔形,表面深绿色,背面被白色弯曲毛,革质;叶柄长 1.5~3cm,托叶痕达叶柄顶端。花被片 9,匙形,白色,肉质,花径8~10cm,极芳香。聚合果圆柱形,长 5~7cm。花期 5~7 月和 8~9 月;果期9~10 月。

产云南东南部。喜光,耐半荫,喜温暖湿润气候,对土壤要求不严,耐干旱,不耐寒。树形美观,花洁白芳香,花期长,一年中开花两次;适应性强,繁殖栽培比较容易,是南方城乡及庭园绿化的好树种。

(164) **大叶木兰**

Magnolia henryi Dunn

常绿乔木，高 6～15(20)m；小枝幼时被平伏绒毛。叶大型，长圆形至倒卵状长圆形，长 30～70cm，宽 7～22cm，先端尖、钝或圆，革质，幼时稍有毛；叶柄长 3～11cm，托叶痕达叶柄顶端。花蕾卵形，花径 5～10cm，花被片 9(12)，外轮 3 片淡绿色，内轮乳白色；花梗粗壮，长 7～12cm，下弯。聚合果卵状椭球形，长 10～15cm，先端具短尖喙。花期 4～5 月；果期 8～9 月。

产我国云南南部及东南部；缅甸、泰国和老挝也有分布。叶形奇大而浓绿，花大芳香，在暖地可作城乡绿化及观赏树种。

(165) **厚　朴**

Magnolia officinalis Rehd. et Wils. 〔Medicinal Magnolia〕

落叶乔木，高达 20m；小枝粗壮，幼时黄绿色，有绢状毛。叶大，常集生枝端，倒卵状长椭圆形，长 23～45cm，先端短急尖或圆钝，背面有弯曲毛及白粉。花白色，径 10～15cm，芳香，内轮花被片在花盛开时直立，花丝长 3～5mm。花期 5～6 月；果期 8～10 月。

特产我国中部及西部。喜光，喜温凉湿润气候及排水良好的酸性土壤。树皮为著名中药。叶大荫浓，白花美丽，可栽作庭荫树及观赏树。

图 66　厚　朴

亚种**凹叶厚朴**（庐山厚朴）ssp. ***biloba*** (Rehd. et Wils.) Law　形态与厚朴相似，惟叶端凹入为其主要不同点；花叶同放；聚合果大而红色，颇为美丽。产我国东南部。中性偏阴，喜凉爽湿润气候及肥沃而排水良好的微酸性土壤，畏酷暑、干热。树皮也可药用，但品质较差。可栽作园林绿化及观赏树种。

(166) **日本厚朴**

Magnolia hypoleuca Sieb. et Zucc.（*M. obovata* Thunb.）

形态与厚朴相似，其主要不同点是：小枝紫色，无毛；叶长倒卵形，叶柄紫色；内轮花被片在花盛开时不直立，花丝长 1～1.4cm。花期 6～7 月；果期9～10 月。

原产日本北海道；我国东北及青岛等地有栽培。生长较快，4～5 年生树即可开花。花大而白色芳香，花丝及雌蕊群鲜红色，颇为美丽，是优良的园林绿化树种。树皮药用，称“和朴”。

(167) **夜合花**（夜合，夜香木兰）

Magnolia coco (Lour.) DC.

常绿灌木或小乔木，高 2～4m；全体无毛。叶倒卵状长椭圆形，长 7～18cm，先端长

图 67　夜合花

渐尖，基部狭楔形，网状脉明显下凹，革质；托叶痕达叶柄顶端。花被片 9，外轮 3 片带绿色，里面 6 片白色，夜间极香，花柄粗而下弯。花期5～7（8）月；果期秋季。

产我国南部及越南；现东南亚各国广泛栽培。较耐荫，喜温暖湿润气候及肥沃土壤，不耐寒。是名贵香花观赏树种；花可熏茶及提制浸膏。花及根皮可入药。

【木莲属 ***Manglietia***】常绿乔木；枝节与叶柄内侧有托叶痕。单叶互生，全缘。花单朵顶生，花被片通常 9，雌蕊每心皮具 4～14 胚珠。聚合蓇葖果球形或近球形。约 30 余种，产亚洲亚热带至热带；中国 22 种。

（168）**木　莲**

Manglietia fordiana（Hemsl.）Oliv.

高达 20～25m；小枝具环状托叶痕，幼枝及芽有红褐色短毛。单叶互生，长椭圆形至倒披针形，长 8～16cm，革质，全缘，背面疏生红褐色短硬毛，侧脉 8～12 对。花白色，形如莲，单生枝端；花梗粗短，长 1～2cm；4～5 月开花。聚合蓇葖果，各具 4 至多数种子。花期 4～5 月；果期 10 月。

产我国东南部至西南部山地。喜光，幼时耐荫，喜温暖湿润气候及肥沃的酸性土壤，在低海拔过于干热处生长不良。树荫浓密，花果美丽，是南方园林绿化及观赏树种。

图 68　木　莲

（169）**乳源木莲**（狭叶木莲）

Manglietia yuyuanensis Law

高达 8～15(22)m；与木莲相似，但本种除芽有金黄色柔毛外，全株无毛。叶较狭，倒披针形或狭倒卵状椭圆形，长 8～14cm，先端尾尖或渐尖，背面淡灰绿色。花被片 9，白色，外轮带绿色。聚合蓇葖果熟时鲜红至暗红色。花期4～5 月；果期 9～10 月。

产粤南、湘南、皖南（黄山）、浙南及福建等地。喜光，幼时耐半荫，喜温暖湿润气候，能耐－9℃的低温；浅根性，侧根发达，萌芽力强，生长快。本种树干通直，树形端庄优美，枝叶茂密浓绿，花苞及花蕊红色，花瓣白色，颇为美丽，是理想的园林绿化树种。

图 69　乳源木莲

（170）**灰木莲**

Manglietia glauca Bl.

高达 26m，树冠伞形；小枝绿色，有平伏毛。叶狭倒卵形至倒披针形，长 10～20cm，先端急尖，基部楔形，侧脉（10）14～17 对，两面网脉明显，薄革质，叶柄长 1.5～3cm。花乳白（绿白）色，花被片 9。花期 2～4 月；果期 9～10 月。

原产中南半岛；1960年引入华南栽培。喜光，幼树稍耐荫，喜暖热气候及深厚、湿润土壤，不耐干旱，能耐－2℃的低温；抗风，生长较快。树干通直，树冠伞形美观，花大而繁多，花期长达2个月。是很好庭园观赏树和行道树种，也可作为用材林树种。

（171）**红花木莲**

Manglietia insignis（Wall.）Bl.

高达30m；小枝无毛或幼时节上有毛。叶革质，倒披针形至长椭圆形，长10～26cm，先端常短尾状尖，侧脉12～24对，表面暗绿色，背面蓝绿色。花被片9～12，基部1/3以下窄成爪状，外轮3片开展，下部黄绿色，中内轮6～9片，直立，乳黄白染粉红色（另有一种外轮花瓣翠绿色，仅中轮花瓣顶端粉红色），雄蕊长1～1.8cm。果紫红色。花期5～6月；果期8～9月。

产我国湖南、广西、贵州、云南、西藏及缅甸北部、印度东部。耐荫，喜湿润肥沃土壤。本种树形优美，花色艳丽，始花早，且有的植株一年能开2次花（5～6月和10月下旬），是优良的园林绿化树种；已在华东一些城市推广应用，成为最受欢迎的常绿花木之一。木材为家具等优良用材。

（172）**毛桃木莲**

Manglietia moto Dandy

高达20m；小枝、幼叶及果梗均密被锈褐色绒毛。叶革质，倒卵状椭圆形至倒披针形，长12～25cm，先端短钝尖或渐尖，侧脉10～15对。花被片9，乳白色，雄蕊鲜红色；芳香。花期5～6月；果期8～9月。

产福建、湖南、广东、广西、贵州等地。耐半荫，喜湿润肥沃土壤。树干通直，树形美观，枝叶茂密，花芳香而美丽，是优良的绿化观赏树种。合肥、上海、昆明等地有引种栽培。

（173）**桂南木莲**（南方木莲）

Manglietia chingii Dandy

高达20m；幼枝及芽有红褐色平伏短毛。叶倒披针形，长15～20cm，先端短渐尖或钝，基部楔形，背面稍有白粉，侧脉11～13对。花被片9～11，外轮3片绿色，内轮白色，心皮无毛；花梗细长弯垂，长4～7cm。聚合蓇葖果卵球形，长4～5cm，红色。花期5～6月；果期9～11月。

产广西、广东、湖南、贵州和云南；越南北部也有分布。喜温暖气候及肥沃深厚的酸性土壤，幼年耐荫，后喜光；生长较快。枝繁叶茂，树冠宽广，四季常青，花大而洁白芳香，盛花时满树白花；近年已在南方园林绿地中广泛栽培。

（174）**海南木莲**（绿楠）

Manglietia hainanensis Dandy

高20～30m；小枝绿色或绿褐色，有毛。叶倒卵状长椭圆形，长10～20cm，先端渐尖或急尖，基部楔形，薄革质，无毛，表面深绿色有光泽，背面浅绿色，幼叶红色。花被片9，外轮3片淡绿色，内轮白色，花径约8cm；花梗长1～4cm。聚合蓇葖果长5～6cm；种子红色。花期3～4月；果期9～10月。

我国海南特产；广东、海南有栽培。幼树耐荫，喜高温多湿气候及深厚肥沃的沙质壤土；生长颇快，寿命长。树干挺拔，枝叶茂密，树姿雄伟美观，花大而洁白素雅；适于暖地栽作行道树及庭园观赏树。

(175) **大叶木莲**

Manglietia megaphylla Hu et Cheng

高达40m；小枝、叶背、果柄等均被黄褐色长绒毛。叶大，集生枝端，倒卵状长椭圆形，长25～50cm，宽10～20cm，革质。花被片9～10，长4～5cm，白色，雄蕊红色，雌蕊群卵球形；芳香。聚合蓇葖果长卵形，长6.5～12cm，鲜红色。花期5～6月；果期10～11月。

产云南东南部及广西西部。中性树种，喜温暖湿润环境，不耐寒；生长快。叶大而茂密，树冠美丽，花大洁白而芳香；是优良的园林绿化及观赏树种。

(176) **大果木莲**

Manglietia grandis Hu et Cheng

高达12m；小枝粗壮，无毛。叶椭圆状长圆形至倒卵状长圆形，长20～35cm，宽10～13cm，侧脉17～26对，先端钝尖或短突尖，基部广楔形，表面有光泽，背面有乳头状突起，常灰白色；托叶痕长约为叶柄之1/4。花被片12，长8～12cm，紫红色。聚合蓇葖果长卵形，长10～12cm，熟时鲜红色，果柄粗壮。花期5月；果期9～10月。

产广西及云南。叶大浓绿，花大果大，均红色美丽；是优良的园林绿化及观赏树种。

【含笑属(白兰花属)***Michelia***】常绿木本；枝有环状托叶痕。单叶互生，全缘。花单生叶腋，芳香；聚合蓇葖果部分不发育。约50余种，产亚洲亚热带至热带；中国41种。

(177) **白兰花**(白兰，缅桂)

Michelia alba DC.

乔木，高达10～17m。叶卵状长椭圆形或长椭圆形，长15～25cm，叶背被短柔毛；叶柄上的托叶痕不足柄长的1/3。花浓香，花被10片以上，白色，狭长。花期4～6(9)月；果期8～9月。

原产印尼爪哇。有学者认为是黄兰与*M. montana*的杂交种。喜光，喜温暖多雨气候及肥沃疏松的酸性土壤，不耐寒；生长较快，萌芽力强，易移栽。对二氧化硫、氯气等有毒气体抗性差。常以黄兰作砧木嫁接或高压繁殖。华南城市常栽作庭荫、观赏树及行道树；长江流域及北方各城市常于温室盆栽观赏。是名贵的香花树种，花朵供熏制茶叶或作襟花佩带。白兰花是厄瓜多尔的国花。

图70　白兰花

(178) **黄　兰**(黄缅桂)

Michelia champaca L. 〔Champaca〕

乔木，高达30～40m。外形与白兰花很相似，惟花为淡黄色；叶背平伏长绢毛，叶柄上的托叶痕长达柄长2/3以上。4月下旬至9月陆续开花。

产我国西藏东南部、云南南部及西南部；印度、缅甸、越南也有分布。播种或高压繁殖。习性、栽培及功用也与白兰花相同。有白花‘Alba’品种。此外材质优良，可作华南地区造林用材树种。

(179) **含　笑**

Michelia figo (Lour.) Spreng.

(*M. fuscata* Bl.) 〔Banana Shrub〕

灌木，高2～3(5)m；小枝及叶柄密生褐色绒毛。叶较小，椭圆状倒卵形，长4～10cm，革质。花被片6，肉质，淡乳黄色，边缘带紫晕，具浓烈香蕉香气，雌蕊群无毛；花梗较细长。花期4～6月。

产我国南部。耐荫，不耐寒；长江流域各地栽培常需保护越冬，北方常于温室盆栽观赏。是重要芳香观赏花木，花可熏茶、提取芳香油和药用。是福建泉州市的市花。

图71　含　笑

(180) **深山含笑**

Michelia maudiae Dunn

乔木，高达20m；全株无毛。叶长椭圆形，长7～18cm，革质而不硬，背面粉白色，网脉致密，结成细眼；托叶痕不延至叶柄。花白色，径10～12cm，花被片9，芳香如兰花。花期2～3(4)月。

产浙江南部、福建、湖南南部、广西、贵州等地山林中。中性偏阴，喜温暖湿润气候和深厚肥沃的土壤，能耐－9℃的低温；浅根性，侧根发达。是华南常绿阔叶林的常见树种。花洁白如玉，花期长，花量多，且3年生树即可开花，宜植为园林观赏树种。近年在湖南叙浦县发现有1年能多次开花的植株，值得推广。

图72　深山含笑

(181) **云南含笑**（皮袋香）

Michelia yunnanensis Franch.

灌木，高2～4m；幼枝密生锈色绒毛。叶倒卵状椭圆形，长4～10cm，先端急尖或圆钝，基部楔形，背面幼时有棕色绒毛，后渐脱落。花白色，芳香，雌蕊群有毛，并高出雄蕊群；花梗粗短。

产云南，常见于林下及红壤地带灌木丛中。花芳香，可植于庭园观赏。

(182) **醉香含笑**（火力楠）

Michelia macclurei Dandy

乔木，高达20～30m；芽、幼枝、叶柄均被平伏短绒毛。叶倒卵状椭圆形，长7～14cm，先端短尖或渐尖，基部楔形，厚革质，背面被灰色或淡褐色细毛，侧脉10～15对，网脉细，蜂窝

图73　醉香含笑

状；叶柄上无托叶痕。花白色或淡黄白色，花被片9～12，芳香。聚合果长3～7cm。花期3～4月。

产我国福建、广东及贵州东南部。喜温暖湿润气候及深厚的酸性土壤，生长较快，萌芽性强，有一定抗火能力。本种树干直，树形整齐美观，枝叶茂密，花多而芳香，是华南地区城市绿化的好树种。

变种**展毛含笑** var. *sublanea* Dandy 芽、幼枝、叶柄上的毛展开，而非紧贴平伏；叶较小，卵状披针形；花黄白色，特多。在华南地区常栽作行道树。

图74 乐昌含笑

(183) **乐昌含笑**

Michelia chapensis Dandy（*M. tsoi* Dandy）

乔木，高15～30m；小枝无毛，幼时节上有毛。叶薄革质，倒卵形至长圆状倒卵形，长5.6～16cm，先端短尾尖，基部楔形。花被片6，黄白色带绿色。花期3～4月。

产湖南、江西、广东、广西、贵州。生长快，适应性强，耐高温，抗污染，病虫害少。树形壮丽，枝叶稠密，叶色翠绿，花清丽而芳香，红色种子悬垂于绿叶丛中也颇为美观，是优良的园林绿化和观赏树种。近年南京以南地区都有引种栽培，在杭州一带已在绿化中广泛应用。

(184) **金叶含笑**

Michelia foveolata Merr. ex Dandy

乔木，高达30m；幼枝及叶密被黄褐色绒毛。叶厚革质，长椭圆形至广披针形，长17～23cm，网状脉致密，结成蜂窝状，表面深绿色，有光泽，背面红褐色绒毛。花被片9～12，长6～7cm，白色，稍带黄绿色，基部带紫色。花期3～5月。

产湖南、江西、福建、广东、广西、云南等地，常生于海拔500～1800m的山地林中。喜温暖气候，较耐荫；生长较快。其嫩叶背面的金色绒毛在阳光下闪耀着金属的光泽，有特殊的观赏价值。杭州等地有栽培。

图75 金叶含笑

变种**灰毛金叶含笑** var. *cinerascens* Law et Y. F. Wu 叶背毛为灰色；比原种生长快，对二氧化硫有一定抗性。已在淮河以南地区推广种植。

(185) **四川含笑**（川含笑）

Michelia szechuanica Dandy

乔木，高达28m；分枝角度较小，树冠椭球形。幼枝有红褐色柔毛。叶革质，狭倒卵形至倒卵形，长9～15cm，先端尾状短尖，基部楔形或广楔形，背面有红褐色柔毛。花被片9，淡黄色。花期4月。

产湖北、四川、贵州等地。树体壮伟，枝叶浓密，是园林绿化的优良树种。在浙江杭州及富阳一带长势良好，值得推广发展。

(186) **峨眉含笑**

Michelia wilsonii Finet et Gagnep.

乔木，高达20m；树皮光滑。叶革质，倒卵形至倒披针形，长8～15(20)cm，背面灰白色，有毛；网脉细密，干时两面凸起。花被片9(12)，淡黄色，雌蕊群细长，花径5～6(8)cm，芳香。聚合果下垂，紫红色。花期3～5月。

产四川和湖北西部，生于海拔600～2000m林中。树形优美，花大而洁白芳香，是良好的园林绿化及观赏树种。

(187) **阔瓣含笑**

Michelia platypetala Hand. -Mazz.

乔木，高8～20m；幼枝、嫩叶及芽有红褐色绢毛。叶长椭圆形，长10～20cm，先端尖，基部广楔形或近圆形，薄革质。花被片9，外轮倒卵状椭圆形至椭圆形，长5～6cm，白色；有香味。春季开花，条件好的1年能多次开花。

产湖南、福建、广东、广西及贵州等地。适应性强，较耐干旱瘠薄；生长快。枝叶青翠，花大而美丽芳香，花量多，花期长，始花早（5年生树即开花）。近年来淮河以南各地广泛引种栽培，普遍表现良好。但因不耐烟尘，不宜用作行道树。

(188) **紫花含笑**

Michelia crassipes Law

灌木或小乔木，高2～5m；嫩枝、芽、叶柄及花梗均密被红褐色或黄褐色长绒毛。叶披针形至长椭圆形，长7～13cm，先端尖，基部楔形，革质；托叶痕达叶柄顶端。花被片6，长约2cm，紫红或深紫色，心皮密被柔毛，浓香，花开时不全放，花梗粗短。聚合果穗状，被毛。花期4～5月；果期8～9月。

产湖南、贵州及两广北部。喜光，也耐半荫，喜温暖湿润气候。常用扦插法繁殖，成活率高。树形优美，四季常青，花紫红色，鲜艳美丽，幽香若兰；是南方优良的园林绿化及观赏树种。

(189) **苦梓含笑**

Michelia balansae (A. DC.) Dandy

乔木，高达20m；树皮平滑，枝条黑褐色。幼枝、芽、叶背、花蕾及花梗均密被褐色绒毛。叶长圆状椭圆形，长10～20(28)cm，厚革质；叶柄无托叶痕，基部膨大。花被片6，白色带淡绿色，芳香。花期4～6月；果期9～10月。

产福建、华南及云南；越南也有分布。树形紧凑，叶色浓绿，花芳香优雅，是暖地优良的园林绿化树种。

(190) **石碌含笑**

Michelia shiluensis Chun et Y. F. Wu

乔木，高10～20m；顶芽被黄色有光泽的柔毛，其余均无毛。叶倒卵状长圆形，长8～15(20)cm，先端圆钝（具短尖），基部广楔形，表面深绿色，背面粉绿色；叶柄无托叶痕。花被片9，白色，花丝红色。花期3～4月；果期7～8月。

特产海南岛东南部常绿阔叶林中。稍耐荫，生长较慢。树冠塔形，枝叶茂密，叶色四季亮绿，春季开白花，明媚夺目。是暖地优良的园林绿化树种。

(191) **多花含笑**

Michelia floribunda Finet et Gagnep.

乔木，高达20m；幼枝有灰白色平伏毛。叶长椭圆形至倒披针形，长7～14cm，宽2～4cm，背面有白色平伏长毛。花蕾被金黄色柔毛；花被片11～13，长2.5～3.5cm，白色。花期2～4月。

产云南、四川、贵州、广西及湖南；缅甸也有分布。适应性强，生长快，病虫害少。枝叶茂密，树冠塔形；花美丽幽香，花量多，早春开花，花期长达2～3个月。是南方各地园林绿化的新秀树种。

（192）**黄心夜合**

Michelia martinii (Lévl.) Lévl. (*M. bodinieri* Finet et Gagnep.)

乔木，高达20m；小枝无毛，芽密被长毛。叶倒披状长椭圆形，长12～18cm，革质，有光泽；叶柄无托叶痕。花被片6(～8)，淡黄色，长4～4.5cm，倒卵形至倒披针形，芳香。

产我国中部至西南部。树形优美，叶色浓绿，花美丽；生长尚快。是目前颇受欢迎的园林绿化树种。

〔附〕**长蕊含笑 *M. longistamina*** Law 高达15m；小枝无毛。叶卵状椭圆形至倒卵状椭圆形，长7～14cm，两面无毛，薄革质；叶柄无托叶痕。花被片6，白色，外轮花被片倒卵形，长6～7cm，雄蕊长3～4cm。产广东北部乳源。适应性强，生长快。是南方优良的园林绿化树种。

【观光木属 *Tsoongiodendron*】1种，中国特产。

（193）**观光木**

Tsoongiodendron odorum Chun

常绿大乔木，高达20～30m，胸径1.5～2m。单叶互生，椭圆形或倒卵状椭圆形，长8～15cm，全缘；托叶痕延至叶柄中下部。花两性，芳香，单生叶腋，花被片9，乳白色或淡紫红色；雌蕊群具显著的柄，离生心皮9，全部发育。聚合果大（心皮果时合生），卵状椭球形，长10～18cm，熟时紫红色，果皮厚木质。花期3～4月；果期9～10月。

产我国长江以南及西南地区至越南北部；星散分布于海拔400～1000m山地常绿阔叶林中。喜光，幼时耐半荫，喜温凉湿润气候及深厚肥沃而排水良好的土壤；根系强大，寿命长，生长较快。树形美观，叶大荫浓，花美丽芳香，是良好的园林绿化及观赏树种。

图76 观光木

【合果木属 *Paramichelia*】约3种，产东南亚；中国1种。

（194）**合果木**（合果含笑）

Paramichelia baillonii (Pierre) Hu

常绿乔木，高25～35m。嫩枝、芽、叶柄和叶背均密被白色平伏长毛。叶互生，椭圆形、卵状椭圆形至披针状长椭圆形，长6～22cm，先端渐尖，基部楔形。花单生叶腋；花被片18～21，6片1轮，披针形，淡黄色，芳香。雌蕊群具柄，心皮多数，全部发育并合生。聚合果肉质，成熟后果皮不规则开裂并脱落，中轴及木质化的弯钩状心皮中肋宿存。花期8～10月；果期翌年2月。

产云南南部和西部；印度、缅甸、泰国和越南也有分布。喜光，喜暖热湿润气候及排水良好的酸性土壤，不耐寒；生长快。树干通直，树形高大美观，材质优良，花芳香。可于暖地作园林绿化及造林树种。

【拟单性木兰属 ***Parakmeria***】与木兰属的主要区别是：花两性和杂性，雄花与两性花异株。约6种；中国5种，产西南至东南部。

（195）**乐东拟单性木兰**

Parakmeria lotungensis（Chun et C. Tsoong）Law

常绿乔木，高达30m；各部无毛。小枝具明显的环状托叶痕。单叶互生，倒卵状椭圆形至长椭圆形，长6～11cm，先端钝尖，基部楔形，背面无腺点，硬革质。两性花和雄花同形，花被片9～14，外轮淡黄色，内轮白色。聚合果椭球形，长3～6cm，红色。花期4～5月；果期8～9月。

产江西、浙江、湖南至华南。喜光，喜温暖湿润环境，适应性强，抗污染；生长较快，病虫害少。树干端直，树冠塔形，嫩叶紫红色，老叶光洁亮绿，花美丽芳香；是优良用材及园林观赏树种，近年来淮河以南地区林业及园林部门开始重视并引种。

（196）**云南拟单性木兰**

Parakmeria yunnanensis Hu

常绿乔木，高达30m；小枝被星状短柔毛。叶卵状长椭圆形，长6～15cm，先端渐尖，基部广楔形，薄革质。两性花和雄花相似，花被片12，长3～4cm，外轮3片红色，内轮白色。花期5～6月；果期10月。

产云南、贵州东南部及广西北部。适应性较强，生长快，病虫害少。树干通直，树形紧凑，叶色浓绿有光泽，嫩叶红色，花多而大，美丽芳香。在我国亚热带地区适用于造林和园林绿化树种。

〔附〕**峨嵋拟单性木兰 *P. omeiensis*** Cheng　高达20m。叶长椭圆形至倒卵状长椭圆形，长8～12cm，先端短渐尖，基部楔形，背面有腺点，革质。花被片12，外轮3片淡黄色，内轮乳白色。花期5月；果期9月。产四川峨嵋山。花美丽，可供观赏。

【鹅掌楸属 ***Liriodendron***】2种，中国和美国各产1种。

（197）**鹅掌楸**（马褂木）

Liriodendron chinense（Hemsl.）Sarg.

〔Chinese Tulip Tree〕

落叶乔木，高达40m；干皮灰白光滑。小枝具环状托叶痕。单叶互生，有长柄，叶端常截形，两侧各具一凹裂，全形如马褂，叶背密生白粉状突起，无毛。花黄绿色，杯状，花被片9，长2～4cm；花单生枝端。聚合果由具翅小坚果组成。花期4～5月；果期10月。

图77　鹅掌楸

产我国长江以南各省区。喜温暖湿润气候及深厚肥沃的酸性土壤，在沟谷两旁或山坡中下部生长较好；喜光，耐寒性不强，生长较快。播种或嫁接繁殖。本种叶形奇特，花大而美丽，为世界珍贵的庭园观赏树之一，宜作庭荫树及行道树。材质尚佳；树皮药用，可祛水湿风寒。

（198）**美国鹅掌楸**

Lilriodendron tulipifera L.

〔Tulip Tree，Yellow-poplar〕

落叶乔木，原产地高达60m。外形与鹅掌楸相似，主要不同点是：干皮灰褐色，纵裂较粗；叶较宽短，侧裂较浅，近基部常有小裂片，叶端常凹入，幼叶背面有细毛；花较大而形似郁金香，花瓣淡黄绿色而内侧近基部橙红色。

原产美国东南部；我国青岛、庐山、南京、杭州、昆明等地有栽培。习性、用途均与上种相似。有**金边**'Aureo-marginatum'、**斑叶**'Variegatum'（叶有黄绿色斑块）等品种。

图78 美国鹅掌楸

〔附〕**杂种鹅掌楸** ***L. chinense*** × ***L. tulipifera*** 本种是20世纪60年代叶培忠教授在南京用上述两种鹅掌楸杂交育成。树皮紫褐色，皮孔明显；叶形介于两者之间；花被外轮3片黄绿色，内两轮黄色。种子繁殖后代分化较大，宜扦插繁殖。具明显的杂种优势，生长快，适应平原能力增强，无旱落叶现象；耐寒性较强，北京能露地生长，并已开花多年。是理想的园林绿化及观赏树种。

17. 番荔枝科 Annonaceae

【番荔枝属 ***Annona***】约100种，主产热带美洲，少数产非洲；中国引入栽培7种。

（199）**番荔枝**

Annona squamosa L. 〔Custard Apple，Sugar Apple〕

落叶灌木或小乔木，高达5m；多分枝，小枝无毛。单叶互生，长椭圆状披针形，长6～12cm，全缘，侧脉8～15对，在表面平，在背面凸起，近革质，排成二列。花两性，花蕾披针形，萼片3，形小，花瓣6，2轮（内轮3片退化成鳞片状），淡黄绿色，雄蕊多数，花丝肉质，离生心皮雌蕊多数；总花梗着花1～4朵，与叶对生或顶生。聚合浆果近球形，径4～8cm，表面不平，黄绿色，有白粉。花期5～6月；果6～11月成熟。

原产热带美洲；现广植于热带各地，华南地区有栽培。喜光，喜高温湿润气候及肥沃而排水良好的沙壤土。果味香甜，外形似荔枝，为优良热带果树之一。

图79 番荔枝

(200) **圆滑番荔枝**(牛心果)

Annona glabra L. 〔Pond Apple〕

常绿乔木，高 10m；枝有皮孔。叶互生，卵形至长椭圆形，长 6～15cm，全缘，表面有光泽，侧脉 7～9 对，在两面凸起。花蕾卵形或球形，花瓣 6，2 轮，长 2～3.5cm，黄白色或黄绿色，内侧基部红色，内轮花瓣仅较外轮略窄短，芳香。聚合浆果牛心状，长达 10cm，表面平滑，无毛，熟时淡黄色。花期 4～6 月；果 7～8 月成熟。

原产热带美洲；华南地区有引种栽培。喜光，喜暖热湿润气候及肥沃湿润土壤，很不耐寒，喜肥沃湿润土壤；生长快。播种繁殖，5 年生树即可开花结实。果可食，是热带果树之一。

(201) **牛心番荔枝**

Annona reticulata L. 〔Bullock's Heart, Custard Apple〕

乔木，高达 12m。叶互生，长椭圆状披针形至披针形，长达 20cm，侧脉在表面平，在背面凸起。花淡黄色，长约 2.5cm，内轮花瓣退化成鳞片状；总花梗有花 2～10 朵。聚合浆果心形或卵形，黄里带红或褐色，径 5～12cm，无毛，具网纹。花期冬季；果期 3～6 月。

原产热带美洲；现广泛栽培于热带低地。我国台湾及华南地区有栽培，是热带著名水果。

(202) **刺果番荔枝**

Annona muricata L. 〔Guanabana Soursop〕

常绿乔木，高达 8m。叶互生，倒卵状长圆形至椭圆形，长 5～18cm，侧脉在叶两面凸起。花淡黄色，长约 3.8cm，外轮花瓣厚，内轮花瓣较薄。聚合浆果卵圆形，长 10～30cm，幼时有弯刺，后逐渐脱落而残存小突起。花期 4～7 月；果期 7～12 月。

原产美洲热带，华南地区有栽培。果大，稍酸甜，可食。

【紫玉盘属 ***Uvaria***】约 150 种，产热带和亚热带；中国 8 种，产西南和华南。

(203) **紫玉盘**

Uvaria macrophylla Roxb.

(*U. microcarpa* Champ. ex Benth.)

蔓性灌木，高约 2m(长达 10 余 m)；全株被星状毛。单叶互生，倒卵形或长圆形，长 10～25cm，基部圆或近心形，羽状脉在表面下凹，全缘，革质，叶柄短。花紫红色，径 2～3.8cm，萼片 3，花瓣 6，2 轮，覆瓦状排列，花托凹陷，雄蕊多数，心皮离生；花 1～2 朵与叶对生。聚合果之小果球形或卵形，径约 1cm，熟时暗紫褐色。花期 3～8 月；果期 7 月至翌年 3 月。

图 80　紫玉盘

产我国台湾及华南地区；越南及老挝也有分布。喜光，也耐荫，对土壤要求不严，耐干旱瘠薄。花大，紫红色，形如圆盘，故名紫玉盘，颇为美丽；在暖地可植于庭园或盆栽观赏。

【暗罗属 *Polyalthia*】约 100 种，产东半球热带及亚热带；中国 18 种。

(204) **长叶暗罗**

Polyalthia longifolia (Sonn.) Thw. 〔Indian Willow〕

常绿乔木，高达 18m；枝条稍下垂。单叶互生，条状披针形，长 10～18cm，边缘波状，亮绿色。花腋生或与叶对生，淡黄绿色，花瓣 6，2 轮，雄蕊多数。聚合浆果。

原产印度、巴基斯坦和斯里兰卡；我国华南地区有栽培。喜光，喜高温多湿气候及排水良好的土壤，不耐寒。枝叶茂密，树冠整齐，在暖地是很好的园林观赏树和行道树种。

栽培变种**垂枝暗罗 'Pendula'** 高 2～8m，主干挺直，枝叶密集而明显下垂。整体树形柱状塔形，叶色翠绿，具有很高的观赏价值，适于庭园观赏。

【鹰爪花属 *Artabotrys*】约 100 种，产热带至亚热带；中国 8 种。

(205) **鹰爪花**（鹰爪兰）

Artabotrys hexapetalus (L. f.) Bhand. 〔Fragrant Tail-grape〕

常绿攀援灌木，高达 4m。单叶互生，长椭圆形或广披针形，长 6～16cm，两端尖，全缘，无毛。花较大，长 3～4.5cm，淡黄绿色，极香，萼片 3，基部合生，花瓣 6，2 轮；1～2 朵生于钩状总花梗上。果大，黄色。花期 5～6 (8) 月。

产亚洲南部；华南各地常栽培于庭园观赏。播种、扦插或高压繁殖。花极香，可提取香精及熏茶。在暖地也常植于庭园观赏。

图 81 鹰爪花

【假鹰爪属 *Desmos*】46 种，产热带亚洲和大洋洲；中国 9 种。

(206) **假鹰爪**（酒饼叶）

Desmos chinensis Lour.

常绿直立或攀援灌木；除花外，其余部分均无毛。单叶互生，长椭圆形，长4～13cm，基部圆形至稍偏斜，全缘，背面粉绿色。花单生，下垂，芳香；萼片 3，花瓣 6，2 轮，黄白色，外轮 3 片较大，长圆状披针形，长 6～9cm，雄蕊多数，心皮多数，离生。聚合果之成熟心皮细长，并于种子间缢缩成念珠状，熟时红色。花期夏至冬季；果期夏末至翌年春季。

产亚洲热带地区，我国华南、西南地区有分布。耐半荫，喜温暖湿润气候，不耐寒，耐干旱、瘠薄。花清香而花期长，果形奇特美观；宜植于庭园观赏。

图 82 假鹰爪

〔附〕**云南假鹰爪** ***D. yunnanensis*** (Hu) P. T.

Li 灌木；小枝、叶背初有微毛。叶长椭圆形，长10～16cm。花瓣6，金黄色，外轮花瓣小于内轮花瓣，浓香；聚合果之各离生心皮念珠状，熟时由黄色变红色。产云南西南部。花果美丽，宜植于庭园观赏。

【依兰属 ***Cananga***】3种，产热带亚洲至大洋洲，中国引入栽培1种。

(207) **依兰香**（依兰）

Cananga odorata (Lamk.) Hook. f. et Thoms. 〔Ylang-ylang〕

常绿乔木，一般3～5m，最高达20m；树皮较光滑，深灰色。单叶互生，卵状长椭圆形，长13～20cm，全缘，羽状脉下陷。花黄绿色，极香，萼片3，花瓣6，长条形，长约2cm，2轮；8～9月开花。聚合浆果，熟时黑色。

图83 依兰香

原产缅甸、印度、印尼、菲律宾及马来西亚等地；华南有引种栽培。是热带速生香花树种，鲜花可提取名贵香料，也可栽作庭园观赏树。

变种**小依兰香** var. ***fruticosa*** (Craib) J. Sincl. 灌木，高1～2m；花香较淡，但花多，花期4～6月。产东南亚，我国南方也有栽培，更宜盆栽观赏。

【瓜馥木属 ***Fissistigma***】约75种，产东半球热带及亚热带；中国23种。

(208) **瓜馥木**

Fissistigma oldhamii (Hemsl.) Merr.

常绿藤木，茎缠绕，长达8m；小枝被黄色柔毛。单叶互生，倒卵状长椭圆形至长圆形，长6～12cm，先端圆或微凹，羽状侧脉在表面平，背面有短柔毛。花(1)3～7朵成密伞花序，芳香；萼片3，花瓣6，长约1.5～2cm，雄蕊多数，心皮多数，离生。聚合果之小果浆果状，球形，径约1.8cm，密被黄棕色柔毛，小果柄长约2cm。4～9月开花；7月至翌年2月果熟。

产浙江、江西、福建、湖南至华南及云南、台湾；越南也有分布。喜温暖湿润气候。花香而花期长，宜植于庭园作攀援绿化材料。

图84 瓜馥木

变种**长柄瓜馥木** var. ***longistipitalum*** Tsiang 小果柄长达4cm；花期冬季。

18. 蜡梅科 Calycanthaecae

【蜡梅属 ***Chimonanthus***】约6种，中国特产。

(209) **蜡 梅**（腊梅）

Chimonanthus praecox (L.) Link 〔Winter Sweet〕

落叶灌木，高达3～4m；小枝近方形。单叶对生，卵状椭圆形至卵状披针形，长7～15cm，全缘，半革质而较粗糙。花单朵腋生，花被片蜡质黄色，内部的有紫色条纹，具浓香；远于叶前（冬季至早春）开放。瘦果种子状，为坛状果托所包。

图85 蜡 梅

原产我国中部，黄河流域至长江流域各地普遍栽培。喜光，耐干旱，忌水湿，喜深厚而排水良好的土壤，在黏土及盐碱地上生长不良，有一定的耐寒性，北京在良好小气候环境下可露地越冬；耐修剪，发枝力强。本种开花于寒月早春，且具浓香，为冬季最好的香花观赏树种，又是瓶插佳品。华北常见盆栽观赏。花、根、茎均供药用。是江苏镇江市的市花。常见品种及变种有：

①**素心蜡梅'Concolor'**（'Luteus'） 花被片纯黄色，内部不染紫色条纹，花径2.6～3cm，香味稍淡。

②**大花素心蜡梅'Luteo-grandiflorus'** 花大，宽钟形，径达3.5～4.2cm，花被片全为鲜黄色。

③**磬口蜡梅'Grandiflorus'** 花较大，径3～3.5cm，花被片近圆形，深鲜黄色，红心；花期早而长；叶也较大，长可达20cm。

④**虎蹄蜡梅'Cotyiformus'** 是河南鄢陵的传统品种，因花之内轮花被中心有形如虎蹄的紫红色斑而得名，径3～3.5(4.5)cm。

⑤**小花蜡梅'Parviflorus'** 花特小，径常不足1cm，外轮花被片淡黄色，内轮花被片具紫色斑纹。

⑥**狗牙蜡梅**（狗蝇蜡梅）var. ***intermedius*** Mak. 花小，香淡，花瓣狭长而尖，红心；多为实生苗或野生类型。

（210）**亮叶蜡梅**（山蜡梅）

Chimonanthus nitens Oliv.

常绿灌木，高达2～3m。叶较蜡梅小，长卵状披针形，长5～11cm，先端长渐尖或尾尖，革质而有光泽，背面多少有白粉。花也较小，径约1cm，花被片20～24，淡黄白色，香味差。9～11月开花；翌年6月果熟。

产湖北、湖南、安徽、浙江、江西、福建、广西、贵州、云南等地。耐荫，喜温暖湿润气候及酸性土壤；根系发达，萌蘖力强。可引作观赏树。

有学者认为**浙江蜡梅** ***C. zhejiangensis*** M. C. Liu（叶背无白粉，花被片10～22）与亮叶蜡梅是同一种。

〔附〕**柳叶蜡梅** ***C. salicifolius*** Hu 落叶或半常绿灌木；老枝被微毛。叶狭披针形至长圆状披针形，表面有短糙毛，背面有白粉及不明显的短柔毛。花小，径常不足1cm，淡黄色；花期8～10月。产江西、浙江、安徽等地。

【夏蜡梅属 ***Sinocalycanthus***】1种，中国特产。

（211）**夏蜡梅**

Sinocalycanthus chinensis Cheng et S. Y. Chang

（*Calycanthus chinensis* Cheng et S. Y. Chang）

图 86　夏蜡梅

落叶灌木，高达 3m；叶柄内芽。单叶对生，卵状椭圆形至倒卵圆形，长13～27cm，近全缘或具不显细齿。花单生枝顶，径 4.5～7cm，花瓣白色，边带紫红色，无香气；5 月中旬开花。

本种于 20 世纪 50 年代在浙江昌化、天台海拔 600～800m 处发现。喜荫，喜温暖湿润气候及排水良好的湿润沙壤土。花大而美丽，可栽培供观赏。

【洋蜡梅属 *Calycanthus*】5 种，产北美；中国引入栽培约 2 种。

(212) **加州夏蜡梅**

Calycanthus occidentalis Hook. et Arn.

〔Californian Allspice〕

落叶灌木，高达 4m；芽无鳞片。单叶对生，卵形至长椭圆状披针形，长8～20cm，全缘，表面暗绿色，背面稍有毛。花单朵顶生，径 5～7cm，花萼和花瓣多而相似，条状，紫红色或亮红褐色，雄蕊多数，花筒长约 3.4cm，在口部不收缩，有香味；4～8 月开花。

原产美国加利福尼亚州。我国南京等地有引种栽培。能耐－15℃的低温。

〔附〕**洋蜡梅**（美国夏蜡梅）***C. floridus*** L. 〔Carolina Allspice〕 叶卵形至椭圆形，长达 12.5cm，背面密被柔毛。花暗红褐色，径约 5cm，花筒在口部收缩，芳香；6～7 月开花。产美国东南部；我国南京、上海、庐山及北京等地有引种栽培。

19. 樟　科 Lauraceae

图 87　樟　树

【樟属 *Cinnamomum*】常绿木本；单叶，通常互生，全缘。花两性，圆锥花序，花后花被早落。浆果状核果，果托盘状。约 250 种，产亚洲至大洋洲；中国 50 余种。

(213) **樟　树**（香樟）

Cinnamomum camphora（L.）Presl

〔Camphor Tree，Camphor Laurel〕

高达 30m。叶卵状椭圆形，长 5～8cm，薄革质，离基 3 主脉，脉腋有腺体，背面灰绿色，无毛。果球形，径约 6mm，熟时紫黑色。花期 4～5 月；果期 10～11 月。

产我国东南及中南部，多见于低山、丘陵及村庄附近；越南、朝鲜、日本也有分布。喜光，稍耐荫，喜温暖湿润气候，不耐寒；对土壤要求不严，但以肥沃、湿润、微酸性的黏质土生长最好；较耐水湿，但不耐干旱、瘠薄和盐碱土。深根性，萌芽力强，耐修剪，生长速度中等偏慢，寿命长。有一定抗海潮风、耐烟尘和有毒气体的能力，并能吸收多种有毒气体，较能适应城市环境。播种或嫩枝扦插繁殖。枝叶茂密，冠大荫浓，树姿雄伟，是长江以南城市绿化的优良树种，广泛用作庭荫树、行道树、防护林及风景林。同时，樟树又是经济价值极高的树种，木材致密、有香气、抗虫蛀、耐水湿，用途很广；全树各部可提制樟脑及樟油。

图 88 云南樟

（214）**云南樟**（臭樟）

Cinnamomum glanduliferum （Wall.）Meissn.

高达 20m。叶椭圆形，长 6～15cm，革质，羽状脉或近离基 3 主脉，脉腋有腺体（背面为腺窝），叶背苍白色，密被平伏毛。果球形，径约 1cm，果托膨大。

产我国西南部；印度、缅甸、尼泊尔至马来西亚也有分布。喜光，稍耐荫，喜温暖湿润气候，对土壤要求不严；萌芽性强，生长较快。材质优良，枝叶可提取樟油和樟脑。也可用作园林绿化树种。

图 89 黄 樟

（215）**黄 樟**（大叶樟）

Cinnamomum parthenoxylon （Jack） Meissn.（*C. porrectum* Kosterm.）

高 20～25m；小枝有棱，全体无毛。叶长椭圆状卵形，长 6～12cm，先端急尖，基部楔形或广楔形，革质，羽状脉，脉腋无腺体，背面明显带白色。圆锥花序花少，长4.5～8cm。果球形，径 6～8mm，熟时黑色。

产我国长江以南广大地区；东南亚各国也有分布。喜光，幼树耐荫，喜温暖湿润气候及肥沃疏松的酸性土壤；根系发达，生长较快，萌芽力强。是南方优良的用材和绿化树种。全树各部可提制樟油和樟脑。

图 90 天竺桂

（216）**天竺桂**

Cinnamomum japonicum Sieb. ex Nees

高达 16m；树皮灰褐色，平滑，小枝无毛。叶互生或近对生，椭圆状广披针形，长 7～10cm，先端尖或渐尖；离基 3 主脉近于平行，并在叶两面隆起，脉腋无腺体，背面灰绿色，无毛。圆锥花序腋生，无毛，多花。果托边全缘或具浅圆齿。

产我国东南部，多生于较阴湿的山谷杂木林中；朝鲜、日本也有分布。喜温暖湿润气候及排水良好的微酸性土壤，幼年耐荫，能适应平原环境，但不能积水。树干端直，树冠整齐，叶茂荫浓，且对二氧化硫抗性强，隔声、防尘效果好。可选作城市园林绿化及观赏树种。

变种**浙江樟** var. *chekiangense*（Nakai）M. P. Tang et Yao（*C. chekiangense* Nakai） 枝叶有芳香及辛辣味，叶背面有白粉及细毛。

（217）**银 木**

Cinnamomum septentrionale Hand. -Mazz.

高达25m；树皮灰色，光滑。小枝有棱，被白色绢毛。叶椭圆形或倒卵状长椭圆形，长10～15cm，先端短渐尖，基部楔形，表面有短柔毛，背面有白色绢毛，羽状脉，脉腋在正面微凸起，在背面呈浅窝状，叶背面细脉明显。花序腋生，密被绢毛。果倒广卵形，无毛，果托盘状。

主产四川西部，陕南、甘南及鄂西也有分布。生长较快，在川西一带常栽作庭荫树及行道树。材质优良，为高级家具用材；根材美丽，称银木，供制作工艺美术品。

（218）**阴 香**（广东桂皮）

Cinnamomum burmannii

（C. G. et Th. Nees）Bl.

〔Padang Cassia〕

高达20余米；树皮光滑。叶互生或近对生，卵状长椭圆形，长5～12cm，离基3主脉，脉腋无腺体，背面粉绿色，无毛。圆锥花序长（2）3～6cm。果卵形，果托边具6齿裂。

产亚洲东南部，我国南部有分布。较喜光，喜暖热湿润气候及肥沃湿润土壤。播种、扦插或分根蘖繁殖。树冠浓密，在广州、南宁等城市栽作行道树及庭园观赏树。又为用材、芳香油及药用（树皮）树种。

图91 阴 香

（219）**沉水樟**

Cinnamomum micranthum（Hayata）Hayata

大乔木，高达30m。叶互生，长椭圆形至卵状长椭圆形，长7～12cm，侧脉4～6对，两面无毛，背面脉腋有小腺窝。花白色；圆锥花序具少花，无毛。核果椭球形，长1～2.5cm，果托边缘全缘。花期7～8月；果期10月。

产我国台湾、浙江、福建、江西、广西和广东；越南北部也有分布。喜光，喜暖热多湿气候及深厚肥沃的酸性土壤，不耐干旱；根系发达，抗风力强，生长较快。树姿高大雄伟，叶色浓绿，是优良的城市绿化和庭园观赏树种，在我国南方值得推广应用。因其樟脑油比重大于水而得名。

（220）**猴 樟**

Cinnamomum bodinieri Lévl.

高达18m；树皮褐色，小枝无毛。叶互生，卵状椭圆形至卵形，长9～16cm，先端尖，基部广楔形至近圆形，背面密被绢毛，有白粉，侧脉4～7对，常弧曲斜上，脉腋有腺体。花序长10～15cm，无毛。核果球形，径7～8mm，果托碟形；果梗由下至上渐粗。

产湖北、湖南西部、四川东部、贵州及云南。喜光，稍耐荫，喜深厚肥沃湿润的酸性土；天然更新好，生长较快。叶大荫浓，树冠开展，在暖地宜用作园林绿化及观赏树种。上海有引种栽培。

图92 肉 桂

(221) **肉 桂**

Cinnamomum cassia Presl

〔Cassia-bark Tree〕

乔木；小枝四棱形，密被毛，后渐脱落。叶互生或近对生，厚革质，长椭圆形，长8～20cm，离基3主脉近于平行，在表面凹下，脉腋无腺体，背面有黄色短柔毛。花序长8～16cm，被黄绒毛。果椭球形，长约1cm，熟时黑紫色。花期6～8月；果期10～12月。

产华南及亚洲其他热带地区。耐荫，喜暖热多雨气候及肥沃、湿润的酸性土壤；深根性，抗风力强，萌芽性强，生长较慢。树形整齐美观，在华南地区可栽作园林绿化树种。但主要是作特用经济树种栽培。干皮、根皮及枝皮统称桂皮，供药用及香料用；树体各部可蒸提桂油。

(222) **锡兰肉桂**

Cinnamomum verum J. Presl（*C. zeylanicum* Bl.）〔Ceylon Cassia〕

高达10m；树皮黑褐色，内皮有浓香气。叶对生，卵状椭圆形至卵状披针形，长11～16cm，基部楔形，表面亮绿色，背面淡绿色，离基3主脉，侧脉不达叶端，脉腋无腺体，革质；叶柄长约2cm；幼叶常暗红色。圆锥花序长10～12cm，花序梗长达6cm。核果卵形，长1～1.5cm，黑色；果托具6齿。花期3～4月；果期5～7月。

原产斯里兰卡；亚洲热带地区多有栽培。较耐荫，生长快。我国华南地区有引种，多用其幼树盆栽，供室内绿化。

(223) **兰屿肉桂**

Cinnamomum kotoense Kanchira et Sasaki

小乔木；枝叶及树皮干时无香气。叶对生或近对生，卵形至卵状长椭圆形，长10～15cm，先端尖，基部圆形，离基3主脉明显，侧脉伸至近叶端，网脉两面明显，浓绿而富有光泽，厚革质；叶柄长约1.5cm。

产我国台湾南部兰屿岛。性喜高温，幼树较耐荫。为优美的庭园观赏树，也是室内大型观叶盆栽佳品。

【月桂属 ***Laurus***】2种，1种产地中海地区，另1种产大西洋的加那利群岛和马德拉群岛；中国引入栽培1种。

(224) **月 桂**

Laurus nobilis L. 〔Sweet Bay, Laurel〕

常绿小乔木，高达12m；小枝绿色。单叶互生，长椭圆形，长5.5～12cm，两端尖，边缘细波状，羽状脉，革质，无毛；叶柄常带紫色。花单性异株，花小而黄色；成腋生球状伞形花序。果卵形，熟时暗紫色。

原产地中海沿岸地区；我国南方有栽培。喜光，稍耐荫，喜温暖湿润气候，耐寒性不强，对土壤要求不严，耐干旱。播种或扦插繁殖。本种树冠圆整，枝叶茂密，四季常青，春天有黄花缀满枝头，颇为美观。是良好的庭园绿化和绿篱树种，也可盆栽观赏。叶、果可提取芳香油，叶片用作罐头矫味剂。

栽培变种**金叶月桂‘Aurea’** 叶黄色。

图 93　月　桂

【润楠属 *Machilus*】 常绿木本；单叶互生，全缘，羽状脉。花两性，腋生圆锥花序；花被片薄而长，宿存于核果基部并开展或反曲。约 100 种，产亚洲东部及东南部；中国 80 余种。

(225) **红　楠**

Machilus thunbergii Sieb. et Zucc.

(*Persea thunbergii* Kosterm.)

高达 20m；小枝无毛。叶倒卵状椭圆形，长 4.5～13cm，先端突钝尖，基部楔形，两面无毛，背面有白粉，嫩叶红色。果球形，径 8～10mm，熟时紫黑色，果柄鲜红色。花期 3～4 月；果期 7 月。

产我国东部及东南部；朝鲜、日本、越南也有分布。稍耐荫，喜温暖湿润气候，但有一定的耐寒能力（山东崂山有分布），并有较强的耐盐性及抗海潮风能力；生长较快，寿命长。在我国东南沿海低山区可作造林用材及防风林树种。也常栽作园林绿化及观赏树种。

图 94　红　楠

(226) **华东楠**（薄叶润楠，大叶楠）

Machilus leptophylla Hand. -Mazz.

高达 28m；小枝无毛。叶常集生枝端，长椭圆状倒披针形，长 12～25cm，先端尖，基部楔形，微弧曲，背面白粉显著，侧脉 14～20 (24)对，在背面显著隆起。果球形，径约 1cm。

产江苏南部、安徽、浙江、江西、湖南、福建、广东北部、广西及贵州东南部山地，多于阴坡谷地与其他常绿阔叶树混生。稍耐荫，喜温暖湿润气候；生长较快。叶大荫浓，树形美观，可栽作庭荫树。材质优良，种子可榨油。

图 95　华东楠

(227) **滇润楠**（滇桢楠）

Machilus yunnanensis Lec.

高达30m；小枝无毛。叶倒卵形或倒卵状长椭圆形，长7～10cm，先端短渐尖，基部楔形，侧脉7～9对，两面无毛。花被外面无毛，里面有柔毛。果卵形或椭球形，长约1cm，熟时黑色。

产云南中部、西部、西北部及四川西部山地，多生于阴坡。喜湿润、肥沃土壤；深根性。是用材、绿化树种。叶、果可提取芳香油。

〔附〕**润楠**（楠木）***M. nanmu***（Oliv.）Hemsl.（*M. pingii* Cheng ex Yang）小枝无毛或基部稍具柔毛。叶椭圆状倒卵形至椭圆状倒披针形，长8～13cm，先端钝短渐尖，基部楔形，背面有平伏毛，侧脉8～13对，在背面微隆起。核果扁球形，径7～8mm，黑色。产四川中部及云南。材质优良，供建筑、家具等用。

(228) **刨花楠**

Machilus pauhoi Kaneh.

高达20m；小枝无毛。叶披针形至倒披针形，长6～12(15)cm，先端渐尖，基部楔形，背面有白粉，侧脉8～14对；叶干后黑色。花被片长圆形，两面有绢毛；圆锥花序生于新枝下部。核果球形，径约1cm，黑色。

产我国东南部至华南山地。喜温暖气候及肥沃而排水良好的土壤；萌芽力强，深根性，抗风。树姿雄伟，枝叶翠绿清秀，无病虫害，是优良的园林绿化和观赏树种。木材刨成薄片（"刨花"）浸水后有黏液，可润发或作黏合剂。

【楠木属 ***Phoebe***】常绿乔木，与润楠属近似，主要不同点是：花被片短而厚，宿存并包被核果基部。94种，产亚洲和热带美洲；中国38种。

(229) **紫　楠**（金丝楠）

Phoebe sheareri（Hemsl.）Gamble

高达15～20m，树皮灰褐色；小枝密生锈色绒毛。叶倒卵状椭圆形，长8～27cm，大小不一，先端突渐尖或尾尖，基部楔形，背面网脉甚隆起并密生锈色绒毛。果卵形，长约1cm，熟时无白粉；种皮有黑斑。

我国长江以南及西南地区广泛分布。喜温暖湿润气候及较阴湿环境，在全光照下常生长不良；深根性，萌芽性强，生长较慢。树形端正美观，叶大荫浓，宜作庭荫树及绿化、风景树。又是优良的用材及芳香油树种。

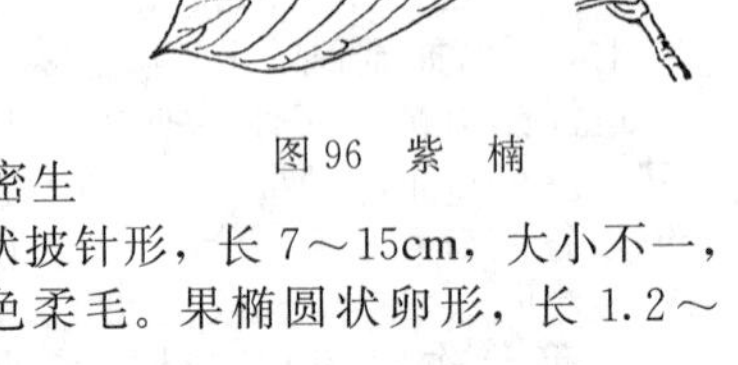

图96 紫　楠

(230) **浙江楠**（浙江紫楠）

Phoebe chekiangensis C. B. Shang

高达20～25m；树皮淡褐黄色；小枝密生锈色绒毛。叶革质，倒卵状椭圆形至倒卵状披针形，长7～15cm，大小不一，先端尾状渐尖，背面网脉明显，被灰褐色柔毛。果椭圆状卵形，长1.2～1.5cm，熟时有白粉。

产浙江西北及东北部、福建北部及江西东部。适应性强，生长较快。树姿高大雄伟，枝叶茂密，四季常青，是优良的园林绿化及用材树种。

（231）**楠 木**（桢楠）

Phoebe zhennan S. Lee et F. N. Wei

图 97 楠 木

高达 35m，树干通直；小枝密生柔毛。叶长椭圆形，稀为披针形或倒披针形，长 7～13cm，宽 2.5～4cm，先端渐尖，基部楔形，背面密被柔毛，中脉在表面下凹，在背面凸起，侧脉 8～13 对，网脉在背面略明显；叶柄长 1.2～2cm。花序开展，长 7.5～12cm。果椭球形，长 1.1～1.4cm，熟时黑色。

产湖北西部、贵州西北部及四川盆地西部，在成都平原广为栽植。喜光，幼年能耐荫，不耐寒，喜温暖湿润气候及深厚、肥沃而排水良好的酸性土壤，对大气污染抗性弱；深根性，萌蘖力强，生长较慢，寿命长。材质优良，为高级家具、建筑等用材。树姿雄伟，枝叶茂密秀美，是优良的庭荫树及观赏树种。在产区的园林、寺庙中常见栽植。

（232）**闽 楠**（竹叶楠）

Phoebe bournei（Hemsl.）Yang（*Machilus bournei* Hemsl.）

图 98 闽 楠

高达 30～40m；树皮块状剥落。叶披针形至倒披针形，长 7～13(15)cm，先端渐尖，基部楔形，表面无毛，有光泽，背面被柔毛，网脉在背面极明显。圆锥花序长 3～7(10)cm，不开展。核果卵状椭球形，熟时紫黑色。花期4～5 月；果期 10～11 月。

产福建、浙江南部、江西、湖南、湖北、贵州和广东等地。耐荫，喜温暖湿润气候及深厚肥沃而排水良好的酸性至中性土壤，不耐寒；深根性，寿命长。枝叶茂密，树冠塔形，春发嫩叶紫红色，树冠如红霞一片，颇为壮观；为南方优良的园林绿化树种。树干通直，木材黄褐色，芳香，耐腐，花纹美丽，是高级建筑、家具等用材；古代用于宫殿柱木及贵族棺木。

（233）**小叶桢楠**（细叶桢楠）

Phoebe hui Cheng ex Yang

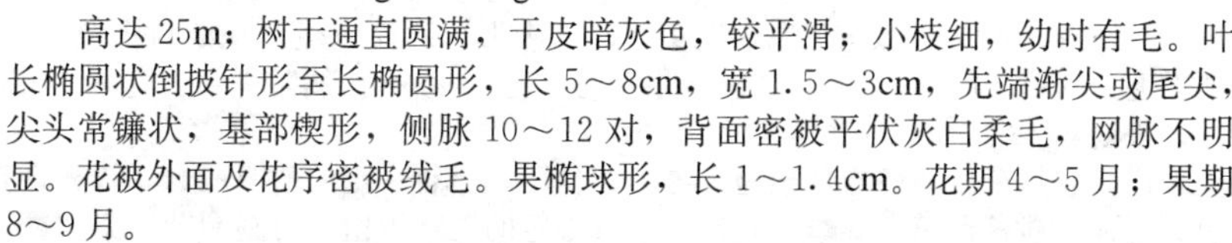

高达 25m；树干通直圆满，干皮暗灰色，较平滑；小枝细，幼时有毛。叶长椭圆状倒披针形至长椭圆形，长 5～8cm，宽 1.5～3cm，先端渐尖或尾尖，尖头常镰状，基部楔形，侧脉 10～12 对，背面密被平伏灰白柔毛，网脉不明显。花被外面及花序密被绒毛。果椭球形，长 1～1.4cm。花期 4～5 月；果期 8～9 月。

产陕西南部、四川、云南东北部、贵州和湖南。在成都平原海拔 400～600m 丘陵地带村旁、寺庙等处常见。是优良用材及绿化、观赏树种。

【鳄梨属 ***Persea***】约 150 种，主产南、北美洲，少数产东南亚；中国引入 1 种。

(234) **鳄 梨**(油梨)

Persea americana Mill.

〔Aguacate, Avocado〕

图 99 鳄 梨

常绿乔木,高约 10m。单叶互生,倒卵形或椭圆形,长 8~20cm,先端急短尖,基部楔形,全缘,背面有柔毛。花两性,淡绿色;成顶生圆锥花序。浆果大,肉质,梨形或近球形,长 8~18cm。

原产热带美洲;华南有栽培。喜光,喜高温多湿气候。播种或嫁接(用实生苗作砧木)繁殖。果营养价值很高,供食用。枝叶茂密,在暖地可栽作园景树。

【檫木属 ***Sassafras***】3 种;北美产 1 种,中国 2 种。

(235) **檫 木**(檫树)

Sassafras tzumu (Hemsl.) Hemsl.

图 100 檫 木

落叶乔木,高达 25~35m;枝绿色无毛。单叶互生,卵形至倒卵形,长 9~18cm,全缘,端常 3 裂,背面有白粉。花小,两性,黄色,有香气;成腋生总状花序。核果球形,径约 8mm,蓝黑色,有白粉;果梗端渐粗,橙红色。花期3~4 月;果期 8 月。

中国特产,分布于长江流域及其以南地区山地。喜光,喜温暖湿润气候及深厚、肥沃、排水良好的酸性土壤,不耐旱,忌水湿,不耐寒;深根性,萌蘖力强,生长快;秋叶红色。播种或分株繁殖。是我国南方红、黄壤低山区主要速生用材造林树种;也可用作城市绿化及观赏树种。

【木姜子属 ***Litsea***】叶羽状脉,全缘;花单性异株,花被片 6,花药 4 室,能育雄蕊 9~12(15)。200~400 种,产亚洲、大洋洲及美洲;中国 74 种。

(236) **山苍子**(山鸡椒,木姜子)

Litsea cubeba (Lour.) Pers.

落叶灌木或小乔木,高 8~10m;小枝绿色,无毛,干后绿黑色。叶长椭圆形或披针形,长 6~12cm,先端渐尖,基部楔形,两面无毛。花淡黄白色,花梗无毛;伞形花序有花 4~6 朵。浆果球形,径约 5mm,熟时黑色。花期 2~3 月;果期 6~8 月。

广布于长江以南各省区山地。喜光,稍耐荫,有一定的耐寒能力;浅根性,萌芽力强。播种繁殖。春季开花繁密,有一定的观赏价值,可庭园及风景树种。也是重要芳香油及药用树种。

变种**毛山苍子** var. ***formosana*** (Nakai) Yang et P. H. Huang 小枝、叶背均有毛。

图 101　山苍子

图 102　天目木姜子

（237）**天目木姜子**

Litsea auriculata Chien et Cheng

落叶乔木，高达 20m；树皮小鳞片状剥落，内皮深褐色，呈鹿斑状。叶倒卵状椭圆形至近圆形，长 9～23cm，先端钝，基部耳形，背面网脉明显，有毛；叶柄红色。花黄色；伞形花序；叶前开花。果卵形，长 1.3～1.7cm，熟时紫黑色；果托杯状。

产安徽南部及浙江天目山、天台山等地。木材重而致密，供家具等用。

（238）**豹皮樟**

Litsea coreana Lévl. var. ***sinensis***（Allen）Yang et P. H. Huang

常绿乔木；干皮薄鳞片状剥落，内皮黄褐色。叶长椭圆形，长 6～8cm，两面无毛，革质，叶柄有毛。伞形花序，花被片宿存。

产江苏、浙江、福建、安徽、江西、湖北及湖南等地。干皮斑驳，状如豹皮，颇为奇特，是很好的观干树种。

（239）**假柿树**（柿叶木姜子）

Litsea monopetala（Roxb.）Pers.

常绿乔木，高达 18m；幼枝、叶背和花序均被锈色柔毛。叶广卵形至倒卵状圆形，长 8～20cm，先端钝或有时短尖，基部圆或近心形，侧脉 8～12 对，脉间有平行小脉相连；叶柄长 1～2.5cm。花被片 6，花瓣状。核果长卵形，长约 7mm。花期 11 月至翌年 5 月；果期 6～7 月。

产亚洲南部及东南部；我国华南及西南地区有分布。广州近郊山野极常见，有时也栽培观赏。

〔附〕**潺槁树 *L. glutinosa***（Lour.）C. B. Rob.　高达 15m；叶倒卵形至倒卵状长椭圆形，长 6～10cm，先端钝圆，背面无毛或仅中脉稍被毛。花被片不完全或缺。果圆球形，径约 7mm。产华南及福建、云南；印度、越南和菲律宾也有分布。是良好的园林风景和绿化树种。

【新木姜子属 ***Neolitsea***】与木姜子属的主要区别是：花被片 4，能育雄蕊

6。85～100种，产亚洲南部及东南部；中国45种及一些变种。

(240) **新木姜子**（金叶新木姜子）

Neolitsea aurata (Hayata) Koidz.

常绿乔木，高达12m；树皮灰褐色，不裂。单叶互生，常集生枝端，长圆状椭圆形，长8～12cm，两端尖，离基3主脉，幼时两面密被金黄色绢毛，老叶表面无毛，背面仍有绢毛；叶柄长约1cm。花单性异株；伞形花序3～5个簇生。浆果状核果，椭球形，长约8mm，果托浅盘状。

产我国南岭山地以南，东至台湾，西至西南各省；日本也有分布。叶具金色绢毛，光彩夺目，颇具观赏价值，幼叶可作书签。

〔附〕**舟山新木姜子 *N. sericea*** (Bl.) Koidz. 常绿乔木，高达10m；叶互生，长椭圆形至披针形，长8～20cm，离基3主脉，背面苍白色；叶柄长2～3cm。核果椭球形，长1.2～1.5cm，鲜红色。产江苏、浙江和台湾；日本、朝鲜也有分布。

【山胡椒属 ***Lindera***】花单性，腋生伞形花序；花被片6，花药2室，能育雄蕊常为9。100余种，产亚洲及北美；中国50余种。

(241) **香叶树**

Lindera communis Hemsl.

〔Chinese Spicebush〕

常绿乔木，高4～10(13)m，有时呈灌木状；小枝绿色。叶互生，椭圆形或卵状长椭圆形，长(3)5～8cm，全缘，革质，羽状脉，表面有光泽，背面常有短柔毛。果近球形，径0.8～1cm，熟时深红色。花期3～4月；果期7～10月。

图103 香叶树

产华中、华南及西南地区，多生于丘陵和山地下部疏林中；越南也有分布。耐荫，喜温暖气候，耐干旱瘠薄，在湿润、肥沃的酸性土壤上生长较好；耐修剪。叶绿果红，颇为美观，可栽作庭园绿化及观赏树种。叶和果可提取芳香油；种仁含油50%，供工业或食用。

(242) **黑壳楠**

Lindera megaphylla Hemsl.

常绿乔木，高达25m。叶互生，常集生枝端，倒披针形或长椭圆形，长15～24cm，先端尖，基部楔形，侧脉15～21(25)对，表面深绿色，背面灰白色，无毛，薄革质，干后两面呈黑色。果椭球形，长约1.8cm，黑色。花期2～4月；果期9～12月。

图104 黑壳楠

产秦岭以南，至长江以南及西南各省区。喜温暖湿润气候及肥沃土壤，耐荫，稍耐寒。树干直，树冠开展，生长速度中等；为优良的四旁绿化树种。

（243）**山胡椒**

Lindera glauca (Sieb. et Zucc.) Bl.

落叶灌木或小乔木，高达8m；小枝灰白色，幼时有毛。叶近革质，卵形、椭圆形或倒卵状椭圆形，长4～9cm，羽状脉，背面苍白色，有灰柔毛。果球形，径约7mm，熟时黑色。

图105　山胡椒

广布于我国黄河以南地区，常生于山野荒坡灌丛中；越南、朝鲜、日本也有分布。喜光，耐干旱瘠薄；深根性。秋叶红色，枯叶经冬不落。叶和果皮可提制芳香油；根、枝和叶可入药。

（244）**狭叶山胡椒**

Lindera angustifolia Cheng

落叶灌木或小乔木，高2～8m；小枝黄绿色，无毛；花芽生于叶芽两侧。叶长椭圆状披针形，长5～14cm，羽状脉，全缘，背面疏生细长毛，网状脉隆起。伞形花序无总梗或近于无总梗。

产长江流域至华南地区，常见于山野；朝鲜也有分布。喜光，耐干旱瘠薄。是野生油料、芳香油及药用树种。

图106　狭叶山胡椒

图107　三桠乌药

（245）**三桠乌药**（红叶甘姜）

Lindera obtusiloba Bl.（*L. cercidifolia* Hemsl.）

落叶灌木或小乔木，高3～10m。叶卵圆形或扁圆形，长5.5～10cm，3出脉，先端尖，3裂或全缘，基部圆形或近心形，背面有棕黄色毛或近无毛。花黄色，芳香；伞形花序无总梗；春天叶前开花。

产我国东部、中部至西南部；朝鲜、日本也有分布。喜光，较耐寒。播种或夏季用半成熟枝扦插繁殖。为野生油料、芳香油及药用树种。春天有黄花开放于枝头，秋叶亮黄色也颇美丽，可植于庭园观赏。

〔附〕**乌药** *L. aggregata* (Sims) Kosterm. 常绿灌木；小枝幼时密生锈色毛。叶卵状椭圆形，长 3～6cm，三主脉明显，全缘，先端尾状尖，背面密被灰白色柔毛。花小，黄绿色；果椭球形；熟时由红变紫黑色。产长江以南地区。

20. 八角科 Illiciaceae

【八角属 ***Illicium***】34 种，主产亚洲，美洲 3 种；中国 24 种。

(246) **八　角**（八角茴香）

Illicium verum Hook. f. 〔Star Anise〕

常绿乔木，高 10～15m。单叶互生，椭圆形或倒卵状长椭圆形，长 5～14cm，革质，全缘，先端钝尖或渐短尖，基部狭楔形，表面有光泽和透明油点，背面疏生柔毛；无托叶。花单生叶腋；萼、瓣相似，粉红至深红色。蓇葖果通常 8(～10)，饱满，轮辐状排列，先端钝或钝尖。春（3～5 月）、秋（8～10 月）两次开花。

图 108　八　角

产华南地区，广西栽培历史久，面积广。喜生于温暖湿润的南亚热带山地环境，要求深厚、肥沃、湿润的微酸性土壤，不耐寒，耐荫；浅根性。果是著名调味香料，也供药用。枝叶茂密，树形美观，可植于庭园供观赏。

(247) **莽　草**（披针叶茴香，木蟹树）

Illicium lanceolatum A. C. Smith

常绿小乔木，高 3～10m。单叶互生，长椭圆状倒披针形，长 6～15cm，先端短尾尖或渐尖，基部狭楔形，表面绿色，有光泽，背面淡绿色，嫩叶柄常红色。花 1～3 朵簇生叶腋；花被片肉质而红色，雄蕊 6～11，花梗下弯。蓇葖果 10～13，聚生成轮辐状，先端有长而弯曲之尖头。花期 4～6 月；果期 9～10 月。

产我国东南部地区。喜温暖气候及较阴湿的环境，不耐寒。果及种子有剧毒，不可误食。树姿优美，花也可观，可植于庭园观赏。叶、果可提取芳香油；根和根皮可供药用。

图 109　莽　草

(248) **红茴香**

Illicium henryi Diels

常绿灌木或小乔木，高 3～8m。叶互生，长椭圆形至倒披针形，长 10～15cm，革质，有光泽。花红色，1～3 朵集生叶腋，雄蕊 11～14，花梗细长；春末开花。蓇葖果 7～8(10)，聚生成轮辐状，先端长尖。花期 4～6 月；果期8～10 月。

产我国中部至西南部地区，多生于湿润山坡、溪涧密林下或灌丛中。果、叶可提取芳香油；果有毒，不可误食。根及根皮供药用。花红色美丽，可植于庭园观赏。

〔附〕**厚皮香八角** *I. ternstroemioides* A. C. Smith　叶倒披针状长椭圆形(似厚皮香)，长 9～13cm，宽 2～5cm，常 3～5 枚聚生枝端。花鲜红色，花被片 7～14，雄蕊 22～30，心皮 12～14；花 1～3 朵腋生。产海南和广东。花繁多而红色美丽，重庆等地庭园有栽培，供观赏。果有毒，不可误食。

21. 五味子科 Schisandraceae

【五味子属 *Schisandra*】藤木；单叶互生；花单性，聚合果长穗状。约 30 种，主产亚洲东部及东南部；中国 19 种。

(249) **五味子**（北五味子）

Schisandra chinensis (Turcz.) Baill. 〔Chinese Magnolia-vine〕

落叶藤木。单叶互生，椭圆形至倒卵形，长 5～10cm，先端尖，基部楔形，边缘疏生小腺齿，叶柄及叶脉红色，网脉在表面下凹，在背面凸起，背面中脉有毛；无托叶。雌雄异株；花被片 6～9，乳白或粉红色，雄花具雄蕊4～5(6)，无花丝，花药聚生于圆柱状花托顶端。浆果球形，排成穗状，熟后深红色。花期 5～6 月；果期8～9 月。

图 110　五味子

产我国东北及华北地区；朝鲜、日本也有分布。喜光，稍耐荫，耐寒性强，喜肥沃湿润而排水良好的土壤，不耐干旱和低湿地；浅根性。果供药用。花、果皆美，可植于庭园作垂直绿化材料或盆栽观赏。

【南五味子属 *Kadsura*】与五味子属的主要区别是聚合果球状。16 种，产东亚及东南亚；中国 8 种。

(250) **南五味子**

Kadsura longipedunculata Fin. et Gagn.

常绿藤木；全株无毛。单叶互生，卵状长椭圆形至倒卵状椭圆形，长 5～13cm，先端渐尖，基部楔形，缘有疏齿，侧脉 5～7 对，薄革质。雌雄异株，花单生叶腋，黄色，芳香，花被片 8～17，雄花花托顶端伸长，雄蕊 30～70；花梗细长。浆果深红色至暗蓝色，聚合成球状，径 1.5～3.5cm。花期 6～9 月；果期9～12 月。

图 111　南五味子

产华东、中南和西南地区，多生于山地杂木林中或林缘灌丛中。喜温暖湿润气候。根、茎、叶、果均供药用，又可提取芳香油。果美丽，可植于庭园观赏。

22. 毛茛科 Ranunculaceae

【铁线莲属 *Clematis*】叶对生；花无花瓣，萼片花瓣状，雄蕊多数，心皮多数而离生；瘦果，通常宿存羽毛状花柱。约 330 种，广布于世界各地；中国 133 种。

(251) **铁线莲**

Clematis florida Thunb.

落叶或半常绿藤木；二回三出复叶对生，小叶卵形至卵状披针形，长 2～5cm，全缘或有少数浅缺刻。花单生叶腋，径5～8cm，花柄中下部具 2 叶状苞片；花瓣状萼片通常 6 枚，白色或淡黄白色，背有绿条纹，雄蕊紫色；5～6 月开花。

图 112 铁线莲

产长江中下游至华南地区。早年传入欧洲及日本，很受重视。耐寒性不强。花大而美丽，宜植于庭园观赏，并设架令其攀援。常见栽培变种有：

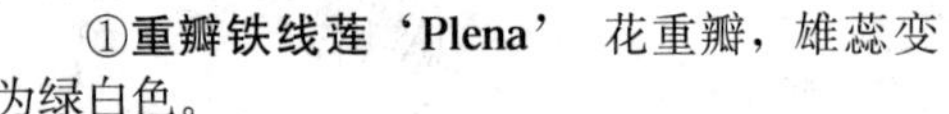

①**重瓣铁线莲'Plena'** 花重瓣，雄蕊变为绿白色。

②**蕊瓣铁线莲'Sieboldii'** 雄蕊有部分变为紫色小花瓣状。

(252) **转子莲**

Clematis patens Morr. et Decne.

落叶藤木，长达 4m；茎有 6 纵纹，幼时有毛。羽状复叶，小叶 3(5)，卵形，长 4～7cm，先端渐尖，基部圆形或近心形，全缘，基出 3～5 主脉。花大，单生枝顶，花梗无苞片；花径 8～14cm，花瓣状萼片 6～9，白色或淡黄白色；5～6 月开花。瘦果之宿存花柱被金黄色长柔毛。

图 113 转子莲

产华北及东北地区；朝鲜、日本也有分布。喜光，喜肥沃而排水良好土壤。花大而美丽，是点缀园墙、棚架、围篱及凉亭等垂直绿化的好材料。国外久经栽培，并有蓝、紫、白、粉、红、大花、重瓣等花色品种。

(253) **杂种铁线莲**（杰克曼铁线莲）

Clematis* ×*jackmanii T. Moore

（*C. lanuginose* ×*C. viticella*）

落叶藤木，长达 3.5m。羽状复叶或仅 3 小叶，在枝顶梢者常为单叶。花大，径10～15cm，花瓣状萼片通常4（－8），堇紫色；常3朵顶生；花期7～10月。

本种于19世纪中叶在英国育成，有一定的耐寒能力，且开花丰富而花期长，品种多，是现代铁线莲中最受欢迎的种类之一，在欧美庭园中普遍栽培。我国已有引种栽培。

有**白花**'Alba'、**红花**'Rubra'、**深紫**'Purpurea Superba'等品种。

〔附〕**大花铁线莲** ***C. hybrida*** Hort. 是铁线莲、转子莲等的杂交种。叶通常为三出复叶。花单生，瓣状萼片6～8，花径达10～15cm。花有白、粉红、玫瑰红、深红、紫、蓝、条纹及重瓣和多季开花等品种，是极好的庭园观赏、盆栽及插花材料。我国上海等地有引种栽培。

（254）**大瓣铁线莲**

Clematis macropetala Ledeb.

落叶藤木，长达2m。二回三出复叶，小叶9，狭卵形，长2～5cm，先端渐尖，基部楔形或圆形，缘有锯齿或裂片，近无毛；叶柄长3.5～7cm。花单生枝顶，径6～8cm，花瓣状萼片4，狭卵形，长3～4cm，蓝紫色，两面有短柔毛；退化雄蕊花瓣状，披针形，常仅稍短于瓣状萼片。花期6～7月；果期8～10月。

产内蒙古、华北及西北地区；蒙古及俄罗斯远东地区也有分布。花大而美丽，宜植于庭园观赏。

图114 大瓣铁线莲

（255）**山铁线莲**（山木通）

Clematis montana Buch.-Ham. ex DC.

落叶藤木，强健，长达8～12m。三出复叶，小叶披针形至卵状长椭圆形，长3～7cm，缘有缺刻状粗齿。花1～5朵簇生；花瓣状萼片4，白色，花径5～7cm；5～6月开花。

产我国西南、西北及长江流域地区。国外庭园中常见栽培观赏。

有**白花**'Alba'、**粉红**'Rosea'、**浅粉**'Elizabeth'、**深粉**'Rubens'（叶带紫色或古铜色，花玫瑰红或粉红）、**浅紫**'Lilacina'、**浅蓝**'Perfecta'、**大花**'Grandiflora'、**窄瓣大花**'Wilsonii'、**半重瓣**'Marjorie'（花乳黄带粉红色，半重瓣）等品种。

23. 小檗科 Berberidaceae

【小檗属 ***Berberis***】灌木，枝在节部有针刺。单叶互生或簇生。花萼、花瓣相似，各为6，雄蕊6，花药瓣裂。浆果红色或蓝黑色。约500种；广布于亚洲、欧洲、美洲及非洲；中国约200种，入引栽培1种。

（256）**小　檗**（日本小檗）

Berberis thunbergii DC. 〔Japanese Barberry〕

落叶灌木，高达1.5～2(3)m；多分枝，枝红褐色，刺通常不分叉。叶常簇生，倒卵形或匙形，长0.5～2cm，全缘。花小，黄白色，单生或簇生。浆果椭球形，亮红色。花期5月；果期9月。

原产日本；我国各地有栽培。耐半荫，耐寒性强，耐干旱、瘠薄土壤。播种、扦插或压条繁殖。秋叶红色，果也红艳可爱，宜作观赏刺篱，也可用作基础种植及岩石园种植材料。栽培变种有：

①**紫叶小檗‘Atropurpurea’** 在阳光充足的情况下，叶常年紫红色，为观叶佳品。北京等地常见栽培观赏。

②**矮紫叶小檗‘Atropurpurea Nana’** 植株低矮，高约60cm，叶常年紫色。

③**金边紫叶小檗‘Golden Ring’** 叶紫红并有金黄色的边缘，在阳光下色彩更好。

④**花叶小檗‘Harleguin’** 叶紫色，密布白色斑纹。

⑤**粉斑小檗‘Red Chief’** 叶绿色，有粉红色斑点。

⑥**银斑小檗‘Kellerilis’** 叶绿色，有银白色斑纹。

⑦**桃红小檗‘Rose Glow’** 叶桃红色，有时还有黄、红褐等色的斑纹镶嵌。

⑧**金叶小檗‘Aurea’** 在阳光充足的情况下，叶常年保持黄色。

⑨**红柱小檗‘Red Pillar’** 树冠圆柱形，叶酒红色。

⑩**直立小檗‘Erecta’** 枝干直立，小枝开展角也小于40度。

⑪**铺地小檗‘Green Carpet’** 矮生，枝近铺地，叶绿色；宜作地被植物。

(257) **掌刺小檗**（朝鲜小檗）

Berberis koreana Palib.

〔Korean Berberry〕

落叶灌木，高1～1.5m；成熟枝暗红褐色，有纵槽，枝节部有单刺或3～7分叉刺，有时在强壮的小枝上刺呈明显的掌状。叶长椭圆形至倒卵形，长3～7cm，先端圆，缘有刺齿。花黄色，成下垂的短总状花序；5月开花。果亮红色或橘红色，经冬不落。

原产朝鲜及我国东北、华北地区。20世纪初被引种到世界各国栽培，以其观花、观果、秋季红叶及十分耐寒等特性而受到欢迎。在园林中可作基础种植及边境种植材料。

图115 小 檗

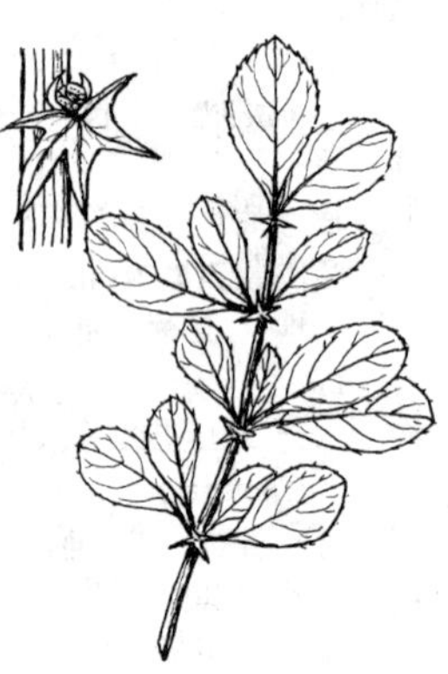

图116 掌刺小檗

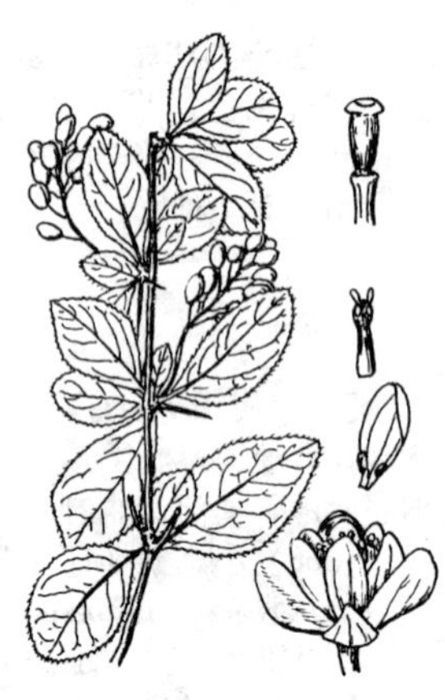

图117 阿穆尔小檗

（258）**阿穆尔小檗**（黄芦木）

Berberis amurensis Rupr. 〔Amur Barberry〕

落叶灌木，高达 2～3m；二年生枝灰色，刺三叉，长 1～2cm。叶倒卵状椭圆形，长 3～8cm，先端急尖或圆钝，基部楔形，缘具刺状细密尖齿，背面网脉明显。花淡黄色，花瓣端微凹；10～25 朵成下垂总状花序，长 6～10cm；5～6 月开花。浆果椭球形，长约 1cm，鲜红色。

产我国东北及华北山地；俄罗斯、日本也有分布。喜光，稍耐荫，耐寒性强，耐干旱。花果美丽，宜植于草坪、林缘、路边观赏；枝有刺且耐修剪，也是良好的绿篱材料。

（259）**刺　檗**（欧洲小檗）

Berberis vulgaris L.

〔Common Barberry〕

落叶灌木，高达 3m；枝灰色，直立或拱形。叶长圆状匙形或倒卵形，长 2.5～5cm；缘有刚毛状刺齿，背面网脉不甚明显；叶在幼枝上常退化为三叉刺。花鲜黄色，花瓣端圆形；总状花序下垂，长达 5cm。浆果椭卵形，红色。5 月开花；10 月果熟。

产欧洲至亚洲东部。耐寒性强，能抗－35℃低温。华北有栽培，供庭园观赏。**紫叶刺檗 'Atropurpurea'** 叶深紫色，常植于庭园观赏。此外，还有金边、银边、银斑、黄果、白果等品种。

图 118　细叶小檗

（260）**细叶小檗**

Berberis poiretii Schneid.

落叶灌木，高达 1～2m；小枝紫褐色，刺常单生（短枝有时具三叉刺）。叶倒披针形，长1.5～4cm，通常全缘。花黄色，成下垂总状花序；5～6 月开花。浆果卵球形，鲜红色。

产我国北部山地；蒙古、俄罗斯也有分布。喜光，耐寒，耐干旱。宜植于庭园观赏，或栽作绿篱。

图 119　庐山小檗

（261）**庐山小檗**

Berberis virgetorum Schneid.

落叶灌木，高约 2m；枝灰黄色，有棱角；刺不分叉。叶长圆状菱形，长5～8(10)cm，端短渐尖或略钝，基部渐狭成柄，全缘或有时略波状，有少数隆起的叶脉，背面有白粉。花序伞形总状。浆果长椭球形，红色。

产江西、浙江等地。可植于庭园观赏。根、茎含小檗碱，可供药用。

（262）**豪猪刺**

Berberis julianae Schneid. 〔Wintergreen Berberry〕

常绿灌木，分枝紧密，高 2～2.5m。小枝发黄，有棱角；有三叉刺，刺长达

3.5cm。叶狭卵形至倒披针形，长5～7.5cm，宽8～13mm，缘有刺齿6～10对，暗绿色；常约5叶簇生于节上。花黄色，微香，径约6mm，有细长柄；常15～20朵簇生。浆果卵形，蓝黑色，被白粉，有宿存花柱。花期春末夏初；果期秋季。

产我国中部地区。性较耐寒。宜植于庭园观赏。

（263）**长柱小檗**

Berberis lempergiana Ahrendt

常绿灌木，高达1m；枝有三叉刺。叶革质而坚硬，长椭圆形至披针形，长4～6cm，缘有疏齿，背面灰绿色，光滑，无白粉。花黄色，花柱特长；5～8朵簇生；4～5月开花。浆果蓝紫色，被白粉，具1mm长的宿存花柱。

产浙江。耐荫，喜温暖，不耐寒，喜湿润肥沃的酸性土。秋叶红色，果也美丽，可植于庭园观赏。根、茎可供药用。

（264）**粉叶小檗**（三棵针，大黄连刺）

Berberis pruinosa Franch. 〔Hollygreen Barberry〕

常绿灌木，高达2.5～3m。叶革质坚硬，长椭圆形，长3～5cm，缘有刺齿，背面有白粉；每簇叶下有3长刺（3～4cm）。花黄绿色，簇生或生于短总花梗上。浆果蓝紫色，有白粉。

产云南。可植于庭园观赏。根、茎含小檗碱，可供药用。

（265）**金花小檗**（小黄连刺）

Berberis wilsoniae Hemsl. et Wils.

常绿或半常绿灌木，高达1m；多分枝。叶细小簇生，长倒卵形，长0.8～1.8cm，全缘；每簇叶下有3锐刺。花小，金黄色，簇生，或成短圆锥状花序；初夏开花。浆果丰多，球形，红色。

主产我国西南部地区。秋叶亮红色，又有丰富美丽的小红果，宜植于庭园观赏。根和茎含小檗碱，可代黄连药用。

图120 十大功劳

【十大功劳属 *Mahonia*】常绿灌木；羽状复叶互生，小叶有刺齿。花小，黄色；总状花序集生枝端。浆果蓝黑色，有白粉。约100种，产亚洲及美洲；中国约50种。

（266）**十大功劳**（狭叶十大功劳）

Mahonia fortunei（Lindl.）Fedde

高达2m。小叶5～9(11)，狭披针形，长8～12cm，缘有刺齿6～13对，硬革质，有光泽，小叶均无叶柄。花亮黄色；花期7～8月。

产四川、湖北、浙江等省。耐荫，喜温暖湿润气候，不耐寒。长江流域园林中常见栽培观赏；北方城市常于温室盆栽观赏。全株可供药用。

（267）**阔叶十大功劳**

Mahonia bealei（Fort.）Carr.

（*M. japonica* 'Bealei'）

高达3～4m。小叶7～15，侧生小叶卵状椭

图121 阔叶十大功劳

圆形，内侧有大刺齿 1～4，外侧有大刺齿 3～6(8)，边缘反卷，表面灰绿色，背面苍白色，厚革质而硬，顶生小叶明显较宽，卵形。花黄色；总状花序较短（5～10cm）而直立，6～9 条簇生；花期 3～4 月。

产我国中部和南部。长江流域及其以南地区常植于庭园观赏；北方城市则常于温室盆栽观赏。全株可供药用。

(268) **日本十大功劳**（华南十大功劳）

Mahonia japonica (Thunb.) DC.

图 122 日本十大功劳

高达 2～4m。小叶 11～19，卵状长椭圆形至广披针形，革质，深绿色，两侧各有刺齿 4～8，顶生小叶仍为狭长形。花柠檬黄色，芳香；总状花序长 10～25cm，开展或略下垂，约 10 条簇生；早春开花。果紫蓝色。

产我国东南部；在日本广泛栽培。全株入药，也常植于庭园观赏。

(269) **湖北十大功劳**

Mahonia confusa Sprague

图 123 湖北十大功劳

高 1～2m；茎灰色，有槽纹。小叶 9～17，狭长而质较软，宽 1.5～2cm，基部楔形，叶缘中上部有 2～5 对刺齿。花黄色；总状花序，长 6～12cm，3～7 条簇生；秋天开花。

产湖北、四川。杭州植物园有栽培，生长良好。宜植于庭园观赏。

(270) **小果十大功劳**

Mahonia bodinieri Gagnep.

高 1～2m。小叶 11～17，卵状长椭圆形至披针形，长 5～17cm，基部不对称，缘有 3～10 对大刺齿，嫩叶粉红色。花黄色；总状花序，长 10～20cm，数条簇生茎端。春季开花，秋季果熟。

产浙江、湖南、广东、广西、贵州和四川。喜光，耐半荫，喜肥沃湿润而排水良好的土壤，不耐寒。本种枝叶平展，层层叠叠，嫩叶粉红色，花金黄色，果也有观赏价值；是我国南方庭园美化及盆栽观赏的好材料。

〔附〕**海岛十大功劳**（阿里山十大功劳）***M. oiwakensis*** Hayata 高达 2m；小叶 21～41，椭圆形至卵状披针形，缘有刺齿。花黄色，总状花序；果蓝色至蓝黑色，被白粉。产台湾、海南及西南地区。黄花盛开时在绿叶衬托下极为美观，宜植于庭园或盆栽观赏。

【南天竹属 ***Nandina***】1 种，产中国和日本。

(271) **南天竹**

Nandina domestica Thunb. 〔Heavenly Bamboo〕

常绿灌木，高达 2m，丛生而少分枝。二至三回羽状复叶互生，小叶椭圆状披针形，长 3～10cm，全缘，两面无毛，冬天叶子变红色。花小，白色；成顶生圆锥花序。浆果球形，鲜红色。花期 5～7 月；果期 9～10 月。

图 124 南天竹

原产中国和日本；现各国广为栽培。喜光，也耐荫，喜温暖湿润气候，耐寒性不强，喜肥沃湿润而排水良好的土壤，是石灰岩钙质土指示植物。播种、扦插或分株繁殖。长江流域及其以南地区庭园多栽培，北方常温室盆栽。是赏叶观果佳品，也常制作成盆景观赏。果实及根可入药。栽培变种有：

①**玉果南天竹‘Leucocarpa’** 果黄白色；叶子冬天不变红。

②**橙果南天竹‘Aurentiaca’** 果熟时橙色。

③**细叶南天竹**（琴丝南天竹）**‘Capillaris’** 植株较矮小；叶形狭窄如丝。

④**五彩南天竹‘Porphyrocarpa’**（var. *porphyrocarpa* Mak.） 植株较矮小；叶狭长而密，叶色多变，嫩叶红紫色，渐变为黄绿色，老叶绿色；果成熟时淡紫色。

⑤**小叶南天竹‘Parvifolia’** 小叶形小；果红色。

⑥**矮南天竹‘Nana’（‘Pygmy’）** 矮灌木，树冠紧密球形；叶全年着色。

24. 大血藤科 Sargentodoxaceae

【大血藤属 ***Sargentodoxa***】1～2 种，中国特产。

(272) **大血藤**

Sargentodoxa cuneata (Oliv.) Rehd. et Wils.

〔Sargent-gloryvine〕

落叶藤木。三出复叶（或兼具单叶）互生，无托叶，小叶全缘，顶生小叶倒卵形，侧生小叶半卵形（基部极不对称）；无托叶。花单性异株，黄绿色，萼、瓣各 6；雄花有雄蕊 6，与花瓣对生；雌花有退化雄蕊 6，心皮多数并离生；穗状花序下垂。浆果有柄，暗蓝色而有白粉，多个着生于一球形花托上。

主产长江流域地区。可植于庭园供花架、花格等垂直绿化用。根、茎可入药，有强筋骨、活血通经、消炎等功效。

〔附〕**单叶大血藤 *S. simplicifolia*** S. Z. Qu et C. L. Min 单叶，卵状肾形或心形。产陕西宁陕县蒲河海拔 1300～1530m 处。

图 125 大血藤

25. 木通科 Lardizabalaceae

【木通属 ***Akebia***】4 种，产中国和朝鲜；中国 3 种。

(273) **木　通**

Akebia quinata（Houtt.）Decne.

〔Five-leaf Akebia〕

落叶藤木，长达 12m。掌状复叶互生，或簇生于短枝，小叶 5，倒卵形或椭圆形，通常全缘，先端钝或微凹。花单性同株，无花瓣，萼片 3，淡紫色；腋生总状花序，雌花较大，生于花序基部，心皮数个离生；雄花生于花序上部，雄蕊 6；花期 4 月。聚合蓇葖果肉质，熟时紫色；10 月果熟。

产我国长江流域及东南、华南各省区；朝鲜、日本也有分布。稍耐荫，喜温暖湿润气候。本种花、叶秀丽，宜作棚荫、花架材料。果味甜可食或酿酒；果及藤均供药用，能解毒利尿、通经祛湿。

图 126　木　通

变种**多叶木通** var. ***polyphylla*** Nakai　小叶多达 7 枚。

(274) **三叶木通**

Akebia trifoliate（Thunb.）Koidz.

〔Three-leaf Akebia〕

外形与木通相似，主要不同点是：小叶仅 3 枚，卵圆形，叶缘呈深波状。

产华北至长江流域地区。耐寒性较木通强，北京可露地栽培。用途同木通。

亚种**白木通** ssp. ***australis***（Diels）T. Shimizu　小叶 3，全缘或浅波状，近革质。产长江流域至华南、西南地区。

图 127　三叶木通

〔附〕**杂种木通 *A.*** × ***pentaphylla***（Mak.）Mak. 是木通与三叶木通之杂交种，性状介于两者之间。小叶 5，边缘有波状齿；花暗紫色。产日本，山野自生。

【野木瓜属 ***Stauntonia***】13 种，产亚洲；中国 12 种。

(275) **野木瓜**

Stauntonia chinensis DC.

常绿藤木，茎绿色。掌状复叶互生，小叶 5～7，长圆形，先端尖，基部近圆形，全缘，两面叶脉均凸起。花单性同株，花萼 6，质薄，雄花具蜜腺状花瓣 6，雄蕊 6，花丝合生成管状，雌花无花瓣；

图 128　野木瓜

3～5 朵成伞房总状花序。肉质蓇葖果椭球形，长 7～10cm，橙黄色。花期 3～4 月；果期 6～8 月。

产华南、福建、云南东南部；老挝及越南北部也有分布。果味甜可食。在园林绿地中，可用作攀缘绿化材料。

【串果藤属 *Sinofranchetia*】1 种，产中国。

（276）**串果藤**

Sinofranchetia chinensis

（Franch.）Hemsl.

落叶藤木，长达 9m。3 小叶互生，中间的小叶菱状倒卵形至广卵形，长5～15cm，具长达 2～3cm 的叶柄，侧生小叶偏斜卵状，叶柄较短。花小，单性，白色而有红色线纹；成下垂总状花序，长 10～35cm。浆果椭球形，蓝紫色；种子多而黑色。

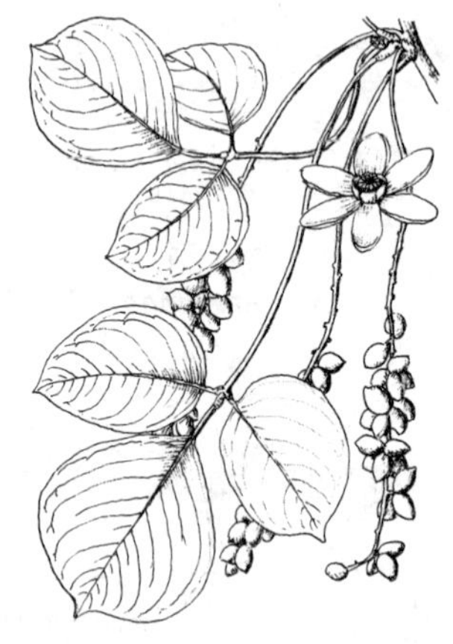

图 129 串果藤

产我国西南、中南至西北地区。喜半荫，喜排水良好土壤。夏季用半成熟枝扦插繁殖。蓝紫色的果实长串下垂，是美丽的观叶观果树种，宜作庭园攀缘绿化用。

【猫儿屎属 *Decaisnea*】1 种，产喜马拉雅地区至中国。

（277）**猫儿屎**

Decaisnea insigmis（Griff.）Hook. f. et Thoms.

（*D. fargesii* Franch.）

落叶灌木，高 3～5m，树冠开展。羽状复叶互生，小叶 7～13(25)，卵状长椭圆形，长 5～12cm，先端渐尖，基部稍偏斜，全缘，表面深绿色，背面灰白色。花杂性，萼片 6，花瓣状，长 2～3cm，黄绿色，无花瓣，雄蕊 6，心皮 3；成总状或头状花序。果肉质，圆柱状，长 4～8cm，暗蓝色，形如猫屎，故名。花期 4～7 月；果 7～10 月成熟。

产我国秦岭以南、华中至西南地区及安徽山地；尼泊尔、印度东北部和缅甸北部也有分布。喜光，耐半荫，喜湿润而排水良好的土壤，不耐寒。果可食，种子可榨油。花果具一定观赏价值，可于庭园种植。

【八月瓜属 *Holboellia*】约 11 种，产喜马拉雅地区至中印半岛北部；中国 9 种。

（278）**鹰爪枫**

Holboellia coriacea Diels

常绿藤木，长达 6m 以上，全体无毛。三出复叶互生，小叶倒卵状长椭圆形，长 6～14cm，全缘，先端尖，基部楔形，厚革质，有光泽。花小，单性同株，萼片 6，花瓣状，无花瓣，雄蕊 6，离生，雄花白色，雌花紫色，心皮 3；总状花序腋生。浆果椭球形，长 4～6cm，紫红色。花期 4 月；果期 6～9 月。

产我国秦岭以南、长江流域至广西北部；巴基斯坦、尼泊尔、印度及缅甸也有分布。根及茎皮可供药用；果可食，也可药用；种子可榨油。在林绿地中可用作攀缘绿化材料。

图 130 猫儿屎

图 131 鹰爪枫

26. 防己科 Menispermaceae

【木防己属 *Cocculus*】约 10 种，产亚洲、非洲及美洲；中国 2 种。

(279) **木防己**

Cocculus orbiculatus（L.）DC.（*C. trilobus* DC.）

缠绕性藤木；小枝密生柔毛。单叶互生，广卵形至卵状椭圆形，长 3～8cm，全缘，有时 3 浅裂。花小，单性异株，绿白色，萼、瓣各为 6，花瓣先端 2 裂，雄蕊离生；成腋生聚伞状圆锥花序。核果近球形，径约 6mm，黑色。

产中国、日本及东南亚地区，我国南北均有分布。可作攀缘绿化之用。根供药用。

【千金藤属 *Stephania*】约 60 种，广布于热带和亚热带；中国 39 种 1 变种。

(280) **千金藤**

Stephania japonica（Thunb.）Miers

落叶纤细藤木，无毛。单叶互生，三角状卵圆形，长 4～8cm，先端尖，基部近圆形，全缘，表面绿色有光泽，背面粉白色；叶柄盾状着生。花小，黄色，单性异株，雄蕊合生，心皮 1；复聚伞花序腋生。核果近圆球形，长约 8mm，熟时由黄变红色。花期 4～5 月；果期 6～7 月。

产华中及华东地区；朝鲜、日本及亚洲南部及东南部也有分布。枝叶茂密，攀援能力强，是很好的观叶赏果藤木，在园林中宜作垂直绿化材料。

图 132 千金藤

【蝙蝠葛属 ***Menispermum***】3～4 种，产北美和东亚；中国 1～2 种。

（281）**蝙蝠葛**

Menispermum dauricum DC.

落叶木质缠绕藤本，长达 13m；全株近无毛。单叶互生，盾状三角形至多角形，5～7 浅裂。花单性异株，雄蕊离生，雌花中有退化雄蕊；圆锥花序腋生。核果近球形，径约 1cm，熟时紫黑色。6～7 月开花；7～8 月果熟。

产我国东北、华北至华东地区；日本、朝鲜和俄罗斯也有分布。可作垂直绿化或地面覆盖材料。

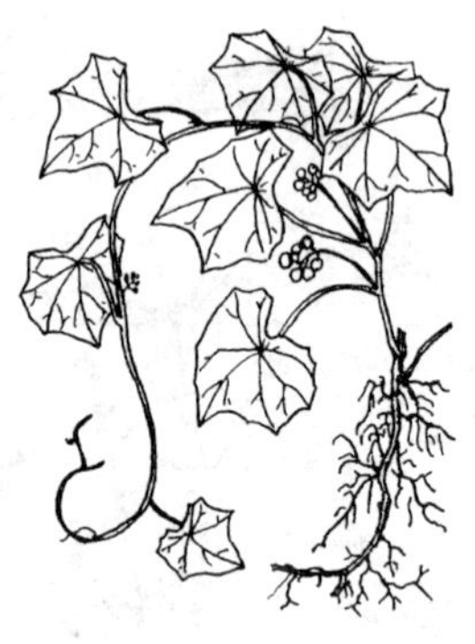

图 133　蝙蝠葛

（二）金缕梅亚纲 Hamamelidae

27. 水青树科 Tetracentraceae

【水青树属 ***Tetracentron***】本科仅此 1 属 1 种，产中国、越南和缅甸。

（282）**水青树**

Tetracentron sinense Oliv. 〔Spur Leaf〕

落叶乔木，高可达 30～40m；有长、短枝。单叶互生，卵形，长 7～14cm，掌状脉，先端渐尖，基部心形，缘密生腺齿，背面略有白粉；叶柄长 2～3cm，托叶与叶柄合生。花小，两性，无柄，无花瓣，花萼 4 裂，雄蕊 4，子房上位，花柱 4；成腋生穗状花序，下垂。蒴果矩圆形，长 2～4mm，4 深裂。

产我国西部及西南部；越南、缅甸北部也有分布。喜光，喜生于气候凉润、土壤湿润且排水良好的酸性土山地，深根性。树形美观，叶态高雅，幼叶带红色，可作庭荫树、观赏树及行道树。木材白色、细致，可作家具等用。

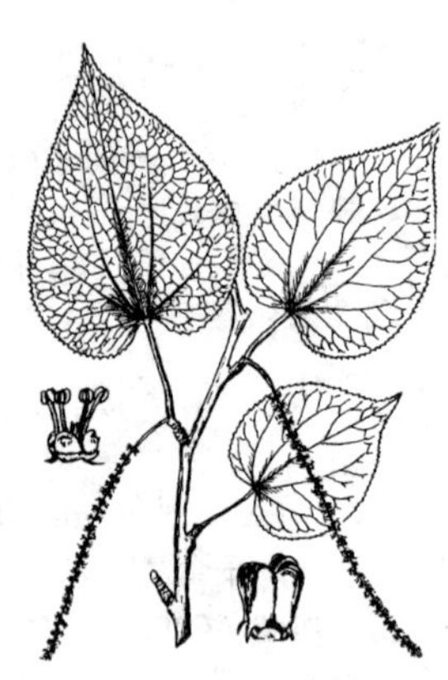

图 134　水青树

28. 昆栏树科 Trochodendraceae

【昆栏树属 ***Trochodendron***】本科仅此 1 属 1 种；产亚洲东部。

（283）**昆栏树**

Trochodendron aralioides Sieb. et Zucc. 〔Wheel Tree〕

常绿小乔木，高 5～18m。单叶互生，常集生于枝端，菱状倒卵形至卵状长椭圆形，长6～12cm，先端突尖，中部以上有浅钝齿，革质，有光泽；叶柄长3～10cm；无托叶。花小，两性，淡黄绿色，无花被，雄蕊多数，离生心皮5～11，排成1轮，后侧向合生；多花的聚伞花序再排成总状花序，顶生，长达13cm。蓇葖果轮状着生，褐色，径1.3cm。

产我国台湾高山林中；日本和朝鲜半岛南部也有分布。喜半荫，喜温暖爽朗气候及深厚肥沃的微酸性土壤；生长缓慢。枝叶光洁苍翠；可作庭荫树和观赏树。

图135 昆栏树

29. 连香树科 Cercidiphyllaceae

【连香树属 ***Cercidiphyllum***】本科仅此1属，1(2)种，产中国和日本。

(284) **连香树**

Cercidiphyllum japanicum Sieb. et Zucc.〔Katsura Tree〕

落叶乔木，高达30～40m，但栽培者常较小而多干。单叶对生，广卵圆形，长4～7cm，5～7掌状脉，基部心形，缘有细钝齿。花单性异株，无花被，簇生叶腋。聚合蓇葖果；种子小而有翅。

图136 连香树

产我国中西部山地及日本，为古老孑遗树种。喜光，喜温凉气候及湿润而肥沃的土壤，适于成林生长，萌蘖性强。树姿优雅，幼叶紫色，秋叶黄色、橙色、红色或紫色，是优美的山林风景树及庭荫、观赏树种。有**金叶**‘Aureum’、**垂枝**‘Pendulum’等品种。

变种**毛叶连香树** var. ***sinense*** Rehd. et Wils. 树体常为单干；叶背中脉下部及脉腋密被毛。产我国湖北西部、四川中部及陕西南部山地。

30. 领春木科 Eupteliaceae

【领春木属 ***Euptelea***】本科仅1属2种；日本产1种，中国和印度产1种。

(285) **领春木**

Euptelea pleiosperma Hook. f. et Thoms.

落叶乔木；高达15m。单叶互生，卵形，长5～13cm，先端突尖或尾状尖，基部广楔形且全缘，中部及中部以上有细尖锯齿，羽状脉。花两性，无花被，离生心皮，雌蕊6～18，轮生，具长柄；叶前开花。聚合翅果，果翅两边不对称，果长1.2～1.7(2)cm。

产湖北、四川、甘肃、陕西、河南、安徽、浙江、江西及西南地区，多生于水沟、阴湿的山谷或林缘；印度东北部也有分布。树姿优美，宜植于庭园观赏。北京植物园有引种栽培，生长良好。

图137　领春木

31. 悬铃木科 Platanaceae

【悬铃木属 *Platanus*】落叶乔木；单叶互生，掌状裂；芽包藏于叶柄基内。花单性同株，密集成球形头状花序；聚花坚果球形。约10种，产欧洲、印度和美洲；中国引入栽培3种。

(286) **悬铃木**（英桐，二球悬铃木）

Platanus* × *acerifolia (Ait.) Willd.

(*P.* × *hispanica* Muenchh.)

〔London Plane, Plane Tree〕

高达30～35m；树皮灰绿色，薄片状剥落，剥落后呈绿白色，光滑。叶近三角形，长9～15cm，3～5掌状裂，缘有不规则大尖齿，幼叶有星状毛，后脱落；托叶长1～1.5cm。果球常2个一串，宿存花柱刺状。花期4～5月；果9～10月成熟。

图138　悬铃木

本种是法桐与美桐的杂交种，1663年首次在英国牛津大学校园内栽种，后来很快在欧洲、北美得到广泛栽培。播种或扦插繁殖。由于它树体高大，枝叶茂密，遮荫效果好，生长迅速，耐修剪，抗烟尘，适应性强，我国长江流域各城市普遍栽作行道树。有一定耐寒性，北京有少量栽培。

(287) **法　桐**（三球悬铃木）

Platanus orientalis L.〔Oriental Plane〕

高达30m；树皮薄片状剥落，灰褐色。叶5～7掌状深裂；托叶长不足1cm。果球常3个或多达6个串生，宿存花柱刺尖。

原产欧洲东南部及小亚细亚。喜温暖湿润气候，耐寒性不强；生长快，寿命长。我国长江流域有栽培，作行道树及庭荫树。北京有少量栽培。

图139　法　桐

(288) **美　桐**（一球悬铃木）

Platanus occidentalis L. 〔American Plane, Buttonwood〕

大乔木，在原产地高达50m；树皮常成小块状裂，不易剥落，灰褐色。叶3～5掌状浅裂，中裂宽大于长；托叶长2～3cm。果球常单生，宿存花柱极短。

原产北美；在美国东南部很普遍，但在欧洲生长不良。我国长江流域及华北南部有栽培，作行道树及庭荫树。

32. 金缕梅科 Hamamelidaceae

【蚊母树属 ***Distylium***】18种，产亚洲及中美洲；中国12种3变种。

(289) **蚊母树**

Distylium racemosum Sieb. et Zucc. 〔Isu Tree〕

常绿乔木，高达16m，栽培常成灌木状；嫩枝及裸芽被垢鳞。单叶互生，倒卵状长椭圆形，长3～7cm，全缘或近端略有齿裂状，先端钝或稍圆，侧脉在表面不显著，在背面略隆起，革质而有光泽，无毛。花小而无花瓣，但红色的雄蕊十分显眼；腋生短总状花序，具星状短柔毛。蒴果端有2宿存花柱。花期4～5月；果期9月。

图140　蚊母树

产我国东南沿海各省；朝鲜、日本也有分布。扦插或播种繁殖。沪、宁一带常栽作城市绿化及观赏树种。木材坚硬；树皮含单宁。品种**斑叶蚊母树‘Variegatum’**叶较宽，具黄白色斑。

(290) **杨梅叶蚊母树**

Distylium myricoides Hemsl.

与蚊母树相近似，主要区别是：叶薄革质，长椭圆形至倒披针形，长5～11cm，先端锐尖，叶缘上部有2～4小齿，叶脉在背面明显隆起。

产长江以南各省区。南京等城市栽作绿篱及庭园观赏树。果及树皮含单宁；根可药用。

〔附〕**小叶蚊母树** ***D. buxifolium*** (Hance) Merr. 常绿灌木，高达2m。叶倒披针形至长圆状倒披针形，长2.5～5cm，全缘或近端具1小齿，先端尖，基部楔形。产福建、湖南、湖北、广西、四川等地。杭州植物园有栽培。

图141　杨梅叶蚊母树

【蜡瓣花属 ***Corylopsis***】29种，产亚洲东部；中国20种6变种。

(291) **蜡瓣花**

Corylopsis sinensis Hemsl.

落叶灌木，高达5m；小枝及芽具柔毛。单叶互生，倒卵状椭圆形，长 5～9cm，羽状脉，基部歪斜，缘有锐齿，背面有星状毛。花瓣 5，柠檬黄色，宽而有爪，芳香，退化雄蕊 2 裂，萼筒及子房均有星状毛；成下垂总状花序；春天叶前开花。蒴果被褐色星状毛。

产长江流域及其以南地区。花美丽而芳香，可植于庭园观赏。根皮及叶可药用。

图 142 蜡瓣花

(292) **瑞　木**（大果蜡瓣花）

Corylopsis multiflora Hance

半常绿灌木，高 2～3m；嫩枝被绒毛。叶互生，倒卵形、倒卵状椭圆形至卵形，长 7～15cm，先端尖或渐尖，基部心形，近对称，缘有锯齿，侧脉 7～9 对，表面被柔毛，背面灰白色，有星状毛。花瓣 5，倒披针形，黄色，退化雄蕊不裂，萼筒及子房均无毛；总状花序。蒴果木质，无毛。花期 4～5 月。

产我国中南部及福建、台湾等地的山地林中。喜光，耐半荫，喜温暖湿润气候及酸性土壤，不耐寒。春季黄花素雅，宜植于庭园观赏。

图 143 瑞　木

图 144 金缕梅

【金缕梅属 ***Hamamelis***】约 5 种，产东亚和北美；中国 1 种。

(293) **金缕梅**

Hamamelis mollis Oliv. 〔Chinese Witch Hazel〕

落叶灌木或小乔木，高达 10m；小枝幼时密被星状绒毛，裸芽有柄。单叶互生，倒广卵形，长 8～15cm，基部歪心形，缘有波状齿，侧脉 6～8 对，背面有绒毛。花瓣 4，狭长如带，长 1.5～2cm，黄色，基部常带红色，花萼深红色，芳香；花簇生，叶前开放。蒴果卵球形，长约 1.2cm。花期 2～3 月；果期 10 月。

产长江流域，多生于山地次生林及灌木丛中。喜光，耐半荫，喜排水良好的壤质土；生长慢。花美丽而花期早，秋叶黄色或红色，宜植于园林绿地观赏。根可入药，治劳伤乏力。品种**橙花金缕梅‘Brevipetala’**花橙色，叶较长。

(294) **日本金缕梅**

Hamamelis japonica Sieb. et Zucc. 〔Japanese Witch Hazel〕

落叶灌木或小乔木，高达 9m；枝开展。叶互生，菱状圆形、广卵形或倒卵形，长达 12.5cm，幼时有星状毛，老叶无毛，有光泽。花萼裂片内侧常紫色，花瓣 4，条形，黄色，长约 2cm，有皱褶；冬天至早春开花。

原产日本；我国上海等地有引种栽培。

品种**‘Flavo-purpurascens’**花瓣基部发红。

〔附〕**杂种金缕梅 *H.* × *intermedia*** 〔Hybrid Witch Hazel〕 叶长达 15cm，秋叶黄色。花瓣条形，黄色，基部橙色，有皱褶。是日本金缕梅和金缕梅的杂交种，国外广泛栽培。有花红色、杏黄色的品种。

(295) **美国金缕梅**

Hamamelis virginiana L. 〔Virginian Witch Hazel〕

落叶灌木，高 2～5m。叶卵状长椭圆形至倒卵形，长 8～15cm，有钝齿。花瓣 4，带状，长达 2cm，鲜黄色（其变种 var. pallidea 花淡黄色），花瓣在寒冷时卷曲；10～11 月（落叶前后）开花。

原产美国东北部；北京植物园有引种栽培。耐寒性强（－35℃）。播种繁殖，或用蚊母树作砧木于早春嫁接。是北方难得的晚秋开花而美丽的观花树种。

【檵木属 ***Loropetalum***】约 4 种，产亚洲东部；中国 3 种。

(296) **檵　木**（檵花）

Loropetalum chinense (R. Br.) Oliv.

常绿灌木或小乔木，高达 10m；小枝、嫩叶及花萼均有锈色星状短柔毛。单叶互生，卵形或椭圆形，长 2～5cm，先端短尖，基部不对称，全缘。花瓣 4，带状条形，长 1～2cm，黄白色；3～8 朵簇生小枝端。蒴果 2 瓣裂，每瓣又 2 浅裂。花期 4～5 月；果期 8 月。

产我国华东、华南及西南各省区；日本、印度也有分布。稍耐荫，喜温暖气候及酸性土壤，不耐寒。播种或嫁接繁殖。花繁密而显著，宜植于庭园观赏。根、叶、花、果均可入药。品种**斑叶檵木‘Variegatum’**叶有白边及斑纹。

变型**红檵木**（红花檵木）f. *rubrum* H. D. Chang (var. *rubrum* Yieh) 叶暗紫色，花也紫红色；产湖南。是南方优良的常年紫叶和观花树种，常植于园林绿地或栽作盆景观赏，近广泛用于绿地中的色块构建。是株洲市的市花。有**‘大红袍’**（叶、花大红色）、**‘红红袍’**（叶绿，花红色）、**‘淡红袍’**（叶、花淡红色）、**‘紫红袍’**

图 145　檵　木

（叶、花红紫色；须根红色）和**‘珍珠红’**（叶小，形如红色珍珠；须根红色）等品种。

【双花木属 ***Disanthus***】1种，产日本南部；中国产1变种。

（297）**长柄双花木**

Disanthus cercidifolius Maxim. var. ***longipes*** H. T. Chang

落叶灌木，高达4m。单叶互生，广卵圆状，长5～8cm，先端钝或圆，基部心形，掌状脉5～7，全缘，两面无毛；叶柄长4～6cm。花两性，花萼5裂，花瓣5，狭披针形，长约7mm，红色，雄蕊5，退化雄蕊5，子房上位，2室；腋生头状花序具2花。蒴果倒卵球形，长1.2～1.4cm。

产浙江、江西和湖南；生于海拔630～1300m山地。叶形似紫荆，嫩叶淡红，秋叶深红；初冬开红花；宜植于庭园观赏。

图146 长柄双花木

【枫香属 ***Liquidambar***】约5种，产东亚及北美；中国2种1变种。

（298）**枫 香**（枫树）

Liquidambar formosana Hance

〔Formosan Gum〕

落叶乔木，高达30m；树干上有眼状枝痕。单叶互生，掌状3裂，长6～12cm，缘有齿，基部心形。花单性同株，无花瓣，雌花具尖萼齿。蒴果，集成球形果序，下垂，宿存花柱及萼齿针刺状。花期3～4月；果期10月。

图147 枫 香

产我国秦岭及淮河以南，至华南、西南各地；越南北部、老挝及朝鲜南部也有分布。喜光，喜温暖湿润气候，耐干旱瘠薄，抗风；生长快，萌芽性强。播种或扦插繁殖。秋叶变红色或黄色，鲜艳美观，是南方著名的秋色叶树种。宜在我国南方低山、丘陵营造风景林，也可栽作庭荫树。根、叶、果均可入药。

〔附〕**北美枫香** *L. styraciflua* L.〔Sweet Gum〕 落叶乔木；小枝红褐色，通常有木栓质翅。叶5～7掌状裂，背面主脉有明显白簇毛。原产北美，并有许多栽培变种；我国南京、杭州等地有引种。树形优美，秋叶红色或紫色，宜栽作观赏树。树脂可作胶皮糖的香料，并含苏合香，有药效。

【蕈树属 ***Altingia***】约12种，产南亚及东南亚；中国8种。

图148 细柄蕈树

(299) **细柄蕈树**（细柄阿丁枫）

Altingia gracilipes Hemsl.

常绿乔木，高达 20m 以上；小枝有柔毛。单叶互生，卵状长椭圆形，长 4～7cm，全缘，先端尾尖，革质；叶柄细长，2～3cm。花雌雄同株，雄花序球形，多个成圆锥花序；雌花 5～7 朵成头状花序。果序倒圆锥形至近球形，径 1.5～2cm，具 5～6 木质蒴果。

产浙江南部、福建至广东东部，在低海拔常绿阔叶林中常见；杭州植物园有栽培。喜光，喜温暖湿润气候及深厚肥沃的湿润土壤，不耐寒；侧根发达，萌芽力强，生长较快。树皮可割取树脂，内含芳香油，供药用及定香剂。也可植于园林绿地观赏。

【红苞木属 ***Rhodoleia***】9 种，产亚洲南部；中国 6 种。

(300) **红苞木**（红花荷）

Rhodoleia championii Hook. f.

常绿小乔木，高达 12m。单叶互生，卵形、椭圆形至倒卵状长椭圆形，长 8～15cm，全缘，表面深绿而有光泽，背面青白色，革质；有长柄。花两性，花瓣匙形，长 2.5～3.5cm，宽 6～8mm，红色；5 朵以上组成下垂的头状花序，长 3～4cm，花序梗长 2～3cm，花瓣状的总苞片 15～20，红色，整个花序像 1 朵花。蒴果卵球形，长约 1.2cm，上半部 4 裂。

产我国广东、香港等地。播种或扦插繁殖。树冠整齐，叶色亮丽，早春开花时满树红艳，是美丽的园林观赏树，也可栽作行道树。

图 149　红苞木

(301) **小花红苞木**（小花红荷花）

Rhodoleia parvipetala Tong

常绿乔木，高达 20m。叶长椭圆形，长 5～10cm。花和花序均较小：花瓣长 1.5～1.8cm，宽 5～6mm；头状花序长 2～2.5cm，花序梗长 1～1.5cm。

产云南东南部、贵州东南部、广西西部及广东西部；越南北部也有分布。树形秀丽，花玫瑰红色，早春开放。可作庭园绿化、观赏树和行道树。

【牛鼻栓属 ***Fortunearia***】1 种，中国特产。

(302) **牛鼻栓**

Fortunearia sinensis Rehd. et Wils.

落叶灌木或小乔木，高达 9m；小枝、叶柄有星状毛。单叶互生，倒卵形至倒卵状椭圆形，长 7～13cm，缘有不规则波状齿，叶脉伸入齿尖并呈刺芒状，背面脉上有长毛。两性花和雄花同株，花瓣 5，针状；总状花序顶生。蒴果木质，有柄，卵形，无毛，密生白色皮孔。

产长江中下游地区，常生于山坡杂木林中。

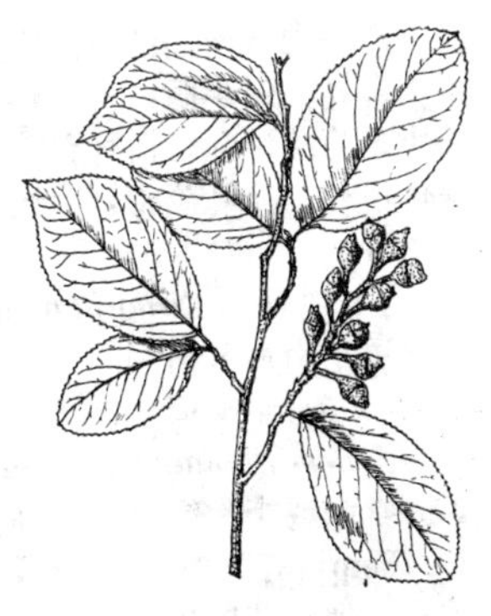

图 150　牛鼻栓

木材坚韧，常用来制牛鼻栓。枝叶可药用。

【马蹄荷属 ***Exbucklandia***】4 种，产东南亚；中国 3 种。

（303）**马蹄荷**（合掌木）

Exbucklandia populnea (R. Br.) R. W. Br.

常绿乔木，高达 20m；小枝具环状托叶痕，有柔毛。单叶互生，心状卵形或卵圆形，长 10～17cm，全缘，偶有 3 浅裂，基部心形，革质；托叶椭圆形，长 2～3cm，合生，宿存，包被冬芽。花小，杂性；头状花序腋生。蒴果卵形，长 7～9mm，表面平滑；头状果序径约 2cm。

产亚洲南部，我国西南部有分布。耐半荫，喜温暖湿润气候，不耐寒。是优良用材树及美丽的庭荫树种。

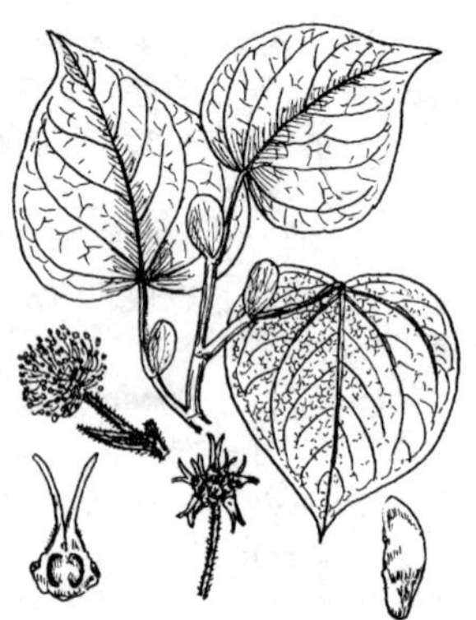

图 151 马蹄荷

（304）**大果马蹄荷**

Exbucklandia tonkinensis (Lec.) Steenis

常绿乔木，高达 30m。叶圆形或卵形，长 8～13cm，全缘（偶有 3 浅裂），基部广楔形。蒴果较大，长 1～1.5cm，表面有瘤状突起；头状果序长 3～4cm。

产我国南岭及其以南、西至西南地区，是常绿阔叶林中常见的速生树种。杭州植物园有引种栽培。叶光洁浓绿，托叶特殊，宜植于园林或盆栽观赏。

【壳菜果属 ***Mytilaria***】1 种，产中国、越南和老挝。

（305）**壳菜果**（米老排）

Mytilaria laosensis Lec.

常绿乔木，高达 25～30m；小枝具环状托叶痕。单叶互生，卵圆形，长 10～13cm，3～5 掌状浅裂，裂片全缘。花小，两性；肉质穗状花序。蒴果木质，4 瓣裂。花期 5 月；果期 9～11 月

产我国云南南部及两广；越南、老挝也有分布。喜光，耐半荫，喜暖热气候及酸性土壤；生长快，萌芽性强。播种繁殖。为优良速生用材及绿化树种。枝叶茂密，叶光洁浓绿，宜作盆栽观叶树种。

图 152 壳菜果

【半枫荷属 ***Semiliquidambar***】3 种 3 变种，产中国东南部及南部。

（306）**半枫荷**

Semiliquidambar cathayensis H. T. Chang

常绿或半常绿乔木，高 15～20m；小枝无毛。单叶互生，卵状椭圆形，长 8～13cm，有时掌状 3 裂或一侧有裂，缘有齿，革质。花单性同株，无花被；雄花为穗状花序再成总状，雌花为头状花序。聚花果近球形，径约 2.5cm，具长梗。花期 4～5 月。

产福建、江西、湖南、贵州及华南。喜光，耐半荫，喜温暖湿润气候。树姿优美，叶形多变，叶色翠绿，暖地可作庭荫树及行道树。

33. 虎皮楠科（交让木科）Daphniphyllaceae

【交让木属 *Daphniphyllum*】约 30 种，产东亚南部；中国 10 种。

（307）**交让木**

Daphniphyllum macropodum Miq.

常绿乔木，高达 20m，栽培常灌木状，高约 6m；枝叶无毛。单叶互生，长椭圆形，长 10～20cm，先端短渐尖，基部楔形，全缘，侧脉16～19 对，厚革质；嫩枝、叶柄及中肋均带红紫色。花小，单性异株，无花萼和花瓣，柱头 2 裂；成腋生短总状花序。核果红黑色，椭球形，有宿存柱头。

图 153　交让木

产我国长江流域以南地区；日本、朝鲜也有分布。中性偏阴，喜温暖湿润气候。新叶集生枝端，老叶在春天新叶长出后齐落，故名“交让木”。可植为庭园观赏树。叶和种子可入药，治疖毒红肿。

〔附〕**虎皮楠** ***D. oldhamii***（Hemsl.）Rosenth.　高达 10m；叶较窄，侧脉 7～12 对，中脉基部及叶柄不发红；花具花萼，无花瓣；果实基部无宿萼裂片。产我国长江以南，至华南、西南和台湾；日本也有分布。叶厚而光绿，可栽作园林绿化及行道树种。

34. 杜仲科 Eucommiaceae

【杜仲属 *Eucommia*】本科仅此 1 属 1 种，中国特产。

（308）**杜　仲**

Eucommia ulmoides Oliv.

落叶乔木，高达 20m；枝具片状髓。单叶互生，椭圆形，长 7～14cm，缘有锯齿，老叶表面网脉下陷。花单性异株，无花被。小坚果有翅，长椭圆形，扁而薄，顶端 2 裂。枝、叶、果断裂后有弹性丝相连。

原产我国中西部地区。喜光，耐寒，适应性强，在酸性、中性、钙质或轻盐土上均能适应。体内各部含有大量胶质，可提炼硬橡胶；树皮供药用。枝叶茂密，树形美观，可栽作庭荫树及行道树。

图 154　杜　仲

35. 榆 科 Ulmaceae

【榆属 *Ulmus*】落叶乔木；单叶互生，羽状脉。花两性，无花瓣；翅果扁平，翅在果核周围。约 40 种，广布于北半球；中国 25 种，引入栽培约 3 种。

(309) **榆 树**（白榆，家榆）

Ulmus pumila L. 〔Siberian Elm〕

落叶乔木，高达 20～25m；树皮纵裂，粗糙；小枝灰色细长，常排成二列鱼骨状。叶卵状长椭圆形，长 2～8cm，叶缘多为单锯齿，基部稍不对称。春季叶前开花。翅果近圆形，长 1～2cm，无毛。

图 155 榆 树

产我国东北、华北、西北、华东及华中各地，华北农村尤为习见；朝鲜、俄罗斯也有分布。喜光，适应性强，耐寒，耐旱，耐盐碱，不耐低湿；根系发达，抗风力强，耐修剪，生长尚快，寿命较长；抗有毒气体，能适应城市环境。宜作行道树、庭荫树、防护林及四旁绿化树种。在东北地区常栽作绿篱；老树桩可制作盆景。材质尚好；嫩果（俗称"榆钱"）可食；果、树皮及叶可供药用。栽培变种有：

①**垂枝榆 'Pendula'** 枝下垂，树冠伞形。以榆树为砧木进行高接繁殖。我国西北、华北和东北地区有栽培。

②**龙爪榆 'Tortuosa'** 树冠球形，小枝卷曲下垂。可用榆树为砧木嫁接繁殖。

③**钻天榆 'Pyramidalis'** 树干直，树冠窄；生长快。产河南孟县等地。

(310) **黑 榆**

***Ulmus davidiana* *Planch*.** ex DC.

图 156 黑 榆

落叶乔木，高达 15m；树皮暗灰色，沟裂；小枝紫褐色，2 年生以上小枝有时具不明显的不规则木栓翅。叶倒卵形或椭圆状倒卵形，长 5～10cm，先端突尖，基部歪斜，缘有重锯齿，侧脉 12～20 对，表面稍粗糙，幼时有短硬毛，背面脉腋常有簇生毛；叶柄密生丝状毛。翅果倒卵形，长 1～1.9cm，有毛，果核接近缺口处。

产华北及辽宁山区。喜光，耐寒，耐干旱；深根性，萌芽力强。木材供建筑、车辆、器具等用。

变种**春榆** var. *japonica*（Rehd.）Nakai 高达 30m，与黑榆的主要区别点是：翅果无毛，小枝有不规则木栓翅。产亚洲北部，我国东北、华北及西北地区有分布。耐寒性强，抗风，耐火，抗病虫害；生长快。在东北地区可栽作庭荫树及行道树。是沈阳市绿化基调树种之一。

（311）**大果榆**（黄榆）

Ulmus macrocarpa Hance〔Bigfruit Elm〕

落叶乔木，高达 10～20m；枝常具木栓翅 2（4）条，小枝淡黄褐色。叶倒卵形，长 5～9cm，质地粗厚，先端突尖，基部常歪心形，重锯齿或单锯齿。翅果大，径 2～3.5cm，全部具黄褐色长毛，果核位于中部。

主产我国东北及华北地区；朝鲜、俄罗斯也有分布。喜光，耐寒，耐干旱瘠薄，稍耐盐碱；根系发达，侧根萌蘖力强，寿命长。秋叶红褐色，点缀山地颇为美观。材质较榆树好。

图 157 大果榆

（312）**脱皮榆**

Ulmus lamellosa T. Wang et S. L. Chang

落叶小乔木，高达 10m；干皮灰色或灰白色，裂成薄片脱落，皮孔明显；幼枝紫褐色，有腺毛和柔毛。叶倒卵形或椭圆状倒卵形，两面粗糙，侧脉 8～14 对。花和幼枝同时发自混合芽。

产河北、山西及内蒙古。北京植物园（南园）有栽培。

图 158 裂叶榆

（313）**裂叶榆**

Ulmus laciniata（Trautv.）Mayr.

落叶乔木，高达 10～25m。叶倒卵形，长 6～18cm，先端 3～5 裂，基部歪斜，缘有重锯齿，表面粗糙，背面有短柔毛。翅果椭圆形，长 1～2cm。

产亚洲东北部；我国东北、华北及陕西等地有分布，多生于湿润的山谷、平地或杂木林内。可作为园林绿化树种。

（314）**多脉榆**（栗叶榆）

Ulmus castaneifolia Hemsl.

（*U. multinervis* Cheng）

落叶乔木，高达 20m；树皮厚，木栓层发达；小枝密被柔毛。叶长椭圆形至卵状长椭圆形，长 7～15cm，先端长尖，基部甚歪斜，缘有重锯齿，侧脉20～35 对，表面幼时有短硬毛，后脱落稍粗糙，背面及叶柄密被柔毛。翅果长圆状倒卵形，长 1.5～3.3cm。花果期 3～4 月。

产长江以南至华南北部。木材坚硬，为优良用材及城市绿化树种。近年受到西方国家的

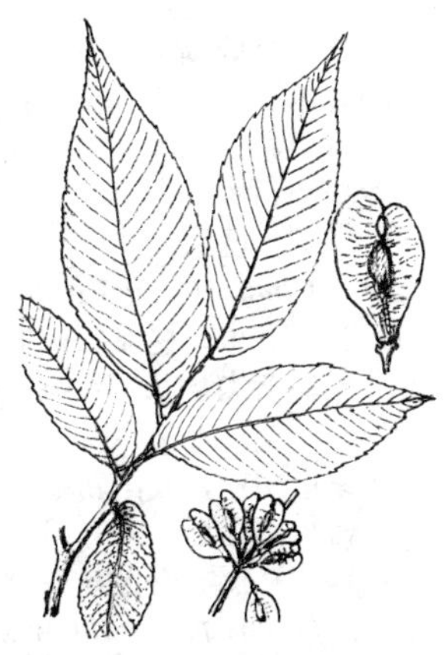

图 159 多脉榆

重视，以代替欧美的榆树（易遭荷兰榆树病危害）。

(315) **美国榆**

Ulmus americana L.

〔American White Elm〕

落叶乔木，高达30m。叶卵状椭圆形，长5～15cm，中下部最宽，先端渐尖，基部极偏斜，重锯齿，表面初有毛，后渐脱落，背面毛较多或仅脉腋有簇毛。花梗细长，花下垂，10余朵簇生。翅果两面无毛，而边缘密生睫毛，果梗长1.5cm。

图160 美国榆

原产美国；在当地普遍栽培。在我国大连、熊岳、沈阳、青岛、泰安、北京等地有引种栽培，生长良好。有**垂枝**'Pendula'（北京植物园有引种）、**立枝**'Ascendens'、**塔形**'Pyramidata'、**金叶**'Aurea'等品种。

(316) **欧洲白榆**（新疆大叶榆）

Ulmus laevis Pall. 〔European White Elm〕

落叶乔木，高可达35m；树冠半球形。叶卵形至倒卵形，长6～12cm，基部甚偏斜，重锯齿，表面暗绿色，近光滑，背面有毛。花20～30余朵成短聚伞花序，花梗细长（6～20mm）。翅果椭圆形，长1.2～1.6cm，边缘密生睫毛；果梗长可达3cm。花期4月；5月果熟。

原产欧洲中部及亚洲西部；我国新疆栽培较多，东北、山东、上海及北京也有引种。喜光，要求土层深厚、湿润的沙壤土，抗病虫能力较强（无金花虫）；深根性。材质较好。

〔附〕**金叶荷兰榆 *U. hollandica* 'Wredri'** 小乔木，枝直立性强；叶金黄色，多皱，边缘向背反卷。我国河南、北京、大连等地有引种栽培。

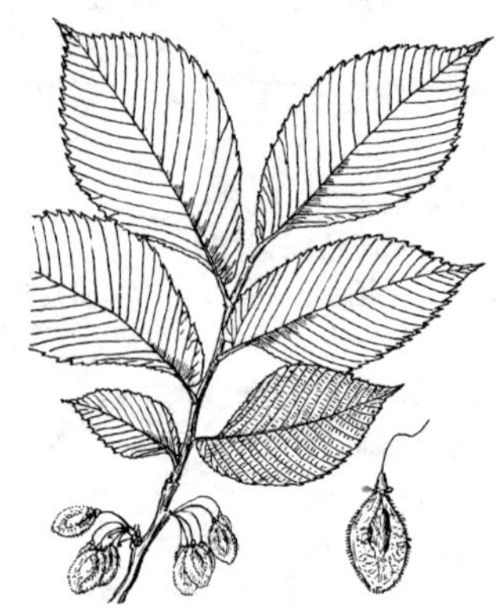

图161 欧洲白榆

(317) **圆冠榆**

Ulmus densa Litv.（*U. carpinifolia* var. *umbraculifera* Rehd.）

落叶乔木，树冠圆球形；小枝幼时多少有毛，2～3年生枝常被蜡粉。叶卵形，先端渐尖，基部多少偏斜，背面常有疏毛，脉腋有簇毛。翅果矩圆形，无毛。

原产中亚；我国新疆、哈尔滨等地有栽培，生长良好。种子不育，嫁接繁殖。树冠圆球形，整齐美观，常栽作行道树。

(318) **榔 榆**

Ulmus parvifolia Jacq. 〔Chinese Elm〕

落叶乔木，高达15m；树皮薄鳞片状剥落后仍较光滑。叶较小而厚，卵状椭圆形至倒卵形，长 2～5cm，单锯齿，基歪斜。花期 8～9 月；果期 10～11 月。

产我国华北中南部至华东、中南及西南各地；日本、朝鲜也有分布。喜光，喜温暖湿润气候，耐干旱瘠薄；深根性，萌芽力强，生长速度中等偏慢，寿命较长；对二氧化硫等有毒气体及烟尘抗性较强。播种、根插或分蘖繁殖。树形及枝态优美，宜作庭荫树、行道树及观赏树，在园林中孤植、丛植或与亭榭、山石配植都很合适。又是制作盆景的好材料。常见栽培变种有：

①**白斑榔榆‘Variegata’** 叶有白色斑纹。

②**金斑榔榆‘Aurea’** 叶片黄色，但叶脉绿色。

③**金叶榔榆‘Golden Sun’** 嫩枝红色，幼叶金黄或橙黄色，老叶变绿色。

④**锦叶榔榆‘Rainbow’** 春季新芽红色，幼叶有白色或奶黄色斑纹，老叶变绿色。

⑤**白齿榔榆‘Frosty’** 灌木，叶缘有白色锯齿。

⑦**垂枝榔榆‘Pendula’** 枝条下垂。

⑧**红果榔榆‘Erythrocarpus’** 果熟时红色。

图 162 榔 榆

【刺榆属 *Hemiptelea*】1 种，产中国。

(319) **刺 榆**

Hemiptelea davidii (Hance) Planch.

落叶小乔木，高达 10～15m。小枝具硬长刺。单叶互生，形似榆，长 2～6cm，羽状脉，通常为整齐之单锯齿，叶面有黑斑点。花杂性同株。小坚果扁而偏斜，上半部有一鸡冠状翅。

本属仅一种，产我国东北、华北、华东及西北地区，多生于山野路旁。喜光，耐寒，抗旱；深根性，萌蘖性强。在北方园林中可用作刺篱。**垂枝刺榆‘Pendens’**枝下垂到地面。

图 163 刺 榆

【榉树属 *Zelkova*】落叶乔木，树皮通常较光滑。单叶互生，羽状脉，单锯齿整齐。花单性同株；坚果无翅。约 10 种，产亚洲；中国 3 种。

(320) **榉 树**（大叶榉）

Zelkova schneideriana Hand. -Mazz.

树高达 15m；树皮不裂，老干薄鳞片状剥落后仍光滑；1 年生小枝红褐色，密被柔毛。

图 164 榉 树

叶卵状椭圆形，长 2～8(10)cm，锯齿整齐（近桃形），表面粗糙，背面密生浅灰色柔毛。坚果歪斜，有皱纹，径 2.5～4mm。花期 3～4 月；果期 10～11 月。

产我国淮河流域、秦岭以南至华南、西南广大地区，多散生于平原及丘陵；在江南农村习见。喜光，稍耐荫，喜温暖气候及肥沃湿润土壤；耐烟尘，抗病虫害能力较强；深根性，侧根广展，抗风力强，生长较慢，寿命较长。本种枝叶细密，树形优美，秋叶黄或红色，宜作庭荫树、行道树及观赏树，在江南园林中常见，又是制作盆景的好材料。木材坚实，耐水湿，纹理美，赤褐色，有光泽，是上等家具、造船、建筑等用材。

图 165　小叶榉

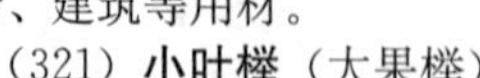

(321) **小叶榉**（大果榉）

Zelkova sinica Schneid.

外形与榉树相似，主要不同点是：小枝通常无毛；叶较小（长 2～7cm），锯齿较钝，表面平滑，背面脉腋有簇毛；坚果较大，径 4～7mm，无皱纹，顶端几乎不偏斜。

产河北南部、山西南部、河南、湖北西北部、四川北部、陕西及甘肃，喜生于石灰质深厚肥沃的山谷及平原。用途同榉树。

(322) **光叶榉**

Zelkova serrata（Thunb.）Mak.

〔Japanese Zelkova〕

树高达 20m 以上，树冠扁球形；小枝紫褐色，无毛。叶质地较薄，表面较光滑，亮绿色，背面无毛或沿中脉有疏毛，叶缘有尖锐单锯齿，尖头向外斜张，侧脉 8～14 对。果径 3～4mm，有皱纹。

产我国陕西南部、甘肃东南部、安徽、浙江、福建、江西、湖北、湖南、贵州东南部及广东北部，多星散分布于海拔 1000m 以上山区或高山中上部；日本、朝鲜也有分布。大连、熊岳、锦州、南京等地有栽培。喜光，喜湿润肥土，在石灰岩谷地生长良好；寿命长。树形优美端壮，秋叶变黄色、古铜色或红色，是优良的园林绿化树种和盆景材料。木材硬，质地细，耐水湿，在日本作为寺庙建筑材料。

图 166　光叶榉

有**斑叶**'Variegata'（叶有黄斑）、**矮生**'Goblin'（高仅 1m）等品种。

【朴树属 *Celtis*】落叶乔木，干皮不裂。单叶互生，基部全缘，3 主脉，侧脉不伸入齿端。核果近球形。约 60 种，产北半球；中国 11 种 2 变种。

(323) **朴　树**（沙朴）

Celtis sinensis Pers.

〔Chinese Hackberry〕

树高达20m；小枝幼时有毛。叶卵形或卵状椭圆形，长2.5～10cm，基部不对称，中部以上有浅钝齿，表面有光泽，背脉隆起并有疏毛。果黄色或橙红色，径5～7mm，单生或2(3)个并生，果柄与叶柄近等长。花期4月；果期9～10月。

图167　朴　树

产我国淮河流域、秦岭经长江中下游至华南地区，常散生于平原及低山丘陵地，农村习见；日本、朝鲜也有分布。喜光，稍耐荫，对土壤要求不严，耐轻盐碱土；深根性，抗风力强，抗烟尘及有毒气体；生长较慢，寿命长。本种冠大荫浓，秋叶黄色，宜作庭荫树，也可选作工厂绿化及防风、护堤树种。又是制作盆景的好材料。

栽培变种**垂枝朴树‘Pendula’**枝条下垂，首先在日本发现。

(324) **小叶朴**（黑弹树）

Celtis bungeana Bl.

树高达15～20m；小枝通常无毛。叶长卵形，长4～8cm，先端渐尖，基部不对称，中部以上有浅钝齿或近全缘，两面无毛。果单生，熟时紫黑色，果柄长为叶柄长2倍以上，果核表面平滑。

图168　小叶朴

产我国东北南部、华北、长江流域及西南各地，为习见树种。喜光，也较耐荫，耐寒，耐旱，喜黏质土；深根性，萌蘖力强，生长慢，寿命长。本种枝叶茂密，树形美观，树皮光滑，宜作庭荫树及城乡绿化树种。

(325) **大叶朴**

Celtis koraiensis Nakai

〔Korean Hackberry〕

树高达12m；小枝褐色，通常无毛。叶较大，卵圆形，长8～15cm，先端圆形或截形，有尾状尖头。果橙色，径1～1.2cm，果柄较叶柄长或近等长。

主产我国华北及辽宁等地；朝鲜也有分布。

(326) **昆明朴**（滇朴）

Celtis kunmingensis Cheng et Hong

树高达15m；小枝无毛。叶卵形或菱状卵形，长4～11cm，先端急渐尖或近尾尖，基部偏斜，中上部有明显或不明显锯齿，无毛或仅背面基部脉腋有毛。果常单生，蓝黑色，果柄长约为叶柄

图169　大叶朴

长之2倍。

产云南和四川南部。宜作庭荫树、行道树及工矿区绿化树种。

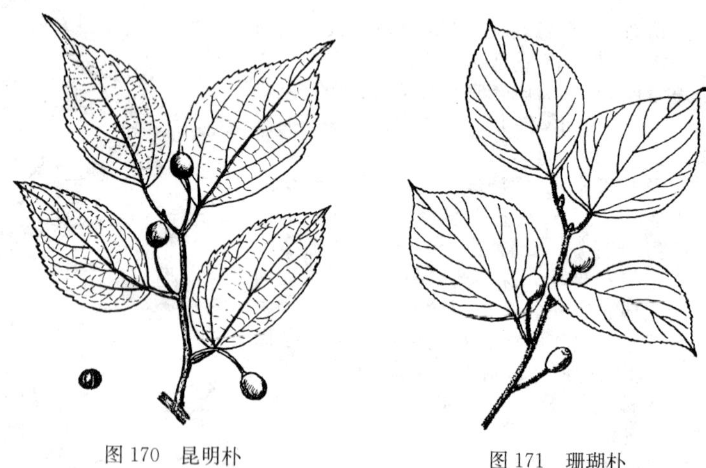

图170　昆明朴　　图171　珊瑚朴

(327) **珊瑚朴**（大果朴）

Celtis julianae Schneid.

树高达25m；树干通直，树冠卵球形。小枝、叶背及叶柄均密被黄褐色毛。叶较宽大，卵形至倒卵状椭圆形，长6～14cm，背面网脉隆起，密被黄柔毛。核果大，径约1～1.3cm，橙红色，单生叶腋；10月果熟。

主产长江流域及河南、陕西等地。喜光，稍耐荫，常散生于肥沃湿润的溪谷和坡地，也能耐干旱；深根性，生长较快。本种树高干直，冠大荫浓，姿态优美；冬季及早春枝上生满红褐色花序，状如珊瑚，颇为美丽。宜作庭荫树、行道树和四旁绿化树种。

(328) **紫弹朴**（紫弹树）

Celtis biondii Pamp.

树高达20m；幼枝密生红褐色或淡黄色柔毛。叶卵形或卵状椭圆形，长3～8cm，中部以上有单锯齿，稀全缘，幼叶两面疏生毛，老叶无毛。核果通常2(1～3)个腋生，径约5mm，熟时橙红色或带黑色，果柄长为叶柄长2倍以上，果核有明显网纹。

产我国长江流域及其以南地区，多生于低山丘陵土壤深厚疏松的疏林中或山沟边；朝鲜、日本也有分布。可栽作庭荫树。

图172　紫弹朴

【糙叶树属 ***Aphananthe***】5种，产东亚至澳大利亚；中国2种。

(329) **糙叶树**

Aphananthe aspera (Thunb.) Planch.

落叶乔木，高达 22m；树皮不易裂开（似构树皮而细）。单叶互生，卵形或椭圆形，长 5～12cm，基部 3 主脉，两侧主脉之外侧又有平行支脉，侧脉直达齿端，叶面粗糙，有硬毛。核果球形，径约 8mm，黑色。

产亚洲东南部，我国东南部及南部地区有分布。喜温暖湿润气候，在潮湿、肥沃而深厚的酸性土壤中生长良好；寿命长。是良好的庭荫树及溪边、谷地绿化树种。青岛崂山太清宫有一株千年古树，名曰“龙头榆”。叶干后如同细砂纸，可擦亮金属器皿。

变种**柔毛糙叶树** var. ***pubescens*** C. J. Chen 小枝及叶背被柔毛。

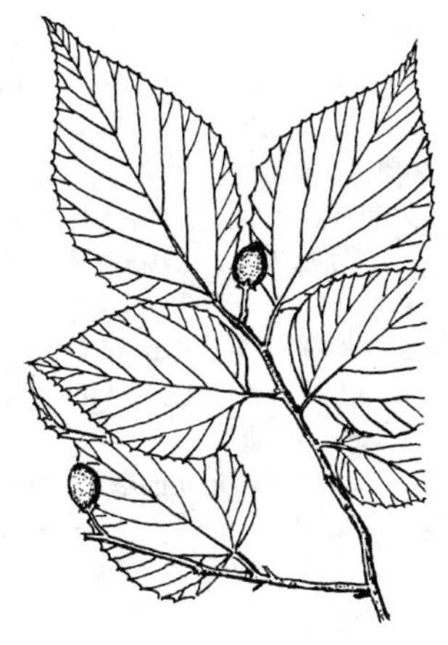

图 173　糙叶树

【青檀属 *Pteroceltis*】1 种，中国特产。

(330) **青　檀**

Pteroceltis tatarinowii Maxim.

〔Tatar Wingceltis〕

落叶乔木，高达 20m；树皮长片状剥落。单叶互生，卵形，长 3～10cm，先端长尖或渐尖，基部全缘，3 主脉，侧脉不直达齿端。小坚果周围有薄翅。

中国特产，黄河流域及长江流域有分布。喜光，稍耐荫，耐干旱瘠薄，喜生于石灰岩山地；根系发达，萌芽性强，寿命长。播种繁殖。可作为石灰岩山地绿化造林树种，也可栽作庭荫树。树皮为制造宣纸的原料。材质硬，纹理直，结构细，供建筑、家具及细木工用。

图 174　青　檀

36. 桑　科 Moraceae

【桑属 **Morus**】约 16 种，产北温带；中国 11 种。

(331) **桑**（桑树）

Morus alba L. 〔White Mulberry〕

落叶乔木，高达 15m；小枝褐黄色，嫩枝及叶含乳汁。单叶互生，卵形或广卵形，长 5～10(20)cm，锯齿粗钝，表面光滑，有光泽，背面脉腋有簇毛。花单性异株，雌花无花柱。聚花果（桑椹）圆筒形，熟时常由红变紫色。花期 4 月；果期 5～6 月。

原产中国中部，南北各地普遍栽培。喜光，适应性强，耐湿，也耐干旱瘠薄，耐轻盐碱，耐烟尘和有害气体；深根性，寿命长达 300 年。播种、扦插或嫁接繁殖。叶可饲蚕；果可生食和酿酒；根皮、枝、叶、果均可入药。可栽作四旁绿化及工矿区绿化树种。我国古代人民有在房前屋后栽种桑树和梓树的传统，故常以“桑梓”代表故土家乡。常见栽培变种有：

①**龙桑‘Tortuosa’** 枝条扭曲，状如龙游。

②**垂枝桑‘Pendula’** 枝细长下垂。

③**裂叶桑‘Laciniata’** 叶具深裂。

图 175 桑

(332) **蒙 桑**

Morus mongolica (Bur.) Schneid.

〔Mongolian Mulberry〕

落叶小乔木，高达 5～8m，或成灌木状。叶卵形或椭圆状卵形，常有不规则裂片，锯齿有刺芒状尖头，先端尾状尖，基部心形，两面无毛或稍有毛。

产东北、内蒙古、华北至华中及西南各地，多生于向阳山坡及平原、丘陵。喜光，耐寒。

变种**山桑** var. ***diabolica*** Koidz. 叶表面稍粗糙，背面有较多柔毛，常有深裂。华北及江苏有分布，常见于低山，一般为灌木型。

图 176 蒙 桑

图 177 鸡 桑

(333) **鸡 桑**

Morus australis Poir. 〔Japanese Mulberry〕

落叶小乔木或灌木，高达 8m。叶卵圆形，长 6～17cm，先端急尖或渐尖，缘具粗锯齿，有时有裂，表面粗糙，背面脉上疏生短柔毛，脉腋无簇毛。花柱明显，长约 4mm，柱头 2 裂。

产华北、华中及西南地区，常生于石灰岩的悬崖陡壁或山坡上。茎皮纤维可制优质纸和人造棉。

图 178　华　桑

(334) **华　桑**（葫芦桑）

Morus cathayana Hemsl.

〔Chinese Mulberry〕

落叶小乔木，高达 8m；树皮灰色。叶卵形至广卵形，长、宽均为 4～10cm，先端短尖或渐尖，基部心形或截形，边缘锯齿粗钝，不裂或有裂，表面粗糙，背面密生柔毛。花柱极短，柱头 2 裂。

产黄河流域及长江流域地区。喜生于向阳山坡及沟谷，耐干旱和盐碱。可栽作园林绿化树种。

【构树属 ***Broussonetia***】约 7 种，产东亚；中国 4 种。

(335) **构　树**（楮）

Broussonetia papyrifera（L.）L. Hér. ex Vent. 〔Paper Mulberry〕

落叶乔木，高达 16m；树皮浅灰色，不易裂开；小枝密生丝状刚毛。单叶互生，稀对生，卵形，长 8～20cm，时有不规则深裂，缘有粗齿，两面密生柔毛；叶柄长 3～8cm。花单性异株。聚花果球形，径 2～3cm，熟时橘红色。

图 179　构　树

我国黄河流域至华南、西南各地均有分布。喜光，适应性强，耐干旱瘠薄，也能生于水边，多生于石灰岩山地，也能在酸性土及中性土上生长；耐烟尘，抗大气污染力强；生长快，萌芽性强。可用作工矿区、荒山坡地及四旁绿化树种，也可选作庭荫树及防护林。树皮纤维是优质造纸原料；果、叶及根皮均可药用。品种**斑叶构树 'Variegata'** 叶有白斑。

变型**白果构树** f. *leucocarpa* H. W. Jen 果白色，产北京。

〔附〕**小构树 *B. kazinoki*** Sieb.　落叶灌木，高达 4m。叶卵形或斜卵形，长 5～10cm，先端渐尖至尾尖，缘有锯齿，不裂或 3 裂，背面被柔毛；叶柄长约 1cm。花单性同株，雌、雄花序均头状。聚花果球形，径 6～10mm，熟时橘红色。产我国中部至南部；日本、朝鲜也有分布。

【柘树属 ***Cudrania***】6 种，产亚洲至大洋洲；中国 5 种。

(336) **柘　树**

Cudrania tricuspidata（Carr.）Bur. ex Lavallee

落叶小乔木，高达 10m，有时灌木状；小枝有刺。单叶互生，卵形至倒卵形，长 2.5～11cm，全缘，有时 3 浅裂。花单性异株，集成球形头状花序。聚花果球形，径约 2.5cm，红色，肉质。

产河北南部、华东、中南、西南各地。适应性强，耐干旱瘠薄，是喜钙树种。播种繁殖。可作庭荫树、绿篱（刺篱）、荒山绿化及水土保持树种。根皮可药用；叶可代桑叶饲蚕。

图 180 柘 树

【桂木属 **Artocarpus**】单叶互生，全缘或有裂；花单性同株，雄花具 1 雄蕊，聚花果球形至长椭球形。约 50 种，产东南亚热带；中国约 15 种。

（337）**木波罗**（树波罗，波罗蜜）

Artocarpus heterophyllus Lam.

〔Jackfruit〕

常绿乔木，高 10～20m，有乳汁；小枝细，有环状托叶痕，无毛。叶互生，椭圆形或倒卵形，长 7～15cm，全缘（幼树之叶有时 3 裂），两面无毛，厚革质。花单性同株，雌花序椭球形，生于树干或大枝上。聚花果大形，长 25～60cm。花期 2～3 月；果期 7～8 月。

原产印度和马来西亚，现广植于热带各地；华南有栽培。播种或嫁接繁殖，3～5 年生树即能结果。是热带果树之一，果肉（实为花被）味甜可食，种子也可煮食或炒食；树液和叶供药用。在华南地区可栽作庭荫树及行道树。

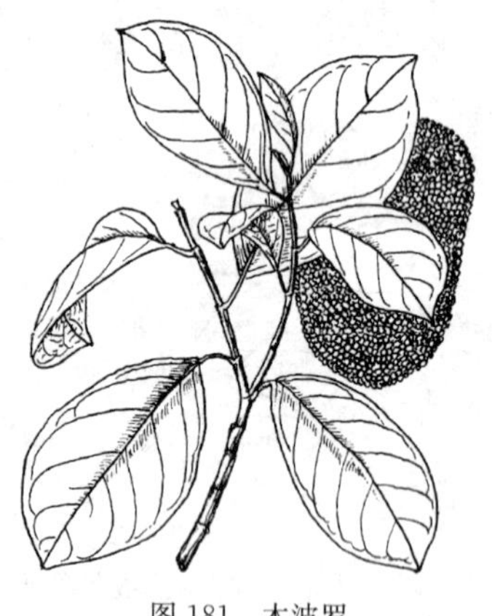

图 181 木波罗

图 182 面包树

（338）**面包树**

Artocarpus altilis（Park.）Fosb

（*A. incisa* L. f.，*A. communis* Forst.）〔Bread-fruit Tree〕

常绿乔木，高 10～20(35)m；小枝较粗，有环状托叶痕，具平伏毛。叶互生，广卵形至卵状椭圆形，长 20～50(70)cm，成年树之叶羽状 3～9 深裂，裂片披针形，暗绿色，有光泽。雌花为头状花序。聚花果球形或倒卵形，径达

20～25cm，肥大肉质，黄绿色，表皮有刺；种子有红色假种皮。花期 3～5 月；果期 8～10 月。

原产马来半岛，现在热带低地广泛栽培；华南地区有引种栽培。喜光，喜暖热气候及肥沃湿润而排水良好的土壤，不耐干旱；成树须根较少，不耐移植。是热带果树，果成熟前切片用火烤食，味似面包。树形美观，枝叶茂密，在暖地可栽作庭荫树、行道树及园林风景树。

（339）**桂 木**

Artocarpus nitidus Tréc. ssp. ***lingnanensis***（Merr.）Jarr.

（*A. lingnanensis* Merr.）

常绿乔木，高 8～15m；小枝无环状托叶痕。叶椭圆形至倒卵状椭圆形，长 7～15cm，先端短渐尖而钝，基部楔形，全缘或疏生不规则浅齿，革质，两面无毛。聚花果近球形，径约 5cm，肉质，黄色或红色。花期 4～5 月；果期 6～9 月。

图 183 桂 木

产越南及我国华南、西南地区；亚洲热带地区多有栽培。喜光，喜暖热多湿气候，对土壤适应性强；根系发达，生长快。枝叶茂密，树形美观，在暖地宜作园林风景树及行道树。果味酸甜，可生食。

〔附〕**白桂木** ***A. hypargyreus*** Hance ex Benth. 与桂木主要不同点是：叶较宽，基部广楔形或近圆形，背面有白色短绒毛，幼树及萌芽枝之叶常具羽状浅裂。产华南及云南东南部。树姿婆娑，叶色亮绿，果橘黄色；在暖地可植为园林绿化及风景树种。

【桑橙属 ***Maclura***】12 种，产热带美洲、非洲和亚洲；中国引入 1 种。

（340）**橙 桑**（桑橙，面包刺）

Maclura pomifera（Raf.）Schneid. 〔Osage Orange〕

落叶乔木，高达 12～20m；树皮橙色，开裂；小枝常有尖刺，刺长 1～2.5cm。单叶互生，卵形至长圆状卵形，长 5～12cm，羽状脉，全缘，先端渐尖，表面亮绿色，背面叶脉发白。花单性异株，雄花序穗状，再多数组成圆锥状。聚花果肉质，近球形，黄色，径约 8～14cm，有香气，但不可食。

原产美国南部及中部。喜光，耐干旱瘠薄土壤；多刺而萌芽性强，生长快；秋叶亮黄色。我国大连、青岛及秦皇岛海滨有栽培，多栽作刺篱。

【榕属 ***Ficus***】木本；小枝有环状托叶痕。单叶，通常互生。隐头花序；隐花果肉质，内有小瘦果。约 1000 余种，广布于世界热带和亚热带；中国约 100 种，引入栽培若干种。

（341）**无花果**

Ficus carica L. 〔Common Fig〕

落叶灌木或小乔木，高可达 12m。叶厚纸质，广卵形，长 10～20cm，3～5 掌状裂，边缘波状或成粗齿，表面粗糙，背面有柔毛。隐花果梨形，长 5～8cm，熟时紫黄色或黑紫色。

原产亚洲西部及地中海东部沿岸地区；在东南欧常作果树栽培。喜光，喜温暖湿润气候，耐寒性不强，对土壤要求不严，较耐干旱；根系发达，生长较快。扦插、压条或分株繁殖。长江流域及其以南地区常栽于庭园及公共绿地；北方常温室盆栽。果可生食，并有清热润肠药效，也可加工成果干、果脯、果酱等。根、叶也可供药用。

图 184 无花果

图 185 印度胶榕

（342）**印度胶榕**（印度橡皮树）

Ficus elastica Roxb. ex Hornem. 〔India Rubber Tree〕

常绿乔木，在原产地高达 45m；全体无毛。叶厚革质，长椭圆形，长 10～30cm，全缘，羽状侧脉多而细，平行且直伸；托叶大，淡红色，包被顶芽。隐花果成对生于叶腋。花期 3～4 月果期 5～7 月。

原产印度及缅甸。喜光，喜暖热气候，耐干旱；萌芽力强，移栽易活。播种、扦插或高压繁殖。长江流域及北方各大城市多盆栽观赏，温室越冬；华南可露地栽培，作庭荫树及观赏树。乳汁可制硬橡胶。常见栽培变种有：

①**美丽胶榕**（红肋胶榕）**'Decora'** 叶较宽而厚，幼叶背面中肋、叶柄及枝端托叶皆为红色。

②**三色胶榕 'Decora Tricolor'** 灰绿叶上有黄白色和粉红色斑，背面中肋红色。

③**黑紫胶榕**（'黑金刚'）**'Decora Burgundy'** 叶黑紫色。

④**斑叶胶榕 'Variegata'** 绿叶面有黄或黄白色斑。

⑤**大叶胶榕 'Robusta'** 叶较宽大，长约 30cm，芽及幼叶均为红色；热带地区广为栽植。

（343）**印度菩提树**（菩提树，思维树）

Ficus religiosa L. 〔Peepul Tree〕

常绿乔木，高达 20m。叶薄革质，卵圆形或三角状卵形，长 9～17cm，全缘，先端长尾尖，基部三出脉，两面光滑无毛；叶柄长，叶常下垂。

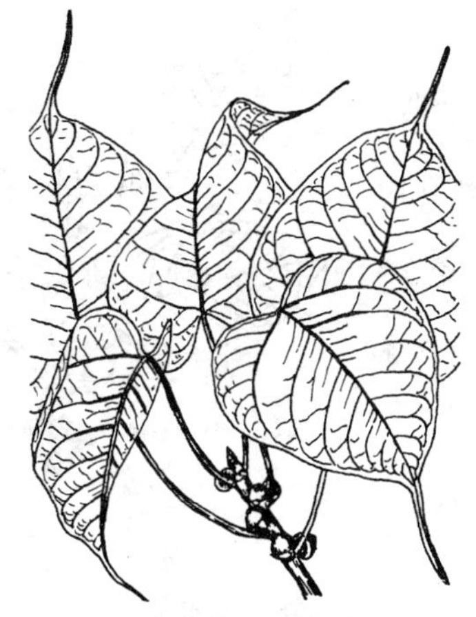

图 186　印度菩提树

图 187　高山榕

原产印度，多植于寺庙。华南有栽培，多作庭荫观赏树及行道树。

(344) **高山榕**（高榕）

Ficus altissima Bl. 〔Council Fig〕

常绿乔木，高达 25～30m，树冠开展；干皮银灰色；老树常有支柱根。叶椭圆形或卵状椭圆形，长 10～20(30)cm，先端钝，基部圆形，全缘，半革质，无毛，侧脉 4～5 对。隐花果红色或黄橙色，径约 2cm，腋生。花期 3～4 月；果期 5～7 月。

产东南亚地区，我国两广及滇南有分布；在北美热带广泛栽作绿荫树。播种或扦插繁殖。冠大荫浓，红果多而美丽，宜作庭荫树、行道树及园林观赏树。

栽培变种**斑叶高山榕**（富贵榕）**'Golden Edged'** 叶缘有不规则浅绿及黄色斑纹。

(345) **黄葛树**（黄葛榕，大叶榕）

Ficus virens Ait. var. ***sublanceolata*** (Miq.) Corner

落叶乔木，高达 26m。叶卵状长椭圆形，长 8～16cm，先端急尖，基部心形或圆形，全缘，侧脉 7～10 对，坚纸质，无毛，叶柄长 2～3cm；托叶长带形。隐花果球形，径 5～7mm，无梗。花果期 4～8 月。

产华南及西南地区。喜光，喜暖湿气候及肥沃土壤；生长快，萌芽力强，抗污染。扦插或播种繁殖。树大荫浓，宜作庭荫树及行道树。

正种**绿黄葛树** ***F. virens*** Ait. 与黄葛树主要区别是其隐头花序有 2～5mm 的梗。

图 188　黄葛树

(346) **榕 树**（细叶榕，小叶榕）

Ficus microcarpa L. f.

常绿乔木，高20～25m；多须状气生根。叶椭圆形至倒卵形，长4～8cm，先端钝尖，基部楔形，全缘，侧脉5～7对，在近叶缘处网结，革质，无毛。花期5月；果期7～8月。

产华南、印度及东南亚各国至澳大利亚。喜暖热多雨气候及酸性土壤；生长快，寿命长。扦插或播种繁殖。树冠庞大而圆整，枝叶茂密，在广州、福州等地常栽作行道树及庭荫树。其栽培变种和变种有：

图189 榕 树

①**黄金榕 'Golden Leaves'**（'Aurea'） 嫩叶金黄色，日照愈强烈，叶色愈明艳，老叶渐转绿色。

②**乳斑榕 'Milky Stripe'** 叶边有不规则的乳白或乳黄色斑，枝下垂。

③**黄斑榕 'Yellow Stripe'** 叶大部分为黄色，间有不规则绿斑纹。

④**厚叶榕**（卵叶榕，金钱榕）var. ***crassilolia***（Shieh）Liao 叶倒卵状椭圆形，先端钝或圆，厚革质，有光泽。产我国台湾，近年福建、广东、深圳等地有引种。常盆栽观赏。

(347) **垂叶榕**（垂榕，吊丝榕）

Ficus benjamina L. 〔Benjamin Fig, Weeping Fig〕

常绿乔木，高20～25m，通常无气生根；干皮灰色，光滑或有瘤；枝常下垂，顶芽细尖，长达1.5cm。叶卵状长椭圆形，长达10cm，先端尾尖，革质而光亮，侧脉平行且细而多。隐花果近球形，径约1cm，成对腋生，鲜红色。

产印度、东南亚、马来半岛及澳大利亚北部；我国华南和西南有分布。扦插、播种或高压繁殖。枝叶优雅美丽，在暖地可作庭荫树、园景树、行道树和绿篱栽培；在温带地区常盆栽观赏。有**斑叶** 'Variegata'（绿叶有大块黄白色斑）、**金叶** 'Golden Leaves'（新叶金黄色，后渐变黄绿）、'Golden Princess'（'金公主'，叶有乳黄色窄边）、'Starlight'（'星光'，叶边有不规则黄白色斑块）、'Reginald'（'月光'，叶黄绿色，有少量绿斑）等品种。

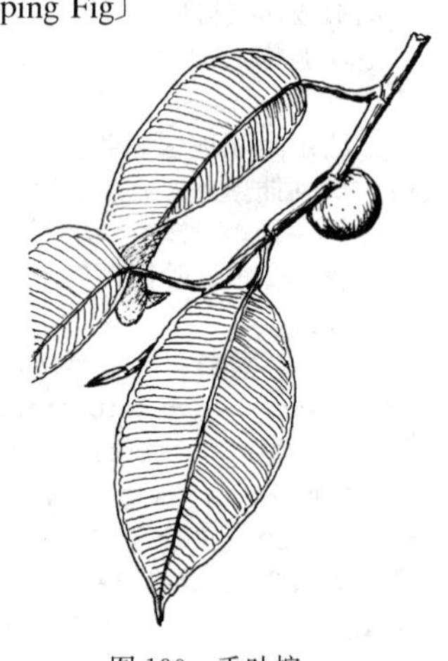

图190 垂叶榕

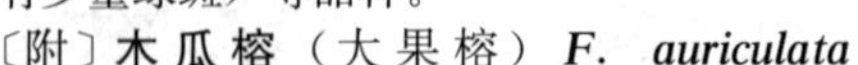

〔附〕**木瓜榕**（大果榕）***F. auriculata***

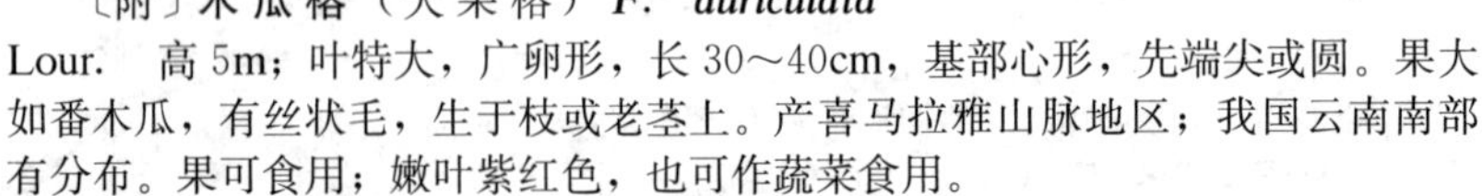

Lour. 高5m；叶特大，广卵形，长30～40cm，基部心形，先端尖或圆。果大如番木瓜，有丝状毛，生于枝或老茎上。产喜马拉雅山脉地区；我国云南南部有分布。果可食用；嫩叶紫红色，也可作蔬菜食用。

(348) **环 榕**

Ficus annulata Bl.

常绿乔木，高达20m，树冠伞形；干、枝均具环纹。叶长椭圆状披针形，长15～25cm，基部3出脉，先端钝短尖，深绿色，薄革质，有光泽，背面叶脉明显凸起；托叶淡红色。隐头花序无柄，单生或成对生于叶腋；花期初夏。果扁球形，熟时淡橙色。

原产广西东部及南部；广州等地有栽培。喜光，喜暖热气候及湿润肥沃土壤；抗风力强，抗污染。树冠整齐，枝叶茂密，病虫害较少，易栽培管理。是华南地区较好的行道树及风景树种。

(349) **聚果榕**

Ficus racemosa L.（*F. glomerata* Roxb.）〔Cluster Fig〕

常绿乔木，高达20～30m。长叶椭圆形至倒卵状披针形，长10～15cm，先端渐钝尖，基部广楔形至近圆形，全缘，薄革质。果近球形，绿色至红色，径2～3.5cm；聚生于大枝及树干上。

产热带亚洲至澳大利亚北部；我国广西西北部、云南及贵州西南部有分布。树干上常红果累累，是著名的茎花植物。果味甜可食，在印度常作果树栽培。

(350) **竹叶榕**

Ficus stenophylla Hemsl.

常绿灌木，高1～3m。叶狭披针形，长4～15cm，全缘，先端渐尖，基部楔形或近圆形，绿色有光泽。果腋生，圆锥形或近球形，径5～10mm，熟时鲜红色，总梗长2～9mm。花果期5月至翌年1月。

产我国长江流域以南地区；越南和泰国也有分布。耐半荫，喜温暖至暖热湿润气候，较耐湿，不耐寒。扦插繁殖。本种枝条细软，叶形似竹，宜植于庭园或盆栽观赏。

(351) **大琴榕**（枇杷榕）

Ficus lyrata Warb.〔Fiddle-leaf Fig〕

常绿乔木，高达12m。叶大，提琴状倒卵形，长15～20(37)cm，顶端大而圆或微凹，基部耳形，叶缘波状，硬革质，表面深绿色，有光泽，背面褐绿色，微被绵毛，后变灰白色；叶柄褐色。果无柄，单生或成对着生，球形，径2～2.5cm，绿色，具白点。

原产热带非洲；华南有引种栽培。喜光，耐半荫，喜高温多湿气候及湿润而排水良好的土壤，不耐寒，病虫害少，易管理。扦插或高压法繁殖。叶大而形状奇特，小树常盆栽作室内观赏植物。

图191　琴叶榕

〔附〕**琴叶榕** ***F. pandurata*** Hance　常绿灌木，高达2m。叶倒卵形至提琴形，长3～6cm，先端短尾尖，中部缢缩。果单生叶腋，熟时鲜红色。产我国南部和东南部；越南也有分布。为优良庭园观赏树。

(352) **亚里垂榕**

Ficus binnendijkii Miq. **'Alii'**

常绿小乔木，高达6m。叶互生，下垂，条状披针形，革质，主脉显著，在背面凸出，叶亮绿色，幼叶常褐红色或黄褐色。

喜光，喜暖热湿润气候，耐干旱瘠薄土壤，抗风，抗污染；生长快。树姿健壮优美，叶色富于变化，是良好的庭园观赏树种。

金叶亚里垂榕 *F. b.* **'Alii Gold'** 叶金黄色，或有少量绿色斑纹；喜半荫。

(353) **薜　荔**

Ficus pumila L. 〔Climbing Fig〕

图 192　薜　荔

常绿藤木，借气生根攀援；小枝有褐色绒毛。叶椭圆形，长 4～10cm，全缘，先端钝，基部 3 主脉，厚革质，表面光滑，背面网脉隆起并构成显著小凹眼；同株上常有异形小叶，叶柄短而基部歪斜。果梨形或倒卵形，长约 5cm。花果期 5～8 月。

产我国华东、中南及西南地区；日本、印度也有分布。常攀援在大树、岩壁及土墙上生长。扦插或播种繁殖。在园林中可作为点缀假山石和绿化墙垣的好材料。果可制凉粉食用；根、茎、叶、果均可药用。栽培变种和变种有：

①**小叶薜荔 'Minima'** 叶特细小，是点缀假山及矮墙的理想材料。

②**斑叶薜荔 'Variegata'** 绿叶上有白斑。

③**雪叶薜荔 'Sonny'** 叶边有不规则白斑。

④**爱玉子** var. *awkeotsang* (Mak.) Corner 叶椭圆状卵形，背面密被锈色毛；果椭球形，先端略尖，长 6～8cm，表面有毛，绿色并有白点，总梗长约 1cm。产我国台湾、福建、浙江。

图 193　珍珠莲

(354) **珍珠莲**

Ficus sarmentosa Buch.-Ham. var. *henryi* (King) Corner

常绿藤木；小枝暗红褐色，幼时有黄棕色柔毛。叶革质，长椭圆形或长椭圆状披针形，长6～15cm，先端长尖成尾状，基部圆形，全缘或略呈波状，表面无毛，深绿色，有光泽，背面粉绿色，有柔毛，网脉隆起成蜂窝状。隐花果圆锥状球形，径 1.2～2cm，平滑，无柄。

产华东、华南和西南各地，多生于山谷密林或灌丛中。可用作垂直绿化材料。果可制凉粉食用。

(355) **地　果**（地石榴）

Ficus tikoua Bur.

图 194　地　果

常绿藤木；茎多匍匐生长，具细长不定根。叶倒卵状椭圆形，长 2～8cm，缘具波状浅圆齿，表面被粗短毛，坚纸质。隐花果生于匍匐茎上，常埋于土中，近球形，径1～2cm，基部收缩成柄，熟时暗红色，表面有瘤点。花果期5月至翌年3月。

产我国中西部至西南部；印度和中南半岛也有分布。喜光，耐半荫，喜温暖湿润气候及湿润而排水良好的土壤，耐干旱；性强健，生长快。扦插繁殖。在暖地是很好的水土保持、地被植物和垂直绿化材料。果可食。

37. 蚁栖树科 Cecropiaceae

【号角树属 *Cecropia*】约100种，产热带美洲；中国引入栽培2种。

(356) **深裂号角树**

Cecropia adenopus Mast. ex Miq. 〔Ambay Pumpwood〕

常绿乔木，高10～60m；树干粗壮。叶互生，宽20～48cm，掌状9～13深裂，深达叶长之5/6，裂片先端钝，缘有不规则弯缺，背面有毛。花单性异株，雄花序长3～8cm，10余个成一束；雌花序长4～5cm，通常4个一束；雌、雄花均具佛焰苞，长4～6cm。花期春末夏初。

原产美洲热带；华南地区有栽培。喜光，喜高温多湿气候，不耐干旱和寒冷，抗风力差。扦插繁殖。树姿健壮，树冠开展，遮荫效果好，在暖地宜栽作园林风景树和绿荫树。

〔附〕**号角树**（蚁栖树）***C. peltata*** L. 〔Trumpet Tree〕 高达18m；枝粗壮。叶常集生枝端，叶近圆形，宽达30cm以上，掌状7～11裂（深达叶片中部），裂片基部收缩，表面暗绿色，背面密生白毛；叶柄常长于叶片。原产美洲热带加勒比海地区低地；我国台湾、福建、广东等地有栽培。

38. 胡桃科 Juglandaceae

【胡桃属 *Juglans*】落叶乔木，枝髓片状；羽状复叶互生。花单性同株；核果大，外皮肉质不开裂。约20种，产北温带；中国4种。

(357) **胡　桃**（核桃）

Juglans regia L. 〔English Walnut，Persian Walnut〕

树高达25～30m，树皮银灰色；小枝粗壮，近无毛。小叶5～9，通常全缘，侧脉11～15对。核果球形，成对或单生，果核有两条纵棱。

原产波斯（今伊朗）一带；近年我国新疆伊犁地区有野生胡桃林发现。相传汉代张骞引入，今辽宁南部以南至华南、西南均有栽培。喜光，喜温凉气候，较耐干冷，不耐湿热，喜深厚、肥沃、湿润而排水良好的微酸性至弱碱性土壤，不耐盐碱；深根性，不耐移植，根际萌芽力强。种仁富含油分及多种营养素；材质优良。是重要木本油料及用材树种。叶大荫浓，且有清香，也可用作庭荫树及行道树。有**裂叶**‘Laciniata’、**垂枝**‘Pendula’等品种。

图195　胡　桃

〔附〕**漾濞核桃** ***J. sigillata*** Dode　与胡桃的主要区别是：小叶 9～11(15)，椭圆状披针形或长卵形，侧脉 15～23 对，全缘；核果扁球形。产我国西南部，云南、贵州及四川西昌地区是主产区。耐湿热，不耐干冷，对光、土要求及用途与胡桃同。

图 196　核桃楸

(358) **核桃楸**（胡桃楸）

Juglans mandshurica Maxim.

〔Manchurian Walnut〕

树高达 20～25m，树冠广卵形；小枝幼时密被毛。小叶 9～17，长椭圆形，缘有细齿，幼叶表面有柔毛及星状毛，后仅中脉有毛，背面有星状毛及柔毛。雄花序长约 10cm。核果顶端尖，有腺毛，4～5(7)个成短总状；果核橄榄形，两端尖。

产我国东北及华北地区；朝鲜、俄罗斯、日本也有分布。喜光，耐寒性强，喜生于土层深厚、肥沃、排水良好的沟谷两旁；深根性，抗风力强。材质坚硬致密，纹理美，有光泽，是军工、家具等优良用材。是东北、华北地区珍贵用材树种，也可栽作庭荫树及行道树。在北方又可用作嫁接胡桃的砧木。

图 197　野核桃

(359) **野核桃**（野胡桃）

Juglans cathayensis Dode

〔Chinese Walnut〕

落叶乔木，高达 25m；幼枝密被腺毛、星状毛及柔毛。小叶 9～17，卵形至卵状长椭圆形，缘有细锯齿，表面有星状毛，背面密被短柔毛及星状毛。雄花序长 20～30cm。核果卵形，常 6～10(13)个成串；果核广卵形，基部钝圆。

产我国中部、东部及西南部地区。喜光，深根性。可作嫁接胡桃的砧木。

【山核桃属 *Carya*】 落叶乔木，枝髓充实。奇数羽状复叶互生，小叶有齿。花单性同株；核果外皮木质，4 瓣裂。约 15 种，产北美和东亚；中国 4 种，引入栽培 1 种。

图 198　山核桃

(360) **山核桃**（山胡桃）

Carya cathayensis Sarg.

〔Chinese Hickory〕

树高达 20～30m，树皮灰白色，平滑；裸芽。幼枝、叶背及果均密被褐黄色腺鳞。小叶 5～7，长椭圆状倒披针形，长 7～22cm，缘有细锯齿。

果卵球形，外果皮具4纵脊，果核长2～2.5cm，核壳较厚。

产浙江及安徽南部。喜光，喜温暖多雨气候及湿润肥沃土壤。适生于凉爽湿润的山地环境，引种平原生长缓慢，且不易结果。果为浙江名产“小核桃”，核仁营养丰富，炒食香脆可口，也可榨油食用。材质坚韧，为优良军工用材。

（361）**薄壳山核桃**（美国山核桃）

Carya illinoinensis（Wangenh.）K. Koch〔Pecan〕

原产地树高达55m；鳞芽。小叶11～17，为不对称的卵状披针形，长5～18cm，常镰状弯曲。果椭球形，果核长3.7～4.5cm，核壳薄。花期4～5月；果期10～11月。

图199　薄壳山核桃

原产美国东南和中南部。我国长江中下游地区有栽培。喜光，喜温暖湿润气候，较耐水湿，不耐干旱瘠薄，有一定耐寒性；深根性。播种、嫁接、扦插或分根繁殖。本种果核壳薄，仁肥味甘，是优良木本油料树种。在美国长期栽培，并出现许多优良品种。也可栽作行道树及庭荫树。

【枫杨属 ***Pterocarya***】8种，产北温带；中国7种。

（362）**枫　杨**

Pterocarya stenoptera C. DC.

落叶乔木，高达30m；枝髓片状，裸芽有柄。羽状复叶互生，小叶10～16，长椭圆形，长8～10cm，缘有细齿；叶轴上有狭翅。坚果具2长翅，成串下垂。花期4～5月；果期8～9月。

图200　枫　杨

我国黄河流域、长江流域至华南、西南均有分布。喜光，适应性强，颇耐寒，耐低湿；深根性，侧根发达，生长较快，萌蘖性强。播种或夏季用半成熟枝扦插繁殖。常作行道树及固堤护岸树种，又可作嫁接胡桃的砧木。

〔附〕**湖北枫杨** ***P. hupehensis*** Skan　与枫杨的主要区别：羽状复叶之叶轴无翅，小叶5～11；坚果两侧有半圆形翅。产秦岭、大别山以南，至华中、贵州、四川等地；常生于溪边或林中。可作护堤固岸树种和行道树。

【化香属 ***Platycarya***】2种，产东亚；中国全有。

（363）**化香树**（化香）

Platycarya strobilacea Sieb. et Zucc.〔Chinese Wingnut〕

图201　湖北枫杨

落叶乔木，高达20m。羽状复叶互生，小叶7～19，卵状长椭圆形，长5～14cm，缘有重锯齿，基部歪斜。果序球果状；果苞内生扁平有翅小坚果。花期5～6月；果期10月。

产长江流域及西南地区，多生于荒山坡上。喜光，耐干旱瘠薄；萌芽力强。播种繁殖。是重要的荒山造林树种。果序及树皮富含单宁，可提制栲胶。

图202 化香树

图203 青钱柳

【青钱柳属 ***Cyclocarya***】1种，中国特产。

(364) **青钱柳**（摇钱树）

Cyclocarya paliurus（Batal.）Iljinsk.

落叶乔木，高达30(44)m；枝髓片状。羽状复叶互生，小叶7～9，长椭圆形，长3～14cm，缘有细齿，两面有毛，叶轴无狭翅。果翅在果核周围呈圆盘状，径2.5～6cm；果序长25～30cm。

产长江以南各省区；多沿沟生长。喜光，喜深厚、肥沃土壤；萌芽性强。木材细致，可作家具等用。树姿优美，果形奇特，如一串铜钱迎风摇曳，故有“援钱树”之称；可植于园林绿地观赏。

【黄杞属 ***Engelhardtia***】约9种，产亚洲热带及亚热带；中国6种。

(365) **黄　杞**

Engelhardtia roxburghiana Lindl. ex Wall.

半常绿乔木，高达18m。小枝具实髓，裸芽有柄；全株无毛，被黄色腺鳞。偶数羽状复叶互生，小叶4～10，长椭圆形，长5～12cm，先端突尖，基部稍不对称，全缘，无毛。雌、雄花序均为葇荑花序。小坚果具3裂的翅状苞

图204 黄　杞

片，中裂片长 3～5cm；果序长 15～25cm。花期 5～6 月；果期 8～9 月。

产东南亚，我国南部及西南部有分布。喜光，喜温暖湿润气候及深厚湿润的酸性土壤，耐干旱瘠薄；萌芽性强。枝叶茂密，果序下垂；宜栽作园林绿化树种。

39. 杨梅科 Myricaceae

【杨梅属 *Myrica*】约 50 种，广布于世界温带和亚热带；中国 4 种。

(366) **杨　梅**

Myrica rubra (Lour.) Sieb. et Zucc. 〔Chinese Strawberry Tree〕

常绿乔木，高达 12～15m；枝叶茂密，树冠球形；幼枝及叶背具黄色小油腺点。单叶互生，倒披针形，长 6～11cm，全缘或于端部有浅齿。花单性异株，雄花序紫红色。核果球形，深红色，被乳头状突起。花期 3～4 月；果期 6～7 月。

图 205　杨　梅

分布于长江以南各省区，以浙江栽培最多。稍耐荫，不耐烈日直射，喜温暖湿润气候及酸性土壤，不耐寒；深根性，萌芽性强，对二氧化硫、氯气等有毒气体抗性较强。播种或扦插繁殖。果味酸甜，是南方重要水果之一。品种很多，有红种、粉红种、白种和乌种等 4 个品种群。杨梅枝叶繁密，树冠圆整，也宜植为庭园观赏树种。孤植或丛植于草坪、庭院，或列植于路边都很合适；若适当密植，用来分隔空间或屏障视线也很理想。

〔附〕**矮杨梅 *M. nana*** Cheval.　常绿灌木，高达 1～2m。叶长椭圆状倒卵形至倒卵形，长 2.5～8cm，先端钝圆或尖，基部楔形，叶缘中部以上有粗浅齿。雄蕊 1～3，雌花具 2 小苞片。果球形，径约 1.5cm，熟时紫红色。产云南中部、西部、东北部及贵州西部，在昆明郊区山上常见。果味酸可食；根可入药。

40. 壳斗科（山毛榉科）Fagaceae

【栗属 *Castanea*】落叶木本；枝无顶芽；单叶互生。雄花序直立或斜出；总苞球状，密被针刺。约 12 种，产北温带；中国 3 种。

(367) **板　栗**

Castanea mollissima Bl. (*C. bungeana* Bl.) 〔Chinese Chestnut〕

落叶乔木，高达 15～20m；干皮交错深纵裂；小枝有毛。叶长椭圆形，长 9～18cm，缘齿尖芒状，背面常有柔毛。总苞内含坚果 2～3 粒。花期 5～6 月果期 9～10 月。

我国辽宁以南各地均有分布，华北及长江流域栽培较集中。喜光，适应性强，喜肥沃、湿润而排水良好的土壤，耐旱；深根性，根系发达，耐修剪，萌芽性较强。播种或嫁接繁殖。果营养丰富，甘美可口；是重要干果树种之一。也可植于园林绿地及风景区，是园林结合生产的好树种。

图 206 板 栗

（368）**锥 栗**（珍珠栗）

Castanea henryi (Skan) Rehd. et Wils.

落叶乔木，高可达 30m；小枝光滑无毛。叶披针形至长卵状披针形，长10～17cm，缘有芒状锯齿，两面无毛。坚果单生于总苞内。

产长江流域及其以南地区。喜光，喜温暖湿润气候及山地酸性土壤。耐干旱瘠薄。果肉营养丰富，细嫩清香，可炒食或加工食用。木材坚固耐湿，是重要的果材兼用树种。

（369）**茅 栗**

Castanea sequinii Dode

落叶小乔木，高达 10～15m，常呈灌木状；小枝有短柔毛。叶长椭圆形至椭圆状倒卵形，长 7～10cm，缘有尖锯齿，背面有鳞片状腺点。总苞较小，内含 2～3 坚果。

产淮河、长江流域及其以南地区，是山地习见树种。耐干旱瘠薄。果可食用或酿酒；木材坚硬耐用，供作农具、家具等用。

【栲属(锥属) ***Castanopsis***】常绿乔木；枝有顶芽。单叶互生，常 2 列，全缘或有齿。雄花序细长，但不下垂；总苞多近球形，内具 1～3 坚果。约 120 种，主产亚洲亚热带；中国 63 种。

（370）**苦 槠**（苦槠栲）

Castanopsis sclerophylla (Lindl.) Schott.

(*Lithocarpus chinensis* A. Camus)

图 207 苦 槠

高达 15～20m，干皮纵裂；小枝绿色，无毛，具棱沟。叶长椭圆形，长 7～14cm，中部以上有齿，背面有灰白色或浅褐色蜡层，厚革质，螺旋状排列。坚果单生于总苞内，总苞表面有疣状苞片，果实成串生于枝上。

广布于长江以南各省区；是南方低山常绿阔叶林常见树种之一，在杭州风景区随处可见。喜光，稍耐荫，喜肥沃湿润土壤，也耐干旱瘠薄；深根性，萌芽性强，生长速度中等偏慢，寿命长；抗二氧化硫等有毒气体。枝叶茂密，有较好的防尘、隔声及防火性能。可用作风景林、防护林及工厂绿化。果味苦，可制豆腐食用；材质坚硬致密，耐久，是优良建筑、家具等用材。

（371）**钩 栗**（钩栲，大叶锥栗）

Castanopsis tibetana Hance

高达 30m；干皮大片状剥裂。叶大而坚硬，长椭圆形，长 15～30cm，中部以上有锯齿，背面有锈色毛层（幼叶背面常紫红色）。总苞密生细长刺，坚果单生于总苞内。

广布于长江以南大多数省区。中性偏阴，喜温暖湿润气候，多生于山谷腹地较阴湿、肥沃地带；萌芽力强。本种叶大荫浓，树冠浑厚，颇为壮观，宜孤植或丛植于草坪；有较好的隔声、防尘及抗有毒气体的能力，可用作防护林带。果可生食及药用；树皮及总苞含单宁；木材坚韧，可作家具等。

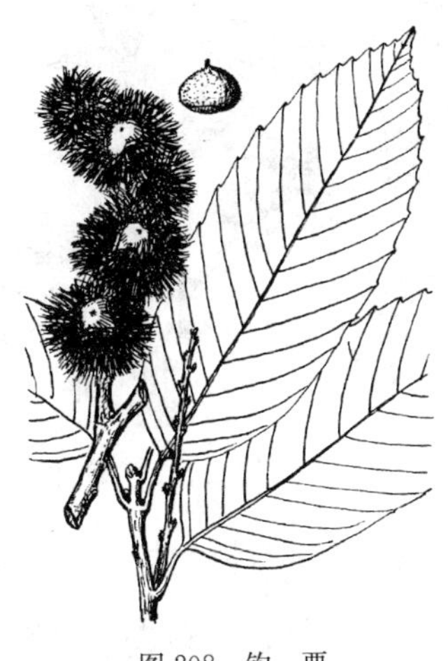
图 208 钩 栗

图 209 栲 树

(372) **栲 树**（栲）

Castanopsis fargesii Franch.

高达 30m；树皮浅裂，幼枝被红棕色粉状鳞秕，后脱落。叶薄革质，椭圆状披针形，长 9～12cm，全缘或近端部有浅钝齿，表面亮绿色，无毛，背面有褐色粉状鳞秕。总苞近球形，密生针刺，坚果单生总苞内。

产长江以南各地，分布广。耐荫，喜湿润、肥沃土壤，在沟谷阴坡生长最好。是常绿阔叶林的重要组成树种之一。树形美丽，可植于园林绿地观赏或作庭荫树。

(373) **米 槠**（小红栲）

Castanopsis carlesii（Hemsl.）Hayata

高达 20m；树干凹凸不圆，不裂或浅纵裂；小枝细，无毛。叶小，卵状椭圆形，长 6～8cm，先端常尾尖，基部楔形或圆形，近对称，边缘中部以上疏生细齿或全缘，背面浅褐色或浅灰色。总苞苞片鳞片形或针头形。

图 210 米 槠

产我国东南沿海诸省至华中、华南地区；分布于海拔 1000m 以下山地，常组成纯林。树形雄伟，枝叶茂密，生长较快，改良土壤、涵养水源能力强，是很好的水土保持及园林绿化树种。木材坚硬致密；果可生食。

（374）**甜　槠**（甜槠栲）

Castanopsis eyrei (Champ.) Tutch.

高达 20m；树皮浅裂，枝叶无毛。叶革质，卵形至长卵状披针形，长 5～13cm，先端长渐尖或尾状，基部歪斜，全缘或近端部疏生浅齿，叶柄长 0.7～1.5cm。总苞密生分枝刺。

广布于长江以南各地；在混交林中常形成上层的优势树种。木材坚硬，耐久；果可生食。

图 211　甜　槠

（375）**高山栲**

Castanopsis delavayi Franch.

高达 20m。叶倒卵状椭圆形，长 6～11cm，硬革质，上半部疏生波状齿，先端钝或钝尖，背面有银白色蜡层。总苞球形，刺排成数环，坚果单生总苞内。

产我国西南部地区。材质优良，是滇中高原优良用材树种。果可食用或酿酒。

【石栎属（柯属）***Lithocarpus***】常绿乔木；枝具顶芽。单叶互生，不为 2 列，常全缘。雄花序较粗，直立；总苞常杯碗状，内具 1 坚果。约 300 余种，主产东南亚；中国 122 种。

图 212　高山栲

（376）**石　栎**（柯）

Lithocarpus glaber (Thunb.) Nakai

高 15～20m；小枝密生灰黄色绒毛。叶长椭圆形，长 8～12cm，先端尾尖，全缘或端部略有钝齿，侧脉 6～10 对，背面有白色蜡层；螺旋状排列。花序粗而直立，其上部为雄花，下部为雌花。总苞浅碗状，坚果椭球形。

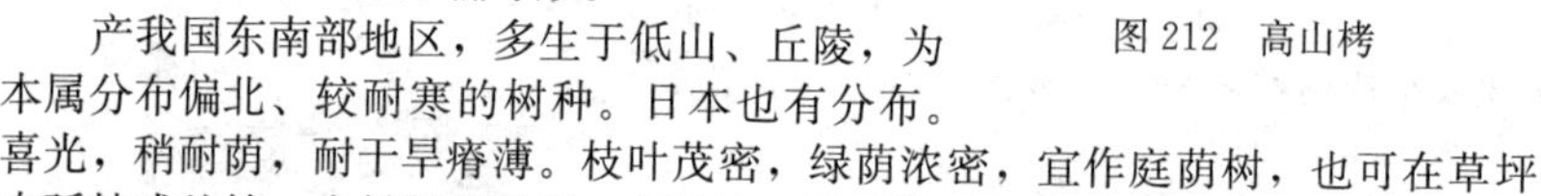

产我国东南部地区，多生于低山、丘陵，为本属分布偏北、较耐寒的树种。日本也有分布。喜光，稍耐荫，耐干旱瘠薄。枝叶茂密，绿荫浓密，宜作庭荫树，也可在草坪中孤植或丛植。木材坚硬致密，有弹性；果可作饲料或酿酒。

（377）**东南石栎**（港柯）

Lithocarpus harlandii (Hance) Rehd.

高达 18m；小枝无毛。叶卵形、椭圆形至长椭圆状倒披针形，长 8～17cm，先端短尾状或渐尖，全缘或近端部疏生波状浅齿，两面同色，干后淡棕至茶褐色。雄花序多个排成圆锥状，花序轴密被灰黄色细毛；雌花序长 6～20cm。果序长不及 10cm；总苞碗状或碟状。

分布于长江以南各省区，常生于山谷坡地。是丘陵地区常绿阔叶林主要树种之一。耐荫，喜温暖湿润气候及深厚肥沃的酸性土。枝叶茂密，在园林绿地中可作庭荫树及背景树。

图 213 石 栎

图 214 东南石栎

【青冈属 *Cyclobalanopsis*】常绿乔木；单叶互生。雄花序下垂；总苞碗状或碟状，其鳞片结合成多条环状。约 150 种，主产亚洲热带和亚热带；中国 77 种。

（378）**青冈栎**（青冈）

Cyclobalanopsis glauca（Thunb.）Oerst.

高达 20m；树皮薄而不裂；小枝青褐色，无棱，幼时有毛，后脱落。叶倒卵状长椭圆形至长椭圆形，长 6～13cm，宽2～5.5cm，上半部有粗齿，背面灰绿色，有平伏单毛。总苞碗状，鳞片结合成数条同心环带。花期 4～5 月；果期 10～11 月。

广布于长江流域及其以南各地，常生于石灰岩山地；朝鲜、日本、印度也有分布。是本属分布最广的一种。幼树稍耐荫，大树喜光，喜温暖湿润气候及肥沃土壤；萌芽力强，耐修剪，深根性。播种繁殖。枝叶茂密，树姿优美，是良好的绿化、观赏及造林树种，在杭州园林及风景区常见。材质优良；种子含淀粉；总苞、树皮可提制栲胶。

图 215 青冈栎

〔附〕青栲（小叶青冈）***C. myrsinaefolia***（Bl.）Oerst. 与青冈栎相近似，惟树冠广展，树皮灰褐色，枝较纤细，叶较狭长，色鲜绿，背面无毛。分布于低海拔地带。

（379）**滇青冈**

Cyclobalanopsis glaucoides Schott.

高达 20m；小枝灰绿色，幼时有绒毛，后渐脱落。叶长椭圆形至倒卵状披针形，长5～10cm，先端渐尖或尾尖，基部常楔形，叶缘中下部以上有粗齿，叶背网脉明显且具弯曲绒毛。果当年成熟。

产我国西南部山地。耐干旱瘠薄，深根性；常在石灰岩山地组成纯林。

图 216 滇青冈

【栎属 *Quercus*】单叶互生；雄花序下垂；总苞碗状，其鳞片离生，不结合成环状；内具1坚果。约300种，产北半球温带至亚热带；中国约51种。

(380) **栓皮栎**

Quercus variabilis Bl.

〔Chinese Cork Oak〕

落叶乔木，高达25～30m；树皮木栓层发达。叶长椭圆形或长椭圆状披针形，长8～15cm，齿端具刺芒状尖头，叶背密被灰白色星状毛。花期5月；果期翌年9～10月。

产华北、华东、中南及西南各地，鄂西、秦岭及大别山区为其分布中心；朝鲜、日本也有分布。喜光，对气候、土壤的适应性强，耐寒，耐干旱瘠薄；深根性，抗风力强，不耐移植，萌芽力强，寿命长；树皮不易燃烧。播种繁殖。树干通直，树冠雄伟，浓荫如盖，秋叶橙褐色。是良好的绿化、观赏、防风、防火及用材树种。木材坚韧耐磨，耐水湿；木栓可制软木；总苞含单宁。

图 217 栓皮栎

变种**塔形栓皮栎** var. ***pyramidalis*** T. B. Chao et al. 树冠塔形；产河南南召。

(381) **麻　栎**

Quercus acutissima Carr.

〔Sawtooth Oak〕

落叶乔木，高达25～30m；干皮交错深纵裂。叶有光泽，长椭圆状披针形，长9～16cm，羽状侧脉直达齿端成刺芒状，背面绿色，近无毛。

产我国辽宁南部经华北至华南地区，以黄河中下游及长江流域较多；朝鲜、日本也有分布。喜光，适应性强，耐干旱瘠薄；深根性，抗风力强，萌芽力强，生长较快。木材坚硬耐久，耐湿，纹理美，为优良硬木用材；叶为本属中饲养柞蚕最好的一种；总苞及树皮可提制栲胶。是重要绿化、用材树种。

图 218 麻　栎

(382) **小叶栎**

Quercus chenii Nakai

落叶乔木，高达30m；树皮深灰色，浅纵裂；

小枝较细，无毛。叶披针形，长 7～15cm，宽 2～3cm，先端长尖，基部圆形或广楔形，略偏斜，缘具刺芒状锯齿，幼时有柔毛，后两面无毛。

产长江中下游地区。喜光，喜深厚肥沃的中性至酸性土壤；生长速度中等。用途同麻栎。

图 219　小叶栎

图 220　白　栎

(383) **白　栎**

Quercus fabri Hance

落叶乔木，高达 20m，有时成灌木状；树皮灰白色；小枝细，有沟槽，密被毛。叶椭圆状倒卵形，长 7～15cm，先端钝或短渐尖，基部楔形，缘有浅波状钝齿，背面灰白色，密被星状毛，网脉明显；叶柄长 3～5mm。

产我国长江流域及其以南各地；朝鲜也有分布。喜光，幼树稍耐荫，喜温暖，耐干旱；萌芽性强。木材坚硬；树干可培植香菇。

(384) **夏　栎**（英国栎，欧洲白栎）

Quercus robur L. 〔English Oak〕

落叶乔木，高达 40m；小枝幼时有毛，后脱落。叶倒卵形或倒卵状长椭圆形，长 6～20cm，先端钝圆，基部近耳形，缘有 4～7 对圆钝大齿，背面无毛；叶柄短，长 3～5mm。果序轴细长，4～12cm；坚果卵状长椭球形，长1.5～2.5cm。

产欧洲、北非及亚洲西南部。我国新疆及大连、沈阳、青岛、北京等地有栽培，生长良好。喜光，极耐寒，喜深厚、湿润而排水良好的土壤；寿命长达 800 年。秋叶部分转红，是良好的庭荫树及观赏树，在新疆地区可用作造林绿化树种。

图 221　夏　栎

国外有**球冠**‘Umbraculifera’、**柱冠**‘Fastgiata’、**垂枝**‘Pendula’、**曲枝**‘Tortuosa’、**紫叶**‘Atropurpurea’、**黑紫叶**‘Nigra’、**白斑叶**‘Variegata’、**金叶**‘Concordia’、**细裂叶**‘Filicifolia’、**柳叶**‘Salicifolia’（叶不裂）等品种。

（385）**红槲栎**

Quercus rubra L. 〔Red Oak〕

落叶乔木，高达24m。叶长圆形，长达22.5cm，羽状7～11裂，背面苍绿色，脉腋有簇毛。坚果下部1/3被总苞所包。

原产美国和加拿大东部；我国辽宁大连和熊岳有引种栽培。生长较快，较耐移植，并能适应城市环境。秋叶暗红色或深红褐色，甚为美丽壮观。作行道树及于草坪种植都很合适。**金叶红槲栎‘Aurea’**幼叶黄色，夏季渐变绿色。

〔附〕**大红槲** *Q. coccinea* Muenchh.〔Scarlet Oak〕 落叶乔木；叶长圆形至椭圆形，长达15cm，羽状7～9深裂，裂片具尖裂齿，亮绿色。坚果下部1/3～1/2被总苞所包。原产美国东部。耐寒性强。秋叶亮红色，极为美观，并能在树上保持数周之久。

（386）**枹　栎**

Quercus serrata Thunb.

（*Q. glandulifera* Bl.）

〔Glandbearing Oak〕

落叶乔木，高达25m；小枝幼时有毛，后脱落。叶常集生枝端，倒卵状长椭圆形，长7～15cm，先端渐尖或尖，基部狭楔形或圆形，锯齿尖头略内曲，背面灰白色，有丝状毛；叶柄长1～2.5cm。

产我国西北、西南、华南及辽宁、山东、山西、河南等地。喜光，喜湿润肥沃土壤，也耐干旱瘠薄；萌芽性强。木材坚硬，叶可饲养柞蚕。

变种**短柄枹栎** var. ***brevipetiolata*** Nakai 高达12m；叶较小，叶柄短，长2～6mm。产山东、河南、陕西、甘肃，南至江苏、安徽、江西、浙江、福建、广东、广西、贵州、四川等地。

图222　枹　栎

（387）**槲　树**（柞栎，波罗栎）

Quercus dentata Thunb. 〔Daimyo Oak〕

落叶乔木，高达20～25m；小枝粗壮，有沟棱，密生灰黄色绒毛。叶大，倒卵形或倒卵状椭圆形，长15～25cm，先端短钝，基部耳形或楔形，缘有不规则波状裂片，背面密生褐色星状毛；叶柄短，长2～5mm。总苞之鳞片披针形并反曲。

产我国东北东部及南部、华北、西北、华东、华中及西南各地；朝鲜、日本也有分布。

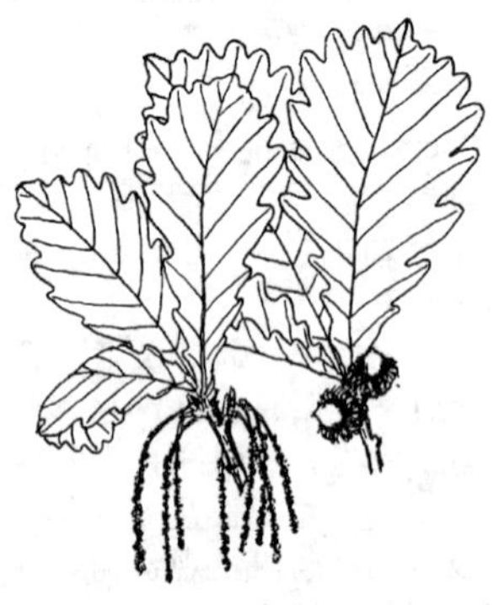

图223　槲　树

喜光，耐寒，耐旱，在酸性土、钙质土及轻度石灰性土上均能生长，抗烟尘及有害气体；深根性，萌芽力强；枯叶在枝上经冬不落。幼叶可饲养柞蚕；木材坚实，供建筑等用。是北方荒山造林树种之一，也可栽植于园林绿地及工矿区。

图 224 槲 栎

(388) **槲 栎**

Quercus aliena Bl.

〔Oriental White Oak〕

落叶乔木，高达 20～25m；小枝无毛。叶倒卵状椭圆形，长 15～25cm，缘具波状圆齿，侧脉 10～15 对，表面有光泽，背面灰绿色，有星状毛；叶柄长1～3cm。

产华北至华南、西南各地。喜光，稍耐荫，对气候适应性较强，耐寒，耐干旱瘠薄；萌芽性强。是暖温带落叶阔叶林主要树种之一。幼叶可饲养柞蚕；木材坚硬。可植于园林绿地。

变种**锐齿槲栎** var. *acuteserrata* Maxim. 叶较小，长 9～20cm，叶缘锯齿尖锐，齿尖内弯。产辽东南部、华北、西北至华南、西南山地。喜凉润气候及湿润土壤。

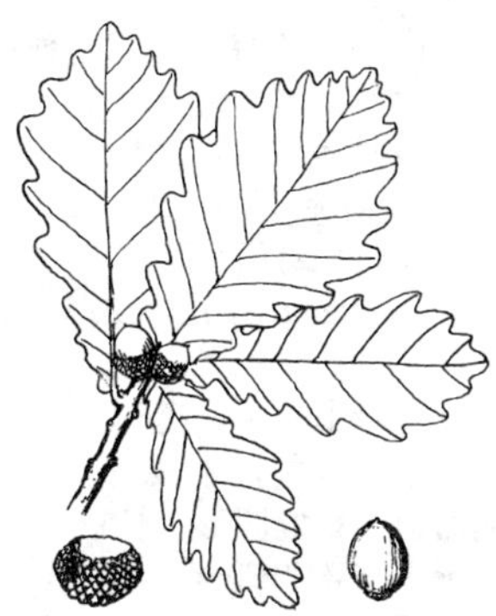
图 225 蒙古栎

(389) **蒙古栎**（柞树）

Quercus mongolica Fisch. ex Lebeb.

〔Mongolian Oak〕

落叶乔木，高达 30m；小枝粗壮，无毛。叶常集生枝端，倒卵形，长 7～18cm，先端短钝或短突尖，基部窄圆或耳形，缘有深波状缺刻，侧脉 7～11 对，仅背面脉上有毛；叶柄短，2～5mm，疏生绒毛。总苞厚，苞片背部呈疣状突起。

主产我国北部及东北部地区，常成大面积纯林；朝鲜、日本、俄罗斯也有分布。喜光，耐寒性强，耐干旱瘠薄，抗病虫害；生长速度中等偏慢。叶可饲养柞蚕；木材坚硬，供建筑等用。是北方荒山造林树种之一，也可植为园林绿化树种。

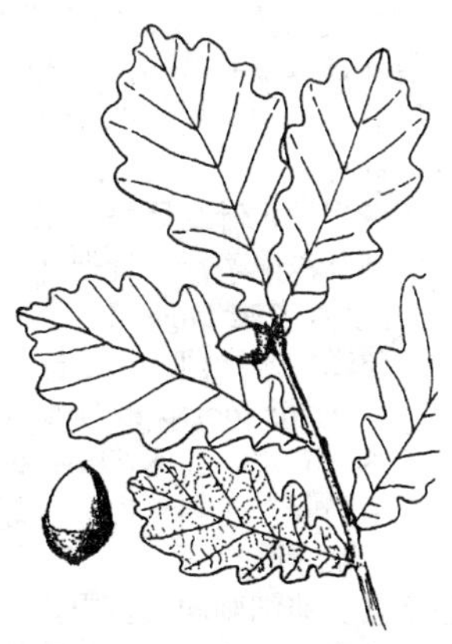
图 226 辽东栎

(390) **辽东栎**

Quercus wutaishanica H. Mayr.

(*Q. liaotungensis* Koidz.)

落叶乔木，高达 15m；小枝无毛。叶倒长卵形，长 5～12(15)cm，缘有波状疏齿，侧脉5～8对，先端圆钝或短突尖，基部狭并常耳形，背面通常无毛；叶柄短，2～5mm，无毛。总苞鳞片鳞状。

产黄河流域及东北各省。喜光，耐寒，抗旱性特强；萌芽性强。树皮、总苞及叶均含单宁。在北方可植为园林绿化树种。

（391）**沼生栎**

Quercus palustris Muench.

〔Pin Oak，Swamp Oak〕

落叶乔木，高达 25m，树冠圆锥形；枝条顶梢下垂。叶椭圆形，长 8～12cm，先端渐尖，基部楔形，5～7 羽状裂，裂片具细裂齿。果翌年 9 月成熟。

图 227 沼生栎

原产美国东北部及加拿大东南部。我国辽宁（熊岳）、山东（青岛、泰安）、北京等地有引种，生长良好。喜光，喜微酸性土壤，耐水湿，比其他栎类易移栽。树形端庄，秋叶常艳红可爱，宜植于园林绿地观赏。

国外有**垂枝**‘Pendula’、**窄冠**‘Crownright’、**球冠**‘Umbraculifera’等品种。

（392）**乌冈栎**

Quercus phillyraeoides A. Gray

〔Ubame Oak〕

常绿小乔木，高达 10m，或成灌木状；树皮致密，纵裂，小枝有星状短柔毛。叶革质，倒卵形至长椭圆形，长2～7cm，先端短渐尖或钝圆，基部圆形或近心形，上半部有波状钝齿，两面绿色，无毛或背面中脉疏生柔毛；叶柄长 3～5mm。总苞杯状，果长椭球形。

图 228 乌冈栎

产我国东南部、华南、西南地区及陕西、河南；日本也有分布。喜光，适应性较强，耐干旱瘠薄；生长慢，树干多弯曲。可植为园林绿化树种。

变型**枇杷叶乌冈栎**（皱叶乌冈栎）f. *crispa* Kitam et Horikawa 叶较小，表面网脉深陷，形似枇杷叶。枝叶茂密，宜植于庭园观赏。

【水青冈属 ***Fagus***】12 种，分布于北半球温带和亚热带山区；中国约 6 种。

（393）**水青冈**（山毛榉）

Fagus longipetiolata Seem.

落叶乔木，高达 24m；树皮光滑，淡灰色。叶互生，卵形至卵状长椭圆形，长 6～15cm，先端渐尖，基部广楔形，缘有尖齿，侧脉 9～13 对（脉端直达齿尖），背面幼时有贴生柔毛。雄花成下垂的头状花序。1～2 褐色三角形的坚果包于具反曲细刺的总苞内。

是本属在我国分布最广的一种，主产大巴山、巫山及其邻近地区；常组成小片纯林，能保持郁闭，在阳光直射下生长不良。

〔附〕**欧洲山毛榉** ***F. sylvatica*** L.〔European Beech〕 落叶乔木，高达30m。叶卵形，长达10cm，缘有锯齿，侧脉5～9对，表面亮绿色；秋叶变为美丽的黄色或橙褐色。原产欧洲，久经栽培。有**窄冠**'Fastigiata'、**平展**'Horizontalis'、**垂枝**'Pendula'、**曲枝**'Tortuosa'、**紫叶**'Purpurea'、**暗红**'Atropunicea'、**斑叶**'Albo-variegata'、三色'Tricolor'、**紫叶垂枝**'Purpurea Pendula'（我国已引种）等品种。

41. 桦木科 Betulaceae

【桦木属 ***Betula***】落叶乔木，稀灌木；树皮常多层纸状剥离。单叶互生，有齿。花单性同株，成柔荑花序。坚果扁而细小，常具膜质翅；果苞革质，3裂，脱落。约100种，主产北温带；中国31种。

(394) **白　桦**

Betula platyphylla Suk.

〔Asian White Birch〕

落叶乔木，高达20～25m；树皮白色，多层纸状剥离；小枝红褐色。叶菱状三角形，长3.5～6.5cm，缘有不规则重锯齿，侧脉5～8对，无毛，背面有腺点。果序单生，下垂，圆柱形，长2.5～4.5cm。果翅比果略宽或近等宽。

图229　白　桦

产我国东北林区及华北高山；朝鲜、日本也有分布。是东北林区主要阔叶树种之一。喜光，耐严寒，喜酸性土，耐瘠薄及水湿；生长快。白桦枝叶扶疏，姿态优美，树皮光滑洁白，十分引人注目，有独特的观赏价值，可栽作园林绿化及风景树种。

有学者认为本种与欧洲白桦（*B. pendula*）是同一种，因而与其合并。

(395) **欧洲白桦**（垂枝桦）

Betula pendula Roth.〔European White Birch, Weeping Birch〕

落叶乔木，高达25m；树皮灰白或淡黄褐色。枝常下垂，红褐色，无毛，有许多疣点。叶三角状卵形或菱状卵形，长3～7.5cm，基部广楔形，侧脉6～8对，无毛。果序长2～4cm；果翅宽达果之2倍。

产欧洲及小亚细亚一带，我国新疆北部有分布。喜光，耐寒性强，喜湿润，也耐干旱瘠薄；萌芽性强。枝条下垂，姿态优美，在欧洲及北美园林绿地中常栽培观赏。

有**紫叶**'Purpurea'、**裂叶**'Dalecarlica'、**柱形**'Fastigiata'、**圆冠**'Tristis'等品种。

(396) **红　桦**

Betula albo-sinensis Burk.

〔Chinese Red Birch〕

图230　红　桦

落叶乔木，高达30m；树皮橙红色或红褐色；小枝紫褐色，无毛。叶卵形或椭圆状卵形，长5～10cm，近中部最宽，基部圆形至心形，侧脉8～14(16)对，背面脉腋无簇毛。果序直立，圆柱形，长3～5.5cm；果翅较果宽或近等宽。

产华北至西南地区，多生于高山阴坡或半阴坡。较耐荫，耐寒，喜湿润。红桦树冠端丽，干皮橘红色，光洁可与白桦媲美。宜植于园林绿地观赏。

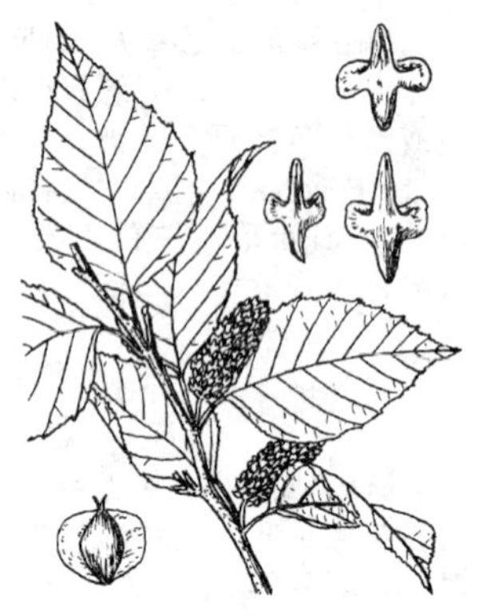
图231 黑 桦

(397) **黑 桦**（棘皮桦）

Betula davurica Pall.

〔Asian Black Birch〕

落叶乔木，高达20m；树皮黑褐色至灰褐色，不规则小块状剥落。小枝红褐色，幼时密生长毛，后渐脱落。叶卵形或卵状长椭圆形，长3.5～8cm，先端尖，基部楔形，侧脉6～8对，两面脉上有疏毛，背面脉腋常有簇毛。果序直立，长达3cm；果翅宽为果之1/2。

产我国东北、内蒙古及华北山地，多生于干燥山坡及丘陵山脊；朝鲜也有分布。喜光，耐寒，耐干旱瘠薄；抗火力强。木材比白桦坚硬耐久。

(398) **风 桦**（硕桦）

Betula costata Trautv.

落叶乔木，高达30m；树皮灰褐色。小枝具树脂点，无毛。叶卵形至长卵形，长3～7cm，先端长尖，边缘重锯齿较整齐，侧脉9～14(16)对，两面近无毛，或背面脉腋有毛。果序短圆柱形，长1.5～2cm；果翅与果近等宽或稍窄。

产东北小兴安岭至长白山及河北的高山地带；俄罗斯乌苏里地区也有分布。

(399) **坚 桦**（杵榆）

Betula chinensis Maxim.

〔Chinese Birch〕

落叶灌木或小乔木，高1～5(12)m；树皮暗灰色。叶较小而似榆，卵形或长卵形，长2～4cm，侧脉7～9(10)对，两面有长绒毛。果序短而直立，长1.2～1.7cm；果翅极窄。

产辽宁至华北山地。性耐寒、耐旱，多生于山坡或沟谷，岩石缝中也能生长。木材坚硬致密，比重大，沉水。

图232 坚 桦

【赤杨属(桤木属)***Alnus***】落叶乔木或灌木；单叶互生，有齿。花单性同株；果序球果状，果苞木质，5裂，宿存；翅果。根有根瘤或菌根，能增加土壤肥力。30～40种，产北半球及南美的安第斯；中国10种。

(400) **赤 杨**（日本桤木）

Alnus japonica（Thunb.）Steud.

〔Japanese Alder〕

落叶乔木，高达 20～25m；小枝无毛，具树脂点。叶互生，长椭圆形至长卵状披针形，长 4～12cm，基部楔形，缘具细尖齿，背脉隆起，脉腋有簇生毛。果序 2～6 个集生于一总梗上。

产我国东北南部及河北、山东、江苏、安徽等地；朝鲜、日本及俄罗斯远东地区也有分布。喜光，耐水湿；生长快，萌芽力甚强。适合在低湿地及水边种植，是良好的护岸、固土及改良土壤树种。

图 233 赤 杨

(401) **江南桤木**

Alnus trabeculosa Hand. -Mazz.

落叶乔木，高达 20m。叶椭圆形至倒卵形，长 4～16cm，基部圆形或广楔形，缘有不规则细齿。果序 2～4 个集生成总状。

主产长江中下游以南地区，多生于溪边、河滩及低湿地。喜光，喜湿润肥沃土壤；根萌蘖力强，生长快。宜作护堤保土及低湿地造林绿化树种。根瘤可增加土壤氮素。

图 234 江南桤木

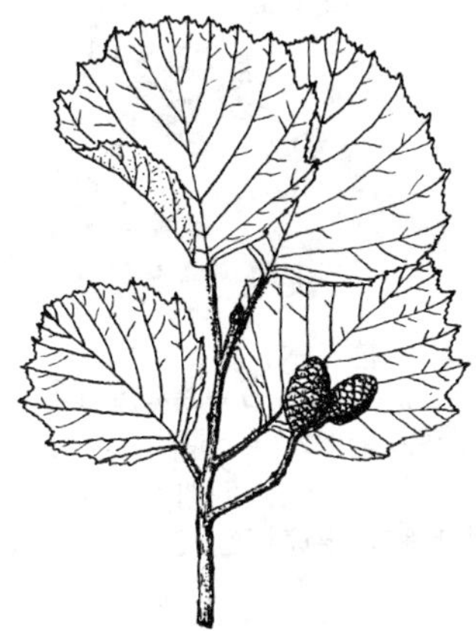

图 235 辽东桤木

(402) **辽东桤木**（水冬瓜）

Alnus hirsuta Turcz. ex Rupr. (*A. sibirica* Fisch. ex Turcz.)

落叶乔木，高达 15～20m；树皮灰褐色，光滑。叶近圆形，长 4～9cm，先端圆，缘有不规则粗齿和浅裂状缺刻，侧脉 5～8 对，直伸齿尖，背面有褐色粗毛或近无毛。果序 2～8 个集生。

产我国东北、内蒙古东北部及山东（崂山）；俄罗斯、朝鲜、日本也有分布。多生在山坡林中、河岸边或潮湿地。木材坚实，是速生用材及固堤护岸树种。

（403）**旱冬瓜**（西南桤木）

Alnus nepalensis D. Don 〔Nepal Alder〕

落叶乔木，高达20m；小枝无树脂点，冬芽具2芽鳞。叶椭圆形或倒卵状椭圆形，长6～16cm，缘疏生不明显钝齿或近全缘，背面有白粉及油腺点。秋天开花。果序集生成圆锥状。

产我国西南部山地。喜光，喜温暖气候，喜湿润、肥沃而排水良好的中性或酸性土，也能耐干旱瘠薄；生长快，萌芽性强。木材较好，是云南中部重要绿化、用材树种。

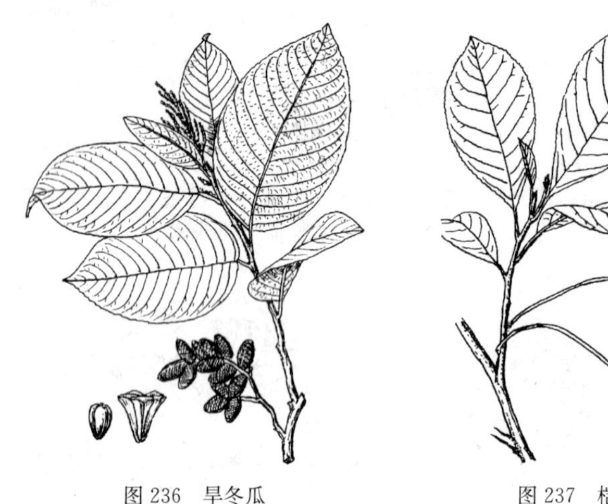

图236 旱冬瓜　　　　图237 桤 木

（404）**桤 木**

Alnus cremastogyne Burk.

落叶乔木，高达40m；小枝较细，无树脂点，无毛。叶倒卵形至倒卵状椭圆形，长6～15cm，先端突短尖或钝尖，基部楔形或近圆形，缘疏生细齿。果序单生叶腋，果序梗细长（4～7cm）下垂；果翅宽约为果宽的1/4～1/2。

产四川中部及贵州北部，多生于河谷及平原水边。喜光，喜温湿气候，喜水湿，也耐干旱瘠薄；根系发达，并具根瘤，生长迅速。是优良的护岸固堤及速生用材树种。在园林中水滨种植，颇具野趣。

【榛属 ***Corylus***】20种，产北美、欧洲和亚洲；中国7种。

（405）**榛**

Corylus heterophylla Fisch. ex Trautv. 〔Siberian Hazel〕

落叶灌木或小乔木，高1.5～2(7)m；小枝具腺毛。单叶互生，卵圆形至倒广卵形，长4～13cm，先端骤尖，近截形，基部心形，缘有不规则重锯齿，背面有毛。坚果常3枚聚生，具钟状总苞。

产我国东北、华北及西北山地；俄罗斯、朝鲜、日本有分布。喜光，耐寒力强，耐干旱，也耐低湿，抗烟尘，根系浅而广，少病虫害。是北方山区绿化和水土保持的好树种。也可试用于城市及工矿区绿化。种仁富有营养，可食用或榨油，故又是重要的油料和干果树种。

变种**川榛** var. ***sutchuensis*** Franch. 小乔木，高达9m；叶端急尖，不像原种那样平截；果较小。主要分布于我国中部山地。

图238 榛

图239 毛 榛

(406) **毛 榛**

Corylus mandshurica Maxim. et Rupr.

落叶灌木，高达3～4m；小枝具短柔毛。叶互生，卵状椭圆形至倒卵状椭圆形，长6～12cm，先端短尾尖或突尖，基部心形，缘有不规则重锯齿，中上部有浅裂。坚果常3枚聚生，总苞长管状，密生刺毛。

主产东北及华北山地，多生于林下及山坡上。喜光，稍耐荫，耐寒性强，喜湿润、肥沃而排水良好的土壤。种仁可食或榨油。

(407) **华 榛**（山白果）

Corylus chinensis Franch.

〔Chinese Hazel〕

落叶乔木，高达30～40m；幼枝密被毛及腺毛。叶广卵形或卵状椭圆形，长8～18cm，先端渐尖，基部歪心形，缘有不规则钝齿，背面脉上密生淡黄色短柔毛。坚果常3枚聚生，总苞瓶状，上部深裂。

产云南、四川、贵州、湖北、湖南等省山地。喜温暖湿润气候及深厚、肥沃的中性及酸性土壤；萌蘖性强。果味美可食；木材坚韧，供建筑、家具等用。树形高大雄伟，可植于园林绿地

图240 华 榛

中观赏。

〔附〕**紫叶榛** *C. maxima* Mill. '**Purperea**' 灌木或小乔木；叶心形，长约14cm，深紫至紫褐色。产欧洲东南部；华北及辽宁等地有栽培。

【鹅耳枥属 *Carpinus*】约50余种，广布北温带，主产东亚；中国30余种。

(408) **鹅耳枥**

Carpinus turczaninowii Hance

落叶乔木，高达5～15m；小枝有毛，冬芽褐色。单叶互生，卵形或椭圆状卵形，长3～5(7)cm，先端尖，基部圆形或近心形，缘有重锯齿，表面光亮，侧脉8～12对，背脉有长毛。小坚果生于叶状总苞片基部；果序微有毛，稀疏下垂，长3～6cm。

产我国辽宁南部、华北及黄河流域，常生于低山深谷及林内较阴湿处；日本、朝鲜也有分布。稍耐荫，喜肥沃湿润的中性及石灰质土壤，也耐干旱瘠薄；萌芽性强，移栽易成活。播种繁殖。枝叶茂密，叶形秀丽，幼叶亮红色，可植于庭园观赏。也是北方制作盆景的好材料。

〔附〕**千金榆** *C. cordata* Bl. 〔Heartleaf Hornbeam〕 落叶乔木；叶椭圆形或卵形，长8～14cm，先端尾尖，基部心形，侧脉14～21对，缘有尖锐重锯齿。果序长5～12cm，果苞膜质，椭圆形，排列紧密。产我国东北、华北至中西部地区。木材坚硬致密。

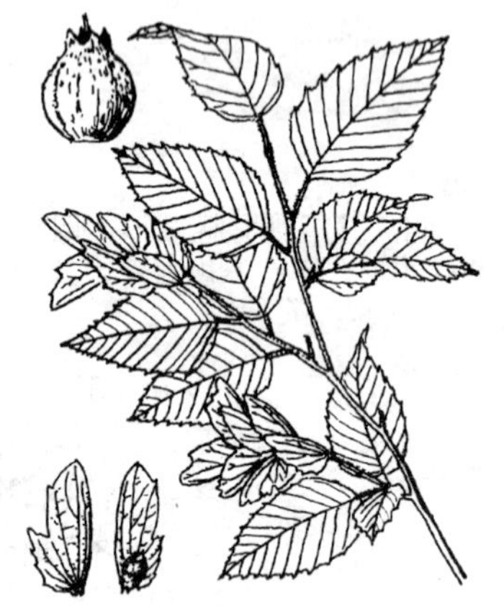

图241 鹅耳枥

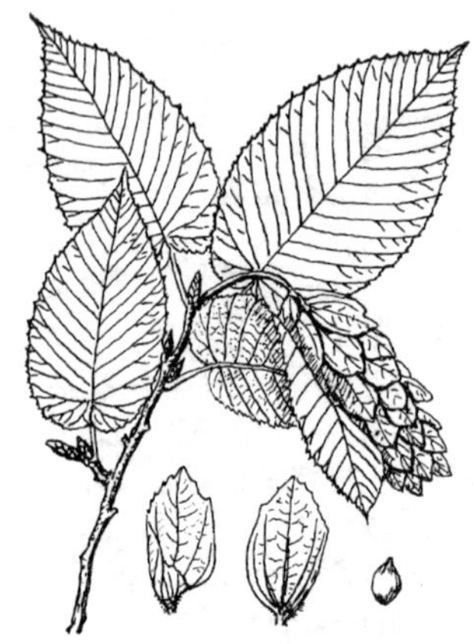

图242 千金榆

42. 木麻黄科 Casuarinaceae

【木麻黄属 *Casuarina*】约65种，主产大洋洲；中国引入近年增至9种。

(409) **木麻黄**

Casuarina equisetifolia Forst. 〔Horsetail Beefwood〕

常绿乔木，高达30m；小枝绿色，细长下垂，长10～27cm，粗0.8～0.9mm，节间长4～9mm，每节上有极退化之鳞叶7枚，近透明，节间有纵沟7

条。雄花成柔荑状花序生于小枝端；雌花成头状花序生于短枝端。果序椭球形，球果状；小坚果上部有翅。

原产大洋洲；华南沿海地区常见栽培。喜光，喜炎热气候，耐干旱瘠薄及盐碱，也耐潮湿；生长快，抗风力强。播种或扦插繁殖。是热带海岸造林绿化最适宜树种，也可栽作行道树及防护林。木材坚实，经处理后耐用；树皮含单宁。

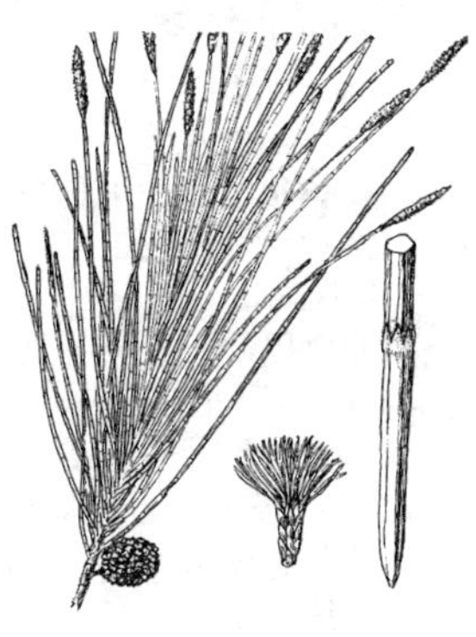
图 243 木麻黄

华南栽培的还有**粗枝木麻黄** *C. glauca* Sieb. ex Spreng.（小枝长 20～45cm，粗1.2～1.7mm，节间长 1～1.8cm，每节鳞叶 12～16 枚）、**细枝木麻黄** *C. cunninghamia* Miq.（小枝粗 0.5～0.7mm，节间长 4～5mm，每节鳞叶8～10 枚）等数种。均原产澳大利亚。

（410）**千头木麻黄**

Casuarina nana Sieb. ex Spreng.

常绿灌木，高 1～2m；小枝绿色，具 7～9 纵棱。叶退化为鳞片状，膜质，7～9 片轮生。雄花序穗状，顶生；雌花序近球形，侧生，花柱有长线状分枝，红色。果序球果状，近球形，径约 1cm。

原产澳大利亚；我国台湾、厦门、广州、深圳等地有栽培。喜光，喜暖热湿润环境，耐干旱瘠薄土壤，适应性强；耐修剪，易整形。扦插繁殖。小枝密集，终年翠绿，雌性小花序红色可爱；在暖地宜植于庭园或盆栽观赏。

（三）石竹亚纲 Caryophyllidae

43. 紫茉莉科 Nyctaginaceae

【叶子花属 *Bougainvillea*】约 18 种，产南美；中国引入 2 种。

（411）**叶子花**（三角花，毛宝巾，九重葛）

Bougainvillea spectabilis Willd.

常绿攀援灌木，有枝刺；枝叶密生柔毛。单叶互生，卵形或卵状椭圆形，长 5～10cm，全缘。花常 3 朵顶生，各具 1 大形叶状苞片，鲜红色。

图 244 光叶子花

原产巴西；我国各地有栽培。喜光，喜温暖，不耐寒，不择土壤。扦插繁殖。华南及西南地区多植于庭园、宅旁，设立棚架或令其攀援山石、园墙、廊柱而上，十分美丽；长江流域及其以北地区多于温室盆栽。是优美的园林观花树种。华南多于冬春间开花，而长江流域常于 6～12 月开花。园艺品种很多，就花之苞片颜色而言就有**砖红**‘Lateritia’、**粉红**‘Thomasii’、**橙红**‘Pretoria’、

橙黄‘Golden-glow’等。此外，还有**红花重瓣**‘Rubra Plena’、**白花重瓣**‘Alba Plena’、**斑叶**‘Variegata’等品种。

〔附〕**二色叶子花** ***B.*** **×** ***spectoglabra*** **‘Mary Palmer’**　花之苞片有紫、白二色。

(412) **光叶子花**（宝巾）

Bougainvillea glabra Choisy〔Paper Flower〕

本种与叶子花很相似，但枝叶无毛或近无毛，花之苞片多为紫红色。花期3～12月。

原产巴西；我国各地有栽培。有**斑叶**‘Variegata’、**金叶**‘Aurea’、**黄花**‘Salmonea’、**白花**‘Snow White’、**茄色**‘Brazil’、**玫红**‘Alexandra’等品种。

〔附〕**杂种叶子花** ***B.*** **×** ***buttiana*** Holtt. et Standl.　是光叶子花与 *B. peruviana* 的杂交种。叶广卵形；苞片深红色或橙色，渐褪为紫色或紫红色，质脆易碎；花萼有棱角，有向上弯曲的短毛。有黄花、酒红、白花等品种，是很受欢迎的攀援灌木。

44. 蓼　科 Polygonaceae

【蓼属 ***Polygonum***】约240种（多为草本），主产北温带；中国约120种。

(413) **山荞麦**（木藤蓼）

Polygonum aubertii L. Henry〔China Fleece Vine〕

落叶半木质藤本，长达10～15m。单叶互生，卵形至卵状长椭圆形，长4～9cm，基部戟形，边缘常波状，叶柄长3～5cm；托叶鞘筒状。花小，白色或绿白色；成细长侧生圆锥花序，花序轴稍有鳞状柔毛；花期8～9(10)月。

产我国秦岭至四川、西藏地区。耐寒，耐旱；无病虫害，生长快。不需管理即可生长旺盛，年年开出繁丽的花朵来，宜作垂直绿化及地面覆盖材料。在国外，尤其是东欧和北欧普遍栽培。北京已有引种栽培，生长良好。

【珊瑚藤属 ***Antigonon***】约8种，产热带美洲；中国引入栽培1种。

(414) **珊瑚藤**

Antigonon leptopus Hook. et Arn.

〔Coral Vine，Mexican Creeping〕

常绿半木质藤本，在热带为常绿，在温度不足处为落叶。单叶互生，箭形至长卵形，长达10cm，全缘，基部心形。花两性，花被裂片5，亮粉红色，雄蕊8，花柱3；成腋生总状花序；花序轴顶端延伸成卷须。瘦果大，3棱形，包藏于扩大而纸质的宿存花被内。花期夏季。

原产墨西哥及中美；华南有栽培。喜光，喜暖热气候，不耐寒（最低温15℃）；生长快。播种或扦插繁殖。夏天开繁密而美丽的粉红色花，常植于庭园供观赏。品种**白花珊瑚藤**‘**Album**’花白色，中心带粉红色。

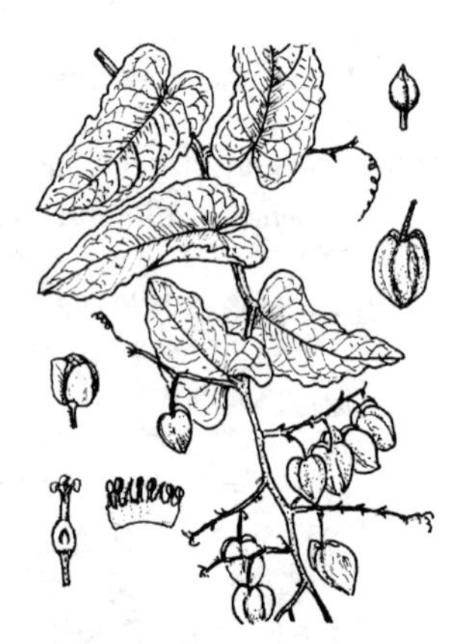

图245　珊瑚藤

【竹节蓼属 ***Homalocladium***】1种，产所罗门群岛；中国有栽培。

(415) **竹节蓼**(扁茎蓼)

Homalocladium platycladum

(F. Muell.) Bailey〔Centipede Plant〕

直立灌木，高1～3m；枝绿色，扁化，宽0.5～1.5cm，节间长0.5～2cm。叶互生，菱状披针形，长1.2～6cm，有时极退化；托叶鞘退化为横线条状。花小，簇生节上，淡红带绿白色。瘦果紫色，有3棱，平滑，包藏于肉质花被内。

原产南太平洋所罗门群岛。我国各地常于温室盆栽观赏；华南可露地栽培。

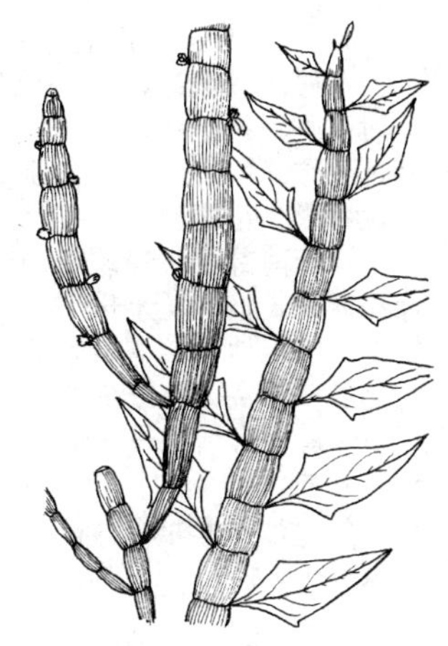

图246 竹节蓼

【木蓼属 ***Atraphaxis***】27种，广布于中亚至地中海地区；中国13种。

(416) **沙木蓼**

Atraphaxis bracteata A. Los.

灌木，高1～2m；树皮剥落。叶互生，卵圆形至椭圆形，长1～3cm，全缘，无毛，两面网脉明显；托叶鞘膜质。花粉红色，花被片5(内轮3片果时增大)，雄蕊8；总状花序。瘦果卵形，具3棱，红褐色。花果期5～8月。

产我国内蒙古及西北地区，生于流动或半固定沙丘。极耐干旱，为优良固沙树种。花、果均颇为美丽，可供栽培观赏。

【沙拐枣属 ***Calligonum***】约100种，产西亚、南欧及北非；中国23种。

(417) **沙拐枣**

Calligonum mongolicum Turcz.

灌木，高1.5m，多分枝；小枝绿色，老枝灰白色，拐曲。叶对生，条形，长2～4mm；托叶鞘膜质。花被5深裂，淡红色；2～5朵簇生叶腋。瘦果宽椭球形，连刺毛径约1cm，具不明显4肋，每肋具刺毛3行，刺有分枝，粉红色。花期5～7月；果期6～8月。

产新疆东部、青海、甘肃及内蒙古中西部；生于沙丘、沙地。耐干旱，抗高温，耐盐碱。花果颇为美丽，为优良的固沙树种。

〔附〕**头状沙拐枣 *C. caput-medusae*** Schrenk 高达3m；叶条形，长约2mm。花小，花被紫红色；2～3朵腋生。瘦果椭球形，着生鲜红色刺毛，十分美丽。花期4～5月，果期5～6月；二次花果期8～9月。原产中亚；甘肃、宁夏、新疆等地的沙生植物园有栽培，生长良好，是固沙造林先锋树种。

45. 白花丹科(蓝雪科) Plumbaginaceae

【白花丹属(蓝雪属) ***Plumbago***】约17种，主产热带；中国2种，引入1种。

(418) **蓝花丹**(蓝雪花)

Plumbago auriculata Lam. (*P. capensis* Thunb.) 〔Cape Leadwort〕

常绿蔓性亚灌木，高约1m，多分枝。单叶互生，长椭圆形，长1.5～5(8)

cm，全缘，先端钝而有小凸尖，基部渐狭成短柄。花萼筒状，5棱，中上部有黏腺体，端5裂；花冠高脚碟状，管长3～3.5cm，5裂片扩展，浅蓝色，雄蕊5；穗状花序顶生，花序轴密被短绒毛。蒴果。花期5～10月。

原产南部非洲；现广植于热带各地。花美丽而花期长，整个夏天开花，在暖地甚至全年开花。华南庭园露地栽培观赏，长江流域及其以北城市时见盆栽观赏。有**白花**'Alba'品种。

本属还有**紫花丹**（紫雪花）***P. indica*** L.（花冠紫红或深红色，管长2.5cm）和**白花丹**（白雪花）***P. zeylanica*** L.（花白色或带淡蓝色，花序轴被头状腺体）。均产亚洲热带，华南有分布，可栽培观赏。

图247 蓝花丹

（四）五桠果亚纲 Dilleniidae

46. 五桠果科（第伦桃科）Dilleniaceae

【五桠果属 *Dillenia*】乔木；单叶互生，大形，羽状脉隆起；花萼、花瓣各5，雄蕊极多，2列；果肉质，包藏于肥厚的宿存花萼内。约60种，主产亚洲热带；中国3种。

（419）**五桠果**（第伦桃）

Dillenia indica L. 〔Elephant Apple〕

常绿乔木，高达25～30m。叶倒卵状披针形，长15～30cm，先端渐尖，基部楔形，侧脉25～56对，缘有尖锯齿，背面脉上有毛。花单生枝顶，花瓣白色，长7～9cm，雄蕊黄色。果球形，径9～14cm。花期7月。

产南亚及东南亚，我国海南、云南南部有分布；多生于山谷或水边。广州等华南城市有栽培。深根性，抗风力较强。树冠开展，亭亭如盖，宜作行道树及庭荫树。果多汁而带酸味，可加工成果酱、果汁等食用。

（420）**大花五桠果**（大花第伦桃）

Dillenia turbinata Finet et Gagnep.

落叶乔木，高达25m。叶倒卵状长椭圆形，长12～30cm，宽5～12cm，先端圆或钝尖，侧脉15～25对，具波状钝齿，背面有毛。花瓣黄色或淡红色，长5～7cm，雄蕊黄色；2～4朵成顶生总状花序。果近球形，径4～5cm，暗红色。花期4～5

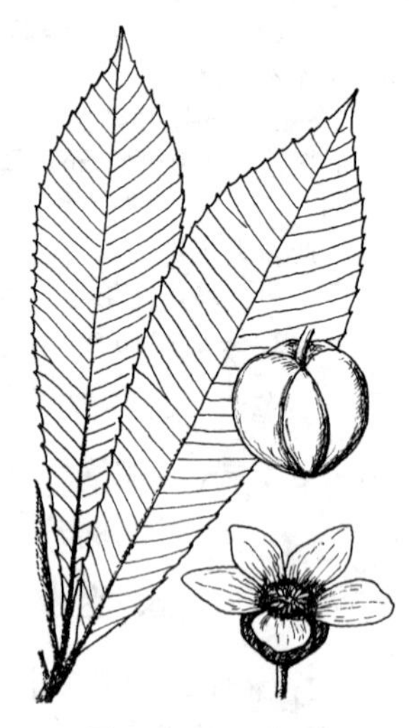

图248 五桠果

月；果期8～10月。

产我国云南南部、广西南部及海南；越南也有分布。广州等华南城市有栽培。喜光，耐半荫，喜暖热湿润气候及深厚肥沃而排水良好的土壤；幼年生长较慢，5年后生长加快，萌芽力强，抗风。树冠浓密，树干通直，花大而美丽，在暖地可作园林绿化及观赏树种栽培。果熟时酸甜可食。

（421）**小花五桠果**（小花第伦桃）

Dillenia pentagyna Roxb.

落叶乔木，高达15～20m；干皮呈薄片状剥落。小枝粗壮，无毛。叶倒卵状矩圆形，长20～50cm，侧脉32～60对，叶缘有浅波状齿，基部下延成窄翅状，背面近无毛。花较小，簇生于短侧枝上；花瓣黄色，长1.5～2cm。果扁球形，径约1.5～2cm，橙红色。花期8月；果期11月下旬。

产南亚及东南亚，我国海南和云南南部有分布。喜光，喜暖热气候，耐干旱；抗风力强，生长快。冠大荫浓，可栽作庭荫树。果稍香甜，可食。

47. 芍药科 Paeoniaceae

【芍药属 ***Paeonia***】约31种，产北温带；中国约15种。

（422）**牡　丹**

Paeonia suffruticosa Andr. 〔Moutan, Tree Peony〕

落叶灌木，高达2m。二回三出复叶互生，小叶卵形，3～5裂，背面常有白粉，无毛。花大，径12～30cm，单生枝端；心皮有毛，并全被革质花盘所包；单瓣或重瓣，颜色有白、粉红、深红、紫红、黄、豆绿等色。聚合果，密生黄褐色毛。花期4月下旬至5月上旬；果期9月。

图249　牡　丹

原产我国北部及中部，秦岭有野生。喜光，耐寒，喜凉爽，畏炎热；要求土壤排水良好，否则易烂根；生长慢。我国栽培历史悠久，品种繁多，多为重瓣，是极名贵的观赏花木，被誉为“国色天香”。著名传统品种有‘葛巾紫’、‘洛阳红’（‘紫二乔’）、‘青龙卧墨池’、‘豆绿’、‘案首红’、‘赵紫’、‘粉中冠’等。山东菏泽和河南洛阳是我国牡丹的著名产地。根皮（即丹皮）是中药材，有解热镇痛、抑制病菌、降低血压等功效。

变种**矮牡丹** var. *spontanea* Rehd.（*P. jishanensis* T. Hong et W. Z. Zhao） 高0.5～1m；二回三出复叶，小叶常3深裂，裂片再浅裂；叶轴、叶柄和叶背面脉上均有短柔毛；花单生，白色或淡红色。产陕西中部、河南及山西西南部。

（423）**杨山牡丹**（凤丹）

Paeonia ostii T. Hong et J. X. Zhang

落叶灌木，高达1.5m。二回羽状复叶，羽片3，各具5小叶，披针形至卵状披针形，多为全缘，顶生小有时 2～3 裂。花单朵顶生，花瓣白色，无紫斑，雄蕊黄色；心皮 5，在花期被花盘全包。

产河南西部（嵩县和卢氏县），经长期栽培有许多花色及重瓣品种，安徽铜陵的“凤丹”最为著名。也是中药丹皮的源植物之一。

（424）**紫斑牡丹**

Paeonia rockii（S. G. Haw et L. A. Lauener）T. Hong et J. J. Li

高 0.5～1.5m。二至三回羽状复叶，小叶 17～33，卵形至卵状披针形，不裂或 2～4 浅裂，叶背疏生柔毛。花大，单生枝顶，花瓣约 10 片，白色或粉红色，内侧基部有深紫色斑块；花盘、花丝黄白色。

产云南中西部、四川北部、甘肃东南部、陕西南部、河南西部和湖北西部。我国西北一些地区有栽培。是牡丹育种的好材料。

（425）**滇牡丹**（紫牡丹，黄牡丹）

Paeonia delavayi Franch.

高达 1.5m，全体无毛。叶二回羽状深裂，裂片披针形至长椭圆状披针形，全缘或有少数锯齿，背面有白粉。花 2～3(5) 朵生于当年生枝上，径 5～8(10) cm；花瓣 4～13，黄、橙、红或紫色；心皮 2～5，无毛，仅下部被肉质花盘包裹；花下具显著的叶状苞片。花期 5～6 月。

产云南西北部、四川西南部和西藏东南部，生于海拔 2100～3700m 山地。花美株壮，可栽培观赏，又是牡丹育种的好材料。

以前曾将本种花色深黄的作为**黄牡丹**（***P. lutea*** Delav. ex Franch.）处理，现被合并。

〔附〕**大花黄牡丹** ***P. ludlowii***（Stern et Taylor）D. Y. Hong（*P. lutea* var. *ludlowii* Stern et Taylor） 高达 2～3m。二回三出复叶，小叶常 3 裂，裂片全缘或有尖齿。花大，径 10～13cm，花瓣 10～12，深黄色，可孕心皮 1～2，花丝和柱头黄色；花常开在叶丛之上。产西藏东南部海拔 3000～3700m 地带。花大而美丽，除栽培观赏外，也是牡丹育种的好材料。

48. 金莲木科 Ochnaceae

【金莲木属 *Ochna*】约 85 种，产非洲和亚洲热带；中国 1 种，引入 1 种。

（426）**金莲木**

Ochna integerrima（Lour.）Merr.

落叶灌木或小乔木，高达 5m。叶互生，椭圆形至倒卵状长圆形，长 8～19cm，先端渐尖或钝，基部楔形，缘有细齿。花黄色，径达 3cm，萼片 5，宿存，果时红色；花瓣 5～7(10)，雄蕊多数，子房深裂成 3～12 室；伞房状伞形花序，顶生于短枝；花期 3～4 月。小核果黑色，2～12 枚环列于扩大的花托上。

产东南亚及中南半岛，华南有分布；常生于山谷石旁、溪边及空旷地。播种或扦插繁殖。花黄色美丽，状如金丝桃，可于园林绿地栽培观赏。

图 250 金莲木

（427）**桂叶黄梅**

Ochna kirkii Oliv.

常绿灌木，高1～3m。叶互生，长椭圆形，长约8cm，先端渐尖，基部圆形，缘有刺状疏齿，革质；近无柄。萼片5，绿色，后变为红色并宿存，花瓣5，黄色；心皮3～10，受粉后每心皮发育成一小核果，环列于花托上，熟时黑色。花期夏至秋季；果期秋至初冬。

原产热带非洲；世界热带地区多有栽培。我国台湾、广东等地有引种，生长良好。喜光，耐半荫，不耐干旱和寒冷。花色金黄，花多而花期长，花谢后留下渐渐变红的花萼和环列于花托的小果，十分美丽奇特。是优良的观花赏果树种，适于庭园布置及盆栽观赏。

49. 山茶科 Theaceae

【山茶属 *Camellia*】常绿乔木或灌木；冬芽有数鳞片。单叶互生，有锯齿。花单生，很少2～3朵腋生，花药丁字形着生。蒴果木质，开裂；种子无翅。约280种，主产亚洲亚热带；中国约240种。

（428）**山茶花**（山茶）

Camellia japonica L.〔Common Camellia〕

高达6～9(15)m；嫩枝无毛。叶椭圆形或倒卵形，长5～10cm，表面暗绿而有光泽，缘有细齿。花大，径5～12cm，近无柄，子房无毛。原种为单瓣红花，但经过长期的栽培后在植株习性、叶、花形、花色等方面产生极多的变化，目前品种多达一两千种，花朵有着从红到白，从单瓣到完全重瓣的各种组合。花期2～4月。

图251　山茶花

原产日本、朝鲜和中国；我国东部及中部栽培较多。喜半荫，喜温暖湿润气候；有一定的耐寒能力，在青岛和西安小气候良好处可露地栽培；喜肥沃湿润而排水良好的酸性土壤，在整个生长发育过程中需要较多水分，水分不足会引起落花、落蕾、萎蔫等现象；对海潮风有一定的抗性。播种、压条、扦插或嫁接繁殖。山茶叶色翠绿，四季常青，花大色艳，品种繁多，花期长久（陆游词云："雪里开花到春晚，世间耐久孰如君"），是著名的观赏花木。是重庆、宁波、温州、金华、景德镇和衡阳等城市的市花。在我国北方常温室盆栽观赏。

（429）**云南山茶花**（滇山茶）

Camellia reticulata Lindl.〔Yunnan Camellia〕

高可达10～15m。叶较大，椭圆形或卵状披针形，长7～12cm，表面深绿而近无光泽，网脉明显，锯齿细尖。花大，径10～18cm，花色自淡红至深紫，子房有绒毛。花期很长，在原产地早花品种自12月下旬开始，晚花品种能一直开到4月上旬。

产云南。喜侧方庇荫，喜温暖湿润气候，既怕冷又怕热，要求酸性土壤，可在 pH3～6 的范围内正常生长，而以 pH5 左右最好；生长缓慢，但寿命很长。播种或嫁接繁殖。栽培品种很多，通常多为重瓣，是著名观赏花木。在云南昆明、大理等地，几乎随处可见，每到开花时节，如火烧云霞，十分壮观。早在明代就有“云南茶花奇甲天下”的美称。本种在江苏、浙江、广东等地有少量栽培，且多为盆栽。

其野生类型**腾冲红花油茶** f. ***simplex*** Sealy 花单瓣，红色；产云南南部。是优良的木本油料和观赏树种。在原产地当花盛开时，会出现“十丈锦屏开绿野”的壮丽景观。

(430) **浙江红山茶**（浙江红花油茶）

Camellia chekiang-oleosa Hu

高 7～10m；树皮灰白或淡褐色，平滑；幼枝无毛。叶椭圆形或倒卵状椭圆形，长 8～12cm，中上部有浅齿，两面无毛，厚革质，有光泽。花鲜红色，径 6～12cm；苞片与萼片 14～16，开花时脱落；花瓣 5～7，顶端 2 裂；花丝合生成短管，子房无毛；花单朵顶生或近顶腋生。果卵圆形，径 5～7cm。花期 2～4 月；果期 8～10 月。

产浙江、福建、江西、安徽及湖南。是产区重要油料树种。花色鲜红艳丽，也是很好的庭园观赏树种。

(431) **华南红山茶**

Camellia semiserrata C. W. Chi

高 5～12m；小枝无毛。叶椭圆形至长椭圆形，长 9～15cm，先端渐尖，基部楔形，叶缘中上部疏生细齿，革质，无毛。花瓣 6～7，红色，花径 6.5～8cm，子房密被丝状毛，无花梗；花单生枝顶。果球形，径 (5)8～10cm，熟时棕红色。花期 12 月至翌年 2 月；果期 7～10 月。

产广东中部、广西东南部。喜光，耐半荫，喜暖热湿润气候及深厚肥沃的酸性土壤。种仁榨油，为优质食用油。叶光泽浓绿，春节前后开花，鲜红夺目，秋季又有硕果悬垂枝端，也是优良的观赏树种。

(432) **西南红山茶**

Camellia pitardii Cohen-Stuart

高达 7m；幼枝无毛。叶披针形至长椭圆形，长 8～12cm，先端渐尖或尾尖，缘有尖锐锯齿。花红色，径 5～8cm，无梗；苞片与萼片 10，花瓣 5～6，花丝筒长 1～1.5cm，子房有长毛，花柱顶端 3 裂；花单生枝顶。果扁球形，径 3.5～5.5cm，3 裂。花期 2～5 月。

产四川、湖南、贵州、云南及广西。花美丽，可栽培观赏，或作为嫁接本属花木的砧木。有**白花** ‘Alba’ 品种。

(433) **茶　梅**

Camella sasanqua Thunb. 〔Sasanqua〕

高 3～6(13)m；嫩枝有毛，芽鳞有倒生柔毛。叶较小而厚，椭圆形至倒卵形，长 4～8cm，表面有光泽，脉上略有毛。花 1～2 朵顶生，花朵平开，花瓣呈散状，通常为白色，径 3.5～7cm，花丝离生，子房密被白毛；无花柄，稍有香气。花期按品种不同从 9～11 月至翌年 1～3 月。

原产日本西南部及琉球群岛；我国长江以南地区有栽培。喜光，也稍耐荫，喜温暖气候及酸性土壤，不耐寒。播种、扦插或嫁接繁殖。栽培管理较山茶花容易。南方常于庭园栽培观赏，或栽作绿篱。

有**白花**‘Alba’、**大白花**‘Grandiflora Alba’(花径约 8cm)、**白花紫边**‘Floribunda’(花径达 9cm)、**玫瑰粉**‘Rosea’、**玫瑰红**‘Rubra Simplex’、**变色**‘Versicolor’(花中心由白色变粉红而边缘淡紫色)、**三色**‘Tricolor’(花瓣白色，其边缘粉红色，花药黄色)、**红花重瓣**‘Anemoniflora’、**白花重瓣**‘Fujinomine’等品种。

(434) **冬红山茶**(美人茶，单体红山茶)

Camelia uraku Kitamura

(*C. chekiangensis* Hu ex Cheng)

图 252 茶 梅

高达 5m，树冠圆形。叶椭圆形，长约 10cm，先端尾尖，缘有钝齿，表面深绿色，富光泽，背面黄绿色并有褐腺点。花瓣常 6 片，深红色或水红色，雄蕊几无花药，花丝及花丝管无毛，子房被白色绢毛。花期 12 月至翌年 3 月；很少结果。

适应性较强，能看到下雪时开着红花的美丽景象。杭州等地常栽培观赏。

(435) **怒江山茶**

Camellia saluenensis Stapf ex Bean

高达 5m；幼枝有毛。叶长圆形至披针形，长 3.5～6cm，先端钝尖，基部广楔形，缘具细齿，暗绿色，质较坚硬。花顶生，杯状，无花梗；花瓣 6～7，倒卵形，长 2.5～3.5cm，粉红色至近白色，子房被毛，花柱长 1～1.5cm，3 浅裂，苞片及萼片 8；早春开花。

产云南西部及四川南部。性健壮，半耐寒，生长快。花色美丽，花量丰富，是山茶花育种的好材料。

〔附〕**威廉斯山茶** ***C.*** × ***williamsii*** W. W. Smith 是怒江山茶与山茶花的杂交种，20 世纪 30 年代在英国育成。性强健耐寒，易栽培，并能耐潮湿的冬季。开花繁茂，并有许多美丽的栽培品种。其中‘**Donation**’(‘礼品’)是最美丽的山茶花品种之一，灌木，花半重瓣，粉红而略带银色，径达 10cm，冬末早春开花。

(436) **油 茶**

Camellia oleifera Abel 〔Tea-oil Plant〕

高达 7m；嫩枝、叶柄及主脉均有毛。叶椭圆形，长 3～9cm，锯齿细而整齐。花瓣 5～7，白色，径 3～5cm，子房密被毛，花丝深黄色，近无花柄。蒴果近球形，径 3～5cm。花期 10 月；翌年 9～10 月果熟。

图 253 油 茶

产中国、印度及越南；我国长江流域及其以

南地区盛行栽培。喜光，喜温暖湿润气候及深厚、肥沃、排水良好的酸性土壤。播种或扦插繁殖。是南方重要的木本油料植物，种子榨油供食用及工业用。

(437) **茶**

Camellia sinensis (L.) O. Kuntze

〔Tea Plant〕

高达6m，栽培通常成丛生灌木状。叶质较薄，长椭圆形，长4～10cm，网脉明显而略下凹，锯齿细。花小而白色，子房有柔毛，雄蕊淡黄色，萼片宿存；花柄较长而下弯。花期9～10月。

原产中国；长江流域及其以南各地盛行栽培。耐荫，喜温暖湿润气候及土层深厚而排水良好的酸性至中性土壤。嫩叶为著名饮料，品种很多。通常以多云雾的山区所产的茶叶质量为高。

〔附〕**普耳茶** ***C. assamica*** (Mast.) H. T. Chang 幼枝被微毛；叶长椭圆形，长8～14，先端尖，表面干后褐色，背面被柔毛，后脱落。产海南、广东及滇西南等地。现南方茶场均有栽培。

(438) **金花茶**

Camellia nitidissima Chi

(*C. petelotii* Sealy, *C. chrysantha* Tuyama)

高2～6m；小枝无毛。叶矩圆形，长10～17cm，革质。花单生，径约6cm，苞片及萼片各5，花瓣8～10，金黄色，子房无毛，花柱3(4)，离生；花期11月至翌年3月。蒴果近球形，径3～4cm。

产我国广西南部及越南北部。花金黄色而美丽，是目前茶花育种的重要亲本材料。

【大头茶属 ***Gordonia***】约40余种，产东亚和北美（1种）；中国6种。

(439) **大头茶**

Gordonia axillaris (Roxb.) Dietr.

常绿小乔木，高达6～10m。叶互生，长椭圆形至倒披针形，长8～15cm，先端圆或钝，基部楔形，全缘或近端部有钝齿，表面暗绿色，两面无毛，厚革质；叶柄长1～1.5cm，无毛。花大，径7～13cm；花瓣5，顶端2裂，乳白色，雄蕊多数，金黄色，花丝基部合生；花单生或簇生于短枝顶端。蒴果木质，长倒卵形，长2.5～

图254 茶

图255 金花茶

图256 大头茶

3.5cm；种子顶端有歪翅。花期8月至翌年2月。

产我国西南至华南、湖南、浙江及台湾；中南半岛也有分布。喜光，喜暖热气候及肥沃而排水良好的土壤，耐干旱和空气污染，抗风力强。叶大而光亮，入秋开大型素雅白花，中心有金黄色的雄蕊群相衬，分外醒目；在暖地可植于园林绿地观赏，或栽作行道树。

〔附〕**黄药大头茶** ***G. chrysandra*** Cowan 叶狭倒卵形，长5～12cm，中上部具尖齿，薄革质，叶柄长3～5mm，有毛；花较小，径5～8cm，花瓣白色至黄白色，花丝、花药黄色，芳香；冬天开花。产云南、贵州北部及四川东南部；缅甸北部也有分布。

【厚皮香属 ***Ternstroemia***】约90种，产亚洲、非洲及南美洲；中国14种。

(440) **厚皮香**

Ternstroemia gymnanthera (Wight et Arn.) Beddome

常绿灌木或小乔木，高3～8m；近轮状分枝。单叶互生（常集生枝端），倒卵状长椭圆形，长5～10cm，全缘或上半部有疏钝齿，先端尖，基部楔形，薄革质有光泽，两面无毛；叶柄短而红色。花小，淡黄色，浓香。果肉质，球形至扁球形，红色，径0.7～1cm，果柄长1～1.2cm。花期7月。

图257 厚皮香

产我国南部及西南部；越南、柬埔寨、印度也有分布。较耐荫，不耐寒。播种或扦插繁殖。可于庭园栽培观赏。种子可榨油，供工业用。

〔附〕**日本厚皮香** ***T. japonica*** Thunb. 叶革质，先端钝，通常全缘；果椭球形，长1.2～1.5cm，果柄长1.5～1.8cm。产日本和我国台湾。华东一些城市常于庭园栽培观赏。

【木荷属 ***Schima***】约30种，产亚洲热带及亚热带；中国21种。

(441) **木 荷**

Schima superba Gardn. et Champ.

常绿乔木，高可达30m；小枝幼时有毛，后变无毛。叶互生，长椭圆形，长10～12cm，基部楔形，缘疏生浅钝齿，灰绿色，背面网脉细而清晰，无毛。花白色，径3～5cm，花梗粗；单生叶腋或数朵成顶生短总状花序。蒴果木质，扁球形，熟时5裂；种子周围有翅。花期5～6(7)月。

图258 木 荷

广泛分布于长江以南地区山地。喜光，也耐荫，喜温暖气候及肥沃酸性土壤，不耐寒；深根性，萌芽力强，生长较快。木材坚硬耐朽，是重要用材树种。树冠浓密，叶片较厚，革质，具抗火性，是南方重要防火树种。初发叶及秋叶红艳可观，也可植为庭荫树及观赏树。

(442) **银木荷**

Schima argentea Pritz.

常绿乔木，高达20～30m；小枝及芽被银白色绒毛。叶椭圆形，长7～14cm，全缘，背面有银白色柔毛，后脱落，厚革质。花瓣5，1片白色，其余4片带红色，有丝状毛，子房被毛。蒴果球形，径约1.5cm；果柄较细。花期7～9月；果期翌年2～3月。

产湖南、广东、广西、四川、贵州和云南。树体高大，枝叶茂密，白花美丽，是南方山地、丘陵重要造林绿化树种。又是优良的防火树种。

〔附〕**西南木荷**（红木荷）***S. wallichii***（DC.）Choisy 叶椭圆形，长10～17cm，全缘，薄革质，背面的毛带黄色；嫩叶红色美丽；花白色，夏季开花。产云南、贵州及广西；印度、尼泊尔、中南半岛及印尼也有分布。是很好的防火树种。

【石笔木属 ***Tutcheria***】26种，产亚洲东南部；中国21种。

(443) **石笔木**

Tutcheria championi Nakai

(*T. spectabilis* Dunn)

常绿乔木，高达13m；树皮灰白色，平滑。叶互生，椭圆形至披针形，长10～17cm，先端长渐尖或短尾尖，中上部有粗浅齿，两面无毛，网脉明显，革质，有光泽；具短柄。花单生枝端叶腋，径4～7cm；萼片厚革质，背面密被褐色绒毛，花瓣5，白色或淡黄色，雄蕊多数，子房3～6室，花柱合生。蒴果球形，径3～7cm，密被金黄色柔毛，果瓣从基部开裂，脱落后中轴宿存。花期4～6月；果期9～11月。

图259 石笔木

产广东、广西及福建南部。喜半荫环境和温暖气候。树姿优美，花白色美丽，在暖地可植于园林绿地观赏。木材坚硬致密；种子榨油工业用。

【紫茎属 ***Stewartia***】约15种，产东亚及北美亚热带；中国10种。

(444) **紫 茎**

Stewartia sinensis Rehd. et Wils.

落叶灌木或小乔木，高达10m；茎皮薄纸状剥落，紫红色或灰黄色，光滑。叶互生，椭圆形或长椭圆形，长6～12cm，先端渐尖，缘有细锯齿，背面有时疏生短柔毛。花瓣5，白色，花药黄色，子房有毛，有香气，花径约6cm；花单生叶腋，基部有叶状苞。蒴果近球形，径约2cm，开裂时不具中轴；种子顶端有

图260 紫 茎

翅。花期 7～8 月。

产江西、安徽、浙江、福建、湖北、河南、四川、贵州、广西等地。适生于森林环境，喜潮湿土壤，不耐移植。茎干紫红色而光滑，秋叶红紫色，颇为美观，可植于庭园观赏。

【柃木属 ***Eurya***】叶互生，2 列；花小，单性异株，腋生；果浆果状。约 130 种，产东南亚；中国 80 余种。

(445) **柃　木**

Eurya japonica Thunb.

常绿灌木或小乔木；全体无毛，幼枝具 2 棱。叶互生，长椭圆形至倒披针形，长 3～7cm，先端窄而钝，基部楔形，缘有波状齿，厚革质；叶柄长约 3mm。花绿白色，花柱长约 1.5mm，顶端 3 浅裂，有臭味；1～2 朵腋生。果球形，径 3～5mm。花期 2～3 月；果期 9～10 月。

图 261　柃木

产我国浙江、安徽和台湾，喜生山坡阴湿处；朝鲜及日本也有分布。耐荫，喜温暖气候及酸性土，耐旱；萌芽力强，生长慢。枝叶终年青翠，在暖地可作绿篱、修剪造型及园景树。

有斑叶柃木‘Variegata’、冬红柃木‘Winter Wine’（秋冬季叶深红色，植株小）等品种。

(446) **滨　柃**（凹叶柃木）

Eurya emarginata（Thunb.）Mak.

常绿灌木，枝平展密集；嫩枝密生红棕色短柔毛。叶倒卵形至倒卵状椭圆形，长 1.8～3cm，先端圆或微凹，基部楔形，叶缘中上部有细齿，硬革质，有光泽。花白色或黄绿色；单生或簇生叶腋。果球形，熟时蓝黑色。花期 10～11 月；果期翌年 6～8 月。

产我国台湾及浙江、福建沿海，生于滨海山地疏林中；朝鲜及日本也有分布。耐荫，喜温暖气候，耐旱。叶形小巧，四季常青，在园林中可栽作绿篱，或作盆景材料。

(447) **细齿柃**（亮叶柃）

Eurya nitida Korth.

常绿灌木，高 1～3m；嫩枝具 2 棱，全体无毛。叶长椭圆形至卵状长椭圆形，长 4～7cm，基部楔形，缘有细钝齿，表面亮绿色，薄革质。花白色，花柱长 2.5～3mm；1～4 朵腋生。果球形，蓝黑色。冬季开花；翌年夏季果熟。

产我国长江流域及其以南各地；日本、南亚和东南亚也有分布。喜光，耐半荫，喜肥沃湿润土壤，不耐干旱。叶色亮绿，四季常青，冬季又有小白花点缀；宜植于园林绿地观赏或栽作绿篱。

50. 猕猴桃科 Actinidiaceae

【猕猴桃属 *Actinidia*】缠绕藤木；冬芽小，包藏于膨大的叶柄基部内；单叶互生。花单性或杂性异株；浆果。64种，产东亚至东南亚；中国57种及若干变种。

（448）**中华猕猴桃**

Actinidia chinensis Planch.

〔Chinese Gooseberry〕

落叶藤木；枝具白色片状髓，幼时密生灰褐色柔毛，枝上有矩状突出叶痕。叶近圆形或倒宽卵形，长5～17cm，先端圆钝或微凹，基部心形，缘有纤毛状细齿，背面密生灰白色星状绒毛。花常数朵簇生，由白色变橙黄色，径3.5～5cm，芳香。浆果椭球形，径约3cm，密生黄棕色柔毛，后渐脱落。

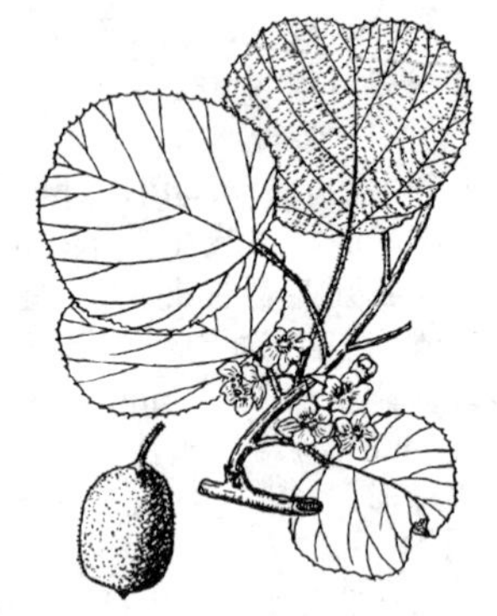

图262 中华猕猴桃

产长江流域及其以南地区，北至陕西、河南；生山地林内或灌丛中。喜光，稍耐荫，喜温暖，也有一定的耐寒能力，在北京小气候良好处可露地栽培。本种花大而美丽，且有香气，可作棚架绿化及观赏材料。果富含糖类及维生素，可生食或加工成果酱、果脯等；根、藤、叶均可入药。

〔附〕**猕猴桃**（美味猕猴桃）***A. deliciosa***（A. Chev.）C. F. Liang et A. R. Ferg.（*A. chinensis* var. *deliciosa* A. Chev.，*A. chinensis* var. *hispida* C. F. Liang）〔Kiwi Fruit〕 与中华猕猴桃相似，主要区别是：植株毛为硬毛、刺毛或糙毛；果较大，密被硬毛，不脱落。分布也大体与其相同，生于海拔较高的山地。1904年其种子被引入新西兰，后作商业果树栽培。适应性强，国内外栽培面积广。果味甜美，营养丰富，为猕猴桃类之上品。

（449）**大籽猕猴桃**

Actinidia macrosperma C. F. Liang

落叶藤木；小枝近无毛，髓实心，白色。叶椭圆形至卵圆形，长达8cm，先端尖或圆，基部广楔形或圆形，缘具圆齿或近全缘，表面无毛。花单生；萼片2，花瓣7～9，白色。果卵形或近球形，长3～3.5cm，无斑点，熟时橙黄色；种子长4～5mm。

产江苏南部、安徽南部、浙江、江西西北部、湖北及广东北部；生于低山丘陵林中或林缘。本种果丰色艳，挂果期长，有较高的观赏价值。上海等地有栽培。

图263 软枣猕猴桃

（450）**软枣猕猴桃**（猕猴梨）

Actinidia arguta（Sieb. et Zucc.）

Planch. ex Miq. 〔Tara Vine〕

落叶藤木，长达25～30m；枝具白色至淡褐色片状髓。叶椭圆形或近圆形，长6～12cm，先端突尖或短尾尖，基部圆形或近心形，缘有锐锯齿，仅背脉有毛；叶柄及叶脉干后变黑色。花乳白色，芳香，萼片5，脱落，花药紫色；3～6朵成腋生聚伞花序。浆果近球形，熟时暗绿色，无毛，无斑点。

产我国东北、西北及长江流域；朝鲜、日本也有分布。果富含维生素，可食（生食有辣味），并有药效。在园林中可栽作棚架绿化材料。

(451) **葛枣猕猴桃**（木天蓼）

Actinidia polygama Franch. et Sav. 〔Silver Vine〕

落叶藤木，长4～6m；枝髓白色，不为片状。叶近卵形，长5～14cm，先端锐尖，缘有贴生细齿，无毛或仅背脉有毛；雄株之叶通常部分变成黄白色。花白色，芳香，花瓣、花萼通常各5枚；1～3朵腋生。浆果黄色，有尖头，无斑点。

图264 葛枣猕猴桃

产我国东北、西北、西南及湖北、山东等地；俄罗斯远东地区、朝鲜、日本也有分布。因部分叶为白色，美丽可爱，可植于庭园观赏。果可生食和药用。

(452) **狗枣猕猴桃**（深山木天蓼）

Actinidia kolomikta (Maxim.) Maxim. 〔Kolomikta Vine〕

落叶藤木，长达4m；枝髓褐色，片状。叶卵形至卵状椭圆形，长5～13cm，质较薄，缘有重锯齿，基部心形，先端尖，背面脉上疏生灰褐色短毛，脉腋密生柔毛；雄株之叶上半部或先端常变白色或带粉红色（在阳光下变色最好）。花白色，芳香，花药黄色，萼片宿存；花单生叶腋。浆果卵状椭球形，长2～2.5cm，淡黄绿色，无斑点。花期夏季。

图265 狗枣猕猴桃

产我国东北及河北、陕西、湖北、江西、四川、云南等地；俄罗斯远东地区、朝鲜、日本也有分布。耐寒性强。宜植于庭园用作垂直绿化材料，以观赏其斑彩叶为主。

51. 藤黄科（山竹子科）Clusiaceae (Guttiferae)

【红厚壳属 *Calophyllum*】约180余种，主产亚洲热带；中国4种。

(453) **红厚壳**（海棠果，胡桐）

Calophyllum inophyllum L. 〔Alexandrian Laurel〕

常绿乔木，高达 8～18m。单叶对生，椭圆形、倒卵状椭圆形至长卵形，长 10～20cm，有多数平行侧脉且与主脉近垂直，全缘，先端圆或微凹，革质有光泽。花芳香，径约 2cm，花萼、花瓣常各 4，均白色，雄蕊多数；成腋生直立总状花序；春季开花。核果球形，黄色，径达 3cm 以上。

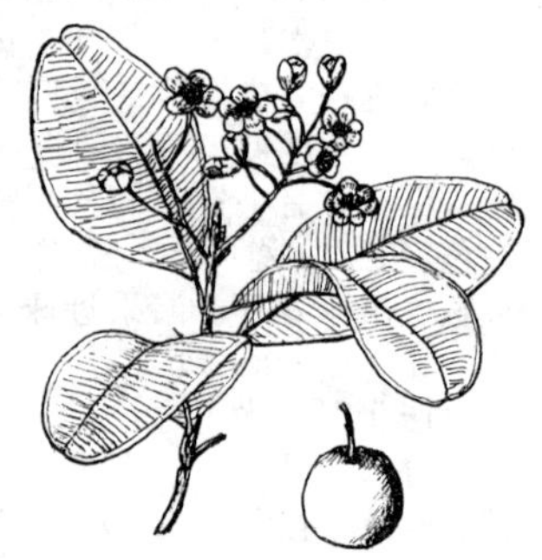

图 266 红厚壳

产亚洲及大洋洲热带；我国云南南部、海南及台湾南部有分布。耐干旱瘠薄土壤。播种繁殖。适合栽作海岸防风林；树形美观，花多而芳香，也可作庭园树或行道树。种子榨油，供工业用；木材为坚质良材，耐磨，耐海水浸渍。

【藤黄属（山竹子属）*Garcinia*】常绿乔木或灌木；叶对生，全缘，革质；浆果。约 450 种，产亚洲热带及非洲南部；中国约 20 种。

（454）**金丝李**

Garcinia paucinervis Chun et How

常绿乔木，高达 30m。叶对生，椭圆形至倒卵状椭圆形，长 7～18cm，侧脉 5～7 对，全缘；托叶卵状三角形，早落。花单性或杂性，雄花成聚伞花序，雌花单生叶腋；初夏和秋季开两次花。浆果椭球形，径 2.5cm，熟时红黄色。

图 267 金丝李

产广西、云南和越南；常生于海拔 200～600m 石灰岩山地。耐荫，耐旱。枝叶茂密，树形美观，树干通直，可作庭荫树及行道树。材质优良；果可食。

（455）**芒吉柿**（山竹子）

Garcinia mangostana L. 〔Mangosteen〕

小乔木，高达 12m。叶长圆形，长 14～25cm，先端短渐尖，基部广楔形或近圆形，平行侧脉 40～50 对，暗绿色，厚革质。花杂性，径约 5cm，橙黄色或玫瑰粉红色，雄蕊合生成 4 束，子房 5～8 室。浆果球形，径 5～7.5cm，果皮革质光滑，熟时暗红紫色，内含 5～7 种子，种子外具白色半透明的肉质假种皮。花期 9～10 月；果期 11～12 月。

原产马来西亚；我国台湾及东南亚热带地区多栽培。喜光，喜高温多湿气候及肥沃的沙质壤土；生长较慢。是亚洲的著名热带果树，其果肉（假种皮）甜滑可口，有“热带果后”之称。在暖地也可植于庭园观赏。

（456）**多花山竹子**

Garcinia multiflora Champ. ex Benth.

乔木，高达 15m；树冠广卵状。叶倒卵状长圆形，长 7～20cm，端短尖，基部楔形，侧脉 10～15 对，无托叶。花杂性同株，橙黄色，径 2～3cm；圆锥状聚伞花序；5～7月开花。浆果近球形，径2.5～3.5cm，青黄色；10～11月果熟。

产我国南岭以南至华南、西南及越南北部。喜肥沃湿润的酸性土壤，不耐寒；生长较快。枝叶茂密，树形美观，宜栽作园林绿化树种。果酸甜可食；种子榨油供工业用。

图268 多花山竹子

(457) **岭南山竹子**

Garcinia oblongifolia Champ. ex Benth.

小乔木，高5～10m。叶长椭圆形至倒披针形，长5～10cm，先端急尖，基部楔形，近革质。花小，单性异株，橙黄色或淡黄色；单生或成伞形聚伞花序。浆果近球形，径2～3.5cm，熟时黄色。花期4～5月；果期10～12月。

产广东、广西及海南；越南北部也有分布。喜光，耐半荫，喜暖热湿润气候及肥沃深厚而排水良好的壤土。树冠开展，分枝排列有序，叶色亮绿，是暖地优良的园林绿化树种。

(458) **福　木**

Garcinia spicata Hook. f.

小乔木，高3～5m；树冠开展。叶广椭圆形至卵状椭圆形，长8～12(20)cm，先端圆、微凹或急尖，基部广楔形，硬革质，深绿色，有光泽。花淡黄色，萼、瓣各4；雄花成穗状花序，长约15cm，雄蕊多数，成5束；雌花簇生，具退化雄蕊。果球形，径2.5～3cm，光滑，熟时黄色，内含1～3种子。花期5～8月；果期7～9月。

原产印度及斯里兰卡；现热带地区多有栽培，我国台湾、福建、广东等地有栽培。喜光，耐半荫，喜暖热湿润气候，耐盐碱；深根性，抗风力强，生长慢，寿命长。枝叶茂密，叶色亮绿，在暖地可作园林风景树及防风树种。

(459) **菲岛福木**（福木）

Garcinia subelliptica Merr.

小乔木，高5～10m，树冠圆锥形。叶椭圆形，长7～14cm，先端圆，厚革质。花乳黄色，萼、瓣各5。果近球形，熟时金黄色，内含3～4种子。夏季开花。

产我国台湾南部、琉球群岛、菲律宾、斯里兰卡和印尼爪哇。喜光，喜暖热气候，耐干旱，抗风力强；生长慢，寿命长。枝叶茂密，树形美观，夏有黄白色的花，秋有金黄色的果；在暖地可作园景树、行道树及防风林树种。

【铁力木属 ***Mesua***】约40余种，产亚洲热带；中国1种。

图269 铁力木

(460) **铁力木**

Mesua ferrea L. 〔Ironwood〕

常绿乔木，高达30m；树干通直，有板根。

叶对生，披针形，长 7～10(15)cm，两端尖，全缘，表面深绿，中肋浅绿，背面有白粉，硬革质。花两性，单生叶腋；萼片 4，花瓣 4，黄白色或白色，雄蕊极多，金黄色，花径 5～8cm，芳香。果木质，卵球形，径约 3cm。花期 5～6 月；果期 7～10 月。

产南亚、东南亚及澳大利亚北部；我国云南和广西东南部有零星分布。枝叶茂密，树形美观，嫩叶粉红色，花大，白瓣金蕊而有香气，在暖地宜植于园林绿地观赏。木材坚重耐腐，供建筑、家具等用。是斯里兰卡国树。

【黄牛木属 ***Cratoxylum***】约 6 种，产亚洲热带；中国 2 种 1 亚种。

(461) **黄牛木**

Cratoxylum cochinchinense (Lour.) Bl.

落叶乔木，高 5～18m；全体无毛。叶对生，椭圆形至长圆形，长 5～8(12)cm，全缘，无毛。花粉红色，径 1～1.5cm，花萼 5，不等大，花瓣 5，雄蕊多数，3 束，子房 3 室；聚伞花序腋生或顶生。蒴果椭球形，长 8～12mm，有宿存花萼；种子一侧具翅。花期 5 月；秋天果熟。

产东南亚各地；我国广东、广西南部及云南南部有分布。树姿优美，叶色翠绿，春夏间开粉红色小花，相当美丽，宜植于园林绿地观赏或作行道树。

图 270 黄牛木

【金丝桃属 ***Hypericum***】约 400 种，广布于世界各地；中国 55 种 8 亚种。

(462) **金丝桃**

Hypericum monogynum L. (*H. chinense* L.)

〔Chinese St John's Wort〕

半常绿灌木，高达 1m，全株无毛；小枝圆柱形，红褐色。单叶对生，具透明腺点，长椭圆形，长 3～8cm，基部广楔形，先端钝尖，全缘，侧脉 7～8 对，网脉两面明显；无叶柄。花鲜黄色，径约 5cm，花瓣 5，花柱细长，仅端 5 裂，花丝多而细长（与花瓣近等长），金黄色，基部合生成 5 束；顶生聚伞花序；(5) 6～7 月开放。蒴果 5 室。

广布于我国长江流域及其以南地区。喜光，耐半荫，耐寒性不强。播种、扦插或分株繁殖。本种花叶秀丽，是南方园林中常见的观赏花木。植于庭院、草坪、路边、假山旁都很合适；华北则常盆栽观赏。果及根可入药。

图 271 金丝桃

(463) **金丝梅**

Hypericum patulum Thunb. ex Murray

半常绿灌木，高达 1m；小枝有 2 棱。叶对生，卵状长椭圆形，长 2.5～5cm，先端钝或圆（具小突尖），基部近圆形，有短柄。花常单生枝端，金黄色，径 3～4(5)cm，花瓣 5，雄蕊 5 束，黄色，较花瓣短，花柱 5，离生，萼片宽卵形至圆形。花期 4～8 月。

主产我国长江流域地区。花黄色美丽，可植于庭园观赏。

〔附〕**栽秧花**（大花金丝梅）***H. beanii*** N. Robs. 常绿灌木，高达 1.8m；小枝具 4 棱。叶对生，卵状长椭圆形至披针形，长 3～7cm。花金黄色，径 4～6cm，花瓣 5，雄蕊长为花瓣 1/2～3/5，萼片长卵形。花期 5～7 月。产贵州及云南。花金黄美丽，可植于庭园观赏。

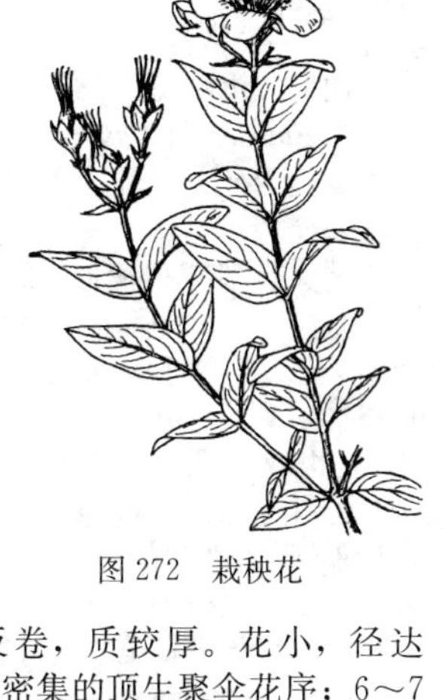

图 272 栽秧花

（464）**密花金丝桃**

Hypericum densiflorum Pursh

落叶灌木，枝密而直展，高达 1.8m。叶对生，线状倒披针形至线形，长达 5cm，边缘略反卷，质较厚。花小，径达 1.3cm，金黄色，雄蕊基部合生成 5 束，花柱 3；成密集的顶生聚伞花序；6～7 月开花。蒴果圆锥形，3 室。

原产美国南部；华南和华东地区有引种栽培。较耐瘠薄土壤，并有一定的耐寒性。花多而美丽，宜植于庭园观赏。

〔附〕**多叶金丝桃** ***H. polyphyllum*** Boiss. et Bal. 半常绿亚灌木，高 50～80cm。叶对生，长椭圆状披针形，背面有黑腺点，无叶柄。花鲜黄色，花瓣端有黑色腺点；6～9 月开花。原产小亚细亚；欧美有栽培。枝叶茂密，秋冬季叶变紫红、粉紫色，是一种理想的地被植物，也可作花坛及镶边植物。上海等地有引种栽培。

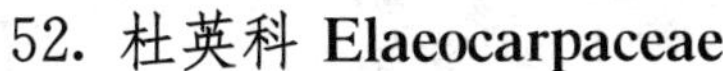

52. 杜英科 Elaeocarpaceae

【杜英属 *Elaeocarpus*】常绿乔木，单叶互生；花瓣 2～6，白色，先端常撕裂状，总状花序腋生；核果。约 200 种，产热带和亚热带地区；中国 38 种。

（465）**杜　英**

Elaeocarpus decipiens Hemsl.

高 5～15m，干皮不裂；嫩枝被微毛。单叶互生，倒披针形至披针形，长 7～12cm，宽 2～3.5cm，侧脉 7～9 对，先端尖，基部狭而下延，缘有钝齿，革质；绿叶丛中常存有少量鲜红的老叶。花下垂，花瓣 4～5，白色，先端细裂如丝；花序长 5～10cm。核果椭球形，长 2～3cm。花期 6～7 月。

主产我国南部及东南部各省区，常见于山地林中；日本也有分布。稍耐荫，喜温暖湿润气候及排水良好的酸性土壤；根系发达，萌芽力强，耐修剪；对二氧化硫抗性强。播种或扦插繁殖。

图 273 杜　英

枝叶茂密，杭州等城市常栽作城市绿化及观赏树种。

(466) **山杜英**

Elaeocarpus sylvestris (Lour.) Poir.

高达10m；枝叶光滑无毛。叶倒卵形至倒卵状长椭圆形，长4～8cm，侧脉4～5(6)对，先端钝尖，基部狭楔形，缘有浅钝齿，两面无毛，纸质。花瓣先端撕裂成流苏状；花序长4～6cm。核果椭球形，长约1cm，紫黑色。花期6～8月；果期10～12月。

产华南、西南、江西和湖南；越南、老挝、泰国也有分布。枝叶茂密，树冠圆整，霜后部分叶子变红，红绿相间，颇为美观；在暖地可选作城乡绿化树种。

图274 山杜英

(467) **长芒杜英**（尖叶杜英）

Elaeocarpus apiculatus Mast.

高10～30m；大枝轮生，层次明显；老树具板根。叶大，常集生枝端，长匙形或倒卵状长椭圆形，长15～25cm，先端钝，全缘或上半部具细锯齿，羽状脉明显，革质，有光泽。花瓣先端7～8裂，雄蕊45～50，花药具芒刺（长3～4mm）；花序生于枝端叶腋。核果长椭球形，长约3cm，绿色。花期4～5月；果期8～9月。

产我国海南、云南南部及中南半岛、马来西亚等地；华南地区常见栽培。喜光，耐半荫，喜暖热湿润气候，不耐干旱瘠薄；抗风，萌芽力强，生长快。树干挺拔，树冠塔形壮观，初夏白花悬垂，美丽悦目；是华南地区优良的园林绿化及行道树种。

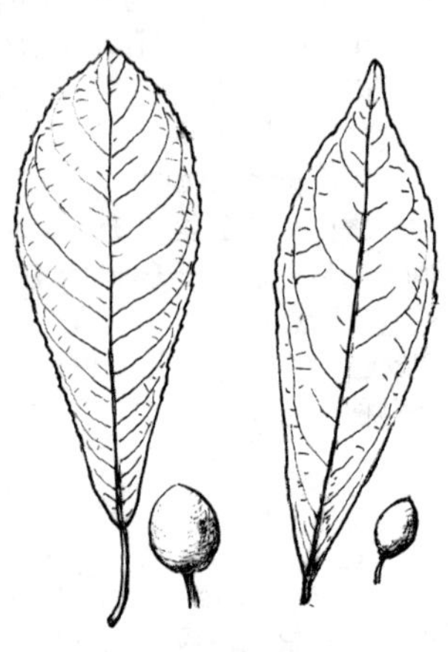

图275 长芒杜英（左）
秃瓣杜英（右）

(468) **秃瓣杜英**

Elaeocarpus glabripetalus Merr.

高12～15m；小枝红褐色，多少具棱，无毛。叶倒披针形，长8～13cm，先端钝尖，基部楔形，缘具小钝齿，侧脉6～8对。花瓣先端撕裂成14～18条，无毛，雄蕊20～30；花序长6～9cm。核果长1～1.5cm。6～7月开花；9月果熟。

产浙江、江西、湖南及华南、西南地区。树干直，树冠整齐美观，生长快，适应性强；是近年长江流域最受欢迎的树种之一，多作园林绿化及行道树种。

(469) **日本杜英**（薯豆）

Elaeocarpus japonicus Sieb. et Zucc.

高达8m；嫩枝无毛。叶卵形至椭圆形，长6～12cm，先端钝尖，缘具疏齿，侧脉5～6对，背面有黑腺点，革质；叶柄长3～6cm。花瓣先端全缘或有3～4浅齿，雄蕊15；花序长3～6cm。核果椭球形，蓝绿色，长1～1.3cm。花期4～5月。

产我国长江以南地区，西达四川、云南；日本、越南也有分布。在南方可用作园林绿化及行道树。

图276 日本杜英

(470) **中华杜英**

Elaeocarpus chinensis

(Gardn. et Champ.) Hook. f.

高达7m；嫩枝有短柔毛。叶卵状披针形至披针形，长5～8cm，先端尾尖，两面无毛，背面有黑色腺点，缘有钝锯齿，薄革质。花瓣先端全缘或有浅齿，雄蕊8～10；花序长3～4cm。核果青绿色，长7～8mm。花期5～6月。

产我国长江以南地区；越南和老挝也有分布。现已在南方用作园林化树种。

〔附〕**锡兰杜英**（锡兰橄榄）***E. serratus*** L. 高达10m；叶长椭圆形至披针形，长约15cm，先端尖，缘有疏齿，革质，有光泽；老叶艳红。花淡黄绿色，总状花序。果大，长约3cm，形似橄榄。原产印度及斯里兰卡；华南有少量栽培。在暖地可作园景树及行道树。

图277 水石榕

(471) **水石榕**

Elaeocarpus hainanensis Oliv.

常绿小乔木。叶常集生枝端，狭披针形至狭倒披针形，长10～15cm，两端尖，缘有细锯齿。花下垂，径3～4cm，花瓣5，白色，先端流苏状，花梗长约4cm；数朵组成短总状花序，有明显之叶状苞片。核果窄纺锤形，长3～4cm。花期6～7月；秋季果熟。

产我国海南、广西南部和云南东南部；越南、泰国也有分布。喜暖热气候，多生于山谷阴湿处。枝叶茂密，花大洁白美丽，在华南可植于庭园观赏。

【猴欢喜属 ***Sloanea***】约120种，产世界热带和亚热带；中国13种。

图278 猴欢喜

(472) **猴欢喜**

Sloanea sinensis (Hance) Hemsl.

常绿乔木，高达20m。叶互生，倒卵状椭圆形，长5～10cm，边缘中上部有锯齿，侧脉5～7对，背面无毛；常年可见树冠中有零星红叶。花下垂，花瓣4，白色，顶端浅裂；簇生枝端叶腋。蒴果木质，径3～5cm，5～6裂，密生刺毛（长1～1.5cm），熟时鲜红色。花期5～6月；果熟期10月。

产我国长江以南地区。中性偏阴树种，喜温暖气候及深厚、湿润、肥沃的酸性土；生长较快。木材是栽培香菇等食用菌的优良原料。果实外的刺毛红色美丽，可植于庭园观赏。

53. 椴树科 Tiliaceae

【文定果属 *Muntingia*】3种，产热带南美和西西印度群岛；中国引入1种。

(473) **文定果**（南美假樱桃）

Muntingia calabura L.

常绿小乔木，高6～12m；树皮光滑较薄。单叶互生，长圆状卵形，长5～9cm，先端渐尖，基部斜心形，3～5主脉，叶缘中上部有疏齿，两面有星状绒毛。花白色，径约2cm，花瓣5，有爪，雄蕊多数；1～2朵腋生。浆果球形，径1～1.5cm，熟时红色，种子多数。几乎全年开花结果，而以1～3月为盛花期。

原产热带美洲；我国台湾、广东、海南等地有栽培。喜光，喜暖热湿润气候，不耐干旱瘠薄。可作庭园绿化树种。果虽小，但繁多，味甜可食。

【椴树属 *Tilia*】落叶乔木；单叶互生，掌状脉，有锯齿。花序梗基部与一大舌状苞片结合约1/2；坚果或浆果。约80种，产北温带和亚热带；中国32种，引入栽培约3种。

图279 糠 椴

(474) **糠 椴**

Tilia mandshurica Rupr. et Maxim

〔Manchurian Linden〕

高达20m；树皮灰色，幼枝密生浅褐色星状绒毛，冬芽大而圆钝。叶广卵圆形，长8～15cm，基部心形，缘有带尖头的粗齿，表面疏生星状毛，背面灰白色，密生星状毛，但脉腋无簇毛。聚伞花序具花7～12朵。坚果基部有5棱。

主产我国东北，华北也有分布。喜光，耐寒，喜凉润气候，喜生于潮湿山地或干湿适中的平原；深根性，生长速度中等。本种树姿雄伟，叶大荫浓，花有香气，在北方可栽作庭荫树及行道树。

图280 蒙 椴

(475) **蒙 椴**

Tilia mongolica Maxim.

〔Mongolian Linden〕

高达6～10m；树皮红褐色，小枝无毛。嫩叶带红色，叶广卵形，长4～7cm，基部截形或广楔形，少近心形，缘具不整齐粗尖齿，有时3浅裂，仅背面脉腋有簇毛。雄蕊30～40，有退化雄蕊5；10～20朵成聚伞花序，花序梗之苞片有柄；6～7月开花。

主产华北，东北及内蒙古也有分布。较耐荫，喜生于湿润之阴坡，耐寒性强。秋叶亮黄色，宜植于庭园观赏或作庭荫树。

图281 紫 椴

(476) **紫 椴**（籽椴）

Tilia amurensis Rupr. 〔Amur Linden〕

高达15～25(30)m；树皮灰色，小枝无毛。叶广卵形或卵圆形，长3.5～8cm，先端尾尖，基部心形，叶缘锯齿有小尖头，仅背面脉腋有簇毛。花序梗上的苞片无柄，矩圆形或广披针形，长3.5～7cm；雄蕊20，无退化雄蕊。坚果卵球形，无纵棱，密被褐色毛。

主产我国东北及华北，是长白山和小兴安岭林区混交林中常见树种之一；朝鲜、俄罗斯也有分布。喜光，能耐侧方庇荫，耐寒性强，抗烟尘和有毒气体；深根性，萌蘖性强。枝叶茂密，树姿优美，是东北地区优良的行道树、庭荫树及工厂绿化树种。花是重要蜜源；木材主要为胶合板材料。

图282 南京椴

(477) **南京椴**（菩提椴）

Tilia miqueliana Maxim.

高达12～20m；小枝及芽密被星状绒毛。叶卵圆形或三角状卵形，长5～10cm，先端尖，基部歪斜，锯齿有短尖头，背面密生灰白色星状毛，脉腋无簇毛。花序梗之苞片无柄或近无柄。坚果无纵棱。花期7月。

产华东一带；日本也有分布。喜温暖气候。在日本寺院内常栽培。

〔附〕**华东椴** ***T. japonica***（Miq.）Simonk.〔Japanese Linden〕 与南京椴近似，主要区别是：幼枝被长柔毛，旋脱落；叶背面仅脉腋有毛；花序梗之苞片有长1～1.5cm的柄。产日本和华东。株形美观，宜作园路树。

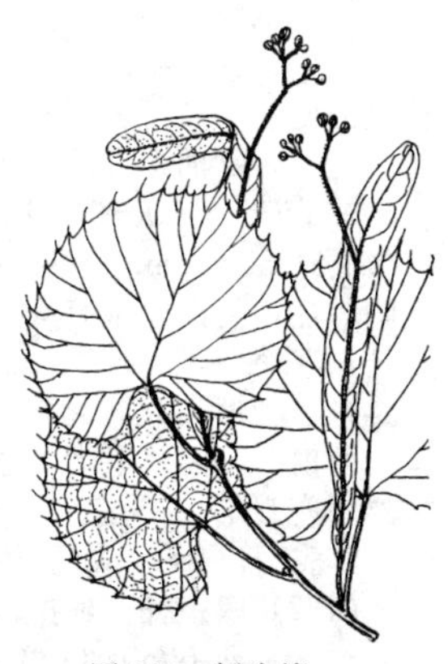

图283 糯米椴

(478) **糯米椴**

Tilia henryana Szysz. 〔Henry Linden〕

高达15～26m；小枝幼时有毛，后脱落。叶广卵形或近圆形，长6～10cm，锯齿端长芒状，背面有淡褐色星状柔毛，脉腋有簇毛。花有退化雄蕊；聚伞花序，具花约20朵。坚果有5纵棱。

产河南、陕西、湖北、湖南、江西、安徽等地。可栽作庭荫树。

变种**光叶糯米椴** var. ***subglabra*** V. Engl. 高达 15m；叶两面无毛或仅背面脉腋有簇毛。产华东及华中地区山地。

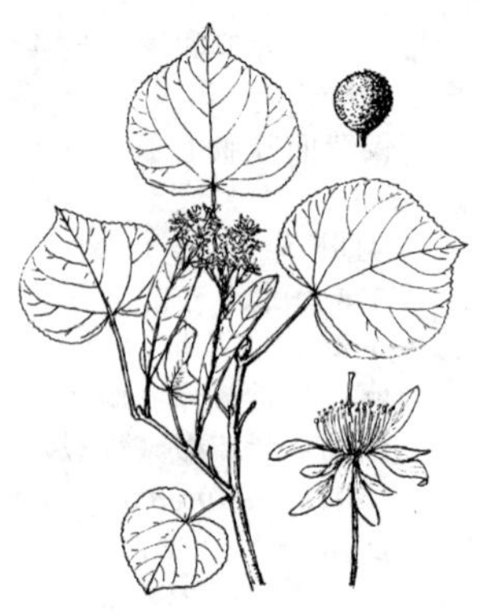

图 284 心叶椴

（479）**心叶椴**（欧洲小叶椴）

Tilia cordata Mill.

〔Small-leaved Linden〕

高达 20～30m，树冠圆球形；小枝嫩时有柔毛，后脱落。叶近圆形，长 3～6cm，先端突尖，基部心形，缘有细尖锯齿，表面暗绿色，背面苍绿色，仅脉腋有棕色簇毛；叶柄绿色。花黄白色，芳香，无退化雄蕊；5～7 朵成聚伞花序；7 月开花。果球形，有绒毛和疣状突起。

原产欧洲，在当地广泛用作庭荫树及行道树。我国新疆、南京、上海、青岛、大连等地有栽培，生长良好。喜光，耐寒，抗烟力强。是优良的园林绿化树种。

图 285 欧洲大叶椴

（480）**欧洲大叶椴**

Tilia platyphyllos Scop.

〔Large-leaved Linden〕

高达 32m，栽培时通常高约 15m，树冠半球形；小枝幼时多柔毛。叶卵圆形，长 6～12cm，先端突短尖，基部斜心形或斜截形，锯齿有短刺尖，表面沿脉有白毛，背面有黄褐色柔毛，中脉及脉腋毛尤多。花黄白色，3(4～6) 朵成下垂聚伞花序。果有明显（3～）5 棱。

原产欧洲、高加索及小亚细亚；在欧洲城市街道、公园常见栽培。我国青岛、北京等地有引种。树冠圆整，叶大荫浓，是优良的庭荫树及行道树种。

（481）**欧洲杂种洲椴**

Tilia × ***europaea*** L. 〔Common Lime，Linden〕

高达 30～40m。叶广卵形，长达 10cm，基部歪心形或截形，缘有尖齿，表面暗绿色，背面脉腋有簇毛。花具退化雄蕊；5～10 朵成聚伞花序；夏季开花。果稍具 5 棱。

是心叶椴与欧洲大叶椴之天然杂交种。在欧洲广泛栽植于街道、公园及庭园。群植时，因体量大，景色壮观，尤宜在公园及开阔地做孤赏树。辽宁旅顺植物园有栽培。

【扁担杆属 ***Grewia***】约 100 种，主产东半球热带地区；中国 26 种。

（482）**扁担杆**（扁担木，孩儿拳头）

Grewia biloba G. Don（*G. biloba* var. *parviflora* Hand.-Mazz.）

落叶灌木，高达 3m；小枝有星状毛。叶互生，狭菱状卵形至卵形，长 3～

13cm，缘有不规则锯齿，基部3主脉，表面多少有毛，背面常有较密星状毛；叶柄顶端膨大呈关节状。花淡黄绿色，径达1～2cm，花瓣基部有腺体；聚伞花序与叶对生。核果橙红色，2裂，每裂有2小核。

我国北自辽宁南部经华北至华南、西南广泛分布。性强健，耐干旱瘠薄，常自生于平原或丘陵、低山灌丛中。秋天果实橙红色，且宿存枝头很久，是良好的观果树种，并可作瓶插材料。

图286　扁担杆

图287　布渣叶

【布渣叶属 ***Microcos***】约60种，产非洲及亚洲热带；中国3种。

(483) **布渣叶**（破布叶）

Microcos paniculata L.

常绿灌木或小乔木，高5～10m；幼枝有毛。叶互生，卵形或卵状长椭圆形，长8～15cm，基出3主脉，先端渐尖，基部近圆形，缘有不显锯齿，两面幼时疏生星状柔毛，后脱落。花淡黄色，花瓣5，长圆形，雄蕊多数；圆锥花序顶生。核果倒卵球形，无沟裂，长约1cm。花期6～8月；果期7～9月。

产华南和云南南部；印度、中南半岛和印尼也有分布。喜光，耐半荫，喜暖热湿润气候及深厚肥沃而排水良好的壤土，抗风。树冠广阔，枝叶茂密，黄色花序清雅悦目；可用于热带低山区造林及四旁绿化。

【蚬木属 ***Excentrodendron***】4种，中国均产；越南产1种。

(484) **蚬　木**

Excentrodendron hsienmu (Chun et How) H. T. Chang et Miau

图288　蚬　木

（*Burretiodendron hsienmu* Chun et How）

常绿乔木，高达30m。叶互生，卵形，长7～18cm，全缘，基出3主脉，脉腋常有腺体，厚革质；叶柄顶端稍膨大。花两性，稀单性；花瓣5，白色，雄蕊多数，基部合生成5束，子房无柄；圆锥花序。蒴果椭球形，长2.5～3cm，具5条薄翅。花期2～3月；果期5～7月。

产我国广西西部及云南南部；越南也有分布。喜光，不耐寒，也不耐水涝。播种繁殖。蚬木为广西三大硬木之首，也是世界名木材之一。

54. 梧桐科 Sterculiaceae

【梧桐属 *Firmiana*】约15种，产亚洲；中国4种。

（485）**梧　桐**（青桐）

Firmiana simplex (L.) W. F. Wight (*F. platanifolia* Marsili)〔Phoenix Tree〕

落叶乔木，高达15～20m；树皮绿色，光滑。叶互生，掌状3～5裂，长15～20cm，基部心形，裂片全缘。花单性同株，无花瓣，萼片5，淡黄绿色；成顶生圆锥花序。蓇葖果远在成熟前开裂成5舟形膜质心皮；种子大如豌豆，着生于心皮的裂缘。花期6～7月；果期9～10月。

原产中国和日本。华北至华南、西南广泛栽培，尤以长江流域为多。喜光，喜温暖湿润气候，耐寒性不强，怕水淹；深根性，萌芽力强，生长尚快。播种繁殖。本种树皮青翠，叶大形美，洁净可爱，适于草坪、庭院孤植或丛植，是优良的庭荫树及行道树种。种子炒熟可食；叶、花、根及种子均可药用。

图289　梧　桐

栽培变种**斑叶梧桐 'Variegata'** 叶有白斑。

〔附〕**云南梧桐** ***F. major*** (W. W. Smith) Hand.-Mazz.　与梧桐的主要区别是：树皮灰色，略粗糙；叶掌状3浅裂；花紫红色。产云南和四川西南部。枝叶茂盛，可作庭荫树和行道树。

【苹婆属 *Sterculia*】约300种，产热带和亚热带，亚洲最多；中国26种。

（486）**苹　婆**（凤眼果）

Sterculia nobilis Smith〔Noble Bottle Tree〕

常绿乔木，高达20m。叶对生，倒卵状长椭圆形，长10～25cm，全缘，薄革质，无毛；叶柄两端均膨大呈关节状。花杂性，无花冠，花萼粉红色，5裂，萼筒与裂片等长；圆锥花序下垂。果饺子形，密被短绒毛，熟时暗红色。花期5月；果期8～9月。

产印度、越南、印尼和华南地区。广州及珠江三角洲多栽培。喜光，耐半荫；速生。播种或扦插（易活）繁殖。种子可煮食，味似板栗；果供药用。树冠浓密，树形美观，宜栽作庭荫树和行道树。

图 290 苹 婆

图 291 假苹婆

(487) **假苹婆**

Sterculia lanceolata Cav.

常绿乔木，高达 10m。叶互生，长椭圆形至披针形，长 9～20cm，全缘，近无毛，侧脉 7～9 对。花萼淡红色，5 深裂至基部；圆锥花序长 4～10cm。蓇葖果鲜红色，长 5～7cm，密被毛，种子亮黑色。花期 4～5 月；秋季果熟。

产我国华南至西南部；缅甸、老挝、泰国及越南也有分布。播种或扦插（易活）繁殖。树冠广阔，树姿优雅，红果鲜艳；在华南园林绿地中常见栽培观赏。

【翅苹婆属 ***Pterygota***】约 20 种，产亚洲热带和非洲热带；中国 1 种。

(488) **翅苹婆**

Pterygota alata（Roxb.）R. Brown.

常绿乔木，高达 30m。叶互生，卵形，长 13～35cm，先端急尖，基部心形或近圆形，全缘，有明显的基出脉。花单性，花萼钟状，长 1.7～2cm，5 深裂，红色，无花瓣；圆锥花序腋生。蓇葖果木质，扁球形，径约 12cm；种子顶端有翅。花期 8～9 月；果期 12 月。

产我国海南及云南南部；越南、印度和菲律宾也有分布。厦门、广州和深圳等地有栽培。喜光，耐半荫，喜高温多湿气候及深厚肥沃而排水良好的壤土，不耐干瘠和寒冷；生长快。树姿雄伟挺拔，枝叶茂密，红花美丽；在暖地是很好的园林风景和观赏树种。

图 292 翅苹婆

【翅子树属 ***Pterospermum***】约 40 种，产亚洲热带；中国 10 种。

(489) **异叶翅子树**（翻白叶树）

Pterospermum heterophyllum Hance

常绿乔木，高达 20～30m。单叶互生，二型，幼树及萌条之叶掌状 3～5 裂，径约 20cm，叶柄盾状着生；成长树之叶长圆形至卵状长圆形，长 7～15cm，全缘，背面发白，密被黄褐色短绒毛。花绿白色，有香气，萼片 5，条形，长达 2.8cm；花瓣 5，倒披针形，与萼片等长；雄蕊 15，成 5 组。花单生或 2～4 朵成腋生聚伞花序。蒴果木质，椭球形，长约 6cm，5 裂；种子顶端具长翅。花期 6～7(8)月；果熟期 10～11 月。

图 293 异叶翅子树

产华南地区，生于低山丘陵及沟谷。喜光，喜肥沃、湿润的酸性土，也能耐干旱瘠薄；萌芽性强，生长快。树干通直，叶背发白，在暖地常栽作园林绿化及观赏树种。

〔附〕**翅子树**（槭叶翅子树）***P. acerifolium*** (L.) Willd. 高达 30m；叶互生，卵圆形，宽 10～20(35)cm，常 5～7 浅裂，基部盾状或心形，背面有星状毛，革质，有光泽。花萼片条形，长达 15cm，被锈色毛；花瓣白色，稍短于萼片；花成对着生。蒴果纺锤形，长达 15cm；种子有翅。产亚洲热带；华南及台湾有栽培。喜光，喜高温多湿气候，耐风。花美丽，可植于庭园观赏。

图 294 梭罗树

【梭罗树属 ***Reevesia***】约 18 种，主产亚洲，美洲也有；中国 14 种。

(490) **梭罗树**

Reevesia pubescens Mast.

常绿乔木，高达 16m；幼枝被星状柔毛。叶互生，卵状长椭圆形，长 7～12cm，先端渐尖，基部钝形，全缘，表面疏生短柔毛，背面密被淡黄褐色星状毛。花两性，花萼倒圆锥形，花瓣 5，白色，条状匙形，长 1～1.5cm，花丝合生成长管状，并与雌蕊柄贴生成长雌雄蕊柄；聚伞状伞房花序顶生。蒴果木质，梨形，长 2.5～3.5cm，具 5 棱，密生淡褐色柔毛；种子有翅。花期 5～6 月。

产海南、广西及西南地区；印度及不丹也有分布。树干直，枝繁叶茂，花序大而繁密，花时十分醒目。长江以南地区可选作行道树和庭荫树。南京、上海已有栽培。

图 295 两广梭罗树

〔附〕**两广梭罗树** ***R. thyrsoidea*** Lindl. 与梭罗树的主要区别是：叶椭圆状卵形，长 5～7cm，两面无毛；花萼钟状，花瓣长 1cm。产我国两广、海南及云南；越南和柬埔寨也有分布。枝叶茂密，春夏间白花盛开，芳香；宜作庭园观赏树及行道树。

【非洲芙蓉属 *Dombeya*】225 种，产非洲、马达加斯加岛和马斯克林群岛；中国引入栽培 1 种。

（491）**非洲芙蓉**

Dombeya calantha K. Schum.

常绿灌木，高达 3.5m；枝有褐色毛。单叶互生，掌状 3～5 裂，长达 30cm，基部心形；叶柄基部具明显的托叶。花萼 5 裂，花瓣 5，粉红色，花径约 3.7cm；10～20 朵成伞房状聚伞花序（花瓣宿存并变干），下垂。蒴果 5 室。

原产非洲马拉维；华南常有栽培。喜光，喜高温多湿气候。春季花盛开时花团锦簇，缤纷灿烂，是优良的木本花卉。

【瓶干树属 *Brachychiton*】约 30 种，产澳大利亚；中国引入栽培约 2 种。

（492）**槭叶瓶干树**

Brachychiton acerifolius（G. Don f.）Macarcur〔Flame Kurrajong〕

半常绿乔木，高达 12m，树冠伞形；树干直，树皮绿色。叶互生，近半圆形，长 12～16cm，掌状 7～9 中裂，裂片再 2～4 羽状裂，裂片先端尖，革质。花萼钟状 5 裂，鲜红色，无花瓣；圆锥花序。蓇葖果舟形，木质。花期夏季。

原产澳大利亚东部海滨；我国台湾、福建、广东等地有栽培。喜光，喜暖热气候及湿润肥沃而排水良好的壤土，耐旱，不耐寒。叶形奇特，四季葱绿，红花艳丽而量多；宜植于庭园观赏，或栽作行道树。

〔附〕**瓶干树**（昆兰士瓶干树）***B. rupestris***（Lindl.）Schum.〔Queensland Bottle Tree〕 常绿乔木，高达 12m；树干粗壮，中部膨大，径达 1m 以上，灰褐色，十分壮观。叶条形，长 6～10cm，宽约 1cm，不裂或掌状 5～7 深裂。花钟形，簇生叶间。原产澳大利亚昆士兰；华南一些城市引种栽培。

【银叶树属 *Heritiera*】约 35 种，产东半球热带；中国 3 种。

（493）**蝴蝶树**

Heritiera parvifolia Merr.

常绿大乔木，高达 30m，具板根；小枝密被鳞秕。叶互生，椭圆状披针形，长 6～8cm，先端渐尖，基部近圆形，全缘，表面亮绿色，背面密生白色或褐色鳞秕；叶柄长 1～1.5cm。花小，单性；花萼钟状 5～6 浅裂，白色，密生星状短柔毛，无花瓣；圆锥花序腋生。核果革质，上端具鱼尾状长翅，翅长 2～4cm，密被鳞秕。花期 5～6 月；果期 7～9 月。

产我国海南，在五指山一带为热带山地雨林上层主要树种；广州、深圳和厦门等地有栽培。喜光，喜高温多湿气候及深厚肥沃壤土，不耐干旱和寒冷；生长快。枝叶茂密，树姿雄伟，树干通直，是优良的园林风景树和绿荫树。

图 296 蝴蝶树

(494) **银叶树**

Heritiera littoralis Dryand.

图 297 银叶树

常绿乔木，高约 10m；大树有板根。叶互生，长椭圆形，长 10～20cm，羽状脉明显，全缘，背面密被银白色鳞秕，革质；叶柄长 1～2cm。花萼暗红色，无花瓣；圆锥花序顶生。核果木质，长椭球形，腹部具龙骨突起。花期春末夏初。

产我国台湾、广东南部、海南、广西南部；印度、东南亚、非洲东部及太平洋诸岛也有分布。为热带海岸红树林树种之一。喜光，喜高温，不耐寒，抗风；移栽较难，需作断根处理。为优良的庭园观赏树及防风树。

〔附〕**长柄银叶树 *H. angustata*** Pierre 与银叶树的主区别是：叶柄长 2～9cm；核果顶端有长约 1cm 的翅；花期 6～11 月。产我国海南和云南南部；印度、越南和缅甸也有分布。树姿秀丽，叶和花均有一定观赏价值，在暖地宜植于园林绿地观赏。

55. 木棉科 Bombacaceae

【木棉属 ***Bombax***】约 50 种，产世界热带地区；中国 2 种。

(495) **木　棉**（攀枝花）

Bombax malabaricum DC.（*B. ceiba* L.，*Gossampinus malabarica* Merr.）

〔Red Silk-cotton Tree〕

图 298 木　棉

落叶大乔木，高达 40m；枝干均具粗短的圆锥形大刺。掌状复叶互生，小叶 5～7，长椭圆形，长 10～20cm，两端尖，全缘，无毛。花大，红色，聚生近枝端；春天叶前开放。蒴果大，木质，内有棉毛。

产华南、印度、马来西亚及澳大利亚。喜光，耐旱，喜暖热气候；深根性，速生。树形高大雄伟，春天开大红花，是美丽的观赏树，常作行道树及庭荫树。果内棉毛可作垫褥、枕头、救生圈的填充料；花及幼根可入药。

【吉贝属 ***Ceiba***】约 10 种，主产热带美洲，非洲 1 种；中国引入栽培 3 种。

(496) **吉　贝**（爪哇木棉）

Ceiba pentandra (L.) Gaertn. 〔Kapok Tree〕

落叶或半常绿乔木，高达 30m；干直而绿褐色（空心），光滑无刺；常 6 枝轮生而平展。掌状复叶互生，小叶 5～9，长圆状披针形，长 5～16cm，先端突渐尖，基部楔形，全缘。花萼常 5 裂，宿存；花瓣 5，淡红色或黄白色，长

2.5～4cm，密被白色长柔毛，花梗长 2.5～5cm；花丝 5～15，基部合生。蒴果椭球形，长 8～15cm，5 裂，内壁密被棉毛。花期 3～4 月；果熟期 5～6 月。

图 299 吉 贝

原产热带美洲；现世界热带地区普遍种植，印尼最多。我国云南、广西和海南南部有少量栽培。喜光，喜暖热湿润气候及肥沃土壤；生长快。本种所产果皮棉毛质量较高，用途广。在暖地可试栽作城市绿化树种。

(497) **美人树**（美丽异木棉）

Ceiba speciosa（A. St. Hil.）Gibbs et Semir（*Chorisia speciosa* A. St. Hil.）

〔Pink Floss-silk Tree〕

落叶乔木，高达 15m；树干绿色，有瘤状刺。掌状复叶互生，小叶 5～7，椭圆形或长卵形，长 5～14cm，缘有细锯齿。花瓣 5，反卷，粉红或淡紫色，基部黄白色（有紫条纹），花径 10～15cm；成顶生总状花序。果长椭球形。秋天落叶后开花，可一直开到年底。

原产巴西至阿根廷。我国台湾、华南有栽培。喜光，不耐寒；生长快。播种或嫁接（以木棉为砧木）繁殖。花大而多，秋后满树盛开，十分美丽，而且花期长；是良好的庭园观赏树和行道树。

〔附〕**白花美人树** ***C. insignis***（Kunth）Gibbs et Semir（*Chorisia insignis* HBK）〔Floss-silk Tree〕 与美人树的主要区别是：大树的树干下部常膨大呈瓶状；小叶 5～9，长圆状倒卵形；花瓣乳白色至淡黄色，基部带黄褐色。原产南美西部热带；我国深圳等地有栽培。盛花时只见花不见叶，是十分美丽的观赏树种。

【瓜栗属 *Pachira*】 2 种，产热带美洲；中国有引种。

(498) **瓜　栗**（中美木棉，马拉巴栗，发财树）

Pachira macrocarpa（Cham. et Schlecht.）Walp. 〔Malabar Chestnut〕

常绿小乔木，高 4～5m。掌状复叶互生，具长柄，小叶 5～9(11)，长椭圆形至倒卵状长椭圆形，长 13～24cm，全缘。花单生叶腋，花瓣 5，长条形并反卷，白色，长 15cm 以上，雄蕊多而长，上部开展，基部合生成管。蒴果长圆形，长达 10～20cm，5 瓣裂，种子多数，无棉毛。花期 5～11 月。

图 300 瓜 栗

原产中美洲；1964 年从墨西哥引入广东省林科所栽培。播种或扦插繁殖。花大而美丽，可植于庭园观赏；目前常盆栽供室内观赏，并把数条茎编成辫状。品种**斑叶瓜栗 'Variegata'** 叶有乳黄色斑。

〔附〕**水瓜栗** ***P. aquatica*** Aubl. 〔Shaving Bruch

Tree〕 常绿乔木；掌状复叶，小叶 5～9，长 20～25cm。花大，花瓣乳白色或浅绿色，长约 35cm，雄蕊多而细长，先端带红色。蒴果长达 30cm，径 15cm。产墨西哥及南美北部。喜湿润热带气候。为优良的观花赏叶树种。果经烘烤后可食。

56. 锦葵科 Malvaceae

【木槿属 *Hibiscus*】多为灌木；单叶互生，掌状脉。花大，花瓣 5，雄蕊多数，花丝合生成柱状，花萼宿存，副萼较小；蒴果 5 裂，种子有毛。约 200 种，产世界热带和亚热带；中国 24 种，引入栽培约 2 种。

（499）**木　槿**

Hibiscus syriacus L. 〔Rose-of-Sharon〕

落叶灌木或小乔木，高 2～6m；幼枝具柔毛。叶菱状卵形，长 3～6cm，通常 3 裂，缘具粗齿或缺刻，光滑无毛。花单生叶腋，通常淡紫色，朝开暮谢；副萼条形（宽 0.5～2mm）。花期 7～8(9)月；果期 10～11 月。

原产亚洲东部。我国东北南部至华南各地广为栽培，尤以长江流域为多。喜光，喜温暖湿润气候，耐干旱瘠薄，较耐寒；萌蘖性强，耐修剪。扦插或播种繁殖。本种花期长，花大并有许多美丽的品种，宜植于庭园观赏，也常植为绿篱。木槿是韩国国花。花、果可供药用；白花品种的鲜花可作汤菜食用。

图 301　木　槿

品种很多：花单瓣的有**纯白**‘Totus Albus’、**皱瓣纯白**‘W. R. Smith’、**大花纯白**‘Diana’（花径约 12cm，多花）、**白花褐心**‘Monstrosus’、**白花红心**‘Red Heart’、**白花深红心**‘Dorothy Crane’、**蓝花红心**‘Blue Bird’、**浅粉红心**‘Hamabo’、**天蓝红心**‘Coelestis’、**大花粉红**‘Pink Giant’（花径 10～12cm）、**玫瑰红**‘Wood-bridge’（花玫瑰粉红色，中心变深）等。

花重瓣和半重瓣的有**粉花重瓣**‘Flore-plenus’（花瓣白色带粉红晕）、**美丽重瓣**‘Speciosus Plenus’（粉花重瓣，中间花瓣小）、**白花重瓣**‘Albo-plenus’、**白花褐心重瓣**‘Elegantissimus’、**白花红心重瓣**‘Speciosus’、**桃紫重瓣**‘Amplissmus’、**桃色重瓣**‘Anemonaeflorus’、**玫瑰重瓣**‘Ardens’、**桃红重瓣**（‘牡丹’木槿）‘Paeoniflorus’（花桃色而带红晕）、**紫花半重瓣**‘Purpureus’、**桃白重瓣**‘Pulcherrimus’（花桃色而混合白色）、**青紫重瓣**‘Violaceus’等。

此外，还有**斑叶**‘Variegatus’（叶有不规则的白色斑块，花红色，重瓣）、**银边**‘Silver Queen’（叶边白色）等品种。

（500）**中华木槿**

Hibiscus sinosyriacus Bailey

落叶灌木；小枝幼时有粗毛。叶三角状卵形，长 7～9cm，3 主脉，有时 3

浅裂，缘有齿，质较粗硬。花比木槿稍大，白色或淡紫色，中心褐红色，副萼披针状长圆形，宽4～5mm，较花萼长；花期9～11月。

产江西、湖南、贵州、云南及甘肃、陕西等地。较耐荫，耐寒性不如木槿。花大而美丽，花期长，比木槿晚，宜植于庭园观赏。

（501）**海滨木槿**

Hibiscus hamabo Sieb. et Zucc. 〔Yellow Hibiscus〕

落叶灌木，高2～4m。叶椭圆形至卵圆形，长达7.5cm，先端尖，缘有细锯齿，两面有灰白色星状毛；秋叶红色。花钟形，金黄色，中心暗紫色，单生。蒴果卵状三角形。7～10月开花。

原产日本和朝鲜半岛。树形美观，花大而美丽，花期长；我国上海、深圳等地有栽培。

〔附〕**紫叶槿** ***H. acetosella*** Welw. ex Hiern 常绿灌木，高1～3m。枝叶均呈暗红至褐紫色。叶掌状3～5裂，长8～10cm。花绯红色，有深色脉纹，中心暗紫色，径8～10cm；夏至秋季开花。原产热带非洲；海南、深圳等地有栽培。是良好的观叶观花树种。

（502）**扶　桑**（朱槿）

Hibiscus rosa-sinensis L. 〔Rose-of-China〕

常绿大灌木，高可达6m。叶广卵形至长卵形，长4～9cm，缘有粗齿，基部全缘，无毛，表面有光泽。花冠通常鲜红色，雄蕊柱超出花冠外，花梗长而无毛；夏秋开花。

图302　扶　桑

产中国南部及中南半岛。喜光，喜暖热湿润气候，很不耐寒，长江流域仍需温室越冬。是美丽的温室花木，在温室内冬春也能开花；华南多露地栽培观赏。是马来西亚、苏丹的国花和南宁市的市花。根、叶、花均可入药。

除单瓣红花外，还有**白花**'Albus'、**鲜红**'Scarlet'（花鲜红，雄蕊柱白色）、**醉红**'Cardinal'（花瓣鲜红色，基部有少数白短脉，皱边）、**橙红**'Birma'、**玫红**'Rosalie'、**桃红**'Rainbow'（花瓣桃红色，边缘带黄色）、**粉花**'Kermesinus'、**黄花**'Luteus'（'Golden Bell'）、**黄花红心**'Currie'、**金花红心**'Aurantiacus'、**白花重瓣**'Albo-plenus'、**红花重瓣**'Rubro-plenus'、**玫红重瓣**'Rosalio-plenus'、**粉花重瓣**'Kermesino-plenus'、**黄花重瓣**'Flavo-plenus'、**'Golden Pagoda'**（'金塔'，花橙色，中心及脉发红，雄蕊柱上部有一部分雄蕊瓣化）、**'Carmine Pagoda'**（'红塔'，花鲜红色，雄蕊柱上部瓣化）及**锦叶**'Cooperii'（叶有白、黄、粉红等色彩，花红色单瓣）等美丽的品种。

（503）**吊灯花**（拱手花篮，裂瓣朱槿）

Hibiscus schizopetalus (Mast.) Hook. f. 〔Fringed Hibiscus〕

灌木，高1～3m；枝细长拱垂。叶椭圆形，长4～7cm，缘有粗齿，两面无毛。花梗细长，中部有关节；花大而下垂，红色，花瓣深细裂成流苏状向上反卷，雄蕊柱长而突出。几乎全年开花。

原产非洲东部热带。喜光，喜暖热多湿气候，耐干旱，抗污染。是美丽的观赏花木，华南有栽培，长江流域及其以北地区多温室盆栽。

图 303 吊灯花

(504) **木芙蓉**（芙蓉花）

Hibiscus mutabilis L.

〔Cotton Rose，Confederate Rose〕

落叶灌木或小乔木，高 2～5m；小枝密生绒毛。叶卵圆形，径 10～15cm，掌状 3～5(7)裂，基部心形，缘有浅钝齿，两面有星状绒毛。花大，单生枝端叶腋，清晨初开时粉红色，傍晚变成紫红色，副萼线形；花梗长 5～10cm，密被星状短柔毛；9～10 月开花。

产中国南部；日本和东南亚地区有栽培。喜光，喜温暖，不耐寒，长江以北地区栽培地上部分常被冻死，春天由根部抽条丛生；要求水分适中而排水良好的土壤。扦插、播种、分株或压条繁殖。是著名的秋季观赏花木，宜于庭院、坡地、路边、林缘及水畔栽种。四川成都因普遍栽植而有"蓉城"之称。北方也可盆栽观赏。花、叶及根皮均可入药。

图 304 木芙蓉

有**红花**'Rubra'、**白花**'Alba'、**重瓣**'Plenus'('Roseo-plenus'，花重瓣，由粉红变紫红色）及**醉芙蓉**'Versicolor'（花在一日之中，初开为纯白色，渐变淡黄、粉红，最后成红色）等品种。

〔附〕**庐山芙蓉** ***H. paramutabilis*** Bailey 与木芙蓉的主要区别是：叶基部截形；花之副萼长卵形，有长渐尖头，花梗被长硬毛。产江西、湖南、广西和广东北部。可植于庭园观赏，或栽作花篱。

(505) **黄 槿**

Hibiscus tiliaceus L. 〔Linden Hibiscus〕

常绿小乔木，高 4～10m；小枝无毛。叶广卵形，长 7～15cm，基部心形，全缘（偶有不显之 3～5 浅裂），表面深绿色，背面灰白色，密生星状绒毛，革质。花钟形，黄色，花心暗红色，径 6～7cm，副萼基部合生。花期 6～8 月。

产我国华南地区及日本、越南、印度、缅甸、马来西亚、印尼、澳大利亚等地。多生于海边，耐干旱瘠薄和盐碱；生长快，深根性，抗风力强，抗污染。播种繁殖。可用作华南海岸防护林；广州有栽作行道树的。木材致密，色泽美丽，可供

图 305 黄 槿

建筑、家具等用。

【悬铃花属 *Malvaviscus*】3种，产美洲亚热带和热带；中国引入栽培2种。

（506）**悬铃花**（垂花悬铃花）

Malvaviscus penduliflorus Candolle（*M. arboreus* var. *penduliflorus* Schery）〔Carsinal's Hat〕

常绿灌木，高约1m。叶互生，狭卵形至广披针形，长6～12cm，缘有锯齿，有时有裂，基部3主脉，两面近无毛或仅脉上有疏毛；叶柄长1～2cm。花单生叶腋，下垂，花冠红色，长5～6cm，仅于端部略开展，雄蕊柱突出花冠外；花梗长约1.5cm；几乎全年开花。

原产墨西哥至哥伦比亚。喜光，不耐寒。扦插繁殖。花极美丽，华南有栽培；长江流域及北方城市多于温室盆栽观赏。

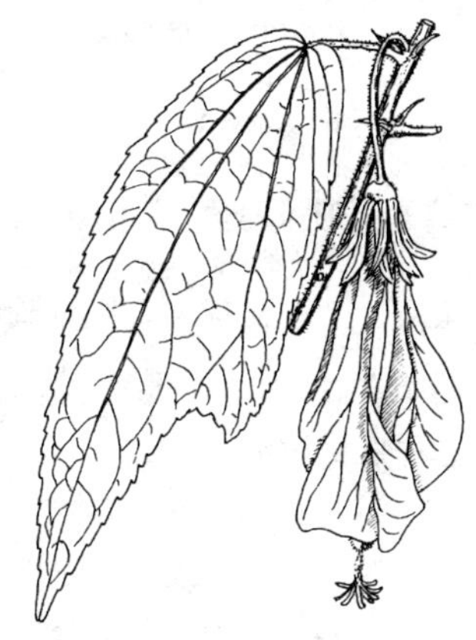

图306　悬铃花

栽培变种**粉花悬铃花'Pink'**花粉红色。

〔附〕**小悬铃花**（冲天槿）***M. arboreus*** Cav.〔Wax Mallow〕　高3～4m；叶广心形至圆心形，长5～12cm，常3裂，基部5主脉，叶柄长2～5cm；花较小，长约2.5cm，近直立，花梗长3～4mm。原产古巴至墨西哥；华南有栽培，供观赏。

【苘麻属 *Abutilon*】约150种，产热带和亚热带；中国9种。

（507）**金铃花**（金铃木）

Abutilon pictum（Gillies ex Hook. et Arn.）Walp（*A. striatum* Dicks.）〔Chinese Lantern，Flowering Maple〕

常绿灌木，高达4m。叶互生，掌状3～5裂，长8～14cm，基部心形，缘有钝齿。花单生叶腋，钟形下垂，长3～5cm，花瓣5，橘红色，具紫脉纹，雄蕊柱长3cm，花柱分枝10，紫色，柱头头状；花萼钟形，5裂；花梗长5～6cm。花期夏季。

原产南美巴西、乌拉圭、危地马拉等地；在我国台湾已归化。喜半荫及温暖环境，忌高温多湿，耐最低温为5～7℃。扦插或高压繁殖。适于盆栽观赏，我国各地温室时见栽培。

常见有**斑叶**'Thompsonii'、**重瓣**'Pleniflorum'等品种。

〔附〕**杂种金铃花** ***A.*** × ***hybridum***〔Garden Abulilon〕　常绿灌木；叶大而皱，长7～11cm，掌状3(5)浅裂，缘有粗齿。花钟形下垂，花瓣红色，有深色脉纹，花蕊柱红色，不伸出。花期夏季。花色艳丽，花色丰富，有杏黄、亮黄、浅黄、红、暗紫、暗粉红、浅粉红、亮橙等品种。宜植于庭园或盆栽观赏。

57. 大风子科 Flacourtiaceae

【山拐枣属 *Poliothyrsis*】1种，中国特产。

(508) **山拐枣**

Poliothyrsis sinensis Oliv.

〔Chinese Pearlbloomtree〕

落叶乔木，高达15m；树皮灰色，嫩枝有毛。单叶互生，卵形，长6～16cm，先端渐尖，基部圆形或心形，3主脉，缘有圆钝齿。花单性同株，无花瓣，萼片5，黄绿色；成顶生圆锥花序。蒴果椭球形，长约2cm，3瓣裂；种子小，有翅。

产我国东部、中部至西南部。可植于园林绿地作庭荫树。

图307 山拐枣

【山桐子属 ***Idesia***】1种，产中国、日本和朝鲜。

(509) **山桐子**

Idesia polycarpa Maxim. 〔Iigiri Tree〕

落叶乔木，高达15m；干皮灰白色，不裂。单叶互生，广卵形，长10～20cm，先端渐尖，基部心形，掌状5～7基出脉，缘有疏齿，表面深绿色，背面白色，沿脉有毛，脉腋有簇毛，余无毛或近无毛；叶柄上部有2大腺体。花单性异株或杂性，无花瓣，萼片5，黄绿色；成顶生圆锥花序。浆果球形，红色，径7～8mm。花期5～6月；果期9～10月。

产我国华东、华中、西北及西南各地；朝鲜、日本也有分布。树冠端整，秋日红果累累下垂，甚为美观，且能在树上留存较久，宜栽作庭荫树及观赏树。种子榨油可制肥皂及作润滑油。

变种**毛叶山桐子** var. ***vestita*** Diels 叶背密生短柔毛。产河南（伏牛山）、河北、陕西、甘肃至长江流域各地；北京有栽培。

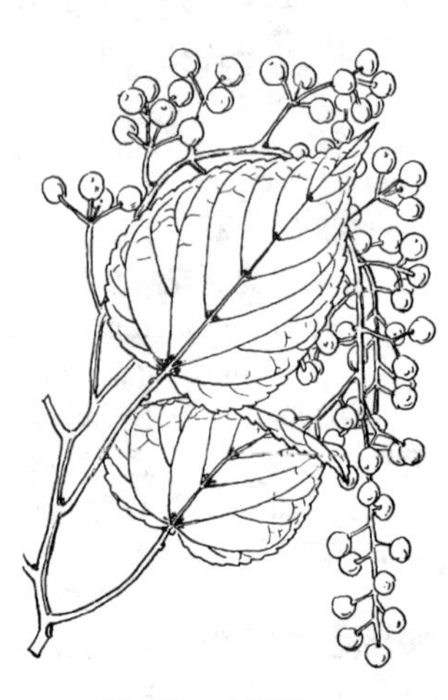

图308 山桐子

【桤子皮属 ***Itoa***】2种，产东南亚；我国1种。

(510) **桤子皮**（伊桐）

Itoa orientalis Hemsl.

常绿乔木，高10～15m。叶互生，长椭圆形至椭圆形，长15～30cm，先端渐尖，基部圆形或心形，羽状脉，缘有疏齿，表面光滑或仅脉上有毛，背面有黄色柔毛，革质。花单性异株，雄花为顶生直立圆锥花序，雌花单生；花萼3～4裂，无花瓣，雄蕊多数。蒴果木质，椭球形，长约8cm；种子具膜质翅。花期5月；果期10月。

产四川、云南、贵州及广西等地。喜光，稍耐荫，喜温暖气候及肥沃湿润土壤，不耐寒。树姿优美，叶大而光洁可爱；在暖地宜作庭荫树及园景树。

图 309 梔子皮

图 310 柞 木

【柞木属 **Xylosma**】约 50 种，主产热带和亚热带；中国 4 种。

(511) **柞 木**

Xylosma racemosum (Sieb. et Zucc.) Miq.

(*X. congestum Merr.*, *X. japonicum* A. Gray)

常绿小乔木，高达 9～15m，有时灌木状；有枝刺。单叶互生，卵形或卵状椭圆形，长 4～8cm，有钝锯齿，两面无毛。花单性异株，无花瓣；成腋生总状花序。浆果熟时黑色。花期 5～7 月；果期 9～10 月。

产我国长江流域及其以南地区，多生于村落路旁；日本、越南也有分布。木材坚实；树皮及叶可入药。也可植于庭园观赏，或栽作刺篱。

〔附〕**长叶柞木 *X. longifolium*** Clos 树干和枝均有长枝刺；叶长椭圆形至披针形，长 6～20cm，先端渐尖，基部广楔形，缘有锯齿；浆果熟时紫红至黑色。产亚洲南部，我国华南至西南部有分布。树形美观，终年翠绿；在南方可作园林绿化及观赏树种。

【大风子属 ***Hydnocarpus***】40 余种，产东南亚；中国 4 种。

(512) **海南大风子**

Hydnocarpus hainanensis (Merr.) Sleum.

常绿乔木，高 6～9m。叶互生，狭长椭圆形，长 9～15cm，先端渐尖，基部楔形或圆形，缘有不规则波状齿，两面无毛，薄革质。花单性异株，萼片 4，花瓣 4；伞形花序，长 1.5～2.5cm。浆果球形，径 4～5cm，密生褐色绒毛。花期春末至夏初；果期夏至秋季。

图 311 海南大风子

产我国海南和广西；越南也有分布。厦门、

广州、深圳等地有栽培。喜光，喜暖热多湿气候及富含腐殖质而排水良好的壤土，不耐寒冷和干旱。树姿清秀，枝叶略下垂，新叶红色，是优良的园林风景树种。

图 312　刺篱木

【刺篱木属 ***Flacourtia***】约 15 种，产热带亚洲和非洲；中国 5 种。

（513）**刺篱木**

Flacourtia indica (Burm. f.) Merr.

〔Batoko Plum, Madagascar Plum〕

落叶灌木，高达 4m；具枝刺（长达 5cm）。叶互生，卵形至倒卵形，长 2～4(7)cm，先端圆钝，叶缘中上部有钝锯齿，革质。花无花瓣，萼片 5～6；单生或数朵成总状花序。浆果状核果球形，径 5～10mm，熟时暗红至黑色。花期 3～4 月；果期 5～7 月。

产亚洲热带和非洲热带；华南地区有分布。果味香甜，可食。枝多刺，可栽作刺篱。

图 313　红花天料木

【天料木属 ***Homalium***】约 200 种，产泛热带；中国 12 种。

（514）**红花天料木**（母生）

Homalium hainanense Gagnep.

常绿大乔木，高达 30～40m。叶互生，椭圆形，长 6～9cm，宽 2～4cm，先端短渐尖，基部广楔形，边缘浅波状或全缘，侧脉 6～8 对，在背面凸起，薄革质，无毛。花两性，粉红色；总状花序腋生，长6～15cm。花期 4～5 月和 9～10 月。

产华南各地；越南北部也有分布。萌芽性强，故有“母生”之称。树干直，生长快，材质好；在暖地可作用材及园林绿化树种。

58. 胭脂树科（红木科）Bixaceae

【胭脂树属 ***Bixa***】1 种，产热带美洲；中国有栽培。

（515）**胭脂树**（红木）

Bixa orellana L. 〔Annatto, Lipstick Tree〕

常绿小乔木，高达 7m；小枝具褐色毛。单叶互生，卵形，长 8～20cm，先端长尖，基部心形或截形，背面密被红褐色小点；叶柄两端膨大。花白色至淡红色，径4～5cm，萼片 5，基部有 2 腺体，花瓣 5，雄蕊多数，花柱细长；成顶生圆锥花序。蒴果有软刺，扁卵形或扁球形，长 2.5～4cm，绿色或红紫色；种皮肉质，红色。花期 10 月至翌年 1 月；果熟期 5 月。

原产热带美洲；华南地区有栽培。喜暖热气候

图 314　胭脂树

及肥沃土壤。种子外种皮含红色染料，用于食品、化妆、织物等的染色剂。枝叶茂密，花果美丽，带刺的红果更为醒目；可栽作园林绿化及观赏树种。

59. 柽柳科 Tamaricaecae

【柽柳属 *Tamarix*】约 90 种，产亚洲、欧洲和非洲；中国 18 种。

(516) **柽　柳**

Tamarix chinensis Lour.（*T. juniperina* Bunge）〔Chinese Tamarisk〕

落叶灌木或小乔木，高 2～5m；树皮红褐色，小枝细长下垂。叶细小，鳞片状，长 1～3mm，互生。花小，5 基数，粉红色，花盘 10 裂或 5 裂，苞片狭披针形或钻形。自春至秋均可开花，春季总状花序侧生于去年生枝上，夏、秋季总状花序生于当年生枝上并常组成顶生圆锥花序。

图 315　柽　柳

产吉林、辽宁、内蒙古、华北至西北地区，华东、华中及西南各地有栽培。有抗涝、抗旱、抗盐碱及沙荒地的能力；深根性，生长快，萌芽力强。宜作盐碱地绿化树种，也可植于庭园观赏。嫩枝及叶可供药用。

(517) **多枝柽柳**（红柳）

Tamarix ramosissima Ledeb.

（*T. pentandra* Pall.）

落叶灌木或小乔木，高达 3～6m；小枝纤细，红棕色。叶鳞形，长 2～5mm，先端稍内倾。花小，5 基数，苞片卵状披针形，萼片卵形，花瓣倒卵形，粉红至淡紫红色，花柱 3；总状花序长 3～6cm，再组成顶生圆锥花序；5～9 月开花，花瓣宿存。

广布于我国西北地区，尤以新疆最为普遍；蒙古、中亚、伊朗、阿富汗至欧洲东南部也广泛分布。是我国西北荒漠地区良好的固沙造林树种。树姿优雅，花繁密美丽，也可植于庭园观赏。枝叶可供药用。

60. 番木瓜科 Caricaceae

【番木瓜属 *Carica*】约 25 种，产美洲热带和亚热带；中国引入栽培 1 种。

(518) **番木瓜**

Carica papaya L.〔Papaya〕

落叶或半常绿小乔木，茎通常不分枝，高达 8m。叶大，互生，掌状 7～9 深裂，裂片又羽裂，叶柄长而中空，集生于茎端。花单性异株，黄白色，芳香。浆果椭球形，长 10～30cm，熟时橙黄色。

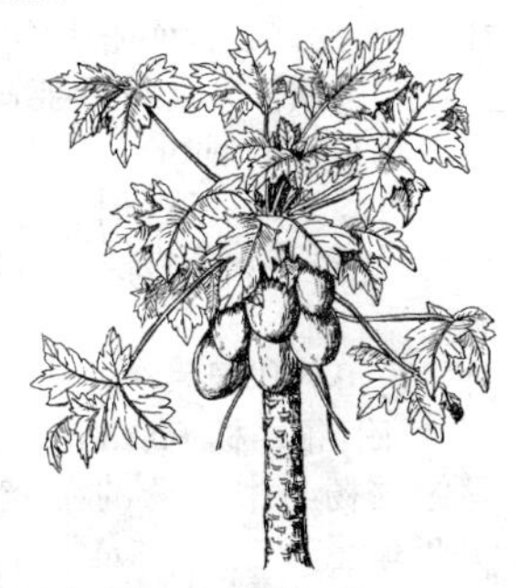

图 316　番木瓜

原产热带美洲；现广植于世界热带及暖亚热

带地区。我国华南及西南地区习见栽培。喜光，很不耐寒，遇霜即凋；生长快。播种或扦插繁殖。果供食用，并在成熟前可提炼木瓜素，有助消化蛋白质的功能；叶也可药用。

61. 杨柳科 Salicaceae

【杨属 ***Populus***】落叶乔木；顶芽发达，芽鳞数枚。单叶互生，较宽。花单性异株，雌、雄花序均下垂，苞片有条裂状缺刻；蒴果，种子有毛。约 100 种，产亚洲、欧洲和北美洲；中国 57 种，引入 4 种。

（519）**毛白杨**

Populus tomentosa Carr.

〔Chinese White Poplar〕

高达 30m，树干端直，树皮青白色，皮孔菱形；幼枝具灰白色毛。叶三角状卵形，长 10～15cm，缘有不整齐浅裂状齿，背面密被灰白色毛，后渐脱落。

中国特产，可能是天然杂种，以黄河中下游为分布中心，南达长江下游。喜光，喜温凉气候及肥沃深厚而排水良好的土壤，抗烟尘及有毒气体；深根性，根际萌蘖性强，生长快，寿命较长。扦插较难生根，多用埋条法繁殖。材质较好，宜作行道树、防护林及用材林树种。人工培育的**三倍体毛白杨**，更具有速生、抗性强和材质好等优点。

栽培变种**抱头毛白杨‘Fastigiata’** 侧枝直立向上，形成紧密狭长的树冠。山东、河北等地有分布；北京紫竹院公园有少量栽培。

图 317 毛白杨

（520）**银白杨**

Populus alba L. 〔White Poplar〕

高 15～30m，树皮灰白色；嫩枝及芽皆有白色绒毛。叶卵形，长 5～12cm，缘有波状齿或 3～5 浅裂，背面密生不脱落的银白色绒毛。

原产欧洲、北非及亚洲西部。我国新疆有天然林分布；西北、华北及东北南部有栽培。适于寒冷干燥的大陆性气候，湿热的南方生长不良，能在沙荒及轻盐碱地上生长；深根性，根萌蘖性强。是西北地区平原及沙荒地造林树种，也可栽作风景树及行道树。

〔附〕**银中杨 *Populus alba* × *P. berolinensis*** 是银白杨与中东杨的杂交种。高达 20m；干皮灰绿至灰白色，光滑，皮孔明显。叶卵形至扁卵形，缘有不规则波状齿裂，表面深绿

图 318 银白杨

色，背面有柔毛。耐寒，耐干旱瘠薄和盐碱，抗病虫，适应性强，生长快。扦插或根蘖繁殖。我国东北地区广泛栽作行道树、防护林及风景林。

（521）**新疆杨**

Populus bolleana Lauche（*P. alba* var. *pyramidalis* Bunge）〔Bolle's Poplar〕

高达30m，枝直立向上，形成圆柱形树冠；树干灰绿色，老则灰白色。短枝之叶近圆形，有粗缺齿，背面绿色，近无毛；长枝之叶常掌状3～5裂，背面有白色绒毛。仅见雄株。

产我国新疆、内蒙古及俄罗斯南部地区。喜光，耐大气干旱及盐渍土；生长快，深根性，抗风力强，扦插易活。材质较好，是优美的风景树、行道树、防护林及四旁绿化树种，深受新疆人民喜爱。西安、北京等地有引种栽培，生长良好。

栽培变种**宽冠新疆杨‘Ovoidea’** 树冠开展成卵球形，北京偶见栽培。

图319 新疆杨

（522）**河北杨**

Populus hopeiensis Hu et Chow

高达30m；树皮灰白色，光滑。叶卵圆形或近圆形，长3～8cm，先端钝，缘具疏波齿或不规则之缺刻，背面青白色，无毛；叶柄扁平。

主产华北及西北山地，能生长在寒冷多风的黄土高原上；可能是山杨与毛白杨的自然杂种。喜光，耐干旱，但不耐水湿；根萌蘖性强，生长尚快。树皮灰白洁净，树冠圆整，枝叶清秀柔和，是一优美的庭荫树、行道树及风景树种。又可作华北、西北丘陵地造林绿化树种。

图320 河北杨

（523）**响叶杨**

Populus adenopoda Maxim.

〔Chinese Aspen〕

高达30m；树皮幼时灰白色，老则深灰色并纵裂。叶卵状三角形或卵圆形，长5～8cm，有钝齿，先端长渐尖；叶柄略扁，顶端具2大腺体。

主产长江及淮河流域，常与枫香、黄连木、化香等树种混生。喜光，喜温暖湿润，不耐寒，生长快，根际萌蘖性强。扦插不易成活，用播种或分蘖法繁殖。是长江中下游重要造林树种。

图321 响叶杨

(524) **山　杨**

Populus davidiana Dode

高达25m，树冠圆球形；树皮灰绿色，后剥裂变暗灰色。叶近圆形，先端钝尖，缘具波状钝齿，无毛；叶柄细而扁。

广布于东北、华北、西北、华中及西南地区高山，是黄河流域高山常见树种。喜光，耐寒性强，耐干旱瘠薄；根系发达，抗风力强，根萌蘖性强。扦插难以成活，用分蘖或播种法繁殖。主要用作东北、华北荒山绿化造林。幼叶红艳美丽。树皮可供药用及制栲胶。品种**垂枝山杨 'Pendula'** 枝条细柔下垂，哈尔滨、抚顺等地有栽培。

图322　山　杨

(525) **加　杨**（加拿大杨，欧美杨）

Populus* × *canadensis Moench

（*P.* × *euramericana* Guinier）

〔Carolina Poplar〕

高达30m，树皮纵裂；小枝有棱。叶近等边三角形，长6～10cm，先端渐尖，基部截形，锯齿圆钝；叶柄扁平。是美洲黑杨（P. deltoides）与欧洲黑杨（P. nigra）之杂交种，现广植于欧洲、亚洲及美洲各地。我国华北至长江流域普遍栽培，东北南部也有引种。喜光，喜温凉气候及湿润土壤，也能适应暖热气候，耐水湿和轻盐碱土；生长迅速。多系雄株，不飞絮；扦插极易成活。常作行道树及防护林树种。目前，栽培变种很多，重要的有：

图323　加　杨

①**沙兰杨 *Populus* 'Sacrau 79'** 树冠宽阔，圆锥形，侧枝近轮生；树皮灰白或灰褐色，皮孔菱形，大而显著；大树树干基部有较宽浅纵裂。叶卵状三角形，长8～11cm，先端长渐尖，基部广楔形或截形；长枝之叶较大，基部具1～4棒状腺体。是起源于欧洲的雌株无性系，因生长快、适应性强而栽培遍及世界各国。对水肥条件要求较高，抗寒性较差，但较能耐高温多雨气候。在我国河南、江苏、山东、陕西等地生长良好。材质较好。

②**意大利214杨 *Populus* 'I-214'** 树干通直或稍弯，树冠长卵形；树皮灰绿色或灰褐色，老时下部浅纵裂，裂纹较窄而密；幼枝及幼叶红色。叶三角形，长略大于宽，基部心形，有2～4腺体，叶质较厚，深绿色；叶柄扁，细而较长。原产意大利，是天然杂种。生长极快。我国宜在黄河下游至长江中下游地区推广。

图324　沙兰杨

③**健杨 *Populus* 'Robusta'** 高达40m，树冠

塔形，枝层明显。树皮光滑，老树基部纵裂；小枝被柔毛，芽圆锥形，紧贴枝，先端尖。叶三角形或扁三角形，先端短尾尖，基部广楔形，幼叶古铜色；叶柄扁，带红色，疏被毛。是 19 世纪末产生于德国的雄株无性系。树干圆满通直，生长健壮，广植于欧洲各国。我国东北、华北及西北地区有栽培，生长良好。材质较好。

④**金叶杨** ***Populus* 'Aurea'** 叶金黄色，是近年在我国河南选育出的优良色叶树种。

(526) **黑　杨**（欧洲黑杨）

Populus nigra L. 〔Black Poplar〕

高达 30m，树冠椭球形；树皮暗灰色，老时纵裂；小枝圆，无毛。叶菱形、菱状卵形或三角形，长 5～10cm，先端长渐尖，基部广楔形，叶缘半透明，具圆齿；叶柄扁而长，无毛。

产亚洲北部至欧洲；我国新疆北部有分布。为杨树育种的优良亲本之一。有以下两个栽培变种：

①**钻天杨 'Italica'**（var. *italica* Koehne，*P. pylamidalis* Rozier）〔Lombardy Poplar〕 高达 30 余米，树冠圆柱形，树皮暗灰色，纵裂。长枝上叶扁三角形，短枝上叶菱状卵形，长 5～10cm；叶柄扁。18 世纪初在意大利北部伦巴第（Lombardy）从一雄株繁殖而成，现广植于欧洲、亚洲和美洲。我国哈尔滨以南至长江流域有栽培，适生于华北、西北地区。喜光，耐寒，耐旱，稍耐盐碱和水湿；生长快。在南方湿热地区生长不好，易遭风折。在北方宜作行道树、防护林及风景树。

②**箭杆杨 'Thevestina'**（var. *thevestina* Bean）高达 30m，树冠窄圆柱形，树干通直；干皮灰白色，光滑，老树基部稍裂。叶形变化较大，一般为三角状卵形至菱形，长大于宽，长 5～10cm，先端渐尖至长渐尖，基部楔形至近圆形。产西亚及北非，我国分布于黄河中上游一带。喜光，耐寒，抗大气干旱，稍耐盐碱；生长快。仅有雌株（有时出现两性花），扦插易成活。材质较好，树形美观，根幅小，在西北地区很受人们喜爱，多作公路行道树、农田防护林及四旁绿化树种。可惜近年因光肩天牛危害严重，已被一些城市淘汰。

(527) **小叶杨**（南京白杨）

Populus simonii Carr.

高达 20m，树冠广卵形；树皮灰绿色，老时灰黑色，纵裂；幼树小枝及萌枝有棱，老树小枝圆；

图 325　钻天杨

图 326　箭杆杨

图 327　小叶杨

冬芽瘦尖。叶菱状卵形至菱状倒卵形，长 5～10cm，基部常楔形，先端短尖，两面无毛；叶柄圆，常带红色。

产东北、华北、西北、华中及四川等地，多生于河边沟谷；欧洲及朝鲜也有分布。喜光，适应性强，耐寒，耐干旱瘠薄；根系发达，抗风，抗病虫。材质较好，是良好的防风、固沙、保土及绿化树种。

有**塔形小叶杨 'Fastigiata'**（枝直立，树冠柱状塔形）、**垂枝小叶杨 'Pendula'** 等品种。

〔附〕**小钻杨 *P.* × *xiaozuanica*** W. Y. Hsu et Liang　高达 30m，是小叶杨与钻天杨的自然杂种，性状介于两者之间。适应性强，材质好，生长快。是优良速生用材及四旁绿化树种，栽培面积广，并有不少品种。

图 328　青　杨

(528) **青　杨**

Populus cathayana Rehd.

高达 30m；树皮光滑，灰绿色；小枝圆筒形，枝叶均无毛。叶卵形或卵状椭圆形，长5～10cm，基部圆形或近心形，先端长尖；叶柄圆而较细长。

产辽宁、华北、西北及西南地区山地。喜温凉气候，耐干冷，喜肥沃、湿润而排水良好土壤，不耐积水和盐碱土；深根性，生长快。木材优良，是华北山区造林的重要速生用材树种。树形美观，春天发叶特早，宜作行道树及风景树。

〔附〕**北京杨 *P.* × *beijingensis*** W. Y. Hsu　是钻天杨与青杨的人工杂交种，性状介于两者之间。生长迅速，材质较好，在华北、西北及东北南部广泛栽培。是防护林及四旁绿化的优良树种。

图 329　小青杨

(529) **小青杨**

Populus pseudosimonii Kitag.

高达 20m，是小叶杨与青杨的天然杂交种。分枝较密，树冠圆满；干皮灰白色，较光滑，老时浅纵裂；幼枝有棱，无毛。叶菱状卵形至菱状椭圆形，最宽处在中下部，先端渐尖，基部广楔形，稀近圆形，边缘具细密而起伏交错的锯齿；叶柄略扁。

主产我国东北地区。生长势强，干直，生长快，耐修剪，易繁殖，适应性、抗逆性较强。是东北广大平原地区主要杨树造林树种，尤其适合于农田防护林及城乡绿化。

图 330　大青杨

(530) **大青杨**

Populus ussuriensis Kom.

高达30m，树冠圆形；干皮暗灰色，纵沟裂。小枝有棱，灰绿色，稀红褐色，有短柔毛；芽具黏质，不香。叶椭圆形、长椭圆形或近圆形，长5～12cm，先端短尖，基部心形或圆形，缘有细圆齿并密生睫毛，两面沿脉有柔毛；叶柄圆，密被毛。

产东北长白山及小兴安岭林区；俄罗斯远东地区、朝鲜也有分布。属山地杨树，喜湿润，抗病性强，生长快。木材轻软洁白，供制胶合板等用。

〔附〕**香杨** ***P. koreana*** Rehd. 与大青杨相似，主要不同点是：小枝圆柱形，粗壮，无毛，带红褐色；芽大，富黏质，有香气。发叶早，叶面有明显皱纹。是我国小兴安岭及长白山林区高大乔木之一，垂直分布较大青杨高。寿命较长。

图331 辽 杨

(531) **辽 杨**

Populus maximowiczii Henry

高达30m；树皮幼时灰绿色，老时灰色，深纵裂；小枝粗圆，密被柔毛，芽有树脂。叶较大而厚，卵状椭圆形或广卵形，长10～12cm，先端突短尖，基部心形，表面微皱，背面绿白色，两面脉上有短柔毛。雄花序深红色，颇为美丽。

产我国东北南部、内蒙古及河北；朝鲜、俄罗斯、日本也有分布。稍耐荫，耐寒，喜肥沃土壤；生长快。木材较致密、耐腐，可供建筑、造船等用。

图332 大叶杨

(532) **大叶杨**

Populus lasiocarpa Oliv.

高达20m。叶大，卵形，长15～25(30)cm，先端渐尖，基部深心形，缘有钝齿，表面有毛，叶脉和叶柄常带红色。果序长达24cm，果密被灰白色绒毛。

产我国中部至西南部地区。叶大而树形美观，适于在云贵高原丘陵地区用作城乡绿化树种。

(533) **滇 杨**（云南白杨）

Populus yunnanensis Dode

〔Yunnan Poplar〕

高达20～25m；树皮灰色或灰褐色，不规则深纵裂；小枝粗壮，有角棱，黄褐色，无毛。长枝之叶为卵状椭圆形，长12～20cm，先端渐尖，基部广楔形或近圆形，背面灰白色，中脉常带红色，叶柄较粗短，带红色；短枝之叶较小，先端长渐尖，

图333 滇 杨

基部近心形，中脉黄色，叶柄较细长。

产我国西南部地区，云南较为常见。喜温凉气候，较耐湿热，较喜水湿。树形美观，端直高大，生长快，扦插易活。是产区优良用材及绿化树种，昆明等地常栽作公路行道树及庭荫树。

(534) **胡 杨**

Populus euphratica Oliv.

〔Euphrates Poplar〕

高达 25m，有时成灌木状，树冠球形；树皮厚，纵裂。小枝细圆，无顶芽，幼时被毛。叶两面均为灰蓝色，叶形多变：长枝或幼树之叶披针形，全缘或疏生锯齿；短枝和中年树之叶卵形、扁卵形或肾形，具缺刻或近全缘。

图 334 胡 杨

产我国西北地区，以新疆最为普遍。喜光，耐大气干旱及寒冷、干热气候，抗盐碱和风沙；根萌蘖性强。常于沙漠地区的水源附近形成沙漠绿洲。是西北地区碱地、沙荒地造林、绿化的好树种。

【柳属 *Salix*】落叶乔木或灌木；枝无顶芽，芽鳞 1 枚。单叶常互生，叶形较狭长。雌、雄花序均直立，苞片全缘；蒴果 2 裂，种子有毛。约 520 种，主产北半球温带地区；中国约 250 种。

(535) **垂 柳**

Salix babylonica L. 〔Weeping Willow〕

图 335 垂 柳

高达 18m；枝条细长下垂，褐色或带紫色。叶狭长披针形，长 9～16cm，微有毛，缘有细锯齿，叶柄长 6～12mm。雌花只有 1 个腺体；雄花具 2 雄蕊。花期 3～4 月；果期 4～5 月。

我国分布甚广，长江流域尤为普遍；欧美及亚洲各国均有引种。性喜水湿，耐水淹，也耐干旱；生长快。枝条柔垂，姿态优美，为著名园林观赏树种，栽于河岸、池边最为理想。也是江南水网地区、平原及河滩地重要速生用材树种。枝、叶、花、果及须根均可入药。

国外有**卷叶**‘Crispa’、**金枝**‘Aurea’等品种。

(536) **旱 柳** (柳树)

Salix matsudana Koidz. (*S. babylonica* var. *pekinensis*) 〔Peking Willow〕

高达 20m；小枝直立或斜展，黄绿色。叶披针形至狭披针形，长 5～10cm，缘具细腺齿；叶柄短，长 2～4mm。雌花具腹背 2 腺体；雄花具 2 雄蕊。种子细小，具丝状毛。

图 336 旱 柳

产我国东北、华北、西北，南至淮河流域，北方平原地区更为常见；俄罗斯、朝鲜、日本也有分布。喜光，耐寒，湿地、旱地皆能生长，但以湿润而排水良好的土壤上生长最好；根系发达，抗风力强，生长快，易繁殖。柳树发叶早，极易成活，历来为人们所喜爱，是北方城乡绿化的好树种。最宜作护岸林、防风林及庭荫树、行道树。但柳絮（种子毛）多，对人有害，故以选雄株栽植为好。常见栽培变种有：

①**龙须柳**（龙爪柳）**'Tortuosa'** 高达 12m，枝条自然扭曲。常见栽培观赏，但生长势较弱，易衰老。

②**金枝龙须柳 'Tortuosa Aurea'** 枝条扭曲，金黄色。

③**馒头柳 'Umbraculifera'** 分枝密，端梢齐整，树冠半圆球形，状如馒头。北京常见栽培，多作庭荫树及行道树。

④**绦柳**（旱垂柳）**'Pendula'** 枝条细长下垂，外形似垂柳。但小枝较短，黄色；叶披针形，无毛，缘有腺毛锐齿，叶柄长 5～8mm；雌花有 2 腺体。我国北方城市常栽培，并常误认为是垂柳。

（537）**河　柳**（腺柳）

Salix chaenomeloides Kimura

（*S. glandulosa* Seem.）

小乔木；小枝红褐色或褐色，无毛。叶长椭圆形至长圆状披针形，长 4～10cm，缘有具腺的内曲细尖齿，背面苍白色；托叶大，半心形；叶柄端有腺体；嫩叶常发红紫色。雄蕊 3～5。

图 337　河　柳

产辽宁南部、黄河中下游至长江中下游地区；朝鲜、日本也有分布。喜光，耐寒，喜水湿，多生于溪边沟旁。可作一般绿化及护岸树种。**红叶河柳 'Purpurea'** 生长季节枝稍新叶保持亮紫红色，河北、河南及辽宁等地有栽培。

（538）**滇　柳**（云南柳）

Salix cavaleriei Lévl.

高 15～20m；小枝红褐色，初有毛，后脱落。叶卵状披针形或卵状长椭圆形，长 4～10cm，缘有细钝腺齿，两面无毛，质地较厚，幼叶发红；叶柄端有腺体。雄花具雄蕊 6～8（12）。

产云南、广西、贵州及四川；昆明一带甚为普遍，多生于水边或栽于道旁。生长快，是良好的护岸固堤及绿化、观赏树种。

图 338　滇　柳

（539）**白　柳**

Salix alba L. 〔White Willow〕

高达 20～25m；大枝开展，树冠宽阔，干皮暗灰色；小枝顶梢常下垂，幼枝被白色绒毛。叶披针形至宽披针形，长 5～12cm，幼叶密被银白色绢毛，老叶仅背面有毛；叶柄具小腺点，托叶披针形。雄花具 2 雄蕊。

主产欧洲、小亚细亚及俄罗斯中亚地区；我国新疆有天然林并广为栽培，青海、甘肃和西藏也有栽培。适应性强，抗寒、抗热，耐盐碱和水涝；生长迅速。是一种良好的城镇绿化及农田防护林树种，也是早春蜜源植物。

〔附〕**金丝垂柳**（金枝白垂柳）***S. alba* 'Tristis'**（*S. alba* 'Vitellina Pendula', *S.* ×*aureo-pendula*） 是金枝白柳（*S. alba* 'Vitellina'）与垂柳的杂交种。小枝亮黄色，细长下垂；叶狭披针形，背面发白。近年在我国北方城市多有栽培。

（540）**圆头柳**

Salix capitata Y. L. Chou et Skv. 〔Capitate Willow〕

乔木；树冠圆球形或倒卵形。叶长椭圆状披针形，长 3.5～7cm，先端长尖，基部近圆形，表面绿色，背面苍白色；叶柄长 2～4mm。雄花有腹背 2 腺，雄蕊 2；雌花仅有腹腺，子房无毛；果期苞片宿存。

产陕西、甘肃及河北等地；在我国东北地区有栽培，以黑龙江中部为多。可作行道树和观赏树。

（541）**筐　柳**

Salix lineariistipularis（Franch.）Hao

灌木，高 3～5m；小枝细长，淡黄色，无毛。叶互生，披针形或条状披针形，长 8～15cm，缘有腺齿，表面绿色，背面苍白色，幼叶有毛；托叶条形，长 1.2cm。雄花序长 3～3.5cm；花柱短或近无，子房及果被绒毛。

产华北至西北地区；生于平原、湖河岸边低湿地。适应性强，可用作固沙及水土保持树种；枝条柔韧，为优良编织材料。

（542）**杞　柳**

Salix integra Thunb. 〔Entire Willow〕

灌木，高 1～3m；小枝细长，黄绿色或红褐色，无毛。叶对生或近对生（萌枝上叶常 3 枚轮生），倒披针形至长椭圆形，长 2～7cm，先端短渐尖，基部圆形或广楔形，缘有细锯齿或近全缘，两面无毛，背面有白粉；叶柄近无而叶基抱茎。花序长 1～2cm；雄蕊 2，花丝完全合生，子房及果有柔毛。

产我国东北及河北；俄罗斯东部、朝鲜和日本也有分布。喜光，耐水湿，常生于河边和低湿地。是固岸护堤的好树种；枝条细长柔软，为编织花篮等的好材料。

栽培变种**彩叶杞柳 'Hakuro Nishiki'** 嫩叶白色带粉红，后渐变绿色有黄白色斑。我国从加拿大引入，北京、大连及河南等地有栽培。

（543）**蓝叶柳**

Salix capusii Franch. 〔Capus Willow〕

大灌木，高 5～6m；小枝细柔下垂，栗褐色，幼时有短柔毛。叶条状披针形，长 4～6cm，宽约 6mm，全缘或有疏齿，嫩叶有毛，后渐光滑，灰蓝色。花序长 2～3cm；花柱很短，子房及果均无毛。

产新疆和青海，是当地常见柳树之一；中亚地区、巴基斯坦及阿富汗也有分布。树叶发蓝，树姿优美；可作风景树及行道树。

（544）**细柱柳**（猫柳）

Salix gracilistyla Miq. 〔Big-catkined Willow〕

灌木，高 2～3m；嫩枝有毛，后渐光滑。叶长椭圆形，长约 5cm，先端尖，缘有细锯齿，背面粉绿色，有绒毛；托叶半心形。花序长 2.5～3.5cm，径 1～1.5cm；雄蕊 2，花丝合生，无毛。蒴果密被毛，果序长达 8cm。

产我国东北及内蒙古东北部；俄罗斯东部、日本及朝鲜也有分布。春季开花，花蕾外有红色芽鳞，脱落后露出银白色毛绒绒的花序，是很好的插花材料。也可植于庭园观赏。

(545) **银芽柳**（棉花柳）

Salix* × *leucopithecia Kimura

(*S. gracilistyla* × *S. bakko*)

灌木，高 2～3m，分枝稀疏；小枝绿褐色，具红晕，幼时有绢毛；冬芽红紫色，有光泽。叶长椭圆形，长 6～10(15)cm，先端尖，基部近圆形，缘有细浅齿，表面微皱，背面密被白毛。

原产日本，杂种起源；我国沪、宁、杭一带有栽培。雄花序盛开前密被银白色绢毛，颇为美观，春节前后可供插瓶观赏。

图 339 银芽柳

【钻天柳属 ***Chosenia***】1 种，产亚洲东北部，中国有分布。

(546) **钻天柳**（朝鲜柳）

Chosenia arbutifolia (Pall.) A. Skv.

(*C. macroleis* Kom.)

落叶大乔木，高达 30m；树冠圆柱形。小枝紫红或带黄色，有白粉。单叶互生，长椭圆状披针形或披针形，长 3～8cm，叶缘上部有细浅齿或近全缘，背面有白粉，叶柄短。雄花序下垂（这是区别柳属的主要点），雄花无花盘及腺体，雄蕊 5；雌花序直立或斜展。

产我国大、小兴安岭及长白山林区，生于海拔 300～950m 河边或沙石滩地；俄罗斯、朝鲜、日本也有分布。耐寒，生长快。扦插不易成活，用种子繁殖。是优美的观赏树种。

图 340 钻天柳

62. 白花菜科（山柑科）Capparidaceae

【鱼木属 ***Crateva***】约 20 种，分布于热带和亚热带地区；中国产 4 种。

(547) **鱼　木**

Crateva formosensis (Jacobs) B. S. Sun

(*C. adansonii* DC. ssp. *formosensis* Jacobs)

落叶小乔木，高达 8(20)m；枝具显著白点。三出复叶互生，叶柄长8～13cm，小叶长卵形，长8～15cm，先端急尖或渐尖，全缘，侧生小叶基部歪斜。花瓣 4，叶状，黄白色或淡紫色，长约 3cm，具爪，雄蕊 13～20，雌蕊有细长柄；顶生伞房花序。浆果球形至椭球形，径 3～4cm，红色，具细长果柄。花期6～7 月。

产我国台湾、广东雷州半岛及广西；日本也有分

图 341 树头菜

布。广州、海口和香港等地有栽培。喜光，喜暖热气候。枝叶洁净，花大而美丽；在暖地可作行道树及庭园观赏树。木材白色轻软，台湾渔民用木模作小鱼以钓乌贼，故名鱼木。

（548）**树头菜**（单室鱼木）

Crateva unilocularis Buch.-Ham. （*C. religiosa* auct. non G. Forst.）

落叶乔木，高 5～15m。三出复叶互生，小叶卵形或卵状披针形，长 7～12cm，先端急尖或渐尖，基部楔形。花瓣 4，叶状，白色或淡黄色，具爪，雄蕊 13～30；顶生伞房状总状花序。浆果近球形，径 2.5～4cm，淡黄色。花期 3～5(7)月；果期 7～9 月。

产亚洲热带，我国福建、广东、广西和云南有分布。广州、香港等地有栽培。喜光，也耐荫，喜暖热气候及微酸性的深厚肥沃土壤，耐旱，也耐湿；生长快。树姿优美，花大而色彩淡雅，春季盛花期满树如群蝶飞舞。在暖地宜植于园林绿地观赏或作行道树。嫩叶经盐渍可食用，故名树头菜。

63. 辣木科 Moringaceae

【辣木属 ***Moringa***】约 12 种，产北非和亚洲热带；中国引入栽培 2 种。

（549）**象脚树**

Moringa drouhardii Jumelle〔Bottle Tree〕

常绿乔木，高达 7m；树干光滑，常稍弯曲，中下部肥大，分枝少。二回羽状复叶互生，集生枝端，小叶椭圆状镰刀形，长约 1.5m，粉绿色或蓝绿色。花黄色至淡黄色，花萼 5 裂，花瓣状，花瓣 5（不相等，上部 1 枚直立，下部的外曲），雄蕊 2 轮，发育的 5 枚；大型圆锥花序腋生。蒴果长形。

原产热带非洲；我国深圳有引种栽培。喜光，喜高温多湿气候及排水良好的沙壤土；生长快。本种因树干形似象脚而得名，是名贵的园林风景树种。

64. 杜鹃花科（石南科）Ericaceae

【杜鹃花属 ***Rhododendron***】灌木，罕为乔木；单叶互生，全缘，叶端有一尖点。合瓣花，花冠通常 5 裂，雄蕊 5～10，罕更多，子房上位；蒴果室间开裂。约 900 种，产北半球温带和亚热带；中国约 540 种。

（550）**杜鹃花**（映山红）

Rhododendron simsii Planch.〔Sims' Azalea〕

落叶或半常绿灌木，高达 2～3m；枝叶及花梗均密被黄褐色粗伏毛。叶长椭圆形，长 3～5cm，先端锐尖，基部楔形。花深红色，有紫斑，径约 4cm，雄蕊 7～10；花2～6 朵簇生枝端。花期 4～6 月；果期 8～10 月。

图 342 杜鹃花

产长江流域及其以南各省区山地。喜半

荫，喜温暖湿润气候及酸性土壤，不耐寒。春日红花开遍山野，鲜艳夺目。扦插、嫁接、压条、分株或播种繁殖。在产区可用以布置园林或点缀风景区，也可盆栽观赏；华北盆栽需在温室越冬。栽培品种很多。

图 343 满山红

(551) **满山红**

Rhododendron mariesii Hemsl. et Wils.

落叶灌木，高 1～3m；小枝轮状着生，幼枝有黄褐色毛。叶卵形或长卵形，长 3～7cm，老叶近无毛，常 3～4 枚集生枝端。花玫瑰红色，上部裂片有红紫点，雄蕊 10，花丝无毛，常成对着生枝顶；花期 4 月。

产长江中下游至福建、两广、台湾。是强酸性土指示植物之一。可植于庭园观赏。

图 344 锦绣杜鹃

(552) **锦绣杜鹃**

Rhododendron pulchrum Sweet

〔Lovely Rhododendron〕

半常绿灌木，高达 1.8m；枝具扁毛。叶长椭圆形，长 3～6cm，叶上毛较少。花较大，径达 6.5cm，鲜玫瑰红色，上部有紫斑，雄蕊 10，长短不等，有香气，花萼较大，长约 1cm，花梗及萼有银丝毛；花芽鳞片外有黏胶。花期 2～4 月；果期 9～10 月。

原产日本，为天然杂种。花明艳美丽，并有许多品种。欧洲庭园多栽培，我国各大城市常盆栽观赏。

图 345 石岩杜鹃

(553) **石岩杜鹃**（雾岛杜鹃，朱砂杜鹃）

Rhododendron obtusum（Lindl.）Planch.

〔Hiryu Azalea〕

常绿或半常绿灌木，高约 1m，有时呈平卧状；幼枝密生褐毛。叶小，椭圆形至椭圆状卵形，长 1～2(4)cm，质较厚，深绿而有光泽，端钝，缘有睫毛，两面有毛，中脉尤多。花 2～3 朵簇生枝顶，漏斗形，径约 2.5cm，橙红至亮红色，仅 1 裂片有深红色斑，雄蕊 5，与花冠等长，花丝无毛，花药黄色；花期 4～5 月。

产日本，近年发现其野生种。目前栽培的是由人工杂交育出的园艺品种群。属多花性小朵种，盛开时将整个树冠覆盖，花色明亮，品种丰富，在园林中适合群植，景观美丽而热闹。我国上海、杭州等地多盆栽观赏。耐热，不耐寒，要求生长在阳光充足或半荫的排水良好而湿度适中之处。

（554）**皋月杜鹃**（东亚杜鹃）

Rhododendron indicum（L.）Sweet

（*R．lateritium* Planch.）

常绿灌木，高达 1.8m，多分枝而开展。叶厚而有光泽，披针形、椭圆形至倒披针形，长达 3.8cm，缘有细圆齿，两面有红褐色粗伏毛。花冠广漏斗形，红色，长 3～4cm，有深红色斑，雄蕊 5；花期 5～6 月。

原产日本南部。植株紧凑，适应性强，耐修剪，栽培容易。在日本长期栽培，已培育出很多花色品种，是日本盆栽杜鹃的主要种类之一。花有单瓣、重瓣、蕊花等类型，以及红、粉、白，紫、桃色、红白二色、皱边等各种组合的品种，极富观赏价值。

图 346　毛白杜鹃

（555）**毛白杜鹃**（白花杜鹃）

Rhododendron mucronatum（Bl.）G. Don〔Snow Azalea〕

半常绿灌木，高达 2～3m；多分枝，芽鳞外有黏胶；枝叶及花梗均密生粗毛。叶长椭圆形，长 3～6cm，叶面细皱，背面有黏性腺毛。花白色，径 5～6cm，雄蕊 10，芳香；1～3 朵簇生枝端；花期 4～5 月。

在日本和中国南部栽培历史久，未见野生，可能是杂种。耐热，不耐寒，对土壤适应性强，抗有害气体能力强，要求阳光充足。杭州园林中常见栽培；上海、南京等地常盆栽观赏。栽培历史久，品种很多，有大花、重瓣、粉红、玫瑰紫等变化。

图 347　大字杜鹃

（556）**大字杜鹃**（大字香）

Rhododendron schlippenbabachii Maxim.〔Royal Azalea〕

落叶灌木，高 1～2.5m。叶倒卵形，长 5～6(9)cm，先端钝或微凹，基部楔形，叶面较皱，背面中脉密生厚白毛，质较薄，常 5 片集生枝端（呈大字状）。花宽钟形，径约 5cm，淡粉红色，内有紫红色斑点，罕白色花，雄蕊 5 长 5 短；伞形花序；5～6 月叶前开花。

产我国东北长白山区至辽宁和内蒙古东部；朝鲜、日本也有分布。喜光，耐寒，耐干旱。本种花形华丽，花色娇美，宜植于庭园观赏。

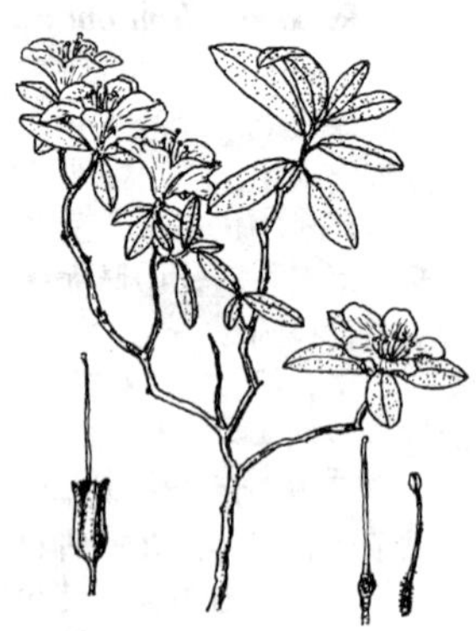

图 348　兴安杜鹃

(557) **兴安杜鹃**

Rhododendron dauricum L.

半常绿灌木，高达 1～2m；小枝有鳞片和柔毛。叶近革质，卵状长椭圆形，长 1.5～3.5cm，两端钝，表面深绿色，疏生鳞片，背面淡绿色，密生鳞片。花宽漏斗形，长 2cm，径 2～3cm，淡紫红色，也有粉红、白色的，微香，雄蕊 10；1～2 朵生枝顶；叶前开花。

产我国东北及内蒙古（大兴安岭较多）；俄罗斯、蒙古、朝鲜和日本北部也有分布。喜光，也耐荫，极耐寒，耐旱，喜酸性土。春天满树红花，十分美丽，宜植于庭园观赏。

(558) **照山白**（照白杜鹃）

Rhododendron micranthum Turcz.

常绿灌木，高达 1～2m；小枝细，具短毛及腺鳞。叶厚革质，倒披针形，长 3～4cm，两面具腺鳞，背面尤多，边缘略反卷。花小，乳白色，径约 1cm，雄蕊 10；多朵成顶生伞形总状花序。花期 5～6 月；果期 9 月。

产我国东北、内蒙古、华北及甘肃、湖北、四川等地，是我国北部高山酸性土上常见植物；朝鲜和蒙古东部也有分布。夏季开白色密集小花，可供观赏。但植株有毒，应注意。

图 349 照山白

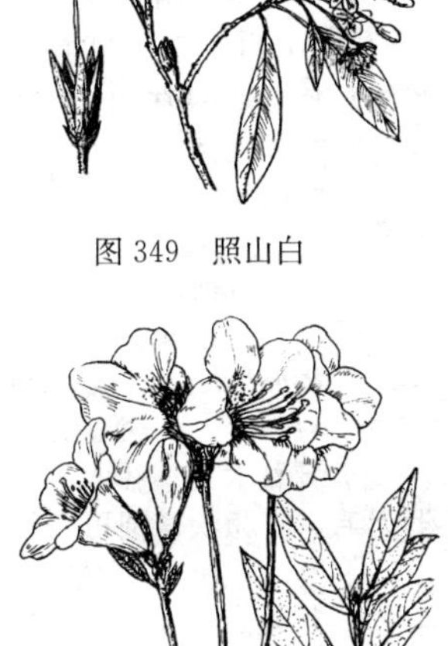

(559) **迎红杜鹃**（蓝荆子）

Rhododendron mucronulatum Turcz.

〔Korean Azalea〕

落叶或半常绿灌木，高达 2.5m；小枝具鳞片。叶长椭圆状披针形，长 3～8cm，疏生鳞片，先端尖。花冠宽漏斗形，长达 7.5cm，径 3～4cm，淡紫红色，雄蕊 10；3～6 朵簇生；3～4 月叶前开花。

产我国东北和华北山地；俄罗斯、蒙古、朝鲜、日本南部也有分布。耐寒性强，喜酸性土壤。花期早而美丽，可植于庭园观赏。是朝鲜的国花。

图 350 迎红杜鹃

(560) **牛皮杜鹃**

Rhododendron aureum Georgi（*R. chrysanthum* Pall.）

常绿小灌木，高 25～50cm；茎横生，侧枝斜上，芽鳞宿存。叶常集生枝端，倒卵状长椭圆形至倒披针形，长 3～8cm，先端钝圆，表面皱，背面密生锈色鳞片。花冠钟形 5 裂，长达 3cm，黄色，上方有红斑点，雄蕊 10；花梗有红毛；伞房花序。花期 7 月。

产东北长白山，在海拔 1700m 以上地带大面积生长，开花时成为一奇妙景观；朝鲜、日本及俄罗斯也有分布。

（561）**黄山杜鹃**（安徽杜鹃）

Rhododendron anhweiense Wils.

（*R. maculiferum* var. *anhweiense* Chamb.）

常绿灌木，高 2～3m。叶椭圆形至卵状披针形，革质，表面亮绿色，无毛。花白色至淡紫色，钟形，长 2～2.5cm，雄蕊 10；成顶生伞形花序。花期 4～5 月。

产安徽南部和江西山地；适生于高海拔凉润气候和酸性土壤上。安徽黄山有大量野生，开花时甚为美丽壮观。是安徽省的省花和黄山市的市花。

（562）**黄杜鹃**（羊踯躅，闹羊花）

Rhododendron molle（Bl.）G. Don

〔Chinese Azalea〕

落叶灌木，高达 1.5m；小枝黑褐色，幼时有毛，后脱落。叶较大，椭圆状倒披针形，长 6～15cm，叶面皱，叶背及叶缘有灰毛。花金黄色，径 5～6cm，雄蕊 5；多朵成伞形总状花序；4～5 月开花。

产湖南、江西、福建、广东和广西。花大而美丽，可供观赏，但植株有毒。是西方十分重视的黄花杜鹃之一，常用作育种的亲本材料。

图 351　黄杜鹃

（563）**马银花**

Rhododendron ovatum（Lindl.）Planch. ex Maxim.

常绿灌木或小乔木，高达 4m；枝叶通常光滑无毛。叶卵状椭圆形，长 4～5cm，基部近圆形，革质。花单生叶腋，花冠深裂近基部，淡紫色，有斑点，雄蕊 5，萼片边缘无毛；4 月开花。

产长江以南地区，是山地习见的常绿杜鹃。喜温暖湿润气候，常生于疏林下或背阴山麓富含腐殖质的酸性土上，根系发达，萌芽力强。花美丽，可植于庭园观赏。

图 352　马银花

（564）**爆仗杜鹃**

Rhododendron spinuliferum Franch.

常绿灌木，高 1～2.5m。叶倒披针形至倒卵形，长 3～8cm，背面有毛和鳞片。花冠筒状，两端收缩，长 2～2.5cm，赭红色，无毛；3～4 朵腋生于枝顶部。

产云南和四川南部，昆明附近的山区常见。花美丽，形似爆仗，可植于庭园或盆栽观赏。

（565）**云锦杜鹃**（天目杜鹃）

Rhododendron fortunei Lindl.

常绿灌木或小乔木，高 3～4(6)m；小枝粗壮，淡绿色。叶簇生枝端，长椭圆形，长10～18cm，基部圆形或近心形，先端圆而具小尖头，厚革质，有光泽，背面略有白粉。花大而芳香，漏斗状钟形，长4～5cm，淡玫瑰粉色，雄蕊14，无毛；6～12朵成顶生球形总状花序；5月开花。

主产我国长江以南地区高山林中。喜温暖湿润气候及酸性土壤，耐半荫，不耐寒。花美丽，沪、杭一带园林中常栽培观赏。

图353　云锦杜鹃

图354　鹿角杜鹃

(566) **鹿角杜鹃**（麂角杜鹃）

Rhododendron latoucheae Franch.

常绿灌木至小乔木，高1～7m；小枝无毛，常3枝轮生；花芽、叶芽均紫红色，无毛。叶卵状椭圆形，长6～8cm，先端渐尖，边缘略反卷，革质，无毛。花冠狭漏斗形，长4.5cm，粉红色，雄蕊10，花梗及子房均无毛；花单生叶腋，常集生枝端；花期4月。蒴果圆柱形，长约3cm。

产我国东南部至湖南、湖北、贵州，生于海拔1000～2000m丘陵或低山杂木林中。可植于庭园观赏。

(567) **大白杜鹃**（大白花）

Rhododendron decorum Franch.

〔Sweetshell Rhododendron〕

常绿灌木，高可达5m；小枝粗壮，无毛。叶簇生枝端，厚革质，长椭圆形，长10～15cm，先端圆而具小尖头，无毛。花冠宽钟形，长3～5cm，白色或微带淡紫红色，端6～8裂，雄蕊12～16；约10朵成顶生伞形总状花序。

产云南、四川、贵州和西藏东南部，生于海拔1000～3300m山地，昆明附近山区多野生；缅甸北部也有分布。花大而美丽，宜植于庭园观赏。鲜花可蔬食。

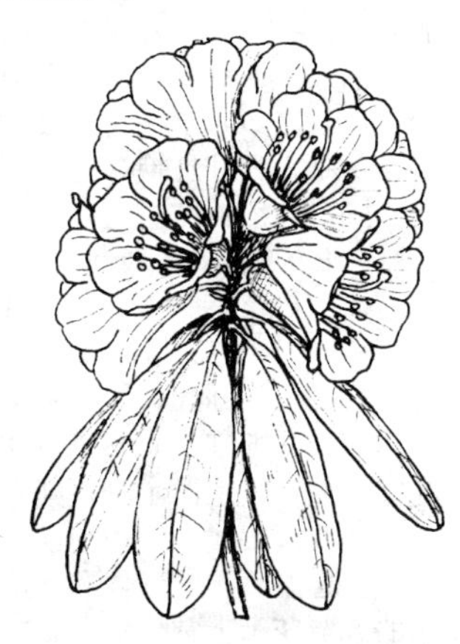

图355　大白杜鹃

（568）**马缨杜鹃**（马缨花）

Rhododendron delavayi Franch.

常绿灌木至小乔木，高可达 12m。叶簇生枝端，矩圆状披针形，长 8～15cm，两端急尖，革质，背面有海绵状薄毡毛，叶脉在表面凹下，背面隆起。花冠钟状，深红色，长 4～5cm，肉质，基部有 5 蜜腺囊，雄蕊 10，子房密生红棕色扁毛；花柄长约 1cm，密生棕色毛；10～20 朵成紧密的顶生伞形花序。花期 3～5 月；果期 10～11 月。

产我国云南和贵州西部，生于海拔 1000～2000m 山地灌丛中；越南北部、泰国、印度东北部和缅甸也有分布。喜空气湿度大和富含腐殖质而排水良好的土壤。播种或分株繁殖。花美丽，花期长，花时满树红花，鲜艳夺目；是云南八大名花之一。宜植于园林观赏。

（569）**露珠杜鹃**

Rhododendron irroratum Franch.

常绿灌木或小乔木，高达 9m。叶披针形至倒披针形，长 6～12cm，叶缘常波状，中脉和侧脉在表面凹陷，在背面极凸起，背面具红色小点。花冠筒状钟形 5 裂，长 3～5cm，乳黄、白色带粉红色，上方具深色斑点，雄蕊 10。蒴果长柱形。花期 3～4 月。

产云南、四川西南部及贵州西部；生于海拔 1700～3200m 的林中。花色花形优美，开花时满树银花，十分可爱，值得在园林中推广应用。

【灯笼花属 ***Enkianthus***】约 12 种，产亚洲；中国 7 种。

（570）**灯笼花**

Enkianthus chinensis Franch.

落叶灌木或小乔木，高可达 10m；枝轮生，无毛。单叶互生，常聚生枝端，长椭圆形，长 3～6cm，缘有细钝齿，无毛或近无毛，纸质，叶柄常带红色。花冠宽钟形，端 5 裂，径约 1cm，肉红色，脉色较深；花梗细长，花下垂；成伞形总状花序；花期 5～6 月。蒴果 5 棱，长约 4.5cm，室背开裂；果梗下垂而顶端向上弯。

产长江以南各省区山地。花形玲珑，花梗细长下垂，秋叶红艳，是美丽的观赏花木。

图 356　灯笼花

（571）**吊钟花**

Enkianthus quinqueflorus Lour.

〔Chinese New Year Flower〕

落叶或半常绿灌木。叶椭圆形或倒卵状长圆形，长 5～10cm，革质，全缘或上部有疏齿，网状脉显著。花常 5～8 朵成伞形花序，花梗细长，花下垂如吊钟，花冠白里透红，晶莹如玉；花期1～2 月，陆续开放，长达两个月；蒴果椭球形，长约 1cm，果梗直立。

产我国福建、湖南南部、广东、广西、海南和云南东南部山地；越南也有分布。喜温暖湿润气候和肥沃排水良好的酸性土壤；浅根性，萌蘖性强。在广州的春节花市上常作为盆花或切花出售（市场称之为“吉庆花”），是点缀春节的佳品；在华南暖地也可植于庭园观赏。

〔附〕**红脉吊钟花** *E. campanulatus*（Miq.）Nichols.〔Redvein Enkianthus〕落叶灌木；叶椭圆形至倒卵形，长达7.5cm，先端锐尖，缘有细锯齿，秋叶亮红色。花冠钟形，淡黄至淡橙色，近端部色较深，有暗红色脉纹；伞房状总状花序下垂。春末至初夏开花。原产日本本州山地。花多而美丽，并有**白花**‘Albiflorus’（花黄白色）、**粉花**‘Pink Bells’、**红花**‘Red Bells’等品种，宜植于庭园或盆栽观赏。

【马醉木属 *Pieris*】7种，产东亚、北美东部及西印度群岛；中国3种。

（572）**马醉木**

Pieris japonica（Thunb.）D. Don

常绿灌木，高达3m；小枝多沟棱。单叶互生，倒披针形，长8～12cm，基部全缘，中上部有细齿，硬革质，有光泽，常集生枝端。花下垂，花冠卵状坛形，长7～8mm，白色；总状花序通常直立，多条簇生枝顶；3～4月开花。蒴果近球形，室背5瓣裂。

产我国福建、台湾、浙江、江西、安徽等省山地林中；日本也有分布。喜半荫，不耐寒。花美丽，幼叶褐红色，可植于庭园观赏。叶有剧毒，可煎汁作土农药杀虫。有**银边**‘Variegata’、**金边**‘Aureo-variegata’、**粉花**‘Rosea’等品种。

图357　马醉木

（573）**美丽马醉木**

Pieris formosa（Wall.）D. Don

常绿灌木至小乔木，高达2～6m；多分枝。叶长椭圆形至披针形，长8～15cm，硬革质，叶缘全有细尖齿，背面网脉明显；幼叶鲜红色，后变绿色。花萼绿色，花冠坛状，白色或染粉红色，下垂；圆锥花序，长达15cm，多少直立，花序轴有柔毛；花期5月。

产我国华中、华南至西南地区山地；尼泊尔、不丹、印度、缅甸、越南也有分布。幼叶鲜红，花白色美丽；宜植于庭园观赏。

【南烛属 *Lyonia*】35种，产东亚及美洲；中国5种。

（574）**南　烛**

Lyonia ovalifolia（Wall.）Drude

落叶灌木。叶互生，卵形至卵状椭圆形，长5～10cm，先端短渐尖，基部圆形，全缘，背面脉上稍有毛。花冠筒状至坛状，长达1cm，白色；总状花序腋生，长5～12cm，花序基部有数叶状苞片，花朵稍下垂，偏于平伸花序轴下方。蒴果扁球形，径约4mm。花期3～4月；果期9～10月。

产我国南部、西南部和台湾。白色花序状如一把把牙刷挂在树上，十分雅致，宜植于庭园观赏。

图358　南　烛

【松毛翠属 *Phyllodoce*】约7种，产北温带；中国2种。

（575）**松毛翠**

Phyllodoce caerulea (L.) Babingt.

常绿小灌木，高10～30cm。单叶互生，细小而紧密，条形，硬革质，背卷。花具长柄，弯垂，花冠壶状，端5裂，紫红色或紫堇色；成顶生伞形花序。蒴果近球形，5瓣裂。花期春末和夏季。

广布于亚洲北部、欧洲和北美；在中国产长白山和阿尔泰山，多生于海拔1700～2500m的高山阴坡和半阴坡。花美丽，可栽培观赏。

【欧石南属 *Erica*】约700余种，主产非洲、中东和欧洲；中国有少量引种。

（576）**荣冠花**（春花欧石南）

Erica carnea L. 〔Alpine Herth，Spring Herth〕

常绿灌木，高50～90cm，盆栽者高20～30cm；枝匍匐状。3～4叶轮生，针状线形，长约6mm，光滑。花冠长壶形，长达6mm，淡红或暗红色；总状花序，花在一边；冬至春天开花。

原产欧洲。喜光，喜冷凉气候。扦插繁殖。适于庭园点缀或盆栽观赏。有**白花**'Alba'、**粉花**'Gracilis'、**亮红花**'Coccinea'、**红花**'Rubra'等品种。

（577）**轮叶欧石南**

Erica tetralix L. 〔Cross-leaved Herth〕

常绿小灌木，高30～60cm；枝匍匐状。4叶轮生，披针形至线形，长约3mm，具腺纤毛，背面发白。花冠坛形，玫瑰红色，长约6mm；成密集的顶生花簇；夏秋开花。

原产欧洲；上海植物园有栽培。有**白花**'Alba'、**红花**'Rubra'等品种，宜植于庭园或盆栽观赏。

〔附〕**纤细欧石南**（小红梅）***E. gracilis*** J. C. Wendl. 高20～50cm；叶互生或对生，针状线形，先端尖。花冠壶形，端4～5裂，红色或粉红色，下垂；常4朵轮生于枝端。花期秋至冬季。原产非洲南部。繁花绮丽，适合布置花坛或盆栽观赏。

【山月桂属 *Kalmia*】8种，主产美国东北部，1种产古巴。

（578）**山月桂**（宽叶山月桂）

Kalmia latifolia L. 〔Calico Bush，Mountain Laurel〕

常绿灌木或小乔木，高3～6m。叶互生，常集生枝端，椭圆形至长椭圆形，长5～12cm，全缘，革质。花冠5裂，通常玫瑰红色，内部有紫斑；顶生伞房花序近球形。蒴果小，种子极小而多。花期5～6月。

原产北美。喜半荫及湿润土壤，较耐寒。是美丽的观花树种，并有**白花**'Alba'、**红花**'Rubra'、**紫花**'Fuscata'、**狭瓣**'Polypetala'等品种。

【丽果木属 *Pernettya*】约25种，产新西兰、澳大利亚的塔斯马尼亚岛、墨西哥至南美。

（579）**丽果木**

Pernettya mucronata (L. f.) Gaud.-Beaup. ex K. Spreng.

常绿灌木，高0.5～1m。叶互生，卵状披针形至卵形，长2.5～3cm，全缘或有细齿，革质。花单性异株，腋生，下垂，花冠壶形，长约8mm，白色或桃红色，花柄长1.5cm。浆果扁球形，径1～1.5cm，粉红色。花期5～6月。

原产智利。喜光，喜温暖气候。果色丰富，有**紫红**‘Mulberry Wine’、**桃红**‘Cherry Ripe’、**暗红**‘Rubra’、**鲜红**‘Coccinea’、**玫瑰粉**‘Rosea’、**白色**‘Alba’等品种，并能经冬不落，被誉为“观果极品”。

【越橘属（乌饭树属）***Vaccinium***】单叶互生；子房下位，花冠坛状、钟状或筒状，4～5裂；浆果。约450种，广布于北半球温带和亚热带；中国91种。

（580）**乌饭树**

Vaccinium bracteatum Thunb.

常绿灌木或小乔木。叶互生，椭圆状卵形至卵形，长3～8cm，缘有细尖齿，两面中脉有疏毛。花小，花冠筒状钟形，长5～7mm，5浅裂，白色，密被毛，雄蕊10；总状花序腋生，长4～10cm，苞片宿存。浆果球形，径5～8mm，熟时紫黑色。花期5～6月；果期8～10月。

主产我国长江以南地区；朝鲜、日本南部、中南半岛、马来半岛及印尼也有分布。果味甜，可生食。江南民间取其叶渍汁浸米后，煮成乌饭食用。

（581）**米饭树**（江南越橘）

Vaccinium mandarinorum Diels

（*V. sprengelii* Sleum.，*V. laetum* Diels）

常绿灌木，高达3m；各部无毛。叶卵状椭圆形至披针形，长达7.5cm，先端尖，缘有锯齿，厚革质。花冠筒状，长约6mm，5浅裂，白色或水红色；总状花序腋生，无宿存苞片。浆果黑紫色，径4～5mm。

产我国长江以南至西南地区。可于园林绿地栽培观赏。

（582）**扁枝越橘**（山小檗）

Vaccinium japonicum Miq. var. ***sinicum***（Nakai）Rehd.

（*Hugeria sinica* Maekawa）

落叶灌木；枝绿色扁平，有两纵沟。叶卵状长圆形，长2～6cm，先端尖，缘有带刺毛的细锯齿。花单生叶腋；花冠白色或粉红色，长约1cm，4深裂，裂片线状披针形，雄蕊8。浆果球形，径约5mm，鲜红色。花期6月；果期9～10月。

主产我国长江以南地区，黄山、庐山有野生。茎极扁平，颇为罕见，红果美丽；可植于庭园或盆栽观赏。

（583）**越　橘**

Vaccinium vitis-idaea L.〔Cowberry，Foxberry〕

常绿小灌木，高达30cm；具爬行的根状茎。叶椭圆形或倒卵形，长1～3cm，先端圆或微凹，革质，表面暗绿而有光泽，背面散生腺点。花冠钟状，长约6mm，4浅裂，白色或粉红色；总状花序下垂。浆果亮红色，径约9mm。花期初夏至秋季；果期秋冬季。

产欧洲及亚洲北部；我国东北、内蒙古东北部、新疆北部有分布。耐寒性强，喜酸性土。果酸甜可食，或制饮料。花果美丽，可栽培观赏。

（584）**笃　斯**

Vaccinium uliginosum L.〔Bog Bilberry，Moorberry〕

落叶小灌木。叶近圆形或长圆形至倒卵形，长1～2.5cm，先端圆或微凹，基部广楔形，全缘，背面有细绒毛。花粉红色，长约6mm；单生，或2～4朵成总状花序。浆果暗蓝色，有白粉，径约1cm。

产亚洲北部及北欧、北美；我国东北和内蒙古东北部山地有分布。性耐寒，喜酸性土。果味佳，可食用、酿酒或制果酱。

65. 山榄科 Sapotaceae

【铁线子属 *Manilkara*】约 70 种，产热带地区；中国 1 种，引入栽培 1 种。

(585) **人心果**

Manilkara zapota (L.) van Royen〔Sapodilla〕

常绿乔木，高达 25m。单叶互生，革质，矩圆形至卵状长椭圆形，长 6～13cm，先端短尖或钝，有时微缺，基部楔形，全缘，羽状侧脉多而平行，中脉在背面甚凸起。花腋生，萼片 6，花冠 6 裂，雄蕊 6，退化雄蕊 6（花瓣状）。浆果卵形或近球形，长 4～8cm，褐色。花期 4～9 月；果期 10 月至翌年 5 月。

原产热带美洲。现广植于全球热带；华南有栽培。播种或嫁接繁殖。是热带果树，品种很多。果可生食，味甜如柿；树干流出的乳汁为制口香糖的原料。枝叶茂密，树形美观，也宜作庭园树及行道树。

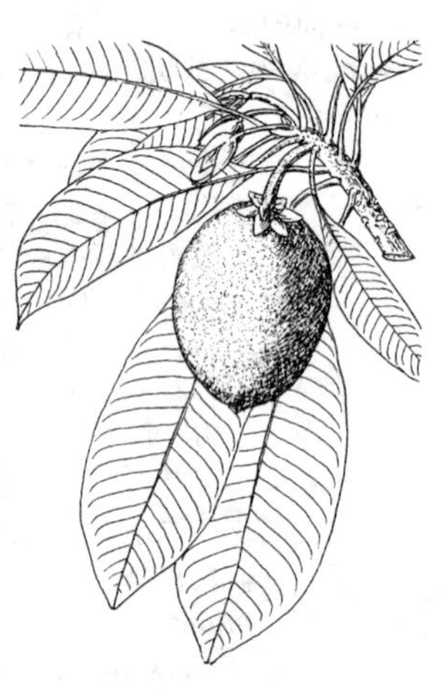

图 359 人心果

【蛋黄果属 *Lucuma*】约 100 种，产马来西亚、澳大利亚及美洲热带；中国引入栽培 1 种。

(586) **蛋黄果**

Lucuma nervosa A. DC.

(*Pouteria campechiana Baehni*)〔Canistel〕

常绿乔木，高 5～12m；干皮薄片状裂。叶互生，常集生枝端，长椭圆形至倒披针形，长 12～20cm，先端钝或渐尖，基部楔形，全缘，羽状侧脉在叶两面凸起，有光泽。花冠钟状 5(4～6) 裂，绿白色，外面有毛，雄蕊 5；2～4 朵簇生叶腋。浆果肉质，卵形，先端尖，长约 8cm，黄绿色。花期 4～5 月；果期秋季。

原产古巴、墨西哥至巴拿马；热带地区多有栽培，我国台湾、华南及云南有引种。喜光，喜暖热多湿气候，对土壤适应性强。枝叶茂密，树姿美丽，果也可观；适于华南地区庭园栽培。是热带水果，果肉食之似煮熟的蛋黄，故名。

【金叶树属 *Chrysophyllum*】约 150 种，主产美洲热带和亚洲热带；中国 1 变种，引入栽培 1 种。

(587) **星苹果**

Chrysophyllum cainito L. 〔Star-apple〕

常绿乔木，高 10～20m；枝下垂。叶互生，长卵形至卵状椭圆形，长 5～11cm，先端突尖，侧脉密而近平行（无边脉），背面密被红褐色绒毛。花冠钟形，淡黄绿色，长约 4mm；簇生。浆果倒卵状球形，径 5～10cm，具 7～10 纵棱，熟时暗紫色。花期 8 月；果期 10 月。

原产热带美洲；华南有栽培。喜光，喜高温，不耐寒。树形优美，枝叶茂密，宜植于庭园观赏。果可鲜食。

【牛奶木属 *Mimusops*】41种，产热带非洲、印尼和马来西亚；中国引入1种。

(588) **巴西牛奶木**（伊兰芷硬胶）

Mimusops elengi L. 〔Brazilian Milktree〕

常绿乔木，高达10～18m。叶互生，长卵形至长椭圆状卵形，长10～15cm，先端钝或渐尖，基部广楔形至近圆形，全缘，侧脉纤细且在近叶缘处相连结，薄革质。萼片8，花冠8裂，裂片背部具2花瓣状附属物，黄白色，雄蕊和不育雄蕊均为8，芳香；花簇生叶腋。浆果卵形，长约3cm，橙红色。花期7～10月；果期10～12月。

原产印度、越南至马来西亚等地；我国海南、广州及台湾有栽培。喜光，耐半荫，喜暖热湿润气候及排水良好的沙壤土，抗风。枝叶繁密，叶色翠绿，花发幽香；在暖地宜栽作庭荫树及行道树。果肉黄色，味甜可食；花可熏衣和提制香精油。

【牛油果属 *Butyrospermum*】1种，产热带西非洲；中国有引种。

(589) **牛油果**

Butyrospermum parkii Kotschy

落叶乔木，高达20m。叶互生，聚生枝端，长椭圆形至倒披针形，长15～30cm，先端圆钝，中脉在表面下陷，侧脉细密，在两面凸起，全缘；叶柄长约10cm。萼片8（2轮），花冠8裂，白色，发育雄蕊8，子房8～10室；花簇生。浆果球形，径3～4cm。花期6月；果期10月。

原产热带西非洲，现广植于热带地区；华南及云南有栽培。种仁富含脂肪，可制人造黄油。

66. 柿树科 Ebenaceae

【柿树属 *Diospyros*】单叶互生，全缘。花单性异株，稀杂性，花萼、花冠常4裂，子房上位。浆果，有膨大的宿存花萼。约500种，产世界温带至热带地区；中国57种6变种。

(590) **柿　树**

Diospyros kaki Thunb. 〔Kaki，Japanese Persimmon〕

落叶乔木，高达15m；树皮方块状开裂；小枝有褐色短柔毛，芽卵状扁三角形。单叶互生，椭圆状倒卵形，长6～18cm，全缘，革质，背面及叶柄均有柔毛。花单性异株或杂性同株；雄花成聚伞花序，雌花单生。浆果大，扁球形，径3～8cm；熟时呈橙黄色或橘红色。花期5～6月；果期9～10月。

图360　柿　树

产我国长江流域至黄河流域及日本。现东北南部至华南广作果树栽培，而以华北栽培最盛。喜光，耐寒，耐干旱瘠薄，不耐水湿和盐碱；深根性，寿命长。播种或嫁接繁殖。入秋叶色红艳，果实满树，能为秋景增色，是园林结合生产的好树种。果除生食外，可加工成柿饼食用；柿霜及柿蒂均可入药。

变种**野柿** var. *silvestris* Mak. 枝叶密生短柔毛；叶较小而薄；果径不及 2cm。产我国中南、西南及沿海各省区。果可食，也可制柿漆。

（591）**君迁子**（软枣，黑枣）

Diospyros lotus L. 〔Date Plum〕

落叶乔木，高达 14m；树皮方块状裂。小枝幼时有灰色毛，后渐脱落；芽尖卵形，黑褐色。叶椭圆形，长 6～12cm，表面初密生柔毛，后脱落，背面灰色或苍白色。花单性异株。浆果近球形，径 1.5～2cm，由黄变蓝黑色，外被蜡层，宿存萼 3(4)裂。

图 361 君迁子

产我国东北南部、华北至中南、西南各地；亚洲西部、欧洲南部及日本也有分布。适应性强，耐寒、耐干旱瘠薄能力都比柿树强；深根性。一般用作嫁接柿树之砧木，又为优良用材树种；果可食。

（592）**油 柿**

Diospyros oleifera Cheng

落叶乔木，高 5～10m；树皮灰褐色，薄片状剥落，内皮白色，光滑；幼枝密生绒毛。叶质较薄，椭圆形至卵状椭圆形，长6～18cm，两面被柔毛，背面尤密。浆果扁球形或卵圆形，径 4～7cm，无光泽，幼果密生毛，老时毛少并有黏胶物渗出。花期 9 月；果熟期 10～11 月。

产我国东南部及湖南，苏州洞庭山一带多栽培。果可食，并可制柿漆。

（593）**粉叶柿**（浙江柿）

Diospyros glaucifolia Metc.

落叶乔木，高达 17m；小枝无毛。叶卵状椭圆形至卵状披针形，长 10～15cm，表面无毛，背面苍白色，有时疏生柔毛，革质；叶柄长 1.5～2.5cm。果球形或扁球形，径 1.5～2cm，熟时红色，无毛，被白霜，宿存萼 4 浅裂。

产浙江、江苏、安徽、福建、江西、湖南和贵州东南部。未成熟果实可提取柿漆。

（594）**罗浮柿**

Diospyros morrisiana Hance

落叶乔木，高 15～20m；小枝有短柔毛。叶卵状长椭圆形，长 5～10cm，先端渐尖，基部广楔形，两面无毛，网脉明显，表面有光泽；叶柄长约 1cm。浆果球形，径 1～2cm，黄色至黄褐色，有光泽，无白霜；果梗长 2～3mm。花期5～6 月；果期 11 月。

产我国南部至东南部；越南北部也有分布。

图 362 罗浮柿

树性强健，耐干旱瘠薄。秋季果实累累，经久不落，果可食用；未成熟果实可制柿漆。果枝可作插花材料。

（595）**老鸦柿**

Diospyros rhombifolia Hemsl.

落叶灌木，高达 2～4m；枝有刺，无毛或近无毛。叶卵状菱形至倒卵形，长3～6cm。花白色，单生叶腋，宿存萼片椭圆形或披针形，有明显纵脉纹。浆果卵球形，径约 2cm，顶端有小突尖，有柔毛，熟时红色；果柄长约 2cm。花期 4 月；果熟期 10 月。

产我国东部，常野生于山坡灌丛或林缘。可植于庭园观赏，或栽作绿篱。根、枝可入药；果有毒，可制柿漆。

图 363　老鸦柿

（596）**瓶兰花**

Diospyros armata Hemsl.

半常绿灌木或小乔木，高可达 8m；枝有刺，幼时有绒毛。叶长椭圆形至倒披针形，长 2～6cm，先端钝，基部楔形，表面暗绿有光泽，背面稍有短柔毛。花冠乳白色，壶形，有毛，芳香；雄花成聚伞花序，雌花单生；4～5 月开花。果近球形，径约 2cm，熟时黄色，果萼长约 1cm；果柄长约 1～2cm，有刚毛。

产湖北西部和四川东部。花美丽芳香，果也可观，宜植于庭园观赏，或栽作盆景材料。

（597）**乌　柿**（金弹子）

Diospyros cathayensis Steward

（*D. sinensis* Hemsl.）

半常绿灌木或小乔木，高 2～4m；枝细长，直生，近黑色，有短柔毛。叶长椭圆状披针形，长 4～6cm，先端钝圆，基部楔形，两面无毛。花冠壶状，长 5～7mm，有毛，端 4 裂。果卵形或球形，长 1.5～2cm，黄色，宿存萼片卵状三角形（长 1.2～2.5cm）；果柄细长，长 2.5～4(6)cm。

产湖北、湖南、四川及广东等地。花、果尚美丽，宜植于庭园观赏；成都一带常栽作盆景，果经久不落，名为“金弹子”。

图 364　乌　柿

67. 野茉莉科（安息香科）Styracaceae

【野茉莉属 ***Styrax***】约 130 种，产世界热带和亚热带地区；中国 30 种。

（598）**野茉莉**

Styrax japonicus Sieb. et Zucc.

〔Japanese Snowbell〕

落叶小乔木，高达10m，树冠开展。叶互生，椭圆形或倒卵状椭圆形，长4～10cm，缘有浅齿，暗绿色，有光泽，仅背面脉腋有簇生星状毛。花下垂，花萼钟状，具5圆齿，无毛；花冠白色，5深裂，长约1.5cm；雄蕊10，黄色，等长；子房上位，基部3室；花梗长2～4cm，无毛；2～4朵成总状着生于短侧枝上。核果近球形，径8～10mm。花期5～6(7)月。

图365 野茉莉

本种是本属在国内分布最广的一种，主产我国长江流域；朝鲜、日本、菲律宾也有分布。喜光，喜温暖气候，耐瘠薄，喜微酸性的肥沃疏松土壤；生长快。播种或扦插繁殖。花白色下垂，美丽而花期长，宜植于庭园观赏。

有粉花‘Rosea’、**垂枝**‘Pendula’等品种。

〔附〕**大花野茉莉** ***S. grandiflora*** Griff. 与野茉莉近似，的主要区别是：花萼和花梗密被星状毛；花期4～5月。产我国华南及西南部；印度、缅甸和菲律宾也有分布。花白色芳香而繁多，与绿叶相配十分优美；宜植于庭园观赏。

（599）**郁香野茉莉**（芬芳安息香）

Styrax odoratissimus Champ. ex Benth.

落叶小乔木，高达10m。叶互生，卵状长椭圆形，长4～15cm，全缘或上部有疏齿，表面中脉有毛，背面脉腋有白色星状柔毛。花乳白色，长约1cm，花萼密被黄色星状毛，花丝中部弯曲；1～10朵或更多成总状或狭圆锥花序。核果近球形，具短尖头，密被灰黄色星状毛。花期3～4月。

图366 郁香野茉莉

产长江以南各地，多生于阴湿山谷、山坡疏林中。可植于庭园观赏。

（600）**玉铃花**

Styrax obassius Sieb. et Zucc.

〔Fragrant Snowbell〕

落叶小乔木，高4～10(14)m。叶互生或小枝最下两叶近对生，叶柄基部膨大包芽；叶椭圆形至倒卵形，长5～14cm，缘有锯齿，背面密被灰白色星状绒毛。花白色或带粉红色，长约2cm；单生于枝上部叶腋或10余朵成顶生总状花序，花垂向花序一侧；5～6月开花。核果卵球形，长1.4～1.8cm，端凸尖。

图367 玉铃花

产我国辽宁南部至华东、华中地区，多生于山区杂木林中；朝鲜、日本也有分布。喜光，较耐寒，喜湿润而排水良好的肥沃土壤。花美丽，芳香，宜植于庭园供观赏。

图 368　小叶白辛树

【白辛树属 *Pterostyrax*】约 4 种，产亚洲东部；中国 2 种。

（601）**小叶白辛树**

Pterostyrax corymbosus Sieb. et Zucc.

落叶乔木，高可达 15m；幼枝有灰色星状毛。单叶互生，椭圆形至广卵形或倒卵形，长 6～12cm，缘有尖锯齿，背面疏生星状毛。伞房状圆锥花序，花着生于分枝的一侧；花萼之 5 脉与萼齿互生；花瓣 5，白色；雄蕊 10，下部合生成筒状；花柄短，顶端有关节；花期 4～5 月。核果倒卵形，有 5 棱翅，顶端喙状，有星状短柔毛。

产我国华东及湖南、广东宾等地；日本也有分布。喜光，较耐低湿，适应性强；生长快。花白色，美丽，可作园林绿化及观赏树种。上海、南京等城市有栽培。也可作河岸及低湿地造林树种。

〔附〕**白辛树** ***P. psilophyllus*** Diels ex Perk. 与小叶白辛树的主要区别是：叶背密被灰色星状绒毛；果具 5 或 10 棱，密被黄色长硬毛。产我国中部至西南部及日本。

图 369　秤锤树

【秤锤树属 *Sinojackia*】3 种，中国特产。

（602）**秤锤树**

Sinojackia xylocarpa Hu

落叶小乔木，高达 7m。单叶互生，椭圆形至椭圆状倒卵形，长 3～9cm，缘有硬骨质细锯齿，无毛或仅脉上疏生星状毛，叶脉在背面显著凸起。花白色，径约 2.5cm，花冠 5～7 裂，基部合生，雄蕊10～14，成轮着生于花冠基部；花柄细长下垂，长 2.5～3cm；成腋生聚伞花序；花期 4～5 月。果卵形，长约 2cm，木质，有白色斑纹，具钝或凸尖的喙；10～11 月果熟。

产江苏西南部、浙江西北部、安徽、湖北及河南东南部；常生于山坡、路旁树林中。喜光，耐半荫，喜肥沃湿润排水良好的酸性土壤。花白色而美丽，果实形似秤锤，颇为奇特；宜作园林绿化及观赏树种。

【银钟花属 *Halesia*】约 5 种，主产北美；中国 1 种。

（603）**银钟花**

Halesia macgregorii Chun〔Chinese Silver-bell Tree〕

落叶乔木，高达 20m；树皮灰白色，小枝有棱。单叶互生，长椭圆形，长 7～11cm，先端渐尖或尾尖，基部楔形，缘具细锯齿，叶脉及叶柄常带红色，无毛。花 2～7 朵簇生；花萼具 4 齿，花冠钟形，4 深裂，白色；雄蕊 4 长 4 短，花丝基部合生。核果椭球形，长 3～4cm，具 4 宽翅。花期 4 月，叶前开放；果

10月成熟。

产浙江、福建、江西、湖南及两广北部。喜光，喜温暖湿润气候；生长快。花白色而美丽，果形奇特，为优美观赏树。

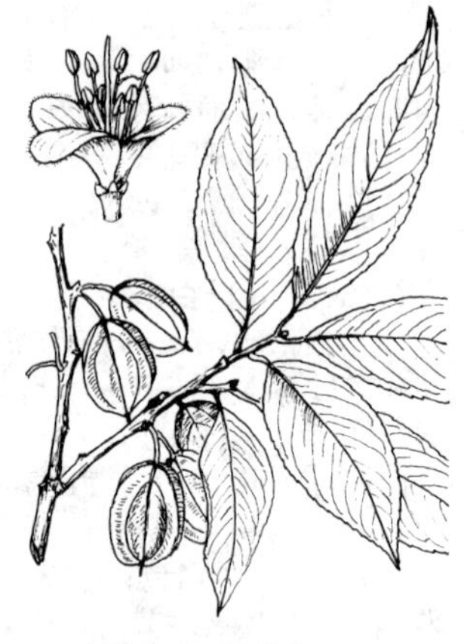

图 370 银钟花

【木瓜红属 ***Rehderodendron***】约 4 种，中国均产，越南北部也有。

（604）**木瓜红**

Rehderodendron macrocarpum Hu

落叶乔木，高达 20m；小枝紫褐色，略具纵棱。叶互生，卵状椭圆形，长8～13cm，缘有细齿，背面脉上幼时有柔毛。花冠钟形，5 深裂，长 1～1.5cm，白色，雄蕊 10，基部合生，芳香；总状或圆锥花序。核果椭球形，长 5～9cm，具 8～10 纵棱，熟时红褐色。花期 3～4 月（花叶同放）；果期 9～10 月。

产云南、四川、贵州及广西；越南也有分布。喜光，喜肥沃湿润土壤，生长快。播种或夏季扦插繁殖。树形端庄，分枝匀称，早春白花满树，秋叶及果皆红色美丽，可栽作庭园观赏树及行道树。

〔附〕**广东木瓜红 *R. kwangtungense*** Chun 与木瓜红的主要区别是：叶两面无毛，叶脉和叶柄带红色；花较大，花冠裂片长 2～2.6cm，花序被灰黄色星状短柔毛；核果具 5～8 纵棱。先花后叶。产我国南部至西南部。花、果均有观赏价值，在暖地可植于园林绿地观赏或作行道树。

图 371 木瓜红

图 372 陀螺果

【陀螺果属 ***Melliodendron***】1 种，中国特产。

（605）**陀螺果**

Melliodendron xylocarpum Hand. -Mazz.

落叶乔木，高达25m；幼枝及芽被柔毛。叶互生，卵状披针形至长椭圆形，长10～20cm，两端尖，缘有细锯齿。花萼5裂，花冠钟形，5深裂，长2～3cm，白色或桃红色，雄蕊10，花丝基部合生成管状，子房2/3下位；花1～2朵生于去年生枝叶腋，下垂。核果倒卵形，长4～7cm，密被灰黄色星状绒毛，具5～10棱脊。花期4～5月；果期8～10月。

产湖南南部至华南、西南地区。喜光，喜温暖气候；生长快。树姿优美，花朵雅秀，果形奇特似陀螺，可植于园林绿地观赏。

68. 山矾科 Symplocaceae

【山矾属 *Symplocos*】本科仅此1属，约300种，产亚洲、美洲及大洋洲热带和亚热带；中国79种。

(606) **华山矾**

Symplocos chinensis (Lour.) Druce

〔Chinese Sweetleaf〕

落叶灌木；幼枝、叶背、花序均被黄色皱曲柔毛。单叶互生，椭圆形或倒卵形，长4～7cm，缘有细尖齿。花小，白色而芳香，雄蕊45，花丝基部合生成5体；子房下位，2室；成狭长圆锥花序；花期4～5月。核果有毛，熟时蓝色。

产长江流域及其以南各省区，生于丘陵、山坡杂木林中。白花蓝果，颇为美丽，可植于庭园观赏。根、叶可供药用；种子油可制肥皂或食用。

图373 华山矾

(607) **白 檀**

Symplocos paniculata (Thunb.) Miq.

〔Sapphire Sweetleaf〕

落叶灌木或小乔木，高达4～12m；小枝幼时有灰白色柔毛，后脱落。单叶互生，纸质，卵状椭圆形至倒卵形，长3～9cm，缘有内曲细尖齿，背面灰白色，稍有毛或近无毛。花小，白色，径0.8～1cm，微香，雄蕊25～30，长短不一，成5体；圆锥花序；花期5月。核果斜卵形，熟时蓝色，罕白色，无毛；7月果熟，宿存至冬天。

我国除东北北部、内蒙古和西北地区外，全国均有分布；朝鲜、日本、印度也产。适应性强，喜光，喜肥沃潮湿土壤，也能在贫瘠的沙砾土上生长；深根性。可植于庭园观赏其白花及丰盛的蓝果，丛植于草地或与山石相配均甚合适。

图374 白 檀

(608) **老鼠矢**

Symplocos stellaris Brand

常绿乔木；小枝粗，髓部具横隔；嫩枝叶有红褐色长柔毛。单叶互生，厚革质而有光泽，狭长椭圆形，长 6～20cm，全缘或上端略有齿，中脉在叶表面凹下，在背面显著隆起。花小，无柄，成团伞花序，着生于前一年枝上。核果椭球形，长 7～10mm，形如鼠屎，故名。

产我国长江以南地区及台湾，多生于山坡、谷地灌丛或疏林中。树形优美，可用作园林绿化树种。

图 375 老鼠矢

(609) **留春树**（棱角山矾）

Symplocos tetragona Chen ex Y. F. Wu

常绿乔木，高达 10m；树冠圆球形。小枝黄绿色，具数棱。单叶互生，厚革质，长椭圆形，长 15～25cm，缘具疏浅齿，表面绿色有光泽。花小，白色，成腋生圆锥花序；3～4 月开花。果蓝黑色，10 月成熟。

产江西庐山，杭州有栽培。喜光，稍耐荫，喜生于凉爽湿润的山地，对土壤要求不严；对有毒气体抗性较强。枝叶茂密，终年长青，树形美观，可选作园林绿化树种。

69. 紫金牛科 Myrsinaceae

【紫金牛属 ***Ardisia***】约 300 余种，产除非洲外的热带和亚热带地区；中国 68 种。

(610) **紫金牛**（矮地茶）

Ardisia japonica Bl. 〔Marlberry〕

常绿小灌木，高约 30cm；具地下匍匐茎；地上茎直立，不分枝。单叶对生或近轮生，常集生茎端，椭圆形，长 3～7cm，两端尖，缘有尖齿，表面暗绿而有光泽，背面叶脉明显，中脉有毛。花小，花冠 4～6 裂，白色或粉红色；伞形总状花序。核果球形，径 5～6mm，熟时红色，经久不落。

产我国中部、东部及日本。常生于山林下阴湿处，不耐寒。全株或根及根皮入药。北方可温室盆栽观果。在日本有许多观赏的园艺品种。

图 376 紫金牛

(611) **朱砂根**（平地木）

Ardisia crenata Sims 〔Coralberry〕

常绿灌木，高达 1～2m，光滑无毛；有匍匐根状茎。单叶互生，坚纸质，长椭圆形至倒披针形，长 8～15cm，先端渐尖，基部楔形，边缘反卷，皱波状或为波状齿，叶面有腺点，两面无毛，有光泽。花芳香；花序伞形或聚伞状，顶生于侧枝上。核果球形，径7～8mm，熟时亮红色。花期初夏。

产我国长江以南地区；日本、亚洲南部及东南部也有分布。多生于山谷林下阴湿处，忌日光直射，喜排水良好富含腐殖质的湿润土壤，不耐寒（最低温10℃）；生长慢。根及全株入药，有清热解毒之效。本种叶绿果红，果期长，颇为美观。暖地可植于庭园观赏，或作盆栽材料。有**白果**'Leucocarpa'、**黄果**'Xanthocarpa'、**粉果**'Pink'、**斑叶**'Variegata'等品种。

图377 朱砂根

(612) **百两金**

Ardisia crispa (Thunb.) A. DC.

常绿灌木，高达0.5～1.5m；地下茎延伸，地上茎直立，有分枝，幼枝稍有毛。叶互生，披针形，长8～15cm，侧脉约8对，叶缘不为皱波状齿。花白色或粉红色，10朵左右呈伞形状腋生花序；夏天开花。核果熟时亮红色，在枝上能存留数月之久。

产我国南部及台湾；日本、印尼也有分布。花果美丽，可供观赏；在日本有许多观赏的园艺变种。

(613) **虎舌红**（红毛毡）

Ardisia mamillata Hance

常绿小灌木，有匍匐茎，高15～25cm；幼枝密被锈色柔毛，后无毛。叶倒卵形至长圆状倒披针形，长7～14cm，缘有腺点，两面密被玫瑰红色糙伏毛。花粉红色；伞形花序。果鲜红色，径约6mm，常年不落。花期7～8月；果期9～10月。

产我国华南及西南地区；越南也有分布。因叶面有红毛，形似虎舌而得名。是观叶、观果佳品，宜盆栽观赏，或作林下地被及岩石园材料。全株药用。

（五）蔷薇亚纲 Rosidae

70. 海桐科 Pittosporaceae

【海桐属 *Pittosporum*】200余种，产东半球热带和亚热带；中国44种。

(614) **海　桐**（海桐花）

Pittosporum tobira (Thunb.) Ait. 〔Mock Orange〕

常绿灌木，高2～6m；小枝近轮生，幼时有褐色柔毛，后脱落。叶互生，革质而有光泽，长倒卵形，长5～12cm，先端圆钝，基部楔形，全缘并反卷，两面无毛；常集生枝端。花瓣5，白色，芳香；成伞房花序。蒴果卵球形，径1.2cm，3瓣裂，果瓣木质有毛；种子红色。花期5月；10月果熟。

产我国东南沿海地区及江西北部、湖北；朝鲜、日本也有分布。喜温暖湿润气候，不耐寒，对土壤要求不严，抗海潮风及二氧化硫等有毒气体能力较强；

萌芽力强，耐修剪。播种或扦插繁殖。本种枝叶茂密，树冠圆整，初夏开花清丽芳香。是南方城市及庭园常见的绿化及观赏树种，多作房屋基础种植及绿篱。北方常盆栽观赏，温室越冬。有**斑叶海桐 'Variegata'**（叶面有不规则白斑）和**矮海桐 'Nana'**（枝叶密生，株高仅40～60cm）等品种。

图378 海 桐

图379 崖花海桐

(615) **崖花海桐**（海金子）

Pittosporum illicioides Mak. (*P. sahnianum* Gowda)

常绿灌木，高达5m；嫩枝无毛。叶互生，常集生枝端，倒卵状长长椭圆形至倒披针形，长5～10cm，宽2.5～4.5cm，先端渐尖，叶缘略波状，薄革质。伞形花序顶生，有花2～10朵。蒴果近球形，长约1cm，3瓣裂，果瓣薄革质，果柄细长（2～4cm）而下弯。

产我国中西部和东南部；日本也有分布。可植于庭园观赏。

(616) **光叶海桐**

Pittosporum glabratum Lindl.

常绿灌木，高1.5～3m。叶互生，集生枝端，长椭圆形至倒披针形，长5～10cm，先端急尖，基部楔形，全缘，无毛，薄革质。花瓣淡黄色，子房无毛，芳香；伞形花序1～4个簇生枝端叶腋。蒴果椭球形，长2～2.5cm，熟时红色，3瓣裂。花期春末至初夏。

产华南及福建、江西、湖南、贵州、四川等地。喜光，耐半荫，喜暖热湿润气候及富含有机质的壤土，不耐干旱和寒冷。枝叶茂密，叶色浓绿，春末夏初开花，芳香扑鼻；宜植于庭园观赏。

变种**狭叶海桐** var. ***neriilolium*** Rehd. et Wils. 叶带状或狭披针形，长6～18cm，宽1～2cm。分布与正种大致相同。

71. 八仙花科（绣球花科）Hydrangeaceae

【山梅花属 ***Philadelphus***】落叶灌木，枝具白髓；单叶对生。萼、瓣各 4，雄蕊多数；蒴果 4 瓣裂。约 75 种，产东亚及北美；中国约 20 种。

（617）**太平花**（京山梅花）

Philadelphus pekinensis Rupr. 〔Peking Mock-orange〕

从生灌木，高达 3m；树皮易剥落；幼枝无毛，常带紫色。叶卵状椭圆形，长 4～8cm，缘有疏齿，两面无毛或仅背面脉腋有簇毛；叶柄常带浅紫色。花乳白色，有香气；花萼苍黄绿色，有时带紫色，萼外、花梗及花柱均无毛；5～7(9)朵成总状花序；5～6 月开花。蒴果近球形，宿存萼片上位。

产辽宁、内蒙古、华北及四川等地，多生于山坡疏林或溪边灌丛中；朝鲜也有分布。喜光，耐寒，怕涝。花美丽，栽作花篱或丛植于草坪、林缘都很合适。北京园林绿地中习见栽植。

图 380　太平花　　图 381　山梅花

（618）**山梅花**

Philadelphus incanus Koehne

高 3～5m；幼枝及叶有柔毛。叶卵形或椭圆形，长 5～10cm，缘具细尖齿，表面被刚毛，背面密被白色长粗毛。花白色，径约 2.5cm，有香气，萼外全部密生灰白色柔毛，花柱无毛；7～11 朵成总状花序；5～6 月开花。

产我国中部，沿秦岭及其邻近省份均有分布，多生于灌丛及溪边。喜光，较耐寒（－20℃），耐旱，怕水湿，不择土壤。花白色，美丽，花期长，常植于庭园观赏。

（619）**东北山梅花**

Philadelphus schrenkii Rupr.

高 2.5～4m；小枝褐色，多少有毛。叶卵形至卵状椭圆形，长 4～7cm，缘具疏齿或近全缘，表面无毛或疏生柔毛，背面有短柔毛。花白色，微香，花梗及萼筒下部有柔毛，萼片常无毛，花柱基部常有毛；5～7朵成总状花序；6月开花，花期较长。

产我国东北地区，多生于山地疏林或灌丛中；朝鲜、俄罗斯也有分布。喜光，稍耐荫，耐寒，耐旱。东北地区常植于园林绿地观赏。

〔附〕**堇叶山梅花** ***P. tenuifolius*** Rupr. ex Maxim. 与东北山梅花相近似，分布也相同。主要不同点是：花柱无毛；叶较狭而薄，叶柄常发红。

（620）**绢毛山梅花**（建德山梅花）

Philadelphus sericanthus Koehne

高达4m；小枝无毛。叶两面脉上有粗伏毛。花白色，径约2.5cm，萼片内外有毛，花柱无毛，花梗较长，6～12mm；7～15朵成总状花序；5～6月开花。

产长江流域各省；沈阳、大连等地有栽培，欧美有引种栽培。花白色秀丽，酷似梅花，适应性强，宜栽培观赏。

（621）**西洋山梅花**

Philadelphus coronarius L. 〔Sweet Mock-orange〕

高2～3m；小枝光滑无毛。叶卵形至卵状长椭圆形，长达7.5cm，缘具疏齿，除背面脉腋外均近光滑无毛。花乳白色，较大（径3.5～5cm）而芳香，黄色的雄蕊很显眼，萼外无毛；5～9朵成总状花序；5～6月开花。

原产欧洲南部及小亚细亚一带。我国沪、杭一带庭园有栽培。

有**金叶**'Aureus'、**斑叶**'Variegatus'、**小叶**'Pumilus'、**重瓣**'Deutziflorus'及**矮生**'Nanus'等品种。

（622）**云南山梅花**

Philadelphus delavayi Henry

高达4m；小枝无毛。叶卵状披针形，长5～16cm，两面有毛，背面尤密。花瓣白色，花萼红褐色，无毛，花径2.5～3.5cm；顶生总状花序，下部有分枝。花期6～8月。

产云南西北部、四川西南部及西藏东南部；缅甸也有分布。枝叶茂密；花大，洁白如玉，芳香扑鼻。宜植于庭园观赏。

【溲疏属 ***Deutzia***】落叶灌木，被星状毛；小枝中空；单叶对生。萼、瓣各5，雄蕊10；蒴果3～5瓣裂。约100余种，产北温带；中国53种。

（623）**溲　疏**（圆齿溲疏）

Deutzia crenata Sieb. et Zucc.

高达3m；树皮薄片状剥落。叶长卵状椭圆形，长4.5～7cm，缘具细圆齿，两面有星状毛，所有的叶都具短柄。花白色或外面带粉红色，花丝上部有2齿尖，萼筒密被锈褐色星状毛，萼片短于萼筒；总状花序有时基部分枝而成圆锥花序；5～6月开花。

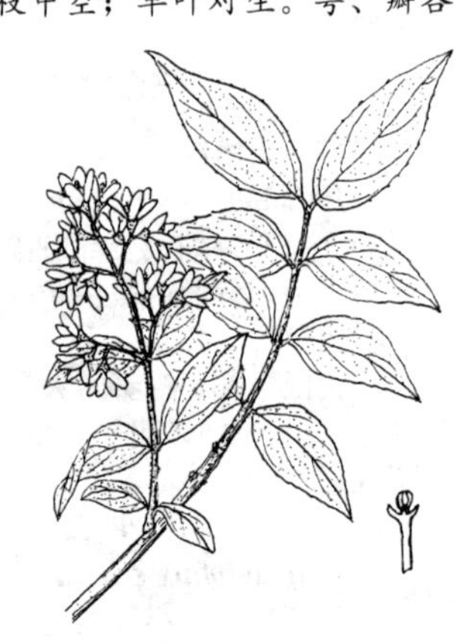

图382　溲　疏

原产日本；我国华北、华东各地常见栽培观赏，已野化。性喜光，稍耐荫，喜温暖湿润气候；萌蘖性强，耐修剪。夏季白花繁密而素雅，花期较长。宜植于草坪、山坡及林缘点缀，也可作花篱、基础种植或岩石园种植材料。

有**重瓣**‘Plena’、**白花重瓣**‘Candidissima’等品种。

〔附〕**糙叶溲疏**（溲疏）***D. scabra*** Thunb.〔Fuzzy Deutzia〕 与上种关系密切，且常相混淆。但本种花丝上部无齿尖，圆锥花序多花；花序下的一对叶无柄而抱茎，其余叶有短柄。产我国浙江山地和日本；在西方园林中栽培历史久。

（624）**壮丽溲疏**

Deutzia* × *magnifica (Lemoine) Rehd.

高达 1.8m。叶卵状长椭圆形，长 4～6cm，先端渐尖，基部圆形，锯齿浅而端尖锐，两面被星状毛；叶柄长 4～5mm。花常为重瓣，白色，外轮花瓣略带紫红色，雄蕊常退化，萼片与萼筒近等长。花期 4 月。

可能是溲疏（*D. crenata*）和长叶溲疏（*D. longifolia*）的杂交种。早年自国外引入，江苏、浙江、上海及庐山等地有栽培。花密集而美丽，是优良的观赏花木。

（625）**大花溲疏**

Deutzia grandiflora Bunge

〔Early Deutzia〕

高达 2～3m。叶卵形或卵状椭圆形，长 2～5cm，基部圆形，表面粗糙，背面密被灰白色星状毛，缘有芒状小齿。花白色，较大，径 2.5～3.5cm，花丝上部两侧有钩状尖齿；1～3 朵聚伞状；花期早，4 月中下旬叶前开放。

主产我国北部地区，经华北南达湖北；常生于山地岩石间及山坡灌丛中。喜光，耐寒，耐旱，对土壤要求不严。本种是本属中花最大和开花最早者，春天叶前开放，满树雪白，颇为美丽，宜植于庭园观赏。也可作山坡水土保持树种。

图 383 大花溲疏

（626）**小花溲疏**

Deutzia parviflora Bunge

高达 2m。叶卵状椭圆形至狭卵状披针形，长 3～8cm，缘有细尖齿，两面疏生星状毛，背面脉上还有单毛。花白色，较小，径约 1.2cm，花梗及萼密生星状毛，萼片稍短于萼筒，花丝无裂齿；伞房花序具多花；花期 6 月。

产我国华北及东北地区，多生于山地林缘及灌丛中；朝鲜、俄罗斯也有分布。喜光，稍耐荫，耐寒性强。本种花虽小，但素雅而繁密，且正值初夏少花季节开放，也属可贵。在北方园林中常见栽培观赏。

〔附〕**东北溲疏** ***D. amurensis*** (Regel) Airy-Shaw（*D. parviflora* var. *amurensis* Regel.）〔Amur Deutzia〕 与小花溲疏相近，主要区别：

图 384 小花溲疏

叶卵形至卵状椭圆形，背面灰白色，密生星状毛，沿主脉无单毛；花丝有裂齿。产我国东北及内蒙古；朝鲜北部及俄罗斯也有分布。花白色美丽，可植于庭园观赏。

（627）**小溲疏**

Deutzia gracilis Sieb. et Zucc.

〔Slender Deutzia〕

植株较小，高 1～1.5m；枝细长拱形，树皮灰色而不剥裂。叶披针形至长椭圆状披针形，长 4～6(10)cm，先端长渐尖，缘有细尖锯齿，表面疏生星状毛，背面绿色，近光滑。花瓣白色或稍带紫晕，长 1.5～2cm，萼齿较萼筒短，萼外无毛；狭圆锥花序，直立；花期 5 月。

原产日本；我国沪、杭一带园林中有栽培。喜光，也耐半荫，耐寒，对土壤要求不严。本种春天开花，满树雪白，是观赏佳品。宜在庭园中作基础种植及花境材料。

图 385 小溲疏

（628）**黄山溲疏**

Deutzia glauca Cheng

高 1.5～2m；小枝较粗壮。叶较宽大，卵形或椭圆状卵形，长 5～10(12) cm，宽 2～5.2cm，锯齿细密整齐，背面疏生星状毛或近无毛。花瓣白色，长 1.2～1.5cm；圆锥花序多花，长 6.5～8cm，总梗常无毛；花期 5 月。

产浙江西天目山、安徽黄山和江西庐山等地，多生于山坡灌丛或沟边林缘。喜阴湿凉爽环境。花白色，繁密而美丽，宜植于庭园供观赏。

（629）**宁波溲疏**

Deutzia ningpoensis Rehd.

高达 2～2.5m；小枝细，略下垂。叶狭卵形至披针形，长 4～8cm，质较硬，缘有不明显的细锯齿，背面密生灰白色星状毛。花多而密，白色，萼筒密生白色星状毛；圆锥花序，长达 12cm；花期 5 月。

产浙江、安徽、江西及福建北部，多生于山地灌丛中或溪边。喜光，耐干旱瘠薄。本种春夏之交白花繁密，是美丽的观赏树种。根、叶可供药用。

（630）**紫花溲疏**

Deutzia purpurascens（Franch. ex Henry）Rehd.

高达 2m。叶卵状长圆形，长 4～10cm，先端渐尖，基部广楔形或圆形。花淡紫红色，径约 2cm，花萼裂片狭长；伞房状聚伞花序，径 5～7cm。蒴果半球形，径约 4.5mm。花期 5～6 月；果期 8～10 月。

产四川西南部、云南西北部及西藏东南部。花紫色美丽，可植于庭园观赏。

〔附〕**钟花溲疏 *D.* × *rosea* 'Campanulata'** 高约 1m；老枝皮薄片剥落，小枝红褐色。叶卵状长椭圆形，长 3～5cm，缘有细齿，两面有星状毛，较粗糙。花钟形，洁白如雪；圆锥花序，花量大；花期 5～6 月。中国从荷兰引入，上海等地有栽培。

【八仙花属 ***Hydrangea***】落叶灌木；单叶对生。雄蕊 8～10，花序常具大形不育边花；蒴果，顶端孔裂。约 70 余种，产北温带；中国约 20～30 种。

（631）**绣球花**（阴绣球，大八仙花）

Hydrangea macrophylla（Thunb.）Ser.

〔Garden Hydrangea〕

落叶灌木，高达 3～4m；小枝粗壮，无毛，皮孔明显。叶大而有光泽，倒卵形至椭圆形，长 7～20cm，有粗锯齿，无毛或仅背脉有毛。顶生伞房花序近球形，径可达 15～20cm 或更大，花序中几乎全部是大形不育花。花期 6～7 月。

我国长江流域至华南各地常见栽培。喜阴，喜温暖湿润气候，不耐寒，喜肥沃、湿润而排水良好之酸性土，萌蘖力强，对二氧化硫等多种有毒气体抗性较强。扦插、压条或分株繁殖。我国南方庭园常见栽培观赏，北方只能盆栽并于温室越冬。

图 386 绣球花

品种很多，栽培最多的是**紫阳花**（洋绣球）**'Otaksa'**，植株较矮（高约 1.5m），叶质较厚，花序中全为不育花，状如绣球，极为美丽（土壤偏酸性花偏蓝，土壤偏碱性花偏红），是盆栽佳品。

八仙花 var. ***normalis*** Wils. 花序近扁平形，大部分为两性的可育小花，只在花序边缘有少数大形不育花。不育花仅有扩大之萼片 4 枚，花瓣状，卵形，全缘或有齿，粉红色、蓝色或白色；可育花花瓣早落，花柱 3～4。产日本及我国浙江。八仙花经长期栽培有不少栽培品种，如**银边**'Maculata'（叶较小，边缘白色）、**蓝波**'Blue Wave'（边花蓝色）、**紫波**'Purple Wave'（边花紫色）、**粉波**'Pink Wave'（边花和中心的小花均粉红色）、**五彩**'Discolor'（边花有淡蓝、粉红、白等色，花梗细长下垂）等。

〔附〕**雪山绣球花** ***H. arborescens*** L. **'Annabelle'** 花序的不孕花大，白色，约 300 朵以上组成球形花序，径达 20cm 以上。原种产美国东部；北京植物园 1990 年从美国引入，现青岛、上海、杭州等地有栽培。

（632）**圆锥八仙花**（水亚木）

Hydrangea paniculata Sieb.

灌木或小乔木，高达 6～10m；小枝略方形。叶对生，有时在上部 3 叶轮生，椭圆形或卵状椭圆形，长 6～12cm，有内曲细锯齿，背面脉上有毛。圆锥花序顶生，长 10～20cm；可育的两性花小，白色，花柱 2～3；不育花大形，仅具 4 枚花瓣状萼片，全缘，白色，后变淡紫色，与可育花参差相间。花期 8～9 月。蒴果近卵形。

产长江以南各省区，多生于阴湿山谷、溪边杂木林及灌丛中；日本也有分布。宜植于园林观赏。栽培变种有：

图 387 圆锥八仙花

①**圆锥绣球**（大花水亚木）**'Grandiflora'**〔Peepee Hydrangea〕 圆锥花序全部或大部分为大形不育花组成，长可达 40cm，宽 30cm，开花持久，由白色渐变浅粉红色。在青岛、沈阳、呼和浩特等地能露地栽培。欧美各国也常植于庭园观赏。

②**早花圆锥八仙花'Praecox'** 植株较小；花期 7 月，比原种早 4～6 周，圆锥花序长达 25cm。

③**晚花圆锥八仙花'Tardiva'** 花期较晚。

图 388 东陵八仙花

(633) **东陵八仙花**

Hydrangea bretschneideri **Dipp.**

高达 4m；小枝幼时有毛。叶椭圆形或倒卵状椭圆形，长 8～12cm，基部楔形，缘具尖锯齿，背面有灰色卷曲柔毛；叶柄常带红色。伞房花序，边缘之不育花白色，后变淡紫色；花期 6～7 月。

主产黄河流域各省区山地，经四川至滇西北、藏东南。喜光，稍耐荫，耐寒。开花时颇为美丽，可植于庭园观赏。

图 389 中华八仙花

(634) **中华八仙花**（伞形八仙花）

Hydrangea chinensis **Maxim.**

(*H. umbellata* Rehd.)

高达 3m；小枝暗紫色。叶倒卵状长椭圆形至椭圆形，长 5～12(15)cm，边缘除基部外有细锯齿，表面中脉疏生柔毛，背面毛较密，脉腋有簇毛。伞状复聚伞花序，无总花梗；可育两性花黄色，不育边花白色；花期 5～6 月。

产我国长江以南各地及台湾。性强健，耐半荫。可植于庭园观赏。根及干叶可供药用。

(635) **腊莲八仙花**（硬毛八仙花）

Hydrangea strigosa **Rehd.**

〔Bristly Hydrangea〕

高达 3m；小枝被平伏毛。叶卵状披针形至长椭圆形，长 8～25(30)cm，叶缘小齿端有硬尖，背面有粗伏毛，叶柄长达 7.5cm。伞房状聚伞花序顶生，可育两性花白色，花柱 2；有大形白色不育边花；花期 8～9 月。

产我国长江流域、西北、西南至华南地区，多生于山地林下或灌丛中。花颇美丽，可供观赏。

图 390 腊莲八仙花

（636）**马桑八仙花**

Hydrangea aspera D. Don

灌木或小乔木，高达7m；小枝密被平伏粗毛。叶长椭圆状披针形，长10～20cm，基部楔形，锯齿端有睫毛，表面疏生小刺毛，背面密被卷曲毛。伞房花序扁平；两性花紫色，子房下位，花柱3；不育边花白色或带粉红色；花期6～7月。

产喜马拉雅山脉地区，我国四川、云南、贵州和台湾有分布。可植于庭园观赏。

（637）**冠盖八仙花**（蔓性八仙花）

Hydrangea anomala D. Don（*H. glaucophylla* C. C. Yang）

落叶藤木，借气生根攀援，长达20余米。叶卵形至椭圆形，长8～12cm，先端尖，基部圆形或广楔形，缘有细尖齿，无毛或仅背脉及脉腋有毛。伞房式聚伞花序顶生；可育花之花瓣连合成帽状冠盖，整个脱落，雄蕊10，花柱2；不育边花缺或仅有少数，径约2.5cm，花瓣状萼片常为4，缘有齿，白色；花期5～6月。

产陕西南部、甘肃东南部、安徽、浙江、江西、台湾、湖南、湖北、四川、贵州、云南、广西等省区，多生于山谷、溪边或林下较阴湿处；印度北部、尼泊尔、及缅甸北部也有分布。姿态优美，可植于园墙或假山边，令其攀援而上，以点缀园景。

亚种**多蕊冠盖八仙花** ssp. ***petiolaris*** McClint.〔Climging Hydrangea〕 聚伞花序较大，径15～20cm，可育花雄蕊15～20，不育边花较大，径约3cm，花瓣状萼片3～4，全缘。原产日本、朝鲜南部和中国台湾。耐荫性强。欧美庭园中栽培较普遍，可支架令其覆盖墙面。

【钻地风属 ***Schizophragma***】10种，产中国和日本；中国9种。

（638）**钻地风**

Schizophragma integrifolium（Franch.）Oliv.〔Chinese Hydrangea-vine〕

落叶藤木，长达6～12m，借气生根攀援。叶对生，卵状椭圆形，长10～15cm，全缘或叶缘上部疏生小锯齿，两面绿色，背脉有柔毛或脉腋有簇毛；叶柄长3～9cm。伞房花序顶生，径达30cm，有褐色柔毛；大部分为可育的黄绿色小花；不育边花只有一枚大形奶油白色的叶状萼片，长3.5～7(9)cm；花期6～7月。蒴果陀螺状。

产我国长江以南地区；多生于山坡、谷地疏林、林缘及裸岩旁，常蔓延于岩石上或攀援于树上。喜光，不耐寒。宜植于庭园观赏或作垂直绿化材料。

图391 钻地风

【常山属 ***Dichroa***】12种，亚洲东南部；中国6种。

（639）**常 山**

Dichroa febrifuga Lour.

落叶灌木，高1～2m。叶对生，长椭圆形，长6～22cm，先端渐尖，基部楔形，缘有锯齿。花瓣 5，白色或蓝色，雄蕊 10～20；伞房状圆锥花序，径达 20cm。浆果，径 3～7mm，蓝色。花期 6 月；果期 7～8 月。

产我国长江以南广大地区；印度、东南亚及日本琉球群岛也有分布。浆果丰富，蓝色美丽，宜植于庭园观赏。

72. 茶藨子科（醋栗科）Grossulariaceae

【茶藨子属 *Ribes*】落叶灌木；单叶互生。花两性或单性，萼片常花瓣状，花瓣小；浆果。约 160 种，产北温带；中国 59 种。

（640）**蔓茶藨子**（簇花茶藨子）

Ribes fasciculatum Sieb. et Zucc.

高达 2m；小枝无毛，或幼时疏生柔毛，无刺。叶互生，广卵形，宽 4～6cm，3～5 浅裂，基部截形或心形，缘有粗钝锯齿，两面无毛或疏生柔毛；叶柄长 1～3cm。花单性异株，花萼黄绿色，簇生。浆果近球形，径约 8mm，红褐色，无毛；果梗有节。花期 4～5 月；果期 8～9 月。

产江苏南部、浙江北部及安徽南部；朝鲜、日本也有分布。

图 392　华蔓茶藨

变种**华蔓茶藨** var. *chinense* Maxim.〔Chinese Currant〕 小枝、叶两面及花梗均被较密柔毛；叶宽达 10cm，冬季常不凋落。产长江流域至黄河流域；日本和朝鲜也有分布。花有香气，果可食且美观；可植于庭园观赏。

（641）**香茶藨子**（黄花茶藨子）

Ribes odoratum H. Wendl.〔Buffalo Currant，Clove Currant〕

高 1～2m；幼枝密被白色柔毛。叶卵形，肾圆形至倒卵形，宽 3～8cm，3～5 裂，裂片有粗齿，基部截形至广楔形，表面无毛，背面被短柔毛并疏生棕褐色斑点。花两性，芳香；花萼花瓣状，黄色，萼筒细长，萼裂片 5，开展或反折；花瓣 5，形小，紫红色；5～10 朵成松散下垂的总状花序；花期 4～5 月。浆果球形，径 8～10mm，熟时紫黑色。

原产美国中部；北京、天津、沈阳、长春及山东等地有栽培。喜光，稍耐荫，耐寒，喜肥沃土壤；根萌蘖性强。果可食。花芳香而美丽，秋叶变紫色和红色，宜植于庭园观赏。

栽培变种**黄果香茶藨子 'Xanthocarpum'** 果黄色。

（642）**美国茶藨子**

Ribes americanum Mill.〔American Black Currant〕

高达 1.5m；小枝无刺，有黄色腺点。叶近圆形，长 3～8cm，3(5)浅裂，表面无毛，背面疏生白柔毛，两面具金黄色小树脂点。花萼浅黄白色，具柔毛，无腺体，萼筒管状漏斗形，萼片近直立，花瓣、雄蕊长为萼片长之 2/3，子房无毛、无腺体；总状花序多花而下垂，长约 10cm。浆果黑色，光滑，径8～

12mm，果肉绿色。花期5月。

原产美国北部；辽宁、河北有栽培。花较大，黄白色，多花，可植于庭园观赏。果可生食及加工后食用。

〔附〕**黑果茶藨子**（黑加仑）***R. nigrum*** L.〔Black Currant〕 与美国茶藨子相似，但花萼浅黄绿或浅粉红色，具柔毛和黄色腺体，萼筒近钟形，子房疏生柔毛和腺体。产欧洲及亚洲中西部，我国东北、内蒙古北部及新疆北部有分布。浆果富含多种维生素，味酸甜，除生食外，主要供制果汁、果酱和果酒等。

（643）**刺果茶藨子**（醋栗）

Ribes bureiense F. Schmidt

落叶多刺灌木，高1～1.5m；小枝密生细刺和刺毛。单叶互生或簇生，长1.5～4cm，基部心形，掌状3～5裂，缘有齿，裂片先端尖。花淡红色，花柱及萼筒内无毛；1～2朵腋生。浆果球形，径约1cm，密被针刺，熟时乳黄色，光亮透明。花期5～6月；果期7～8月。

产我国东北长白山、小兴安岭及华北较高山地；朝鲜、蒙古及俄罗斯的西伯利亚也有分布。果味酸，含多种维生素、糖、有机酸及果胶，可制果酱、果酒。园林中可栽作刺篱，或配植于岩石园。

（644）**圆醋栗**

Ribes grossularia L.

高约1.2m；小枝节上有1～3粗刺，节间常有刺毛。叶3～5裂，长2～4cm，宽2～6cm，基部浅心形，缘有圆齿，无毛。花浅绿白色，萼片长倒卵形而反曲；1～3朵腋生。浆果近球形，径1～1.5cm，黄绿色或带红褐色，被短毛。花期5月；果期7～8月。

原产欧洲、北非至喜马拉雅地区。栽培历史久，并有许多品种。果熟时香而酸甜，可生食、酿酒或制果酱等。我国北方一些地方作果树栽培；也可在园林绿地中栽作绿篱。

（645）**美丽茶藨子**

Ribes pulchellum Turcz.

小枝节部常具一对小刺。叶广卵圆形，长1.5～3cm，3(5)深裂，裂片边缘有粗齿，两面具柔毛。花单性异株，浅绿黄色或淡红褐色；总状花序，花序轴有短柔毛。浆果球形，径5～8mm，红色，无毛。花期5～6月；果期9～10月。

产内蒙古、河北北部、山西西部、陕西北部、甘肃及青海东部；蒙古及俄罗斯西伯利亚也有分布。抗性强。果红色美丽，可植于庭园观赏。天津较早栽培。

（646）**东北茶藨子**

Ribes mandshuricum（Maxim.）Kom.

高1～2m；枝较粗壮，褐色，无毛。叶3(5)裂，长5～10cm，缘有齿，表面疏生细毛，背面密被白色绒毛；叶柄长2～8cm。花两性，萼片反曲，黄绿色；总状花序长5～15cm，花序轴和花柄密被毛。浆果球形，径7～9mm，红色，有光泽。花期5～6月；果期7～9月。

产我国东北、内蒙古、华北及西北地区；朝鲜北部及俄罗斯西伯利亚也有分布。果可制果酱及酿酒。夏秋红果很美丽，可用作园林绿化树种。

73. 蔷薇科 Rosaceae

1. 果开裂，蓇葖果或蒴果；多数无托叶 ……………………… A. 绣线菊亚科 Spiraeoideae
1. 果不开裂；具托叶：
  2. 子房上位：
    3. 心皮多数，离生于突出之花托上或壶形花托内，多为聚合瘦果；常为复叶 ……… ……………………………………………………………… B. 蔷薇亚科 Rosoideae
    3. 心皮常为 1，核果；单叶 ……………………………………… C. 李亚科 Prunoideae
  2. 子房下位或半下位（罕上位）；萼筒和花托在果时变成肉质的梨果 ……………… ………………………………………………………………… D. 苹果亚科 Maloideae

A. 绣线菊亚科 Spiraeoideae

【白鹃梅属 *Exochorda*】落叶灌木；单叶互生。花白色，花瓣 5，具爪，雄蕊 15～30（成 5 组），着生于大花盘边缘；顶生总状花序。蒴果具 5 棱脊；种子有翅。5 种，产亚洲中部和东部；中国 3 种。

(647) **白鹃梅**

Exochorda racemosa (Lindl.) Rehd.

〔Common Pearl-bush〕

高达 3～5m，全体无毛。叶椭圆形或倒卵状椭圆形，长 3.5～6.5cm，全缘或上部疏生钝齿，先端钝或具短尖，背面粉蓝色。花白色，径约 3～4cm，花瓣较宽，基部突然收缩成爪，雄蕊 15(—25)，花梗长 3～5mm；6～10 朵成顶生总状花序。蒴果倒卵形，具 5 棱脊。花期4～5 月与叶同放；果期 9 月。

图 393 白鹃梅

产河南、江苏南部、安徽、浙江、江西等地。喜光，也耐半荫，适应性强，耐干旱瘠薄土壤，有一定的耐寒性，在北京可露地栽培。枝叶秀丽，春日开花洁白，是美丽的观赏树种。

(648) **齿叶白鹃梅**

Exochorda serratifolia S. Moore

高达 2m。叶较大，椭圆形或倒卵状椭圆形，长 5～8cm，基部楔形或广楔形，中部以上有尖锯齿，下部全缘，背面有疏毛。花白色，径 3～4cm，雄蕊通常为 25 或更多；4～5 月与叶同放。

产我国东北南部及河北；朝鲜也有分布。喜光，耐半荫，耐寒性强，喜深厚肥沃土壤。花美丽，北京有栽培，供庭园观赏。

图 394 齿叶白鹃梅

(649) **红柄白鹃梅**

Exochorda giraldii Hesse

〔Redbud Pearl-bush〕

高达5m。叶卵状椭圆形，长3～4cm，先端急尖或圆钝，基部广楔形，全缘或中部以上有钝齿；叶柄常红色。花白色，径3～4.5cm，花瓣具长爪，雄蕊20～30，花萼内侧常红色，花近无梗；5月开花。

产秦岭山脉及其邻近地区。花美丽，宜植于庭园观赏。

变种**绿柄白鹃梅** var. ***wilsonii*** Rehd. 叶柄绿色，花径约5cm。产湖北西部。

图395 笑靥花

【绣线菊属 ***Spiraea***】落叶丛生灌木；单叶互生，缘有齿或裂。花小，心皮5，离生；蓇葖果，种子无翅。约100余种，产北温带；中国约60余种。

(650) **笑靥花**

Spiraea prunifolia Sieb. et Zucc.

高达3m；小枝细长，幼时有柔毛。叶卵形或椭圆形，长1.5～3cm，基部全缘，中部以上有细锯齿，背面常有毛。花小，白色，径约1cm，重瓣，花梗长0.6～1cm；3～6朵成伞形花序，无总梗；春天（4月）与叶同放。

产长江流域地区；各地庭园常栽培观赏。花较大又为重瓣，色洁白，花容圆润丰满，如笑脸为靥，是美丽的观花灌木。

单瓣笑靥花 f. ***simpliciflora*** Nakai 花单瓣。产中国、朝鲜和日本。栽培较少。

图396 珍珠花

(651) **珍珠花**（喷雪花）

Spiraea thunbergii Sieb. ex Bl.

高达1.5m；枝纤细而密生，开展并拱曲。叶细小，狭长披针形，长2～4cm，中部以上有尖锐细锯齿，两面无毛。花小而白色，径6～8mm；3～5朵成无总梗之伞形花序；早春3～4月与叶同放。

原产华东及日本；我国东北南部及华北等一些城市有栽培。喜光，喜湿润而排水良好的土壤，较耐寒。早春花开放前花蕾形若珍珠，开放时繁花满枝宛若喷雪，秋叶橘红色，是美丽的观花灌木。

(652) **麻叶绣球**（麻叶绣线菊）

Spiraea cantoniensis Lour.

〔Reeves Spiraea〕

图397 麻叶绣球

高达 1.5m；枝细长而拱形下弯。叶菱状披针形或菱状长椭圆形，长 3～5cm，羽状脉，先端急尖，基部楔形，中部以上有缺刻状锯齿，两面无毛。花小而白色，成半球状伞形花序，生于新枝端；花期 5～6 月。

原产我国东部及南部地区；在日本长期栽培，国内各地有栽培。是庭园常见的观花灌木。

栽培变种**重瓣麻叶绣球 'Lanceata'**（'Flore Pleno'） 叶披针形，上部疏生细齿；花重瓣。

（653）**三桠绣球**（三裂绣线菊）

Spiraea trilobata L.

高达 2m；小枝细而开展，稍呈之字形曲折，无毛。叶近圆形，长 1.5～3cm，先端钝，常 3 裂，中部以上具少数圆钝齿，基部近圆形，基脉 3～5 出，两面无毛。花小而白色，成密集伞形总状花序；5～6 月开花。

图 398 三桠绣球

产亚洲中部至东部，我国北部有分布。稍耐荫，耐寒，耐旱，栽培容易。植于路边、屋旁或岩石园都很美丽。

（654）**菱叶绣线菊**（杂种绣线菊）

Spiraea × vanhouttei （C. Briot） Zab.

〔Bridal-wreath〕

高达 2m；小枝拱曲，无毛。叶菱状卵形至菱状倒卵形，长 2～3.5cm，先端尖，基部楔形，通常 3～5 浅裂，缘有锯齿，表面暗绿色，背面蓝绿色，两面无毛。花纯白色，径约 8mm；成伞形花序；5～6 月开放。

图 399 菱叶绣线菊

是麻叶绣球与三桠绣球之杂交种，1862 年在法国育成。花虽小却集成绣球形，密集着生于细长而拱形的枝条上，甚为美丽。国内外广为栽培，宜植于草坪、路边或作基础种植。

（655）**珍珠绣球**（绣球绣线菊）

Spiraea blumei G. Don

高达 2m；小枝细，拱形弯曲，无毛。叶菱状卵形或倒卵形，长 2～3.5cm，羽状脉或不显 3 出脉，先端钝，基部楔形或广楔形，近中部以上具少数圆钝缺齿或 3～5 浅裂，两面无毛，背面蓝绿色。花小而白色，伞形花序具总梗；4～6 月开花。

产中国、朝鲜和日本；我国北自辽宁、内蒙古，南至两广皆有分布。喜光，耐寒，耐旱，稍耐碱，怕涝。花洁白秀丽，姿态优美，植于山坡、路旁、水边、岩石园都很合适。

图 400 珍珠绣球

(656) **柔毛绣线菊**(土庄花)

Spiraea pubescens Turcz.

高达2m;小枝开展,稍拱曲,幼时具柔毛。叶菱状卵形至椭圆形,长2～4cm,先端急尖,基部广楔形,中部以上具粗齿或3浅裂,表面疏生柔毛,背面密被灰色短柔毛。花小而白色,雄蕊25～40;伞形花序半球形,无毛;4月底至5月开花。

主产我国黄河流域及东北、内蒙古,南达安徽、湖北;朝鲜、蒙古、俄罗斯也有分布。喜光,耐寒,耐旱,对土壤要求不严。北京园林中有栽培,供观赏。

图401 柔毛绣线菊

(657) **绒毛绣线菊**(毛花绣线菊)

Spiraea dasyantha Bunge

高达3m;小枝细,呈之字形曲折,幼时密被绒毛。叶菱状卵形,长2～4.5cm,先端急尖或圆钝,基部楔形并全缘,中上部有缺刻状钝锯齿,背面密被白色绒毛。花小而白色,萼片三角形或卵状三角形;伞形花序具总梗,密被灰白色绒毛。

产内蒙古、辽宁、河北、山西、湖北、江西、江苏等地,在华北分布较广。喜光,耐寒,耐旱。花洁白,花序丰满美丽,宜植于庭园观赏。

图402 绒毛绣线菊

(658) **中华绣线菊**(铁黑汉条)

Spiraea chinensis Maxim.

高1.5～3m;小枝拱曲,幼时常有黄色绒毛。叶菱状卵形至倒卵形,长2.5～6cm,先端尖,缘具缺刻状尖粗齿或不明显3浅裂,表面暗绿色,有短柔毛,网脉下凹,背面密被黄色绒毛。花小而白色,萼片卵状披针形;伞形花序,被黄色柔毛。

广布于我国西北、华北、长江流域至两广及西南各地。可栽于庭园观赏。

图403 中华绣线菊

(659) **欧亚绣线菊**(石棒绣线菊,石棒子)

Spiraea media Schmidt

高达2m;小枝近无毛。叶长椭圆形至披针形,长1～2.5cm,先端急尖,稀圆钝,基部楔形,全缘或端部具2～5浅齿,羽状脉,两面无毛或背面脉腋稍有短柔毛。花白色,径0.7～1cm,雄蕊长于花瓣,9～15朵成伞形总状花序;5(6)月开花。

产我国东北、内蒙古及新疆;朝鲜、蒙古、俄罗斯至南欧均有分布。喜光,耐寒,耐旱,对土壤要求不严。花洁白而较大，有细长花丝，颇美丽；可栽培观赏。

（660）**毛果绣线菊**

Spiraea trichocarpa Nakai

高达2m；小枝有棱。叶倒卵状椭圆形或长圆形，长3～6cm，基部楔形，先端钝或稍尖，两面无毛；花枝上的叶全缘，营养枝上的叶先端有齿。花小，白色；复伞房花序，径约5cm，有黄色柔毛；5～6月开花。

产我国辽宁、吉林和朝鲜。花虽小却密集成团，颇为美丽，可供庭园观赏。

（661）**石蚕叶绣线菊**

Spiraea chamaedryfolia L.

高达1.5m；小枝有棱角，之字曲折，无毛。叶菱状卵形至倒卵形，长2.5～5cm，先端急尖，基部圆形或广楔形，缘有切刻状齿，有时3裂，表面深绿色并有细柔毛，背面有浅黄色毛。花白色，径约8mm；伞房花序，花密集，有毛。花期5～6月；果期7～9月。

产我国东北、河北北部、山西南部及新疆北部；日本、朝鲜、蒙古、俄罗斯及欧洲也有分布。喜光，稍耐荫，较耐寒，对土壤适应性强。白花密集美丽，可植于庭园观赏。

（662）**高山绣线菊**

Spiraea alpina Pall.

高达1.2m；小枝具棱，幼时被柔毛；冬芽卵圆形，具数鳞片。叶常簇生，长椭圆状倒卵形至倒披针形，长1～2.5cm，全缘，无毛，背面有白粉。花小而白色，3～15朵成伞形总状花序；6～7月开花。

产我国西北及西南地区高山；蒙古、俄罗斯也有分布。喜光，耐寒，较耐旱。是优良水土保持及护坡树种，也可植于庭园观赏。

（663）**粉花绣线菊**（日本绣线菊）

Spiraea japonica L. f.

〔Japanese Spiraea〕

直立灌木，高达1.5m。叶卵状椭圆形，长3～8cm，先端急尖或渐尖，基部楔形，缘具复锯齿或单锯齿，背面灰白色，脉上有毛。花粉红色；复伞房花序，有柔毛，生于当年生枝端；6～7月开花。

原产日本及朝鲜；我国各地有栽培，供观赏。

形态多变异，有**大叶**‘Macrophylla’、**斑叶**‘Variegata’、**‘Magic Carpet’**（‘魔毯’，植株较矮，枝叶密集，叶菱状披针形，嫩叶红色，后变金黄色）、**矮生**‘Nana’（高仅30cm，叶和花序均较小，是良好的地被植物）等品种。

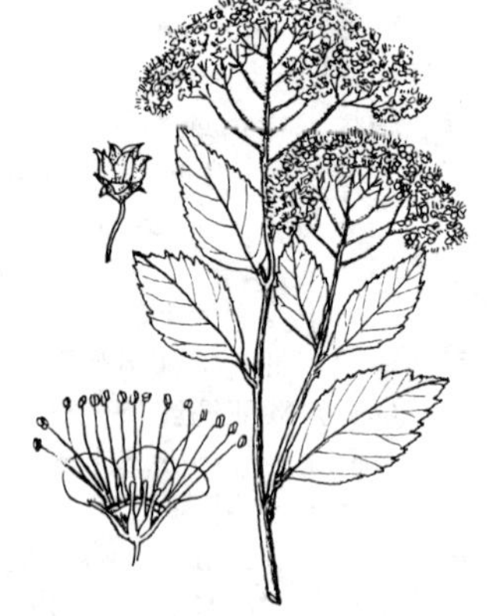

图404 粉花绣线菊

变种**大粉花绣线菊**（光叶粉花绣线菊）var. ***fortunei*** (Planch.) Rehd. 植株较高大；叶较长且大，椭圆状披针形至狭披针形，长5～10cm，表面较皱，背面灰白色，两面无毛。产华东、华中及西南地区。花密集艳丽，植于园林可构成夏季美景。

〔附〕**‘金山’绣线菊**（金叶粉花绣线菊）*S.* × *bumalda* Burenich. ‘**Gold Mound**’ 矮生落叶灌木，高约 40～60cm；新叶金黄色，夏季渐变黄绿色；花粉红色。是由粉花绣线菊与白花绣线菊（*P. albiflora*）杂交育成。北京植物园首先从美国引种栽培，是北方城市较受欢迎的常年观叶植物之一。同时引入的还有**‘金焰’绣线菊** *S.* × *bumalda* ‘**Gold Flame**’，春天的叶有红有绿，夏天全为绿色，秋天叶变铜红色；花粉红色。

（664）**柳叶绣线菊**（绣线菊）

Spiraea salicifolia L.

直立灌木，高达 2m。叶长椭圆状披针形，长 4～8cm，缘有细尖齿，两面无毛。花粉红色，成顶生圆锥花序；6～8 月开花。

产我国东北、内蒙古及河北；朝鲜、日本、蒙古、俄罗斯至欧洲东南部也有分布。喜光，耐寒，喜肥沃湿润土壤，不耐干瘠。夏季开粉红色花，颇美丽，宜植于庭园观赏。

有**白花**‘Alba’、**红花**‘Rosea’等品种。

图 405 柳叶绣线菊

【风箱果属 ***Physocarpus***】约 20 种，产北美和东北亚；中国 1 种，引入 1 种。

（665）**风箱果**

Physocarpus amurensis（Maxim.）Maxim.

落叶灌木，高达 3m。叶互生，广卵形，长 3.5～5.5cm，基部心形或圆形，3～5 浅裂，缘有重锯齿；托叶早落。花白色，径约 1cm，心皮 1～5，基部合生，花梗及萼片外有星状绒毛；成顶生伞形总状花序；6 月开花。蓇葖果胀大，卵形，微被柔毛，沿腹背两缝线开裂。

产我国黑龙江及河北；朝鲜、俄罗斯也有分布。喜光，耐寒。夏日开花，花序密集，外形颇似绣线菊类，宜植于庭园观赏。

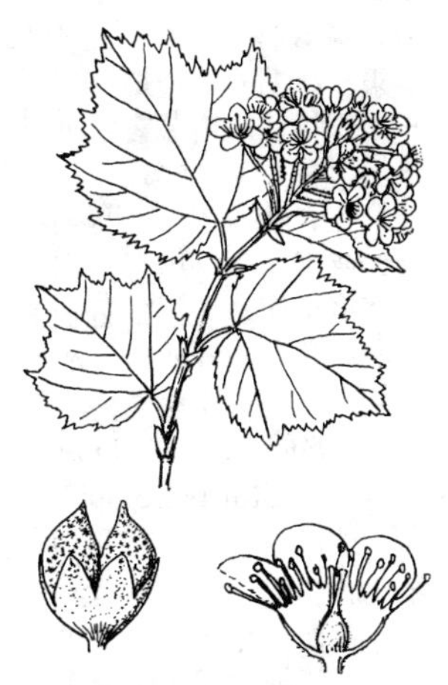

图 406 风箱果

（666）**北美风箱果**

Physocarpus opulifolius Maxim 〔Ninebark〕

与风箱果的主要区别是：叶三角状卵形至广卵形，基部广楔形；花梗及花萼外无毛或近无毛；蓇葖果红色，无毛。

原产北美东部；我国哈尔滨、沈阳、熊岳、青岛、济南等地有栽培。花、果皆美，宜栽于庭园观赏，也可作背景种植。

有**金叶**‘Luteus’、**红叶**‘Diabolo’、**矮生**‘Nanus’、**矮生金叶**‘Dart's Gold’等品种。

【野珠兰属 ***Stephanandra***】5 种，产亚洲东部；中国 2 种。

(667) **野珠兰**(小米空木)

Stephanandra chinensis Hance

图 407 野珠兰

落叶灌木，高达 1.5m。叶互生，卵形至卵状长椭圆形，长 5～7cm，先端渐尖或尾状尖，基部心形或圆形，常有浅裂，重锯齿，通常两面无毛；托叶早落。花小而白色，雄蕊 10，心皮 1，花梗及萼筒无毛；成顶生圆锥花序；5 月开花。蓇葖果，具种子 1～2。

产我国长江流域山地。扦插或分株繁殖。树姿优美，秋叶红紫色，可栽于庭园观赏。

〔附〕**小野珠兰** ***S. insisa*** (Thunb.) Zabel 叶较小，三角状卵形，长 2～4，缘有4～5 对裂片，两面有毛；花梗及萼筒有毛。产辽宁、山东和台湾；朝鲜和日本也有分布。枝叶秀丽，秋叶红紫色，可供观赏。

【**珍珠梅属 *Sorbaria***】丛生灌木；羽状复叶互生。花小，白色，心皮 5，圆锥花序；蓇葖果。9 种，产亚洲；中国 4 种。

(668) **珍珠梅**(华北珍珠梅)

Sorbaria kirilowii (Regel) Maxim. 〔False Spiraea〕

图 408 珍珠梅

落叶丛生灌木，高达 2～3m。羽状复叶，小叶 11～17，长卵状披针形，长 4～7cm，缘具重锯齿，侧脉 20～25 对。花小而白色，蕾时如珍珠；雄蕊 20，与花瓣近等长；顶生圆锥花序，花密集；花期 6～8 月。蓇葖果，果梗直立。

产华北、内蒙古及西北地区；华北各地习见栽培。耐荫，耐寒；萌蘖性强。扦插或分株繁殖。花、叶都很美丽，花期长。丛植于草地边缘，或于路边、屋旁作自然式绿篱都很合适；其花序也是切花瓶插的好材料。珍珠梅因其花蕾洁白如珍珠，花开放后又酷似梅花而得名。

(669) **东北珍珠梅**

Sorbaria sorbifolia (L.) A. Br.

〔Ural False Spiraea〕

外形与珍珠梅甚相似，主要区别在于：小叶之侧脉 25～35 对；雄蕊 40～50，其长度为花瓣长的 1.5～2 倍；圆锥花序近直立；花期比珍珠梅晚而短。

产亚洲北部，我国东北及朝鲜、日本、蒙古、俄罗斯均有分布。喜光，稍耐荫，耐寒性强，喜肥沃湿润土壤；萌蘖性强，耐修剪。在东北地区常见栽培，用途同珍珠梅。

变种**星毛珍珠梅** var. ***stellipila*** Maxim. 叶背、叶柄、花萼和果均有星状毛。产亚洲东部。

〔附〕**高丛珍珠梅** ***S. arborea*** Schneid. 高 2～6m。小叶披针形，长 4～

9cm，重锯齿，两面无毛或背面微有星状绒毛。花白色，雄蕊 20～30，花丝长约为花瓣长之 1.5 倍；圆锥花序稀疏，分枝开展。果梗向下弯曲。产我国西北至西南部。

B. 蔷薇亚科 Rosoideae

【蔷薇属 ***Rosa***】灌木或藤木，枝有皮刺；常为羽状复叶，互生。瘦果多数，生于肉质坛状花托内。约 200 种，产北半球温带和亚热带；中国约 80 种。

(670) **野蔷薇**（多花蔷薇，蔷薇）

Rosa multiflora Thunb. 〔Baby Rose〕

落叶灌木，高达 3m；枝细长，上升或攀援状，皮刺常生于托叶下。小叶 5～7(9)，倒卵状椭圆形，缘有尖锯齿，背面有柔毛；托叶篦齿状，附着于叶柄上，边缘有腺毛。花白色，径 1.5～2.5cm，芳香；花柱靠合，伸出甚长，无毛；多朵密集成圆锥状伞房花序；5～6 月开花。果近球形，径约 6mm，红褐色，萼脱落。

主产日本和朝鲜，我国黄河流域以南地区可能也有分布。性强健，喜光，耐寒，耐旱，也耐水湿，对土壤要求不严。可栽作花篱，也可作嫁接月季、蔷薇类的砧木。花、果及根均可药用。常见有下列变种和栽培变种：

图 409 野蔷薇

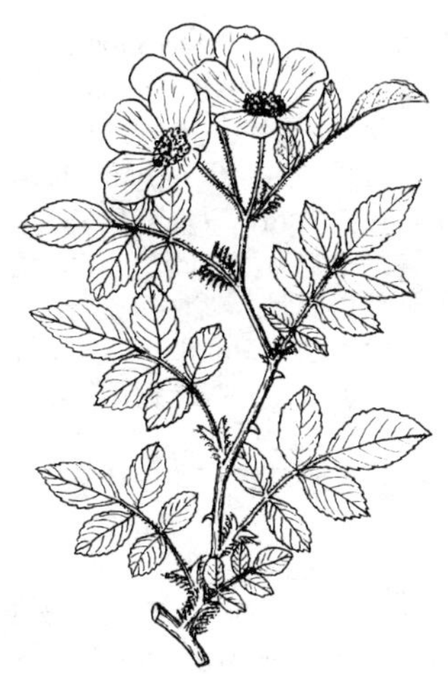

图 410 粉团蔷薇

①**粉团蔷薇**（粉花蔷薇）var. ***cathayensis*** Rehd. et Wils. 小叶较大，端更尖，通常 5～7 枚。花较大，径 3～4cm，单瓣，粉红至玫瑰红色，花梗常有长腺毛，数朵至近 20 朵成平顶伞房花序。果红色。产河南、陕西、甘肃及长江流域各地，南至两广，西南至云南、贵州。

②**七姊妹**（十姊妹）**'Platyphylla'**（'Grevillea'）〔Seven Sisters〕 叶较大；花也较大，重瓣，深粉红色，常 6～9 朵聚生成扁伞房花序。花甚美丽，各地常见栽培观赏。

③**荷花蔷薇**（粉红七姊妹）'**Carnea**'　花重瓣，淡粉红色，多朵成簇，甚美丽。华北各地常栽培观赏。

④**白玉棠**'**Albo-plena**'　枝上刺较少；小叶倒广卵形。花白色，重瓣，多朵聚生；花期较早。北京常见栽培观赏；也常作嫁接月季类的砧木。

（671）**月　季**（月季花）

Rosa chinensis Jacq. 〔China Rose〕

常绿或半常绿灌木，高达2m；小枝具粗刺，无毛。小叶3～5，卵状椭圆形，长3～6cm，缘有尖锯齿，无毛；托叶边缘有腺毛。花单生或几朵集生成伞房状，径4～6cm，重瓣，有紫、红、粉红等色，芳香，萼片羽状裂；花期5～10月。

图411　月　季

原产中国。18世纪中叶传入欧洲，现国内外普遍栽培观赏。喜光，喜温暖湿润气候及肥沃土壤。耐寒性不强，在华北地区需灌水、重剪并堆土保护越冬。扦插或嫁接繁殖。花期长，生长季节能陆续开花，色香俱佳，是美化庭园的优良花木。也可盆栽或作切花。其栽培变种很多，常见有：

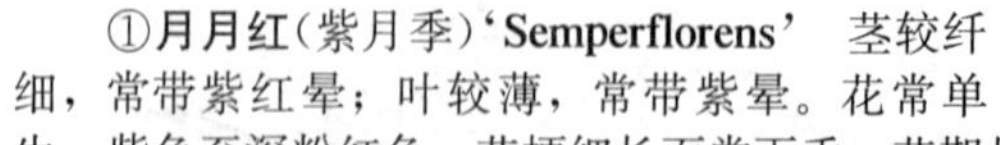

①**月月红**（紫月季）'**Semperflorens**'　茎较纤细，常带紫红晕；叶较薄，常带紫晕。花常单生，紫色至深粉红色，花梗细长而常下垂，花期长。在我国长期栽培。

②**小月季**'**Minima**'〔Fairy Rose〕　植株矮小，一般不超过25cm，多分枝。花较小，径约3cm，玫瑰红色，单瓣或重瓣。宜盆栽观赏。

③**绿月季**'**Viridiflora**'　花绿色，花瓣呈狭绿叶状，边缘有锯齿，颇为奇特。偶见栽培观赏。

④**变色月季**'**Mutabilis**'　幼枝紫色，幼叶古铜色。花单瓣，初为硫黄色，继变橙红色，最后成暗红色。

（672）**香水月季**（芳香月季）

Rosa × odorata (Andr.) Sweet 〔Tea Rose〕

常绿或半常绿灌木；有长匍枝或攀援枝，疏生钩状皮刺。小叶5～7(9)，卵形或椭圆状卵形，长4～8cm，缘有尖锯齿，无毛；叶轴和叶柄均具钩刺和短腺毛。花单生或2～3朵聚生，白色、淡黄色或带粉红色，重瓣，径5～8cm，芳香，花柱伸出花托口外而分离，萼片大部分全缘；花期6～9月。

图412　香水月季

原产中国，是月季与巨花蔷薇的天然杂交种，久经栽培。1810年传入欧洲后，培育出许多品种，通常多为重瓣花。

(673) **巨花蔷薇**(大花香水月季)

Rosa gigantea Coll. ex Crép.

(*R. odorata* var. *gigantea* Rehd. et Wils.)

攀援灌木,枝蔓长达10～15m;茎具钩状粗皮刺。小叶5～7,广披针形,长约7cm。花大,常单生,径10～15cm,单瓣,乳白至淡黄色,芳香,花梗及花托无毛;5～6月开花。果橙黄色。

产我国云南和缅甸北部。

图413 巨花蔷薇

(674) **现代月季**

Rosa hybrida Hort.

〔Modern Garden Roses〕

现代月季是我国的香水月季、月季和七姊妹等输入欧洲后,在19世纪上半叶与当地及西亚的多种蔷薇属植物(如法国蔷薇*R. gallica*、突厥蔷薇*R. damascena*、百叶蔷薇*R. centifolia*等)杂交,并经多次改良而成的一大类群优秀月季,现品种多达20000个以上。目前广为栽培的品种分以下几个系统:

①**杂种长春月季〔Hybrid Perpetual Roses〕** 是由中国的月季与欧洲的几种蔷薇杂交选育而成的早期品种群。植株高大,枝条粗壮。叶大而厚,常呈暗绿而无光泽。花蕾肥圆,花大型,半重瓣至重瓣,多为紫、红、粉红、白等色;开一季至两季(春、秋)花。耐寒性强。一度较受欢迎,目前栽培不多。著名品种有开白花的**'Frau Karl Druschki'**('德国白')、开粉花的**'Paul Neyron'**('阳台梦')和开红花的**'General Jacqueminot'**('贾克将军')等。

②**杂种香水月季〔Hybrid Tea Roses〕** 是由香水月季与杂种长春月季杂交选育而成,为目前栽培最广、品种最多的一类。大多为灌木,也有少数为藤本,落叶或半常绿性。叶绿色或带古铜色,通常表面有光泽。花蕾较长而尖,多少有芳香,花大而色、形丰富,除白、黄、粉红、大红、紫红外,并有各种朱红、橙黄、双色、变色等,花梗多长而坚韧;在生长季中开花不绝。著名品种有**'Condesa de Sastago'**('金背大红')、**'Crimson Glory'**('墨红')、**'Peace'**('和平')、**'Pink Peace'**('粉和平')、**'Superstar'**('Tropicana','明星')、**'Confidence'**('信用')、**'Perfecta'**('十全十美')、**'Double Delight'**('红双喜')、**'Fragrant Cloud'**('香云')、**'Blue Moon'**('蓝月')等。

③**丰花月季〔Floribunda Roses〕** 是由杂种香水月季与小姊妹月季〔Polyantha Roses〕杂交改良的一个近代强健多花品种群。有成团成簇开放的中型花朵,花色丰富,花期长。耐寒性较强,平时不需细致管理。品种如**'Independence'**('独立')、**'Iceberg'**('冰山')、**'Betty Prior'**('杏花村')、**'Red Cap'**('红帽子')、**'Winter Plum'**('冬梅')、**'Golden Marry'**('金玛丽')、**'Carefree Beauty'**('无忧女')、**'Green Sleeves'**('绿袖')、**'Rumba'**('伦巴')、**'Circus'**('马戏团',花黄、橙、红混合色)、'曼海姆'等。

④**壮花月季〔Grandiflora Roses〕** 是由杂种香水月季与丰花月季杂交而成的改良品种群。是近代月季花中年轻而有希望的一类。植株强健,生长较高,能开出成群的大型花朵,四季勤花,适应性强。著名品种有**'Queen Elizabeth'**

(‘粉后’)、**‘White Queen Elizabeth’**(‘白后’)、**‘Scarlet Queen Elizabeth’**(‘红后’)、**‘Garden Party’**(‘游园会’)、**‘Diamond’**(‘火炬’)、**‘Montezuma’**(‘杏醉’)、**‘Miss France’**(‘法国小姐’)、**‘Lucky Lady’**(‘幸福女’)、**‘Mount Shasta’**(‘雪峰’)等。

⑤**微型月季〔Miniature Roses〕** 植株特矮小,一般高不及30cm,枝叶细小。花径1.5cm左右,重瓣,花色丰富,四季开花。耐寒性强。宜盆栽观赏,尤其适用于窗台绿化。品种有**‘Scarlet Gem’**(‘红宝石’)、**‘Margo Koster’**(‘小古铜’)、**‘Tom Thumb’**(‘拇指’)、**‘Red Elf’**(‘红妖’)、**‘Pink Petticoat’**(‘粉裙’)、‘白梅朗’、‘微型明星’、‘彩虹’(花色黄、粉至玫瑰红)、‘小太阳’(花金黄色)、‘神奇’(花橙色至大红)、‘星条旗’(紫红花瓣上有白色条斑纹)等。

⑥**地被月季〔Ground Cover Roses〕** 茎匍匐;花小,色彩丰富,夏、秋季开花。在园林绿地中宜作观赏地被植物。品种很多,如‘巴西诺’、‘恋情火焰’、‘哈德福郡’等。

⑦**藤本月季〔Climbing Roses〕** 枝条长,蔓性或攀援。包括杂种光叶蔷薇群〔Hybrid Wichuraianas〕和从其他类群中芽变成的藤本品种。如**‘Climbing Peace’**(‘藤和平’)、**‘Climbing Perfecta’**(‘藤十全十美’)、**‘Climbing Crimson Glory’**(‘藤墨红’)、**‘Mermaid’**(‘美人鱼’)、**‘Golden Shower’**(‘金色雨点’)、**‘Spectra’**(‘光谱’)、**‘Dortmud’**(‘多特蒙德’)、‘美利坚’、‘索尼亚’、‘至高无上’、‘同情’等。

(675)**木 香**

Rosa banksiae Ait. 〔Banksian Rose〕

落叶或半常绿攀援灌木;枝绿色,细长而刺少,无毛。小叶3~5,长椭圆状披针形,长2~6cm,缘有细齿;托叶线形,早落。花白色或淡黄色,芳香,单瓣或重瓣,径约2~2.5cm,萼片全缘;伞形花序;花期5~7月。果近球形,径3~4mm,红色。

原产我国中南部及西南部;现国内外园林及庭园普遍栽培观赏。喜光,也耐荫,喜温暖气候,有一定的耐寒能力,北京小气候良好处能露地栽培;生长快,管理简单。晚春至初夏开花,芳香袭人,宜设棚架、凉廊等令其攀援。常见变种和栽培变种有:

图414 木香

①**单瓣白木香** var. ***normalis*** Regel 花白色,单瓣,芳香;产湖北、四川。

②**重瓣白木香 ‘Albo-plena’** 花白色,重瓣,香气最浓;栽培最普遍。

③**单瓣黄木香 ‘Lutescens’** 花淡黄色,单瓣,近无香。

④**重瓣黄木香 ‘Lutea’** 花黄色至淡黄色,重瓣,淡香。

(676)**山木香**(小果蔷薇)

Rosa cymosa Tratt.

常绿攀援灌木;枝细长,具较多钩刺。小叶3~7,卵状披针形或长椭圆形，长1.5～5cm，缘具细锯齿，无毛，叶轴背面有倒钩刺；托叶线形，早落。花小而白色，径约2cm，单瓣，芳香，萼片常羽状裂，花托、花梗有柔毛；复伞房花序；花期4～5月。

产华东、中南及西南地区，山野习见。喜温暖湿润气候及微酸性土壤，耐半荫；萌芽力强，耐修剪。宜于花架、凉廊、墙隅、假山等处配植。

(677) **玫　瑰**

Rosa rugosa Thunb.

〔Turkestan Rose〕

落叶丛生灌木，高达2m；枝密生细刺、刚毛及绒毛。小叶5～9，椭圆形，长2～5cm，有钝锯齿，表面网脉凹下，皱而有光泽，背面灰绿色，密被绒毛。花紫红色，径约6～8cm，浓香；1至数朵聚生。果扁球形，径2～2.5cm，砖红色。

产中国、日本和朝鲜，辽宁、山东等地有分布。现国内外广泛栽培。喜光，不耐荫，耐寒，耐旱，不耐积水，在肥沃而排水良好的中性或微酸性土上生长最好，在微碱性土上也能生长；萌蘖性强。分株、扦插或嫁接繁殖。花色艳丽而芳香，盛花期在4～5月，以后零星开花至9月。在庭园中宜栽作花篱及花境，也可丛植于草坪、坡地观赏。花可提炼香精和作香料用，各地常有专业经营栽培。栽培变种有：

①**白玫瑰‘Alba’** 花白色，单瓣。

②**红玫瑰‘Rosea’** 花玫瑰粉红色，单瓣。

③**紫玫瑰‘Rubra’** 花红紫色，单瓣。

④**重瓣紫玫瑰‘Rubro-plena’** 花重瓣，玫瑰紫红色，香气浓。

⑤**重瓣白玫瑰‘Albo-plena’** 花重瓣，白色。

(678) **黄刺玫**

Rosa xanthina Lindl.

落叶丛生灌木，高达3m；小枝褐色，具硬直扁刺，无刺毛。小叶7～13，形小，卵圆形或椭圆形，长1～2cm，先端钝，基部圆形，缘具钝锯齿，背面幼时常有柔毛。花黄色，径约4cm，重瓣或半重瓣，单生；4～5月开花。

我国北部多栽培。喜光，耐寒，耐干旱瘠薄，少病虫害，管理简单。是北方春天重要观花灌木，宜丛植或篱植。

单瓣黄刺玫 f. *spontanea* Rehd.　产我国北部山地及朝鲜、蒙古至土耳其一带；栽培较少。

图415　山木香

图416　重瓣紫玫瑰

图417　黄刺玫

(679) **黄蔷薇**

Rosa hugonis Hemsl.

(*R. xanthina* f. *hugonis*)

落叶灌木，高达 2.5m；枝细长而拱曲，具扁刺及刺毛。小叶 5～13，卵形至椭圆形，长 1～2cm，缘有单锐齿，叶背幼时沿脉有疏柔毛。花单生，径约 5cm，花瓣 5，淡黄色；4～6 月开花。果扁球形，径约 1.5cm，深红色。

产山东、山西、陕西秦岭、甘肃南部、青海、四川等地。喜光，耐旱性强；扦插易活。花黄色，花期早而长，宜植于庭园观赏。

图 418 黄蔷薇

(680) **报春刺玫**

Rosa primula Bouleng.

〔Afghan Yellow Rose〕

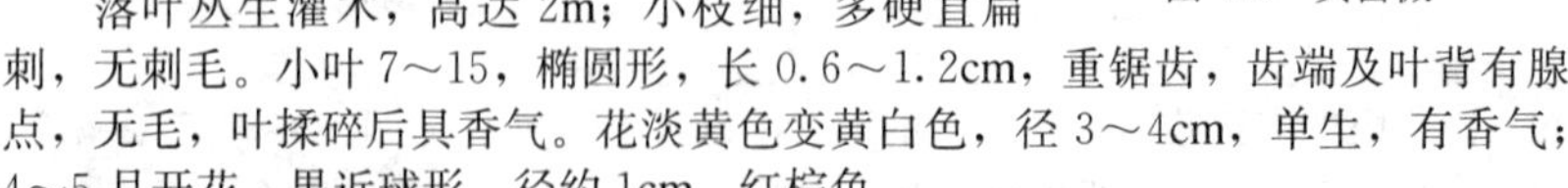

落叶丛生灌木，高达 2m；小枝细，多硬直扁刺，无刺毛。小叶 7～15，椭圆形，长 0.6～1.2cm，重锯齿，齿端及叶背有腺点，无毛，叶揉碎后具香气。花淡黄色变黄白色，径 3～4cm，单生，有香气；4～5 月开花。果近球形，径约 1cm，红棕色。

产土耳其至我国西北、华北地区。北京偶见栽培，花期较黄刺玫略早。

图 419 报春刺玫

图 420 峨眉蔷薇

(681) **峨眉蔷薇**

Rosa omeiensis Rolfe

落叶灌木，高达 4m；茎直立，枝密生，具宽扁皮刺，幼枝常有刺毛。小叶 9～17，狭长椭圆形，长 1～3cm，先端稍尖或圆钝，缘有尖齿，背面无毛或仅中脉有柔毛。花白色，径 2.5～4cm，花瓣 4(5)，单生；5～6 月开花。果椭球形或梨形，长 1～1.5cm，鲜红色，果熟时果梗膨大。

产我国西部至西南部高山上。果实成熟后鲜红美丽，十分引人注目。

变型**翅刺峨眉蔷薇** f. *pteracantha* Rehd. et Wils. 枝上皮刺甚宽扁，有时几乎相连呈翅状，幼时深红色，半透明状，具有特殊观赏价值。国内外略有栽培。

(682) **刺玫蔷薇**（山刺玫）

Rosa davurica Pall.

落叶灌木，高1.5～2m；小枝在叶柄基部有1对稍弯皮刺，刺基部密被刺毛。小叶5～7，长椭圆形，长1.5～3cm，中部以上有锐齿，背面灰绿色，沿脉有柔毛及腺点；托叶膜质，全缘。花粉红色，径约4cm；萼片狭，长度超过花瓣，端部呈小叶状；花单生或2～3朵集生；6～7月开花。果卵球形，径1～1.5cm，鲜红色，经冬不落。

图421 刺玫蔷薇

产我国东北、内蒙古及华北山区；俄罗斯、朝鲜、日本也有分布。喜光，稍耐荫，耐寒性强，较耐低湿。花果美丽，可植于庭园观赏。花、果（富含维生素）及根均可药用。有**白花** 'Alba' 品种。

(683) **伞花蔷薇**

Rosa maximowicziana Reg.

图422 伞花蔷薇

落叶灌木，高达2m；枝蔓生或拱曲，有皮刺及刺毛。小叶5～9，卵状椭圆形，长2～4cm，先端急尖或渐尖，缘有细齿，背面无毛或沿主脉有毛或刺，叶轴有倒刺；托叶与叶柄合生，具腺齿。花白色至粉红色，花梗、花托及花萼均有腺毛；花柱靠合成柱状，无毛，伸出花托口外与雄蕊近等长；伞房花序；6～7月开花。果近球形，径约1cm，红色。

产我国东北南部及河北、山东；朝鲜、俄罗斯也有分布。花尚美丽，且有重瓣品种，宜植于庭园观赏。

(684) **光叶蔷薇**

Rosa wichuraiana Crép.

(*R. luciae* Franch. et Rocheb.)

〔Memorial Rose〕

图423 光叶蔷薇

半常绿蔓性灌木；小枝细长，绿色，皮刺散生。小叶5～9，广卵形至倒卵形，长1～3cm，先端钝或急尖，缘具粗锯齿，表面暗绿而有光泽，两面无毛；托叶全缘或有腺齿。花白色，花瓣5，芳香，径4～5cm，花柱靠合并有柔毛；成圆锥状伞房花序；花期 7～9 月。果卵球形，径 6～7mm，红色或紫色。

产我国东南部及华南地区；日本、朝鲜也有分布。济南、青岛等地有栽培。是地面覆盖、防护坡堤及绿化石山的好材料。1893 年传入美国，后杂交育成许多杂种光叶蔷薇品种，均为藤本。

〔附〕**花旗藤** ***Rosa* ‘American Pilla’** 是光叶蔷薇与美国 *R*. *setigera* 的杂交种，在美国育成。枝粗壮而长，叶较大；夏天开淡玫瑰红色而具白心之中型单瓣花，艳丽可爱。生长健壮，耐寒性较强。是布置花架、花门及花柱的好材料。北京园林中常见栽培。

(685) **缫丝花**（刺梨）

Rosa roxburghii Tratt.

〔Chestnut Rose〕

落叶灌木，高达 2.5m，多分枝；小枝在叶柄基部两侧有成对细尖皮刺。小叶 9～15，椭圆形，长 1～2cm，先端急尖或钝，基部广楔形，缘具细锐齿，无毛；叶轴疏生小皮刺；托叶狭，大部分着生于叶柄上。花淡紫红色，重瓣，杯状，径 4～6cm，微芳香，花托、花柄密生针刺；1～2 朵生于短枝上；5～7 月开花。果扁球形，径 3～4cm，黄绿色，密生针刺。

图 424 单瓣缫丝花

产我国长江流域至西南部；日本也有分布。花美丽，可栽培观赏，或作绿篱。果实富含维生素 C，可生食、蜜饯或酿酒，有很高的药用价值。是园林观赏结合生产的好材料。

变型**单瓣缫丝花** f. ***normalis*** Rehd. et Wils. 花单瓣。

(686) **金樱子**

Rosa laevigata Michx.

〔Cherokee Rose〕

常绿攀援灌木，长达 5m；小枝密生钩刺和刺毛。小叶 3(5)，卵状长椭圆形，长 3～6cm，缘有细尖锯齿，革质而有光泽；托叶离生或仅基部合生于叶柄基部。花白色，径 5～9cm，芳香，单生侧枝顶端；5～7 月开花。果大，长 2～4cm，密生刚刺，具宿存萼片；8～10 月果熟。

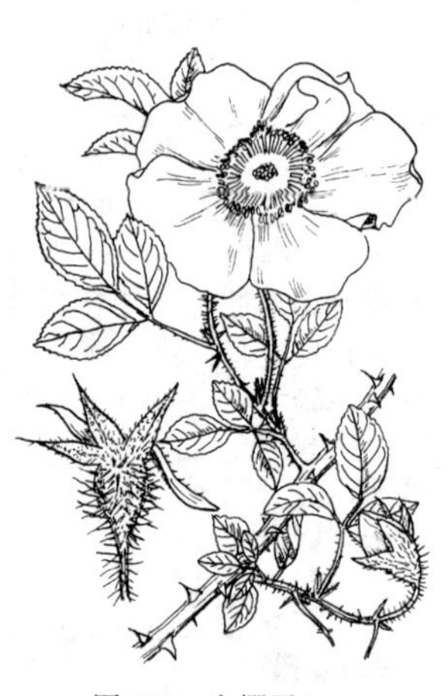

图 425 金樱子

产华东、中南至西南地区。喜光，喜温暖湿润气候，对土壤要求不严。播种繁殖。果实供药用，有强壮、收敛、镇咳、清热等功效。国外有粉花、红花品种。

(687) **硕苞蔷薇**

Rosa bracteata Wendl. 〔Macartney Rose〕

常绿蔓性灌木；小枝有毛及粗钩刺。小叶 5～9，椭圆形至倒卵形，长 1.5～5cm，先端钝或带突尖，缘有细圆齿，表面有光泽，背脉有柔毛；托叶离生，羽状裂。花单生，白色，径5～7cm，花梗短，基部有大而细裂的苞片数枚；5～7月开花。果球形，径2～3.5cm，橙红色，有毛。

产我国湖南、浙江、福建、台湾等地。花白色美丽，茎有密刺，可栽作观花刺篱。根、花、叶及果可供药用。本种与金樱子杂交而成的重瓣种，花带果香味。

(688) **美丽蔷薇**（山刺玫）

Rosa bella Rehd. et Wils.

落叶灌木，高1～3m；茎有细瘦直刺。小叶7～9，长圆形至卵形，长1～3cm，缘有尖齿，背面主脉散生柔毛及腺毛。花玫瑰红色，径约5cm；1～3朵聚生。果长卵形至卵球形，顶端有短颈，猩红色，有腺毛。花期5～7月；果期8～10月。

产我国东北、华北、西北各地。喜光，耐寒，耐干旱瘠薄土壤，适应性强。是很好的观花、观果树种。果富含维生素，可食用及药用。

(689) **百叶蔷薇**（洋蔷薇）

Rosa centifolia L. 〔Cabbage Rose〕

落叶灌木，高1～2m；枝粗壮，有长短不齐的皮刺和刺毛。小叶5(3)，椭圆形，长约2.5cm，单锯齿，两面或仅背面有短柔毛；托叶大部分与叶柄合生，有腺毛。花单生，粉红色，径5～8cm，多为重瓣，花瓣内曲，芳香；萼片羽状裂，宿存，花后反折；花梗细长，具黏腺毛，花下垂；花期5～7月。

产高加索至土耳其一带。在欧洲久经栽培，有红花、白花、小叶、斑叶等许多品种。鲜花为提炼玫瑰香精的原料。我国北京、济南等地有栽培，供观赏。

〔附〕**法国蔷薇 *R*. *gallica*** L. 〔French Rose〕 茎细长，有刚毛、具柄腺体及皮刺。小叶3～5（7），卵圆形至椭圆形，长2.5～5cm，表面皱，背面有毛，革质。花单生，粉红至深粉红色，径5～6.2cm，雄蕊浅黄色，显著。果小，砖红色。原产欧洲及西亚；我国上海有栽培。有大花深红、大花乳黄等品种。

【棣棠属 ***Kerria***】1种，产中国和日本。

(690) **棣　棠**

Kerria japonica（L.）DC.

落叶丛生灌木，高达2m；小枝绿色光滑。单叶互生，卵状椭圆形，长3～8cm，先端长尖，基部近圆形，缘有重锯齿，常浅裂，背面微被柔毛。花单生侧枝端，金黄色，径3～4.5cm，萼、瓣各为5；4～5月开花。瘦果5～8，离生，萼宿存。

图426　棣　棠

产中国和日本，我国黄河流域至华南、西南均有分布。喜光，稍耐荫，喜温暖湿润气候，耐寒性不强，在北京需选背风向阳处栽植。播种、扦插或分株繁殖。本种枝叶青翠，花色金黄，是美丽的观赏花木。花及枝叶可供药用。栽培变种有：

①**重瓣棣棠‘Pleniflora’** 花重瓣，各地栽培最普遍。

②**菊花棣棠 'Stellata'** 花瓣6～8，细长，形似菊花。

③**白花棣棠 'Albescens'** 花变为白色。

④**银边棣棠 'Argenteo-marginata'** 叶边缘白色。

⑤**银斑棣棠 'Argenteo-variegata'** 叶有白斑。

⑥**金边棣棠 'Aureo-marginata'（'Picta'）** 叶边缘黄色。

⑦**金斑棣棠 'Aureo-striata'** 叶有黄斑。

⑧**斑枝棣棠 'Aureo-vittata'** 小枝有黄色和绿色条纹。

【鸡麻属 ***Rhodotypos***】1种，产中国、日本和朝鲜。

(691) **鸡　麻**

Rhodotypos scandens (Thunb.) Mak.

〔Jetbead〕

落叶灌木，高达2～3m；小枝淡紫褐色，无毛。单叶对生，卵状椭圆形，长4～9cm，先端渐尖，基部广楔形至圆形，缘有不规则重锯齿，背面有丝状毛。花单生侧枝端，白色，萼、瓣各为4，并有副萼；4～5月开花。核果4，亮黑色。

图427　鸡　麻

产中国、日本和朝鲜；我国辽宁、华北、西北至华中、华东地区均有分布。喜光，耐寒，耐旱，易栽培。花白色美丽，常植于庭园观赏。果及根药用，为滋补强壮剂。

【委陵菜属 ***Potentilla***】200余种，广布于北温带；中国90种（木本9种）。

(692) **金露梅**（金老梅）

Potentilla fruticosa L.（*Dasiphora fruticosa* Rydb.）〔Shrubby Cinquefolia〕

落叶灌木，多分枝，高0.5～1.5m；树皮碎条状裂，幼枝及叶有丝状长柔毛。羽状复叶互生，小叶常为5，狭长椭圆形，长1～2.5cm，全缘，边缘反卷，无柄；托叶成鞘状。花鲜黄色，径2～3cm，萼外有副萼片；花单生或数朵成聚伞花序；6～7(8)月开花。聚合瘦果。

图428　金露梅

广布于北半球温带；我国产东北、华北、西北及西南地区，多生于高山上部灌丛中。喜光，耐寒性强，耐旱，不择土壤，很少有病虫害。播种或扦插繁殖。本种夏季开金黄色花朵，颇为美丽。宜作岩石园种植材料，也可丛植于草地、林缘、屋基，或栽作矮花篱。本种在杂交育种中曾作为很多杂种的亲本之一。国外有许多花色品种，如**白花** 'Mandschurica'、**乳黄** 'Daydawn'、**橙花** 'Sunset'、**橙红** 'Red Ace'、**橙黄** 'Tangerine'、**象牙白** 'Vilmoriniana'、**大花** 'Gold Finger'（'金指'，花大，径达3.8cm，花期长）等。

〔附〕**小叶金露梅 *P. parvifolia*** Fisch.　灌木，高达1.5m；小叶小，5～7，常

集生似掌状，披针形至倒披针形，长0.5～1cm；花也较小，径1～2cm，黄色。产我国内蒙古、西北至西南地区；蒙古和俄罗斯也有分布。可植于庭园观赏。

（693）**银露梅**

Potentilla glabra Lodd.

落叶灌木，高1～2m；幼枝被丝状毛。小叶3～5，倒卵状长圆形至长椭圆状披针形，长3～10mm，全缘，叶缘通常平坦，两面疏生柔毛或近无毛。花白色，径2～2.5(3.5)cm，具副萼；单生枝顶。花期6～8月；果期9～10月。

产我国北部至西南部。喜光，稍耐荫，耐寒性强，较耐干旱。宜作花篱，或丛植于庭园，若与金露梅搭配栽植，观赏效果更佳。

【悬钩子属 ***Rubus***】约700种，主产北温带；中国约200种。

（694）**山楂叶悬钩子**（牛叠肚）

Rubus crataegifolius Bunge〔Hawthorn Raspberry〕

落叶灌木，高2～3m；枝有皮刺。单叶互生，卵圆形，3～5掌状裂，长6～11cm，先端渐尖，基部心形或截形，缘有不规则粗齿。花白色，径1～1.5cm，2～6朵集生成总状伞房花序。聚合果近球形，径约1cm，红色。6～7月开花；8～9月果熟。

产我国东北、内蒙古及华北地区；朝鲜、日本及俄罗斯远东地区也有分布。喜光，耐寒性强，不耐水湿。本种秋叶变黄红色，可植于庭园观赏或栽作刺篱。果可药用，也可制果酱及酿酒。

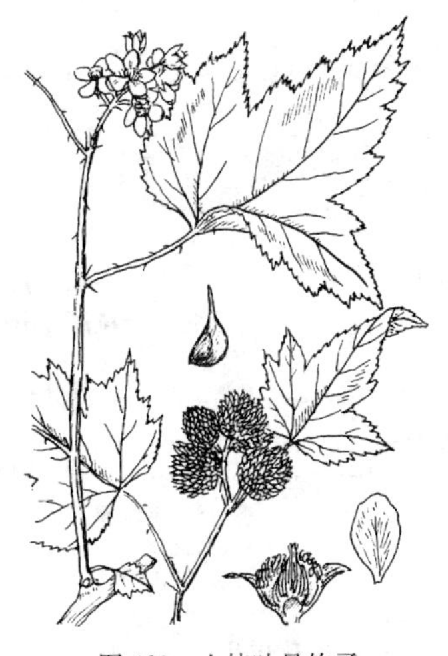

图429 山楂叶悬钩子

图430 荼 藨

（695）**荼 藨**（酴醿，佛见笑，重瓣空心泡）

Rubus rosaefolius Smith var. ***coronarius***（Sims）Focke

（*R*. *commersonii* Poir.）

落叶或半常绿蔓性灌木，高达1m；小枝绿色，有棱，具刺，无毛。羽状复叶互生，叶柄及叶轴有刺，小叶5(3～7)，卵状长椭圆形，长2～5cm，缘有尖锐重锯齿。花白色，重瓣，径3～5(6)cm，芳香，1～2朵顶生；5～6月开花。

中国久经栽培，并有野化。苏轼有“荼蘼不争春，寂寞开最晚”的诗句。18世纪初传入日本，至今常见栽培。

正种空心泡 ***R. rosaefolius*** Smith〔Mauritius Raspberry〕 花白色，单瓣，径2～3cm，花萼被柔毛和腺点；聚合果椭球形至长卵形，长1～1.5cm，熟时红色。广布于亚洲南部、东南部及大洋洲、非洲；我国产华东至华南、西南各地。根、嫩枝及叶入药。

(696) **白花悬钩子**

Rubus leucanthus Hance

攀援灌木；枝疏生钩状皮刺。羽状复叶互生，小叶3（罕单叶），卵形至卵状椭圆形，长4～8cm，先端渐尖，基部圆形，缘有单锯齿，两面无毛。花白色，径1～1.5cm；(1) 3～8朵成伞房花序。聚合果近球形，径1～1.5cm，红色。花期3～5月；果期5～7月。

产湖南、福建、广东、广西、贵州和云南；泰国和中南半岛各国也有分布。喜暖热气候，对土壤要求不严，不耐寒。枝叶茂密，花洁白素雅，花期长，红色的果实也十分可爱；宜植于庭园观赏。

C. 李亚科 Prunoideae

【李属（樱属）***Prunus***】枝髓充实；单叶互生，叶柄端或叶基部常有腺体。花萼、花瓣各为5，雄蕊多数，雌蕊1，花柱顶生；核果。约300种，产北温带；中国约140种。

有的学者把本属细分为李属、杏属、桃属、樱属、稠李属和桂樱属等。下列检索表可供参考：

1. 果有沟，外被毛或蜡粉：
  2. 果被蜡粉；花叶梗，花叶同放；芽单生……………………………… **李属** *Prunus*
  2. 果被柔毛：
    3. 叶芽和花芽并生，无顶芽；果核光滑或孔穴不显 ………………… **杏属** *Armeniaca*
    3. 三芽并生（两侧为花芽，中间为叶芽），具顶芽；果核具孔穴 … **桃属** *Amygdalus*
1. 果无沟，常无毛，无蜡粉：
  4. 花单生，或成短总状花序、伞房花序，基部有苞片 …………………… **樱属** *Cerasus*
  4. 花小，成长条的总状花序，苞片小，不明显：
    5. 落叶；花序顶生，花序下方常有叶片 …………………………………… **稠李属** *Padus*
    5. 常绿；花序腋生，花序下方无叶片 …………………………… **桂樱属** *Laurocerasus*

(697) **李**

Prunus salicina Lindl. 〔Japanese Plum〕

落叶乔木，高达7m；小枝褐色，通常无毛；腋芽单生。单叶互生，倒卵状椭圆形，长3～7cm，先端突尖或渐尖，基部楔形，缘具不规则细钝齿。花白色，径1.5～2cm，具长柄，3朵簇生；3～4月叶前开花。果近球形，具1纵沟，径4～7cm，外被蜡粉。

产我国东北南部、华北、华东及华中地区。适应性强，管理粗放。嫁接或播种繁殖。南北各地低山区常作果树栽培。有不少品种，但往往自花不孕，应配植授粉树。也可植于庭园观赏。

（698）**欧洲李**（西洋李）

Prunus domestica L.

〔European Plum，Plum〕

落叶乔木，高 9～15m；小枝绿色，无毛，有时具枝刺。叶倒卵形或倒卵状椭圆形，长 3～8cm，缘具锯齿，暗绿色，网脉明显，背面密被柔毛。花白色，径 1～1.5cm；单生，罕 2 朵簇生。果球形，径 1～2.5cm，具纵沟，无毛，熟时红、紫、黄或绿色，被蓝黑色果粉。花期 4～5 月；果期 8～9 月。

产西亚及欧洲，可能是杂种起源，栽培历史久；我国河北、山东、甘肃和新疆等地有栽培。果肉柔软，供食用，品种有‘绿李’、‘黄李’、‘红李’、‘紫李’和‘蓝李’等。也常栽作农田防护林和绿化树种，并有可供观赏的**紫叶欧洲李**‘Atropurpurea’。

图 431　李

（699）**紫叶李**

Prunus cerasifera Ehrh. **‘Pissardii’**

（‘Atropurpurea’）〔Purple-leaved Plum，Pissard Plum〕

落叶小乔木，高达 4m；小枝无毛。叶卵形或卵状椭圆形，长 3～4.5cm，紫红色。花较小，淡粉红色，通常单生，叶前开花或与叶同放。果小，径约 1.2cm，暗红色。

原产亚洲西部。我国各地园林中常见栽培，以观叶为主。

图 432　紫叶李

正种**樱李** ***P. cerasifera*** Ehrh.〔Cherry Plum〕高达 7.5m，叶绿色；花白色，果黄色或带红色，径达 2.5cm。产中亚至巴尔干半岛，我国新疆有分布。樱李还有**黑紫叶李**‘Nigra’（枝叶黑紫色）、**红叶李**‘Newportii’（叶红色，花白色）、**垂枝樱李**‘Pendula’等品种。

〔附〕**紫叶矮樱** ***P.*** × ***cistena***（*P. pumila* × *P. cerasifera*‘Pissardii’）　落叶灌木，高 2～2.5m；小枝和叶均紫红色。叶卵形至卵状长椭圆形，长 4～8cm，先端长渐尖，缘有不整齐细齿。花 1～2 朵，粉红色，花萼及花梗红棕色；果紫色。花期 4～5 月。抗寒性强，耐干旱；生长慢，耐修剪。嫁接或扦插繁殖。北京植物园有引种栽培。

（700）**杏**

Prunus armeniaca L.（*Armeniaca vulgaris* Lam.）〔Common Apricot〕

落叶乔木，高达 10m；小枝红褐色，无毛，芽

图 433　杏

单生。叶卵圆形或卵状椭圆形，长5～8cm，基部圆形或广楔形，先端突尖或突渐尖，缘具钝锯齿，叶柄常带红色且具2腺体。花通常单生，淡粉红色或近白色，花萼5，反曲，近无梗；3～4月开花。果球形，径2～3cm，具纵沟，黄色或带红晕，近光滑，果核两侧扁，平滑。

产东北、华北、西北、西南及长江中下游各地。是华北地区最常见的果树之一。喜光，适应性强，耐寒与耐旱力强，抗盐性较强，但不耐涝；深根性，寿命长。播种或嫁接繁殖。作为果树栽培的品种很多。杏仁（种仁）供药用。本种早春叶前满树繁花，美丽可观，北方栽培较普遍，故有“北梅”之称。在园林绿地中宜成林成片种植。也可作为荒山造林树种。

栽培变种**‘陕梅’杏‘Plena’**（‘Meixin’） 花重瓣，粉红色，似梅花；产陕西关中地区，华北及辽宁中南部有栽培。此外，还有**垂枝杏**‘Pendula’、**斑叶杏**‘Variegata’等观赏品种。

变种**野杏**（山杏）var. ***ansu*** Maxim. 叶较小，长4～5cm，基部广楔形；花2朵稀3朵簇生；果较小，径约2cm，密被绒毛，果肉薄，不开裂，果核网纹明显。产华北、内蒙古及西北地区。喜光，耐寒性强，耐干旱瘠薄；根系发达。是荒山造林树种，又可作嫁接杏树的砧木。

（701）**山　杏**（西伯利亚杏）

Prunus sibirica L.（*A. Sibirica* Lam.）〔Siberian Apricot〕

落叶小乔木，高3～5m，有时呈灌木状。叶较小，卵圆形或近扁圆形，先端尾尖，锯齿圆钝。花单生，白色或粉红色，近无梗；叶前开花。果小而肉薄，密被短茸毛，成熟后开裂，几乎不能吃。

产我国东北、内蒙古及华北地区；俄罗斯、蒙古也有分布。喜光，耐寒性强，耐干旱瘠薄。可作杏树的砧木。种仁味苦，供药用。

图434　山　杏

栽培变种**‘辽梅’杏‘Pleniflora’** 花大而重瓣，深粉红色，花朵密，形似梅花；产辽宁西部及南部，沈阳、鞍山、北京等地有栽培。

（702）**东北杏**（辽杏）

Prunus mandshurica （Maxim.）Koehne（*Armeniaca mandshurica* Skv.）〔Manchurian Apricot〕

落叶乔木，高达15m；小枝淡绿色，无毛。叶卵状椭圆形，长6～10cm，先端渐尖或短尾尖，基部圆形或心形，缘有尖锐重锯齿。花单生或2朵并生，花粉红或白色，花梗长5～6mm；4～5月开花。果球形，径约2.5cm，果肉薄，果核粗糙。

产我国东北地区及俄罗斯、朝鲜。东北地区城乡广为栽培。喜光，耐寒性强。可作良种杏树的砧木，也有优良品种作果树栽培或供观赏的。

（703）**梅**

Prunus mume Sieb. et Zucc.（*Armeniaca mume* Sieb.）〔Mei-tree，Mei-flower〕

图435 梅

落叶小乔木，高达15m；小枝细长，绿色光滑。叶卵形或椭圆状卵形，长4～7cm，先端尾尖或渐尖，基部广楔形至近圆形，锯齿细尖，无毛；叶柄有腺体。花粉红、白色或红色，近无梗，芳香；早春叶前开放。果近球形，径2～3cm，熟时黄色，果核有蜂窝状小孔。

原产我国西南部地区。喜光，喜温暖湿润气候，耐寒性不强，较耐干旱，不耐涝；寿命长，可达千年。长江流域及其以南地区多露地栽植；北方多盆栽，温室越冬。早春开花，香色俱佳，品种极多，是我国著名的观赏花木。果味酸，可食用或加工后食用，还可入药。作为果树栽培的通常叫果梅；以观赏为主的通常叫梅花。梅花是南京、武汉、无锡、泰州的市花。

我国著名梅花专家陈俊愉院士经长期而深入的研究已经建立了一套完整的梅花分类系统。该系统将300余个梅花品种，首先按其种源组成分为真梅、杏梅和樱李梅3个种系（Branch），其下按枝态分为若干个类（Group），再按花的特征分为若干个型（Form）。现将其主要类型简介如下：

1）**直枝梅类**〔**Upright Mei Group**〕（*P. mume* var. *typica*） 枝条直立或斜出。

①**品字梅型**〔Pleiocarpa Form〕 雌蕊具心皮3～7，每花能结数果。品种如‘品字’梅等。

②**江梅型**〔Single Flowered Form〕 花单瓣，呈红、粉、白等单色，花萼不为纯绿。品种如‘江梅’、‘单粉’、‘白梅’、‘小玉蝶’等。

③**宫粉型**〔Pink Double Form〕 花重瓣或半重瓣，呈或深或浅的粉红色，花萼绛紫色。品种很多，如‘红梅’、‘宫粉’、‘粉皮宫粉’、‘千叶红’等。

④**玉蝶型**〔Alboplena Form〕 花重瓣或半重瓣，白色或近白色，花萼绛紫色。品种如‘玉蝶’、‘三轮玉蝶’等。

⑤**黄香型**〔Flavescens Form〕 花单瓣至重瓣，淡黄色。品种如‘单瓣黄香’、‘南京复黄香’等。

⑥**绿萼型**〔Green Calyx Form〕 花白色，单瓣、半重瓣或重瓣，花萼纯绿色。品种如‘小绿萼’、‘金钱绿萼’、‘二绿萼’等。

⑦**洒金型**〔Versicolor Form〕 同一植株上开红白二色斑点、条纹之花朵，单瓣或半重瓣。品种如‘单瓣跳枝’、‘复瓣跳枝’、‘晚跳枝’等。

⑧**朱砂型**〔Cinnabar Purple Form〕 花紫红色，单瓣至重瓣；枝内新生木质部紫红色。品种如‘骨里红’、‘粉红朱砂’、‘白须朱砂’等。

2）**垂枝梅类**〔**Pendulous Mer Group**〕（*P. mume* var. *pendula*） 枝条自然下垂或斜垂。

①**粉花垂枝型**〔Pink Pendulous Form〕 花单瓣至重瓣，粉红，单色。品种如‘单粉垂枝’、‘单红垂枝’、‘粉皮垂枝’等。

②**五宝垂枝型**〔Versicolor Pendulous Form〕 花复色。品种如‘跳雪垂枝’等。

③**残雪垂枝型**〔Albiflora Pendulous Form〕 花白色，半重瓣，花萼绛紫色。品种如‘残雪’等。

④**白碧垂枝型**〔Viridiflora Pendulous Form〕 花白色，单瓣或半重瓣，花萼纯绿色。品种如‘双碧垂枝’、‘单碧垂枝’等。

⑤**骨红垂枝型**〔Atropurpurea Pendulous Form〕 花紫红色，花萼绛紫色；枝内新生木质部紫红色。品种如‘骨红垂枝’、‘锦红垂枝’等。

3）**龙游梅类**〔**Tortuous Dragon Group**〕（*P. mume* var. *tortuosa*） 枝条自然扭曲。品种如‘龙游’梅（花白色，半重瓣）等。

4）**杏梅类**〔**Apricot Mei Group**〕（*P. mume* var. *bungo*） 枝叶形态介于梅、杏之间；花较似杏，花托肿大，不香或微香，花期较晚。是梅与杏或山杏之天然杂交种，抗寒性较强。品种有单瓣的‘北杏梅’，半重瓣或重瓣的‘丰后’、‘送春’等。

5）**樱李梅类**〔**Blireana Group**〕（*P.* × *blireana* Andre）枝叶似紫叶李；花较似梅，淡紫红色，半重瓣或重瓣，花梗长约1cm；花叶同放。适应性强，能抗−30℃的低温。是紫叶李与‘宫粉’梅的人工杂交种，19世纪末首先在法国育成。1987年我国从美国引入，在北京、太原、兰州、熊岳等地可露地栽培。品种如‘美人’梅、‘小美人’梅等。

（704）**桃**

Prunus persica （L.）Batsh（*Amygdalus persica* L.）〔Peach〕

落叶小乔木，高3～5m；小枝无毛，冬芽有毛，3枚并生。叶长椭圆状披针形，长7～16cm，中部最宽，先端渐尖，基部广楔形，缘有细锯齿；叶柄具腺体。花粉红色，萼外有毛；3--4月叶前开花。果肉厚而多汁，表面被柔毛。

原产我国中部及北部。喜光，较耐旱，不耐水湿，喜夏季高温的暖温带气候，有一定的耐寒能力；寿命短。是重要果树之一，自东北南部至华南，西至甘肃、四川、云南，在平原及丘陵地区普遍栽培，品种很多。植于庭园观赏的栽培变种及品种如下：

图436 桃

①**白花桃‘Alba’** 花白色，单瓣。

②**粉花桃‘Rosea’** 花粉红色，单瓣。

③**红花桃‘Rubra’** 花红色，单瓣。

④**白碧桃‘Albo-plena’** 花大，白色，重瓣，密生。

⑤**碧桃‘Duplex’** 花较小，粉红色，重瓣或半重瓣。

⑥**红碧桃‘Rubro-plena’** 花红色，近于重瓣。

⑦**人面桃‘Dianthiflora’** 花粉红色，不同枝上花色有深有浅，半重瓣。

⑧**绯桃‘Magnifica’** 花亮红色，但花瓣基部变白色，重瓣。

⑨**绛桃‘Camelliaeflora’** 花深红色，半重瓣，大而密生。

⑩**花碧桃 'Versicolor'** 花近于重瓣，同一树上有粉红与白色相间的花朵、花瓣或条纹。

⑪**菊花桃 'Stellata'** 花鲜桃红色，花瓣细而多，形似菊花。

⑫**紫叶桃 'Atropurpurea'** 嫩叶紫红色，后渐变为近绿色；花单瓣或重瓣，粉红或大红色。可进一步细分为紫叶桃（单瓣粉花）、紫叶碧桃（重瓣粉花）、紫叶红碧桃（重瓣红花）和紫叶红粉碧桃（重瓣红、粉二色花）等品种。

⑬**寿星桃 'Densa'** 植株矮小，条节间特短，花芽密集；花单瓣或半重瓣，并有红、桃红、白等不同花色及紫叶等品种。

⑭**垂枝桃 'Pendula'** 枝条下垂；花多近于重瓣，并有白、粉红、红、粉白二色等花色品种。

⑮**塔形桃**（帚桃）**'Pyramidalis'** 枝条近直立向上，成窄塔形或帚形树冠；花粉红色，单瓣或半重瓣。

此外，食用桃还有果形扁压状的**蟠桃**（var. *compressa* Bean）和果皮光滑无毛的**油桃**（var. *nectarina* Maxim.）等变种。随着杂交育种的进展，又产生了油蟠桃、寿星油桃、垂枝蟠桃等新品种。

(705) **山　桃**

Prunus davidiana (Carr.) Franch.

(*A. davidiana* C. de Vos ex Henry)

〔David's Peach〕

落叶小乔木，高达10m；树皮暗紫色，有光泽；小枝较细，冬芽无毛。叶长卵状披针形，长5～10cm，中下部最宽。花淡粉红色，萼片外无毛；早春叶前开花。果较小，果肉干燥。

主产我国黄河流域。喜光，耐寒，耐旱，较耐盐碱，忌水湿。开花特早（北京3月底即开放），是北方园林中早春重要的观花树种。也是华北桃树的良好砧木。常见有下列栽培变种：

图437　山　桃

①**白花山桃 'Alba'** 花白色，单瓣。

②**红花山桃 'Rubra'** 花深粉红色，单瓣。

③**曲枝山桃 'Tortuosa'** 枝近直立而自然扭曲；花淡粉红色，单瓣。北京、锦州等地有栽培。

④**白花曲枝山桃 'Alba Tortuosa'** 花白色，单瓣；枝近直立而自然扭曲。北京林业大学校园有栽培。

⑤**白花山碧桃 'Albo-plena'** 树体较大而开展，树皮光滑，似山桃；花白色，重瓣，颇似白碧桃，但萼外近无毛，而且花期较白碧桃早半月左右。北京园林绿地中有栽培。是桃花和山桃的天然杂交种，也有学者将其归入桃花（*P. persica*）类的。

(706) **巴旦杏**（扁桃）

Prunus amygdalus Batsch

(*P. dulcis* D. A. Webb, *Amygdalus communia* L.)〔Almond〕

落叶乔木，高达10m；树皮灰色，小枝光滑，腋芽3枚并生。叶长椭圆状披针形至披针形，长4～6(10)cm，先端尖，基部楔形，锯齿钝，无毛；叶柄常有腺体。花粉红色或近白色，径3～5cm，近无梗，单生或2朵并生；4月初叶前开花。果椭球形，略扁，长3～4cm，密被短绒毛；果肉干硬，熟时开裂；果核两侧扁。

原产中亚细亚、小亚细亚一带（属于干旱半干旱大陆性气候）；我国西北地区早有栽培，以新疆最为集中。性喜光，适高温、干旱气候，并有一定耐寒性，对土壤要求不严。核仁肥大，营养丰富，含油量高，作高级食用油及食品工业原料，是优良的木本油料树种。又因早春开花美丽，也宜植于庭园观赏。有**白花**'Alba'、**白花重瓣**'Albo-plena'、**粉花重瓣**'Roseo-plena'、**垂枝**'Pendula'等品种。

图438 巴旦杏

（707）**榆叶梅**

Prunus triloba Lindl.

（*Amygdalus triloba* Ricker）

〔Flowering Almond〕

落叶灌木，高达2～3m；小枝细长，冬芽3枚并生。叶倒卵状椭圆形，长2.5～5cm，先端有时有不明显3浅裂，重锯齿，背面有毛或仅脉腋有簇毛。花粉红色，径1.5～2(3)cm；春天叶前开花。果近球形，径1～1.5cm，红色，密被柔毛。

主产我国北部，东北、华北各地普遍栽培。喜光，耐寒，耐旱，耐轻盐碱土，不耐水涝。花色艳丽而繁密，为北方春季重要观花灌木。榆叶梅是天然的8培体植物，其实生苗变异大，因而新类型和品种时有发现。常见有下列变种及栽培变种：

①**鸾枝'Atropurpurea'** 小枝紫红色，花稍小而常密集成簇，紫红色，多为重瓣，萼片5～10；有时大枝及老干也能直接开花。北京多栽培。

图439 榆叶梅

②**半重瓣榆叶梅'Multiplex'** 花粉红色，萼片多为10，有时为5，花瓣10或更多；叶端多3浅裂。

③**重瓣榆叶梅'Plena'** 花较大，粉红色，萼片通常为10，花瓣很多；花朵密集艳丽。北京常见栽培。

④**红花重瓣榆叶梅'Roseo-plena'** 花玫瑰红色，重瓣，花期最晚。

⑤**截叶榆叶梅** var. ***truncatum*** Kom. 叶端近截形，3裂；花粉红色，花梗短于花萼筒。我国东北地区常有栽培。

（708）**郁 李**

Prunus japonica Thunb.（*Cerasus japonica* Lois.）

〔Japanese Bush Cherry〕

落叶灌木，高达 1.5m；枝细密，无毛，冬芽 3 枚并生。叶卵形或卵状长椭圆形，长 3～5（7）cm，先端渐尖或急尖，基部圆形，缘有尖锐重锯齿；叶柄长 2～3mm。花粉红色或近白色，径约 1.5cm，花柱无毛，花梗无毛，长 0.5～1.2cm；春天与叶同放。果深红色，径约 1cm，果核两端尖。

图 440 郁 李

产我国东北、华北、华中至华南地区；朝鲜、日本也有分布。性喜光，耐寒，耐旱，也较耐水湿；根系发达。分株、播种或嫁接繁殖。花、果美丽，常植于庭园观赏；红色的果实能引来鸟类，更给园林增加生气。果可食；核仁入药，能健胃润肠、利水消肿。常见有下列变种和栽培变种。

①**白花郁李‘Alba’** 花白色，单瓣。

②**白花重瓣郁李‘Albo-plena’** 花白色，重瓣。

③**红花郁李‘Rubra’** 花红色，单瓣。

④**红花重瓣郁李‘Roseo-plena’** 花玫瑰红色，重瓣，与叶同放或稍早于叶。

⑤**长梗郁李** var. ***nakaii*** Rehd.（*P. nakaii* Levl.） 花梗有毛，长 1～2cm，花常 2～3 朵簇生；叶卵圆形，锯齿较深，叶柄长 3～5mm。产我国东北诸省；朝鲜也有分布。枝条纤细，花密集而美丽，可供观赏。

⑥**南郁李**（重瓣郁李）var. ***kerii*** Koehne 叶背无毛；花半重瓣，粉红色，花梗短，仅 3mm。产我国东南诸省，久经栽培。观赏价值较高，常作盆栽及切花材料。

（709）**欧 李**

Prunus humilis Bunge

（*Cerasus humilis* Sok.）

落叶灌木，高达 1.5m；嫩枝有柔毛，冬芽 3 枚并生。叶倒卵状椭圆形至倒披针形，长 2.5～5cm，中部以上最宽，缘有细齿，表面有光泽，两面无毛，叶柄极短，长约 1mm。花白色或粉红色，径 1～2cm，花柱无毛；春天与叶同放。果鲜红色，径 1～1.5cm。

图 441 欧 李

我国东北、内蒙古及华北地区均有分布，多生于向阳山坡、石隙及路旁。喜光，耐寒，耐干旱瘠薄土壤，能适应干旱气候。花、果美丽，可植于庭园观赏。核仁供药用，有润肠、利尿等攻效。

〔附〕**毛叶欧李** ***P. dictyoneura*** Diels（*C. dictyoneura* Yu） 与欧李的主要区别是：叶端圆钝，

罕急尖，基部楔形，表面常有皱纹，背面密被黄褐色毛，网脉明显。产华北和西北地区。种仁、根皮入药。

(710) **麦　李**

Prunus glandulosa Thunb.

(*Cerasus glandulosa* Lois.)

〔Flowering Almond〕

图 442　麦　李

落叶灌木，高 1.5～2m。叶卵状长椭圆形至椭圆状披针形，长 5～8cm，中部或近中下部最宽，先端急尖或渐尖，基部广楔形，缘有不整齐细钝齿，无毛或仅背脉疏生柔毛；叶柄长 4～6mm。花粉红色或白色，径 1.5～2cm，花柱无毛或基部有疏毛；花梗长约 1cm；3～4 月叶前开花。果红色，径 1～1.3cm。

产我国长江流域及西南地区；日本也有分布。喜光，适应性强，有一定耐寒性，北京能露地栽培；根系发达。春天叶前开花，满树灿烂，甚为美丽，各地常植于庭园或盆栽观赏。常见有以下栽培变种：

①**白花麦李‘Alba’**　花纯白色，单瓣。

②**粉花麦李‘Rosea’**　花粉红色，单瓣。

③**重瓣白麦李**（‘小桃白’）**‘Albo-plena’**　花较大，白色，重瓣。

④**重瓣红麦李**（‘小桃红’）**‘Sinensis’**（‘Roseo-plena’）　花粉红色，重瓣，更具观赏价值。

(711) **毛樱桃**（山豆子）

Prunus tomentosa Thunb.（*Cerasus tomentosa* Wall.）

〔Nanking Cherry〕

图 443　毛樱桃

落叶灌木，高 2～3m；幼枝密被绒毛，冬芽 3 枚并生。叶椭圆形或倒卵形，长 3～5cm，缘有不整齐尖锯齿，两面具绒毛。花白色或略带粉红色，径 1.5～2cm，萼筒管状，花梗甚短；4 月与叶同放。果红色，径 0.8～1cm，无纵沟。

产我国东北、内蒙古、华北、西北及西南地区；日本也有分布。喜光，稍耐荫，性强健，耐寒力强，耐干旱瘠薄；根系发达。本种春天白花满树，结果早而丰盛，果可食，鸟也喜食之，可植于庭园观赏。核仁可榨油或供药用。

有**白果**‘Leucocarpa’（果较大而发白）、**垂枝**‘Pendula’、**重瓣**‘Plena’等栽培变种。

(712) **樱　桃**

Prunus pseudocerasus Lindl.

(*Cerasus pseudocerasus* G. don)

落叶小乔木，高达 6m；腋芽单生。叶卵状椭圆形，长 5～10cm，先端渐尖或尾尖，基部圆形，缘具大小不等尖锐重锯齿，齿尖有小腺体。花白色，径1.5～2.5cm，花瓣端凹缺，花柱无毛，萼筒及花梗有毛；2～6朵成伞房状花序。果红色或橘红色，径0.9～1.3cm，无纵沟。3～4月开花；5～6月果熟。

产华北、华东、华中至四川；朝鲜、日本也有分布。喜光，喜温暖湿润气候及排水良好的沙质壤土，较耐干旱瘠薄。分株、扦插或压条繁殖。果香甜而上市早，各地广作果树栽培，有不少品种。也可植于庭园院观赏。

图444 樱 桃

(713) **欧洲甜樱桃**

Prunus avium L.（*Cerasus avium* Moench）〔Sweet Cherry〕

树体高大；枝、芽无毛。叶缘锯齿钝，叶面有疏柔毛。花瓣白色，先端圆或微凹，萼筒及花梗无毛；伞形花序，总苞宿存，总梗不明显；4月花与叶同放。果较大，径1～1.5(2.5)cm，红色；6月果熟。

原产欧洲及西亚；我国东北、华北等地有栽培。果味甜美，供食用。有重瓣、粉花、黄果、垂枝、矮生、红叶、窄冠等品种，可供观赏。

(714) **樱 花**

Prunus serrulata Lindl.（*Cerasus serrulata* G. Don）〔Japanese Flowering Cherry〕

落叶乔木；树皮暗栗褐色，光滑；小枝无毛，腋芽单生。叶卵状椭圆形，长4～10cm，缘有芒状单或重锯齿，背面苍白色。花白色或淡粉红色，无香，径2.5～4cm，萼钟状或短筒状而无毛；3～5朵成短总状花序；4月叶前开花。果黑色，径6～8mm。

产中国、朝鲜及日本。喜光，有一定耐寒及抗旱能力，但对烟尘及有害气体抗性较弱。是美丽的庭园观花树种。在日本栽培很盛，有许多品种。也是日本樱花的重要亲本之一。常见变种和栽培变种有：

图445 樱 花

①**重瓣白樱花‘Albo-plena’** 花较大，径3～4cm，白色，重瓣。

②**红白樱花‘Albo-rosea’** 花先粉红后变白色，重瓣。

③**重瓣红樱花‘Roseo-plena’** 花粉红色，重瓣。

④**瑰丽樱花‘Superba’** 花大，淡红色，重瓣；花梗较长。

⑤**垂枝樱花‘Pendula’** 枝下垂，花粉红色，常重瓣。

⑥**山樱花** var. ***spontanea*** Wils. 花单瓣而小，径约2cm，花瓣白色或浅粉红色，先端凹；花梗和花萼无毛或近无毛。产中国、朝鲜和日本，野生。

⑦**毛山樱花** var. ***pubescens*** Wils. 与山樱花相似，但叶背、叶柄、花梗和花萼均明显有毛。中国、朝鲜和日本均有野生。

（715）**日本晚樱**（里樱）

Prunus lannesiana Carr.（*P. serrulata* var. *lannesiana* Rehd.，*C. s.* var. *lannesiana* Mak.）

落叶乔木，高达10m；干皮浅灰色。叶缘重锯齿具长芒。花粉红色或白色，有香气，花萼钟状而无毛；花2～5朵聚生，具叶状苞片；4月中、下旬开花。

原产日本；我国有栽培。花期较其他樱花晚而长，为美丽的观花树种。主要品种如下：

①**绯红晚樱 'Hatzakura'** 花半重瓣，白色而染绯红色。

②**白花晚樱 'Albida'** 花白色，单瓣。

③**粉白晚樱 'Albo-rosea'** 花由粉红褪为白色。

④**'菊花'晚樱 'Chrysanthemoides'** 花粉红至红色，花瓣细而多，形似菊花。

图446 日本晚樱

⑤**'牡丹'晚樱 'Botanzakura'**（'Mou-tan'） 花粉红或淡粉红色，重瓣；幼叶古铜色。在我国各地栽培较多。

⑥**'杨贵妃'晚樱 'Yokihi'**（'Mollis'） 花淡粉红色，外部较浓，重瓣。

⑦**'日暮'晚樱 'Amabilis'** 花淡红色，花心近白色，重瓣；幼叶黄绿色。

变种**大岛樱** var. ***speciosa***（Koidz.）Mak. 花白色，单瓣，端2裂，径3～4cm，有香气；3、4月间与叶同放；果紫黑色。产日本伊豆诸岛，野生。

（716）**日本早樱**（彼岸樱）

Prunus × subhirtella Miq.（*C. × subhirtella* Sok.）〔Higan Cherry〕

落叶小乔木或灌木状；干皮灰色，小枝褐色，幼时有短柔毛。叶卵状披针形至披针形，长4～7cm，缘有不规则尖锐细密重锯齿，基部常歪斜，背脉有短柔毛，侧脉10～14对。花粉红色，径2～2.5cm，花萼筒状而有毛，萼片开花时直立；花2～5朵簇生。果紫黑色，径约8mm。

原产日本，是亲本不明之杂种；我国北部沿海城市有栽培。喜光，喜温暖湿润气候，也较耐寒，要求排水良好的土壤；浅根性，抗污染能力弱。春天叶前开花，花期较早，花虽小但繁多，明丽可爱。在日本有许多栽培变种，如**红花** 'Rosea'、**星花** 'Stellata'（花瓣窄而尖）、**垂枝** 'Pendula'、红花垂枝 'Pendula Rubra' 等。尤其值得一提的是**'十月'樱** 'Autumnalis'，花半重瓣，多为白色，也有粉红和红色的；每年4月上旬和10～12月开两次花。

变种**大叶早樱** var. ***ascendens*** Wils. 树体高大，高10～20m；叶也较大，长椭圆形，长6～10cm。产日本、朝鲜及我国西部山地。

（717）**大山樱**

Prunus sargentii Rehd.（*C. sargentii*）〔Sargent Cherry〕

落叶乔木，高可达15～25m；干皮光滑，栗褐色。叶较宽而粗糙，椭圆状倒卵形，长7～12cm，缘具不规则尖锐锯齿，两面无毛，幼叶常带紫色或古铜色。花粉红色，径 3～4cm，2～4(6)朵簇生；3～4 月开花。果紫黑色，径8～10mm；6～7 月成熟。

产日本北部及朝鲜；我国大连、丹东、沈阳、北京等地有栽培。耐寒性较强，不耐烟尘。早春开花，极为美丽；秋天叶很早变为橙或红色，也很华丽。

(718) **东京樱花**（日本樱花，江户樱）

Prunus* × *yedoensis Matsum.（*C.* × *yedoensis* Yu et C. L. Li）
〔Yoshino Cherry〕

落叶乔木，高达 15m；树皮暗灰色，平滑；嫩枝有毛。叶椭圆状卵形或倒卵状椭圆形，长5～12cm，先端渐尖或尾尖。缘具尖锐重锯齿，背脉及叶柄具柔毛。花白色或淡粉红色，花瓣 5，先端凹缺，有香气，萼筒短管状而有毛，萼片有细尖腺齿；4～6 朵成伞形或短总状花序；3、4 月间叶前开花。果黑色，径约 1cm。

图 447　东京樱花

原产日本，有学者相信是杂种起源；我国各地有栽培。喜光，性强健，生长快，开花多，但寿命较短。变种及品种甚多，花时满树灿烂，甚为美观，为著名观花树种。惟花期很短，只能保持 5～6 天。

(719) **尾叶樱**

Prunus dielsiana Schneid.
（*C. dielsiana* Yu et Li）

落叶乔木，高达 10m。叶长椭圆状倒卵形，长5～10cm，先端尾状渐尖，缘具尖锐单或重锯齿，背脉稍有柔毛。花淡粉红或白色，径约 2.5cm，花瓣先端凹入，萼片长为萼筒长之 2 倍，花梗有毛；3～5 朵成伞形花序，基部有具腺齿的叶状苞片；3、4 月间叶前开花。果红色，径约 8mm。

图 448　尾叶樱

产江西、湖北、四川等地。春天开花，颇为美丽，宜植于庭园观赏。

(720) **钟花樱**（寒绯樱，福建山樱花）

Prunus campanulata Maxim
（*C. campanulata* Yu et C. L. Li）.

落叶乔木，高达 8～15m；树皮茶褐色而有光泽；小枝无毛，腋芽单生。叶卵状椭圆形至倒卵状椭圆形，长 4～7cm，缘有尖锐重锯齿。花瓣 5，绯红色，先端常凹缺，萼筒管状钟形，无毛，长约 6mm，紫红色，花梗细长；4～5 朵成伞形花序；花期 2～3 月。果卵球形，径 5～6mm，熟时红色。

产我国华南地区及台湾省。喜光，稍耐荫，不耐寒，要求深厚、肥沃而排水良好的土壤。早春叶前开花，花姿娇柔，花色艳丽，别具风韵。可栽作庭园观赏树或行道树。

(721) **高盆樱**（冬樱花）

Prunus cerasoides D. Don（*P. majestica* Koehne，*C. cerasoides* Sok.）

落叶小乔木，高可达 10m。树皮古铜色；小枝幼时有短柔毛，后无毛。叶倒卵状长椭圆形至椭圆状卵形，长 5～12cm，先端长尾尖，缘有尖锐重锯齿或单锯齿，通常两面无毛，叶质较厚，叶柄近端处有 2～3 个腺体。花粉红至近白色，略下垂，花梗、萼筒无毛，萼片卵状三角形；2～3(5)朵聚生。果紫黑色，卵形，长 1.2～1.5cm。花期 (11)12 月至翌年 1 月。

图 449 高盆樱

产云南和西藏东南部；尼泊尔、不丹、克什米尔地区、缅甸北部也有分布。喜光，喜温暖湿润气候及肥沃土壤，忌水涝，畏严寒。

栽培变种**重瓣冬樱花 'Rubro-plena'** 花重瓣或半重瓣，深粉红色；2 月底至 3 月初叶前开花。云南昆明常见栽培，当地称“西府海棠”，是美丽的观花树种。

(722) **稠 李**

Prunus padus L.（*Padus avium* Mill.）〔Bird Cherry〕

落叶乔木，高达 13～15m，叶卵状长椭圆形至倒卵形，长 5～12cm，先端渐尖，基部圆形或近心形，缘有细尖锯齿，无毛或仅背面脉腋有簇毛；叶柄具腺体，无毛。花白色，有清香，径 1～1.5cm，雄蕊长不足花瓣长之半，花梗长 1～1.5cm；约 20 朵排成下垂之总状花序，长 7.5～15cm，基部有叶。果黑色，径 6～8mm。花期 4～5(6)月；8～9 月果熟。

图 450 稠李

产我国东北、华北、内蒙古及西北地区；北欧、俄罗斯、朝鲜、日本也有分布。稍耐荫，耐寒性强，喜肥沃、湿润而排水良好的土壤，不耐干旱瘠薄；根系发达，对病虫害抵抗能力较强。本种花序长而美丽，秋叶黄红色，果成熟时亮黑色，是一种良好的园林观赏树种。在欧洲久经栽培，并有垂枝、花叶、大花、重瓣、黄果、红果、矮生等栽培品种。果很酸，不堪食，但成熟时常引来鸟类，为庭园增加生气。

变种**毛叶稠李** var. ***pubescens*** Reg. et Tiling 小枝、叶背、叶柄均有柔毛。

(723) **山桃稠李**（斑叶稠李）

Prunus maackii Rupr.（*Padus maackii* Kom.）〔Amur Cherry〕

落叶乔木，高 10～16m；树皮亮黄色至红褐色（像山桃）；小枝幼时密被柔毛。叶椭圆形至矩圆状卵形，长 5～10cm，锯齿细尖，基部常有一对腺体，背面散生暗褐色腺点。花白色，有香气，径约 1cm；总状花序长 (3)5～7cm，基部无叶或有 1～2 小叶；5 月开花。果亮黑色，径约 5mm；8 月果熟。

产我国东北、华北和西北地区；俄罗斯、朝鲜也有分布。耐寒性强。是良好的庭园观赏树，春天有白花可观，到了冬季红褐色而光亮的树皮在白雪的衬托下显得格外美丽。宜于庭园成丛、成片栽植。

〔附〕**紫叶稠李** ***P. virginiana* L. 'Canada Red'** 落叶小乔木，高达7m；小枝褐色。叶卵状长椭圆形至倒卵形，长5～14cm，新叶绿色，后变紫色，叶背发灰。花白色；成下垂的总状花序。果红色，后变紫黑色。北京、辽宁、吉林等地有引种栽培。

图451 山桃稠李

(724) **大叶桂樱**

***Prunus zippeliana* Miq.**

(*Laurocerasus zippeliana* Yu et Lu)

常绿乔木，高达25m。叶卵形至长圆形，长10～19cm，缘有粗锯齿，齿尖有黑色硬腺体，两面无毛；叶柄长1～2cm，有1对扁平腺体。花白色，径5～9mm；总状花序1～4条腋生。果椭球形，长1.8～2.4cm，黑褐色。花期7～10月；果期冬季。

产我国秦岭以南，至华东、华南和西南地区；日本和越南北部也有分布。叶大而亮绿，花白色美丽，可植于园林绿地观赏。

〔附〕**刺叶桂樱** ***P. spinulosa* Sieb. et Zucc.** (*L. spinulosa* Schneid.) 与大叶桂樱的主要区别：叶长椭圆形至倒卵状椭圆形，长5～10cm，叶缘中部以上疏生针状尖齿；花径3～5mm，总状花序单生腋生；果长约1cm。产我国长江以南广大地区；日本和菲律宾也有分布。叶色终年亮绿，花白色美丽，在南方可植于庭园观赏。

【扁核木属 ***Prinsepia***】落叶灌木，有枝刺，枝髓片状；单叶互生；花柱侧生，核果。4种，产亚洲，中国全有。

(725) **东北扁核木**

***Prinsepia sinensis* (Oliv.) Oliv. ex Bean**

高达3m；枝刺较细瘦，刺上无叶。叶互生或簇生，卵状长椭圆形至披针形，长3～7cm，全缘或疏生浅齿，暗绿色，有光泽，叶柄长0.7～1.2cm；托叶针刺状。花黄色，微香，径约1.5cm；1～4朵簇生叶腋。核果球形，径约1.5cm，鲜红或紫红色，核有皱纹。4月开花；8～9月果熟。

产我国东北地区；多生于林缘或河岸灌木林中。花、果均美丽而有香气，是良好的观赏灌木，宜植于庭园观赏。果多汁而有香味，可食。

图452 东北扁核木

(726) **西北扁核木**(单花扁核木)

Princepia uniflora Batal.

高达 2m;枝长而拱形,叶腋有枝刺。叶互生,狭披针形至线形,长 3~6cm,全缘或疏生小齿,暗绿色,有光泽。花白色,径约 1.5cm;1~3 朵生于有叶的短枝上。核果扁球形,径约 1cm,紫红至黑色,有白粉。4~5 月开花;8~9 月果熟。

产我国西北地区。性耐旱、耐寒。播种或扦插繁殖。花果均有一定观赏价值。

〔附〕**扁核木**(青刺尖)***P. utilis*** Royle 高达 3m;枝刺粗长而有叶。叶全缘或有细尖齿。花白色,成少花的总状花序。核果椭球形,长约 1.7cm,黑色,基部有膨大的萼片宿存。10~12 月开花;翌年 4~5 月果熟。产我国西南部及巴基斯坦、尼泊尔、印度北部。种子含油约 35%;嫩芽可蔬食。

D. 苹果亚科 Maloideae

【栒子属 *Cotoneaster*】灌木,无刺;单叶互生,全缘。聚伞或伞房花序;果内含 2~5 小硬核。90 余种,产亚洲、欧洲、中美及北非;中国 58 种。

(727) **水栒子**(多花栒子)

Cotoneaster multiflorus Bunge

落叶灌木,高达 4~5m;小枝细长拱形,幼时紫色并有毛。叶卵形,长 2~5cm,幼时背面有柔毛,后脱落。花白色,径 1~1.2cm,花瓣 5,开展,近圆形,花萼无毛;聚伞花序,有花 6~21 朵;5~6 月开花。果红色,径约 8mm,常仅 1 核;果期 9~10 月。

图 453 水栒子

产我国华北、辽宁、内蒙古、西北及西南地区;俄罗斯、亚洲中部及西部也有分布。喜光,耐寒,耐干旱瘠薄,耐修剪。本种夏季白花满树,秋季红果累累,鲜艳可爱,是美丽的观赏树种。果实成熟时能引来鸟类,为园林增加生气。

〔附〕**毛叶水栒子** ***C. submultiflorus*** Popov 与水栒子的主要区别是:叶背、花梗及花萼有柔毛。产辽宁、山西经西北至中亚地区;沈阳、大连及北京等地有栽培。花白色而多,果红色至深红色,观果期长;是很好的观花赏果树种。

(728) **小叶栒子**

Cotoneaster microphyllus Wall. ex Lindl.

常绿矮生灌木;枝开展。叶倒卵形或倒卵状椭圆形,长 0.6~1cm,端常钝,背面有灰白色短柔毛。花单生或 2~3 朵聚生,白色,径约 1cm,花梗甚短。果红色,径 2~6mm,常为 2 核。

产我国西南地区;印度、缅甸和尼泊尔也有分布。入秋红果累累,宜植于庭园观赏。

(729) **平枝栒子**(铺地蜈蚣)

Cotoneaster horizontalis Decne.

〔Rock Cotoneaster〕

半常绿匍匐灌木,冠幅达2m。枝近水平开展,小枝在大枝上成二列状;小枝黑褐色,幼时有粗伏毛,后脱落。叶近圆形或倒卵形,长5~15mm,先端急尖,全缘,背面有柔毛;叶柄长1~3mm,有柔毛。花1~2(3)朵,粉红色,径5~7mm;5~6月开花。果鲜红色,径约7mm,常为3核;10月果熟。

产湖北西部和四川山地。喜光,耐干旱瘠薄,适应性强。本种结实繁多,入秋红果累累,经冬不落,极为美观。最宜作基础种植及布置岩石园的材料,也可植于斜坡、路边、假山旁观赏。

有**微型**'Minor'(植株及叶、果均变小)、**斑叶**'Variegatus'(叶有黄白色斑纹)等品种。

图454 平枝栒子

(730) **匍匐栒子**

Cotoneaster adpressus Bois.

〔Creeping Cotoneaster〕

落叶匍匐灌木;茎不规则分枝,平铺地面;小枝红褐至暗褐色,幼时有粗伏毛,后脱落。叶广卵形至倒卵状椭圆形,长5~15mm,先端圆或稍急尖,基部广楔形,全缘而波状,背面疏生短柔毛或无毛;叶柄长1~2mm,无毛。花1~2朵,粉红色,径7~8mm;5~6月开花。果鲜红色,径6~7mm,果核常为2。

产我国西部山地;印度、缅甸和尼泊尔也有分布。喜光,耐寒,耐干旱瘠薄。是优良的岩石园种植材料,入秋红果累累,匍匐岩壁,极为美丽。

图455 匍匐栒子

(731) **灰栒子**

Cotoneaster acutifolius Turcz.

〔Peking Cotoneaster〕

落叶灌木,高3~4m。叶卵状椭圆形,长3~5cm,先端急尖,背面疏生绒毛。花浅粉至白色,花瓣近直立,萼筒有绒毛,2~5朵成聚伞花序。果黑色,椭球形,长约1cm,有2~3小核。花期5~6月;果9~10月成熟。

产我国北部至西部山地。喜光,稍耐荫,耐寒,耐旱;深根性。是西北干冷地区优良庭园绿化及水土保持树种。

图456 灰栒子

(732) **粉叶栒子**

Cotoneaster glaucophyllus Franch.

半常绿灌木，高 2～5m；幼枝密生黄色绒毛。叶长椭圆形至卵形，长 3～6cm，先端尖或钝圆，基部广楔形，表面光滑，背面初有毛，后无毛，有白霜。花白色，径约 8mm；成密集的聚伞状复伞房花序。果倒卵形，橙红色，径 6～7mm。花期 6 月；果期 9～10 月。

产我国西南部；上海等地有栽培。花果美丽，宜于庭园或盆栽观赏。

(733) **散生栒子**

Cotoneaster divaricatus Rehd. et Wils.

落叶灌木，高达 2m；枝稀疏开展，暗红色。叶椭圆形，长 1～2cm，两端尖，表面暗绿而有光泽，背面常有毛。花粉红色，花萼具柔毛；2～4 朵簇生。果椭球形，径 6～8mm，鲜红色。花期 4～6 月；果期 9～10 月。

产我国西北至西南部；印度、缅甸及尼泊尔也有分布。上海等地有栽培，是很好的绿篱及盆景材料。

【火棘属 *Pyracantha*】常绿灌木或小乔木，通常有枝刺；单叶互生。花小而白色，成复伞房花序；果小，内有 5 小硬核。10 种，产亚洲和欧洲南部；中国 7 种。

(734) **火　棘**（火把果）

Pyracantha fortuneana (Maxim.) Li

(*P. crenato-serrata* Rehd.)

〔Yunnan Firethorn〕

图 457　火　棘

灌木，高达 3m；枝拱形下垂，幼时有锈色柔毛。叶常为倒卵状长椭圆形，长 1.5～6cm，先端圆或微凹，锯齿疏钝，基部渐狭而全缘，两面无毛。花白色，径约 1cm；花期 4～5 月。果红色，径约 5mm。

产我国东部、中部及西南部地区。喜光，不耐寒。本种初夏白花繁密，入秋果红如火，且宿存枝上甚久，颇为美观。在园林绿地中丛植、篱植、孤植皆宜。果可酿酒或代食。

有**橙红火棘 'Orange Glow'**（果熟时橙红色）和**斑叶火棘 'Variegata'**（叶边有不规则的白色或黄白色斑纹）等品种。

(735) **全缘火棘**

Pyracantha atalantioides (Hance) Stapf

〔Chinese Firethorn〕

图 458　全缘火棘

小乔木，高达 6m。叶长椭圆形，长 1.5～4cm，先端圆钝，全缘或具不明显细齿，背面微带白粉。花白色，径 7～9mm；成复伞房花序；4～5 月开花。果亮红色，径 4～6mm。

产陕西、湖北、湖南、四川、贵州、广东、广西等地。可植于园林观赏。品种**黄果全缘火棘 'Aurea'** 果黄色。

(736) **细圆齿火棘**

Pyracantha crenulata (D. Don) Roem. 〔Himalyan Firethorn〕

灌木或小乔木，高达 5m；幼枝及叶柄有锈色毛。叶长椭圆形至倒披针形，长2～7cm，先端尖而有刺，锯齿细圆，两面无毛。花白色，径 6～9mm；4～5 月开花。果橘红色，径 3～5mm。

产我国中部、南部至西南部地区；印度、不丹、尼泊尔也有分布。喜光，喜温暖气候。果红艳可爱，经冬不落，常植于庭园观赏。**黄果细圆齿火棘 'Flava'** 果亮黄色。

变种**甘肃火棘** var. ***kansuensis*** Rehd. 高不足 2m，枝叶较稀疏；叶较小，长不足 3m；果红色，径约 5mm。产甘肃、陕西和四川；较耐寒。

图 459 细圆齿火棘

(737) **窄叶火棘**

Pyracantha angustifolia (Franch.) Schneid. 〔Orange Firethorn〕

灌木或小乔木，高达 4m；枝刺多而较长，并生有短小叶。叶狭长椭圆形，长 1.5～5cm，通常全缘；叶背及花梗、萼片均被灰白色绒毛。花白色，5～6 月开放。果砖红色，经冬不落。

产湖北、四川、云南、西藏等地。花、果美丽，可植于庭园观赏。

栽培变种**斑窄叶火棘 'Variegata'** 叶边有不规则黄白色斑纹。

【山楂属 ***Crataegus***】约 1000 种，广布于北半球，北美洲最多；中国 18 种。

(738) **山　楂**

Crataegus pinnatifida Bunge 〔Chinese Hawthorn〕

落叶小乔木，高达 8m；常有枝刺。单叶互生，卵形，长 5～10cm，羽状 5～9 裂，裂缘有锯齿；托叶大，呈蝶翅状。花白色，成顶生伞房花序；5～6 月开放。梨果近球形，红色，径 1.5～2cm，皮孔白色。

产我国东北、内蒙古、华北至江苏、浙江；朝鲜、俄罗斯也有分布。喜光、耐寒，喜冷凉干燥气候及排水良好土壤。

变种**山里红**（大山楂）var. ***major*** N. E. Br. 果较大，径达 2.5cm，叶也较大而羽裂较浅。在华北作果树栽培更为普遍。果味酸而带甜，除生食、作果酱外，尚可药用，深受国内外市场欢迎。原种及其变种枝叶繁茂，初夏开花满树洁白，秋季红果累累，故也常植为庭园绿化及观赏树种。

图 460 山里红

(739) **云南山楂**

Crataegus scabrifolia (Franch.) Rehd.

落叶乔木，高达 10～20m；枝常无刺。叶椭圆形至倒卵状椭圆形，长 4～

8cm，通常不裂，或在萌枝上偶有3～5浅裂，先端急尖，基部楔形，缘有不规则圆钝重锯齿，幼时有毛；叶柄长1～2cm。果熟时橙黄色，径2～2.5cm，皮孔褐色。花期4～6月；果熟期8～10月。

产云南、贵州、四川南部、湖南和广西。是云贵高原低山区重要果树之一，昆明附近多栽培。果味酸甜，可生食或加工，并有药效。也可用作园林绿化树种。

(740) **野山楂**

Crataegus cuneata Sieb. et Zucc.

落叶灌木，高达1.5m；多枝刺。叶互生，倒卵形，长2～3cm，3～5浅裂，缘有不整齐锯齿，基部楔形。花白色，径约2cm；2～6朵成伞房花序，总花梗和花柄有柔毛；4～5月开花。果红色，径1.5～2cm。

主产我国中南部地区，山野习见。日本有栽培，常作庭木或盆景观赏。可作嫁接山楂的矮化砧。

(741) **甘肃山楂**

Crataegus kansuensis Wils.

落叶小乔木或灌木，高2.5～8m；多枝刺，小枝细，无毛。叶广卵形，长4～6cm，先端急尖，基部截形至广楔形，缘有5～7对浅裂及尖锐锯齿，表面疏被柔毛，背面中脉及脉腋有柔毛，后渐变无毛。花白色，径8～10mm；伞房花序顶生，无毛。果近球形，径8～10mm，熟时红色或橘红色。花期5月；果期7～9月。

产青海、甘肃、陕西、山西、河北、四川及贵州。较耐荫，喜肥沃湿润土壤。白花红果，颇为秀丽，宜植于园林绿地观赏。果可食，并有药效。

(742) **辽宁山楂**（辽东山楂）

Crataegus sanguinea Pall.

落叶灌木或小乔木，高达4m；常有粗短枝刺。叶广卵形至菱状卵形，长5～6cm，先端急尖，基部楔形，具3～5浅裂及重锯齿，两面有毛。花白色，径约8mm；成密集的伞房花序，总花梗及花柄无毛或近无毛。果近球形，径约1cm，血红色。花期5～6月；果期7～8月。

产我国东北、内蒙古、河北、山西和新疆北部；俄罗斯、蒙古、朝鲜及日本也有分布。喜光，耐半荫，耐寒性强，耐旱。花果美丽，可植于庭园观赏或栽作绿篱。

(743) **毛山楂**

Crataegus maximowiczii Schneid.

落叶小乔木，高达7m；幼枝密被灰白色柔毛。叶广卵形至菱状卵形，长4～6cm，3～5浅裂，基部楔形，背面密生柔毛。花白色，成多花的复伞房花序。果球形，径约8mm，红色或暗红色。花期5～6月；果期8～9月。

产我国东北和内蒙古；俄罗斯、朝鲜和日本也有分布。花白果红，颇为美观，可植于庭园观赏。

(744) **欧洲山楂**

Crataegus laevigata（Poir.）DC.（*C. oxyacantha* L.）

落叶小乔木，高达5m；枝刺长2.5～3cm。叶广卵形至倒卵形，长达5cm，3～5裂，缘有锯齿。花白色，径1～1.2cm，花药粉红或紫色；5～15朵组成伞房花序。果近球形，径 1～1.5cm，深红亮丽。

原产欧洲、西亚及北非；北京植物园有引种，生长良好。有**红花**‘Puni-cea’、**粉花**‘Rosea’、**红花重瓣**‘Pauls Scarier’（花桃红色，重瓣，北京、沈阳、大连有栽培）、**白花重瓣**‘Plena’、**黄果**‘Aurea’等品种。

〔附〕**英国山楂** ***C. monogyna*** Jacq.〔English Hawthorn〕 小乔木，高达 9m。叶卵形至倒卵形，3～7 深裂，裂片近全缘。花径约 1.2cm；雄蕊约 20，花药红色；伞房花序多花，无毛。果亮红色，径约 8mm。产欧洲、北非及亚洲。有**白花**‘Alba’、**粉花**‘Rosea’、**红花重瓣**‘Rubra-plena’、**垂枝**‘Pendula’等品种。

【枇杷属 ***Eriobotrya***】30 余种，产亚洲亚热带；中国 13 种。

(745) **枇　杷**

Eriobotrya japonica (Thunb.) Lindl.

〔Loquat〕

常绿小乔木，高达 10m；小枝、叶背及花序均密生锈色绒毛。单叶互生，革质，长椭圆状倒披针形，长 12～30cm，先端尖，基部渐狭并全缘，中上部疏生浅齿，表面羽状脉凹入。花白色，芳香；成顶生圆锥花序。果近球形，径2～4cm，橙黄色。初冬开花，翌年初夏果熟。

原产我国中西部地区；现南方各地普遍栽培。喜温暖湿润气候，稍耐荫，不耐寒，喜肥沃湿润而排水良好的中性或酸性土。播种、嫁接或扦插繁殖。是南方著名水果之一，也常于庭园栽植观赏。叶供药用，主治咳嗽。

图 461　枇　杷

【花楸属 ***Sorbus***】约 100 种，产亚洲、欧洲和北美洲；中国 60 余种。

(746) **百华花楸**（花楸树）

Sorbus pohuashanensis (Hance) Hedl.

落叶小乔木，高达 8m；小枝幼时被绒毛，冬芽密被白色绒毛。羽状复叶互生，小叶 11～15，长椭圆形，长 3～5cm，中部以上有锯齿，背面粉白色，有柔毛；托叶大，有齿裂。花小而白色；顶生复伞房花序，花梗及花序梗有白色绒毛；5～6 月开花。梨果红色，径 6～8mm。

产我国东北、华北、内蒙古高山地区。喜冷凉湿润气候，稍耐荫，耐寒，喜湿润的酸性或微酸性土壤。本种花、叶美丽，入秋红果累累，叶也变红，宜植于庭园及风景区观赏。

图 462　百华花楸

(747) **北京花楸**（白果花楸）

Sorbus discolor (Maxim.) Maxim.

落叶小乔木，高达 10m；小枝紫红色，无毛。羽状复叶互生，小叶 11～15，披针形至长椭圆形，长 3～6cm，先端尖，缘有锯齿，基部全缘，无毛，背面蓝绿色。花白色，径8～10mm；成较疏散的复伞房花序，无毛。果卵形，径6～8mm，白色或淡黄色。花期5月；果期8～9月。

产河北、河南、山西、山东、甘肃和内蒙古北部，北京百华山有野生。枝叶秀丽，盛花时满树白花，入秋则硕果累累，宜植于园林绿地观赏。

（748）**湖北花楸**

Sorbus hupehensis Schneid.

落叶小乔木，高5～10m，树冠开展。小枝紫褐色，上伸。羽状复叶，小叶13～17，长椭圆形，长达7.5cm，蓝绿色，秋叶红色或橙色。花白色，花序径约7.5cm；6月开花。果球形，白色或带粉红色，成下垂果丛，在枝上宿存至冬天。

产我国中部及西部地区。是良好的观花赏果及秋色叶树种。在欧洲园林中常栽培，主要为了赏其白果。**粉果湖北花楸‘Rosea’**果为粉红色。

（749）**天山花楸**

Sorbus tianschanica Rupr.

灌木或小乔木，高达5m；小枝无毛或微被绒毛。羽状复叶，小叶9～15，披针形或卵状披针形，长5～10cm，先端尖，叶缘中上部有细齿，基部全缘，表面光亮，背面发白，无毛。花粉红或白色，径约1.8cm；顶生复伞房花序，长8～12cm，无毛。果球形，径约1cm，红色。花期5～6月；果期9～10月。

产亚洲中西部；我国新疆、青海东部及甘肃有分布。枝叶秀丽，春有白花，秋有累累红果，可植于庭园观赏。

（750）**欧洲花楸**

Sorbus aucuparia L.〔European Mountain Ash〕

落叶乔木，高达18m；小枝初有柔毛，后变光滑，灰褐色。羽状复叶，小叶13～15，长椭圆形，长3～7cm，先端尖，缘有锯齿或重锯齿，背面稍被白粉；秋叶红色。花白色，径约8mm；成多花而紧密的复伞房花序。果近球形，熟时鲜红或橘红色。

产欧洲及小亚细亚；我国河北、辽宁、北京等地有栽培。耐寒性强，花果美丽，在欧美寒冷地区园林中广泛栽培。在新疆可栽作园林观赏树和行道树。

有**窄冠**‘Fastigiata’、**垂枝**‘Pendula’、**斑叶**‘Variegata’、**黄果**‘Xanthocarpa’等品种。

（751）**石灰花楸**

Sorbus folgneri（Schneid.）Rehd.

常绿乔木，高达10m。单叶互生，卵形至椭圆形，长5～8cm，缘有细锯齿，叶背、叶柄、花梗及萼筒外皆密被白色绒毛。果椭球形，红色。

产陕西、甘肃、河南、安徽及华中、华南、西南地区。白色的叶背在风中闪烁，十分显眼；可植于园林观赏。

（752）**水榆花楸**（水榆）

Sorbus alnifolia（Sieb. et Zucc.）K. Koch〔Densehead Mountain Ash〕

图463 水榆花楸

落叶乔木，高达 20m；小枝紫褐色，幼时有柔毛。单叶互生，卵形至椭圆状卵形，长 5～10cm，先端短渐尖，基部圆形，缘有不整齐尖锐重锯齿，有时微浅裂，羽状侧脉直达齿尖并常凹陷。花白色，径1～1.5cm；复伞房花序。果椭球形，径 7～10mm，红色或黄色。5 月开花；9～10 月果熟。

产我国东北、华北、长江中下游及西北地区（陕南、甘南），多生于山地阴坡及溪谷附近；朝鲜、日本也有分布。为中性树种，耐荫，耐寒，喜湿润而排水良好的微酸性或中性土壤。本种秋叶变成红色或金黄色，又有累累果实，颇为美观，可作园林风景树栽植。此外，木材优良，果可食用及药用。

【石楠属 ***Photinia***】60 余种，主产亚洲东部和南部；中国 40 余种。

(753) **石　楠**

Photinia serrulata Lindl.

(*P. serratifolia* Kalkman)

〔Chinese Photinia〕

常绿灌木或小乔木，高 4～6m；全体无毛。单叶互生，革质，长椭圆形至倒卵状长椭圆形，长 10～20cm，基部圆形或广楔形，缘有细锯齿，表面深绿而有光泽，叶柄长 2～4cm。花小而白色，成复伞房花序。梨果近球形，径约 5mm，红色。4～5 月开花；10 月果熟。

图 464　石　楠

产华东、中南及西南地区；日本、印尼也有分布。稍耐荫，喜温暖湿润气候，耐干旱瘠薄，不耐水湿。是美丽的园林绿化树种，赏叶或观果，且对有毒气体抗性较强。此外，木材佳良，叶供药用，实生苗可作嫁接枇杷的砧木。

栽培变种**斑叶石楠 'Variegata'** 叶有不规则的白或淡黄色斑纹。

(754) **光叶石楠**（扇骨木）

Photinia glabra (Thunb.) Maxim. 〔Japanese Photinia〕

常绿小乔木，高达 7～10m；枝通常无刺。叶互生，长椭圆形至椭圆状倒卵形，长 5～10cm，两端尖，缘有细锯齿，叶表面有极细的凹陷网脉，两面无毛，革质，叶柄长 5～15mm。花白色，径 7～8mm，花瓣内侧基部有毛；成复伞房花序，花序梗和花柄光滑。果卵状，长约 5mm，红色。4～5 月开花；9～10 月果熟。

产我国长江流域及其以南地区；日本、泰国、缅甸也有分布。幼叶红色美丽，也有幼叶黄色的品种，可作园林绿化树种及绿篱材料。

图 465　光叶石楠

〔附〕**红叶石楠 *P.* × *fraseri* 'Red Robin'** 是光叶石楠与石楠的杂交种。常绿大灌木，高 3～5m；多分枝，株形紧凑。春、秋季新叶鲜红，冬季上部叶鲜红，下部叶转为深红，保持时间长，极具观赏性。适应性强，耐修剪，是目前最为时尚的红叶树种之一。浙江、上海、南京等地有栽培。

(755) **椤木石楠**（椤木）

Photinia davidsoniae Rehd. et Wils.

常绿乔木，高 6～15m；树干、枝条常有刺；幼枝发红，有毛。叶互生，革质，长椭圆形至倒卵状披针形，长 5～15cm，先端急尖或渐尖，有短尖头，基部楔形，边缘稍反卷，有细腺齿，叶柄长 8～15mm。花白色，径 1～1.2cm，花瓣两面无毛；成复伞房花序，花序梗和花柄疏生柔毛。果卵球形，径 7～10mm，黄红色。5 月开花；9～10 月果熟。

产我国长江以南至华南地区；越南、缅甸、泰国也有分布。喜光，喜温暖，耐干旱，在酸性土和钙质土上均能生长。常植于庭园观赏。

图 466 椤木石楠

(756) **倒卵叶石楠**（满园春）

Photinia lasiogyna（Franch.）Schneid.

常绿乔木，高达 15m，树冠圆球形；分枝点低，常呈灌木状；短枝常变成刺。叶互生，革质，倒卵形至倒披针形，长 5～10cm，先端圆钝或具凸尖，基部楔形，边缘微卷，锯齿不明显，侧脉 9～11 对，无毛。花小而白色，花梗及萼有绒毛；成顶生复伞房花序，有绒毛；5 月开花。果紫红色，有斑点；11 月果熟。

产浙江、江西、湖南至西南地区。喜光，稍耐荫，喜温暖湿润气候，耐干旱瘠薄；萌芽力强。枝叶茂密，宜作绿篱材料。

(757) **中华石楠**

Photinia beauverdiana Schneid.

落叶小乔木，高达 10m；小枝无毛，嫩枝紫褐色。叶长圆形至倒卵状长圆形，长 5～10cm，先端突渐尖，基部圆或广楔形，缘具疏腺齿，网脉明显，暗绿色，薄纸质。花白色，径 5～7mm；多花组成复伞房花序，花序梗及花梗密被疣点。果卵形，紫红或橙红色，径约 6mm。5 月开花；8 月果熟。

产秦岭以南广大地区，东至浙江、福建，南至华南，西至四川、云南。白花、红果繁密，秋叶橙红色；可植于园林绿地观赏或作行道树。

【红果树属 ***Stranvaesia***】约 5 种，产中国、印度及缅甸北部；中国 4 种。

(758) **红果树**

Stranvaesia davidiana Decne.

（*Photinia davidiana*）

常绿小乔木，高达 6～10m；小枝幼时有丝状柔毛。叶互生，长圆状披针形，长 5～12cm，先端尖，基部楔形，全缘，暗绿色，有光泽；秋季老叶红色。花白色，径约 8mm；成密集的顶生复伞房花序，有柔毛。梨果近球形，径 7～8mm，熟时橘红色。花期 5～6 月；果期 9～10 月。

图 467 红果树

产我国中西部及西南部；越南北部也有分布。花果美丽，且挂果期长，可植于庭园观赏。

【牛筋条属 *Dichotomanthes*】1种，中国特产。

(759) **牛筋条**

Dichotomanthes tristaniaecarpa Kurz

常绿灌木或小乔木，高达4～7m；树皮光滑，密被皮孔。叶互生，卵状椭圆形至倒卵形、倒披针形，长3～6cm，全缘，表面无毛，背面被白色绒毛；托叶丝状，脱落。花瓣5，白色，心皮1；花多而密集，成顶生复伞房花序。果圆柱形，大部为宿存的红色肉质萼筒所包。花期4～5月；果期8～11月。

产云南和四川西南部。喜光，稍耐荫，不耐寒，耐干旱瘠薄。春天满树白花，秋天红果累累，可作园林绿化及观赏树种。枝条可作绳索，故名牛筋条。

【木瓜属 *Chaenomeles*】5种；中国产4种，日本产1种。

(760) **贴梗海棠**（皱皮木瓜）

Chaenomeles speciosa (Sweet) Nakai

(*C. lagenaria* Koidz.)

〔Flowering Quince, Japanese Quince〕

落叶灌木，高达2m；枝开展，光滑，有枝刺。单叶互生，长卵形至椭圆形，长3～8cm，缘有锐齿，表面无毛而有光泽，背面无毛或脉上稍有毛；托叶大，肾形或半圆形。花3～5朵簇生于2年生枝上，朱红、粉红或白色，径达3.5cm，花梗甚短；3～4月开花。梨果卵形或近球形，径4～6cm，黄色，有香气；9～10月果熟。

图468 贴梗海棠

产我国东部、中部至西南部；缅甸也有分布。国内外普遍栽培观赏。喜光，耐瘠薄，有一定耐寒能力，喜排水良好的深厚、肥沃土壤，不耐水湿。扦插、分株或播种繁殖。本种春天叶前开花，簇生枝间，鲜艳美丽。宜于草坪、庭院及花坛内丛植或孤植，又可作为花篱及基础种植材料。果入药，是制木瓜酒的原料，能疏风活络，治风湿性关节痛。有**白花**'Alba'、**粉花**'Rosea'、**红花**'Rubra'、**朱红**'Sanguinea'、**红白二色**('东洋锦')'Alba Rosea'、**粉花重瓣**'Rosea Plena'及**曲枝**'Tortuosa'、**矮生**'Pygmaea'等品种。

(761) **木瓜海棠**（木桃，毛叶木瓜）

Chaenomeles cathayensis (Hemsl.) Schneid.

(*C. lagenaria* var. *cathayensis* Rehd.)

落叶灌木至小乔木，高2～3(6)m；枝近直立，具短枝刺。叶长椭圆形至披针形，长5～11cm，缘具芒状细尖齿，表面深绿而有光泽，背

图469 木瓜海棠

面幼时密被褐色绒毛，后渐脱落，叶质较硬。花粉红色或近白色，花柱基部有毛；3～4 月开花。果卵形至椭球形，长 8～12cm，黄色有红晕，芳香；9～10 月果熟。

产我国中部及西部地区；各地常栽培观赏。果味酸，供药用。

(762) **日本贴梗海棠**（倭海棠）

Chaenomeles japonica (Thunb.) Lindl. ex Spach〔Japanese Flowering Quince〕

落叶矮灌木，高通常不及 1m；枝开展，有细刺，小枝粗糙，幼时具绒毛，紫红色。叶广卵形至倒卵形，长 3～5cm，先端钝或短急尖，缘具圆钝锯齿，齿尖内贴，两面无毛。花 3～5 朵簇生，火焰色或亮橘红色。果近球形，黄色，径 3～4cm。

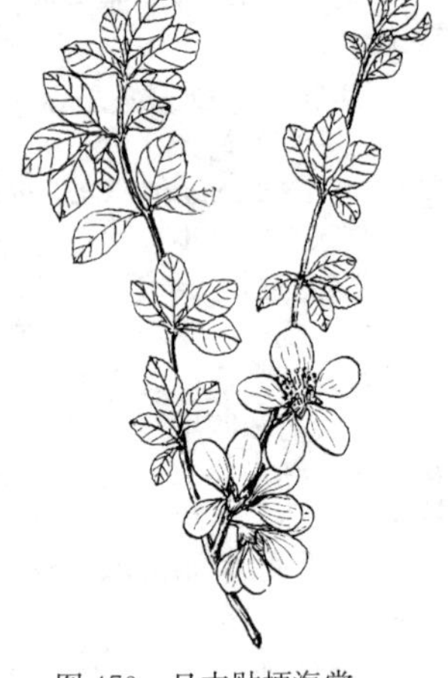

图 470 日本贴梗海棠

原产日本；我国各地庭园时见栽培观赏。有**白花**'Alba'、**粉花**'Chosan'、**重瓣**'Plena'、**大花**'Grandiflora'、**斑叶**'Tricolor'（叶有乳白、粉红斑纹）、**曲枝**'Tortuosa'、**匍匐**'Alpina' 等品种。

(763) **玮丽贴梗海棠**

Chaenomeles × superba (Frahm) Rehd.

是贴梗海棠与日本贴梗海棠的杂交种。植株强健，分枝密，高达 1.5～2m；侧枝具细刺，幼枝有短粗毛。叶形、大小及边缘均介于双亲之间，但更近于日本贴梗海棠。3～5 月开花。有**白花**'Nivalis'（花白色带浅绿）、**雪白**'Snow'、**红花**'Rubra'、**玫红**'Rosea'、**朱红**'Sanguinea'、**朱红重瓣**'Sanguinea Plena' 及**矮生**'Pygmaea' 等品种，是 1900 年前后发展起来的。

(764) **木　瓜**

Chaenomeles sinensis (Thouin) Koehne (*Cydonia sinensis* Thouin, *Pseudocydonia sinensis* Schneid.)〔Chinese Quince〕

落叶小乔木，高达 10m；树皮斑状薄片剥落；枝无刺，但短小枝常成棘状。单叶互生，卵状椭圆形，长 5～8cm，革质，缘有芒状锐齿。花单生，粉红色，径 3～4cm；4～5 月开放。梨果椭球形，长 10～15cm，深黄色，有香气。

产我国东部及中南部。喜光，喜温暖湿润气候及肥沃、深厚而排水良好的土壤，耐寒性不强。播种或嫁接繁殖。本种花红果香，干皮斑驳秀丽，常植于庭园观赏。果供药用。

【榅桲属 ***Cydonia***】1 种，产小亚细亚至中亚；中国早有栽培。

(765) **榅　桲**

Cydonia oblonga Mill.〔Common Quince〕

落叶小乔木，高达 6～8m；小枝紫色，幼时

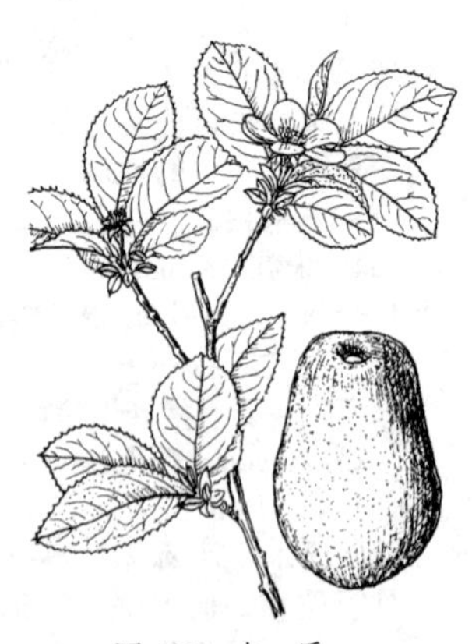

图 471 木　瓜

密被绒毛。单叶互生，卵状椭圆形，长 5～10cm，全缘，先端常圆钝或微凹，背面密生绒毛。花单生枝顶，白色或淡红色，径 5～6cm，花柱 5，离生。果洋梨形，径 3～5cm，黄色，芳香，有绒毛。5 月开花；10 月果熟。

可能原产中亚，地中海沿岸地区久经栽培。唐代传入我国，西北各地有栽培。喜光，喜肥沃的黏质土；根系较浅，生长慢。果味甜酸，有香气，可生食或煮食，并可药用。实生苗可作苹果及梨的砧木。耐修剪，可作绿篱。

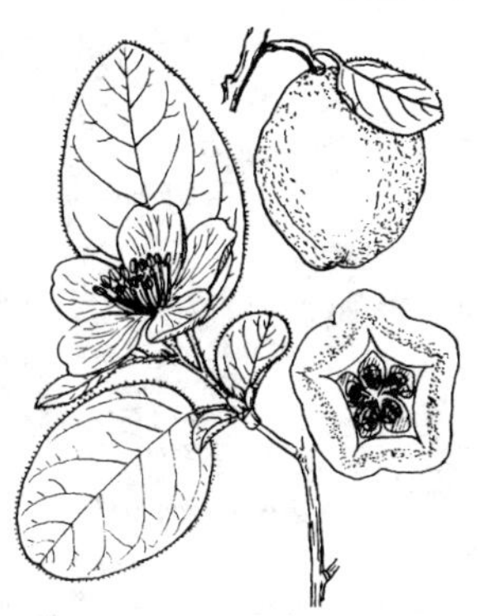

图 472 榅 桲

【石斑木属 ***Raphiolepis***】15 种，产亚洲东部；中国 7 种。

(766) **石斑木**（春花）

Raphiolepis indica（L.）Lindl.

〔India Hawthorn〕

常绿灌木，高达 4m。单叶互生，薄革质，卵形至椭圆形或倒披针形，长 4～7cm，先端短渐尖或略钝，基部狭成短柄，叶缘中上部有细齿，表面有光泽，背面脉纹极明显。花白色或粉红色，径约 1cm；成伞房状短圆锥花序。梨果核果状，球形，径约 6cm，紫黑色，顶端有一环。4 月开花；7～8 月果熟。

产我国南部；日本、越南、泰国、柬埔寨和印尼也有分布。喜光，喜温暖湿润气候，不耐寒，耐干旱瘠薄，喜酸性土壤。播种或扦插繁殖。春天开花，鲜艳夺目，宜植于园林绿地观赏。果可食，根药用。

图 473 石斑木

(767) **厚叶石斑木**（车轮梅）

Raphiolepis umbellata（Thunb.）Mak.

常绿灌木，高 2～3m；近轮状分枝。叶集生于枝端，倒卵形至长椭圆形，长 3～5(8)cm，先端圆钝，有不明显的浅齿，边缘略反卷，质厚，表面有光泽；叶柄长 5～10mm。花白色，径 1～1.5cm；成顶生圆锥花序；5～6 月开花。果球形，径约 1cm，紫黑色，有白粉。

产日本琉球及我国台湾。我国青岛等地有栽培，供观赏。

【苹果属 ***Malus***】落叶乔木或灌木；单叶互生。花药常黄色，花柱 2～5，基部合生；伞房花序；果无石细胞。近 40 种，产北温带；中国 25 种。

(768) **苹 果**

Malus pumila Mill.（*M. domestica* Borkh.）

图 474 苹 果

〔Common Apple, Apple〕

乔木，高可达 15m；小枝紫褐色，幼时密被绒毛。叶椭圆形至卵形，长5～10cm，锯齿圆钝，背面有柔毛。花白色或带红晕，萼片长而尖，宿存，花柱 5。果大，径在 5cm 以上，两端均凹陷，顶部常有棱脊。5 月开花；7～10 月果熟。

原产欧洲及亚洲中西部。经长期栽培改良后成著名温带果树，我国北部多栽培。喜光，喜冷凉干燥气候及肥沃深厚而排水良好的土壤，在湿热气候下生长不良。品种多达 1000 个以上，我国栽培的主要品种有'国光'、'青香蕉'、'金帅'、'红玉'、'祝'等。

(769) **山荆子**

Malus baccata (L.) Borkh.

〔Siberian Crabapple〕

乔木，高 6～14m；小枝细，无毛。叶卵状椭圆形，长 3～8cm，锯齿细尖整齐，近光滑，质较薄。花白色或淡粉红色，密集，有香气，萼片长尖而脱落，花柄及萼外均无毛。果近球形，亮红色或黄色，径约 1cm，经冬不落。4～5 月开花；9～10 月果熟。

产我国东北、内蒙古及黄河流域各地；俄罗斯、蒙古、朝鲜、日本也有分布。喜光，耐寒性强，耐干旱；深根性，寿命较长。本种白花繁密，果红而多，可植于园林观赏。也可作嫁接苹果、海棠类之砧木。

图 475 山荆子

〔附〕**毛山荆子 *M. mandshurica*** Kom. (*M. baccata var. mandshurica* Schneid.) 与山荆子的主要区别是：叶柄、叶脉、花梗、萼筒外常有疏毛；果倒卵形至椭球形，深红色。产东北、内蒙古至陕西、甘肃、青海一带。

(770) **花　红**（沙果，林檎）

Malus asiatica Nakai (*M. prunifolia var. rinki* Rehd.) 〔Ringo Crabapple〕

小乔木，高达 6m；小枝粗壮，暗紫色，幼时密生柔毛。叶卵状椭圆形，长 5～11cm，锯齿细尖，背面有短柔毛。花粉红色，开后变白色，花柱常为 4。果较苹果小，径 4～5cm，黄色，顶端无棱脊。

原产亚洲东部；我国新疆、内蒙古、辽宁、黄河流域、长江流域至西南各地作果树栽培。喜光，喜温凉气候及肥沃湿润土壤。果肉软，味甜，有不少品种，可鲜食或制成果丹皮。品种**垂枝花红 'Pendula'** 枝下垂，花深粉红色。

图 476 花　红

(771) **海棠果**（楸子）

Malus prunifolia (Willd.) Borkh. 〔Chinese Crabapple〕

小乔木，高达 8m；小枝幼时有柔毛。叶卵形至椭圆形，长 5～10cm，先端尖，基部广楔形，缘有细尖齿，背面沿脉常有柔毛。花蕾浅粉红色，开放后白色，单瓣，萼片比萼筒长而尖，宿存。果红色（偶有黄色），径 2～2.5cm，可宿存枝上至冬天。

产我国北部地区。喜光，耐寒，耐旱，耐碱，较耐水湿；深根性，生长快。果味甜酸，可食。栽培历史很久，品种颇多。也是嫁接苹果的良好砧木。

图 477 海棠果

图 478 海棠花

(772) **海棠花**

Malus spectabilis (Ait.) Borkh. 〔Chinese Flowering Crabapple〕

小乔木，高达 9m，树态峭立；枝条红褐色。叶椭圆形至卵状长椭圆形，长 5～8cm，先端尖，基部广楔形或圆形，缘具紧贴细锯齿；叶柄长 1.5～2cm。花在蕾时深粉红色，开放后淡粉红至近白色；萼片较萼筒短或等长，三角状卵形，宿存。果黄色，径约 2cm，基部无凹陷，果梗端肥厚。4～5 开花；8～9 月果熟。

原产我国北部地区，华北、华东各地庭园习见栽培。喜光，耐寒，耐旱，忌水湿。是我国北方著名的观赏树种。常见栽培变种有：

①**重瓣粉海棠**（西府海棠）**'Riversii'** 花较大，重瓣，粉红色；叶也较宽大。北京园林绿地中更多栽培。

②**重瓣红海棠**（亮红海棠）**'Van Eseltinei'** 花重瓣，鲜玫瑰红色。

③**重瓣白海棠**（梨花海棠）**'Albiplena'** 花白色，重瓣。

(773) **小果海棠**（西府海棠）

Malus × micromalus Mak.

〔Midget Crabapple〕

是山荆子与海棠花之杂交种。树态峭立，高

图 479 小果海棠

达 5m；小枝紫褐色或暗褐色，幼时有短柔毛。叶较狭长，基部多为楔形，锯齿尖细；叶柄较细长，长 2～3.5cm。花粉红色，单瓣，有时为半重瓣，花梗及花萼均具柔毛；萼片与萼筒近等长，常脱落。果红色，径 1～1.5cm，基部柄洼下陷。4～5 开花；8～9 月果熟。

产华北及陕西、甘肃、云南、辽宁等地。喜光，耐寒，抗干旱，对土壤适应力强，较耐盐碱和水湿；根系发达，寿命较长。花美丽，花朵密集，各地有栽培观赏（北京园林中栽培普遍叫“西府海棠”的不是本种，而是重瓣粉海棠）。果酸甜可食，有不少品种。华北有些地区用作苹果、花红的砧木，有较强的抗旱能力。

(774) **垂丝海棠**

Malus halliana Koehne 〔Hall's Crabapple〕

小乔木，高达 5m；枝开展，幼时紫色。叶卵形或狭卵形，长 4～8cm，基部楔形或近圆形，锯齿细钝，叶质较厚硬，叶色暗绿而有光泽；叶柄常紫红色。花鲜玫瑰红色，花柱 4～5，萼片深紫色，先端钝，花梗细长下垂，4～7 朵簇生小枝端。果倒卵形，径 6～8mm，紫色。3～4 月开花；9～10 月果熟。

图 480 垂丝海棠

产我国西南部，长江流域至西南各地均有栽培。喜光，喜温暖湿润气候，不耐寒冷和干旱；北京在小气候良好处可露地栽培。扦插、压条或嫁接（以湖北海棠作砧木）繁殖。花繁色艳，朵朵下垂，甚为美丽，是著名的庭园观赏花木，也可盆栽观赏。常见有以下变种和栽培变种：

①**白花垂丝海棠** var. *spontanea* Koidz. 叶较小，椭圆形至椭圆状倒卵形；花较小，近白色，花柱 4，花梗较短。

②**重瓣垂丝海堂 ‘Parkmanii’** 花半重瓣至重瓣，鲜粉红色，花梗深红色。

③**垂枝垂丝海棠 ‘Pendula’** 小枝明显下垂。

④**斑叶垂丝海棠 ‘Variegata’** 叶面有白斑。

(775) **湖北海棠**（茶海棠）

Malus hupehensis（Ramp.）Rehd.

〔Hupeh Crabapple，Tea Crabapple〕

小乔木，高达 8～12m；枝硬直斜出，小枝紫色或紫褐色，幼时有毛。叶卵状椭圆形，长 5～10cm，先端尖，基部常圆形，锯齿细尖。花蕾时粉红色，开放后白色，有香气；萼片紫色，三角状卵形，先端尖，较萼筒短或等长，脱落；花柱 3(4)。果球形，径约 1cm，黄绿色稍带红晕。4～5 月开花；9～10 月果熟。

图 481 湖北海棠

产我国中部、西部至喜马拉雅山脉地区。喜光，喜温暖湿润气候，较耐水湿，不耐干旱；根系较浅。播种、分蘖或嫁接繁殖。开花繁美而芳香，结果丰富，为优良的观花赏果树种。嫩叶可代茶，俗称“海棠茶”。

栽培变种**粉花湖北海棠‘Rosea’** 花粉红色，有香气。

(776) **裂叶海棠**（三叶海棠）

Malus sieboldii (Reg.) Rehd.

灌木或小乔木，高达 6m。叶卵形至长椭圆形，长 3～7.5cm，先端急尖，缘有锐锯齿，新枝上的叶常 3(5)浅裂。花蕾红色，开发后淡粉红至白色，径 2～3cm，花柱（3～5）基部有长柔毛；4～8 朵集生于小枝顶端。果近球形，径 6～8mm，红色或褐黄色，果梗长 2～3.5cm，萼片脱落。花期 4～5 月；果期8～9 月。

产辽宁、山东、河南、陕西、甘肃及华中、华南、西南地区；朝鲜、日本也有分布。生长慢，抗病性强。春季开花美丽，可植于庭园观赏。也可作嫁接苹果的砧木。

图 482　裂叶海棠

(777) **滇池海棠**

Malus yunnanensis (Franch.) Schneid.

小乔木，高达 10m；幼枝、叶背及花序密被绒毛。叶常椭圆形，长 6～12m，基部圆或心形，上半部具 3～5 对浅裂，缘具尖锯齿，背面密被绒毛。花白色，花萼密被绒毛；伞形总状花序具花 8～12 朵。果球形，径 1～1.5cm，红色，具白点，花萼宿存；果梗长 2～3cm。花期 5 月；果期 8～9 月。

产湖北西部、四川及云南西北部。秋叶及果均红色美丽，可植于园林绿地观赏。

〔附〕**观赏海棠新品种 *Malus* cvs** 近代欧美育出大量观赏海棠品种，1997 年仅美国就多达 400～600 个。下列品种北京植物园（北园）有引种，并已在大连、沈阳等地推广：

①**‘道格’海棠‘Dolgo’** 花白色，径 5cm；果亮红色，径 2.5～3cm。

②**‘火焰’海棠‘Flame’** 花白色，径 4cm；果深红色，径 2cm。

③**‘雪球’海棠‘Snowdrift’** 花白色；果亮橘红色，径 1cm。

④**‘红玉’海棠‘Red Jade’** 枝下垂；花白至浅粉色；果亮红色，径 1.2cm，宿存。

⑤**‘宝石’海棠‘Jewelberry’** 花小而密，花蕾粉红色，开放后白色；果亮红色，径约 1cm，犹如红宝石。

⑥**‘草莓果冻’海棠‘Strawberry Parfait’** 新叶紫红色；花粉红色；果黄色带红晕，径 1cm。

⑦**‘粉芽’海棠‘Pink Spire’** 新叶紫红色；花粉紫色，大而繁密；果紫红色，径 1.2cm。

⑧**‘绚丽’海棠‘Radiant’** 新叶红色；花深粉红色；果亮红色，径 1.2 cm。

⑨**'钻石'海棠 'Sparkler'**　新叶紫红色；花繁密，玫瑰红色；果深红色，径1cm。

⑩**'王族'海棠 'Royalty'**　新叶红色；花深紫色；果深紫色，径1.5cm。

⑪**'希望'海棠 'Hope'**　花玫瑰红色；果亮红色，径2.5cm。

⑫**'红丽'海棠 'Red Splender'**　花粉红色；果亮红色，径1.2cm。

⑬**'凯尔斯'海棠 'Kelsey'**　花半重瓣，粉红色；果紫色，径2cm。

【梨属 ***Pyrus***】落叶乔木；单叶互生。花药常紫红色，花柱2～5，离生；伞形总状花序；果实常有多数石细胞。25种，产亚洲、欧洲和北非；中国14种。

图483　西洋梨

(778) **西洋梨**

Pyrus communis L. var. ***sativa*** (DC.) DC. 〔Common Pear, Callery Pear〕

乔木，高达15m；枝直立性强，有时具刺。叶卵形至椭圆形，长4～8cm，锯齿细钝，幼时两面有柔毛，后仅背脉有柔毛。花白色，4月与叶同放。果梨形，黄色或黄绿色，萼常宿存；7～9月果熟。

原产欧洲及亚洲西部，久经栽培。我国北部有引种栽培，较集中于烟台、威海、青岛、大连等地。果芳香味美，富浆汁；品种很多，是著名水果之一，惟不耐储藏，且多需经后熟方可食用。品种有'巴梨'、'茄梨'等。

图484　白　梨

(779) **白　梨**

Pyrus bretschneideri Rehd.

〔Chinese Pear〕

小乔木，高达8m；小枝幼时有柔毛。叶卵形至卵状椭圆形，长5～11cm，基部广楔形至近圆形，缘有刺芒状尖锯齿，齿尖微向内曲。花白色，花柱基部无毛。果近球形，黄色，果肉较软，萼脱落。4月开花；8～9月果熟。

产我国北部及西北部，黄河流域各地习见栽培。喜冷凉干燥气候及肥沃湿润的沙质土，耐水湿，在平原生长最好。优良品种很多，形成北方梨系统（白梨系统）。主要品种有'鸭梨'、'雪花梨'、'秋白梨'、'慈梨'、'香水梨'、'长把梨'等。

图485　沙　梨

(780) **沙　梨**

Pyrus pyrifolia (Burm. f.) Nakai

〔Sand Pear〕

乔木，高达15m；二年生枝紫褐色或暗褐色。叶卵状椭圆形，长7～12cm，基部圆形或近心形，缘有刺芒状尖锯齿，齿尖微向内曲。花白色，花柱无毛。果近球形，径3～5cm，褐色，果肉较脆，花萼脱落。

主产长江流域，华南、西南地区也有分布。喜光，喜温暖湿润气候及肥沃湿润的酸性土、钙质土，耐旱，也耐水湿；根系发达。优良品种很多，形成南方梨系统（沙梨系统）。著名品种有'酥梨'、'雪梨'、'黄樟梨'、'宝珠梨'等。

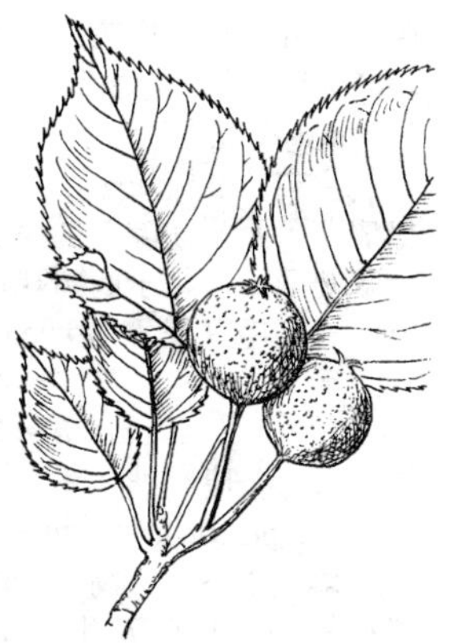

图486　秋子梨

(781) **秋子梨**（花盖梨）

Pyrus usssuriensis Maxim.

〔Mongolian Pear〕

乔木，高10～15m。叶卵形至广卵形，长5～10cm，基部圆形或近心形，缘有刺芒状尖锯齿。花白色，花柱5，基部有毛。果近球形，黄色，径2～6cm，萼宿存，果梗长1～2cm。4～5月开花；8～10月果熟。

产我国东北、内蒙古、华北和西北地区；俄罗斯、朝鲜也有分布。喜光，抗寒力强，耐干旱瘠薄，也能耐水湿和碱土，适合于寒冷干燥地区生长；深根性，寿命长。品种很多，形成秋子梨系统。著名品种有'香水梨'、'京白梨'、'沙果梨'、'鸭广梨'等。

图487　杜　梨

(782) **杜　梨**（棠梨）

Pyrus betulaefolia Bunge 〔Birchleaf Pear〕

乔木，高达10m；小枝有时棘刺状，幼枝密被灰白色绒毛。叶菱状长卵形，长4～8cm，缘有粗尖齿，幼叶两面具绒毛，老叶仅背面有绒毛。花白色，花柱2～3；花序密被灰白色绒毛。果小，径0.5～1cm，褐色。

产东北南部、内蒙古、黄河流域至长江流域各地。喜光，抗寒、抗旱力强，耐盐碱，耐涝性在梨属中最强；深根性，根萌性强，寿命长。是北方梨树的主要砧木。白花繁多而美丽，可植于庭园观赏。也可在华北用作防护林及沙荒造林树种。

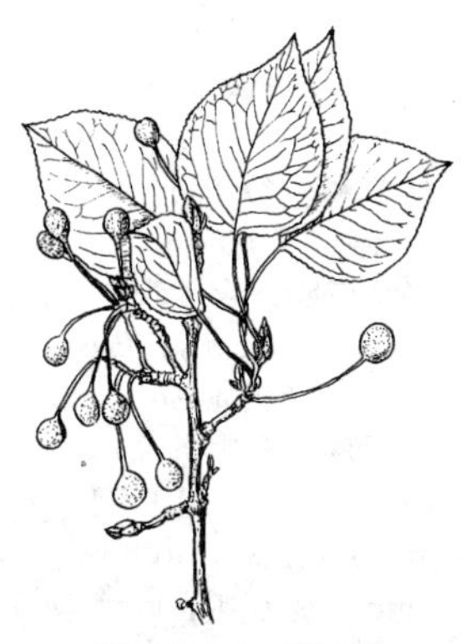

图488　豆　梨

(783) **豆　梨**

Pyrus calleryana Decne. 〔Cherry Pear〕

小乔木，高达8m；小枝褐色，幼时有毛，后脱落。叶卵形至椭圆形，长4～8cm，缘有细钝锯齿，通常两面无毛。花白色，径2～2.5cm，花柱2，罕为3；花序梗及花柄无毛。果近球形，褐色，径1～1.5cm，有斑点，萼片脱落。花期4月；果期8～9月。

主产长江流域至华南地区。喜光，喜温暖湿润气候及酸性至中性土，耐干旱瘠薄，不耐盐碱；抗病虫害。播种繁殖。是南方沙梨系统的优良砧木。春天白花美丽，可植于庭园观赏。

变型**毛豆梨** f. *tomentosa* Rehd. 小枝、嫩叶、花序梗、花柄及花萼外均有绒毛。

【唐棣属 ***Amelanchier***】约30种，产北温带，以北美居多；中国2种。

(784) **唐　棣**

Amelanchier sinica (Schneid.) Chun

落叶小乔木，高3～5(10)m；小枝细长，紫褐或黑褐色。单叶互生，卵形至长椭圆形，长4～7cm；先端急尖，基部圆形或近心形，中上部有细尖齿，背脉幼时疏生长毛。花白色，径3～4.5cm，花瓣5，细长，雄蕊20，花柱5，基部合生，萼宿存而反折；总状花序多花，无毛。梨果近球形，径约1cm，黑色。5月开花；9～10月果熟。

产陕西秦岭、甘肃南部、山西、河南、湖北、四川等地。花序白色下垂，并有清香，可植于庭园观赏。

〔附〕**东亚唐棣** *A. asiatica* (Sieb. et Zucc.) Endl. ex Walp. 与唐棣主要区别是：叶缘均有齿，花序总梗、花柄及叶背面密被绒毛。产日本、朝鲜和中国华东地区。

图489　唐　棣

74. 含羞草科 Mimosaceae

【合欢属 ***Albizia***】乔木；二回偶数羽状复叶互生，小叶中脉常偏于一边。雄蕊多数，花丝长，基部合生，花冠5裂至中部以上；常为头状花序，具细长柄。约150种，广布于热带和亚热带；中国17种。

(785) **合　欢**

Albizia julibrissin Durazz.

〔Pink Siris, Silk Tree〕

落叶乔木，高达10～16m，树冠开展呈伞形；小枝无毛。复叶具羽片4～12(20)对，各羽片具小叶10～30对，小叶镰刀形，长6～12mm，宽1.5～4mm，先端尖，叶缘及背面中脉有柔毛或近无毛，夜合昼展。花丝粉红色，细长如绒缨；头状花序排成伞房状。花期6～7月；果期9～10月。

图490　合　欢

产亚洲中部、东部及非洲，我国黄河流域及其以南地区均有分布。喜光，较耐寒，耐干旱瘠薄和沙质土壤，不耐水湿。本种树形优美，羽叶雅致，盛夏红色的绒花开满树，是优良的城乡绿化及观赏树种，尤宜作庭荫树及行道树。树皮及花可药用，有安神、活血、止痛等功效。

栽培变种**紫叶合欢'Purpurea'** 春季叶为紫红色，后渐变绿色，新梢的嫩叶仍为紫红色；花深红色。河南及辽宁南部有栽培。

(786) **毛叶合欢**（滇合欢）

Albizia mollis (Wall.) Boiv. (*A. julibrissin var. mollis* Benth.)

落叶乔木，高达15m；小枝有毛，皮孔小而不显。复叶具羽片3～10对，各羽片具小叶10～30对，小叶长1.5～1.8cm，宽4～6mm，先端钝，背面密被长柔毛。花丝粉红色；5～6月开花。

产我国西南地区；印度、尼泊尔也有分布。耐干旱瘠薄，也耐水湿，抗性强。是良好的绿化、护堤及用材树种。又为紫胶虫寄主，能产紫胶。

(787) **山合欢**（山槐）

Albizia macrophylla (Bunge) P. C. Huang

落叶乔木，高达15m；小枝紫褐或棕褐色。复叶具羽片2～4(6)对，各羽片具小叶5～14对；小叶矩圆形，长1.5～4cm，宽1～1.6cm，先端圆钝，基部截形，中脉明显偏近上缘，两面密被短柔毛；总叶柄的腺体密被黄绒毛。花丝黄白色或淡粉红色；头状花序排成伞房状生于枝顶。5～7月开花。

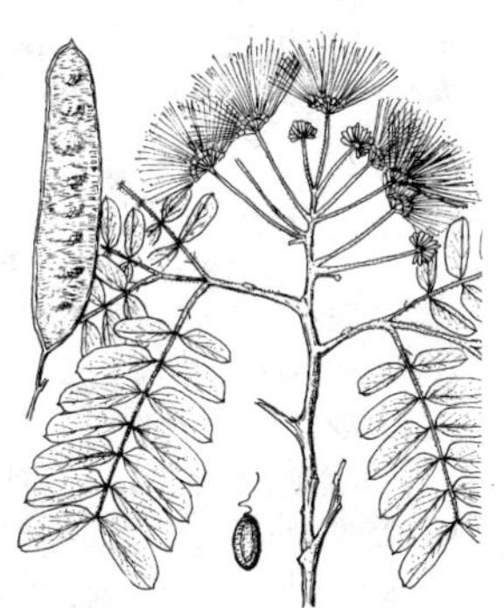
图491 山合欢

产我国黄河流域至长江以南地区。喜光，喜温暖气候及肥沃湿润土壤，耐干旱瘠薄；生长快，萌芽力强。可栽作园林绿化树种。有学者将本种与下种 *A. kalkora* 合并。

〔附〕**白花合欢 *A. kalkora*** (Roxb.) Prain 与山合欢相似，主要区别是：小叶两面疏生黄绢毛，后脱落；总叶柄的腺体无毛；花白色，头状花序3～4个簇生叶腋。产我国长江以南亚热带地区；越南、缅甸及印度也有分布。

(788) **阔荚合欢**（大叶合欢，印度合欢）

Albizia lebbeck (L.) Benth.

〔White Siris〕

落叶乔木，高达20m；小枝淡黄绿色，复叶具羽片2～4对，各羽片具小叶4～8(12)对；小叶长椭圆形，长3～4.5cm，先端钝圆，基部歪斜，中脉微偏于一边。花丝白色或绿黄色。荚果扁平，长10～25cm，宽2.5～5cm。花期5～7月；果期8～9月。

图492 阔荚合欢

原产热带非洲，现热带地区广泛栽培。喜光，喜暖热气候；生长快。枝叶茂密，华南地区常栽作庭荫树及行道树。

（789）**楹　树**（华楹）

Albizia chinensis（Osb.）Merr.

常绿乔木，高20～30m；小枝有灰黄色毛，皮孔大而明显。复叶具羽片6～18对，各羽片具小叶20～40对；小叶较合欢小，长6～8mm，宽约2mm，背面有疏毛；托叶大，半心形，早落。花丝粉红或黄白色；头状花序排成圆锥状；5月开花。

产亚洲南部及东南部，我国台湾、福建和云南有分布。喜潮湿低地，耐水淹，也耐干旱瘠薄；生长快。是华南低湿地及荒山造林速生用材树种；也可栽作行道树及庭荫树。

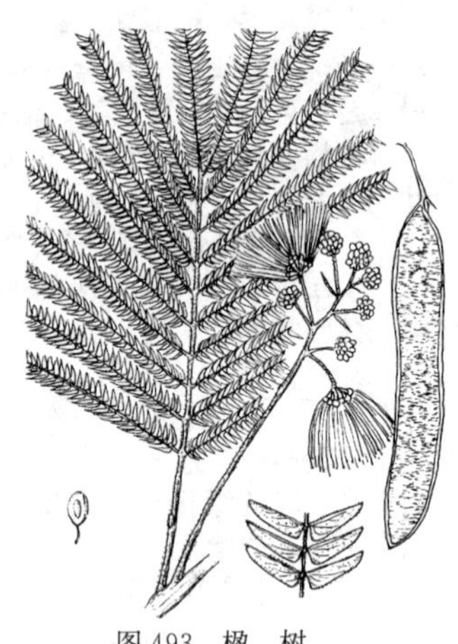

图493　楹　树

（790）**南洋楹**

Albizia falcataria（L.）Fosberg

（*Paraserianthus falcataria* I. Nielen.）

常绿大乔木，原产地高达45m。复叶具羽片6～20对，各羽片具小叶10～20对；小叶菱状长圆形，长1～1.5cm，基部歪斜，中脉偏上侧1/3处，两面被短毛。花丝近白色；穗状花序，形似瓶刷；花期4～6月。荚果带状，扁平。

原产马来西亚的马六甲和印尼的马鲁古群岛，现广植于热带各地；我国华南和台湾有栽培。喜高温潮湿气候及肥沃湿润黏土；根系发达，萌芽力强，生长迅速（广东15年生树高达32m），但寿命短，约25年生后即衰老。播种繁殖。枝叶茂密，绿荫如伞，是华南良好的四旁绿化树种。

【雨树属 *Samaneu*】约20种，产热带美洲和非洲；中国引入栽培1种。

（791）**雨　树**（雨豆树）

Samanea saman（Jacq.）Merr.（*Albizia saman*）

〔Rain Tree，Saman Tree〕

落叶乔木，高达20～30m；干皮薄片状裂。叶大型，二回羽状复叶互生，羽片2～6对，小叶3～8对，长圆状菱形至倒卵形，明显歪斜，长约3cm，背面有柔毛，顶生小叶最大，长达6cm。花似合欢，花丝细长，粉红色，花冠5裂；伞形头状花序。荚果扁平，长圆形，长达20cm，边缘厚。花期夏至秋季；果期秋季。

原产热带美洲，世界热带地区广泛栽培；我国台湾、华南和云南有引种。喜光，喜高温多湿气候及肥沃湿润而排水良好的壤土，不耐干旱和寒冷；生长快。树冠开展，枝叶茂密，花色亮丽；在暖地可栽作庭荫树及行道树。其叶吐水现象明显，树下常有水珠滴落，故名“雨树”。

【金合欢属 *Acacia*】二回羽状复叶，或退化成叶状柄，互生；花多为黄色，雄蕊多数，花丝离生，花瓣分离或基部合生；头状或穗状花序。约1200种，广布于热带和亚热带，澳大利亚最多；中国连引入的约18种。

(792) **台湾相思**(相思树)

Acacia confusa Merr. 〔Taiwan Acacia〕

常绿乔木，高达 16m；小枝无刺。幼苗具羽状复叶，后小叶退化，叶柄变为叶状，狭披针形，长 6～10cm，有平行脉数条，全缘。头状花序，绒球形，黄色。荚果扁平，带状。花期 4～6 月；果期 7～10 月。

产我国台湾南部；菲律宾及印尼也有分布。华南各省区多栽培。喜光，喜暖热气候，很不耐寒，耐干燥瘠薄土壤；深根性，抗风力强，萌芽性强，生长较快。在广州等华南城市常栽作行道树及庭园观赏树；也是华南低山造林及营造防护林、水土保持林、薪炭林的好树种。

图 494 台湾相思

(793) **大叶相思**(耳荚相思)

Acacia auriculiformis A. Cunn. ex Benth. 〔Ear-pod Wattle〕

常绿乔木，一般高约 10m，原产地高达 30m；小枝有棱，绿色。幼苗具羽状复叶，后退化成叶状柄，镰状披针形或镰状长圆形，长 10～20cm。花橙黄色，芳香；穗状花序腋生，长 3.5～10cm。荚果成熟时卷曲成环状。花期 7～8 月，10～12 月二次开花；果期 12 月至翌年 5 月。

原产澳大利亚北部及新西兰；华南 1960 年引入栽培。稍耐荫，喜暖热气候，耐干旱瘠薄土壤；生长快，萌芽性强，浅根性，抗风力较弱。可作四旁绿化、行道树、防护林和水土保持树种。

图 495 大叶相思

(794) **马占相思**

Acacia mangium Willd. 〔Wattle〕

常绿乔木，高达 23m；小枝有棱角。叶状柄很大，长倒卵形，两端收缩，长 20～24cm，宽 7～12cm，具平行脉 4 条，革质。花淡黄色，穗状花序成对腋生，长 3.5～8cm，下垂。荚果条形卷曲。花期 6～7 月；果期 8～12 月。

原产澳大利亚、印尼和马来西亚；华南有引种。喜阳光充足，对土壤要求不严，抗风，耐干旱；萌芽力强，生长快。树形圆整美观，叶大荫浓，遮荫效果好；在暖地可作庭园观赏树、行道树和护堤树种。也可作荒山绿化、水土保持树种。

(795) **绿荆树**

Acacia decurrens Willd. 〔Blake Wattle〕

常绿乔木，高 5～15(20)m；树皮深灰色，小枝有翅或明显棱角。二回羽状复叶，羽片 8～15 对，羽片具小叶 30～40 对，小叶线形，长 4～12mm，深绿色，无毛或近无毛；总叶轴上羽片间有1腺体。花亮黄色，芳香；由头状花序组成复伞房花序。花期1～4月；果期5月。

原产澳大利亚；广东、广西和云南有栽培。树干端直，树冠匀称，生长快，适应范围广，观赏性强；在暖地广泛栽作园林绿化及行道树种。

(796) **银荆树**（鱼骨松）

Acacia dealbata Link（*A. decurrens* var. *dealbata* F. v. Muell.）

〔Silver Wattle〕

常绿乔木，高达15m；树皮银灰色，小枝常有棱，被绒毛。二回羽状复叶互生，羽片8～20对，小叶极小，30～40对，线形，长2～4mm，两面有毛，银灰色；总叶轴上每对羽片间有1腺体。头状花序球形，黄色，芳香，排成总状或圆锥状；1～4月开花。荚果无毛。

原产澳大利亚；云南、贵州、四川、广西、浙江、福建、台湾等地有栽培。喜光，不耐寒；生长快，根萌芽性强。本种羽叶雅致，花序如金黄色的绒球，繁茂美丽，可栽培观赏；在欧洲广泛用作切叶材料。也是荒山造林、绿化、保持水土的优良树种。树皮含单宁，为优质鞣料树种。

(797) **黑荆树**

Acacia mearnsii De Wilde

（*A. decurrens* var. *mollis* Lindl.）

〔Late Black Wattle〕

外形极似银荆树，主要区别点是：小叶深绿色，有光泽，总叶轴上每对羽片间有1～2个腺体；花淡黄色，荚果密被绒毛。花期12月至翌年5月。

原产澳大利亚南部的亚热带地区；我国南部各省区均有栽培。喜光，喜温暖，不耐寒，耐干旱瘠薄，不耐涝；生长快，寿命短，萌芽性强。本种根系发达，枝叶繁茂，树冠开展，花期长，是改良土壤、保持水土、蜜源及城乡绿化的好树种。树皮富含单宁，是世界著名的速生优质鞣料树种，在南非栽培很盛。

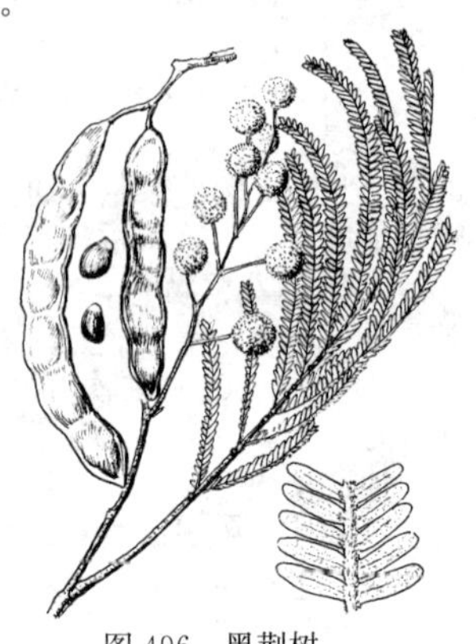

图496 黑荆树

(798) **金合欢**

Acacia farnesiana（L.）Willd.

〔Opopanax，Sweet Acacia〕

落叶灌木或小乔木，高4～9m；小枝常呈之字形，托叶针刺状。二回羽状复叶，羽片4～8对，小叶10～20对；小叶线形，长2～6mm。花金黄色，芳香；头状花序绒球形，径约1cm；3～6月开花。荚果近圆柱形，无毛，密生斜纹。

原产热带美洲，现广布世界热带各地。喜光，喜暖热气候，耐干旱瘠薄土壤；生长快。华南有栽培（已野化），通常栽培观赏或作绿篱。花含芳香油，可提制香精。

图497 金合欢

【银合欢属 *Leucaena*】约 50 种，产美洲和大洋洲；中国引入栽培 1 种。

(799) **银合欢**

Leucaena leucocephala (Lam.) de Wit

〔White Popinac〕

小乔木，高达 8m；树冠平顶状。二回偶数羽状复叶互生，羽片 4～10 对，小叶 10～15 对；小叶狭椭圆形，长 6～13mm，中脉偏向上缘。花白色，花瓣分离，雄蕊 10，离生；头状花序 1～3 个腋生；7 月开花。荚果薄带状。

图 498 银合欢

原产热带美洲，现广植于热带地区；华南各省区有栽培（或野化）。喜光，喜暖热气候，耐干旱瘠薄；主根深，抗风力强，萌芽性强。是华南地区良好的荒山造林树种；也可植于园林绿地观赏。

栽培变种**新银合欢 'Salvador'** 羽片 5～17 对，小叶 11～17 对，小叶长约 17mm，宽约 5mm；果长达 24cm。华南近年有引种。生长较原种快，可经营速生丰产用材林和薪炭林。

【海红豆属 *Adenanthera*】10 种，产热带亚洲及大洋洲；中国 1 变种。

(800) **海红豆**（孔雀豆）

Adenanthera pavonina L. var. *microsperma* (Teijsm. et Binn.) Nielsen

落叶乔木，高达 20 余米。二回羽状复叶互生，羽片 3～6 对；小叶 8～18，互生，矩圆形或卵形，长 2.5～3.5cm，两端圆，两面微被柔毛。花小，黄白色，花瓣 5，基部合生，雄蕊 10，离生，花药顶端有 1 脱落性腺体，花萼及花梗被褐黄色毛；总状花序；6～7 月开花。荚果带状，扭曲；种子红色，有光泽；8～10 月果熟。

图 499 海红豆

产亚洲东南部，华南、台湾、福建及云南有分布。喜光，稍耐荫，喜暖湿气候及深厚肥沃排水良好的土壤。是优良用材树种，也可栽作观赏树。种子鲜红光亮，甚为美丽，可作装饰品。

【朱缨花属 *Calliandra*】灌木或小乔木；二回羽状复叶互生。花瓣合生至中部；雄蕊多数，长而显露，下部合生成管；头状花序或总状花序。约 200 种，产美洲、非洲、亚洲的热带和亚热带；中国引入栽培 3 种。

(801) **朱缨花**（红绒球，美蕊花）

Calliandra haematocephala Hassk. 〔Powderpuff〕

落叶灌木或小乔木，高 2～5m。二回羽状复叶，羽片 1～2 对，每羽片具小叶 5～8 对，斜卵状披针形，顶生小叶最大，长达 8cm，嫩叶红褐色；托叶 1 对，卵状三角形。花冠发红，雄蕊约 25，花丝基部白色，渐向顶端变红色；成球形头状花序，径 3～5cm；8～9 月开花。果线状倒披针形，长达 12cm。

原产南美玻利维亚；我国台湾、广东等地有引种栽培。喜光，不耐寒（最低温 7℃）。花序美丽，形似合欢，宜植于庭园观赏。有**白花**‘Alba’品种。

（802）**粉扑花**

Calliandra surinamensis Benth. 〔Pink-and-white Powderpuff〕

半常绿灌木，高达 2m；枝斜展。二回羽状复叶，羽片仅 1 对，小叶 7～12 对，长刀形，长 1.2～1.8cm；托叶 1 对，长三角形。花瓣小，花丝多而长，上半部玫瑰红色，下半部白色；腋生头状花序，形似合欢。荚果扁平，边缘增厚。花期特长，几乎全年不断开花。

原产南美圭亚那和巴西。是一种美丽的热带观花灌木，华南植物园和云南西双版纳植物园先后引种栽培。

（803）**红粉扑花**

Calliandra emarginata（Humb. et Bonpl.）Benth. 〔Red Powderpuff〕

灌木或小乔木，高达 4.5m。二回羽状复叶，仅 1 对羽片，每羽片具 3 小叶，小叶长圆形或倒卵形，长达 5cm，先端有时微缺。花瓣小，长约 6mm，雄蕊亮红色，长约 2.5cm；头状花序单生。花期夏季。

原产北美墨西哥南部至洪都拉斯。我国华南和台湾有栽培，供庭园观赏。

【象耳豆属 ***Enterolobium***】11 种，产热带美洲和西非；中国引入栽培 2 种。

（804）**红皮象耳豆**（象耳豆）

Enterolobium cyclocarpum（Jacq.）Griseb.

落叶乔木，高达 30m；干皮棕色，不裂，皮孔横线状。二回偶数羽状复叶互生，羽片（4）7～10 对，每羽片有小叶（12）20～30 对；小叶长菜刀形，长 1～1.4cm，主脉明显偏向一侧；总叶轴上有腺点。花小，绿白色，头状花序。荚果弯曲成马蹄形，宽达 10cm，种子间有横壁。

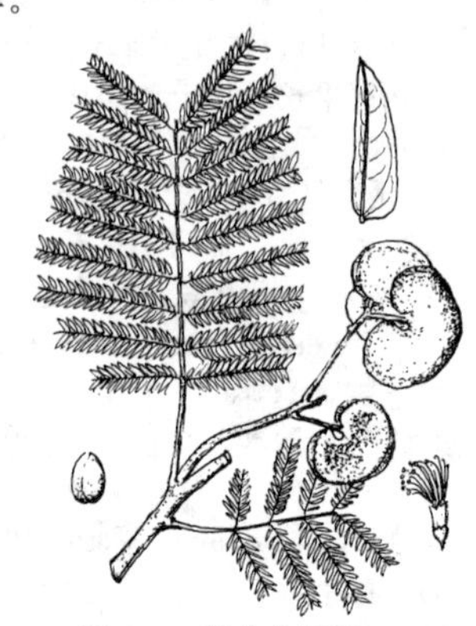

图 500 青皮象耳豆

原产热带美洲；华南有引种，广州多栽培。喜光，喜暖热气候，不耐寒；生长快。树冠广展，可作庭荫树及行道树。

（805）**青皮象耳豆**

Enterolobium contortisiliquum（Vell.）Morong

高达 20m，树冠开展；干皮幼时灰白色，老则青灰色，较光滑；小枝绿色。二回羽状复叶，羽片 3～7 对，每羽片具小叶 10～15 对；小叶较大，长达 1.9cm。果较窄，宽达 7.5cm。

原产南美阿根廷、巴拉圭和巴西南部；世界热带地区广泛栽培。华南有引种栽培，作城乡绿化树种。

图 501 猴耳环

【猴耳环属 *Archidendron*】约 94 种，产热带及亚热带，美洲尤多；中国 15 种。

（806）**猴耳环**（围涎树）

Archidendron clypearium (Jack) Nielsen

（*Pithecellobium clypearium* Benth.）

常绿乔木，高达 10m；小枝无刺而具棱，被黄褐色绒毛。二回羽状复叶互生；羽片 4～6 对，叶轴上有腺体，每羽片有小叶 3～12 对；小叶对生，斜菱形，长 1.5～8.5cm，顶部的小叶最大，越往基部越小。花冠中下部合生，黄白色，花丝下部合生成管状；圆锥花序由小的头状花序组成。荚果旋卷呈环状，种子扁平，黑色，有细长种柄。花期 2～6 月；果期 4～8 月。

产华南、缅甸至马来西亚。树皮含单宁，可提制栲胶。果形奇特，种子如黑珍珠环绕悬垂，颇为有趣；可栽培供观赏。

〔附〕**亮叶猴耳环** ***A. lucidum*** (Benth.) Nielsen (*P. lucidum* Benth.) 与猴耳怀的主要区别是：小枝圆柱形；羽状复叶之羽片 1～2 对，小叶互生。花期 4～6 月；果期 7～11 月。产我国东南、华南至西南地区；印度、越南也有分布。在暖地可植于园林绿地观赏或作行道树。

【牛蹄豆属 *Pithecellobium*】约 3 种，产热带美洲；中国引入栽培 1 种。

（807）**牛蹄豆**（金龟树）

Pithecellobium dulce (Roxb.) Benth.

常绿乔木，高达 15m；托叶成针刺。二回羽状复叶互生，羽片 1 对，每羽片有小叶 1 对，小叶椭圆形，长 2～5cm，先端钝或微凹，基部偏斜，全缘。花小，花冠 5 裂，白色或淡黄绿色，密被长柔毛；花丝合生成筒状；圆锥花序。荚果扭曲，暗红色。花期 3～4 月；果期 5～8 月。

原产热带美洲，世界热带广泛栽培；我国华南地区有栽培。喜光，喜高温多湿气候，对土质不苛求，耐盐，耐干旱瘠薄，抗风力强。枝叶茂密，荚果扭曲形似耳环；在暖地可作园林观赏树、绿荫树及海岸防护林树种。**斑叶牛蹄豆‘Variegata’**叶有白、淡黄或粉红色斑。

图 502　牛蹄豆

75. 苏木科（云实科）Caesalpiniaceae

【紫荆属 *Cercis*】单叶互生，全缘，掌状脉；花冠假蝶形；荚果扁条形，1 边常具窄翅。8 种，产亚洲、南欧和北美；中国 5 种，引入栽培 1 种。

（808）**紫　荆**

Cercis chinensis Bunge〔Chinese Redbud〕

落叶灌木或小乔木，高 2～4m。单叶互生，心形，长 5～13cm，全缘（叶缘有增厚的透明边），光滑无毛；叶柄顶端膨大。花假蝶形，紫红色，5～8 朵簇生于老枝及茎干上。荚果腹缝具窄翅。4 月叶前开花；9～10 月果熟。

产黄河流域及其以南各地。喜光，喜湿润肥沃土壤，耐干旱瘠薄，忌水湿，有一定的耐寒能力；萌芽性强。春日繁花簇生枝间，满树紫红，鲜艳夺目，为良好的庭园观花树种，华北各地普遍栽培。树皮、根、花梗及木材均可药用。有**白花紫荆'Alba'**、**粉花紫荆'Rosea'**等品种。

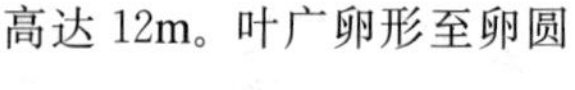
图 503 紫 荆

(809) **垂丝紫荆**

Cercis racemosa Oliv.

落叶乔木，高达 15m。叶广卵圆形，长6～12.5cm，先端急尖，基部截形或浅心形，背面有短柔毛，脉上毛较多。花假蝶形，玫瑰红色；成下垂的总状花序，轴长 2～10cm；5 月开花。荚果长 5～10cm，基部渐窄，背、腹缝线近等长。

产陕西南部、湖北西部、四川东部、贵州西部及云南东北部，生于海拔1000～1800m 山地林中。花多而美丽，是优良的观花树种。

(810) **湖北紫荆**（巨紫荆，云南紫荆）

Cercis glabra Pamp.

（*C. gigantean* Cheng et Kang f.，*C. yunnanensis* Hu et Cheng）

落叶乔木，高达 16～20m。叶心形或卵圆形，长 6～13cm，先端短尖，基部心形，表面光滑，背面无毛或近基部脉腋有簇毛。花假蝶形，淡紫红色；7～14(24)朵成短总状花序，轴长 0.5～1.5cm；3～4 月叶前开花。荚果紫红色，长 9～14cm，基部圆钝，腹、背缝线不等长，腹缝线翅宽约 2mm。

产我国东部、中部至西南部，生于海拔 600～1900m 山地林中。喜光，耐干旱；萌芽力强，耐修剪。杭州、南京等地有栽培。嫩叶、花、果都为紫色，观赏期长，是优美的观赏树种。

〔附〕**加拿大紫荆 *C. canadensis*** L.〔Redbud〕 高达 12m。叶广卵形至卵圆形，宽约 10cm，基部心形，叶缘不透明，幼叶紫色。花淡玫瑰红色，长约 1.3cm；4～6 朵簇生。原产加拿大南部及美国东部；上海、杭州、武汉等地有栽培。有**白花**'Alba'、**紫叶**'Forest Pansy'（'Purpurea'，叶紫红色）等品种。

【羊蹄甲属 ***Bauhinia***】单叶互生，掌状脉，叶端常 2 深裂，全缘；花瓣 5，稍不相等，不呈蝶形。约 600 种，产热带和亚热带；中国约 40 种，引入栽培数种。

图 504 羊蹄甲

(811) **羊蹄甲**（紫羊蹄甲）

Bauhinia purpurea L. 〔Butterfly Tree〕

常绿乔木，高 10～12m。叶近圆形（长略大于宽），长 5～12cm，叶端 2 裂，深达 1/3～1/2。花大，花瓣倒披针形，玫瑰红色，有时白色，发育雄蕊3～4；伞房花序。花期 9～10 月。

产亚洲南部，华南有分布。喜暖热气候，耐干旱；生长快。花大而美丽，广州等地常植为庭园风景树及行道树。

（812）**洋紫荆**（宫粉羊蹄甲）

Bauhinia variegata L. 〔Orchid Tree〕

落叶或半常绿小乔木，高 6～8m。叶广卵形，宽大于长，长 7～10cm，基部心形，叶端 2 裂，深达 1/4～1/3，革质。花大，径 10～12cm，花瓣倒卵形至长倒卵形，粉红或淡紫色，发育雄蕊 5(6)，子房有毛。几乎全年开花，春季最盛。

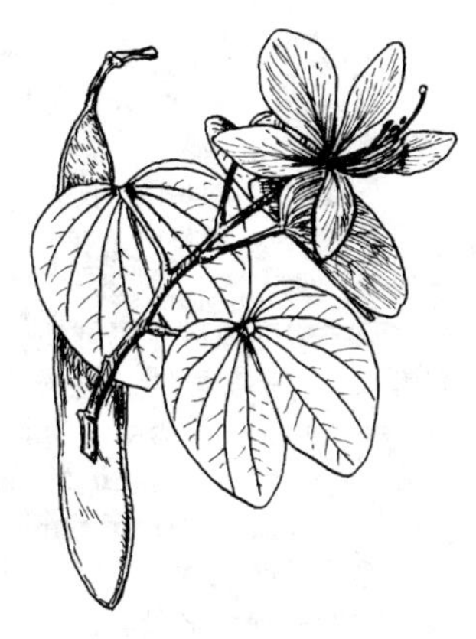

图 505　洋紫荆

产华南、福建和云南；印度、越南也有分布。喜光，要求排水良好的土壤，病虫害少；生长较慢，萌芽力强，耐修剪，栽培容易。花大而美丽，略有香味，花期长；在华南城市常植为庭园风景树及行道树。品种**白花洋紫荆 'Candida'**（'Alba'）花白色或浅粉色而喉部发绿，发育雄蕊 3(5)；花期 3 月。

（813）**红花羊蹄甲**（艳紫荆）

Bauhinia blakeana Dunn 〔Hongkong Orchid Tree〕

常绿小乔木，高达 10～12m。树冠开展，树干常弯曲。叶大，宽 15～20cm，先端 2 裂，深达 1/4～1/3 。花大，径达 15cm，花瓣 5，倒卵形至椭圆形，艳紫红色，有香气；总状花序；花期 11 月至翌年 3 月；有时几乎全年开花，盛花在春秋季。

有学者认为是洋紫荆和羊蹄甲的杂交种，最早在广州发现，后在港普、广东、广西普遍栽培。不结种子，高压或嫁接繁殖。整个冬季满树红花，灿烂夺目，十分美丽。在暖地宜作庭园观赏树及庭荫树，也可作水边堤岸绿化树种。是香港的市花（俗称**"紫荆花"**），1997 年香港特区成立时又以此花作为区徽图案。

（814）**白花羊蹄甲**（马蹄豆）

Bauhinia acuminata L.

〔Snow Bauhinia〕

常绿灌木，高 2～3m；幼枝明显有毛。叶卵圆形至肾形，2 裂，裂深不足一半，裂片先端较尖。花白色，径约 10cm，花瓣 5，倒卵状椭圆形，发育雄蕊 10，花药黄色；总状花序。荚果长达 12.5cm。花期 5～7 月。

图 506　白花羊蹄甲

产我国福建、广东、广西及云南；印度、缅甸、越南、菲律宾及马来西亚也有分布。喜光，喜高温多湿气候，不耐寒。花洁白素雅，幼株高达 40～60cm 时即能开花。在暖地宜植于庭园或盆栽观赏。

(815) **黄花羊蹄甲**

Bauhinia tomentosa L. 〔Yellow Bell Bauhinia〕

落叶灌木，高2～2.5m。叶蚌壳状2裂，长3～7cm，裂片先端圆。花下垂，花瓣倒卵状匙形，长5～6cm，淡黄色，重叠成钟形，上方之瓣基部有橙斑，雄蕊10，不等长；花1～3朵腋生。浆果带形扁平，长7～15cm。花果期秋至初冬。

原产印度，世界热带地区及华南有栽培。喜光，耐半荫，喜高温多湿气候，不耐寒。为一美丽的观赏树种，原产地可全年开花，宜植于庭园观赏。

(816) **橙红羊蹄甲**（南非羊蹄甲）

Bauhinia galpinii N. E. Br.（*B. punctata* C. Bolle）〔South African Orchid Bush〕

常绿蔓性灌木，高1～2m。叶肾形至广卵形，长3～6cm，2裂，深达1/5～1/2，先端圆，基部心形，背面密被柔毛。花瓣砖红或橙红色，长2.5～3.5cm，爪长，发育雄蕊2～3；伞房花序具花6～10朵。花期夏至秋季。

原产热带非洲；我国广州等地有栽培。喜光，喜高温，耐干旱瘠薄，不耐寒；生长缓慢。花色鲜艳美丽，在暖地宜植于庭园或盆栽观赏。

图507 龙须藤

(817) **龙须藤**

Bauhinia championii（Benth.）Benth.

常绿藤木，茎长3～10m，有卷须。叶卵形至广卵形，长5～10cm，先端2浅裂至中裂，裂片先端长尾尖，基出5～7脉，背面初有毛，被白粉。花小，白色，发育雄蕊3；腋生总状花序，长10～20cm。荚果宽带状，长5～10cm。花期6～10月；果期7～12月。

产我国中部至南部地区。喜光，喜暖热湿润气候及深厚肥沃而排水良好的壤土，不耐寒；根系发达，适应性强。枝叶茂密，攀援力强，在南方可作花廊及花架的绿化材料。

〔附〕**首冠藤** ***B. corymbosa*** Roxb. ex DC. 藤木，有对生卷须；叶近圆形，长2～3cm，先端2裂，深达3/4，裂片先端圆。花瓣白色，长约1cm，有粉红脉纹，子房无毛，能育雄蕊3；伞房状总状花序顶生。花期5～7月。产福建及华南地区。花多而密集，花期长，宜植于庭园观赏。

图508 腊肠树

【决明属 *Cassia*】木本或草本；偶数羽状复叶互生，小叶全缘；有托叶，无小托叶。花瓣5，多为黄色，雄蕊5～10；总状或圆锥花序顶生。约600种，主产热带；中国13种，引入栽培数种。

(818) **腊肠树**（阿勃勒）

Cassia fistula L.（*Senna fistula*）〔Golden-shower Tree〕

落叶乔木，高达22m。羽状复叶，小叶4～8对，卵状椭圆形，长6～16cm，先端渐钝尖。花黄色，成下垂总状花序，长30～60cm。荚果柱形，状如腊肠，长40～70cm。花期6月（在印度几乎全年开花）。

原产印度、缅甸等地；我国华南和台湾有栽培。喜光，不耐寒。播种或扦插繁殖。初夏花开满树鲜黄，为美丽的观赏树种，在热带地区也可作行道树。果含单宁；种子、根、树皮等均可药用。

(819) **铁刀木**（黑心树）

Cassia siamea Lam.（*Senna siamea*）〔Siamese Senna，Kassod Tree〕

常绿乔木，高达20m。羽状复叶，小叶6～10对，长椭圆形或卵状椭圆形，长4～7cm，基部圆形，先端圆钝或微凹，具小尖头，表面暗绿色。花黄色，径3～4cm；顶生圆锥花序；花期6～12月。荚果扁条形。

广布于亚洲热带，华南及滇南栽培历史久。喜暖热气候，耐干旱瘠薄，忌积水；萌芽性极强。是良好的绿化、观赏及薪炭、用材树种。在云南南部多栽作公路行道树。

图509　铁刀木

(820) **粉花山扁豆**

Cassia grandis L. f. 〔Pink Shower〕

落叶乔木，高达15m，干皮较光滑；大枝基部常有棘状短枝。羽状复叶，有蝶翅状托叶，小叶8～20对，长圆形至卵状长椭圆形，长达5cm，背面有毛。花瓣由黄色变粉红色，雄蕊中有3枚花丝中部膨大；圆锥花序，长达17.5cm。荚果近圆柱状，长达60cm。

原产热带美洲；我国云南南部有栽培。花美丽，可于园林绿地栽培观赏。

(821) **美丽山扁豆**

Cassia spectabilis DC.（*Senna spectabilis*）〔Yellow Shower〕

落叶乔木，树冠开展，高达18m；干皮光滑而有水平槽；小枝绿色，有沟槽，稍有毛。羽状复叶，小叶8～15对，长椭圆状披针形，长达7.5cm，背面有毛。花亮黄色，径约3.7cm；顶生总状花序，长达60cm；花期5月上旬。荚果圆柱状，长25～30cm，径约1cm，内有无数分隔；种子扁。

原产热带美洲。我国云南南部常栽作薪材树种。花美丽，在暖地可栽作观赏树。

(822) **爪哇山扁豆**

Cassia javanica L. 〔Apple Blossom Cassia〕

落叶小乔木，树冠开展，高5～10m；枝略下垂。羽状复叶，小叶6～10对，长椭圆形，长约5cm，两端钝。花由粉红变暗红色；总状花序，花密生成团成簇；6～8月开花。荚果长达60cm。

产东南亚地区；我国台湾及华南有栽培。花美丽，在暖地可作庭园观赏树及行道树。

(823) **黄　槐**

Cassia surattensis Burm. f.

(*Senna surattensis*) 〔Glossy Shower〕

落叶小乔木，高 5～7m，或灌木状。羽状复叶，小叶 6～10 对，倒卵状椭圆形，长 2～3.5cm，先端圆，基部稍偏斜；叶轴下部 2 或 3 对小叶之间有一棒状腺体。花大，鲜黄色，雄蕊 10；总状花序伞状。荚果扁，条形，长 7～12cm，种子间有时略缢缩。几乎全年开花，但主要集中在 3～12 月。

产亚洲热带至大洋洲，我国云南有分布。喜光，要求深厚而排水良好的土壤，生长快；繁殖、栽培都较容易。花繁密而美丽，长年不断，在我国台湾及华南地区广泛栽作庭园观赏树、绿篱及行道树。

图 510　黄　槐

(824) **双荚黄槐**（双荚决明，金边黄槐）

Cassia bicapsularis L.（*Senna bicapsularis*）

落叶或半常绿蔓性灌木，高 3～5m，多分枝。羽状复叶，小叶 3～5 对，倒卵形至长圆形，长 2.5～3.5cm，先端圆钝，叶面灰绿色，叶缘常金黄色；第 1～2 对小叶间有 1 突起的腺体。花金黄色，灿烂夺目，径约 2cm，能育雄蕊 7（其中 3 枚特大）；伞房状总状花序；花期 9 月至翌年 1 月。荚果细圆柱形，长达 15cm；种子褐黑色。

原产热带美洲，世界热带地区广泛栽培。喜光，喜暖热气候，耐干旱瘠薄和轻盐碱土；生长快。花鲜艳繁茂，花期长，是近年很受欢迎的园林观赏树种之一。我国台湾及华南地区有栽培，供庭园或盆栽观赏。

(825) **节果决明**

Cassia nodosa Buch. -Ham. ex Roxb. 〔Pink and white Shower〕

乔木，高达 15m，树冠伞形；小枝细而下垂，嫩枝有丝状毛。羽状复叶，小叶 5～12 对，椭圆状卵形至长圆形，长达 10cm，先端通常尖。花萼绿色，花瓣初黄白色，后变亮粉红色，长 2～3cm；雄蕊 10，3 长 7 短；腋生伞房状总状花序，花密集。果圆柱形，有明显环节，长 30～45(60)cm。花期 5～6 月。

原产夏威夷群岛，热带亚洲广泛栽培；华南地区有栽培。生长快，是美丽的观花树种。

(826) **粉红决明**

Cassia roxburghii G. Don 〔Rose Shower〕

落叶乔木，高 8～12m，树冠广伞形。羽状复叶，小叶 7～10 对，长椭圆形，被细绒毛。花深桃红色，雄蕊黄色；总状花序；夏季开花。

原产印度及斯里兰卡；我国台湾及华南有引种。喜光，喜高温，不耐寒。花姿娇艳，沿枝条而生，密集壮观。在暖地宜植于庭园观赏，或栽作行道树。

(827) **光叶决明**（大花黄槐）

Cassia floribunda Cavan.（*C. laevigata* Willd.）

常绿或半常绿灌木，高达4m；小枝绿色。羽状复叶，小叶3～4对，叶轴上于每对小叶间具1腺体，小叶卵形至卵状披针形，长4～6cm，基部有时略偏斜，两面无毛，背面有白粉。花金黄色，花瓣广倒卵形，先端圆或微凹，发育雄蕊7；总状或伞房花序。荚果圆柱形，长5～10cm。花期3～4(5)月；果期11～12月。

原产热带美洲，现广植于世界热带各地；我国云南南部、海南、广西等地有栽培。喜光，喜高温，耐干旱。花繁叶茂，色彩明快，为优良的观赏树种。

(828) **翅荚决明**

Cassia alata L.（*Senna alata*）

常绿灌木或小乔木，高达3～6m。羽状复叶，叶轴和叶柄具狭翅；三角形托叶宿存；小叶5～12对，长圆形至倒卵形，长5～10(15)cm，先端钝圆或微凹并有小尖头，基部歪斜，近无柄。花金黄色，有紫色脉纹，发育雄蕊7；直立的总状花序，顶生或腋生。荚果带形，长10～20cm，两果瓣中央各具1纵翅。几乎全年开花结果，7～9月为盛花期。

原产热带美洲；我国广东、海南、云南有栽培。喜光，耐半荫，喜高温湿润气候，不耐寒。枝叶翠绿，金黄色花朵排列成串，灿烂夺目，花期长，是暖地很好的观花树种。叶和种子入药。

(829) **伞房决明**

Cassia corymbosa Lam.（*Senna corymbosa*）

半常绿灌木，高达2m。羽状复叶，长40～90cm，小叶2～3(4)对，卵形至卵状椭圆形，亮绿色。花黄色，碗形，径约2cm；伞房状花序多花，腋生。花期夏末。

原产南美（乌拉圭、阿根廷）；后引入欧洲栽培。喜光，不耐寒。花黄色美丽，花期长。我国南方常见栽培观赏。

〔附〕**复总决明 *C. didymobotrya*** Fresen. 高1～3m；小叶8～16对，长卵形至椭圆形。花冠金黄色；顶生总状花序，长达30cm，先端紫黑色。夏季开花。原产热带非洲；华南有栽培。

【皂荚属 ***Gleditsia***】木本，常具分枝刺。一回或兼有二回偶数羽状复叶，互生。花小，杂性，雄蕊6～10；总状花序。荚果带状。14种，主产亚洲和美洲；中国6种，引入栽培1种。

(830) **皂　荚**（皂角）

Gleditsia sinensis Lam.（*G. officinalis* Hemsl.）〔Chinese Honeylocust〕

落叶乔木，高达30m；树干或大枝具分枝圆刺。一回羽状复叶，小叶3～7对，卵状椭圆形，长3～10cm，先端钝，缘有细钝齿。荚果直而扁平，较肥厚，长12～30cm。花期4～5月；果期10月。

产我国黄河流域及其以南各地，多生长于低山丘陵及平原地区。喜光，较耐寒，喜深厚、湿润而肥沃的土壤，在石灰岩山地、石灰质土、微

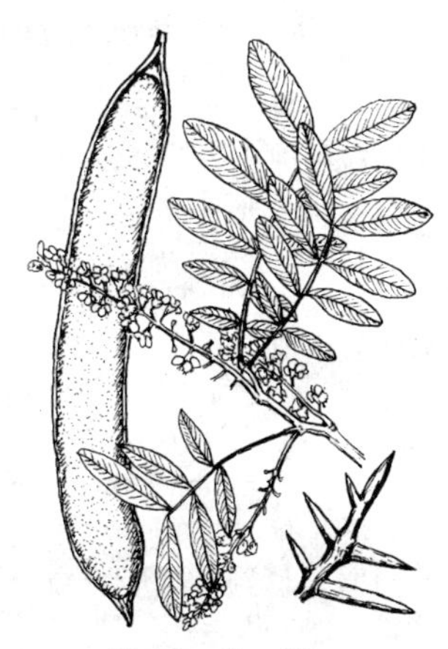

图511　皂　荚

酸性及轻盐碱土上都能正常生长，抗污染；深根性，寿命长。树冠广阔，树形优美，叶密荫浓，是良好的庭荫树及四旁绿化树种。荚果煎汁可代肥皂作洗涤用。

(831) **山皂荚**（日本皂荚）

Gleditsia japonica Miq.

（*G. melanacantha* Tang et Wang）

〔Japanese Honeylocust〕

落叶乔木，高达 15～25m；分枝刺扁，小枝常淡紫色，无毛。一回兼有二回羽状复叶，小叶卵状长椭圆形，长 1.5～5cm，缘有钝齿或近全缘。荚果长20～30cm，质薄而常扭曲，或呈镰刀状。花期 5～6 月；果期 9～10 月。

图 512 山皂荚

产我国东北南部、华北至华东地区；日本、朝鲜也有分布。喜光，耐寒，耐干旱，喜肥沃深厚土壤，在石灰质及轻盐碱土上也能生长；深根性，少病虫害。用途同皂荚。

变种**无刺山皂荚** var. *inermis* Fuh 枝干无刺或近无刺。哈尔滨、沈阳等城市有栽培，尤宜作庭荫树及行道树。

〔附〕**云南皂荚** ***G. delavayi*** Franch. 高达18m；分枝刺粗，基部扁；幼枝有柔毛。一回羽状复叶，幼树兼有二回羽状复叶。荚果带形，质薄，扭曲，长 15～35(50)cm，腹缝线常于种子间缢缩，棕黑色。产云南、四川南部及贵州西部，农村习见。荚果煎汁可代肥皂用。

(832) **野皂荚**

Gleditsia microphylla Gordon ex Y. T. Lee

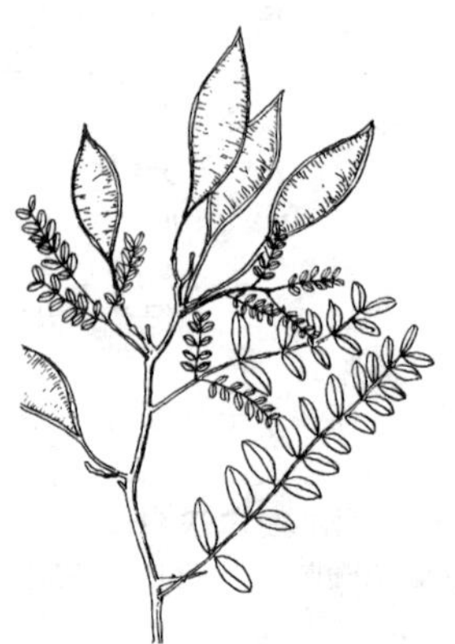

图 513 野皂荚

落叶灌木或小乔木，高达 4m；小枝细而有毛，枝刺细小，不分枝或少分枝。一至二回羽状复叶，小叶形小，长 0.7～2cm，全缘。荚果短小，长 3.5～7.5cm，含 1～3 种子。

主产华北及安徽、江苏，多生于黄土丘陵及石灰岩山地。可用作绿篱树种。

(833) **美国皂荚**（三刺皂荚）

Gleditsia tricanthos L.

〔Common Honeylocust〕

落叶乔木，在原产地高达 30～45m；枝干有单刺或分枝刺，基部略扁。一至二回羽状复叶，常簇生，小叶 5～16 对，长椭圆状披针形，长2～3.5cm，缘疏生细圆齿，表面暗绿而有光泽，背面

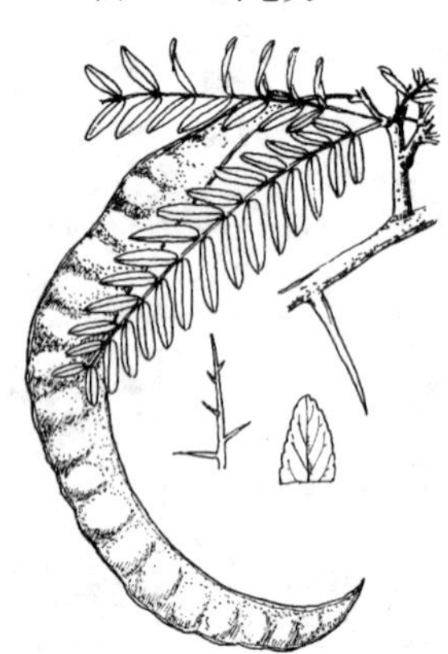

图 514 美国皂荚

中脉有白毛。荚果镰形或扭曲，长30～45cm，褐色，疏生灰黄色柔毛。

原产美国；我国上海、南京及新疆等地有栽培。喜深厚、肥沃而排水良好的土壤；寿命长。秋叶黄色美丽，可栽作园林观赏树、庭荫树及四旁绿化树种。

有**无刺**'Inermis'、**垂枝**'Pendula'、**金叶**'Sunburst'（幼叶金黄色，后渐变绿色）、**红叶**'Rubrifolia'（幼叶暗红色，后渐变青铜绿色）、**矮生**'Nana'等品种。

【肥皂荚属 ***Gymnocladus***】约5种，产北美洲和亚洲东部；中国1种，引入栽培1种。

(834) **肥皂荚**

Gymnocladus chinensis Baill.

〔Chinese Coffee Tree〕

落叶乔木，高达25m；无刺，叶柄内芽。二回羽状复叶互生，羽片3～5对，小叶10～12对，卵状椭圆形，长1.5～4cm，先端钝圆或微凹，基部歪斜，全缘。花淡紫色，雄蕊5长5短；顶生总状花序。荚果长椭圆形，长7～12cm，肥厚肉质。

产我国长江以南地区。喜光，喜温暖气候及肥沃土壤；生长较快。可栽作庭荫树。种子可榨油供工业用；荚果富含皂素，可作洗涤用，又可药用。

图515 肥皂荚

(835) **美国肥皂荚**

Gymnocladus dioicus K. Koch

〔Kentucky Coffee Tree，Soap Tree〕

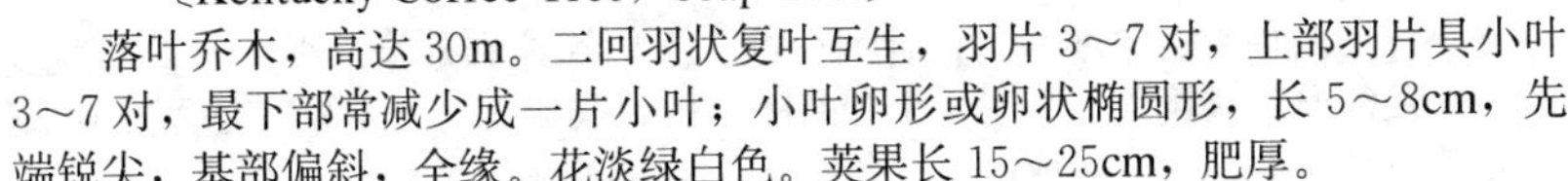

落叶乔木，高达30m。二回羽状复叶互生，羽片3～7对，上部羽片具小叶3～7对，最下部常减少成一片小叶；小叶卵形或卵状椭圆形，长5～8cm，先端锐尖，基部偏斜，全缘。花淡绿白色。荚果长15～25cm，肥厚。

原产加拿大东南部及美国东北部至中部。我国杭州、南京、北京、青岛、泰安等地有引种栽培。可作园林观赏树及庭荫树。种子炒熟可代咖啡；果肉富含皂素，可作洗涤用，又可药用。**斑叶美国肥皂荚'Variegata'**叶有浅黄色斑。

【罗望子属 ***Tamarindus***】1种，产亚洲；中国有栽培。

(836) **罗望子**（酸豆）

Tamarindus indica L.

〔Tamarind Tree〕

常绿乔木，高达25m，树冠广展。偶数羽状复叶互生，小叶7～20对，矩圆形，长1～2.4cm，先端圆或微凹，基部偏斜（一侧常有一角），全缘，无毛。花淡黄绿色，花瓣3(－5)，发育雄蕊3，花丝中下部合生；成少花的总状或圆锥花序。荚果肥厚，肉质，长达15cm，无毛。花期5～6月；果期11月。

原产亚洲南部，早年传入热带非洲，现热带地区广为栽培。我国云南及两广南部常有栽培或

图516 罗望子

野生。播种或高压繁殖。荚果成熟时味酸适口，可作调料，并能消食、清热解暑。也可栽作庭荫树。

【缅茄属 *Afzelia*】约 14 种，产非洲及亚洲热带；中国引入栽培 1 种。

(837) **缅　茄**

Afzelia xylocarpa (Kurz) Craib

常绿乔木，高达 25(40)m。偶数羽状复叶互生，小叶 3～5 对，卵状椭圆形，长 4～8cm，先端圆或微凹，基部圆形，背面微有白粉，无毛；小叶柄粗。花萼管状 4 裂，花瓣 1，具爪，淡紫色，雄蕊 7；顶生圆锥花序，有毛。荚果扁长圆形，长 10～17cm，木质，黑褐色；种子有角质种柄。花期 4～5 月；果期 11～12 月。

图 517　缅　茄

原产缅甸、越南及泰国；华南及云南有栽培。树形美观，冠大荫浓，是优良的园林绿化树种。种柄坚如象牙，供雕刻用。

【墨水树属 *Haematoxylum*】3 种，产热带美洲和非洲；中国引入栽培 1 种。

(838) **墨水树**

Haematoxylum campechianum L. 〔Logwood, Bloedwood Tree〕

落叶小乔木，高达 8m；枝常具刺。偶数羽状复叶互生，小叶 4～8，倒心状三角形，长 1.5～2.5cm，先端凹，亮绿色。花小，金黄色，近整齐；成密花的腋生总状花序，长达 11cm。荚果扁，披针状长椭圆形，长达 5cm。花期春至夏初；果期夏至秋季。

原产墨西哥及西印度群岛；我国台湾、深圳等地有栽培。喜光，喜高温多湿气候及深厚肥沃壤土，不耐干旱和寒冷。枝叶扶疏，叶色亮绿，花金黄美丽；在暖地可植于庭园观赏，或栽作绿篱。因木材的心材含紫红色的色素，可制蓝墨水而得名。

【仪花属 *Lysidice*】2 种，产中国及越南；中国均产。

(839) **短萼仪花**

Lysidice brevicalyx Wei

常绿乔木，高达 20m。偶数羽状复叶互生，小叶 3～5 对，长椭圆形，长 6～12cm，先端钝或短尾状尖，基部广楔形。苞片、小苞片白色；花萼筒长 5～9mm，萼裂片 4，比萼筒长；花瓣 5，3 片大，倒卵形，具长爪，紫色，2 片退化；发育雄蕊 2，退化雄蕊 5～8；圆锥花序顶生，长 13～20cm。荚果扁，长圆形，长 15～26cm，宽 3.5～5cm；种子边缘增厚成一圈窄边。花期 4～5 月。

产两广南部及贵州西南部和云南东南部。体态雄伟，叶色亮绿，春季开红白相间而丰盛的花朵，颇为美丽壮观。在暖地可用作行道树

图 518　短萼仪花

及庭园观赏树。

〔附〕**仪花** *L. rhodostegia* Hance　与短萼仪花的主要区别是：灌木或小乔木；苞片、小苞片粉红色，萼筒长 1.2～1.5cm，长于萼裂片；种子边缘不增厚，无窄边。产中国和越南，国内分布大致与前者相同。花美丽，是良好的园林绿化树种。

【扁轴木属 *Parkinsonia*】约 10 种，产热带美洲及南非；中国引入栽培 1 种。

(840) **扁轴木**

Parkinsonia aculeata L.

〔Jerusalem Thorn〕

图 519　扁轴木

灌木或小乔木，高达 6m；小枝绿色，具长坚刺。二回羽状复叶互生，叶轴极短，羽片2～4，簇生状，长 15～30(40)cm，羽片轴扁；小叶细小，10～25 对，远离，线形至倒卵形，长 2～9mm，早落。花黄色，花瓣 5，长达 1.5cm；成腋生松散的总状花序。荚果细长，长达 15cm，种子间稍缢缩。

原产墨西哥，世界热带地区广为栽培；我国海南等地有引种。喜光，耐干热；生长快。花黄色美丽而芳香，在暖地可栽培观赏或作绿篱。

【盾柱木属 *Peltophorum*】约 10 种，产亚洲东南部及大洋洲；中国 1 种，引入栽培 1 种。

(841) **盾柱木**（双翼豆）

Peltophorum pterocarpum（DC.）Baker ex K. Heyne

〔Yellow Poinciana，Yellow Flame Tree〕

落叶乔木，高 10～18m；干皮灰色光滑。嫩枝及花序梗均被锈色绒毛。二回偶数羽状复叶互生，羽片 4～12(15)对，每羽片有小叶 10～20(40)对，小叶长圆形，长 8～18mm，侧脉 10～12 对，先端钝或微凹，基部不对称，背面被锈色绒毛。花黄色，径约 2.7cm，花瓣边缘波状，柱头盾状，芳香；顶生圆锥花序，长达 30～45cm。荚果扁平，长达 9cm，宽 1.5～2cm，红褐色，两边有翅。花期 7～8 月；果期 9～11 月。

产热带亚洲、热带美洲及澳大利亚北部；我国广州、海南、香港及台湾有栽培。喜光，喜暖热湿润气候及沙质壤土。树姿雄伟，树干通直，枝叶青翠，花色金黄，红果久挂枝头。在暖地可栽作园林风景树、庭荫树及行道树。树皮可提取黄色染料。

〔附〕**银珠** *P. tonkinense*（Pierre）Gagnep.　与盾柱木的主要区别：小叶侧脉约为 18 对；花黄色，总状花序；荚果宽 2.5～3cm。花期 3～6 月。产我国海南；越南、泰国、菲律宾及印尼也有分布。冠大荫浓，花金黄美丽而芳香；目前在华南已选作园林绿化树种。

【凤凰木属 *Delonix*】3 种，产东半球热带地区；中国引入栽培 1 种。

(842) **凤凰木**

Delonix regia（Boj. ex Hook.）Raf.

〔Royal Poinciana，Flamboyant，Peacockflower〕

落叶乔木，高达 20m；树冠开展。二回偶数羽状复叶互生，羽片 10～20 对，对生；小叶 20～40 对，长椭圆形，长5～8mm，宽 2.5～3mm，端钝圆，基歪斜，两面有毛。花大，花瓣 5，鲜红色，有长爪；总状花序伞房状；5～8 月开花。荚果带状，木质，长30～50cm。

图 520　凤凰木

原产非洲马达加斯加（是该国的国花）；现广泛栽培于世界热带各地。华南及滇南有栽培。喜光，为热带树种，很不耐寒，要求排水良好的土壤；生长快，根系发达，抗风力强，且抗空气污染。播种繁殖，移栽易活。枝叶茂密，树冠伞形开展，花大色艳，开放时满树红花，如火如荼，极为美观，是热带地区优美的庭园观赏树及行道树。有**金花**‘Flavida’（花金黄色）、**橙花**‘Orange Fire’（花亮橙色）等品种。

【苏木属（云实属）***Caesalpinia***】约 100 种，产热带和亚热带；中国 17 种，引入栽培 1 种。

（843）**金凤花**（洋金凤，红蝴蝶）

Caesalpinia pulcherrima（L.）Sw.

〔Flower-fence，Dwarf Poinciana〕

落叶灌木或小乔木，高达 5m。二回偶数羽状复叶互生，羽片 4～10 对，对生；小叶5～12 对，椭圆形，长 1～2.7cm，宽 0.7～1.4cm。花大，花瓣橙红色，常有黄边，具爪，花丝长而红色，高出花冠 2～3 倍；顶生伞房状总状花序。荚果扁条形，含种子 6～9。花期 8 月。

图 521　金凤花

原产热带美洲；世界热带地区广为栽培。喜光，喜排水良好、适度湿润而富含腐殖质的沙质壤土，不耐寒，对风及空气污染抵抗力差。播种或扦插繁殖。是热带地区著名的观花树种，华南园林中有栽培。有**黄花**‘Flava’（‘黄蝴蝶’，花鲜黄色）、**紫花**‘Rosea’（‘紫蝴蝶’，花玫瑰紫红色，黄边）等品种。

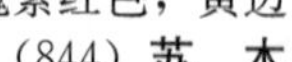

（844）**苏　木**

Caesalpinia sappan L.

常绿小乔木，高 4～10m；枝有疏刺。二回羽状复叶互生，羽片 7～14 对，小叶 10～19 对，长圆形至长圆状菱形，长 1～2cm，先端微缺，基部歪斜，两面有微毛，背面有腺点。花黄色；圆锥花序顶生。荚果木质，含种子 3～5。花期 5～7 月。

产我国云南及印度、缅甸、越南和马来西亚；华南、西南和台湾有栽培。喜光，耐干旱。可作南方干旱地区造林树种。花黄色美丽，可植于庭园观赏。

(845) **云　实**

Caesalpinia decapetala (Roth) Alston

(*C. sepiaria* Roxb.)

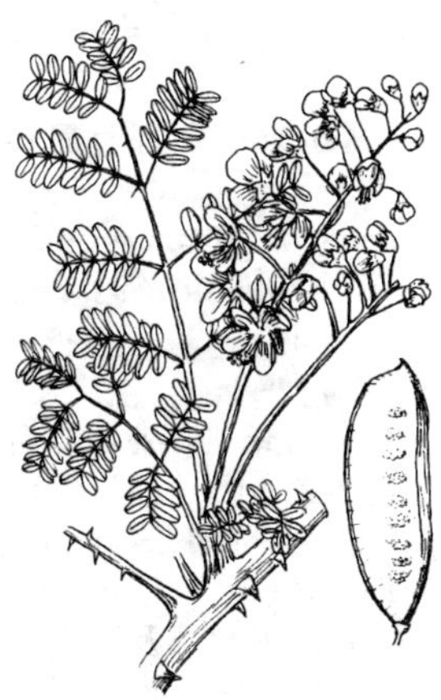

图 522　云　实

落叶攀援灌木；茎枝密生钩刺。二回偶数羽状复叶互生，羽片 3～8 对；小叶6～12 对，长椭圆形，长 1～2.5cm，两端圆。花黄色，成顶生圆锥花序。荚果长椭圆形，木质，扁平，一边有窄翅。花期 5 月；果期 8～9 月。

主产长江流域及其以南地区。喜光，适应性强。茎枝多刺，黄花繁多而美丽，常栽作篱垣观赏，并有较强的护卫作用。茎、根、果均可药用。

【无忧花属 ***Saraca***】20～25 种，产亚洲热带；中国 2 种。

(846) **中国无忧花**（无忧花）

Saraca dives Pierre

(*S. chinensis* Merr. et Chun)

图 523　中国无忧花

常绿乔木，高达 20～25m。偶数羽状复叶互生，小叶 4～7 对，长椭圆形，长 15～35cm，全缘，硬革质；嫩紫叶红色，下垂。花无花瓣，花萼管状，端 4(5)裂，花瓣状，长 1～1.2cm，橘红色至黄色，雄蕊 8～10，花丝细长突出；小苞片花瓣状，长 1～3cm，红色；由伞房花序组成顶生圆锥花序。荚果长圆形，扁平或略肿胀。花期 4～5 月；果期 7～10 月。

产亚洲热带地区，我国云南东南部和广西有分布。花序大而紧密，盛开时如一团团火焰，花期长，是暖地优良的观花树种。在华南地区常栽作庭园观赏树和行道树。

【格木属 ***Erythrophleum***】约 15 种，产东半球热带和亚热带；中国 1 种。

(847) **格　木**

Erythrophleum fordii Oliv.

图 524　格　木

常绿乔木，高达 25m，树冠广伞形；树皮不裂至微纵裂；小枝被锈色毛。二回羽状复叶互生，羽片 2～3 对，每羽片具小叶 9～13；小叶互生，卵形，长 3.5～9cm，全缘，革质，无毛。花小而密，白色；成狭圆柱形复总状花序。荚果带状，扁平，长 10～18cm。

产我国东南及华南地区；越南也有分布。喜光，喜温暖湿润气候，不耐寒，在肥沃、深厚而湿润土壤上生长迅速。播种繁殖。树姿雄伟，苍绿浓荫，为优良园林风景和造林绿化树种。材质坚硬，褐黑色，有“铁木”之称，是著名硬木之一。

【翅荚木属（任豆属）*Zenia*】1种，产中国、越南和泰国。

(848) **翅荚木**（任豆）

Zenia insignis Chun

落叶乔木，高达20～40m。羽状复叶互生，小叶9～11，互生，长圆状披针形，长6～10cm，先端尖，背面有白柔毛。花瓣5，红色，发育雄蕊4(5)；复聚伞花序顶生。荚果扁平，长椭圆形，长10～15cm，腹缝具宽翅，红棕色。花期5月；果期7～9月。

图525 翅荚木

产我国南部及西南部；越南和泰国也有分布。喜光，稍耐干旱，但在肥沃湿润的土壤上生长良好；萌芽性强，侧根发达，生长快，病虫害少。冠大荫浓，花鲜红美丽，在暖地可栽作用材树及庭荫树、行道树。广州有栽培。

76. 蝶形花科 Fabaceae

【槐树属 ***Sophora***】约80种，产世界温带至亚热带；中国23种。

(849) **槐　树**（国槐）

Sophora japonica L. 〔Japanese Pagoda Tree，Chinese Scholar Tree〕

落叶乔木，高达25m；树皮灰黑色，浅裂，小枝绿色。奇数羽状复叶互生，小叶7～17，对生或近对生，卵状椭圆形，长2.5～5cm，全缘。花冠蝶形，黄白色，雄蕊10，离生；顶生圆锥花序；7～8月开花。荚果在种子间缢缩成念珠状。

产我国北部，自东北沈阳以南至华南、西南各地均有栽培，在黄土高原及华北平原最为普遍；日本、朝鲜也有分布。喜光，耐寒，适生于肥沃、湿润而排水良好的土壤，在石灰性及轻盐碱土上也能正常生长；深根性，寿命长，耐强修剪，移栽易活；对烟尘及有害气体抗性较强。树冠宽广，枝叶茂密，寿命长，为良好的庭荫树及行道树种。花及种子等可药用。常见变种及栽培变种如下：

图526 槐　树

①**龙爪槐 'Pendula'** 枝条扭转下垂，树冠伞形，颇为美观。常于庭园门旁对植或路边列植观赏。繁殖常以槐树作砧木进行高干嫁接。

②**曲枝槐 'Tortuosa'** 枝条扭曲。

③**金枝槐 'Chrysoclada'** 秋季小枝变为金黄色。我国1998年从韩国引入

栽培。

④**金叶槐‘Chrysophylla’** 嫩叶黄色，后渐变为黄绿色。

⑤**畸叶槐**（蝶蝶槐，五叶槐）**‘Oligophylla’** 小叶5～7，常簇集在一起，大小和形状均不整齐，有时3裂。北京、河北、河南等地有栽培。生长势较弱，嫁接繁殖。

⑥**紫花槐**（堇花槐）**‘Violacea’** 花期甚晚，翼瓣及龙骨瓣玫瑰紫色。

⑦**毛叶紫花槐** var. ***pubescens*** Bosse 小枝、叶轴及叶背面密被软毛；花之翼瓣及龙骨瓣边缘带紫色。产华东、华中及西南地区；北京有栽培。

(850) **白刺花**（马蹄针）

Sophora davidii（Franch.）Skeels

（*S. viciifolia* Hance）

落叶灌木，多分枝，高达2.5m；枝具长针刺，小枝有毛。羽状复叶互生，小叶13～19，长椭圆形，长6～10mm，先端钝并具小尖头。花白色或染淡蓝紫色，长1.6～2cm，花丝离生；6～12朵成总状花序。荚果串珠状，长2.5～6cm，顶端长喙状。花期5月；果期8～10月。

图527 白刺花

产华北、西北、华中至西南各省区。喜光，耐寒，耐干旱瘠薄。是良好的水土保持及绿篱树种。

【刺槐属 ***Robinia***】约20种，产北美；中国引入栽培2种。

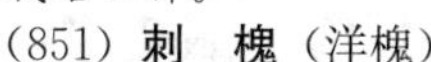

(851) **刺 槐**（洋槐）

Robinia pseudoacacia L. 〔False Acacia，Black Locust〕

落叶乔木，高达25m；干皮深纵裂。枝具托叶刺，冬芽藏于叶痕内。羽状复叶互生，小叶7～19，椭圆形，长2～5cm，全缘，先端微凹并有小刺尖。花白色，芳香；成下垂总状花序；4～5月开花。荚果扁平，条状。

原产美国中部和东部。17世纪引入欧洲，20世纪初从欧洲引入我国青岛，现我国南北各地普遍栽培，华北地区生长最好。喜光，耐干旱瘠薄，对土壤适应性强；浅根性，萌蘖性强，生长快。可作庭荫树、行道树、防护林及城乡绿化先锋树种，也是重要速生用材树种。常见有下列栽培变种：

①**无刺槐‘Inermis’** 枝条无刺或近无刺。树形较原种整齐美观，宜作行道树用。

②**球冠无刺槐‘Umbraculifera’** 树体较小，树冠紧密整齐，近圆球形；分枝细密，近无刺；叶黄绿色。萌蘖较少，用根或枝扦插繁殖，耐修剪。宜作庭园观赏树及园路树。青岛、

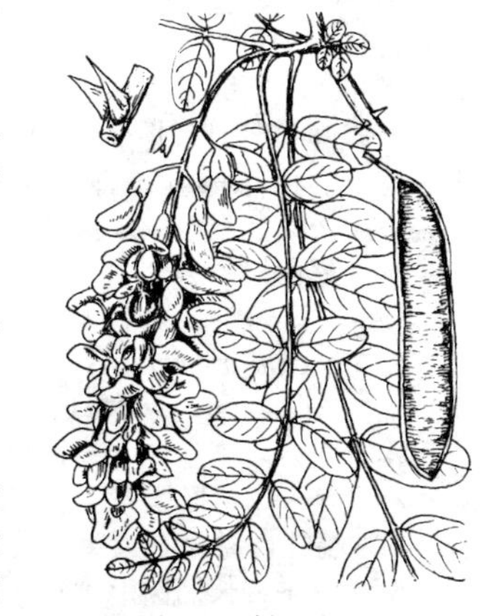

图528 刺 槐

太原、北京、大连等地有栽培。

③**曲枝刺槐‘Tortuosa’** 枝条明显扭曲。北京、大连、沈阳有栽培。

④**金叶刺槐‘Frisia’**（‘Aurea’） 幼叶金黄色，夏叶绿黄色，秋叶橙黄色。北京、大连有栽培。

⑤**红花刺槐‘Decaisneana’**（*R.* × *ambigua* ‘Decaisneana’） 花亮玫瑰红色，较刺槐美丽，是杂种起源。我国各地常见栽培。

⑥**香花槐‘Idaho’**（*R.* × *ambigua* ‘Idahoensis’） 高 8～10m，枝有少量刺；花紫红至深粉红色，芳香；不结种子。1996 年从朝鲜引入中国，在南北各地栽培表现良好。耐干旱瘠薄，生长快，适应性强；扦插或嫁接（用刺槐作砧木）繁殖。花大色艳，有芳香，花期长。在我国南方春至秋季连续开花；在北方 5 月（20 天）和 7～8 月（40 天）开花两次。是很好的园林观赏树种。

(852) **毛刺槐**（毛洋槐，江南槐）

Robinia hispida L.

〔Rose Acacia，Moss Locust〕

落叶灌木；茎、枝、叶柄及花序均密生红色长刺毛。羽状复叶互生，小叶 7～13，椭圆形至近圆形，无毛。花粉红色或淡紫色，大而美丽；6～7 月开花。很少结果。

原产美国东南部。我国北方园林中常见栽培观赏。耐寒，耐瘠薄土壤，萌蘖性强。可高接在刺槐上成小乔木状。

图 529 毛刺槐

【马鞍树属 ***Maackia***】10～12 种，产亚洲东部；中国 8 种。

(853) **朝鲜槐**（怀槐）

Maackia amurensis Rupr. et Maxim.

落叶乔木，高达 25m；树皮薄片状裂，枝无顶芽。羽状复叶互生，小叶 7～11，对生，卵形至倒卵状矩圆形，长 3.5～8cm，先端钝或钝尖，背面幼时有长柔毛。花白色，雄蕊 10，花丝基部合生；复总状花序；7～8 月开花。荚果扁平，狭长椭圆形，长 3～5cm，沿腹缝线有 1mm 宽的狭翅。

产朝鲜和我国东北小兴安岭、长白山及内蒙古、河北、山东等地。喜光，稍耐荫，耐寒力强，喜肥沃湿润土壤，萌芽性强。在北方可栽作行道树及庭荫树。

(854) **马鞍树**

Maackia hupehensis Takeda

（*M. chinensis* Takeda）

落叶乔木，高达 23m；树皮灰绿色，枝无顶芽。小叶 9～13，椭圆形至卵状椭圆形，长 4～9cm，先端钝，背面有柔毛。花白色，成总状花序。荚果扁平，长椭圆形，长 4～10cm，沿腹缝线有 3～4mm 宽的翅。

图 530 朝鲜槐

产浙江、安徽、江西、湖南、湖北、四川及陕西南部。幼叶银白色，颇美丽，可栽作庭园观赏树。

【花榈木属 *Ormosia*】100～120 种，产世界热带至亚热带；中国 36 种。

(855) **花榈木**（毛叶红豆树）

Ormosia henryi Prain

常绿乔木，高达 13m，树冠圆球形；树皮青灰色，平滑。小枝、芽及叶背均密生褐色绒毛；裸芽叠生。羽状复叶互生，小叶 5～9，倒卵状长椭圆形，长 6～10cm，革质。花黄白色，成圆锥或总状花序。荚果扁平，长 7～11cm；种子鲜红色。花期 7～8 月；果期 10～11 月。

产我国长江以南各省区和越南。播种繁殖。木材花纹美丽，是上等家具用材；种子红色美丽，可作装饰品。也可栽作庭园观赏树。

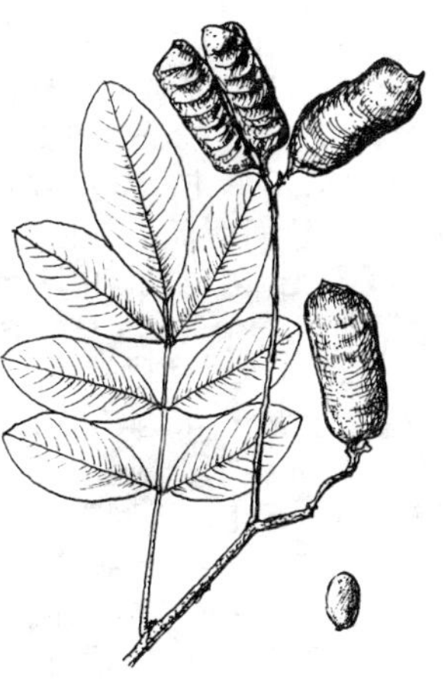

图 531　花榈木

(856) **红豆树**（鄂西红豆树）

Ormosia hosiei Hemsl. et Wils.

常绿乔木，高达 20～30m；小枝绿色，幼时微有毛，后脱落；裸芽。羽状复叶互生，小叶 5～7(9)，卵形至倒卵状椭圆形，长 5～14cm，无毛。花白色或淡红色，成圆锥花序；5 月开花。荚果扁卵圆形，先端尖，果瓣革质而薄；种子 1～2，鲜红色，种脐白色。

主产长江流域，多分布在低海拔地带阔叶林中。喜光，生长速度中等，寿命长，萌芽性强。是珍贵用材树种，木材坚硬、有光泽、花纹美观，是上等工艺雕刻、装饰及镶嵌用材；种子红色美丽，可作装饰品。也可植为庭园观赏树。

图 532　红豆树

(857) **海南红豆**

Ormosia pinnata（Lour.）Merr.

常绿乔木，高达 15(25)m。羽状复叶互生，小叶 7～9，披针形至长圆状披针形，长 10～15cm，薄革质，表面深绿色，有光泽，背面灰绿色；嫩叶红褐色。花黄白色略带粉红色，子房密被绒毛；圆锥花序顶生。荚果稍呈念珠状，端有尾尖，熟时橙黄色；种子红色。花期 7～8 月；果期 11～12 月。

产广东西南部、广西南部及海南；越南和泰国也有分布。喜光，耐半荫，喜暖热湿润气候，不耐干旱；抗大气污染力强。枝叶茂密，树形美观，种子红色，木材优良；为优良行道树及用材树种，我国南方常见栽培。

【香槐属 *Cladrastis*】约 13 种，产东亚和北美；中国 5 种，引入栽培 1 种。

(858) **小花香槐**

Cladrastis sinensis Hemsl. 〔Chinese Yellowwood〕

落叶乔木，高达 25m；裸芽叠生，密被黄白色毛，为叶柄基所包。羽状复叶互生，小叶 9～15，互生，长椭圆状披针形，长 4～10cm，全缘，先端钝，基部圆而对称，背面中脉有浅褐黄色毛，无小托叶。花白色或淡粉红色，长约 1.2cm，雄蕊 10，离生；顶生圆锥花序；7 月开花。荚果无翅也无毛。

产陕西南部、湖北、四川、贵州、云南等地。喜光，在酸性、中性土及石灰岩山地均能生长，耐干旱瘠薄。是良好的绿化及用材树种。

图 533　小花香槐

(859) **香　槐**

Cladrastis wilsonii Takeda

落叶乔木，高达 16m；叶柄下裸芽。小叶 9～11，互生，矩圆形或椭圆状卵形，长 4～12cm，先端尖，基部稍歪斜，背面苍白色，近无毛；无小托叶。花冠长 1.5～2cm；6～7 月开花。荚果密被黄色短柔毛。

产浙江、安徽、江西、湖北、四川东部、陕西南部。喜较阴湿环境，是亚热带酸土树种。木材供家具等用；根供药用。

图 534　翅荚香槐

(860) **翅荚香槐**

Cladrastis platycarpa (Maxim.) Mak.

落叶乔木，高达 16～20m；叶柄下裸芽。小叶 7～9，互生，卵状矩圆形或长椭圆形，长 4～10cm，先端渐尖，基部圆而略偏斜，背面绿色，沿中脉有长柔毛；具芒状小托叶。花白色，长约 1.5cm。荚果两侧有窄翅。

产我国浙江、湖南、广东、广西、贵州等地；日本也有分布。是绿化及用材树种。

〔附〕**黄香槐 *C. lutea*** K. Koch.　高达 20m；小叶 7～11，椭圆形至倒卵状椭圆形，长 7～11cm，顶生小叶最大。花白色，芳香；圆锥花序下垂，长达 45cm。原产美国；武汉植物园有引种栽培。木材可提取黄色染料。秋叶金黄美丽；品种 **'Rosea'** 花玫瑰红色，更具观赏价值。

【黄檀属 ***Dalbergia***】100～130 种，产世界热带和亚热带；中国约 28 种。

图 535　黄　檀

(861) **黄　檀**

Dalbergia hupeana Hance

落叶乔木，高达 20m；树皮长薄片剥落。羽状复叶互生，小叶 7～13，互生，椭圆形，长 3～5.5cm，先端钝圆，近革质。花黄白色或淡紫色，雄蕊二体（5＋5）；顶生圆锥花序；5～6 月开花。荚果带形，种子 1～3。

产长江流域及其以南地区。喜光，耐干旱瘠薄，在酸性、中性及石灰性土上均能生长。发叶迟，俗称“不知春”。材质坚韧致密，切面光滑美丽，可作各种贵重器材及拉力强的用具（如车轴、滑轮等）。宜作荒山、荒地绿化先锋树种，也可植于园林绿地观赏。

图 536 南岭黄檀

（862）**南岭黄檀**

Dalbergia balansae Prain

落叶乔木，高达 15m。小叶 13～17，互生，长圆形或倒卵状长圆形，长 2～4.5cm，先端圆或微凹，基部圆形，两面有毛。花白色，旗瓣近基部有 2 个小附属体，雄蕊二体（5＋5），子房密被锈色毛；圆锥花序腋生或腋下生。荚果椭圆形，长 6～13cm，常含 1 种子。花期 6～7 月；果期 11～12 月。

产我国中亚热带南部至华南、西南海拔 800m 以下地区；越南也有分布。喜光，喜温暖气候及肥沃湿润土壤；浅根性，侧根发达。播种繁殖。宜栽作城乡绿化及观赏树种。木材坚硬致密，为优良用材树种；又为紫胶虫寄主树。

图 537 降香黄檀

（863）**降香黄檀**（降香）

Dalbergia odorifera T. Chen

半常绿乔木，高 10～15m；干皮暗灰黄色，粗糙。小叶 7～13，互生，卵形至椭圆形，长 4～7cm，先端尖，表面深绿色，背面灰绿色，两面被毛，近革质。花冠淡黄白色，雄蕊 9，单体；复聚伞花序腋生。荚果舌状长圆形，长 5～8cm，种子 1(2)。花期 5～6 月；果期 10～11 月。

产海南；华南主要城市有栽培。喜光，喜暖热气候，耐干旱瘠薄土壤，忌水涝；萌芽力强，生长较慢。心材可代降香供制佛香之用。枝繁叶茂，树形优美，开花繁密而持久，在华南地区可栽作庭荫树及行道树。

图 538 紫 檀

（864）**印度黄檀**

Dalbergia sissoo Roxb. ex DC. 〔Sissoo〕

乔木，高 24～30m；全株有褐色短毛。小叶 3～5，互生，卵形、近圆形或倒心形，长 3.5～7cm，先端突尖，幼时两面有毛。花淡黄白色，雄蕊 9，单体；腋生短圆锥花序。荚果长 4～10cm；种子 1～4。

原产印度和巴基斯坦；我国台湾及华南有栽培。喜光，喜高温多湿气候及排水良好的土壤，耐干旱瘠薄。枝叶茂密，树冠开展，花芳香；在暖地宜作园景树及行道树。

【紫檀属 *Pterocarpus*】约 30 种，产世界热带；中国 1 种。

(865) **紫　檀**（印度紫檀）

Pterocarpus indicus Willd. 〔Burmese Rosewood〕

乔木，高 12～18(30)m；树冠开展。羽状复叶互生，小叶 7～11，互生，卵状椭圆形至长椭圆形，长 7～11(20)cm，先端短尾尖，基部圆形，两面无毛。花冠蝶形，黄色，雄蕊 10，单体，有香味；圆锥花序。荚果扁平，圆形，径 4～6cm，周围有宽翅，中间无突起。花期 4～5 月；果期 8～9 月。

产印度及亚洲东南部，华南和云南南部有分布。喜光，喜暖热多湿气候，耐干旱瘠薄；萌芽力强，生长快，易移植；根系发达，抗风力强，抗污染。大枝扦插易成活。树冠广阔，枝叶茂密，花鲜黄而芳香。在华南常栽作行道树、庭荫树及园林风景树。心材红棕色，坚硬致密，花纹美丽，有玫瑰香味，供制高级家具等用。

【水黄皮属 *Pongamia*】1 种，产亚洲热带至大洋洲；华南有分布。

(866) **水黄皮**

Pongamia pinnata（L.）Pierre

〔Poonga-oil Tree〕

常绿乔木，高达 15m。羽状复叶互生，小叶 5～7，卵状椭圆形，长 6～12cm，先端渐尖，基部圆形或广楔形，全缘；有香味。花紫、粉红或白色，旗瓣圆形，基部两侧耳形；腋生总状花序，长 15～20cm。荚果木质扁平，内含 1 个种子。

产热带亚洲和大洋洲，我国台湾和华南地区有分布。喜光，耐半荫，喜高温多湿，多在水边及海岸生长，不耐寒；生长快，抗风力强。树姿优美，花色艳丽；可作行道树、庭荫树、观赏树，也是良好的护堤、防风林树种。

图 539　水黄皮

【栗豆树属 *Castanospermum*】1 种，产澳大利亚；中国有引种栽培。

(867) **栗豆树**（绿元宝）

Castanospermum australe A. Cunn. et C. Fraser

〔Moreton Bay Chestnut〕

常绿乔木，高达 18m。羽状复叶互生，小叶 5～9，互生，长椭圆状披针形，长 6～10cm，先端渐尖，基部近圆形，全缘，革质，有光泽。花腋生，花冠蝶形，橙黄色；总状花序。荚果长 20～30cm；种子大，椭球形，径 4～5cm，黑色。

原产澳大利亚，热带地区多有栽培。喜光，幼株耐荫，喜暖热湿润气候及肥沃疏松的沙质壤土。树冠开展，枝叶茂密，叶色翠绿，是暖地优良的园林风景树种。幼树常盆栽观赏，其硕大的种子具两个绿色而肥厚的子叶露出土面，十分雅致，被视为盆栽珍品。

【田菁属 *Sesbania*】约 50 种，多为草本，产热带至亚热带；中国 3 种，引入栽培 1 种。

(868) **大花田菁**（木田菁）

Sesbania grandiflora (L.) Pers.

落叶小乔木，高 4～10m。偶数羽状复叶互生，小叶 10～30 对，长椭圆形，长 2～5cm，先端圆钝。花冠肥大，蝶形，长 4～7cm，白色或粉红色，花萼厚；2～4 朵成下垂总状花序。荚果细长下垂，长 20～60cm。花期 8～9 月。

原产亚洲热带、大洋洲及非洲南部；我国台湾、华南和云南有栽培。花大而美丽，宜植于园林绿地或盆栽观赏。

图 540 大花田菁

【紫穗槐属 ***Amorpha***】约 25 种，产北美；中国引入栽培 2 种。

(869) **紫穗槐**

Amorpha fruticosa L. 〔Bastard Indigo〕

落叶灌木，高达 2～4m，常丛生状；小枝密生柔毛，芽常叠生。羽状复叶互生，小叶 11～25，长椭圆形，长 2～4cm，先端圆或微凹，有芒尖。蝶形花花瓣退化仅剩旗瓣，暗紫色，雄蕊 10，单体；顶生穗状花序。荚果短小，仅具一粒种子。

原产北美；20 世纪初引入中国。我国东北长春以南至长江流域各地广泛栽培，以华北平原生长最好。喜光，适应性强，能耐盐碱、水湿、干旱和瘠土；根系发达，具根瘤，能改良土壤；病虫害少，有一定的抗烟及抗污染能力。播种、扦插或分株繁殖。是固沙、护坡及防护林下木的良好树种。枝条可编筐篓等用；叶可作饲料及绿肥。

图 541 紫穗槐

〔附〕**灰毛紫穗槐** ***A. canescens*** Pursh. 灌木，高 1.5m；小叶长 2cm，密被灰色绒毛；花蓝紫色，穗状花序长约 15cm，夏季开花。原产美国；近年北京等地有引种栽培。适应性强，花和叶均有一定观赏性。

【鱼鳔槐属 ***Colutea***】约 28 种，产欧洲南部、亚洲中西部及非洲东北部；中国 2 种，引入栽培 2 种。

(870) **鱼鳔槐**

Colutea arborescens L.

〔Common Bladder-senna〕

落叶灌木，高达 4m；小枝幼时有柔毛。羽状复叶互生，小叶 9～13，椭圆形，长 1.5～3cm，先端微凹或有刺尖，背面有柔毛。花鲜黄色，长 1.6～2cm，旗瓣反卷并具红线纹；3～8 朵成腋生

图 542 鱼鳔槐

总状花序。荚果壁薄而膨胀呈囊状，带红色，长 6～8cm。花期 4～5(6)月；果期 10 月。

原产南欧及北非。我国北京、南京、青岛等地有栽培。花鲜艳美丽，果似鱼鳔也属罕见，宜植于庭园观赏。

〔附〕**红花鱼鳔槐** *C.* × ***media*** Willd. 小叶 11～13，倒卵形，长 1.5～2.5cm，先端圆或微凹，有短刺尖，灰绿色，背面有柔毛；托叶披针形；花红褐色或深橘红色，长约 1.5cm。荚果长 5～7cm，淡紫至红色。是鱼鳔槐与**东方鱼鳔槐**（*C. orientalis* Mill. 花橙红和黄色）的杂交种，起源于 18 世纪末。我国青岛、南京等地有栽培，供观赏。

【木蓝属 ***Indigofera***】700～800 种，产世界温带至热带；中国约 80 种。

(871) **花木蓝**（花蓝槐，吉氏木蓝）

Indigofera kirilowii Maxim. ex Palib.

落叶灌木，高达 1～1.5m。羽状复叶互生，小叶 7～11，卵状椭圆形至倒卵形，长 1.5～3cm，两面疏生白丁字毛。花冠淡紫红色，无毛，长 1.5～2cm；腋生总状花序与复叶近等长（约 12cm）。花期 5～6(7)月；果期 8～9 月。

产东北南部、华北至华东北部地区，多生于灌丛及疏林内；蒙古、朝鲜、日本也有分布。本种枝叶扶疏，花大而美丽，宜植于庭园观赏；也可植作山坡覆盖材料。

图 543 花木蓝

(872) **庭藤木蓝**（庭藤）

Indigofera decora Lindl.

落叶灌木，高 0.5～1m。羽状复叶互生，小叶 7～11(13)，长椭圆状披针形，长 2～5.5cm，仅背面有丁字毛，叶轴上有槽。花淡红紫色，长 1.2～1.5cm，花冠被毛；腋生总状花序直立，较复叶长（12～15cm）。花期 5～6(7)月；果期7～10 月。

产我国东南沿海各省及日本。是美丽的观赏灌木，植于庭园路边或山石旁尤为合适。

栽培变种**白花庭藤 'Alba'** 花白色。

〔附〕**多花木蓝** ***I. amblyantha*** Craib 落叶灌木，高 1～2m。羽状复叶，小叶 7～11。花小，粉红色，长 6～7mm；总状花序直立；5～7 月连续开花。产我国长江流域及西南地区。喜光，喜温暖，要求排水良好的土壤，耐寒性较强。花美丽，花期长，可植于庭园观赏。

图 544 庭藤木蓝

【鹰爪豆属 ***Spartium***】1 种，产地中海地区；中国有栽培。

(873) **鹰爪豆**

Spartium junceum L. 〔Spanish Broom〕

落叶丛生灌木，高达 3m；枝条绿色。叶退化成 1 片小叶，互生，倒披针形至线形，长约 2.5cm。花蝶形，金黄色，长 2.5～3cm，芳香；顶生总状花序，长达 45cm。荚果扁条形，长达 7.5cm，茶褐色。花期初夏至初秋。

原产地中海地区；我国有栽培。喜光，耐瘠薄土壤。播种或扦插繁殖，易于栽培。花色鲜美，各地常栽培观赏。

【锦鸡儿属 *Caragana*】落叶灌木或小乔木；偶数羽状复叶互生，叶轴端成刺尖，常具托叶刺；花黄色或橙红色；荚果细长。约 100 种，产亚洲及欧洲，多生于干旱和半干旱地区；中国约 60 种。

图 545　锦鸡儿

(874) **锦鸡儿**

Caragana sinica (Buc'hoz) Rehd.

〔Chinese Peashrub〕

灌木，高达 2m；小枝有角棱，长枝上的托叶及叶轴硬化成针刺。偶数羽状复叶互生，小叶 4，成远离之两对，长倒卵形，长 1.5～3.5cm，先端圆或微凹，基部楔形。花单生，橙黄色，旗瓣狭倒卵形，翼瓣稍长于旗瓣。花期 4～5 月；果期 7～8 月。

我国华北、华东、华中及西南地区均有分布。喜光，喜温暖，耐干旱。播种、分株或扦插繁殖。可作观花刺篱、盆景及岩石园材料。花及根皮供药用。

〔附〕**乌苏里锦鸡儿** ***C. ussuriensis*** (Regel) Pojark.　与锦鸡儿的区别：4 小叶近等大；花萼长 6～8mm，花嫩黄色。花期 6 月。产黑龙江东南部及俄罗斯乌苏里江流域。喜光，耐寒，适应性强。可作花篱，哈尔滨等地有栽培。

图 546　红花锦鸡儿

(875) **红花锦鸡儿**（金雀儿）

Caragana rosea Turcz. ex Maxim.

高达 1～2m；小枝细长，有棱；长枝上托叶刺宿存，叶轴刺脱落或宿存。羽状复叶互生，小叶 4，呈掌状排列，楔状倒卵形，长 1～2.5cm，先端圆或微凹，具短刺尖，背面无毛或沿脉疏生柔毛。花单生，橙黄带红色，谢时变紫红色，旗瓣狭长，萼筒常带紫色。花期 5～6 月；果期 6～7 月。

主产我国北部及东北部；多生于山坡或灌丛中。喜光，耐寒，耐干旱瘠薄。可植于庭园观赏。

(876) **树锦鸡儿**

Caragana sibirica Fabr.（*C. arborescens* Lam.）

〔Siberian Peashrub, Pea-tree〕

灌木或小乔木，高 2～5(7)m；树皮平滑，灰绿色，枝具托叶刺。羽状复叶互生，小叶 8～14，倒卵形至长椭圆形，长 1～2.5cm，先端钝圆而具小尖头，基部圆形，幼时两面有毛，后脱落，叶轴端成短针刺。花黄色，花梗较萼长 2 倍以上，常 2～5 朵簇生；5～6 月开花。荚果圆筒形。

产我国东北、内蒙古东北部、华北及西北地区，多生于灌丛、林内和砾石沙地；俄罗斯西伯利亚地区也有分布。宜植于庭园观赏或栽作绿篱。

有垂枝‘Pendula’、矮生‘Nana’（高不及 1m，丛生）等品种。

图 547　树锦鸡儿

(877) **小叶锦鸡儿**

Caragana microphylla Lam.

高达 1～3m，多分枝；托叶在长枝上硬化成刺，叶轴不硬化成刺而脱落。小叶 10～18（20），倒卵状椭圆形，长 3～10mm，先端圆或微凹，有短刺尖，幼时两面有毛。花黄色，长约 2.5cm，旗瓣先端凹，子房无毛，花梗与花萼近等长。荚果圆筒形，稍扁，长 4～5cm，无毛。

产华北、内蒙古及西北地区，多生于丘陵坡地和沙丘。喜光，耐寒，极耐干旱瘠薄；根系发达，萌芽力很强。是我国北方固沙保土的好树种。

图 548　小叶锦鸡儿

(878) **北京锦鸡儿**

Caragana pekinensis Kom.

高达 2m；托叶成刺状。小叶 12～16，倒卵状椭圆形，长 5～12mm，宽 5～7mm，先端圆钝而有小尖头，基部楔形，两面密生灰白色柔毛，叶轴脱落。花黄色，单生或两朵并生，子房有毛，花梗长 6～16mm；5 月开花。荚果扁，密生柔毛。

产华北地区，北京郊区山上常见。

(879) **柠　条**（毛条）

Caragana korshinskii Kom.

灌木或小乔木，高达 5m。幼枝密被银白色绢毛，长枝的托叶成刺状。小叶 12～16，长圆状倒披针形，长 1～1.3cm，先端急尖，两面密生白色绢毛。花淡黄色，长约 2.5cm，子房有毛，单生叶腋。荚果长 3～4cm，红褐色。花期 5 月；果期6～7 月。

产我国西北地区沙地。喜光，抗旱，耐寒；根系发达，萌蘖性强；发芽早，落叶迟。为荒漠、半荒漠及干旱草原地带防风固沙、水土保持的重要树种；也可栽作绿篱。

图 549　北京锦鸡儿

(880) **鬼箭锦鸡儿**

Caragana jubata (Pall.) Poir.

高 0.5～1(2)m，多分枝。小叶 8～12，长椭圆形，长 1～1.5cm，先端渐尖，基部楔形，两面疏生长柔毛，叶轴木质化成长刺。花单生，花萼红褐色，被长柔毛；花冠粉红色带褐色条纹，或黄白色。荚果长椭圆形，长 2～3cm，密被丝状长柔毛。花期 6～7(8)月；果期 8～9 月。

产内蒙古、河北、山西、宁夏、青海、新疆等地；俄罗斯也有分布。喜光，耐寒，耐干旱瘠薄土壤，适应性强。是产区防风固沙和水土保持的重要树种之一。花果皆有一定观赏价值，在园林中宜作栽作刺篱或作布置岩石园的材料；也可制作盆景观赏。

图 550　柠　条

(881) **金雀梅**

Caragana frutex (L.) C. Koch.

〔Russian Peashrub〕

灌木，高达 3m。小叶 1～2 对，紧挨呈掌状排列，倒卵形，长 2～3cm，先端钝，暗绿色，叶轴常宿存。花冠亮黄色，长约 2.5cm；1～3 朵腋生；春天开花。荚果长约 6cm。

主产土耳其斯坦至西伯利亚地区，我国新疆、宁夏北部、河北、山东有分布。花美丽，可植于庭园观赏。

【金雀花属 *Cytisus*】约 50 种，产欧洲、西亚及北非；中国引入 2 种。

(882) **金雀花**

Cytisus scoparius (L.) Link 〔Scotch Broom〕

落叶或半常绿灌木，高 2～3m。枝细长，端下垂；小枝绿色，有棱。三出复叶互生，花枝上的侧生小叶常退化。花蝶形，黄色，长 1.6～1.8cm，单生；5～6 月开花。

原产地中海地区；我国有栽培。喜光，喜排水良好的酸性土壤；能耐 −20℃的低温。常于庭园栽培观赏。

栽培变种**二色金雀花‘Andreanus’** 旗瓣黄色，翼瓣红色，甚美丽。19 世纪末在法国发现后迅速推广，并将其与原种杂交育出许多园艺品种，花色从近白色至深红色都有。

【盐豆木属 *Halimodendron*】1 种，产亚洲中西部；中国有分布。

(883) **盐豆木**（铃铛刺）

Halimodendron halodendron (Pall.) Voss〔Salt Tree〕

落叶灌木，高 1～2m；小枝有白粉。偶数羽状复叶互生，小叶 2～4，倒卵状披针形，长 2～3cm，先端圆或近截形，有小尖头，基部楔形，

图 551　盐豆木

两面有灰色长绒毛；叶轴刺化并宿存。花蝶形，长约2cm，淡红紫色；2～4朵簇生或总状；5～7月开花。荚果肿胀而革质，倒卵形至长椭圆形，长1.5～2.5cm。

产俄罗斯中亚部分及我国新疆、内蒙古等地。常生于干燥沙地及盐渍土上。可用作固沙及改良盐碱土树种。花美丽，果似铃铛，可于庭园栽培观赏或作刺篱。

图 552 骆驼刺

【骆驼刺属 ***Alhagi***】5种，产亚洲西部至地中海地区；中国1种。

（884）**骆驼刺**

Alhagi sparsifolia Shap.

（*A. pseudalhagi* Desv.）

半灌木，高40～50cm。茎绿色，多分枝，无毛，具枝刺；刺长1～3.5cm，不分枝。单叶互生，卵形至倒卵形，长1～1.5cm，全缘，先端具刺尖，两面贴生柔毛。花小，淡紫色；总状花序。荚果念珠状，不开裂。

产我国西北地区及蒙古、俄罗斯。根系发达，萌蘖性强，极耐干旱。可作固沙、护堤、护沟和绿篱树种；也是荒漠地区骆驼的优质饲料。

图 553 沙冬青

【沙冬青属 ***Ammopiptanthus***】2种，产亚洲中部；中国均有分布。

（885）**沙冬青**

Ammopiptanthus mongolicus

（Maxim. ex Kom.）Cheng f.

常绿多分枝灌木，高1～2m；幼枝密被灰白色绒毛。三出复叶或单叶互生，叶卵状椭圆形，长2～4cm，先端钝或微凹，全缘，两面密被银白色短绒毛；托叶小，与叶柄合生抱茎。花蝶形，黄色；顶生总状花序。荚果长椭圆形，长5～8cm。花期4月；果期5月。

产我国内蒙古西部、甘肃及宁夏；蒙古南部也有分布。常生于沙质和砾质荒漠，耐旱性极强。是西北地区难得的常绿阔叶灌木，且花黄色美丽，可栽培观赏。叶对羊有毒。

【岩黄蓍属 ***Hedysarum***】约150种，主产北温带；中国约40种（灌木5种）。

（886）**花　棒**

Hedysarum scoparium Fisch. et Mey.

落叶多分枝灌木，高1～5m；小枝绿色羽状复叶互生，小叶7～11，披针形，长1～3cm，全缘；植株上部叶的小叶常退化，仅存绿色叶轴。

图 554 花　棒

花紫红色，成腋生总状花序。花期5～10月，盛花期8～9月；果期8～10月。

产我国西北地区；蒙古及俄罗斯也有分布。多生于流动或固定沙丘，极耐干旱，根系发达。是干旱沙漠造林前期树种。花美丽而繁多，花期长，也是很好的蜜源兼观赏植物。

【金链花属 ***Laburnum***】2种，产欧洲、北非及西亚；中国引入栽培1种。

(887) **金链花**（毒豆）

Laburnum anagyroides Medic. 〔Golden Chain〕

落叶灌木或小乔木，高达6～9m；小枝绿色，被平伏柔毛。三出复叶互生，小叶卵状椭圆形至椭圆状倒卵形，长2～8cm，先端钝，具小尖头，全缘，背面有毛。花金黄色，蝶形，长2.5cm，花丝合生成筒状，花萼二唇形；成顶生细长下垂之总状花序，形似金项链；4～5月开花。荚果有毛。

原产欧洲中南部。我国陕西武功等地有栽培。喜光，喜深厚湿润而排水良好的钙质土，宜栽于冬暖夏凉之地。花美丽，在欧美庭园中常栽培观赏，并有许多品种。种子有毒，荚果嫩时也有毒，需要注意。

【胡枝子属 ***Lespedeza***】60余种，产北美、欧亚大陆及大洋洲；中国26种。

(888) **胡枝子**

Lespedeza bicolor Turcz.

落叶灌木，高1～3m，常丛生状。三出复叶互生，有长柄，小叶卵状椭圆形，长1.5～7cm，先端钝圆并具小刺尖，两面疏生平伏毛或近无毛。花淡紫色，长1.2～1.7cm，花梗在花萼下无关节，每2朵生于苞腋；腋生总状花序。花期7～9月；果期9～10月。

产我国东北、内蒙古、华北至长江以南广大地区；俄罗斯、朝鲜、日本也有分布。喜光，耐半荫，耐寒（－25℃），耐干旱瘠薄土壤，适应性强。播种或分株繁殖。宜作水土保持及防护林下层树种。花美丽，也可植于庭园观赏。

图555　胡枝子

(889) **美丽胡枝子**

Lespedeza formosa (Vog.) Koehne

落叶灌木。三出复叶互生，小叶椭圆形至倒卵形，长3～5cm，先端常微凹。花紫红色，旗瓣短于龙骨瓣，花萼4裂过半，上裂片又2浅裂；腋生总状花序，盛开时较复叶长。

产我国中部至东南部地区；朝鲜、日本及印度也有分布。花美丽，可于庭园栽培观赏。

(890) **多花胡枝子**

Lespedeza floribunda Bunge

落叶小灌木，高0.6～1m。三出复叶互生，小叶倒卵状长椭圆形，长1～2.5cm，背面有白柔毛。花小，紫红色，长约8mm，萼片披针形，长不及花冠之半。花期8～9月；果期9～10月。

产辽宁、华北、西北至长江流域各地。适应性强，耐寒，耐旱。是良好的水土保持及改良土壤树种。紫花虽小但繁多，植于庭园颇具野趣。

(891) **中华垂花胡枝子**

Lespedeza thunbergii（DC.）Nakai ssp. ***cathayana*** Hsu et al.

（*L. penduliflora* ssp. *cathayana* Hsu et al.）

落叶灌木，高 1～2m；枝细长。三出复叶互生，小叶长椭圆形，长 3～5cm，两端尖，幼叶背面及叶柄有毛。花深粉红色，长 1.5～1.8cm，花萼裂片长尖；总状花序长而下垂；8～9 月开花。

原种产日本和中国，亚种产江苏和浙江。姿态优美，花繁多而美丽，沪杭一带常植于庭园观赏。

【杭子梢属 ***Campylotropis***】约 50 余种，产亚洲及欧洲；中国约 30 余种。

(892) **杭子梢**

Campylotropis macrocarpa (Bunge) Rehd.

落叶灌木，高 1～2m；幼枝密被白绢毛，无明显棱角。三出复叶互生，具宿存托叶；小叶椭圆形，长 2～5cm，先端钝或微凹，具小尖头，全缘，背面有绢毛，网脉清细而密（半透明）。花紫红色，萼 5 裂，上两片合生，花梗在花萼下具关节；苞片脱落，苞腋具 1 朵花；总状花序；6～8 月开花。荚果具 1 个种子。

主产我国北部，华东及四川也有分布；多生于山坡、林缘或疏林下。播种、扦插或分株繁殖。可植于庭园观赏或作水土保持树种。

图 556 杭子梢

【黄花木属 ***Piptanthus***】3 种，产喜马拉雅地区至印度；中国 3 种均有。

(893) **黄花木**

Piptanthus concolor Harrow et Craib

落叶灌木，高 1～3m；小枝幼时密被白色短柔毛。三出复叶互生，小叶长圆状披针形至长圆形，长 4～10cm，宽 1.2～1.5cm，先端尖，基部楔形，背面中脉有柔毛。花冠蝶形，黄色，长 2～2.5cm；顶生总状花序，有花 3～7 轮，每轮具花 2～7 朵。荚果扁条形，长 7～12cm，宽 0.8～1.2cm，先端钝圆，密被柔毛。花期 4～6 月；果期 7～9 月。

产秦岭南坡、甘肃东南部、四川、云南及西藏。喜温暖，稍耐荫；萌芽力强。枝叶鲜绿，花黄色美丽；宜植于庭园观赏。

〔附〕**尼泊尔黄花木** ***P. nepalensis***（Hook.）D. Don（*P. laburnilolius* Stapf） 与黄花木的主要区别：小叶宽 1.6～2.6cm；花冠较大，长约 3cm；荚果宽 1.6～2cm，先端渐尖，具喙。产西藏、云南西北部、四川和甘肃南部；尼泊尔及克什米尔地区也有分布。花大而美丽，宜植于庭园观赏。

【刺桐属 ***Erythrina***】木本，枝有皮刺；三出复叶互生，小叶全缘。花冠红色，旗瓣大而长，总状花序；荚果肿胀。约 200 种，产热带和亚热带；中国 5 种，引入栽培约 5 种。

(894) **刺　桐**（象牙红）

Erythrina variegata L.（*E. indica* Lam.）〔Indian Coralbean〕

落叶乔木，高达10～20m；小枝粗壮。3小叶，顶生小叶宽卵形或卵状三角形，长8～15cm，先端渐钝尖，基部截形或广楔形，无毛，侧生小叶较狭。花鲜红色，长6～7cm，旗瓣卵状椭圆形；花萼佛焰苞状，上部深裂达基部；成密集的顶生总状花序，长约15cm。荚果肿胀，长15～30cm；种子暗红色。2～3月叶前开花；9月果熟。

原产亚洲热带。喜光，耐干旱瘠薄，不耐寒，抗风；生长快，耐修剪。扦插、移植易活。华南有栽培，常作行道树及庭园观赏树；北方常于温室盆栽观赏。树皮供药用。

变种**黄脉刺桐** var. ***orientalis*** (L.) Merr. (*E. indica* var. *picta* Graf.) 叶脉黄色，偶见栽培观赏。

(895) **龙牙花**（美洲刺桐）

Erythrina corallodendron L.

〔Common Coralbean，Coral Tree〕

落叶小乔木，高达7m。3小叶，顶生小叶菱形或菱状卵形，长4～10cm，无毛；叶柄及叶轴有皮刺。花冠深红色，长4.5～6cm，盛开时仍为直筒形（各花瓣近平行）；花萼钟形，端部斜截形，下部有一尖齿；总状花序腋生，花较疏，长30～40cm；6～7月开放。荚果圆柱形，长10～12cm；种子深红色，有黑斑。

原产热带美洲，是一美丽的观赏树种。扦插繁殖。我国华南一些城市庭园有栽培；长江流域及其以北地区则于温室栽培。树皮药用，作麻醉剂及镇静剂。

图557 龙牙花

(896) **鸡冠刺桐**（巴西刺桐）

Erythrina crista-galli L.

〔Cockspur Coralbean〕

落叶灌木或小乔木，通常高2～5m。枝条（较细）、叶柄及叶脉上均有刺。3小叶，卵形至卵状长椭圆形，长5～10cm。花红色或橙红色，旗瓣大而倒卵形，盛开时开展如佛焰苞状，萼筒端2浅裂；1或2～3朵簇生枝梢成带叶而松散的总状花序；6～7(9)月开花。荚果木质，长达38cm；种子褐黑色。

原产巴西南部至阿根廷北部。喜光，不耐寒。是美丽的观花树种，华南各地庭园有栽培，也常于温室盆栽观赏。花色有鲜红、橙红、浅红及外白内红等不同品种。

图558 鸡冠刺桐

(897) **珊瑚刺桐**

Erythrina* × *bidwillii Lindl〔Hybrid Coralbean〕

高达2～4m，全体无毛。3小叶，顶生小叶菱状广卵形，长8～11cm，侧生小叶较狭；叶柄暗红紫色，有时具刺。花深紫红色；成多花的顶生总状花序，长而直立；6～9(4～11)月开花。

是鸡冠刺桐与 *E. herbacea* 的园艺杂种。喜阳光充足、排水良好；生长快。根较粗，移植较难。花美丽而丰富，是热带夏季最具代表性的花木。

(898) **鹦哥花**（乔木刺桐，刺木通）

Erythrina arborescens Roxb.

〔Himalayan Coralbean〕

落叶乔木，高达 12m。3 小叶，顶生小叶肾状扁圆形，长 9～20cm，先端短渐尖。花冠红色，长约 4cm，翼瓣长为旗瓣 1/4，花萼二唇形；总状花序腋生，花密集生于长总花梗上端；8～9 月开花。果梭形，稍弯，两端尖；10～11 月果熟。

产我国西南部。树皮可药用，治风湿症。花美丽，可栽作庭园观赏树。

图 559　鹦哥花

【崖豆藤属 ***Millettia***】常绿藤木，羽状复叶互生；圆锥花序顶生或腋生。约 200 种，产世界热带和亚热带；中国 36 种及若干变种。

(899) **鸡血藤**（网脉崖豆藤）

Millettia reticulata Benth.

(*Callerya reticulata* Schot)

〔Leatherleaf Millettia〕

常绿藤木；枝叶无毛。羽状复叶，小叶 7～9，卵状椭圆形或长椭圆形，长 3～10cm，先端钝尖而有小凹缺，基部近圆形；有小托叶。花暗紫色，花瓣无毛；圆锥花序顶生或腋生。荚果长条形，无毛。花期 5～8 月；果期 10～11 月。

产华东、中南及西南地区；越南北部也有分布。藤及根供药用，可活血、强筋骨。也常栽于庭园观赏。

图 560　鸡血藤

(900) **美丽崖豆藤**

Millettia speciosa Champ.

(*Callerya spesiosa* Champ. ex Benth.)

常绿藤木，长 3～4m。小叶 9～15，长椭圆状披针形，长 4～8cm，先端圆钝，绿色，有光泽。花冠白色或黄白色，长 2～3cm，微香；圆锥花序腋生。荚果狭长圆形，长 10～15cm，密被绒毛。花期 5～6 月；果期 7～10 月。

产福建、广东、海南、广西及湖南南部。喜光，耐半荫，喜深厚肥沃而排水良好的壤土，不耐干旱瘠薄和寒冷。在南方可作花架、花廊绿化材料。

(901) **香花崖豆藤**（山鸡血藤）

Millettia dielsiana Harms ex Diels（*Callerya dielsiana* X. Y. Zhun）

常绿藤木，长 2～5m。小叶 5(7)，卵形、椭圆形至披针形，长 4～10(15) cm，先端短渐尖而钝，基部钝，表面无毛，背面略被短毛。花冠紫淡或粉红色，长 1.2～1.5cm；圆锥花序顶生，长 6～15cm。荚果狭长圆形，长 7～12cm，密被锈色绒毛。花期 5～7 月；果期 10～11 月。

产我国长江流以南及西南各地；老挝和越南也有分布。花繁密而美丽，可于园林绿地作攀援绿化材料。根入药，可舒筋活血。

【紫藤属 ***Wisteria***】落叶藤木，羽状复叶互生；总状花序顶生，下垂。约 10 种，产东亚、北美及大洋洲；中国 5 种，引入栽培 2 种。

(902) **紫　藤**

Wisteria sinensis (Sims) Sweet

〔Chinese Wisteria〕

缠绕大藤木，茎左旋性，长可达 18～30(40) m。羽状复叶互生，小叶 7～13，卵状长椭圆形，长 4.5～8cm，先端渐尖，基部楔形，成熟叶无毛或近无毛。花蝶形，堇紫色，芳香；成下垂总状花序，长 15～20(30)cm；4～5 月叶前或与叶同时开放。荚果长条形，密生黄色绒毛。

我国南北各地均有分布，并广为栽培。喜光，对气候及土壤的适应性强。本种繁花浓荫，荚果悬垂，为良好的棚荫材料。茎皮及花可供药用。有以下栽培变种：

①**白花紫藤**（'银藤'）**'Alba'**　花白色。

②**粉花紫藤 'Rosea'**　花粉红至玫瑰粉红色。

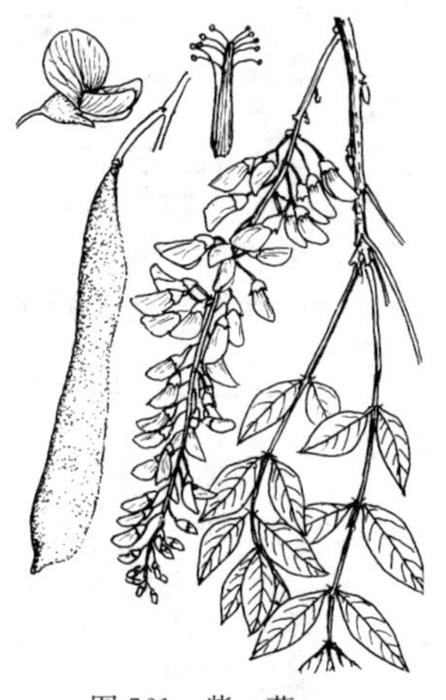

图 561　紫　藤

③**重瓣紫藤 'Plena'**　花堇紫色，重瓣。

④**重瓣白花紫藤 'Alba Plena'**　花白色，重瓣。

⑤**'乌龙藤' 'Black Dragon'**　花暗紫色，重瓣。

⑥**丰花紫藤 'Prolific'**　开花丰盛，淡紫色，花序长而尖；生长健壮。在荷兰选育成，现在欧洲广泛栽培。

(903) **藤　萝**

Wisteria villosa Rehd.

与紫藤近似，主要区别是：叶成熟时背面仍密被白色长柔毛；花淡紫色，花序长约 30cm；荚果密生灰白色绒毛。

主产华北；各地庭园有栽培，供观赏。可用其鲜花做藤萝饼和藤萝糕食用。

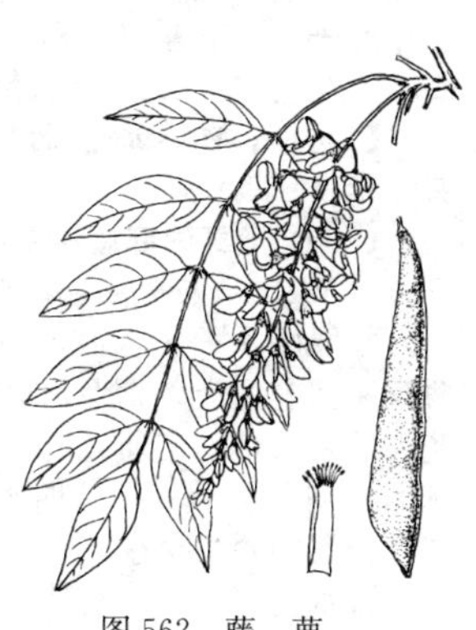

图 562　藤　萝

(904) **白花藤萝**

Wisteria venusta Rehd. et Wils. 〔Silky Wisteria〕

落叶藤木，茎左旋性，长达 10m 以上；幼枝有毛。小叶 9～13，椭圆状披针形，长 4～10cm，先端渐尖，基部圆形或近心形，两面有绢毛。花白色，开放前略带粉晕，微香；总状花序粗短，长 10～15cm；5 月花叶同时开放。

原产日本。我国北京、天津、青岛、郑州等地栽培观赏，或作盆景。

有**紫花** 'Violacea'、**重瓣** 'Plena' 等品种。

(905) **多花紫藤**（日本紫藤）

Wisteria floribunda（Willd.）DC.

〔Japanese Wisteria〕

图 563　多花紫藤

落叶藤木，茎右旋性，长达 9m；枝条密而较细柔。小叶较多，13～19 枚，幼叶两面密被平伏柔毛，老叶近无毛。花紫色或紫蓝色，芳香；花期较晚（5 月上中旬），盛开时已绿叶成荫；花序长（20）30～50cm。

原产日本。我国长江以南各地常植于庭园观赏。喜光，耐寒性在本属中为最强，喜排水良好土壤；寿命长达千年。栽培变种有：

①**白多花紫藤‘Alba’** 花白色，或稍带淡紫色，花序长达 45～60cm。

②**粉多花紫藤‘Alborosea’**（‘Carnea’）花粉红色。

③**玫瑰多花紫藤**（‘胭脂藤’）**‘Rosea’** 花淡玫瑰红色，尖端紫色。

④**重瓣多花紫藤**（‘黑龙藤’）**‘Violacea Plena’** 花重瓣，蓝紫色。

⑤**葡萄多花紫藤‘Macrobotrys’** 花蓝紫色，花序长达 1(～1.5)m。

⑥**长序多花紫藤**（‘九尺藤’）**‘Longissima’** 花堇紫色，花序长达 2m。

此外，还有**早花**‘Praecox’、**斑叶**‘Variegata’、**矮生**‘Nana’等品种。

【黎豆属 ***Mucuna***】约 100 余种，产热带和亚热带；中国 15 种。

(906) **常春油麻藤**（常绿油麻藤）

Mucuna sempervirens Hemsl.

图 564　常春油麻藤

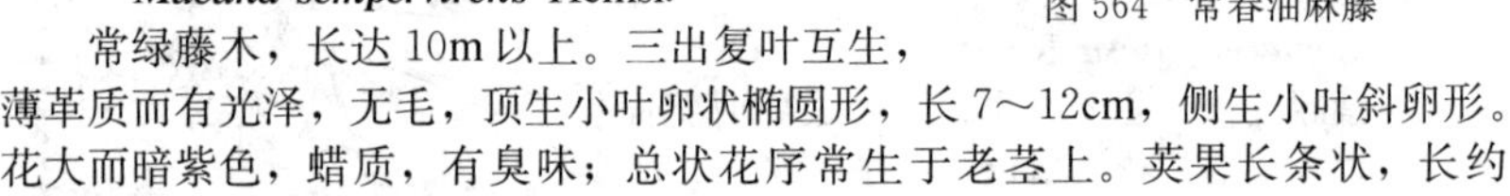

常绿藤木，长达 10m 以上。三出复叶互生，薄革质而有光泽，无毛，顶生小叶卵状椭圆形，长 7～12cm，侧生小叶斜卵形。花大而暗紫色，蜡质，有臭味；总状花序常生于老茎上。荚果长条状，长约 40cm，种子间收缩。花期 4 月。

产我国西南至东南部；日本也有分布。耐荫，喜温暖湿润气候，耐干旱，要求排水良好土壤。播种繁殖。是美丽的棚荫及垂直绿化材料，用于岩坡、悬崖绿化也很合适。全株可供药用。

(907) **白花油麻藤**（禾雀花）

Mucuna birdwoodiana Tutch.

常绿大藤木；茎断面先流出汁液先白色 2～3 分钟后变血红色。三出复叶互生，侧生小叶基部极不对称。花白色或绿白色；总状花序，长 20～38cm，生于老茎上或叶腋。荚果木质，条形，长30～45cm，沿背、腹缝线各具 3～5mm 宽的木栓质翅。花期 4～6 月；果期 6～11 月。

图 565 葛 藤

产我国南部。花美丽而繁密，成串下垂，形如被捕捉成串的小雀，颇为奇特。在暖地可供庭园棚架绿化之用。

【葛藤属 *Pueraria*】约 30 种，产亚洲；中国约 10 种。

(908) **葛 藤**

Pueraria lobata (Willd.) Ohwi

落叶缠绕藤木，块根肥厚；全株有黄色长硬毛。三出复叶互生，顶生小叶菱状卵形，全缘或波状 3 浅裂；侧生小叶偏斜，2～3 裂；托叶盾形。花紫红色，成腋生总状花序；8～9 月开花。

我国除新疆、西藏外，分布几遍全国，多生于山坡或疏林中；朝鲜、日本也有分布。喜光，耐干旱瘠薄。播种繁殖。植株常伏地生长，蔓延很广，是一种良好的水土保持及地面覆盖材料。因侵占性很强，园林绿地中不宜应用。花入药；块根可制葛粉供食用等。

77. 胡颓子科 Elaeagnaceae

【胡颓子属 ***Elaeagnus***】木本，常有棘刺；枝叶常有银白色或棕色鳞片。单叶互生，全缘。花两性，无花瓣，萼筒 4 裂。果实核果状，外包以肉质花托。约 80 种，产亚洲、欧洲和北美；中国 55 种。

(909) **胡颓子**

Elaeagnus pungens Thunb.

〔Thorny Elaeagnus, Sliverberry〕

图 566 胡颓子

常绿灌木，高达 3～4m；小枝有锈色鳞片，刺较少。叶椭圆形，长 5～7cm，全缘而常波状，革质，有光泽，背面银白色并有锈褐色斑点。花银白色，芳香。果椭球形，长约 1.5cm，红色。秋季（9～11 月）开花，翌年 5 月果熟。

产我国长江中下游及其以南各省区；日本也有分布。喜光，耐半荫，喜温暖气候，对土壤适应性强，耐干旱，也耐水湿；对有害气体抗性较强，耐修剪。播种或扦插繁殖。红果美丽，常植于庭园观赏。果可食或酿酒；果、根及叶均入药。有**金边**'Aureo-marginata'、**银边**'Albo-marginata'、**金心**'Fredricii'、**金斑**'Maculata'等观叶品种。

〔附〕**杂种胡颓子**（速生胡颓子）***E.* × *ebbingei*** 是胡颓子与大叶胡颓子（*E. macrophylla*）的杂交种。常绿灌木，高 2～3m。叶长达 10cm，表面暗绿色，有光泽，背面银白色。花乳白色，具银色鳞片，芳香。果橙红色，有银色雀斑。秋天开花；翌年春天果熟。枝叶茂密，生长快，耐寒。是优良的防护和观赏树种。有**金边**'Gilt Edge'、**金心**'Limelight'等观叶品种。

(910) **秋胡颓子**（牛奶子）

Elaeagnus umbellata Thunb.

〔Autumn Elaeagnus，Autumn Olive〕

落叶灌木，高达4m，通常有刺；小枝黄褐色或带银白色。叶长椭圆形，长3～7cm，表面幼时有银白色鳞斑，背面银白色或杂有褐色鳞斑。花黄白色，芳香，花被筒部较裂片为长；2～7朵成腋生伞形花序。果卵圆形或近球形，长5～7mm，橙红色。5～6月开花；9～10月果熟。

主产长江流域及其以北地区，北至辽宁、内蒙古、甘肃、宁夏；朝鲜、日本、越南、泰国、印度也有分布。果红色美丽，可植于庭园观赏，或作防护林下木。果可食，也可酿酒和药用。

图567　秋胡颓子

(911) **佘山胡颓子**（羊奶子）

Elaeagnus argyi Lévl.

落叶或半常绿灌木，偶为小乔木状，高达3～6m；树冠呈伞形，有棘刺。发叶于春秋两季，大小不一，薄纸质；小叶倒卵状长椭圆形，长1～2cm，大叶倒卵形至宽椭圆形，长6～10cm；叶背银白色，密被星状鳞片和散生棕色鳞片。果长椭球形，长1～1.5cm，红色。10～11月开花；翌年4月果熟。

产长江中下游地区，常生于海拔100～300m林下、路边和村旁。适应性强。果红色美丽，宜植于庭园观赏。果可食；根供药用。

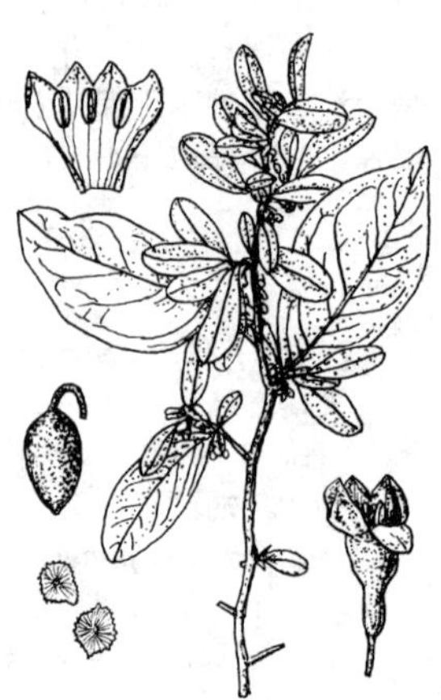

图568　佘山胡颓子

(912) **木半夏**

Elaeagnus multiflora Thunb.

〔Cherry Elaeagnus〕

落叶灌木，高达2～3m；枝红褐色，常无刺。叶椭圆状卵形至倒卵状长椭圆形，长3～7cm，幼叶表面有星状柔毛，后脱落，背面银白色且有褐斑。花常单生叶腋，有香气，花被筒部与裂片等长或稍长，花柱无毛。果长倒卵形至椭球形，长1.2～1.8cm，红色，果梗细长（1.8～4cm）。花期4～5月；果6月成熟，并一直宿存到初冬。

主产长江中下游地区；日本也有分布。性强健，喜光，喜湿润肥沃土壤。果红色美丽，果期长，宜植于园林绿地观赏。果、根、叶均供药用。

图569　木半夏

(913) **沙　枣**（桂香柳）

Elaeagnus angustifolia L.

〔Russian Olive，Oleaster〕

落叶乔木，高达7～12m；枝有时具刺，幼枝银白色。叶披针形或长椭圆形，长 4～8cm，背面或两面银白色。花被外面银白色，里面黄色，芳香；1～3 朵腋生；(5)6～7 月开花。核果黄色，椭球形，径约 1cm，果肉粉质，香甜可食；9～10 月果熟。

原产亚洲中西部及欧洲；我国主要分布于西北沙地，华北、东北也有。喜光，耐干冷气候，抗风沙，干旱、低湿及盐碱地都能生长；深根性，根系富有根瘤菌，萌芽力强，耐修剪，生长较快。是北方沙荒及盐碱地营造防护林及四旁绿化的重要树种；也可植于园林绿地观赏或作背景树。本种花香似桂，叶像柳，果形如枣，多生于沙地，故有桂香柳、沙枣之称。

变种**刺沙枣** var. *spinosa* Ktze 枝明显具刺。

图 570 沙 枣

(914) **翅果油树**

Elaeagnus mollis Diels

落叶小乔木，高 5～10m；幼嫩枝、叶及芽均被星芒状鳞毛。叶卵形或卵状椭圆形，长6～9cm，表面绿色，疏生腺鳞，背面密生银白色腺鳞，侧脉在背面隆起。花淡黄色，芳香；1～3 朵或更多簇生叶腋；4、5 月间开花。核果椭球形或卵形，长 1.5～2.2cm，有 8 条翅状纵棱脊，果肉粉质。

产山西西南部山地及陕西南部。喜温暖气候及深厚肥沃的沙壤土，也耐瘠薄，但不耐水湿，多生于阴坡和半阴坡；萌芽力强，生长快，根系发达，富根瘤菌，有固氮作用。种仁含油量高达 51%，油质好，供食用、医用及工业用。花是蜜源；木材细致坚硬。是优良油料树种和水土保持树种，也可用于城市园林绿化。

图 571 翅果油树

(915) **蔓胡颓子**

Elaeagnus glabra Thunb.

常绿藤木，茎缠绕，长达 6m，罕具刺；幼枝密被锈色鳞片。叶椭圆形至长椭圆形，长 4～7cm，先端渐尖或渐长尖，基部圆形，全缘，背面银灰色。花小，白色，漏斗状，长约 5mm，下垂，芳香；成腋生伞形花序。果椭球形，长 1.4～1.9cm，红色。花期 9～10 月；果期翌年 4～5 月。

产华东、华中及华南地区。叶、花、果均有一定观赏价值；可作凉棚、花架及墙面绿化材料。

【沙棘属 ***Hippophae***】5 种 5 亚种，产亚洲和欧洲温带；中国 5 种 4 亚种。

(916) **沙　棘**（中国沙棘）

Hippophae rhamnoides L. ssp.
sinensis Rousi 〔Sea Buckthorn〕

图 572　沙　棘

落叶灌木或小乔木，高 1～2(18)m；枝有刺。单叶近对生，线形或线状披针形，长 3～6(8)cm，全缘，两面均具银白色鳞斑，背面尤密。雌雄异株，无花瓣，花萼 2 裂，淡黄色；4(～5) 月叶前开花。核果球形，径 4～6(8)mm，橙黄或橘红色；9～10 月成熟，经冬不落。

产华北、内蒙古、西北至四川。喜光，耐寒，抗风沙，适应性强，干旱、瘠薄、水湿及盐碱地均可生长；根系发达，富根瘤菌，萌芽力强，耐修剪。是良好的防风固沙及保土树种。在园林中可植为绿篱，并兼有刺篱及果篱的效果。结果多，果味酸甜，富含多种维生素、氨基酸、糖类、类胡萝卜素和多种微量元素，可制果酒、饮料及果酱；种子油医用价值高。

78. 山龙眼科 Proteaceae

【银桦属 ***Grevillea***】约 300 余种，主产澳大利亚和马来西亚东部；中国引入栽培约 2 种。

(917) **银　桦**

Grevillea robusta A. Cunn. ex R. Br. 〔Silk Oak〕

常绿乔木，高达 25m；小枝、芽及叶柄密被锈色绒毛。叶互生，二回羽状深裂，裂片披针形，边缘反卷，背面密被银灰色丝毛。花两性，无花瓣，萼片 4，花瓣状，橙黄色；总状花序，长 7～16cm；5 月开花。蓇葖果有细长花柱宿存；种子有翅。

图 573　银　桦

原产澳大利亚东部，现广泛种植于世界热带、暖亚热带地区；我国南部及西南部地区有栽培。喜光，喜温暖气候，不耐寒，过分炎热气候也不适宜，喜肥沃疏松的偏酸性土壤；生长迅速。本种树干通直，树冠高大整齐，初夏有橙黄色花序点缀枝头；宜作城市行道树及风景树，在昆明栽培很盛。在较冷地区也有作为温室观赏植物栽培的。

(918) **红花银桦**

Grevillea banksii B. Br. 〔Red Silky Oak〕

常绿灌木或小乔木，高 3～6(9)m；幼枝有毛。叶互生，羽状 3～11 深裂，裂片线形或狭披针形，长达 10cm，背面密生白色丝状毛，边缘反卷。花鲜红至橙红色，径 1～2cm；成密集而花倾向一边的顶生总状花序，长达 15cm。蓇葖果歪卵形，扁平，熟时褐色。花期春夏季。

原产澳大利亚昆士兰海滨及附近海岛。喜光，喜高温多湿气候，不耐寒。体形较小，花、叶均美丽，宜植于庭园观赏。有**白花**‘Alba’品种。

〔附〕**红花垂序银桦 Grevillea‘Robyn Gordon’** 常绿蔓性灌木，高 1～1.8m。叶一至二回裂，革质。花红色至粉红色，花柱明显而弯曲；总状花序下垂；初春至夏末开花。是红花银桦与 *G. bipinnatifida* 的杂交品种，广泛栽培于庭园或盆栽观赏。

【山龙眼属 ***Helicia***】约 90 种，产亚洲及大洋洲热带和亚热带；中国 18 种。

(919) **小果山龙眼**（越南山龙眼）

Helicia cochinchinensis Lour.

常绿乔木，高 15～20m；枝叶无毛。叶互生，椭圆形或倒卵状长圆形，长 6～15cm，先端渐尖，基部狭楔形，中部以上疏生钝齿或近全缘，网脉不明显。萼片花瓣状，白色至淡黄色，条形反卷，无花瓣，雄蕊 4，子房无毛；总状花序。坚果椭球形，长 1～1.4cm，熟时蓝黑色。花期 6～10 月；果期 11 月至翌年 3 月。

产长江以南至华南及台湾、云南；越南北部和日本也有分布。稍耐荫，喜温暖湿润气候及深厚肥沃的中性至微酸性土壤。枝叶茂密，老叶脱落前变为红色，红绿相间，十分美丽。宜植于园林绿地观赏。

【澳洲坚果属 ***Macadamia***】约 14 种，主产澳大利亚；中国引入栽培 2 种。

(920) **澳洲坚果**（四叶澳洲坚果）

Macadamia tetraphylla L. Johnson 〔Macadamia Nut，Queensland Nut〕

常绿乔木；嫩枝常发红。4(3～5) 叶轮生，倒披针形至披针形，长 20～30cm，缘疏生刺齿或近全缘，两面无毛；叶柄长不足 4mm。花被筒状，长约 1cm，粉红或白色；100～300 朵成腋生下垂总状花序，长 10～20(45)cm。核果球形，坚硬，有毛；种子径 1.3～3.7cm。

原产澳大利亚东南海岸之亚热带雨林；我国台湾、广州及云南等地有栽培。喜光，喜暖热湿润气候及肥沃深厚壤土，耐干旱；深根性，抗风力强，不耐移植。种仁白色而香甜，是著名坚果。枝叶茂密，常年翠绿，也可植于庭园观赏，或作大型盆栽材料。

〔附〕**光果澳洲坚果 *M. integrifolia*** Maiden et Betche 〔Smooth-shelled Macadamia Nut〕 与上种的主要区别：常 3 叶轮生，长圆形，全缘或略显波状，叶柄长 4～18mm；核果平滑，有光泽。产澳大利亚昆士兰州东南部；我国台湾、华南及云南有栽培。以其可食的坚果著称于世。

【哈克木属 ***Hakea***】约 140 种，产澳大利亚；中国引入栽培 1 种。

(921) **哈克木**（针叶哈克木）

Hakea acicularis R. Br.（*H. sericea* Schrad.）

〔Needle-bush，Silky Hakea〕

常绿灌木，高 1～3m；树冠开展，枝略下垂。叶互生，圆柱状针形，长达 5～7cm，先端成尖刺。花小，白色（有红色品种），无柄；1～5 朵簇生叶腋。蒴果木质，卵形，长约 2.5cm，先端细尖呈鸟嘴状，2 瓣裂，含 2 种子；种子顶端有翅。花期冬季和春季。

原产澳大利亚东部；上海植物园有引种。能耐长期干旱，不耐寒，常于温室栽培。可供制作盆景，或与山石配置。

79. 海桑科 Sonneratiaceae

【八宝树属 ***Duabanga***】3种，产东南亚；中国1种，引入栽培1种。

(922) **八宝树**

Duabanga grandiflora（Roxb. et DC.）Walp.

常绿乔木，高20～40m；枝条近方形，稍下垂。叶对生，长椭圆形，长12～15(20)cm，先端急尖，基部心形，全缘，羽状侧脉20～24对，脉端向连；叶柄长4～8mm。花近白色，花瓣5～6，卵形，长2.5～3cm，雄蕊长而多数，黄色；顶生伞房花序。蒴果椭球形，长3～4cm，萼片宿存。花期春至初夏。

产亚洲东南部、印度及我国云南南部；华南地区有栽培。喜光，喜高温多湿气候及肥沃而排水良好的壤土，不耐寒；生长快。树姿高大雄伟，嫩叶紫红，花大而美丽；在暖地宜作园林绿化及风景树种。

80. 千屈菜科 Lythraceae

【紫薇属 ***Lagerstroemia***】木本；单叶对生或近对生。花两性，花瓣常为6，有长爪，瓣边皱波状，雄蕊多数。蒴果室背开裂；种子顶端有翅。约55种，产亚洲和大洋洲；中国16种，引入栽培2种。

(923) **紫　薇**

Lagerstroemia indica L.〔Crape Myrtle〕

落叶灌木或小乔木，高达3～6(8)m；树皮薄片剥落后特别光滑；小枝四棱状。叶椭圆形或卵形，长3～7cm，全缘，近无柄。花亮粉红至紫红色，径达4cm；花瓣6，皱波状或细裂状，具长爪；成顶生圆锥花序；花期很长，7～9月开花不绝。蒴果近球形，6瓣裂；10～11月果熟。

图574　紫　薇

产我国华东、中南及西南各地；朝鲜、日本、越南、菲律宾及澳大利亚也有分布。喜光，有一定耐寒能力，北京可露地栽培。花美丽而花期长，是极好的夏季观花树种，秋叶也常变成红色或黄色。适于园林绿地及庭园栽培观赏，也是盆栽和制作桩景的好材料。

栽培品种丰富，花除紫色外还有白花的**'Alba'**（通称**'银薇'**，其实还有平瓣、皱瓣、红爪、红丝、大花、小花等不同变化）、粉红花的**'Rosea'**（**'粉薇'**）、红花的**'Rubra'**（**'红薇'**）、亮紫蓝色的**'Purpurea'**（**'翠薇'**）、天蓝色的**'Caerulea'**（**'蓝薇'**）以及**二色紫薇'Versilolor'**等。

此外，还有**斑叶紫薇'Variegata'**、**红叶紫薇'Rubrifolia'**、**矮紫薇'Petile Pinkie'**（**'Nana'**，高60cm，花序也较小，宜作花篱）、**红叶矮紫薇'Nana Rubri-**

folia'(矮生，嫩叶紫红色，花玫瑰红至桃红，宜盆栽)、**匍匐紫薇'Prostrata'**('Summer & Summer'，高 40cm，枝干扭曲，花红色，因花枝较细软，在花时枝下垂几乎伏地，花期长，宜作地被及盆栽)等品种。

图 575 大花紫薇

(924) **大花紫薇**(大叶紫薇)

Lagerstroemia speciosa (L.) Pers.

〔Queen Crape Myrtle〕

落叶乔木，高达 16～20(30)m。叶较大，长 10～20(25)cm，侧脉 9～17 对，有短柄。花淡紫红色，径约 5cm，花萼有棱槽和鳞状柔毛。花期 5～7(8)月；果期 8～10 月。

产东南亚至澳大利亚，华南有分布；世界热带地区多栽培，在西非已归化。喜光，耐半荫，不耐寒，喜排水良好的肥沃土壤；生长健壮。是美丽的观花树种，华南园林绿地常见栽培。木材坚硬而耐朽，色红而亮，为优质用材。

〔附〕**云南紫薇 *L. intermedia*** Koehne 常绿乔木，高达 20～30m。叶近对生，卵状椭圆形，长 7～18cm，侧脉 10～11 对，先端钝或钝尖。花浅玫瑰红至蓝紫色；5～6 月开花。产云南南部和西南部；泰国和缅甸也有分布。树形及花均美，可植于园林绿地观赏。

(925) **南紫薇**

Lagerstroemia subcostata Koehne

图 576 南紫薇

落叶大灌木或小乔木，高达 2～8m；树皮薄，灰白色；小枝圆筒形。叶长圆形或长圆状披针形，长 4～10cm，先端渐尖，基部广楔形，叶柄长 2～4mm。花小，径约 1cm，白色，花萼有 10～12 条棱，无毛；6～7 月开花。蒴果小，椭球形，长 5～7mm。

产我国长江中下游及其以南地区；日本(琉球)也有分布。江南一些城市偶见栽培观赏。

(926) **福建紫薇**(浙江紫薇)

Lagerstroemia limii Merr.

落叶小乔木，高达 4m；树皮有裂，粗糙；小枝圆筒形，有绒毛。叶较大，椭圆状卵形，长 10～16cm，近革质，表面有疏毛，背面网脉隆起，密生绒毛，近无柄。花小，淡紫至淡红色，花萼外密被柔毛并有 12 条明显的棱，花萼裂片间有明显的附属体；5～6 月开花。

产福建、浙江、湖北等地。喜温暖，稍耐荫，有一定的耐寒力，在北京可露地栽培。

(927) **多花紫薇**

Lagerstroemia floribunda Jacq.

落叶小乔木，高约4m；树皮灰色，小枝密被黄色柔毛。叶互生或近对生，椭圆形至长椭圆形，长10～16cm，先端急尖，基部近圆形，半革质。花淡红至紫色，后渐褪为白色，花径约5cm；圆锥花序顶生，多花，长可达50cm。蒴果卵形，顶端圆。花期8～9月。

原产亚洲热带；我国南方地区有栽培。树冠开展，叶色浓绿，花美丽而持久；在暖地宜植于园林绿地观赏。

图577 黄 薇

【黄薇属 ***Heimia***】3种，产热带美洲；中国引入栽培1种。

(928) **黄 薇**

Heimia myrtifolia Cham. et Schlecht. 〔Sinicuichi〕

落叶丛生灌木，高1～2m；枝开展，纤细。单叶对生，间有互生或轮生，披针形，长达6cm，先端尖，缘有不明显浅齿，无毛，无叶柄。花单生叶腋，花瓣6，倒广卵形，长3～4mm，金黄色；花萼钟形，裂片间有角状附属物；夏、秋开花。蒴果半球形，包于宿存萼内。

产热带美洲（以巴西为主）。喜光，喜温暖，不耐寒，耐干旱。花金黄色，美丽；上海、杭州、桂林、广州、福建等地有栽培，供观赏。

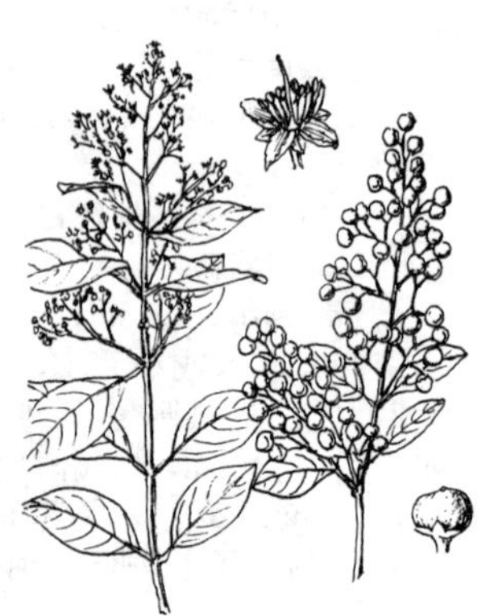
图578 散沫花

【散沫花属 ***Lawsonia***】1种，产东半球热带；中国有栽培。

(929) **散沫花**（指甲花）

Lawsonia inermis L. 〔Henna〕

半常绿多枝大灌木，通常有刺，高达2～5m。单叶对生，椭圆形至椭圆状披针形，长1.5～5cm，全缘，具短柄。花小，径达6mm，黄白色或玫瑰红色，花瓣4，皱缩，有短爪，雄蕊通常8，伸出花冠外；成多花的顶生圆锥花序；夏天开花，芳香。蒴果球形，径约6mm，内含多数种子。

原产东半球热带，世界暖地广泛栽培。喜光，喜暖热气候，不耐寒。播种或用顶枝扦插繁殖。枝叶茂密，花美丽而芳香。华南地区常栽培，供庭园观赏。有**白花**‘Alba’、**红花**‘Rubra’等品种。叶捣烂，可染指甲。

图579 虾子花

【虾子花属 ***Woodfordia***】2种，产非洲和亚洲；中国1种。

(930) **虾子花**

Woodfordia fruticosa (L.) Kurz

灌木，高达3m。单叶对生，二列状，披针形至狭披针形，长7～12cm，全缘，表面深绿色，有光泽，背面苍白并有黑色腺点，近无柄。花萼管状，深红色，长1～1.3cm，端6(4)齿裂，花瓣小，红色，着生于萼齿间，花柱突出于花冠外；成腋生短聚伞状圆锥花序。蒴果长椭球形，包藏于宿存萼内，长约7mm。花期3～4月。

产马达加斯加、印度至我国西南部。花深红美丽而繁多，常栽作观赏植物。

【萼距花属 ***Cuphea***】250～300种，产中美及南美洲；中国引入栽培约7种。

(931) **萼距花**（雪茄花）

Cuphea ignea A. DC.（*C. platycentra* Lem.）〔Cigar Flower〕

常绿小灌木，高0.5～1m，多分枝。叶对生，披针形至卵状披针形，长达5～7cm，先端渐尖，基部狭。花单生叶腋，萼筒延长而呈花冠状，长达2.5cm，端6裂（下部1片最长），基部有距，橙红或紫红色，末端有紫圈，近口部白色，无花瓣。蒴果包藏于萼内。几乎全年开花，但以初夏至秋季为主。

原产墨西哥及牙买加；世界各地多有栽培。播种繁殖，扦插易成活。花美丽，花期长，可用于布置花坛、花境或盆栽观赏。有**白花**'Crackers'品种。

(932) **细叶萼距花**（满天星）

Cuphea hyssopifolia HBK〔False Heather，Maxican Heather〕

常绿小灌木，高45～60cm。叶对生或近对生，线状披针形，长达2～2.5cm，宽3～5mm，在枝上密生。花腋生，萼筒绿色，长约6mm，花瓣6，相等，淡紫、粉红至白色，雄蕊内藏。蒴果绿色，形似雪茄。花期自春至秋。

原产墨西哥及危地马拉。我国华南及西南地区有栽培。稍耐荫，不耐寒，耐瘠薄土壤。枝叶密集，花色鲜艳，花期长，并有**金叶**'Aurea'、**黄斑叶**'Cocktail'、**白花**'Alba'、**密生**'Mad Hatter'等品种。宜作花坛、花境及花篱材料，也可盆栽观赏。

81. 瑞香科 Thymelaeaceae

【瑞香属 ***Daphne***】70～80种，主产欧洲和亚洲；中国约40种。

(933) **瑞　香**

Daphne odora Thunb.〔Winter Daphne〕

常绿灌木，高1.5～2m；小枝无毛。叶互生，长椭圆形或倒披针形，长5～8cm，全缘，质较厚，表面深绿有光泽，叶柄粗短。花无花瓣，花萼筒状，端4裂，花瓣状，白色或染淡红紫色，无毛，芳香；成顶生头状花序；3～4月开花。

图580　瑞　香

产长江流域。性喜荫，不耐寒，喜排水良好的酸性土壤；不耐移植。播种、扦插或压条繁殖。瑞香为我国传统著名花木，早春开花，美丽芳香。在暖地可植于庭园观赏；北方多于温室盆栽。根、茎、花可供药用。有**白花**‘Alba’（花纯白色）、**粉花**‘Rosea’（花外侧淡红色）、**红花**‘Rubra’（花洒红色）及**金边**‘Aureo-marginata’（叶缘淡黄色，花白色）等品种。

〔附〕**白瑞香** ***D. papyracea*** Wall. ex Steud. 常绿灌木，高达 1.5m；小枝纤细，被粗绒毛。叶互生，长椭圆状披针形，长 6～15cm，侧脉不明显，无毛。花白色，花萼外面被毛。核果熟时红色。花期早春；果期 7～8 月。产我国中南部至西南部。花香果美，宜盆栽观赏。

图 581 芫 花

(934) **芫 花**

Daphne genkwa Sieb. et Zucc.

〔Lilac Daphne〕

落叶灌木，高达 1m；枝细长，幼时密生柔毛。叶对生或近对生，长椭圆形，长3～4cm，全缘。花淡紫色，花被筒细长，端 4 裂；3～6 朵成腋生伞形花序。

主产长江流域及黄河中下游，多生于低海拔山区。喜光，颇耐寒。春天叶前开花满枝，颇似紫丁香，宜植于庭园观赏。花蕾及根均可入药。

【结香属 *Edgeworthia*】 5 种，主产喜马拉雅地区至日本；中国 4 种。

(935) **结 香**（三桠）

Edgeworthia chrysantha Lindl.

〔Oriental Paperbush〕

图 582 结 香

落叶灌木，高 1～2m；枝粗壮而柔软（可打结），常三叉分枝，枝上叶痕甚隆起。叶互生，常集生枝端，椭圆状倒披针形，长 8～16cm，全缘。花黄色或橙黄色，花被筒状，端 4 裂，外密被银白色毛，芳香；成下垂的头状花序，腋生枝端；3～4 月叶前开花。

产我国长江流域及其以南地区；日本和美国东南部也有分布。喜半荫及湿润环境，较耐水湿，不耐寒。分株或扦插繁殖。花芳香而美丽，长江流域常栽培于庭园观赏；北方则盆栽，在室内越冬。茎皮纤维为优质造纸原料。

【荛花属 *Wikstroemia*】 约 70 种，分布于东亚和大洋洲；中国 39 种。

(936) **了哥王**（南岭荛花）

Wikstroemia indica（L.）C. A. Mey.

灌木，高 1～2m。叶对生，倒卵形至长圆形，长 2～6cm，先端钝或短尖，全缘；近无柄。花小，黄绿色或近白色，花萼管端部 4 裂，裂片钝

图 583 了哥王

而扩展，无花瓣，雄蕊 8；数朵聚生小枝顶端，无苞片。核果卵形，长约 6mm，熟时红色。花期 6～7 月。

产我国长江以南地区；印度至马来西亚及大洋洲也有分布。果红色美丽，宜盆栽观赏。

【沉香属 ***Aquilaria***】约 15 种，产亚洲热带；中国 2 种。

(937) **土沉香**

Aquilaria sinensis(Lour.) Spreng.

常绿乔木，高 10～15m。叶互生，长卵形，长 5～10cm，先端尖，全缘，羽状侧脉纤细而平行；有短柄。花小，芳香，淡红色，后变紫色，花萼钟状 5 裂，雄蕊 10，着生于萼管喉部（与鳞片状花瓣间生）；伞形花序。蒴果木质，扁球形，密被灰褐色绒毛，室背 2 瓣裂；种子 1～2，脱落时有一丝状物与果瓣相连。花期 5 月；果期 7～8 月。

产华南地区，在海南岛极常见。喜半荫，不耐寒，喜湿润、肥沃而排水良好的土壤。树干能产生名贵中药“沉香”。枝叶茂密，初夏开花，芳香四溢；在暖地宜植于庭园或盆栽观赏。

图 584　土沉香

82. 桃金娘科 Myrtaceae

【桃金娘属 ***Rhodomyrtus***】约 20 种，产亚洲热带至大洋洲；中国 1 种。

(938) **桃金娘**

Rhodomyrtus tomentosa（Ait.）Hassk. 〔Downy Myrtle〕

常绿灌木，高达 2～3m；枝开展，幼时有毛。单叶对生，偶有 3 叶轮生，长椭圆形，长 4.5～6cm，先端钝尖，基部圆形，全缘，离基 3 主脉近于平行，在背面隆起，表面有光泽，背面密生绒毛。花腋生，径约 2cm，花瓣 5，桃红色，渐变白色，雄蕊多数，也桃红色；4～5 月和 11 月开花。浆果椭球形或球形，径 1～1.4cm，紫色，具多数极细小种子。

产我国南部至东南亚各国。喜光，喜暖热湿润气候及酸性土，耐干旱瘠薄。播种繁殖。花果皆美，是热带野生观赏树种，可植于园林观赏。根、叶、花、果皆可入药。

【桉属 ***Eucalyptus***】常绿乔木；单叶，常互生，全缘，羽状侧脉在近叶缘处连成边脉，有香气。花萼与花瓣连合成一帽状花盖，开花时花盖横裂脱落；蒴果。600～700 种，主产澳大利亚及其附近岛屿；中国百余年来已引入栽培近 100 种。

图 585　桃金娘

(939) **大叶桉**

Eucalyptus robusta Smith

〔Swamp Mahogany〕

高达30m；树皮粗厚，纵裂，不剥落。叶互生，卵状长椭圆形或广披针形，长8～18cm，全缘，革质，背面有白粉，叶柄扁。伞形花序腋生，花梗及花序轴扁平；萼管无棱。蒴果碗状，径0.8～1cm。花期4～9月。

原产澳大利亚；我国南部及西南地区有栽培。本种树干高大挺直，树冠庞大，树姿优美，生长迅速，在西南地区生长较华南为好。可栽作行道树及庭荫树，也是重要造林树种和沿海地区防风林树种。枝叶可提取芳香油。

图586 大叶桉

(940) **柠檬桉**

Eucalyptus citriodora Hook. f.

〔Lemon-scented Gum〕

高达40m；树皮平滑，通常灰白色，片状脱落后呈斑驳状；小枝及幼叶有腺毛，具有强烈柠檬香味。叶互生，幼苗及萌枝之叶卵状披针形，叶柄盾状着生；成熟叶狭披针形，稍呈镰状，长10～20cm，背面发白，无毛。伞形花序再排成圆锥状。蒴果罐状，长约1cm。花期4～9月。

原产澳大利亚东部及东北部；我国南部地区有栽培。适应性较强，能耐干旱和－6℃的低温。本种树干洁净，树姿优美，枝叶有浓郁的柠檬香味，是优良的园林风景树和行道树。也是速生用材和芳香油树种。

图587 柠檬桉

(941) **蓝 桉**

Eucalyptus globulus Labill.

〔Tasmanian Blue Gum〕

高达35～60m；干多扭转，树皮薄片状剥落。叶蓝绿色，正常叶狭披针形，长12～30cm，镰状弯曲，互生；异常叶（生于幼树及萌蘖枝上）卵状长椭圆形，显具白粉，对生，无柄。花通常单生叶腋；蒴果较大，杯状，径2～2.5cm，有4棱。

原产澳大利亚南部及塔斯马尼亚岛；我国西南部及南部地区有栽培（19世纪末引入云南，是我国引种桉树最早的一种）。喜光，适应性较强，生长快；但耐湿热性较差，在西南高原生长比华南好。昆明及川西一带栽培较多，常作公路行道树及造林树种。

图588 蓝 桉

(942) **直干蓝桉**（美登桉）

Eucalyptus maideni F. Muell. 〔Maiden's Gum〕

高达40m，外形与蓝桉近似，但干不扭转，树皮灰白色；伞形花序；果较小，陀螺形，径0.8～1cm，无棱。

原产澳大利亚东南部；华南及西南地区有栽培，云南较多。树干圆满通直，材质较蓝桉优良，是速生用材树种。也可栽作庭荫树及行道树。

(943) **赤　桉**

Eucalyptus camaldulensis Dehnh. 〔Murray Red Gum〕

高达50m，干皮暗灰色或灰白色，片状脱落，平滑；小枝红色，细长。叶狭长披针形，微弯，长8～16cm。伞形花序，花序柄圆筒形，花柄细长；花盖与萼筒近等长，先端常鸟嘴状。蒴果球形，径约6mm。

原产澳大利亚；我国南方各省区广泛栽培。生长快，适应性强，较耐寒(－9℃)，也耐高温和干旱，稍耐碱。木材坚重，较耐腐，是速生用材树种。

栽培变种**垂枝赤桉'Pendula'**枝细长下垂；广州等地有栽培。

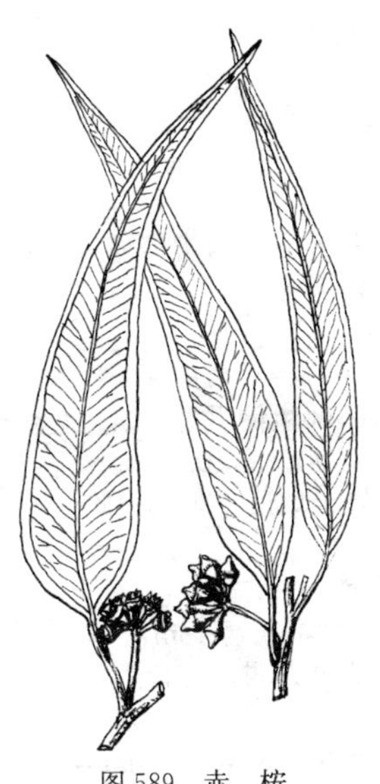

图589　赤　桉

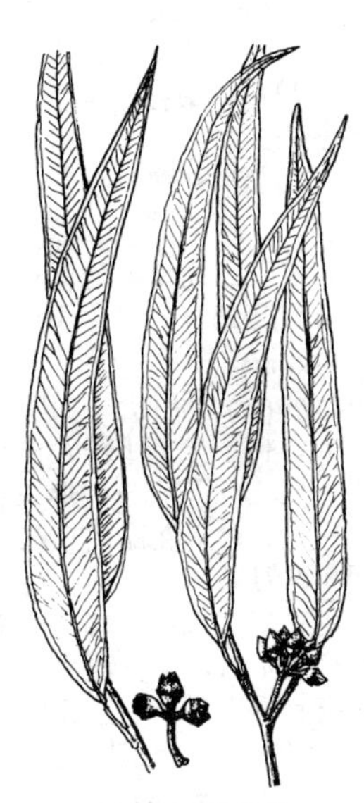

图590　隆缘桉

(944) **隆缘桉**

Eucalyptus exserta F. Muell. 〔Bendo Eucalyptus〕

高达20m，树皮灰褐色，粗糙，浅纵裂，纤维状。叶狭长披针形，长10～20cm，宽1～1.5cm。伞形花序腋生，帽状体圆锥形。蒴果近球形，长5～9mm，果盘边缘阔而隆起，果瓣3～5，突出。花期5～9月。

原产澳大利亚东部；华南地区栽培较多。喜温暖，不耐寒，适生于酸性的红壤上。木材坚实耐腐，是速生用材树种。也是良好的观赏树和行道树。

(945) **细叶桉**

Eucalyptus tereticornis Smith

〔Forest Red Gum〕

高达 30～45m；树皮光滑，呈薄片状剥落，树干基部宿存粗糙树皮。幼态叶椭圆形至卵状披针形，长 6～16cm；成熟叶条状狭披针形，长 15cm 以上。伞形花序腋生；花盖圆锥形，花白色；冬春开花。蒴果半球形至陀螺形，径 8～10mm，果盘隆起，果瓣 4，突出。

原产澳大利亚东部；我国南部地区有栽培。较耐旱，但耐寒力较赤桉差；萌芽力强。木材坚硬耐腐，为速生用材树种。

图 591 细叶桉

(946) **柳叶桉**

Eucalyptus saligna Smith

〔Sydney Blue Gum〕

高达 40～55m；干皮薄片剥落后平滑，灰蓝色，干基部稍粗糙；嫩枝稍具棱。幼苗及萌枝之叶披针形至卵形，叶柄短；成长树之叶披针形，长 10～20cm，宽 1.5～3cm，叶柄长 2～2.5cm。花较小，白色，近无柄，帽状盖比萼筒短；3～9 朵成伞形花序；花期 5～6 月。蒴果长钟形，无白粉。

原产澳大利亚东南沿海地区；我国华南及云南、四川等地有引种栽培，在两广生长较好。是良好的绿化用材树种和蜜源植物。

(947) **尾叶桉**

Eucalyptus urophylla S. T. Blake

高达 30m；树干上部平滑，淡紫红色，基部粗糙纵裂，灰褐色。幼态叶披针形，对生；成熟叶卵状披针形或长卵形，互生，长 10～23cm，先端常尾尖，边脉细。花白色；伞形花序，总花梗扁。蒴果半球形，果瓣内陷。花期 10～11 月；果期翌年 6 月。

原产印尼；华南有引种栽培。喜光，喜暖热多湿气候，对土壤要求不严，萌芽力强，抗病虫害，生长特快（在广州 5 年生树高达 13m）。树干通直，枝叶茂密，在华南宜作道路及矿区绿化树种。但抗风力弱，作行道树用时宜双行或多行配植。木材为重要造纸原料。

〔附〕**银叶桉 *E. cinerea*** F. Muell. ex Benth.〔Silver Dollar Tree〕 高 3～15m。幼树及萌蘖枝上的叶对生，无柄，广卵形或圆盾形，或二叶合成圆盾形；成树的叶互生，披针形；叶两面均被白粉，银绿色。原产澳大利亚东南部。叶色银绿，十分雅致，宜植于庭园或盆栽观赏，其枝叶也是上等插花配材。

【白千层属 *Melaleuca*】 约 200 种，主产澳大利亚；中国引入栽培 3 种。

(948) **白千层**（白树）

Melaleuca quinquenervia (Cav.) S. T. Blake〔Paperbark Tea Tree〕

常绿乔木，高 8～12m；树皮灰白色，厚而疏松，可层层薄片状剥落；小枝常下垂。单叶互生，披针形至倒披针形，长4～8cm，全缘，有平行纵脉 5(7)

条。花乳白色，雄蕊合生成5束，每束有花丝10～13；顶生穗状花序，长6～12cm；花期1～2月。

原产澳大利亚、新几内亚、印尼和新喀里多尼亚；华南地区常见栽培。适应性强，能耐干旱和水湿。播种繁殖。多作行道树及防护林树种。枝叶可提取芳香油（即白树油），供药用和作防腐剂。

本种常与 ***M. leucadendron*** (L.) L. 相混，但后者雄蕊每束仅有花丝5～8，枝不下垂；叶披针形，长达17cm。原产澳大利亚，很少栽培。

图592　白千层

【红千层属 ***Callistemon***】约30种，产澳大利亚；中国引入栽培约10种。

(949) **红千层**

Callistemon rigidus R. Br.

〔Stiff Bottle-brush〕

常绿灌木，高1～2(3)m；树皮不易剥落。单叶互生，暗绿色，线形，长5～8cm，宽3～6mm，中脉和边脉明显，全缘，两面有小突点，叶质坚硬。穗状花序紧密，生于枝之近端处，但不久中轴继续生长而成一具叶的新枝；雄蕊鲜红色，长约2.5cm，由花轴向周围突出，整个花序极似试管刷；夏季开花。

原产大洋洲。是一美丽的观赏灌木，华南有栽培。不耐寒，长江流域及北方城市常于温室盆栽观赏。播种、扦插或高压繁殖。移栽不易成活，故定植以幼苗为好。

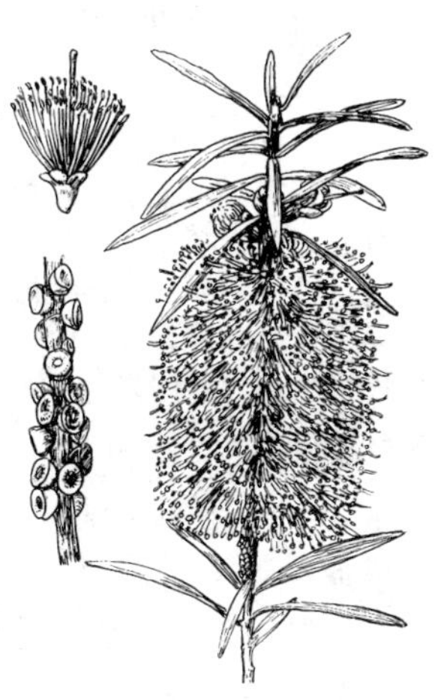

图593　红千层

(950) **垂枝红千层**（串钱柳）

Callistemon viminalis (Soland.) G. Don ex Loud.〔Weeping Bottle-brush〕

常绿小乔木，高达4(6)m；枝细长下垂，嫩枝有柔毛。叶披针形至线状披针形，长达10cm，全缘。花冠小，雄蕊多而细长，红色，长达2.5cm；花生于枝梢，成下垂的瓶刷状密集穗状花序，长达7.6cm。花期5月及10月。

原产澳大利亚；华南地区有栽培。播种或扦插繁殖。花序红色美丽，可作园林风景树及行道树观赏。有不同花色（亮红、深红、粉红、白花）及矮生、长穗等品种。

(951) **橙花红千层**（橘香红千层）

Callistemon citrinus (Curtis) Stapf〔Scarlet Bottle-brush〕

常绿小乔木，高3～7m；枝拱形，嫩枝有丝状毛。叶披针形至广披针形，长达7.5cm，质硬，光滑，侧脉、中肋及油腺点明显，叶揉碎后有柠檬香味；幼叶铜红色。花丝红色，顶端橙色，雄蕊长达2.5cm；穗状花序长达10cm。花期春夏之交，长达1个月。

原产澳大利亚东南部。适应性强，能耐－10℃的低温。花序大而艳丽，是育种的很好亲本之一。有**白花**‘Alba’、**粉花**‘Pinkie’等品种。

(952) **金叶红千层**

***Callistemon* × *hybridus* ‘Golden Ball’**

常绿灌木或小乔木，高2～5m。叶紧密互生，线形，长2～2.5cm，嫩叶金黄色，老叶黄绿色，揉之有香味。花序长圆柱形，下垂；雄蕊多数，红色。花期夏至秋季。

是杂交品种，热带地区多有栽培；华南有引种栽培。是暖地优良的观叶观花树种。

【蒲桃属 *Syzygium*】常绿木本；单叶对生，罕轮生。子房2～3室；聚伞花序。浆果或核果状。约500余种，产东半球热带；中国约70余种，引入栽培1种。

(953) **蒲　桃**（水蒲桃）

Syzygium jambos（L.）Alston

〔Rose Apple，Malabar Plum〕

乔木，高达10m；枝开展，树冠球形；树皮浅褐色，平滑。叶对生，长椭圆状披针形，长10～25cm，先端渐尖，基部楔形，全缘，羽状侧脉至近边缘处汇合成边脉，革质而有光泽。花绿白色，径4～5cm，萼片宿存；顶生伞房花序；4～5月开花。果球形或卵形，径2.5～4cm，淡绿色或淡黄色，内含种子1，罕2，摇之格格有声；7～8月果熟。

图594　蒲　桃

产华南至中印半岛。喜光，要求湿热气候，喜生河旁水边。果味香甜，但水分少，宜制成果冻或蜜饯食用。是热带、暖亚热带栽培果树之一。树形美丽，可栽作庭荫树及固堤、防风树种。

(954) **洋蒲桃**（莲雾）

Syzygium samarangense（Bl.）Merr. et Perry〔Java Apple，Wax Apple〕

乔木，高达12m。叶对生，椭圆状矩圆形，长12～25cm，先端钝或钝尖，基部圆或近心形，革质，近无柄。花白色，径3～4cm，腋生或顶生聚伞花序；3～5月开花。浆果钟形或洋梨形，顶端压扁状，长3～4cm，肉质，淡粉红色，光亮如蜡，有香味，惟多渣。

原产马来西亚至印尼；我国华南地区有栽培。播种或扦插繁殖。是热带果树之一，又可栽作园林风景树、行道树和观果树种。

图595　洋蒲桃

(955) **海南蒲桃**(乌墨)

Syzygium cumini (L.) Skeels

乔木,高达15m。叶对生,卵形至长椭圆形,长6~12cm,先端圆或渐尖,侧脉密而明显,两面多细小腺点。花白色,萼齿不明显;腋生圆锥花序,长达11cm。果卵球形或壶形,长1~2cm,紫黑色。花期春季;果期7~8月。

图596 海南蒲桃

产我国华南、西南地区至东南亚及澳大利亚。枝叶茂密,花、叶、果均有观赏价值。近年在华南一些城市栽作园林绿化和行道树种。

(956) **赤 楠**(山乌珠)

Syzygium buxifolium Hook. et Arn.

灌木或小乔木,高达5m;小枝茶褐色,无毛。叶对生,革质,倒卵状椭圆形,长2.5~3cm,先端钝,基部楔形,全缘,羽状侧脉汇合成边脉。花白色,聚伞花序顶生。浆果球形,熟时黑色。

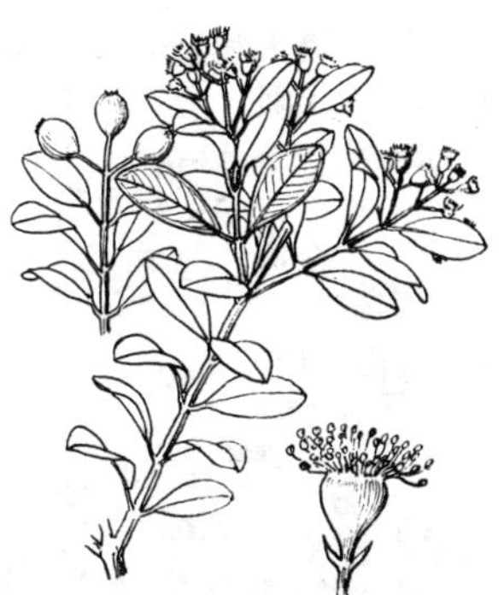

图597 赤 楠

产长江以南各省区山地;越南和日本南部、琉球群岛也有分布。不耐寒,生长慢。播种繁殖。叶形颇似黄杨,可植于庭园观赏或栽作绿篱。材质坚重致密,可作秤杆及雕刻等用。

〔附〕**轮叶赤楠** ***S. grijsii*** (Hance) Merr. et Perry 灌木,高1.5~2m;小枝4棱形。3叶轮生,狭椭圆形至倒披针形,长1.5~3cm,先端钝,基部楔形。花小,白色;成顶生聚伞花序;5~6月开花。果球形,径4~5mm。产浙江、江西、湖南、广东、广西等地;广州、杭州等地有栽培。

【水翁属 ***Cleistocalyx***】约20余种,产亚洲热带至大洋洲;中国2种。

(957) **水 翁**(水榕)

Cleistocalyx operculatus (Roxb.) Merr. et Perry

常绿乔木,高达15m。单叶对生,卵形至椭圆形,长8~20cm,先端渐钝尖,基部楔形,无毛,叶柄长1~1.5cm。花小,花萼花瓣合生成有小尖头的花盖;复聚伞花序腋生。浆果近球形,径约7mm,熟时紫黑色。花期5~6月;果熟期8~9月。

图598 水 翁

产亚洲南部和东南部至澳大利亚;华南及云南有分布,常生于水边。播种繁殖,扦插易活。枝叶茂密,绿荫效果好,是华南地区良好的水边园林绿化及固堤树种。果味甜可食。

【红胶木属 *Tristania*】约 20 余种，产亚洲东南部及大洋洲；华南引入栽培 1 种。

(958) **红胶木**

Tristania conferta R. Br.

(*Lophostemon confertus* P. G. Wilson et Waterhouse) 〔Brush Box〕

常绿乔木，高达 20m。叶互生，聚生枝端，椭圆形至椭圆状倒披针形，长 7～15cm，先端渐尖，基部楔形，全缘，表面多腺点，背面灰白色。花小，花萼陀螺形，5 裂，花瓣 5，白色，雄蕊多数（5 束）；3～7 朵成腋生聚伞花序。蒴果半球形，径约 1cm，3 瓣裂。花期 5～7 月；果期 9～11 月。

图 599 红胶木

原产澳大利亚东部；热带地区多有栽培，华南地区有引种。喜光，喜高温多湿气候及深厚、肥沃的沙质壤土，耐干旱；生长快。树形美观，花洁白素雅；为良好的园林风景、行道树和造林树种。有**金边** ‘Perth Gold’、**斑叶** ‘Variegatus’（叶有浅黄色斑）等品种。

【南美棯属 *Feijoa*】2 种，产南美；中国引入栽培 1 种。

(959) **南美棯**（非油果）

Feijoa sellowiana O. Berg 〔Pineapple Guava〕

常绿灌木或小乔木，高达 4.5m。叶对生，椭圆形至长椭圆形，长达 7.5cm，全缘，表面绿色有光泽，背面密生白色绒毛。花单生叶腋，径达 3.8cm；花萼 4 裂，花瓣 4，肉质，外面有白色绒毛，里面带紫色，雄蕊多数，细长花丝及花柱皆暗红色。浆果卵状椭球形，绿色稍带红色，长达 5～7.5cm，有宿存花萼。

原产南美；我国上海及云南勐腊等地有引种。喜光，喜温暖湿润气候，能耐－9℃的低温。树姿优美，花色艳丽，果可食；可作园林绿化及观赏树种。

【番樱桃属 *Eugenia*】约 1000 种，主产热带美洲，少数产东半球热带；中国引入栽培 2 种。

(960) **红果仔**（番樱桃，毕当茄）

Eugenia uniflora L.

〔Pitanga, Surinam Cherry〕

图 600 红果仔

常绿灌木或小乔木，高 2～4m。叶对生，卵形至椭圆形，长 2～4(6)cm，全缘，表面深绿色，有光泽，背面苍白色，叶脉在背面凸起；有短柄。花单生叶腋，白色，径达 1.3cm，雄蕊多而长，有香味。浆果扁球形至卵球形，有 8 纵沟，径1.5～2cm，黄色至红色。花期2～4月；果期5～7月。

原产热带美洲；在热带地区广为栽培。浆果艳丽，嫩叶紫红，耐修剪；华南地区时见植于庭园或盆栽观赏，也可栽作绿篱。果肉多汁，微酸可食。

【松红梅属 *Leptospermum*】约40种，主产澳大利亚和新西兰。

(961) **松红梅**（鱼柳梅）

Leptospermum scoparium J. R. Forst. et G. Forst

〔Manuka，Tea-tree〕.

常绿灌木；枝纤细，有柔毛。单叶互生，线形至披针形，长达1.2cm，全缘，质硬，嫩时有柔毛。花单生叶腋，径达1.2cm，花瓣5，白色或粉红色，雄蕊多数。蒴果木质，5瓣。

原产新西兰和塔斯马尼亚岛。品种丰富，花有单瓣、重瓣，白、紫、红、粉等色，极富观赏价值。

【番石榴属 *Psidium*】约150种，产热带美洲；中国引入栽培2种。

(962) **番石榴**

Psidium guajava L.

〔Common Guava〕

常绿灌木或小乔木，高达10m；树皮薄鳞片状剥落后仍较光滑；小枝4棱形。叶对生，长椭圆形，长7～12cm，全缘，革质，背面有柔毛，羽状脉在表面下凹。花白色，芳香，1～3朵生于总梗上。浆果球形或洋梨形。4～5月和8～9月二次开花；花后2个月果熟。

原产南美洲；现广植于热带各地，华南地区有栽培。喜光，喜暖热气候，不耐寒。播种或嫁接繁殖。果可食，是热带水果之一；植于庭园可以诱来鸟类。

图601　番石榴

【香桃木属 *Myrtus*】2种，产地中海地区；中国引入栽培1种。

(963) **香桃木**（茂树）

Myrtus communis L.

〔Myrtle，Greek Myrtle〕

常绿灌木，高1～3m；小枝灰褐色，嫩时有锈色毛。单叶对生，或在枝上部为轮生，卵状椭圆形至披针形，长2.5～5cm，先端尖，全缘，革质而有光泽，具短柄，叶片撕裂或搓揉后有浓裂香味。花白色，或略带紫红色，芳香，径1.5～2cm，花柄细长（2～2.5cm）；常单生叶腋，或成聚伞花序。浆果扁球形，长约1.2cm，紫黑色。花期5月；果熟期10月。

图602　香桃木

原产南欧地中海地区至西亚；上海早有栽培。喜光，也能耐半荫，不耐寒；生长慢，耐修剪，寿命长。枝叶密生，常绿而芳香；宜植于庭园观赏，或作绿篱材料。

有**重瓣**‘Flore Pleno’、**斑叶**‘Variegata’、**白果**‘Albo-carpa’等品种。

变种**小叶香桃木** var. *microphylla* Bailey 叶较小，线状披针形，紧密上升。

83. 石榴科 Punicaceae

【石榴属 *Punica*】2种，产地中海地区至西亚；中国栽培1种。

(964) **石　榴**（安石榴）

Punica granatum L. 〔Pomegranate〕

落叶灌木或小乔木，高2～7m；枝常有刺。单叶对生或簇生，长椭圆状倒披针形，长3～6cm，全缘，亮绿色，无毛。花通常深红色，单生枝端；花萼钟形，紫红色，质厚；5～6(7)月开花。浆果球形，径6～8cm，古铜黄色或古铜红色，具宿存花萼；种子多数，具肉质外种皮，汁多可食。

图603　石　榴

原产伊朗和阿富汗等中亚地区，西藏澜沧江两岸有天然林。汉代张骞通西域时引入中国，黄河流域及其以南地区有栽培。喜光，喜温暖气候，有一定耐寒能力，在北京避风向阳的小气候良好处可露地栽培；喜肥沃湿润而排水良好的土壤，不适于山区栽培。播种或扦插繁殖。是美丽的观赏树及果树，又是盆栽和制作盆景、桩景的好材料。果实留在树上易裂开，应在成熟前采收，置室内让它继续成熟。果皮、根及花均可入药，有收敛、止泻、杀虫等功效。栽培的品种很多，常见的观赏品种有：

①**月季石榴‘Nana’** 丛生矮小灌木，枝、叶、花均小；花红色，也有粉红、浅黄、白色等品种，花期长，易结果。是盆栽观赏的好材料。

②**千瓣月季石榴‘Nana Plena’** 植株矮小，性状同月季石榴，惟花重瓣；是盆栽观赏的好材料。

③**白花石榴‘Albescens’** 花白色，单瓣。

④**黄花石榴‘Flavescens’** 花黄色。

⑤**千瓣黄花石榴‘Flavescins Plena’** 花黄色，重瓣。

⑥**千瓣白花石榴‘Alba Plena’（‘Multiplex’）** 花白色，重瓣。

⑦**千瓣红花石榴‘Plena’（‘Pleniflora’）** 花红色，重瓣。

⑧**千瓣橙红石榴‘Chico’** 花橙红色，重瓣，径2.5～5cm；夏天连续开花，不结果。

⑨**大花千瓣橙红石榴‘Wonderful’** 花橙红色，重瓣，径达7.5cm；果也较大。

⑩**玛瑙石榴‘Legrellei’** 花重瓣，花瓣橙红色而有黄白色条纹，边缘也黄白色。

⑪**墨石榴‘Nigra’** 矮生种，枝较细软，叶狭小；花也小，多为单瓣；果

熟时紫黑色，皮薄，子味酸不堪食。主要供观赏。

⑫**'牡丹'石榴 'Mudan'** 是国内近年育出的新品种，花冠大，重瓣，形似牡丹，状如绣球，花径 8～15cm，花色大红，秋后偶有白或黄花瓣点缀其间；花期 5～10 月。

84. 野牡丹科 Melastomataceae

【野牡丹属 *Melastoma*】约 100 种，产热带亚洲及大洋洲；中国 9 种。

(965) **野牡丹**

Melastoma candidum D. Don

常绿灌木，高达 1.5m；枝密被紧贴的鳞片状糙伏毛。单叶对生，卵形，长 4～10cm，先端急尖，基部浅心形，基出 7 平行脉，在表面不下凹，两面被糙伏毛。花紫粉红色，径 7.5～10cm，花瓣 5，倒卵形，长 3～4cm，雄蕊 10，5 长 5 短，芳香；花 1 至几朵生于枝顶；花期 4～8 月。蒴果肉质，坛状球形，径 8～12mm；秋冬果熟。

图 604 野牡丹

产我国台湾、华南及中南半岛；常生于低海拔的山坡，是酸性土指示植物。扦插或播种繁殖。花美丽，花期长，并有**白花** 'Albiflorum' 品种，可于庭园栽培观赏。根、叶药用。

(966) **展毛野牡丹**

Melastoma normale D. Don

常绿灌木，高 2～3m；枝密被平展的长粗毛及短柔毛。叶对生，卵形至卵状长椭圆形，基出 5 主脉。花瓣 5，倒卵形，长约 2.7cm，淡紫色，萼片披针形；夏至秋季开花。蒴果小，径 5～7mm。

产亚洲热带地区；我国东南部、华南至西南部有分布。花美丽而花期持久，宜植于庭园观赏。

〔附〕**毛棯 *M. sanguineum*** Sims 常绿灌木，高达 2m；枝被平展粗毛，毛基部膨大。叶卵状披针形，长 10～15cm，基出 5 主脉，在表面下凹，表面有光泽。花瓣 5～7，倒广卵形，长 3～5cm，粉红色；花常单生枝顶。蒴果较大，径 1.5～2cm。广布于华南地区至印度、马来西亚和印尼。花大而美丽，可供观赏。根、叶可药用；果可食。

【蒂杜花属 *Tibouchina*】约 350 种，主产热带美洲；中国有引入。

(967) **蒂杜花**（巴西野牡丹）

Tibouchina urvilleana (DC.) Cogn. (*T. semidecandra*)〔Glory Bush〕

常绿灌木，高 0.3～1m；茎 4 棱，有毛。叶对生，卵状长椭圆形至披针形，长 6～10cm，基出 3(5)主脉，先端尖，深绿色，两面密被短毛。花鲜蓝紫色，径 5～7cm，花瓣 5，雄蕊 5 长 5 短；短聚伞花序顶生。夏至秋季开花。

原产巴西，世界热带地区普遍栽培；华南有引种。喜光，喜排水良好的酸性土壤，不耐寒。扦插或高压繁殖。花美丽而花期长，宜植于庭园或盆栽观赏。

〔附〕**银毛野牡丹** *T*. *aspera* Aubl. var. *asperrima* Cogn. 常绿灌木，高1.5～3m；茎4棱。叶对生，广卵形，长6～10cm，基出3主脉，两面密被银白色绒毛。花淡紫红色；聚伞式圆锥花序顶生。夏季开花。原产中美至南美；华南常植于园林或盆栽观赏。

【酸脚杆属 *Medinilla*】约150种，产东半球热带；中国15种，引入1种。

(968) **宝莲花**（宝莲灯，粉苞酸脚杆）

Medinilla magnifica Lindl. 〔Herrlite Medinilla〕

常绿灌木，高2～3m；茎4棱。叶对生，卵形至卵状椭圆形，长10～20(30)cm，弧形侧脉2～3对（凹陷），绿色有光泽，稍肉质；近无柄。花瓣4～6，珊瑚红色，雄蕊8～10，花药紫色，花丝黄色；由聚伞花序组成大圆锥花序，长20～30(45)cm，腋生，下垂；总苞片大，长卵形，长3～10cm，粉红色。浆果球形，粉红色，花萼宿存。花期4～6月；果期8月。条件适宜可全年开花。

原产菲律宾，热带地区常见栽培；华南地区有引种。耐半荫，喜高温多湿气候，不耐寒。可用高压法繁殖。花色美丽，姿态优雅，是珍贵的木本花卉，宜植于庭园或盆栽观赏。

85. 使君子科 Combretaceae

【使君子属 *Quisqualis*】17种，产南亚及非洲热带；中国2种。

(969) **使君子**

Quisqualis indica L.

〔Rangoon-creeper〕

落叶藤木，长达3～8m；幼嫩部分有锈色柔毛。单叶对生，椭圆形至长椭圆形，长7～12cm，全缘，表面光滑，背面有时疏生锈色柔毛；叶柄下部宿存而成一硬刺状物。花两性，萼管延伸成一细长筒（长5cm以上），端5裂；花瓣5，长1.2～1.5cm，由白变红，雄蕊10；成顶生下垂短穗状花序；夏季开花。果干燥，有5棱。

产马来西亚、菲律宾、印度、缅甸至华南地区。不耐寒。播种、扦插或压条繁殖。种子为肠胃驱虫药。花美丽，并有重瓣品种，可植于庭园观赏。

图605 使君子

变种**毛使君子** var. *villosa* C. B. Clarke 叶卵形，两面被绒毛。分布于亚洲热带。

〔附〕**小花使君子** *Q*. *caudate* Craib 藤木；叶柄有关节。花小，红色或淡红色，花瓣长5mm，萼筒长不及2.5cm；花序的花密集。产云南南部；泰国北部也有分布。花美丽，可植于庭园观赏。

【榄仁树属 *Terminalia*】约200种，产热带地区；中国8种，引入数种。

(970) **榄仁树**

Terminalia catappa L. 〔Indian Almond〕

图 606 榄仁树

落叶或半常绿乔木，高达 20m。叶互生，常集生枝端，倒卵形，长 15～30cm，全缘，先端钝，基部渐狭成耳形或圆形；叶柄顶端有腺体。花杂性，无花瓣；穗状花序腋生，雄花在花序上部，雌花或两性花在花序下部；春季开花。核果椭球形，长 2.5～5cm，绿色至红色，具 2 纵棱。

原产亚洲热带至澳大利亚北部；华南有分布和栽培。是热带海滩树种，生长快，深根性，抗风力强。旱季落叶前红叶美丽。在暖地可作庭荫树、行道树和防风林树种。果之核仁含油丰富，可食用或榨油。

(971) **千果榄仁**

Terminalia myriocarpa Van Huerck et Muell. -Arg.

常绿乔木，高 25～35m；具大板根。叶对生，长卵形，长 10～18cm，先端有偏斜短尖头，基部钝圆，侧脉 15～25 对，全缘或略波状；叶柄较粗，顶端有 1 对具柄腺体。花小，两性，红色；圆锥花序，长 18～26cm。果极多，具 3 翅（2 大 1 小）。花期 8～9 月；果期 10 月至翌年 1 月。

产亚洲南部和东南部；我国西藏东南部、云南及广西西南部有分布。树姿雄伟，四季常青，秋季开花满树红艳；华南地区有栽培，作风景树和行道树。

(972) **阿江榄仁**

Terminalia arjuna Wight et Arn.

落叶乔木，高达 24m。叶近对生，长圆形，长 10～18cm，基部突然变窄并心形，冬季落叶前不变红色。花小，绿色或白色；成短的穗状花序或圆锥花序。果近球形，长达 5cm，具 5 窄翅。

原产印度及斯里兰卡；是当地的重要用材树种。华南一些城市有栽培，用作园林绿化及行道树种。

(973) **小叶榄仁**（非洲榄仁）

Terminalia mantaly H. Perrier

落叶乔木，高达 15m；侧枝近轮生，层次明显。叶倒披针形，长 3～4cm，先端圆，基部楔形，亮绿色。花极小，红色，小苞片三角形，宿存；大型圆锥花序。瘦果，有 3 膜质翅。

原产热带非洲，热带地区多有栽培；我国台湾及华南地区引种。喜光，耐半荫，喜暖热多湿气候及深厚肥沃而排水良好的土壤；生长快。树冠圆锥形，分枝层次明显，冬季落叶前叶色变红；是优良的园林风景树及行道树种。

三色小叶榄仁'Tricolor' 叶淡绿色，有白色或淡黄色的斑纹；新叶粉红色。

〔附〕**菲律宾榄仁**（马尼拉榄仁）***T. calamansanai*** (Blanco) Rolfe 落叶乔木，高达 10m；树冠塔形，层状分枝。叶倒卵状椭圆形形，长 2～3cm，先端尖，冬季落叶前叶色变红。原产东南亚；华南有引种栽培。树性强健，对土壤要求不严，耐旱，抗风。在暖地可栽作园林风景树及行道树。

86. 八角枫科 Alangiaceae

【八角枫属 ***Alangium***】约30余种，产亚洲、大洋洲和非洲；中国9种。

(974) **八角枫**（华瓜木）

Alangium chinense (Lour.) Harms

落叶乔木，高达15m，常成灌木状；树皮淡灰色，平滑。单叶互生，卵圆形，长13～20cm，基部歪斜，全缘或有浅裂，叶柄红色。花瓣6～8，狭带状，黄白色，长1～1.5cm，花丝基部及花柱有毛；3～15(30)朵组成腋生聚伞花序；6～8月开花。核果卵球形，长5～7mm。

产亚洲东南部及非洲东部；我国黄河中上游、长江流域至华南、西南各地均有分布。稍耐荫，耐寒性不强。根、茎、叶均可供药用。也可栽作庭荫树。

图607 八角枫

(975) **瓜　木**

Alangium platanifolium (Sieb. et Zucc.) Harms

落叶灌木或小乔木，高达7m；小枝绿色，有短柔毛。叶互生，近圆形，长11～18cm，全缘或3～5(7)浅裂，基部广楔形或近心形，幼时两面有毛。花瓣5～6，长2.5～3.5cm，花丝基部及花柱无毛；(1)3～5(7)朵成腋生聚伞花序。核果卵形，长9～12mm。

产我国东北南部、华北、西北及长江流域地区；朝鲜、日本也有分布。根皮可供药用，能治风湿骨痛。

〔附〕**毛八角枫** ***A. kurzii*** Craib　小枝及叶有宿存的淡黄色绒毛。叶近卵形，长10～14，基部偏斜。花瓣6～8，长2～2.5cm，外面有丝状柔毛；5～7朵成聚伞花序。产亚洲南部，我国长江以南有分布。

图608 瓜　木

87. 蓝果树科（紫树科）Nyssaceae

【蓝果树属 ***Nyssa***】约10种，产亚洲和美洲；中国7种，引入栽培1种。

(976) **蓝果树**（紫树）

Nyssa sinensis Oliv. 〔Chinese Tupelo〕

落叶乔木，高达30m；树干分枝处具眼状纹；小枝有毛。单叶互生，卵状椭圆形，长8～16cm，全缘，基部楔形，先端渐尖或突渐尖，叶柄及背脉有毛。花小，单性异株；雄花序伞形，雌花序头状。核果椭球形，长1～1.5cm，熟时深蓝色，后变紫褐色。

产长江以南地区。喜光，喜温暖湿润气候及深厚、肥沃而排水良好的酸性土壤，耐干旱瘠薄；生长快。秋叶红色，颇艳丽，宜作庭荫树及行道树。

〔附〕**多花紫树**（北美紫树）***N. sylvatica*** Marsh. 高达30m；叶椭圆形至倒卵形，长达12.5cm，先端短渐尖，全缘。果暗蓝色，长约1.2cm。原产北美；我国江苏、浙江等地有少量栽培。耐水湿，抗风，耐寒性较强；生长快。秋叶红艳美丽，宜栽作园林风景树。

图609 蓝果树

【喜树属 *Camptotheca*】1种，中国特产。

(977) **喜 树**（旱莲）

Camptotheca acuminata Decne.

落叶乔木，高达30m。单叶互生，通常卵状椭圆形，长8～20cm，先端突渐尖，基部圆形或广楔形，全缘或幼树之叶有齿，羽状脉弧形而下凹，叶柄及背脉均带红晕。花杂性同株；头状花序球形，具长总梗，常数个组成总状复花序。坚果近方柱形，聚生成球形果序。

中国特产，分布于长江以南地区。喜光，喜温暖湿润气候，不耐寒，喜肥沃、湿润土壤，不耐干旱瘠薄，在酸性、中性、弱碱性土上均能生长；浅根性，生长快，萌芽性强。播种繁殖。树干端直，树姿优美，宜作庭荫树及行道树。根皮及果含喜树碱，有抗癌作用。

图610 喜 树

【珙桐属 *Davidia*】1种，中国特产。

(978) **珙 桐**

Davidia involucrata Baill.

〔Dove Tree, Handkerchief Tree〕

落叶乔木，高达20m。单叶互生，广卵形，长7～16cm，先端突尖，基部心形，缘有粗尖齿，背面密生丝状绒毛。花杂性；头状花序(仅1朵两性花，其余为雄花)下有2枚白色叶状大苞片，椭圆状卵形，长8～15cm，中上部有锯齿。核果椭球形，长3～4cm，具3～5核。

中国特产，分布于湖北西部、四川中部及南部、贵州东北部、云南北部高山上。喜温凉湿润气候及肥沃土壤，不耐寒。播种繁殖。本种花序苞片奇特美丽，形如飞鸽，是世界著名的观赏树种。已定为国家一级重点保护树种。

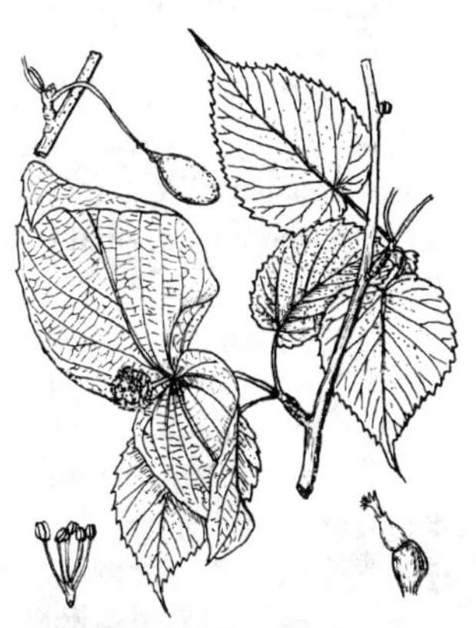

图611 珙 桐

变种**光叶珙桐** var. *vilmoriniana* (Dode)

Wanger. 叶背仅脉上及脉腋有毛，余光滑毛无；常与珙桐混生。在欧美栽培的通常是该变种。

88. 山茱萸科 Cornaceae

1. 叶全缘，花两性；核果（广义的 **Cornus**）：
   2. 聚伞花序，无总苞片 ……………………………………………… **梾木属** *Cornus*
   2. 头状或伞形花序，具总苞片：
      3. 伞形花序，总苞片小，鳞片状 ……………………………… **山茱萸属** *Macrocarpium*
      3. 头状花序，总苞片大，花瓣状 ………………………… **四照花属** *Dendrobenthamia*
1. 叶缘有齿；花单性异株：
   4. 叶对生，常绿；子房1室 ……………………………………… **桃叶珊瑚属** *Aucuba*
   4. 叶互生；子房3～5室，伞形花序生于叶片中脉上 ………………… **青荚叶属** *Helwingia*

【**梾木属 *Cornus***】木本；单叶对生，稀互生，全缘，羽状脉弧形。花两性，萼裂、花瓣、雄蕊各为4；伞房状复聚伞花序顶生；核果。40余种，产北温带；中国30余种，引入栽培1种。

（979）**红瑞木**

Cornus alba L.（Swida alba Opiz.）

〔Tatarian Dogwood〕

落叶灌木，高达3m；枝条鲜红色，无毛，常被白粉。单叶对生，卵形或椭圆形，长4～9cm，背面灰白色，侧脉4～5(6)对。花小，白色至黄白色。核果白色或略带蓝色。花期6～7月；果期8～10月。

图612　红瑞木

产我国东北、华北及西北地区；朝鲜、俄罗斯（西伯利亚地区）及欧洲也有分布。喜光，耐半荫，耐寒，耐湿，也耐干瘠。扦插、播种、分株或压条繁殖。本种枝干及秋叶红色，颇为美观，植于草坪、林缘及河岸、湖畔均甚合适。种子含油30%，供工业用。

有**珊瑚**‘Sibirica’（茎亮珊瑚红色，冬季尤为美丽）、**紫枝**‘Kesselringii’、**金叶**‘Aurea’、**斑叶**‘Gouchaultii’（叶有黄白色和粉红色斑）、**银边**‘Argenteo-marginata’（‘Variegata’）、**金边**‘Spaethii’等品种。

（980）**梾　木**

Cornus macrophylla Wall.

（*Swida macrophylla* Sojak.）

落叶乔木，高达20m；小枝具棱。叶对生，卵状椭圆形至广卵形，长8～16cm，侧脉5～7对，背面灰白色，具倒生短刚毛。花小，黄白色，柱头扁平，微裂；聚伞花序圆锥状。核果

图613　梾　木

黑色。

产我国华东、华中及西南地区；日本、巴基斯坦、尼泊尔、印度也有分布。喜光，对土壤要求不严，在土壤深厚肥沃的石灰岩地区生长良好；生长较快，寿命长。果实可榨油，供食用及轻工业用；材质坚硬，纹理致密美观，为优良用材。因此是园林绿化结合生产的好树种。

〔附〕**朝鲜梾木** ***C. coreana*** Wanger.（*S. coreana* Sojak.） 与梾木的主要区别是：叶椭圆形至椭圆状卵形，长 5～8cm，侧脉 4～5 对，背面淡绿色，疏生短伏毛。花白色，柱头头状。产我国辽宁（千山、熊岳）和朝鲜。在东北地区可栽作园林绿化树种。

(981) **毛梾木**（车梁木）

Cornus walteri Wanger.

（*Swida walteri* Sojak.）

落叶乔木，高达 15(30)m；幼枝有灰白色平伏毛。叶对生，椭圆形至长椭圆形，长 4～10cm，侧脉 4～5 对，两面被平伏柔毛，背面较密。花白色，有香气，径约 9.5mm；聚伞花序伞房状；花期 5 月。核果黑色，9～10 月成熟。

主产黄河流域，华东至西南地区也有分布。较喜光，喜深厚肥沃土壤，较耐干旱瘠薄，在中性、酸性及微碱性土上均能生长；深根性，萌芽性强，寿命长达 300 年以上。木材坚硬，可作车梁、车轴、家具等用；果肉及种子可榨油供食用、工业用及药用；树皮和叶可提制栲胶。是产区重要的油料、用材及园林绿化树种。

图 614 毛梾木

(982) **光皮梾木**（斑皮抽丝树）

Cornus wilsoniana Wanger.

（*Swida wilsoniana* Sojak.）

落叶乔木，高达 18m；树皮薄片状脱落，光滑，绿白色。叶对生，椭圆形，长 6～12cm，表面有平伏柔毛，背面密被乳点及丁字毛，侧脉 3～4(5)对。花白色，成顶生圆锥状聚伞花序；6 月开花。核果球形，径 6～7mm，紫黑色；10 月成熟。

产我国中西部至南部地区；宁、沪、杭一带有栽培。喜光，喜深厚、湿润、肥沃的土壤，在酸性土及石灰岩山地均生长良好；生长较快，寿命较长。果实可榨油供工业用或食用；木材坚硬致密，纹理美观；树形也颇美观。是产区优良油料、用材及园林绿化树种。

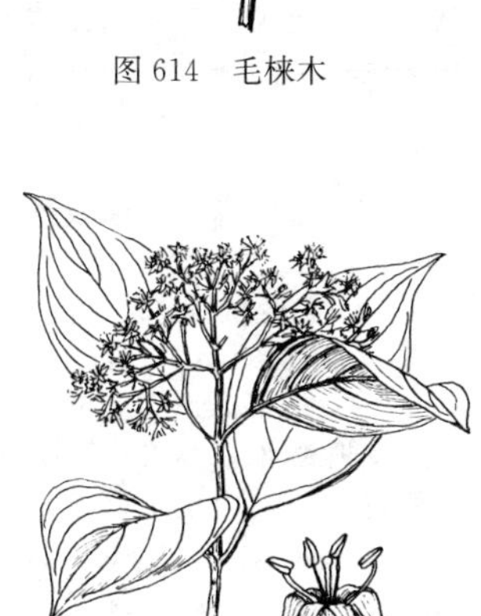

图 615 光皮梾木

(983) **沙 梾**

Cornus bretschneideri L. Henry（*Swida bretschneideri* Sojak.）

落叶灌木或小乔木，高达 6m；树皮红紫色，小枝黄红色。叶对生，卵形至椭圆状卵形，长5～10cm，背面灰白色，被白色丁字毛，侧脉5～6(7)对。花乳白色；复聚伞花序常顶生。核果蓝黑色。6～7月开花；8～9月果熟。

产辽宁、华北、内蒙古、西北及四川、湖北等地，多生于林下或灌丛中。可植于庭园观赏。

图616 沙 梾

(984) **矩圆叶梾木**

Cornus oblonga Wall.

(*Swida oblonga* Sojak.)

常绿灌木或小乔木，高达6～10m；树皮灰褐色，平滑。叶对生，矩圆形，长6～12cm，侧脉4～5对，边缘略反卷，革质。花小，乳白色；聚伞花序伞房状。果球形，黑色。9～10月开花；翌年5～7月果熟。

产我国西南地区；印度、尼泊尔、巴基斯坦也有分布。果可榨油；树皮可提制栲胶。可作园林绿化树种。

图617 矩圆叶梾木

(985) **小梾木**

Cornus paucinervis Hance

(*Swida paucinervis* Sojak.)

落叶灌木，高达4m；小枝有4棱，通常红褐色。叶对生，常为倒卵状长椭圆形，长3～7(10)cm，侧脉通常3对，背面有贴生短柔毛。花小，白色；聚伞花序伞房状。核果球形，黑色。

产我国中南、西南及西北地区。可作绿篱材料。

(986) **偃伏梾木**

Cornus stolonifera Michx.

〔American Dogwood〕

落叶灌木，高2～3m，具根出条；枝血红至紫红色，被粗伏毛。叶对生，椭圆形或长卵状披针形，长5～12cm，背面灰白色；秋叶橙红色。花小，白色；50～70朵成聚伞花序。核果白色（有时带绿色），径约8mm。花期6～7月；果期8～9月。

原产北美东部；我国东北一些城市有栽培。是观茎、观花及观果树种，并有金边、黄枝、矮生等品种。

图618 小梾木

(987) **灯台树**

Cornus controversa Hemsl.

（*Swida controversa* Sojak.，
Botrocaryum controversum Pojark.）
〔Table Dogwood〕

图 619 灯台树

落叶乔木，高 12～20m；侧枝轮状着生，层次明显。叶互生，卵形至卵状椭圆形，长 7～16cm，侧脉 6～7(9)对，背面灰绿色；叶常集生枝端。花白色，伞房状聚伞花序顶生；5～6 月开花。核果由紫红变蓝黑色。

产辽宁、华北、西北至华南、西南地区；朝鲜、日本、印度、尼泊尔也有分布。喜光，喜湿润；生长快。树形整齐美观，花白色美丽，可作庭荫树及行道树，尤宜孤植。又是用材及油料树种。

栽培变种**斑叶灯台树‘Variegata’**叶具白色或黄白色边及斑。

【山茱萸属 ***Macrocarpium***】5 种，产美洲、欧洲和亚洲；中国 2 种，引入 1 种。

（988）**山茱萸**

Macrocarpium officinale（Sieb. et Zucc.）Nakai
（*Cornus officinalis* Sieb. et Zucc.）〔Japanese Cornel〕

落叶灌木或小乔木，高达 10m；树皮片状剥裂。叶对生，卵状椭圆形，长 5～12cm，先端渐尖或尾尖，基部圆形，全缘，弧形侧脉6～7对，表面疏生平伏毛，背面被白色平伏毛，脉腋有黄簇毛。花小，鲜黄色；成伞形头状花序，总花梗极短；3～4 月叶前开花。核果椭球形，长约 2cm，红色或枣红色；8～9 月成熟。

产我国长江流域及河南、陕西等地，各地多栽培；朝鲜、日本也有分布。性强健，喜光，耐寒，喜肥沃而湿度适中的土壤，也能耐旱。早春枝头开金黄色小花，入秋有亮红的果实，深秋有鲜艳的叶色，均美丽可观。宜植于庭园观赏，或作盆栽、盆景材料。果实去核即中药“茱萸肉”，有温补肝肾、固涩精气等功效。

图 620 山茱萸

（989）**欧洲山茱萸**

Macrocarpium mas（L.）Nakai（*Cornus mas* L.）〔Cornelian Cherry〕

落叶灌木或小乔木，高 3～8m。叶对生，卵圆形，先端渐尖，基部圆形，侧脉 5～6 对，背面脉腋有白色簇毛，叶柄短；秋叶紫红色。花黄色，数朵簇生于老枝叶腋；早春叶前开花。核果长椭球形至近球形，长 1.5～2cm，熟时紫红色，有光泽。

原产欧洲南部；北京、上海等地有少量栽培。喜光，耐寒，耐干旱，抗病虫。花、果均美丽，宜植于庭园观赏。果可制果冻、果酱等。有**金叶**‘Aurea’、**金边**‘Aureo-elegantissima’、**银边**‘Variegata’、**斑叶**‘Elegantissima’（叶有黄斑，或呈粉红色）、**大果**‘Macrocarpa’及**塔形**‘Pyramidalis’等品种。

【四照花属 *Dendrobenthamia*】约 11 种，主产亚洲东部；中国 9 种，引入 1 种。

（990）**四照花**

Dendrobenthamia japonica（DC.）Fang var. ***chinensis***（Osb.）Fang

（*Cornus kousa* Hance var. *chinensis* Osb.）〔Chinese Dogwood〕

落叶小乔木，高达 8m；树冠开展。单叶对生，厚纸质，卵状椭圆形，长 5.5～12cm，基部圆形或广楔形，弧形侧脉 4～5 对，全缘，背面粉绿色，有白色柔毛，脉腋有淡褐色毛。花小，成密集球形头状花序，外有花瓣状白色大形总苞片 4 枚；5～6 月开花。聚花果球形，肉质，熟时粉红色。

产我国长江流域及河南、山西、陕西、甘肃等地。初夏白色总苞覆盖满树，光彩耀目，秋叶变红色或红褐色，是一种美丽的园林观赏树种。果味甜，可生食或供酿酒。

正种**日本四照花** ***D. japonica***（DC.）Fang（*C. kousa* Hance）与四照花的主要区别是：叶薄纸质，背面淡绿色，脉腋有白色或淡黄色簇毛，侧脉 3～4(5) 对，叶缘波状；花序总苞较宽短。产日本和朝鲜；北京及华东一些城市偶有栽培。有**斑叶**‘Gold Star’、**粉苞**‘Satomi’、**垂枝**‘Lustgarten Weeping’等品种。

图 621 四照花

（991）**狭叶四照花**（尖叶四照花）

Dendrobenthamia angustata（Chun）Fang

（*Cornus kousa* var. *angustata* Chun）

常绿乔木，高达 12m；幼枝被白毛，后渐脱落。叶对生，长椭圆形至卵状披针形，长 7～12cm，侧脉 3～4 对，全缘，背面密被灰白色丁字毛，革质。头状花序具 4 枚大形白色总苞片。聚花果球形，红色，果序梗细，长 6～10cm。花期 6～7 月；果 10～11 月成熟。

产我国中南至西南部地区。木材坚硬；果味甜可食。可栽作园林绿化及观赏树种。

（992）**头状四照花**（鸡嗉子果）

Dendrobenthamia capitata（Wall.）Hutch.（*Cornus capitata* Wall.）〔Himalaya Dogwood〕

常绿乔木，高可达 15m；小枝幼时密被白色柔毛，后渐脱落。叶对生，椭圆形或卵状椭圆形，长 5.5～10cm，基部楔形，侧脉 4～5 对，背面密被丁字毛，脉腋有明显的凹窝。头状花序近球形，有 4 枚黄白色大形总苞片；6 月开花。聚花果扁球形，熟时紫红色，形似鸡嗉子；果梗较粗，长 4～7cm。

图 622 头状四照花

产我国西南部及湖南、湖北、浙江、广西等地；尼泊尔、印度也有分布。果味甜，可生食或供酿酒。又是用材及观赏树种。

〔附〕**美国四照花 *D. florida*** (L.) Hutch. (*Cornus florida* L.)〔Flowering Dogwood〕 小乔木，高达10m。叶卵形，长达15cm，深绿色；秋叶变橘红、紫色或黄色。头状花序，下具4花瓣状总苞，总苞片白色，倒卵形，端凹。果椭球形，长约1.2cm，深红色，经冬不凋。花期5月。原产美国东南部；我国上海有引种。性强健耐寒（－25℃）。是美丽的观赏树种，**红花四照花'Rubra'**总苞粉红色，观赏性更强。

【桃叶珊瑚属 ***Aucuba***】13种，产亚洲；中国全有。

（993）**桃叶珊瑚**

Aucuba chinensis Benth.

常绿灌木；小枝有柔毛。单叶对生，长椭圆形或倒披针形，长10～20cm，全缘或上部有疏齿，薄革质，背面有硬毛。花单性异株，花瓣4，卵形，先端长尾尖，反曲；雄蕊4，很短；雄花成总状圆锥花序，长13～15cm，被硬毛。浆果状核果，深红色。

产我国台湾、广东、广西、云南、四川、湖北等地。偶见栽培观赏。

〔附〕**喜马拉雅珊瑚 *A. himalaica*** Hook. f. et Thoms. 与桃叶珊瑚近似，主要区别点是：叶表面脉显著下凹，背面脉上有短毛；花序密被淡黄色柔毛；花瓣长圆形，先端尾尖。产西藏东南部、四川、湖北西部、贵州、云南等地；印度及缅甸北部也有分布。

图623 桃叶珊瑚

（994）**东瀛珊瑚**（青木）

Aucuba japonica Thunb.

常绿灌木，高达5m；小枝绿色，无毛。叶对生，椭圆状卵形至长椭圆形，长8～20cm，基部广楔形，缘疏生粗齿，暗绿色，革质而有光泽。雌雄异株；花紫色，圆锥花序密生刚毛。核果浆果状，鲜红色，球形至卵形。

原产日本、朝鲜及我国台湾、福建。阴性，耐寒性不强。在华南可露地栽培，长江流域及其以北城市常温室盆栽，供观叶、观果。

栽培变种**洒金东瀛珊瑚'Variegata'** 叶面有黄色斑点，栽培较普遍。

此外，还有**洒银**'Crotonifolia'、**金边**'Picta'、**金叶**'Goldieana'、**大黄斑**'Picurata'、**狭长叶**'Longifolia'、**白果**'Leucocarpa'、**黄果**'Luteocarpa'、**矮生**'Nana'等品种。

图624 东瀛珊瑚

【青荚叶属 ***Helwingia***】5～6种，产亚洲东部；中国5种。

(995) **青荚叶**（叶长花）

Helwingia japonica (Thunb.) Dietr.

落叶灌木，高达2～3m。单叶互生，卵形至卵状椭圆形，长3～12cm，先端渐尖或尾尖，缘有刺状细尖齿，纸质；托叶撕裂状，长4～6mm。花小，单性异株；雄花5～10朵成密聚伞花序，雌花1～3朵簇生，均着生于叶表面中脉中部或偏下部。浆果状核果，近球形，黑色。

产长江流域至华南、西南各地，多生于海拔3000m以下林中；日本、缅甸及印度北部也有分布。夏季用半成熟枝扦插繁殖。全株入药，治痢疾、疮疖等。本种叶上开花、结果，实属罕见，可植于庭园观赏。

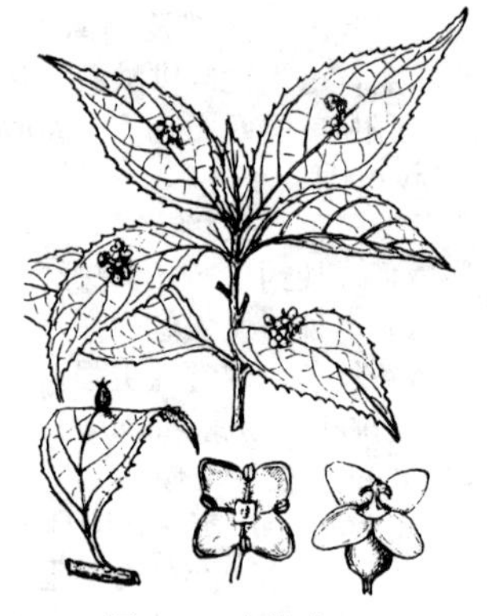

图625 青荚叶

89. 卫矛科 Celastraceae

【卫矛属 ***Euonymus***】木本；单叶对生。花两性，各部4～5数，雄蕊着生于肉质花盘边缘。蒴果4～5瓣裂，种子具橘红色假种皮。约200种，主产北温带；中国约100种，引入栽培1种。

(996) **卫　矛**

Euonymus alatus (Thunb.) Sieb. 〔Winged Spindle Tree〕

落叶灌木，高达3m；小枝具4条木栓质薄硬翅。叶椭圆形或倒卵形，长3～6cm，缘有细齿，两面无毛；叶柄极短。花小，浅绿色，腋生聚伞花序。蒴果紫色，分离成4荚，或减为1～3荚；种子具橙红色假种皮。

产东北南部、华北、西北至长江流域各地；日本、朝鲜也有分布。适应性强，耐寒，耐荫；耐修剪，生长较慢。嫩叶及霜叶均紫红色，在阳光充足处秋叶鲜艳可爱，蒴果宿存很久，也颇美观；常植于庭园观赏。枝上的木栓质翅可供药用，有活血破瘀功效。常见变种如下：

①**毛脉卫矛** var. ***pubescens*** Maxim.　叶多为菱状倒卵形，背面脉上有短毛；产华北、东北及日本、朝鲜。

②**无翅卫矛** var. ***apterus*** Loes.　枝上无木栓质薄硬翅。

图626 卫　矛

(997) **栓翅卫矛**

Euonymus phellomanus Loes.

落叶灌木，高3～4m；小枝绿色，近4棱，常具4条状木栓翅。叶长椭圆形，长6～12cm，先端渐尖，基部圆形或截形，叶柄长1～1.5cm。花小，紫色。蒴果倒心形，4棱，径约1cm，熟后红粉色。

产陕西、河南、山西、宁夏及四川；秦岭南北两坡均有分布。北京植物园有引种。

(998) **丝绵木**（白杜，明开夜合，华北卫矛）

Euonymus maackii Rupr.

(*E. bungeanus* Maxim.)

落叶小乔木，高达8m；小枝细长，绿色光滑。叶菱状椭圆形、卵状椭圆形至披针状长椭圆形，长4～8cm，先端长锐尖，缘有细齿，叶柄长2～3cm。花部4数，花药紫色；腋生聚伞花序。蒴果4深裂，径约1cm；假种皮橘红色。

图627 丝绵木

产我国东北、内蒙古经华北至长江流域各地，西至甘肃、陕西、四川；朝鲜及俄罗斯东部也有分布。稍耐荫，适应性强，耐寒，耐干旱，也耐水湿；深根性，根萌蘖力强，生长较慢。本种枝叶秀丽，宜植于园林绿地观赏，也可植于湖岸、溪边构成水景。木材白色而细致，可作细木工用料；树皮含硬橡胶。

栽培变种**垂枝丝绵木‘Pendulus’** 枝细长下垂。

(999) **垂丝卫矛**

Euonymus oxyphyllus Miq.

落叶灌木或小乔木，高2～4m；小枝绿紫色，无毛。叶卵形或矩圆形，长4～9cm，缘有细锯齿，齿尖向内弯，近革质。花黄绿色，主要为5基数；花序梗细长下垂，长10cm以上，顶端有5分枝或杂以3分枝。蒴果深红色，近球形，常具5棱，无明显翅。

图628 垂丝卫矛

产辽宁、山东、安徽、浙江、江西、湖南和台湾等地。枝叶秀丽，可植为庭园绿化及观赏树。

(1000) **陕西卫矛**（金丝系蝴蝶）

Euonymus schensianus Maxim.

落叶灌木或小乔木；小枝稍柔垂。叶披针形或狭长卵形，长4～7cm，先端尖，缘有纤毛状细齿。花黄绿色，4基数，花序梗及分枝极细长，柔垂。蒴果具4大翅，果翅长方形，长1.5～2cm，成十字形。花期4～5月；7～8月果熟。

图629 陕西卫矛

产陕西南部、甘肃南部及四川东北部、湖北西部。果形奇特，且悬于细长梗上，颇似金线悬挂着蝴蝶，故有“金丝系蝴蝶”之名；宜植于庭园观赏。

(1001) **大翅卫矛**（黄瓤子）

Euonymus macropterus Rupr.

落叶灌木或小乔木，高达 5m。叶多为长倒卵形，长 5～9cm，缘有细密锯齿，齿尖稍向内勾。聚伞花序，多花，绿白色，总花梗长 4～6cm。蒴果具 4 翅，果翅长三角形，长 1cm 以上，红色。

产我国东北及华北地区；朝鲜、日本也有分布。果美丽，可植于庭园观赏。

图 630　大翅卫矛

(1002) **大花卫矛**

Euonymus grandiflorus Wall.

〔Himalayan Euonymus〕

半常绿小乔木或灌木，高达 10m。叶长倒卵形或长椭圆形，长 4～10cm，缘有细齿，侧脉细密，革质。花黄绿或黄白色，径达 2cm；聚伞花序。蒴果近球形，黄色，具 4 棱；假种皮红色。

产我国西部至西南部地区。秋叶常红紫色，可植为园林绿化树种。种子可榨油，供制肥皂及润滑用。

图 631　大花卫矛

(1003) **大叶黄杨**（冬青卫矛，正木）

Euonymus japonicus Thunb.

〔Spindle Tree，Evergreen Euonymus〕

常绿灌木或小乔木，高达 8m。叶倒卵状椭圆形，长 3～7cm，缘有钝齿，革质光亮。腋生聚伞花序，花序梗及分枝长而扁；花绿白色，4 基数；春末开花。蒴果扁球形，粉红色，熟后 4 瓣裂；假种皮橘红色。

原产日本南部；我国长江流域多栽培。喜光，也能耐荫，喜温暖湿润气候，耐寒性不强，北京小气候良好处勉强可露地栽培。扦插或播种繁殖。常栽作绿篱或盆栽观赏。栽培变种颇多，常见有：

①**金边大叶黄杨‘Aureo-marginatus’** 叶边缘金黄色。

②**银边大叶黄杨‘Albo-marginatus’** 叶有狭白边。

③**金心大叶黄杨‘Aureo-pictus’** 叶中脉附近金黄色，有时叶柄及枝端也成黄色。

④**金斑大叶黄杨‘Aureo-varietatus’** 叶较大，卵形，有奶油黄色边及斑。

⑤**银斑大叶黄杨‘Argenteo-variegatus’** 叶

图 632　大叶黄杨

有白斑及白边。

⑥**杂斑大叶黄杨‘Virdi-variegatus’** 叶较大，鲜绿色，并有深绿色和黄色斑。

⑦**金叶大叶黄杨‘Aureus’** 叶黄色。

⑧**宽叶银边大叶黄杨‘Latifolius Albo-marginatus’** 叶较宽大，有不规则白色宽边。

⑨**狭叶大叶黄杨‘Microphyllus’** 叶较狭小，长 1.2～2.5cm；并有金斑、银边等品种。

⑩**北海道黄杨‘Cuzhi’** 枝叶翠绿，果色艳丽；观赏性及耐寒性均较原种强。1986 年我国从日本引入，华北地区有栽培。有**金叶**‘Cuzhi Aureus’、**斑叶**‘Cuzhi Variegatus’（叶有不规则的宽黄边）等品种。

（1004）**扶房藤**

Euonymus fortunei（Turcz.）Hand.-Mazz.

〔Winter-creeper Euonymus〕

常绿藤木；茎匍匐或攀援，能随处生细根。叶薄革质，长卵形至椭圆状倒卵形，长 3～7cm，缘具钝齿，基部广楔形；叶柄短。聚伞花序，花梗短（2～4mm），花序多花而紧密成团；6 月开花。

图 633 扶房藤

我国华北以南地区均有分布，常匍生于林缘岩石上。耐荫，喜温暖，耐寒性不强。本种叶色油绿，入秋常变红色，有极强的攀援能力，用以掩覆墙面、山石或老树干，均极优美。茎叶可供药用。

变种**爬行卫矛** var. *radicans* Rehd. 叶较小，长椭圆形，长 1.5～3cm，先端较钝，叶缘锯齿尖而明显，背面叶脉不明显。**花叶爬行卫矛‘Gracilis’**（‘Variegatus’）叶似爬行卫矛，但有白色、黄色或粉红色的边缘；各地常盆栽观赏。

（1005）**胶东卫矛**（胶州卫矛）

Euonymus kiautschovicus Loes.

〔Spreading Euonymus〕

直立或蔓性半常绿灌木，高 3～8m；基部枝匐地并生根，也可借不定根攀援。叶薄，近纸质，倒卵形至椭圆形，长 5～8cm，先端渐尖或钝，基部楔形，缘有齿。花淡绿色，花梗较长（8mm 以上），成疏散的聚伞花序；8 月开花。蒴果扁球形，粉红色，4 纵裂，有浅沟；11 月果熟。

图 634 胶东卫矛

产辽宁南部、山东、江苏、浙江、福建北部、安徽、湖北及陕西南部。本种绿叶红果，颇为美丽；植于老树旁、岩石边或花格墙垣附近，任其攀附，颇具野趣。北京园林绿地中有栽培。茎藤及根均供药用。

【南蛇藤属 *Celastrus*】藤木；单叶互生。花杂性异株，花部 5 数。蒴果 3 瓣裂，种子具红色假种皮。约 40 种，产温带和亚热带；中国约 25 种。

（1006）**南蛇藤**

Celastrus orbiculatus Thunb.

〔Oriental Bittersweet〕

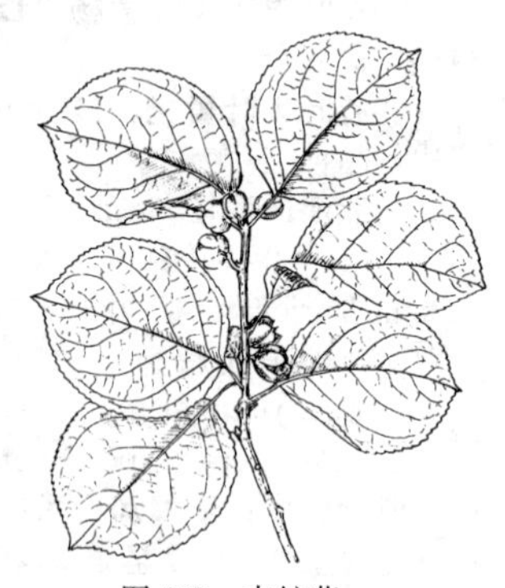

图 635　南蛇藤

落叶藤木，长达 12m；冬芽小，长 1～3mm。叶互生，卵圆形或倒卵形，长 3～10cm，缘有疏钝齿。花小，单性或杂性，黄绿色，常 3 朵腋生成聚伞状。蒴果球形，鲜黄色，径 7～9mm，熟时 3 瓣裂；假种皮深红色。花期 5 月；果期9～10 月。

产我国东北、华北、西北至长江流域，常生于山地沟谷或林缘；朝鲜、日本也有分布。性强健，耐寒。本种秋叶红色或黄色，蒴果鲜黄，裂开后露出红色的种子更为美观；在园林中可用作攀援绿化及地面覆盖材料。根和果壳可解蛇毒。

（1007）**大芽南蛇藤**

Celastrus gemmatus Loes.

落叶藤木；冬芽大，长卵形，长达 1.2cm。叶长圆形至椭圆形，长 6～12cm，先端渐尖，基部圆形，缘有浅齿。花 3～10 朵成聚伞花序，顶生或侧生。蒴果球形，径 1～1.3cm。花期 4～7 月；果期 9～10 月。

产我国黄河以南至华南、西南地区。可于园林绿地用作垂直绿化材料。

〔附〕**刺苞南蛇藤 *C. flagellaris*** Rupr.　藤木，长达 10m，具不定根；托叶硬化成钩刺状，借以攀援。叶广椭圆形至卵圆形，长 3～6cm。花 1～3 朵簇生于叶腋。产东北、河北及山东等地；朝鲜、日本及俄罗斯远东地区也有分布。

【雷公藤属 *Tripterygium*】藤木；单叶互生。花杂性，花部 5 数；果具 3 翅。3 种，产东亚，中国均产。

（1008）**粉背雷公藤**（昆明山海棠）

Tripterygium hypoglaucum（Lévl.）Hutch.

落叶藤木；小枝红褐色，有纵棱。单叶互生，卵形或长卵形，长 6～12cm，缘有细齿，表面绿色，背面绿白色，有白粉，无毛，薄革质。花小，白色；成顶生圆锥状聚伞花序，长 10cm 以上。蒴果有 3 膜质翅，翅缘平，红色。

主产我国西南地区至长江流域。翅果红艳可爱，可植于庭园观赏。全株入药（治类风湿病），有毒。

〔附〕**东北雷公藤 *T. regelii*** Sprague et Takeda　与粉背雷公藤的区别是：叶纸质，背面无白粉，脉上有毛；果翅边缘常皱缩状。产辽宁、吉林；日本和朝鲜也有分布。是庭园花架、绿廊的良好绿化材料。

90. 冬青科 Aquifoliaceae

【冬青属 *Ilex*】木本；单叶互生。花小，单性异株，偶为杂性，萼片、花瓣及雄蕊各为 4，或 5；浆果状核果球形，具 2～8 分核。约 400 余种，主产中南美洲和亚洲；中国约 200 种，引入栽培约 2 种。

(1009) **枸 骨**（鸟不宿）

Ilex cornuta Lindl. et Paxt.

〔Horned Holly〕

常绿灌木或小乔木，高 3～4m。叶硬革质，具尖硬刺齿 5 枚，叶端向后弯，表面深绿而有光泽。花小，黄绿色，簇生于 2 年生枝叶腋。核果球形，径 8～10mm，鲜红色。花期 4～5 月；果期 9～10 月。

产我国长江中下游各省及朝鲜。喜光，不耐寒；生长很慢。是优良观叶赏果树种，宜作基础种植或岩石园材料；北方常盆栽观赏，温室越冬。叶、果是滋补强壮药。

有**无刺枸骨 'National'**（叶缘无刺齿）、**黄果枸骨 'Luteocarpa'**（果暗黄色）和**无刺黄果枸骨 'D'or'** 等品种。

图 636 枸 骨

〔附〕**猫儿刺** ***I. pernyi*** Franch 常绿小乔木，高达 8m，栽培常成灌木状；小枝有毛，叶密集。叶菱状卵形至卵状披针形，长 1.3～3cm，缘有 1～3 对大刺齿，硬革质，暗绿色，近无柄。花黄色，簇生叶腋；果近球形，径 7～8mm，红色。产秦岭以南至长江流域。宜植于庭园或盆栽观赏。

(1010) **冬 青**

Ilex purpurea Hassk.

(*I. chinensis* Sims) 〔Kashi Holly〕

常绿乔木，高达 13～20m；树皮灰绿色而平滑。叶长椭圆形至披针形，长 5～11cm，先端尖，基部下延成狭翅，缘有钝齿，薄革质，干后呈红褐色。花淡紫色；聚伞花序有总梗，腋生于幼枝上；5 月开放。果红色，11 月成熟。

产长江流域及其以南地区。喜光，稍耐荫，喜温暖气候及肥沃之酸性土，不耐寒；萌芽力强，耐修剪，生长慢。本种绿叶长青，红果经冬不落，宜作庭园观赏树及绿篱栽植。木材坚硬，宜作细木工用料。

图 637 冬 青

(1011) **欧洲冬青**

Ilex aquifolium L.

〔English Holly, European Holly〕

常绿乔木，高可达 25m，有时灌木状。叶硬革质，缘有波状不平的大刺齿（老树之叶多为全缘），叶面浓绿而有光泽。花小，近白色，有香气；5～6 月开花。果亮红色，径达 0.9cm；秋季成熟，能宿存至翌年 3 月间，观赏期长。

产欧洲、北非及亚洲西部；我国南京、杭州等地有少量栽培。适应性强。欧美各国每逢圣诞节，常以此树绿叶红果装饰室内。在长期的栽培中选育出许多园艺品种，如金边、金心、银边、斑叶、黄果、垂枝和塔型等。

图 638 欧洲冬青

(1012) **美国冬青**

Ilex opaca Ait. 〔American Holly〕

常绿灌木或小乔木，高达 12～15m；幼枝有柔毛。叶长椭圆形，长 5～10cm，缘有 3～4 对大刺齿，老树上部枝上的叶常全缘，表面暗绿色，背面黄绿色。果球形，径 0.8～1cm，红色；11 月果熟，经冬不落。

原产美国中部及东部。喜大陆性气候，能耐－25℃低温。在欧美各国常用作圣诞节的装饰树及绿篱，有很多园艺品种。

(1013) **密叶冬青**

Ilex* × *attenuata **'Foster'**

常绿灌木，高 1～2m。叶椭圆形，长 3～5cm，先端渐尖，基部圆形，缘有 3～4 对大刺齿，革质，亮绿色。花淡黄绿色，簇生于二年生枝叶腋。果椭球形，长约 8mm，熟时鲜红色。花期 2～4 月；果期 8～10 月。

原种是美国冬青与 *I. cassine* 的天然杂交种。耐半荫，喜温暖湿润气候，不耐干旱，耐修剪。枝叶茂密，叶形奇特，终年翠绿，秋季红果累累，观果期长。是优良的观叶赏果树种，宜植于庭园或盆栽观赏。我国深圳等地有栽培。

(1014) **浙江冬青**（温州冬青）

Ilex zhejiangensis C. J. Tseng

(*I. wenchowensis* S. Y. Hu)

常绿灌木，高达 2m；小枝绿色有棱，被褐色柔毛。叶卵形，长 3～7cm，先端渐尖，基部圆形，缘有 3～7 对刺齿，侧脉 4～7 对，革质。花簇生叶腋。果球形，径 7～8mm，具 4 棱，红色。花期 4 月；果期 11 月至翌年 2 月。

产浙江温州（天台山）及福建武夷山，常生于海拔 600～1800m 林下。杭州园林绿地中有栽培，生长良好。

图 639 浙江冬青

(1015) **铁冬青**

Ilxe rotunda Thunb. 〔Kurogane Holly〕

常绿乔木，高 5～15m；小枝明显具棱，无毛，幼枝及叶柄均带紫黑色。叶椭圆形，长 4～10cm，全缘，叶色较深。花白色，萼无缘毛；腋生伞形花序，花序梗近无毛。果椭球形，径 5～8mm，红色，顶端具宿存柱头。

产长江以南地区；朝鲜、日本和越南北部也有分布。耐荫，不耐寒，抗大气污染。播种繁殖。绿叶红果，是美丽的庭园观赏树种。叶及树皮可供药用。

变种**小果铁冬青** var. ***microcarpa***（Lindl.）S. Y. Hu　果较小，径3～4mm。

图 640　铁冬青

图 641　钝齿冬青

（1016）**钝齿冬青**（波缘冬青）

Ilex crenata Thunb.〔Japanese Holly〕

常绿灌木或小乔木，高（2)5～10m；多分枝。叶小而密生，椭圆形至倒长卵形，长 1.5～3cm，缘有浅钝齿，厚革质，表面深绿有光泽，背面浅绿有腺点。花小，白色；雌花单生。果球形，熟时黑色。

产我国浙江、福建、江西、湖南、广东和台湾等地；日本和朝鲜也有分布。江南庭园中时见栽培观赏，或作盆景材料。

栽培变种**龟甲冬青**（豆瓣冬青）**'Convexa'**　矮灌木，枝叶密生，叶面凸起，是很好的盆景材料。此外，还有**金叶**'Golden Gem'、**斑叶**'Variegata'、**阔叶**'Latifolia'、**白果**'Ivory Tower'等品种。

（1017）**大叶冬青**（苦丁茶）

Ilex latifolia Thunb.

〔Luster-leaf Holly〕

常绿乔木，高可达 20m；小枝粗而有纵棱。叶大，厚革质，长椭圆形，长 10～20cm，缘有细尖锯齿。花黄绿色，密集簇生于 2 年生枝叶腋；春季开花。果红色，径约 1cm；秋季成熟，丰盛。

图 642　大叶冬青

产日本及我国长江下游至华南地区。耐

荫，不耐寒。绿叶红果，颇为美丽，宜用作园林绿化及观赏树种。嫩叶可代茶（苦丁茶），并有药效。

图 643 大果冬青

（1018）**大果冬青**

Ilex macrocarpa Oliv.

落叶乔木，高达 15m；有长短枝。叶纸质，卵形或卵状椭圆形，长 7～12cm，有细钝齿，叶脉两面明显，通常无毛。花白色，芳香。果较大，近球形，径 1.2～1.5cm，熟时黑色，果柄长 6～14mm。

产我国西南及中南部。喜光，不耐寒。木材佳良。可用作园林绿化树种。

变种**长柄大果冬青** var. ***longipedunculata*** S. Y. Hu 果成熟时果柄长 1.4～3.3cm，约为叶柄长之 2 倍。产华东及湖北、四川、贵州、广西等省区。

图 644 落霜红

（1019）**落霜红**

Ilex serrata Thunb.

〔Japanese Witerberry〕

落叶灌木，高达 5m；有长短枝，当年生枝被柔毛，有明显皮孔。叶椭圆形或卵形，长 2～5cm，缘有细锯齿，表面暗绿色，背面有短柔毛。花有短柄，成腋生简单聚伞花序。果球形，径4～5mm，红色。6 月开花；10 月果熟。

产日本及我国浙江、福建、江西和四川等地。喜光，喜肥沃而湿度适中的土壤；萌芽力强，耐修剪。本种鲜红的果实在落叶后的秋季和冬季十分引人注目，能把庭园点缀得分外美丽；也是盆景和瓶插的好材料。有**黄果**‘Xanthocarpa’、**白果**‘Leucocarpa’等品种。

图 645 小果冬青

（1020）**小果冬青**

Ilex micrococca Maxim.

落叶乔木，高 10～20m。叶卵形或卵状长圆形，长 7～15cm，先端渐尖，基部圆形，缘具细锯齿，侧脉 5～8 对，网脉明显，无毛；叶柄长 1.5～3cm。聚伞花序腋生。果球形，径约 3mm，熟时红色。花期 5～6 月；果期 9～10 月。

产我国长江以南至西南地区；日本和越南北部也有分布。红果小而多，成团成簇，十分美丽；秋叶橙黄或红色。是优良的观果赏叶树种，宜植于园林绿地或盆栽观赏。

91. 黄杨科 Buxaceae

【黄杨属 ***Buxus***】常绿木本；单叶对生，全缘。花单性同株，无花瓣。蒴果顶端有3宿存花柱，熟时3瓣裂。约70种，产温带；中国约17种及若干亚种和变种，引入栽培约2种。

(1021) **黄　杨**（瓜子黄杨）

Buxus sinica (Rehd. et Wils.) Cheng ex M. Cheng (*B. microphylla* var. *sinica* Rehd. et Wils., *B. m.* ssp. *sinica* Hatusima)〔Chinese Box〕

常绿灌木或小乔木，高达7m；枝叶较疏散，小枝及冬芽外鳞均有短柔毛。叶倒卵形、倒卵状椭圆形至广卵形，长1.3～3.5cm，先端圆钝或微凹，仅表面侧脉明显，背面中脉基部及叶柄有毛。花簇生叶腋或枝端。花期3～4月；果期5～6月。

图646　黄　杨

产我国中部及东部地区。较耐荫，有一定的耐寒性，北京可露地栽培，抗烟尘；浅根性，生长极慢，耐修剪。播种或扦插繁殖。各地栽培于庭园观赏或作绿篱，也是盆栽或制作盆景的好材料。其木材黄白色，极致密，多作细木工用材。其变种和亚种如下：

①**珍珠黄杨** var. ***margaritacea*** M. Cheng　灌木，高可达2.5m；分枝密集，节间短。叶细小，椭圆形，长不及1cm，叶面略作龟背状凸起，深绿而有光泽，入秋渐变红色。

产浙江临安、江西庐山、安徽黄山及大别山等地，多生于山脊或岩石缝中。姿态优美，是制作盆景及点缀假山的好材料。

②**尖叶黄杨** ssp. ***aemulans*** (Rehd. et Wils.) M. Cheng　叶常呈卵状披针形，质较薄，先端渐尖或急尖。分布同黄杨相近。

(1022) **朝鲜黄杨**

Buxus microphylla Sieb. et Zucc. var. ***koreana*** Nakai〔Korean Box〕

常绿灌木，高约60cm，分枝紧密；小枝方形，幼时有短毛。叶较小，倒卵形至椭圆形，长6～13mm，先端圆或微凹，基部楔形，表面深绿色，背面淡绿色，两面侧脉不明显，边缘反卷，背面中脉及叶柄有短毛，革质。花簇生叶腋和枝端。

图647　小叶黄杨

产朝鲜中部和南部；我国东北和北京等地有栽培。耐寒性较强，稍耐荫，但在阳光充足下生长得更紧密。是良好的盆景和绿篱树种。通常叶到秋冬会变紫褐色，但**冬青朝鲜黄杨**‘Wintergreen’则冬季叶仍为绿色。

其正种**小叶黄杨** ***B. microphylla*** Sieb. et

Zucc. 高约1m，小枝方形，有窄翅，通常无毛；叶狭倒卵形至倒披针形，长1～2.5cm，先端圆形或微凹；花多簇生于枝端。在日本长期栽培。

(1023) **锦熟黄杨**

Buxus sempervirens L. 〔Common Box〕

常绿灌木或小乔木，高可达6(9)m；小枝密集，稍具柔毛，四方形。叶椭圆形或长卵形，长1～3cm，中部或中下部最宽，先端钝或微凹，表面暗绿色，有光泽，背面黄绿色。花簇生叶腋；雄花中的退化雌蕊长为花萼之半。

图648 锦熟黄杨

原产南欧、北非及西亚一带；我国有少量栽培。喜半荫，有一定耐寒能力；生长极慢，耐修剪。常作绿篱及花坛边缘种植材料，也可盆栽观赏。在欧洲园林中应用甚普遍，并有**金叶**‘Aurea’、**金边**‘Aureo-marginata’、**银边**‘Albo-marginata’、**金斑**‘Aureo-variegata’、**银斑**‘Argenteo-variegata’、**金尖**‘Notata’，**长叶**‘Longifolia’、**狭叶**‘Angustifolia’、**垂枝**‘Pendula’、**塔形**‘Pyramidata’及**平卧**‘Prostrata’等品种。

(1024) **雀舌黄杨**（匙叶黄杨）

Buxus bodinieri Lévl.

常绿灌木，高达4m。叶较狭长，倒披针形或倒卵状长椭圆形，长2.5～4cm，两面中脉明显凸起，侧脉与中脉约成45°夹角，背面中脉密被白色钟乳体。花期2～5月；果期6～10月。

图649 雀舌黄杨

产我国长江流域至华南、西南地区。有一定耐寒性；生长极慢。常栽作绿篱或布置花坛边缘用，也是盆栽观赏的好材料。

〔附〕**华南黄杨 *B. harlandii*** Hance 与雀舌黄杨相似，主要不同点是：枝较细，分枝较疏，叶侧脉与中脉约成30°夹角，背面中脉无钟乳体。产华南地区，很少栽培。

【野扇花属 ***Sarcococca***】约20余种，产亚洲东部和南部；中国约7种。

(1025) **野扇花**（清香桂）

Sarcococca ruscifolia Stapf

〔Fragrant Sarcococca〕

常绿灌木，高达3m；小枝绿色，幼时有短柔毛。单叶互生，卵状椭圆形至卵状披针形，长3～6cm，全缘，离基三主脉，侧脉不显，革质，无毛，表面深绿色而有光泽，背面绿白色。花小，单性同株，白色；成腋生短总状花序。核果球形，

图650 野扇花

径达 9mm，熟时暗红色。花果期 10～12 月。

产我国中西部及西南部。耐荫，喜温暖湿润；生长慢。扦插或播种繁殖。花芳香，果红艳，宜植于庭园或盆栽观赏。

变种**狭叶野扇花** var. *chinensis* Rehd. et Wils. 叶较狭，长 4～5cm，宽 9～10mm，基部楔形，离基三主脉有时不明显。花期 1 月；果期 5 月。产我国西南部。

【富贵草属(板凳果属)*Pachysandra*】 3 种，产北美及东亚；中国 2 种。

(1026) **富贵草**（顶花板凳果）

Pachysandra terminalis Sieb. et Zucc. 〔Japanese Spurge〕

常绿亚灌木，茎匍匐，高约 25cm。叶互生，聚生枝端，倒卵形至菱状卵形，长 2.5～5(9)cm，先端钝，基部楔形，上部边缘有粗齿，薄革质，有光泽。花单性，萼片白色，无花瓣，雄蕊 4；顶生穗状花序，雄花在上部，雌花在下部。核果状蒴果，具 3 尖角。

产中国及日本，我国分布于长江流域及陕西、甘肃山区。耐荫，耐寒，是良好的耐荫地被植物。**银边富贵草 'Variegata'** 叶边缘白色。

92. 大戟科 Euphorbiaceae

【乌桕属 *Sapium*】 约 120 种，产世界热带和亚热带地区；中国约 10 种。

(1027) **乌　桕**

Sapium sebiferum (L.) Roxb.

〔Chinese Tallow Tree〕

图 651　乌　桕

落叶乔木，高达 15m；小枝细。单叶互生，菱形广卵形，长 5～9cm，先端尾状长渐尖，基部广楔形，全缘，两面无毛，叶柄端有 2 腺体。花单性，无花瓣；成顶生穗状花序，基部为雌花，上部为雄花。蒴果 3 瓣裂，径约 1.3cm；种子外被白蜡层。花期 5～7 月；果期 10～11 月。

产秦岭、淮河流域及其以南，至华南、西南各地；日本、越南、印度也有分布。喜光，喜温暖气候及肥沃深厚土壤，耐水湿；主根发达，抗风力强，生长尚快，寿命较长。播种或扦插繁殖。本种树冠整齐，叶形秀丽，秋叶红艳可爱，是优良的园林绿化及观赏树种。植于水边、湖畔、山坡、草坪都很合适，也可栽作庭荫树及行道树。种子可取蜡和榨油，是我国南方重要工业油料树种；根皮及叶可药用。

(1028) **白乳木**（白木乌桕）

Sapium japonicum (Sieb. et Zucc.) Pax et Hoffm.

图 652　白乳木

落叶小乔木；树干平滑，幼枝及叶含白乳

汁。叶长卵形至长椭圆状倒卵形，长 6～16cm，全缘，背面绿色，近边缘有散生腺体。雄蕊 3。种子无蜡层。

主产我国长江流域及其以南地区；朝鲜、日本也有分布。种子可榨油。秋叶红色美丽。

(1029) **山乌桕**

Sapium discolor (Champ. ex Benth.) Muell. -Arg.

落叶小乔木，高 6～12m。叶椭圆形至卵状长椭圆形，长 3～10cm，全缘，先端尖或钝，背面粉绿色；叶柄顶端有 2 腺体。雄蕊常为 2，柱头 3 裂。蒴果黑色；种子被蜡层。

产我国秦岭以南至长江流域以南地区，常生于低山丘陵地带；印度、越南及印尼也有分布。喜深厚湿润土壤；生长快。嫩叶和秋叶红色美丽。

图 653 山乌桕

【石栗属 ***Aleurites***】2 种，产亚洲南部至大洋洲热带；中国 1 种。

(1030) **石 栗**

Aleurites moluccana (L.) Willd.

〔Candlenut Tree〕

常绿乔木，高达 13m；幼枝、花序及叶均被浅褐色星状毛。单叶互生，卵形，长 10～20cm，全缘或 3～5 浅裂，表面有光泽，叶柄端有淡红色小腺体。雌雄同株，花小，白色，子房 2 室；圆锥花序。核果肉质，卵形，长 5～6cm。花期 4～10 月；果期 10～11 月。

产亚洲热带地区，华南及滇南有分布；广泛植于热带各地。喜光，喜暖热气候，很不耐寒；深根性，生长快。在华南地区多作行道树及风景树。

图 654 石 栗

【油桐属 ***Vernica***】3 种，产亚洲东部；中国 2 种。

(1031) **油 桐**

Vernica fordii (Hemsl.) Airy-Shaw

(*Aleurites fordii* Hemsl.)

〔China Wood-oil Tree, Tung-oil Tree〕

落叶乔木，高达 12m；小枝粗壮，无毛。单叶互生，广卵形，长 5～15cm，全缘，有时 3 浅裂，幼时有毛，后脱落；叶柄端有 2 紫红色无柄腺体。花单性同株，花瓣 5，白色，基部有橙色斑，子房 3～5 室；春天与叶同放。核果近球形，径 3～6cm，先端尖。花期 3～4 月；果期

图 655 油 桐

10月。

产我国长江流域及其以南地区，普遍栽培。喜光，喜温暖湿润气候，要求土壤排水良好，不耐水湿；生长快，寿命较短。种子榨油即桐油，是我国对外贸易的重要出口商品。树冠圆整，叶大荫浓，花大而美丽，也可植为庭荫树及行道树。

(1032) **木油桐**（千年桐）

Vernica montana Lour.（*Aleurites montana* Wils.）〔Mu-oil Tree〕

落叶乔木，高达15m。单叶互生，广卵圆形，基部心形，常3～5掌状裂，裂片全缘，在裂缺底部常有腺体；叶柄端具2有柄腺体。花大，白色，多为雌雄异株。核果卵形，有纵脊和皱纹。花期4～5月；果期10月。

图656　木油桐

产我国东南至西南部地区。喜光，喜暖热多雨气候；抗病性强，生长快，寿命比油桐长。种子可榨油，质量较桐油差。可作嫁接油桐的砧木。

【蝴蝶果属 ***Cleidiocarpon***】2种，产亚洲中南半岛；中国1种。

(1033) **蝴蝶果**

Cleidiocarpon cavaleriei（Lévl.）Airy-Shaw

常绿乔木，高达30m；树皮灰色，光滑；幼枝及叶疏生星状毛。单叶互生，长椭圆形至披针形，两端尖，长10～25cm，全缘；叶柄顶端有2小腺体。花单性同序，无花瓣，淡黄色，雄蕊4～5，子房2室；顶生圆锥花序，长10～15cm。核果斜卵形，径3～5cm，淡黄色。花期3～4月；果期8～9月。

图657　蝴蝶果

产我国广西南部、贵州南部、云南东南部；及越南北部。越南和缅甸北部也有分布。华南一些城市有栽培。喜光，喜暖热气候，速生，抗病力强。种子含油脂、淀粉，经处理后可食用。树形美观，枝叶茂密，绿荫效果好，花果清雅；是华南城乡绿化的好树种。因种子的子叶似蝴蝶而得名。

【野桐属 ***Mallotus***】约140种，产东半球热带和亚热带；中国约25种。

(1034) **粗糠柴**（菲岛桐）

Mallotus philippinensis（Lam.）Muell.-Arg.〔Red Kamala〕

常绿乔木，高达15m；全株各部被褐色星状毛。单叶互生，卵状长椭圆形，长5～18cm，全

图658　粗糠柴

缘，3出脉，背面有红色腺点，基部有2腺体。花单性，无花瓣；总状花序常分枝。蒴果球形，密被红色腺点及星状毛。

产我国长江以南各省区，是次生林的主要树种；亚洲东南部至澳大利亚也有分布。喜光，耐干旱瘠薄。种子可榨油，供制皂及润滑用。

图 659 白背叶

（1035）**白背叶**

Mallotus apeltus（Lour.）Muell.-Arg.

灌木或小乔木。单叶互生，宽卵形，全缘或3浅裂，长4～15cm，表面有星状毛，背面密生灰白色星状毛及橙黄色腺点。花单性异株，无花瓣；穗状花序。蒴果近球形，种子黑色光亮。

产长江流域及其以南地区；越南也有分布。喜光，耐干旱瘠薄；生长健壮，对环境条件要求比较粗放。可作城乡绿化的一般树种。

〔附〕**石岩枫** ***M. repandus***（Willd.）Muell.-Arg. 藤状灌木；嫩枝有锈黄色毛。叶椭圆形或菱状卵形，长5～8cm，先端渐尖，基部圆形，全缘或波状，两面有小腺点，背面或两面有星状毛。雄花序穗状；雌花序总状。蒴果球形，有锈黄色绒毛。产我国长江流域及其以南山区；东南亚和南亚也有分布。种子可榨油，供工业用。

图 660 石岩枫

【血桐属 *Macaranga*】约280种，产东半球热带；中国16种。

（1036）**血　桐**

Macaranga tanarius（L.）Muell.-Arg.

灌木或小乔木，高4～10m。叶互生，常集生于枝端，广卵形，长17～30cm，先端渐尖，基部钝圆，侧脉放射状，网脉连结成同心圆；叶柄长14～30cm，盾状着生。花单性异株，黄绿色，无花瓣；雄花排成圆锥花序，雌花集生成簇。蒴果近球形，径约1cm，有棕色腺点和长软刺。花期4～5；果期6～7月。

产东南亚至大洋洲；福建、广东和台湾有分布。喜光，喜暖热湿润气候，不耐寒，耐盐碱，抗风，抗大气污染；生长快。因枝干受伤后流出的树液红色似血，故而得名。树冠圆伞形，枝叶茂盛；是暖地良好的园林绿化和水土保持树种。

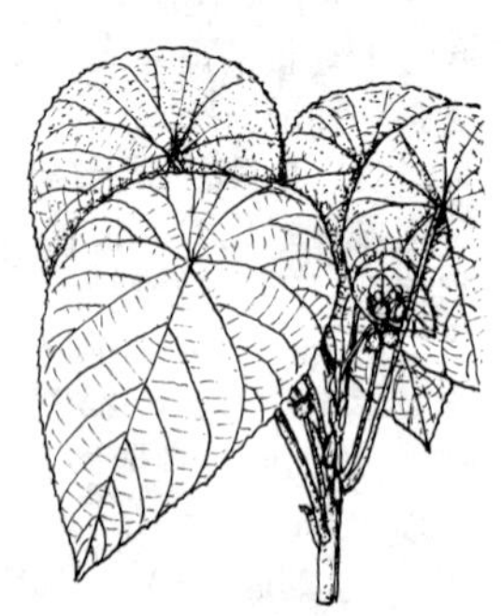
图 661 血　桐

【五月茶属 *Antidesma*】约170种，产东半球热带及亚热带；中国17种。

（1037）**五月茶**

Antidesma bunius（L.）Spreng.

〔Bignay, Chinese Laurel〕

常绿乔木，高达10m；小枝无毛。叶互生，椭圆形至倒卵形，长8～20cm，全缘，先端圆或急尖，表面有光泽，背面仅中脉有毛。花小，绿色，单性异株，无花瓣，花萼3～5裂；雄花序为穗状花序，雌花序为总状花序。核果近球形，径8～10mm，熟时红色。花期3～5月；果期6～11月。

产亚洲东南部；我国南部至西南部有分布。枝叶茂密，红果累累，甚为美丽，可植于庭园观赏。果微酸，可供食用。

图662　五月茶

【铁苋菜属 ***Acalypha***】约450种，产热带和亚热带；中国15种，引入2种。

（1038）**红　桑**（红叶铁苋）

Acalypha wilkesiana Muell. -Arg.

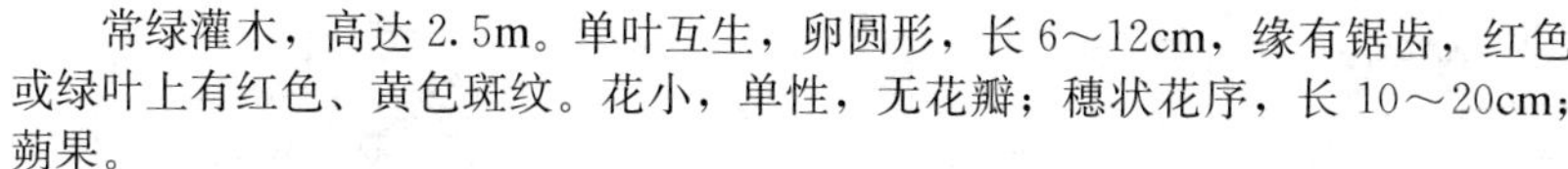

常绿灌木，高达2.5m。单叶互生，卵圆形，长6～12cm，缘有锯齿，红色或绿叶上有红色、黄色斑纹。花小，单性，无花瓣；穗状花序，长10～20cm；蒴果。

原产南太平洋新赫布里底群岛；现广泛栽培于世界热带、亚热带地区。喜光，喜暖热多湿气候，耐干旱，忌水湿，不耐寒，最低温度为16℃。扦插繁殖。华南有栽培，北方常作为温室盆栽观叶植物。有**金边**'Marginata'、**线叶**'Heterophylla'、**乳叶**'Java White'、**彩叶**'Mussaica'等品种。

（1039）**狗尾红**（红穗铁苋）

Acalypha hispida Burm. f.〔Red-hot Cat-tail〕

常绿灌木，高达2～3m。单叶互生，卵圆形，长12～15cm，缘有锯齿，亮绿色；叶柄长5～6cm，有绒毛。花小，红色或紫色；腋生下垂穗状花序，长30～60cm，径达2.5cm，状似猫尾。几乎全年开花。

原产新几内亚；现广泛栽培于世界各地。喜光，不耐寒，最低温度为10～13℃。扦插繁殖。华南有栽培，长江流域及其以北地区常于温室盆栽观赏。

白穗狗尾红'Alba'　穗状花序乳白色。

【山麻杆属 ***Alchornea***】约50种，产世界热带和亚热带；中国7种。

（1040）**山麻杆**

Alchornea davidii Franch.

落叶丛生灌木，高1～2m；茎直立而少分枝，常紫红色，有绒毛。单叶互生，圆形或广卵形，长7～17cm，缘有齿，基部心形，背面有绒毛。花单性同株，无花瓣。

主产长江流域地区。早春嫩叶及秋叶紫红色，醒目美观，平时叶也常红褐色，常植于庭园观赏。

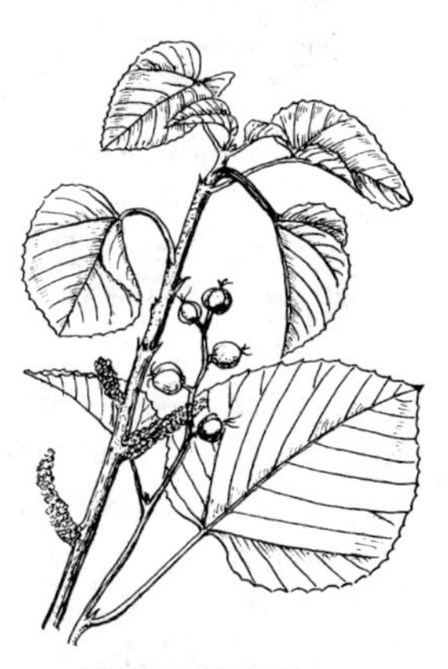

图663　山麻杆

〔附〕**红背山麻杆** *A. trewioides* (Benth.) Muell.-Arg. 高3m；叶卵形，长6～15cm，先端长渐尖，背面及叶柄红色。产我国长江以南至东南亚地区。

【蓖麻属 *Ricinus*】1种，广布于热带地区；中国普遍栽培。

(1041) **蓖　麻**

Ricinus communis L. 〔Castor-bean〕

在华南常长成小乔木，长江流域及其以北地区多作1年生作物栽培。单叶互生，掌状5～11裂，缘有齿；叶柄长，盾状着生。花单性同株，无花瓣；圆锥花序与叶对生。蒴果球形，有刺。

原产非洲东北部热带地区；世界各地广泛栽培。我国南北各地多作经济作物栽培。种子榨油供工业及医药用；根、茎、叶、种子均可入药。

栽培变种**红蓖麻 'Sanguineus'** 枝叶全为红色，可植于庭园观赏。

图664　蓖　麻

【木薯属 *Manihot*】约100余种，产热带美洲；中国引入栽培2种。

(1042) **木　薯**

Manihot esculenta Crantz

〔Common Cassava〕

亚灌木，高达1.5～3m。叶互生，掌状3～7深裂或全裂，裂片倒披针形，全缘；叶具长柄。花单性同株，无花瓣。蒴果椭球形，长约1.5cm，有6纵棱。

原产巴西，现广植于热带各地；华南有栽培。块根肉质，圆柱状，含淀粉，供工业用或食用；但含氰酸，必先水浸煮熟去毒。**斑叶木薯 'Variegata'** 在叶片基部及裂片近中脉附近有大片黄白色斑，叶柄带红色，常盆栽观赏。

图665　木　薯

【大戟属 *Euphobia*】约2000种，分布于世界各地；中国约66种，引入栽培约14种。

(1043) **一品红**（圣诞红）

Euphorbia pulcherrima Willd. ex Klotzsch

〔Christmas Flower，Poinsettia〕

落叶灌木，高1～3m。叶互生，长椭圆形，长7～15cm，全缘或浅波状至浅裂状，绿色；生于花枝端诸苞叶较小，通常全缘，开花时朱红色。杯状花序多数，生于枝端。花期10月至翌年4月。

原产中美洲；广泛栽培于热带和亚热带地

图666　一品红

区。喜暖热气候，不耐寒。华南可露地栽培，长江流域及其以北地区多温室盆栽观赏。有**粉苞**‘Rosea’、**白苞**‘Alba’、**淡黄苞**‘Lutea’、**二色**‘Bicolor’（苞叶为粉红和奶油二色）、**重瓣**‘Plenissima’及**矮生**‘Nana’等品种。

（1044）**铁海棠**（麒麟刺，虎刺梅）

Euphorbia milii Ch. des Moul.

〔Crown of Thorns〕

直立或攀援状灌木，高达1m；茎有纵棱，多锥状硬尖刺，刺长1～2.5cm，成5行排列在茎的纵棱上。单叶互生，长倒卵形至匙形，长3～5cm，先端近圆形而有小尖头，基部渐狭，全缘；无叶柄。杯状花序2～4个生于枝端，排成二歧聚伞花序，总苞钟形，腺体4，总苞基部有鲜红色肾形苞片2枚。花期全年，但多数在秋、冬季。

原产非洲马达加斯加。我国各地常见温室盆栽观赏。有**白苞**‘Ruixue’、**淡黄苞**‘Lutea’、**二色**‘Lutea Rosea’（总苞淡黄色，其边缘粉红色）等品种。

图667　铁海棠

（1045）**麒麟阁**（金刚纂）

Euphorbia neriifolia L.

〔Hedge Euphorbia〕

肉质灌木或小乔木；茎粗壮，横断面常为5角形，边缘有刺。单叶互生，倒披针形，长5～8cm，全缘，先端钝，基部狭楔形，叶柄短。

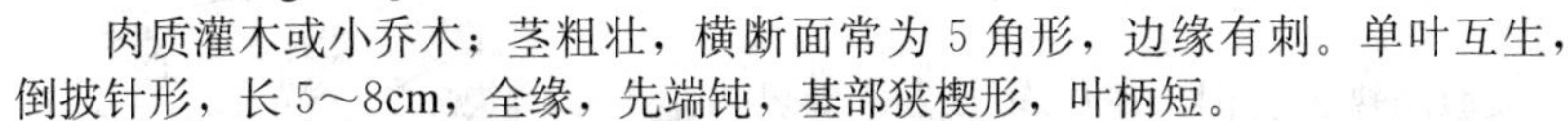

原产印度。我国南北各地常温室盆栽观赏；在暖地可植于庭园或栽作刺篱。

〔附〕**火殃勒** ***E. antiquorum*** L.　肉质灌木；茎绿色，3(4)棱，具翅状棱脊，边缘有三角状齿；托叶刺生于脊上。叶互生，倒卵状长圆形至倒披针形，长2～5cm，先端圆，基部狭楔形，全缘。花（总苞）绿色或黄色。原产印度。常于温室栽培观赏，在华南可栽作围篱（已野化）。

（1046）**紫锦木**（肖黄栌）

Euphorbia cotinifolia L. 〔Red Euphorbia〕

常绿灌木，高2～3m，多分枝；小枝及叶片均红褐色或紫红色。单叶对生或3叶轮生，形似乌桕，三角状卵形至卵圆形，但先端不尾尖，具长柄。

原产热带非洲和西印度群岛；我国近年有引种栽培。是美丽的常年观红叶树种。不耐寒，北方需盆栽，温室越冬。

（1047）**绿珊瑚**（绿玉树，光棍树）

Euphorbia tirucalli L. 〔Milk Bush，Finger Tree〕

灌木或小乔木，高达5～7m；茎绿色多分枝，肉质无刺，富乳汁。单叶互生，线形，全缘，小而早落，故常呈无叶状态。

原产非洲南部；广泛栽培于热带各地。在我国海南岛南部和西部海滨沙地已逸为野生。扦插繁殖。在热带地区可于庭园栽植或作绿篱，也常于温室盆栽观赏。

【麻疯树属 ***Jatropha***】约170种，主产南美洲；中国引入栽培数种。

(1048) **佛肚树**（玉树珊瑚）

Jatropha podagrica Hook. 〔Tartogo，Australian Bottle Plant〕

多肉亚灌木，高达1m，茎基膨大如葫芦。单叶互生，掌状3～5裂，裂片全缘，光滑无毛，叶柄盾状着生。花小，橘红色；顶生聚伞花序，花序分枝也为红色，状如珊瑚，有长总梗。

原产西印度群岛、哥伦比亚一带；我国有栽培。播种或扦插繁殖。本种树形奇特，叶片光亮，花及花序红色鲜艳而花期长，是良好的温室盆栽观赏植物。

(1049) **细裂叶珊瑚桐**

Jatropha multifida L. 〔Coral Plant〕

常绿灌木或小乔木，高2～5m，光滑无毛。叶互生，掌状7～11深裂，裂片狭，长10～18cm，中上部又羽状尖裂，叶柄长15～30cm。花深红色；复聚伞花序伞房状，深红色，状如珊瑚，有长总梗。

原产热带美洲；华南有栽培。喜光，也耐荫，喜暖热气候，耐干旱，不耐寒。花序红色美丽，宜植于庭园或盆栽观赏。

(1050) **麻疯树**（羔桐）

Jatropha curcas L. 〔Barbados Nut〕

灌木或小乔木，高2～5(10)m。叶互生，卵圆形，长7～16m，全缘或3～5浅裂，基部心形，叶柄与叶片近等长。花黄色；腋生聚伞花序，长6～10cm。蒴果近球形，径约2.5cm，黄色。

原产热带美洲，现广布于热带世界各地。华南和云南南部有栽培，常作绿篱。种子榨油供工业用。

图668 麻疯树

(1051) **棉叶羔桐**（棉叶麻疯树）

Jatropha gossypifolia L.

〔Cottonleaf Physic〕

灌木，高0.5～1.8m。叶互生，掌状3～5深裂，裂片全缘，叶柄及叶缘有腺毛，叶背及新叶皆紫红色。花小，单性同株，雄花有萼片和花瓣各5，花瓣褐红色，雌花有花萼而无花瓣；二歧聚伞花序顶生或腋生。蒴果椭球形，具6纵棱，3室。花期夏季。

原产热带美洲；热带地区多有栽培。喜光，耐半荫，喜高温多湿气候，也耐干旱，不择土壤，适应性强。花和叶均有一定的观赏价值，在暖地宜植于庭园或盆栽观赏。

(1052) **琴叶珊瑚**（日日樱）

Jatropha pandurifolia Andre

灌木，高1～2m。叶互生，倒卵状长椭圆形，全缘，近基两侧各具1尖齿。花红色，花瓣5，卵形；聚伞花序顶生；几乎全年开花。果球形，有纵棱。

原产西印度群岛；华南地区有栽培。喜光，喜高温，不耐寒。播种或扦插繁殖。红花美丽，四季开放。宜植于庭园或盆栽观赏。

栽培变种**粉花琴叶珊瑚'Rosea'** 花粉红色。

【红雀珊瑚属 *Pedilanthus*】约 14 种，产热带美洲；中国引入栽培 1 种。

(1053) **红雀珊瑚**（龙凤木）

Pedilanthus tithymaloides (L.) Poit. 〔Redbird Flower〕

无刺多浆植物，高达 1～2m。茎圆柱形，肉质，绿色，之字形曲折。单叶互生，卵圆形至倒卵形，长 5～10cm，先端尖，背面龙骨状，厚蜡质，近无柄。花小，单性同株，红色；成密集的顶生聚伞花序；夏天开花。

图 669　红雀珊瑚

原产西印度群岛；华南有栽培。是良好的绿篱和盆栽观赏植物。栽培变种有：

①**斑叶红雀珊瑚 'Variegatus'** 绿叶上有白色和红色斑彩。

②**蜈蚣珊瑚 'Nanus'** 高 10～30cm；叶披针形，暗绿色，在茎上紧密排成 2 列。

【海漆属 *Excoecaria*】约 40 余种，产东半球热带；中国 6 种。

(1054) **红背桂**（青紫木）

Excoecaria cochinchinensis Lour.

常绿灌木，高 1～2m；全体无毛。单叶对生，狭长椭圆形，长 6～13cm，先端尖，基部楔形，缘有细浅齿，表面深绿色，背面紫红色，有短柄。花单性异株。蒴果球形，由 3 个小干果合成，红色，径约 1cm。

图 670　红背桂

产亚洲东南部，我国广西南部有分布。耐荫，很不耐寒。华南常于庭园栽培，北方多温室盆栽观赏。

变种**绿背桂** var. ***viridis*** (Pax et Hoffm.) Merr.　叶背浅绿色，叶片稍宽。产我国海南及越南，生山谷林下。

【变叶木属 *Codiaeum*】15 种，产东南亚至大洋洲；中国引入栽培 1 种。

(1055) **变叶木**（洒金榕）

Codiaeum variegatum (L.) A. Juss. var. ***pictum*** (Lodd.) Muell. -Arg. 〔Garden Croton, Variegated Laurel〕

常绿灌木或小乔木；枝上有大而明显的圆叶痕。叶形变化大，披针形、椭圆形或匙形，不分裂或叶之中部中断，绿色、红色、黄色或杂色等。花小，单性同株。

图 671　变叶木

原产马来半岛及大洋洲；品种很多（大部是

杂交育成)，世界各地广为栽培。喜光，耐半荫，喜暖热气候，不耐寒。扦插繁殖。我国各地常见温室盆栽观赏，华南可露地栽培。

【白饭树属 ***Flueggea***】约 12 种，产亚欧大陆、非洲和美洲；中国 4 种。

（1056）**一叶萩**（叶底珠）

Flueggea suffruticosa（Pall.）Baill.

（*Securinega suffruticosa* Rehd.）

落叶灌木，高 1～3m。单叶互生，椭圆形，长 1.4～4cm，全缘或细波状缘，两面无毛，叶柄短。花小，单性，萼片 5，黄绿色，无花瓣；雄花簇生于叶腋，雌花单生。蒴果 3 棱状扁球形，3 瓣裂。

产亚洲东部；我国东北、华北、华东及河南、湖北、陕西、四川、贵州等地有分布，常生于山坡路旁。可于庭园栽培观赏。

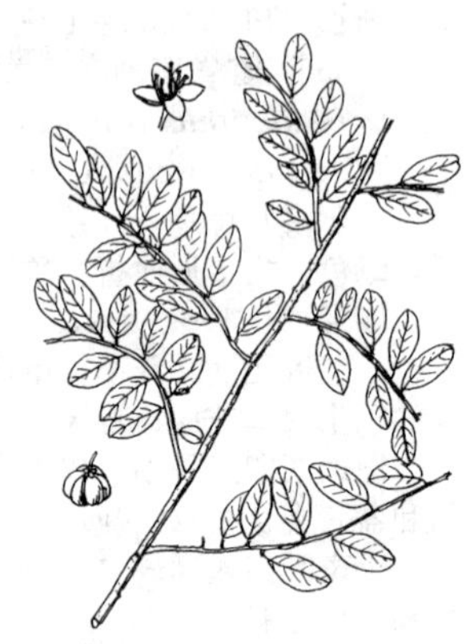

图 672　一叶萩

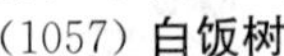

（1057）**白饭树**

Flueggea virosa（Roxb. ex Willd.）Voigt

落叶灌木，高 1～2(6)m。叶互生，卵状椭圆形至倒卵形，长 2～5cm，全缘，背面绿白色。花小，单性异株，无花瓣，萼片 5；多朵簇生叶腋。蒴果浆果状，球形，径 3～5mm，熟时白色。花期 3～8 月；果期 7～12 月。

产亚洲东部和东南部、大洋洲及非洲；我国西南部、南部及台湾有分布。花后结出密集的白色小果，故名“白饭树”，是较少见的白色观果植物，在暖地宜植于庭园或盆栽观赏。

【黑钩叶属 ***Leptopus***】约 20 种，产南亚、东南亚至澳大利亚；中国 9 种。

（1058）**黑钩叶**（雀儿舌头）

Leptopus chinensis（Bunge）Pojark.

落叶小灌木，高达 1m，多分枝；小枝细弱，幼时有短毛。单叶互生，卵形至披针形，长 1.5～4cm，全缘，质薄。花小，单性同株；单生或2～4 朵簇生叶腋。蒴果球形或扁球形。

产东北、华北及山东、河南、陕西、甘肃、湖北、四川等地；多生于山坡、田边、路旁及林缘。

【叶下珠属 ***Phyllanthus***】600～800 种，产热带和亚热带；中国 30 余种。

（1059）**锡兰叶下珠**

Phyllanthus myrtifolius（Wight）Muell. -Arg.

常绿灌木，高达 2m；枝细长下垂。叶互生，2 列，窄倒披针形，长 1.3～1.8cm，全缘；叶柄极短。花细小，粉红色，无花瓣，具长柄。蒴果

图 673　黑钩叶

扁球形，大小如豌豆，腋生。

原产斯里兰卡、印度；华南有栽培。喜光，耐半荫，喜暖热气候及肥沃而排水良好的土壤；再生力强，耐修剪。枝叶茂密，叶在枝上羽状排列，质感细致柔美。适合庭园美化、修剪造型，也可栽作绿篱或盆栽观赏。

(1060) **余甘子**（油柑）

Phyllanthus emblica L.

〔Emblic，Myrobalan〕

落叶灌木或小乔木，高 1～3(8)m；小枝细，被锈色短柔毛，落叶时整个小枝脱落。单叶互生，狭长矩圆形，长 1～2cm，全缘，无毛，近无柄，在枝上明显二列状。花小，单性同株；3～6 朵簇生叶腋。蒴果球形，径 1～1.3cm，外果皮肉质，干时开裂。

图 674　余甘子

产亚洲南部和东南部，华南及西南地区有分布；多生于疏林下或山坡向阳处。树皮及叶可提取栲胶；种子可榨油；果可食，富营养。

【黑面神属 ***Breynia***】约 26 种，产亚洲东南部；中国 5 种，引入栽培 1 种。

(1061) **雪花木**

Breynia disticha J. R. Forst. et G. Forst. (*B. nivosa* Small)

〔Snowbush，Foliace Flower〕

常绿灌木，高达 1～1.5m；枝之字状曲折，暗红色，下垂。叶互生，稍 2 列状，椭圆形、卵形至倒卵形，长 1.5～2.5cm，全缘，基部歪，先端钝，有短柄；嫩叶白色，后为绿色带白斑纹，老叶绿色。花小，单性同株，绿色，无花瓣，子房 3 室，有长柄；通常单朵腋生。浆果。

原产太平洋岛屿（波利尼西亚），热带地区多有栽培。喜光，喜高温多湿气候及肥沃而排水良好的沙质壤土，不耐干旱和寒冷。嫩枝扦插繁殖。同一植株有绿白二色叶片，洁净雅逸，是优良的观叶植物，宜植于庭园或盆栽观赏。

栽培变种**彩叶山漆茎‘Roseo-picta’** 叶色更为丰富，新叶有红色或粉红色斑，老叶呈绿色或有白斑镶嵌。我国南方有栽培，供庭园或盆栽观赏。

【重阳木属 ***Bischofia***】2 种，产亚洲至大洋洲；中国均有。

(1062) **重阳木**

Bischofia polycarpa (Lévl.) Airy-Shaw

落叶乔木，高达 15m；树皮褐色，纵裂。三出复叶互生，小叶卵形至椭圆状卵形，长 5～11cm，先端突尖或突渐尖，基部圆形或近心形，缘有细钝齿（每厘米约 4～5 个），两面无毛。花小，单性异株，无花瓣，雌花具 2(3) 花柱；总

图 675　重阳木

状花序。果浆果状，球形，径 5～7mm，熟时红褐色。花期 4～5 月；果期9～11 月。

产秦岭、淮河以南至两广北部，在长江中下游平原习见。喜光，耐水湿；生长快，抗风力强。宜栽作庭荫树、行道树及堤岸树。木材红色而坚硬；种子榨油供工业用。

图 676 秋 枫

(1063) **秋 枫**

Bischofia javanica Bl.（*B. trifolia* Hook. f.）〔Toog Tree〕

常绿或半常绿乔木，高可达 40m；树皮褐红色，光滑。三出复叶互生，小叶卵形或长椭圆形，长 7～15cm，先端渐尖，基部楔形，缘具粗钝锯齿（每厘米 2～3 个）。圆锥花序下垂，雌花具 3～4 花柱。果球形，径 8～15mm，熟时蓝黑色。花期 3～4 月；果期 9～10 月。

产中国南部、越南、印度、日本、印尼至澳大利亚。喜光，耐水湿，不耐寒，生长快。秋叶红色，美丽如枫，故名。宜栽作庭荫树、行道树及堤岸树。材质优良，坚硬耐用，深红褐色。

【橡胶树属 ***Hevea***】12 种，产南美洲；中国引入栽培 1 种。

图 677 橡胶树

(1064) **橡胶树**（巴西橡胶树）

Hevea brasiliensis（Willd. ex A. Juss.）Muell. -Arg. 〔Para Rubber-tree〕

常绿乔木，高达 30m；具白乳液。三出复叶互生，小叶长椭圆形，长 10～30cm，全缘，羽状脉，总叶柄端有 2 腺体。花单性同株，小而无瓣；成腋生圆锥状聚伞花序。蒴果 3 裂。

原产巴西亚马逊河流域热带雨林中；华南有栽培。极不耐寒，5℃以下即受冻害。播种繁殖。是最优良的橡胶植物，在马来半岛和斯里兰卡栽培最盛。

93. 鼠李科 Rhamnaceae

【枳椇属 ***Hovenia***】3 种，产亚洲东部和南部；中国全产。

(1065) **枳 椇**（拐枣）

Hovenia acerba Lindl.

落叶乔木，高达 25m。单叶互生，卵形，长 8～16cm，先端渐尖，基部近圆形，缘有细锯齿，基出 3 主脉，叶柄及主脉常带红晕。花小，两性，淡黄绿色，花柱半裂至深裂；复聚伞花序对称，腋生或顶生。果熟时黄色或黄褐色，果梗肥大肉质，经霜后味甜可食（俗称“鸡爪梨”）。

产我国陕西和甘肃南部经长江流域至华南、西南各地；印度、缅甸、尼泊尔和不丹也有分布。喜光，在肥沃湿润地上生长迅速。树姿优美，枝叶茂密，宜作庭荫树及行道树。果、树皮、叶及木汁均入药。

〔附〕**北枳椇** ***H. dulcis*** Thunb.〔Japanese Raisin Tree〕 与枳椇的主要区别点是：高10～20m；叶具不整齐锯齿或粗锯齿；聚伞圆锥花序不对称，生于枝和侧枝顶端，罕兼腋生；花柱浅裂；果熟时黑色。产我国河北、山西、陕西至长江流域；日本和朝鲜也有分布。用途与枳椇相似。

图678 枳 椇

【枣属 *Ziziphus*】 约100种，主产亚洲和美洲；中国13种。

(1066) **枣**

Ziziphus jujuba Mill.〔Chinese Date〕

落叶乔木或小乔木，高达10m；枝常有托叶刺，一枚长而直伸，另一枚短而向后勾曲。当年生枝常簇生于矩状短枝上，冬季脱落。单叶互生，卵形至卵状长椭圆形，长3～6cm，缘有细钝齿，基部3主脉。花小，两性，黄绿色，5基数；2～3朵簇生叶腋；5～6月开花。核果椭球形，长2～4cm，熟后暗红色，味甜，核两端尖；8～9月果熟。

产中国至欧洲东南部。我国自东北及内蒙古南部至华南均有栽培，以黄河中下游、华北平原栽培最为普遍，品种很多。喜光，适应性强，喜干冷气候，也耐湿热，对土壤要求不严，耐干旱瘠薄，也耐低湿；根萌蘖力强，寿命长。果实富含多种维生素、氨基酸和各种糖类，营养价值高，有滋补强壮作用。是园林结合生产的良好树种。常见有以下变种及栽培变种：

图679 枣

①**无刺枣 'Inermis'** 枝无托叶刺，果较大；各地栽培的大多为此变种。

②**葫芦枣 'Lagenaria'** 果实中部收缩成葫芦形，食用。

③**龙枣 'Tortuosa'** 小枝卷曲如蛇游状；果实较小而质差。嫁接繁殖。宜植于庭园观赏。

④**酸枣** var. ***spinosa*** (Bunge) Hu et H. F. Chow 灌木，高1～3m，也可长成乔木状；小枝具托叶刺。叶较小，长1.5～3.5cm。核果小，近球形，长0.7～1.5cm，味酸，核两端钝。产辽宁、内蒙古、黄河及淮河流域，华北尤为习见；多生于向阳或干燥山坡、山谷、丘陵、平原或路旁。常作嫁接枣树的砧木。果可食，能健脾；核仁入药，有镇静安神功效。

〔附〕**台湾青枣**（滇刺枣）***Z. mauritiana*** Lam. 原产两广、四川及云南；台湾和福建有栽培。其栽培品种果大如鸡蛋。

【马甲子属 *Paliurus*】6种，产东亚、南亚和南欧；中国5种，引入栽培1种。

(1067) **铜钱树**

Paliurus hemsleyanus Rehd.

落叶乔木，高达15m；小枝无毛，无托叶刺或仅幼树枝上有托叶刺。单叶互生，卵状椭圆形，长4～10cm，缘有细钝齿，基部3主脉。花小，两性，黄绿色；聚伞花序，无毛，顶生或兼腋生。核果周围有薄木质阔翅，形似铜钱，径2～3.5cm。

产陕西和甘肃南部经长江流域至华南地区。可作嫁接枣树的砧木。果形奇特，可供观赏。

图680 铜钱树

(1068) **马甲子**（铁篱笆）

Paliurus ramosissimus (Lour.) Poir.

落叶灌木，多分枝，高2～3m；枝有对生托叶刺。单叶互生，卵圆形至卵状椭圆形，长3～5cm，缘有细圆齿，先端钝或微凹，基部3主脉，两面无毛或背脉稍有毛。聚伞花序腋生，密生锈褐色短绒毛。核果周围有不明显三裂的木质狭翅，盘状，径1～1.8cm，密生褐色短绒毛。

产华东、中南、西南及陕西；朝鲜、日本和越南也有分布。全株入药，也常栽作刺篱。

〔附〕**滨枣** ***P. spina-christi*** Mill. 〔Christ Thorn〕 灌木，高达3m；小枝暗褐色，幼枝被锈色柔毛。叶卵形，长3～4cm，基部3主脉，缘有疏齿；托叶刺1直1勾弯。核果具薄翅，草帽状，熟时红褐色，径2～2.5cm。原产南欧及西亚；青岛、上海及华北等地有栽培，供观赏。

图681 马甲子

【鼠李属 ***Rhamnus***】小枝端常成刺状；单叶近对生或互生。花小，单性异株或两性；核果具2～4核。约200种，产温带至热带地区；中国57种。

(1069) **鼠 李**

Rhamnus davurica Pall.

〔Dahurian Buckthorn〕

灌木或小乔木，高可达10m；小枝较粗，无毛，枝端具顶芽，不为刺状。叶较大，近对生，倒卵状长椭圆形至卵状椭圆形，长4～12cm，表面有光泽，背面灰绿色，侧脉4～5(6)对；叶柄长为叶片1/4～1/2。果熟时紫黑色。

产我国东北、内蒙古至华北地区；朝鲜、蒙古、俄罗斯西伯利亚地区也有分布。适应性强，

图682 鼠 李

耐荫，耐寒，耐瘠薄。可植于庭园观赏。

（1070）**冻　绿**

Rhamnus utilis Decne.

灌木或小乔木，高达 3～4m；枝端刺状。叶互生或近对生，长椭圆形，长5～12cm，侧脉 5～8 对，缘具细齿；叶柄长为叶片 1/6～1/10。果紫黑色。

产我国华北、华东、华中及西南地区，多生杂木林中；朝鲜、日本也有分布。

〔附〕**长叶冻绿 *R. creanta*** Sieb. et Zucc.　高达 7m；枝端无刺，顶芽无鳞片。叶互生，倒卵状长椭圆形，长 4～14cm，先端急尖，基部广楔形，缘具细齿，背面有柔毛，侧脉 7～12 对。果黑色。产我国中南至东南部；朝鲜、日本和南亚也有分布。枝叶繁密，秋叶黄色，并有累累黑果，可植于园林绿地观赏。

图 683　圆叶鼠李

（1071）**圆叶鼠李**（山绿柴）

Rhamnus globosa Bunge

灌木，高达 2m；小枝有短柔毛。叶倒卵形或近圆形，长 2～4cm，先端突尖而钝，侧脉 3(－4)对，两面有柔毛；叶柄长 3～6mm。果黑色。

产内蒙古、华北至华东地区，多生于山坡杂木林或灌丛中。可作水土保持及林带下木树种。

图 684　小叶鼠李

（1072）**小叶鼠李**（琉璃枝）

Rhamnus parvifolia Bunge

灌木，高达 2m；小枝无毛。叶椭圆状倒卵形至椭圆形，长 1.5～3.5cm，两面无毛，仅背面脉腋有簇生柔毛的腺窝，侧脉(2)3 对；叶柄长 5～10mm。果黑色。

产辽宁、内蒙古、华北至陕西、宁夏等地，多生于向阳山坡或多岩石处。可作水土保持及防沙树种。

（1073）**锐齿鼠李**

Rhamnus arguta Maxim.

灌木，高 1～3m；枝端具刺。叶近对生或簇生在短枝端，卵圆形至椭圆形，长 3～6cm，先端钝或突尖，缘有芒状尖锐细齿。花单性，黄绿色，单生叶腋或簇生于短枝。果黑色。

产辽宁、内蒙古、华北及河南、山东等地，常生于山脊及阳坡、半阳坡杂木林中。

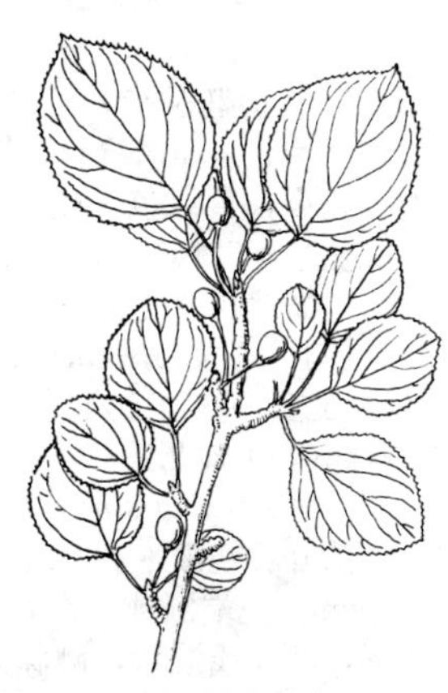

图 685　锐齿鼠李

【猫乳属 ***Rhamnella***】7 种，产中国、朝鲜和日本；中国均产。

(1074) **猫　乳**

Rhamnella franguloides

(Maxim.) Weberb.

落叶灌木或小乔木，高 2～3(10)m。单叶互生，长椭圆形至倒卵状椭圆形，长 4～11cm，缘有细锯齿，羽状脉，背面或背脉有短柔毛。花小，两性，淡绿或黄白色；成腋生聚伞花序；5～6 月开花。核果柱状椭球形，长 6～9mm，由黄变红，最后变黑色，内具一核。

产我国河北、华中及华东各地，生山坡、路旁灌木林中；朝鲜、日本也有分布。果美丽，可植于庭园观赏。

图 686　猫　乳

【雀梅藤属 *Sageretia*】34 种，产亚洲南部和东部；中国 16 种。

(1075) **雀梅藤**（对节刺）

Sageretia thea (Osb.) Johnst.

落叶攀援灌木；小枝灰色或灰褐色，密生短柔毛，有刺状短枝。单叶近对生，卵状椭圆形，长 1～3cm，缘有细锯齿，侧脉 4～5 对，表面有光泽。花小，绿白色；成穗状圆锥花序。核果近球形，熟时紫黑色。

产我国长江流域及其以南地区，多生于山坡、路旁；朝鲜、日本、越南、印度也有分布。喜光，稍耐荫，喜温暖气候，不耐寒；耐修剪。各地常栽作盆景，也可作绿篱用。嫩叶可代茶。

图 687　雀梅藤

(1076) **少脉雀梅藤**（对节木）

Sageretia paucicostata Maxim.

落叶攀援灌木，高达 4m；小枝刺状，对生或近对生，暗褐色，无毛。叶对生或近对生，椭圆形至倒卵状椭圆形，长 2～4cm，缘有刺芒状细齿，无毛，表面暗绿色，背面亮绿色，侧脉 2～3 对。花小，黄绿色。核果球形，径 4～5mm，熟时红黑色。5～6 月开花；7～8 月果熟。

产华北、西北至西南地区。可栽作盆景材料。

图 688　少脉雀梅藤

【勾儿茶属 *Berchemia*】约 31 种，主产东亚及东南亚；中国 19 种。

(1077) **勾儿茶**

Berchemia sinica Schneid.

落叶缠绕藤木。叶互生，卵形至卵圆形，长 3～6cm，先端圆钝，常有小尖头，基部圆形或近心形，叶缘浅波状，侧脉 8～10 对，背面脉腋有短柔毛。花小，黄绿色；圆锥花序或总状花序顶生。核果柱状长椭球形，长5～8mm，熟时由红变黑色。花期6～8月；果期翌年5～6月。

产山西、陕西、甘肃、河南、湖北、四川等地。耐半荫，不择土壤。叶密花繁，入秋果实累累；在园林绿地中可用作攀援绿化材料。

(1078) **多花勾儿茶**

Berchemia floribunda (Wall.) Brongn.

落叶缠绕藤木。叶互生，卵形至卵状长椭圆形，长4～10cm，近全缘，侧脉9～12对，通常两面无毛。花小，白色；花多数，常由聚伞花序组成顶生圆锥花序，长达15cm。核果柱状长椭球形，长7～10mm，红色。花期7～10月；果期翌年4～7月。

产陕西、甘肃至长江流域及其以南地区；南亚及日本也有分布。叶秀花繁，红果累累，是叶花果均可观赏的藤本植物。在园林绿地中可作攀援绿化材料；老树桩可制作盆景；花枝、果枝可供瓶插。

图689 多花勾儿茶

94. 火筒树科 Leeaceae

【火筒树属 ***Leea***】约30余种，主产印度和马来西亚；中国10种。

(1079) **台湾火筒树**

Leea guineensis G. Don

常绿灌木或小乔木，高3～6m。二至三（四）回羽状复叶互生，长50～80cm，小叶卵状椭圆形至长圆状披针形，长5～15cm，先端渐尖，基部广楔形，缘具不整齐浅齿，两面无毛。伞房状复二歧聚伞花序顶生，径20～50cm，具极多小花；花萼杯状，花瓣5，基部合生，红色或橙色，雄蕊基部合生成具5齿裂的管，花药着生于裂齿间。浆果扁球形，径约8mm，暗红色。花期夏季至冬季。

产非洲、中南半岛及东南亚地区，我国台湾有分布；华南地区有栽培。喜光，喜高温多湿气候及肥沃而排水良好的土壤；生长快。叶色常年葱绿，大型红色花序艳丽而持久，是良好的园林观赏树种。

栽培变种**美叶火筒树 'Burgundy'** 叶暗紫褐或绿褐色，有光泽。

95. 葡萄科 Vitaceae

【葡萄属 ***Vitis***】落叶藤木；茎无皮孔，髓褐色。花瓣5，顶部粘合，花后整个帽状脱落，圆锥花序；浆果。60～70种，产温带至亚热带；中国30余种。

(1080) **葡　萄**

Vitis vinifera L. 〔European Grape, Grape Vine〕

落叶藤木，茎长达10～20m；小枝光滑，或幼时有柔毛；卷须间歇性与叶对生。单叶互生，近圆形，长7～20cm，3～5掌状裂，基部心形，缘有粗齿，两面无毛或背面稍有短柔毛。花小，黄绿色，两性或杂性异株；圆锥花序大而长，与叶对生。浆果近球形，熟时紫红色或黄白色，被白粉。

原产亚洲西部至欧洲东南部；世界温带地区广为栽培。我国栽培历史久，在黄河流域栽培较集中。喜光，耐干旱，适应温带或大陆性气候。扦插或压条繁殖。是重要温带果树，品种繁多。果除生食外，可酿酒和制葡萄干；根、叶可入药。除专业果园栽培外，也常用于庭园绿化。

〔附〕**美洲葡萄**（狐葡萄）***V. labrusca*** L.〔Fox Grape〕 与葡萄主要不同点：节间较长，卷须连续性；叶质厚而粗硬，缺刻较浅，背面密生灰白色或褐色绒毛。原产美国东部；我国黄河故道地区、长江流域及其以南地区有栽培。适应性强，抗蚜虫。果皮与果肉易分离，有狐臭，宜酿酒或加工食用。

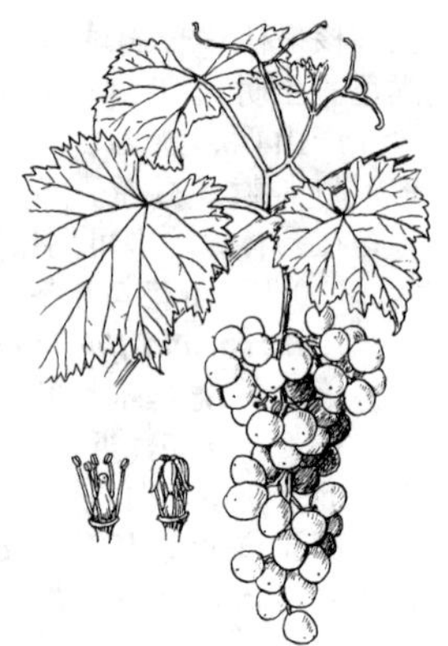
图 690 葡 萄

(1081) **山葡萄**（阿穆尔葡萄）

Vitis amurensis Rupr. 〔Amur Grape〕

茎长达 10 余米；幼枝红色，初有绵毛，后脱落。叶广卵形，长 5～20cm，3～5 浅裂或不裂，表面无毛，背面淡绿色，沿脉及脉腋有短毛。浆果黑色，径约 8mm。

产我国东北、内蒙古、华北及山东，多生于山地林缘；朝鲜、日本也有分布。果实营养丰富，可生食或酿酒。秋叶红艳或紫色，可植于庭园观赏。

图 691 山葡萄

【蛇葡萄属（白蔹属）***Ampelopsis***】藤木；茎有皮孔，髓白色。花瓣离生，展开，聚伞花序；浆果。约 30 余种，产亚洲和北美洲；中国 17 种。

(1082) **葎叶蛇葡萄**

Ampelopsis humulifolia Bunge

落叶藤木；枝红褐色，卷须与叶对生。单叶互生，广卵圆形，宽 7～15cm，3～5 中裂或近深裂，有时 3 浅裂，基部心形或近截形，缘有粗齿，背面苍白色，无毛或微有毛。浆果熟时淡黄色或淡蓝色，径 6～8mm。

产东北南部、华北至华东、华南地区，多生于山沟、山坡林缘。在园林中可作棚荫材料。

图 692 葎叶蛇葡萄

(1083) **乌头叶蛇葡萄**

Ampelopsis aconitifolia Bunge

〔Monkshood-vine〕

落叶藤木；枝细弱光滑，卷须 2 分叉，与叶对生。叶掌状 5 全裂，具长柄，全裂片菱状披针形，长 3～8cm，先端尖，基部楔形，常再羽状深裂。花小，黄绿色；聚伞花序无毛，与叶对生。浆果近球形，径约 6mm，熟时红色或橙黄色。

主产华北、内蒙古及西北地区。为优美轻巧的棚荫材料。

变种**掌裂蛇葡萄** var. ***palmiloba***（Carr.）Rehd. 叶掌状 5 全裂，裂片缘有粗齿或浅裂；花序和叶两面脉上均微被短柔毛。产东北、内蒙古、华北、西北及四川等地。可用作棚架绿化材料。

图 693 乌头叶蛇葡萄

（1084）**白　蔹**

Ampelopsis japonica（Thunb.）Mak.

落叶藤木；卷须 2～3 分叉。掌状复叶（有时为掌状全裂），小叶 3～5，中间小叶又成羽状复叶状，叶轴具宽翅，两侧小叶羽状裂，基部小叶常不裂而形小。浆果蓝色或蓝紫色。

产我国东北南部、河北、华东、华中及西南各地；日本也有分布。适应性强，喜光，耐寒，耐干旱。为秀丽轻巧的棚荫材料。全株及块根可入药。

图 694 白　蔹

【地锦属（爬山虎属）***Parthenocissus***】藤木，卷须顶端常膨大为吸盘；叶互生；浆果。约 15 种，产亚洲和北美；中国 10 种，引入栽培 1 种。

（1085）**地　锦**（爬山虎，爬墙虎）

Parthenocissus tricuspidata

（Sieb. et Zucc.）Planch.

〔Japanese Creeper，Boston Ivy〕

落叶藤木，长达 15～20m；借卷须分枝端的黏性吸盘攀援。单叶互生，广卵形，长 10～15(20)cm，通常 3 裂，基部心形，缘有粗齿；幼苗或营养枝上的叶常全裂成 3 小叶。聚伞花序常生于短小枝上。浆果球形，蓝黑色。

产我国东北南部至华南、西南地区；朝鲜、日本也有分布。喜阴湿，对土壤和气候适应性强。播种、扦插或压条繁殖。植株攀援能力强，入秋叶变红色或橙黄色，颇为美丽。是绿化墙面、山石或老树干的好材料。根、茎均可入药；果可酿酒。

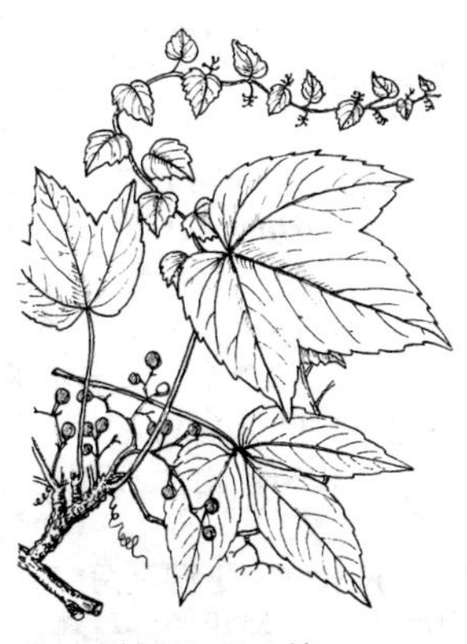

图 695 地　锦

（1086）**三叶地锦**（西南地锦）

Parthenocissus semicordata（Wall.）

Planch.（*P. himalayana* Planch.）

茎长达 10m。叶通常全为掌状 3 小叶，中间小叶倒卵形或倒卵状长椭圆形，长 6～12cm，先端渐尖或近尾尖，基部楔形，侧生小叶斜卵形，略小；叶缘有明显而带尖头的锯齿，表面暗绿色，无毛，背面苍白色，沿脉有短柔毛。聚伞花序常生于短枝端或与叶对生。果熟时黑褐色。

产我国西南部和中部地区；缅甸、泰国、印度也有分布。秋叶红艳美丽，宜植于庭园观赏。

图 696 三叶地锦

(1087) **异叶地锦**（异叶爬山虎）

Parthenocissus dalzielii Gagnep.

（*P. heterophylla* Merr.）

植株全体无毛；营养枝上的叶为单叶，心卵形，宽 2～4cm，缘有粗齿；花果枝上的叶为具长柄的三出复叶，中间小叶倒长卵形，长 5～10cm，侧生小叶斜卵形，基部极偏斜，叶缘有不明显的小齿或近全缘。聚伞花序常生于短枝端叶腋。果熟时紫黑色。花期 5～7 月；果期 8～11 月。

产我国中南至西南部；越南至印尼也有分布。吸盘吸着力强，多横向分枝。幼叶及秋叶均为紫红色，颇为美丽。华南地区常用于绿化墙壁、山石等。

图 697 异叶地锦

(1088) **花叶地锦**（川鄂地锦）

Parthenocissus henryana

（Hemsl.）Diels et Gilg

茎长达 10m；小枝 4 棱形，卷须 5～7 分枝。掌状复叶，小叶 5(3)，卵形至倒卵形，长 4～13cm，先端急尖或圆钝，基部广楔形，叶缘中上部有齿，表面沿脉有白斑纹，背面发紫。圆锥花序窄，长达 15cm。浆果小，深蓝色。

产我国中西部地区。幼叶紫红色，成叶绿色而有明显的白色脉纹，有较高观赏价值；宜植于园林观赏。

(1089) **绿爬山虎**（青龙滕）

Parthenocissus laetevirens Rehd.

小枝圆柱形；卷须细长，具 5～8 分枝。掌状复叶，小叶 3～5；以 5 居多，倒卵形或椭圆形，长 6～12cm，基部不偏斜，边缘中部以上有粗齿，叶无白粉，背脉稍有毛。聚伞圆锥花序开展，与叶对生或顶生于侧枝上；花期 6～7 月。

产长江中下游至两广北部；常生于山坡灌丛中。是垂直绿化的好材料。

图 698 绿爬山虎

(1090) **美国地锦**(五叶地锦)

Parthenocissus quinquefolia (L.) Planch. 〔Virginia Creeper, Woodbine〕

植株无毛，长达20m；小枝圆柱形，卷须具5～12分枝。掌状复叶，小叶5，卵状椭圆形，长达15cm，缘有粗齿，具短柄，叶无白粉，背面苍白色。花由聚伞花序组成圆锥花序。浆果球形，径约9mm。花期6～8月；果期9～10月。

原产美国；华北及东北地区有栽培。在北京能旺盛生长，但攀援能力不如爬山虎。喜湿润、肥沃土壤；生长快。充足阳光能促使秋叶变红。是很好的垂直绿化和地面覆盖材料。

图699 美国地锦

(1091) **粉叶爬山虎**(俞藤)

Parthenocissus thomsonii (Laws.) Planch. (*Yua thomsoni* C. L. Li)

茎长达9m以上；小枝具4～6棱。卷须2叉分枝，间隔2节与叶对生。掌状复叶，小叶5，长椭圆形、菱状椭圆形至狭倒卵形，长4～8cm，叶缘中部以上有疏齿，绿色，有光泽，两面常被白粉。复二歧聚伞花序与叶对生。浆果黑色。

产我国东南、中南至西南地区；印度东北部也有分布。枝叶幼时带紫色，秋叶紫红色。在园林绿地中可用作垂直绿化材料。

【白粉藤属 ***Cissus***】藤本；花4基数，花序与叶对生。约200～300种，主产热带；中国15种，引入栽培约2种。

(1092) **菱叶白粉藤**(假提)

Cissus rhombifolia Vahl 〔Venezuela Treebine〕

常绿藤木，茎有棱，被毛；具分叉的卷须。三出复叶互生，幼叶有白色软毛，小叶长3～10cm，顶叶菱形，侧叶斜卵形，缘有粗齿，表面有光泽，常有丝状毛，背面有毛；叶柄及嫩茎被红褐色毛。

原产西印度群岛及其邻近地区。喜温暖和半荫环境，不耐干旱。扦插繁殖。是很好的室内观叶植物，尤宜作吊盆栽培。

栽培变种**羽裂白粉藤 'Ellen Danica'** 小叶羽状切裂，观赏价值高。

〔附〕**紫青藤 *C. discolor*** Blume 藤木，茎细。单叶互生，卵状椭圆形，长10～17cm，先端尖，基部心形，缘有齿，暗绿带紫色，叶脉间有大块的银白色斑。花绿黄色；聚伞花序短于叶长。产印度尼西亚。

【崖爬藤属 ***Tetrastigma***】约100种，产亚洲至大洋洲；中国45种。

(1093) **扁带藤**

Tetrastigma planicaule (Hook. f.) Gagnep. (*Cissus planicaule*)

落叶大藤木，茎扁，老树基部宽可达40cm；分枝圆柱形，卷须不分枝。掌状复叶互生，小叶

图700 扁带藤

5，长圆状披针形，长9～15cm，先端渐尖，基部楔形，缘有疏钝齿。花小，绿色，4基数，花瓣早落；伞形花序复排成聚伞花序，腋生。浆果球形，径2～3cm，熟时黄色。花期6～7月；果期9～11月。

产华南及西南地区；越南和印度也有分布。耐半荫，喜暖热湿润气候及肥沃湿润而排水良好的土壤，不耐干旱和寒冷。本种茎极扁，形似扁带，颇为奇特；结果多，黄色透亮。在南方宜作攀援绿化材料。

96. 亚麻科 Linaceae

【石海椒属 *Reinwardtia*】2种，产亚洲南部；中国1种。

(1094) **石海椒**（迎春柳）

Reinwardtia indica Dumort.

（*R. trigyna* Planch.）

〔Yellow Flax Bush〕

常绿小灌木，高0.5～1m；全株无毛。叶互生，倒卵状椭圆形或椭圆形，长2.5～7cm，先端稍圆具小尖头，基部楔形，全缘或有细钝齿。花瓣5，黄色，雄蕊10，有5枚退化，花丝下部合生；单生或数朵聚生于叶腋或枝端。蒴果球形，6裂。几乎全年开花，而以夏季花多。

产我国西南地区；越南、缅甸、印度、印尼也有分布。不耐寒。扦插繁殖。花黄色美丽；暖地宜植于庭园观赏，北方偶见温室盆栽观赏。

图701 石海椒

【青篱柴属 *Tirpitzia*】2种，产中国和越南；中国1种。

(1095) **青篱柴**

Tirpitzia sinensis（Hemsl.）Hallier

常绿灌木，高2～3m。叶互生，卵状椭圆形至倒卵形，长3～8.5cm，先端圆，基部广楔形，全缘。花瓣5，白色，有2～3cm长的办柄，扩大部分广倒卵形，开展，长1～2cm，雄蕊5，花丝基部合生，退化雄蕊5；聚伞花序腋生。蒴果，4瓣裂。花期5～8月；果期8～12月或至翌年3月。

产云南东南部、贵州南部及广西；越南北部也有分布。花洁白美丽，花期长，是美丽的观赏植物。

图702 青篱柴

97. 金虎尾科 Malpighiaceae

【金英属 *Thryallis*】约20种，产热带美洲；中国引入栽培1种。

(1096) **金　英**

Thryallis glauca Kuntze (*Galphimia glauca* Cav.) 〔Gold Shower〕

常绿灌木，多分枝，高1～1.5m。小枝细，淡褐色，有柔毛。单叶对生，长圆形至卵状长椭圆形，长2～5cm，全缘，先端具短尖头，近基部有2腺体，无毛；叶柄长约1cm。花萼5裂，花瓣5，黄色，有爪，雄蕊10，花柱3裂，花径约1.9cm；顶生总状花序；春末至秋季开花。蒴果近球形，径约5mm，3瓣裂，花萼宿存。

原产热带美洲；广泛栽植于世界热带地区。华南地区及上海等地有栽培。喜光，耐半荫，喜暖热多湿气候，不耐寒。扦插易活。花金黄色，花期长，丰富而美丽，是良好的观花灌木。

图703　金　英

【金虎尾属 ***Malpighia***】约30余种，主产热带美洲；中国引入数种。

(1097) **大果金虎尾**（西印度樱桃）

Malpighia glabra L. **'Florida'** 〔West Indian Cherry〕

常绿灌木，高1～2m。单叶对生，椭圆形至卵状椭圆形，长5～6cm，先端钝圆或微凹，基部近圆形；叶柄甚短。花径约1cm，花萼5深裂，具多个腺体，花瓣5，具爪，粉红色，边缘有小齿，雄蕊10；腋生聚伞花序。核果球形，径约2cm，红色。花期5～8月；果期7～9月。

原种（*M. glabra* 叶端尖，果较小）产西印度群岛；本栽培变种在我国台湾、华南及云南有引种。喜光，喜高温多湿气候及肥沃而排水良好的壤土，不耐干旱和寒冷。叶色亮绿，花多而美丽，花期长，红果形似樱桃（可食）；是优良的观花赏果植物。

〔附〕**金虎尾**（刺叶金虎尾）***M. coccigera*** L.　常绿灌木，高达1m。叶对生，椭圆形至倒卵形，长6～15mm，边缘具刺齿，深绿色，有光泽。花白色或淡桃红色，腋生。浆果状核果，径约8mm，熟时鲜红色，味甜可食。花期春末至夏季。原产西印度群岛；广州及海口等地有栽培。花果均颇美丽，宜植于庭园或盆栽观赏。

98. 省沽油科 Staphyleaceae

【省沽油属 ***Staphylea***】约12种，产北温带；中国4种。

(1098) **省沽油**

Staphylea bumalda DC. 〔Bumalda Bladdernut〕

落叶灌木，高2～3(5)m；枝细长而开展。三出复叶对生，小叶卵状椭圆形，长5～8cm，缘有细尖齿，背面青白色，脉上有毛；顶生小叶之叶柄长约1cm。花白色，芳香；成顶生圆锥花序；5月开花。蒴果膀胱状，扁形，2裂。花期5～6月；果期9～10月。

产我国长江中下游地区、华北及辽宁；朝鲜、日本也有分布。可植于庭园观赏。种子可榨油制皂及油漆。

图 704 省沽油

图 705 膀胱果

(1099) **膀胱果**

Staphylea holocarpa Hemsl.

落叶灌木或小乔木，高达 5～8m。三出复叶对生，小叶近革质，狭卵形至长圆状披针形，侧生小叶近无柄，顶生小叶之叶柄长 1.5～4cm。花白色，伞房花序；蒴果梨形膨大，3 裂。花期 5 月；果期 9 月。

产黄河以南至长江流域地区。花果均有一定观赏价值，宜植于庭园观赏。

栽培变种**粉花膀胱果 'Rosea'** 花粉红色，仲春至夏末开花；幼叶古铜色。

【野鸦椿属 ***Euscaphis***】3 种，产亚洲东部；中国 2 种。

(1100) **野鸦椿**

Euscaphis japonica (Thunb.) Dippel

〔Sweetheart Tree〕

落叶灌木或小乔木，高达 3～8m；小枝及芽红紫色。羽状复叶对生，小叶 7～11，长卵形，长 5～11cm，缘有细齿。花小而绿色，成顶生圆锥花序。蓇葖果红色，有直皱纹，状如鸟类沙囊，内有黑亮种子 1～3，种子有薄肉质假种皮。花期 5～6 月；果期 9～10 月。

产我国长江流域及其以南各省区，多生山野林地；日本、朝鲜也有分布。喜荫凉潮湿环境，不耐寒。秋季红果满树，颇为美观；宜植于庭园观赏。种子可榨油制皂；根及干果可入药。

图 706 野鸦椿

【银鹊树属 *Tapiscia*】3种，中国特产。

（1101）**银鹊树**（瘿椒树）

Tapiscia sinensis Oliv.

〔Chinese Fasepistache〕

落叶乔木，高达20～30m；树皮具清香。羽状复叶互生，小叶5～9，卵状椭圆形至椭圆状披针形，长6～12cm，先端渐尖，基部圆形或心形，缘有粗齿，无毛，背面有白粉；嫩叶柄紫红色。花小，黄色，杂性异株，萼齿、花瓣、雄蕊各为5；雄花为葇荑花序，两性花为腋生圆锥花序。核果近球形，径5～6mm。7月开花；9月果熟。

中国特产，分布于长江以南地区。中性树种，较耐荫，喜肥沃湿润环境，不耐高温和干旱；生长较快。树姿优美，秋叶黄色，花芳香，可植于园林绿地观赏。

图707　银鹊树

99. 伯乐树科 Bretschneideraceae

【伯乐树属 *Bretschneidera*】本科仅此1属1种，产中国和越南。

（1102）**伯乐树**（钟萼木）

Bretschneidera sinensis Hemsl.

落叶乔木，高达20m。羽状复叶互生，小叶7～13，狭椭圆形至长圆状披针形，长10～25cm，全缘，先端尖，基部钝圆。花两性，两侧对称，径约4cm；花萼阔钟状，5浅裂；花瓣5，粉红或近白色；雄蕊8，基部合生；子房3～5室，每室2胚珠；顶生总状花序直立，长20～30cm。蒴果椭球形或近球形，长3～5cm，红褐色，3～5瓣裂；种子橙红色。

零星分布于长江以南地区；越南北部也有分布。中性偏阴，喜温凉湿润环境，能耐－8℃的低温，但不耐高温；深根性，抗风力强。树冠开展，绿荫如盖，花果美丽，可引入园林栽培观赏。

图708　伯乐树

100. 无患子科 Sapindaceae

【栾树属 *Koelreuteria*】4种，产亚洲东部；中国3种1变种。

（1103）**栾　树**

Koelreuteria paniculata Laxm. 〔Golden Rain Tree〕

落叶乔木，高达15～25m。一至二回羽状复叶互生，小叶卵形或卵状椭圆形，有不规则粗齿或羽状深裂。花金黄色，花瓣4，不整齐；顶生圆锥花序，长达 40cm；6～7 月开花。蒴果三角状卵形，果皮膜质膨大；9～10 月果熟。

主产我国北部地区，是华北平原及低山常见树种；朝鲜、日本也有分布。喜光，耐寒，耐旱，也耐低湿和盐碱地；深根性，萌芽力强，抗烟尘，病虫害少。播种或根插繁殖。本种枝叶繁茂秀丽，夏季黄花满树，秋叶黄色，是理想的观赏庭荫树及行道树种，也可作为水土保持及荒山造林树种。

北京常见有**晚花栾树'Serotina'**（花期 8 月）和**秋花栾树'September'**（花期 8～9 月）等栽培变种。

图 709 栾 树

(1104) **复羽叶栾树**

Koelreuteria bipinnata Franch.

落叶乔木，高达 20 余米。二回羽状复叶互生，小叶卵状椭圆形，先端短渐尖，缘有锯齿，基部稍偏斜。花黄色，花瓣 4(5)；成顶生圆锥花序；7～9 月开花。蒴果膨大，秋日红色美丽。

产我国东部、中南及西南部地区。喜光，适生于石灰岩山地，生长较快。枝繁叶茂，花果美丽，宜作庭荫树及行道树。

变种**全缘栾树**（黄山栾树，山膀胱）var. ***integrifolia***（Merr.）T. Chen 小叶全缘，仅萌蘖枝上的叶有锯齿或缺裂。产长江以南地区，多生于丘陵、山麓及谷地。秋天开花，满树金黄；蒴果淡红色，也甚美丽。华北南部及其以南地区可栽作庭荫树、行道树及风景树。

图 710 全缘栾树

〔附〕**台湾栾树 *K. elegans*** A. C. Smith ssp. ***formosana***（Hayata）Meyer 落叶乔木；二回羽状复叶，小叶长圆状卵状，长 6～8cm，先端尾状渐尖，基部极偏斜。花瓣 5，金黄色；圆锥花序。蒴果粉红色至红褐色。夏末至秋开花。产我国台湾；深圳等地有栽培。性强健，耐旱，抗风；生长快。花果均美，在暖地宜作行道树及园景树。

【文冠果属 ***Xanthoceras***】1 种，中国特产。

(1105) **文冠果**

Xanthoceras sorbifolia Bunge

落叶灌木或小乔木，高达 3～5(8)m。羽状复叶互生，小叶 9～19，长椭圆形或披针形，长 2～6cm，缘有锐齿，亮绿色。花杂性，整齐；花瓣 5，白色，缘有皱波，基部有黄紫晕斑；花盘 5 裂，各具一橙黄色角状附属物；顶生总状或圆锥花序，长约 20cm；花 4、5 月间与叶同放。蒴果

图 711 文冠果

椭球形，长4～6cm，木质，3瓣裂；7～9月果熟。

主产我国北部（黄河流域）。喜光，耐严寒，耐干旱及盐碱，不耐水湿；深根性，萌蘖力强。播种或枝插、根插繁殖。春天白花满树，且有秀丽光洁的绿叶相衬，花期可持续20余天；是我国特产之珍贵观赏兼重要木本油料树种。种子含油量高，质量好，榨油供食用及医药、化工用。

栽培变种**紫花文冠果‘Purpurea’**花紫红色。

【无患子属 *Sapindus*】13种，主产热带地区；中国4种1变种。

(1106) **无患子**

Sapindus mukorossi Gaertn.

〔Chinese Soapberry〕

图712　无患子

落叶乔木，高达20～25m；树皮灰色，不裂；小枝无毛，皮孔多而明显。偶数（罕为奇数）羽状复叶互生，小叶8～14，互生或近对生，卵状长椭圆形，长8～20cm，全缘，先端尖，基歪斜，无毛。花小而黄白色；花瓣5，有长爪，内侧基部有2耳状小鳞片；顶生圆锥花序。核果肉质，球形，径约2cm，熟时褐黄色。花期5～6月；果期10月。

无患子科产我国长江流域及其以南地区；日本、越南、印度也有分布。喜光，稍耐荫，喜温暖湿润气候，耐寒性不强，在中性土壤及石灰岩山地生长良好，对二氧化硫抗性较强；深根性，抗风力强，萌芽力弱，不耐修剪，生长尚快，寿命长。播种繁殖。树形高大，树冠广展，绿荫稠密，秋叶金黄，是良好的庭荫树及行道树种。果肉可代肥皂用；种子可榨油，为润滑油。

(1107) **川滇无患子**

Sapindus delavayi (Franch.) Radlk.

落叶乔木，高10～15m。小叶8～14，对生或近对生，卵形至卵状长圆形，长6～14cm，两面脉上疏生短柔毛。花瓣常为4，无爪，内侧基部有一大鳞片；顶生圆锥花序。核果球形，径1.5～1.8cm。

产云南、四川、贵州、湖北西部及陕西西南部。用途同无患子。

【龙眼属 *Dimocarpus*】约20种，产南亚和东南亚；中国4种。

(1108) **龙　眼**（桂圆）

Dimocarpus longan Lour.

(*Euphoria longan* Steud.)〔Longan〕

图713　龙　眼

常绿乔木，高10m以上；树皮粗糙，薄片状剥落；幼枝及花序被星状毛。偶数羽状复叶互生，小叶3～6对，长椭圆状披针形，长6～17cm，全缘，基部歪斜，表面侧脉明显。花小，花瓣5；圆锥花序顶生或腋生；春夏间开花。果球形，外皮较平滑，种子黑褐色；7～8 月果熟。

产台湾、福建、广东、海南、广西、四川等地；亚洲南部和东南部有栽培。稍耐荫，喜暖热湿润气候。播种或高压、嫁接繁殖。是华南地区重要果树，品种很多，枝叶茂密，幼叶紫红色，也常于庭园种植。假种皮味甜美，食之有健脑、强身、安神等功效。

【荔枝属 ***Litchi***】2 种，菲律宾和中国各产 1 种。

(1109) **荔　枝**

Litchi chinensis Sonn.

〔Lychee，Litchi〕

图 714　荔　枝

常绿乔木，高 8～20(30)m；树皮灰褐色，不裂。偶数羽状复叶互生，小叶 2～4 对，长椭圆状披针形，长 6～12cm，全缘，表面侧脉不甚明显。花小，无花瓣；圆锥花序顶生；2～4 月开花。果球形或卵形，长 3～4.5cm，外皮有凸起小瘤体，种子红褐色，具肉质白色假种皮；5～8 月果熟。

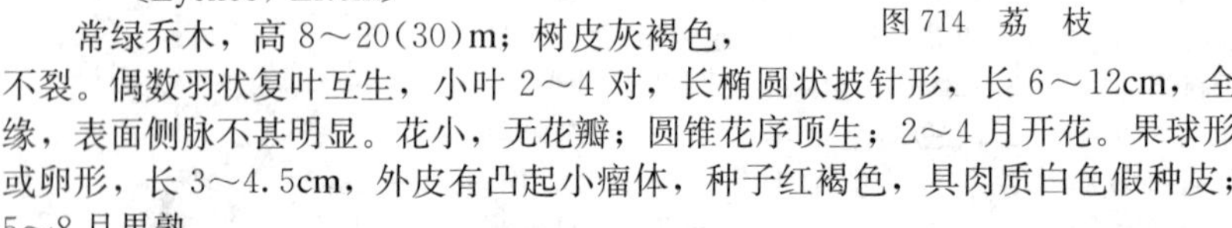

产华南地区；亚洲东南部有栽培。喜光，喜暖热湿润气候及富含腐殖质之深厚酸性土壤；寿命长。播种或嫁接繁殖。是华南地区重要果树，栽培历史久，品种很多，也常于庭园栽植。果除鲜食外，可加工成果干及罐头。山地野生树高达 30 余米，是优良名贵用材树种之一。

【韶子属 ***Nephelium***】约 38 种，产东南亚；中国 3 种，引入栽培 1 种。

(1110) **红毛丹**

Nephelium lappaceum L.〔Rambutan〕

常绿乔木，高达 15m。偶数羽状复叶互生，小叶 4～6，椭圆形至倒卵状椭圆形，长 6～18cm，先端急尖或钝，基部广楔形，全缘，无毛，近革质。花小，单性，无花瓣，花萼黄绿色；圆锥花序。果卵球形，径约 5cm，果皮具长弯刺，熟时鲜红色。初夏开花；秋季果熟。

原产马来半岛；广东、海南、福建及台湾有栽培。喜光，喜暖热气候及肥沃、深厚的酸性土壤。树形美观，枝叶茂密，秋季红果累累，既可食用，又可观赏。适于华南热带地区作园林绿化及风景树种。

101. 七叶树科 Hippocastanaceae

【七叶树属 ***Aesculus***】木本；掌状复叶对生，叶缘有锯齿。花杂性同株，两侧对称，花瓣 4～5，有爪；顶生圆锥花序；蒴果 3 裂。约 30 余种，产欧洲、亚洲和美洲；中国约 10 余种，引入栽培约 2 种。

(1111) **七叶树**（梭椤树）

Aesculus chinensis Bunge〔Chinese Horse Chestnut〕

落叶乔木，高达 25m；小枝粗壮，无毛，顶芽发达。小叶通常 7，倒卵状长椭圆形，长 8～20cm，侧脉 13～17 对，缘有细齿，仅背脉有疏毛；小叶柄长 0.5～1(1.5)cm，有微毛。花瓣 4，白色，花萼外有微柔毛；顶生圆柱状圆锥花序，长 20～25cm，近无毛；5～6 月开花。蒴果球形，无刺，也无突出尖头，果壳厚 5～6mm；9～10 月果熟。

主产黄河中下游地区；北京等城市多栽培。喜光，也耐半荫，喜温和湿润气候，不耐严寒，喜肥沃深厚土壤；深根性，不耐移植，萌芽力不强，生长较慢，寿命长。干皮较薄，易受日灼。叶大荫浓，树冠开阔，白花绚烂，是著名的观赏树种之一，宜作庭荫树及行道树。

变种**浙江七叶树** var. ***chekiangensis*** (Hu et Fang) Fang　小叶侧脉 18～22 对，小叶柄无毛；花萼无毛，花序长达 35cm；果壳厚 1～2mm。产浙江北部及江苏南部，华东一些城市多栽培。

图 715　七叶树

(1112) **天师栗**（猴板栗）

Aesculus wilsonii Rehd.

（*A. chinensis* var. *wilsonii* Turland et N. H. Xia）

落叶乔木，高达 30m；嫩枝密生长柔毛。小叶 5～7(9)，长倒卵形至倒披针形，长 10～25cm，缘有微内弯的小齿，背面有绒毛或长柔毛，后渐脱落；小叶柄长 1.5～2cm。花白色，芳香；圆锥花序较粗大，密被毛。蒴果卵球形，长 3～4cm，顶端有小尖头，果壳薄。

产华中、西南地区及河南西部、广东北部。是美丽的观赏树种，宜植于园林绿地。

(1113) **欧洲七叶树**

Aesculus hippocastanum L. 〔Common Horse Chestnut〕

落叶乔木，高达 35～40m；树冠卵形，下部枝下垂；冬芽多树脂。小叶无柄，5～7 枚，倒卵状长椭圆形，长 10～25cm，基部楔形，先端突尖，缘有不整齐重锯齿，背面绿色，幼时有褐色柔毛，后仅脉腋有褐色簇毛。花瓣 4～5，白色，基部有红、黄色斑；5 月开花。蒴果近球形，果皮有刺。

原产巴尔干半岛；北京、杭州、上海、青岛等地有少量栽培。喜光，稍耐荫，耐寒。本种树体高大雄伟，树冠广阔，绿荫浓密，花序美丽；在欧美各国广泛栽作行道树及庭荫观赏树。

有**重瓣**'Baumannii'、**白花**'Alba'、**粉花**'Rosea'、**红花**'Rubricunda'、**塔形**'Pyramidalis'、**垂枝**'Pendula'、**曲枝**'Tortuosa'、**银斑叶**'Albo-variegata'、**金斑叶**'Aureo-variegata' 等品种。

〔附〕**杂种七叶树** ***A.*** × ***carnea*** Hayne〔Red Horse Chestnut〕　是欧洲七叶树与美洲七叶树（*A. pavia* L.　小乔木，高 3～4m，花及花序轴深红色）的杂交种。高达 12m；小叶通常 5，倒卵状椭圆形，先端尖，近无柄。花肉红色；圆锥花序长 15～20cm；5 月开花。在欧洲广泛栽作行道树和庭园观赏树。有**红花**'Briotii'（花红色或深粉红色）、**粉花**'Rosea' 等品种。

(1114) **日本七叶树**

Aesculus turbinata Bl. 〔Japanese Horse Chestnut〕

落叶乔木，高达30(40)m，大枝伸展，树冠伞形；冬芽富黏胶。小叶无柄，5～7枚，倒卵状长椭圆形，长20～30(40)cm，中间小叶常较两侧小叶大2倍以上，先端突尖，基部狭楔形，缘有不整齐重锯齿，背面粉绿色，脉腋有褐色簇毛。花瓣4～5，白色，带红斑；圆锥花序粗大，尖塔形；5～6月开花。蒴果近洋梨形，果皮有疣状凸起。

原产日本；我国青岛、南京和上海等地有栽培。喜光，性强健，较耐寒；生长较快。宜植于庭园观赏。

102. 槭树科 Aceraceae

【槭树属 *Acer*】叶对生，单叶或复叶。花单性或杂性；双翅果，成熟时2裂。约200余种，产亚洲、欧洲和美洲；中国140余种，引入栽培数种。

(1115) **元宝枫**（平基槭，华北五角枫）

Acer truncatum Bunge

〔Shantung Maple〕

落叶小乔木，高达10m。单叶对生，掌状5裂，裂片先端渐尖，有时中裂片或中部3裂片又3裂，叶基通常截形，最下部两裂片有时向下开展。花小而黄绿色，成顶生聚伞花序；4月花与叶同放。翅果扁平，翅较宽而略长于果核，形似元宝；8～9月果熟。

图716　元宝枫

产我国黄河流域、东北、内蒙古及江苏、安徽；朝鲜和俄罗斯的萨哈林岛也有分布。喜侧方庇荫，喜温凉气候，常生于阴坡湿润山谷，对城市环境适应性较强；深根性，抗风力强，生长速度中等，寿命较长。本种树形优美，叶形秀丽，秋叶变橙黄色或红色；春天淡黄色的花也尚可观。宜作庭荫树、行道树或营造风景林。北京街道及园林中常见栽培。

(1116) **五角枫**（地锦槭，色木）

Acer mono Maxim.（*A. truncatum* ssp. *mono* Murr.）〔Mono Maple〕

落叶乔木，高达20m。叶掌状5裂，裂片较宽，先端尾状锐尖，裂片不再分为3裂，叶基部常心形，最下部2裂片不向下开展，但有时可再裂出2小裂片而成7裂。果翅较长，为果核之1.5～2倍。花期4～5月；果期9～10月。

图717　五角枫

产我国东北、华北至长江流域；朝鲜、日本也有分布。喜温凉湿润气候及雨量较多地区，稍耐荫，过于干冷及炎热地区均不宜生长。秋叶变亮黄色或红色，宜作庭荫树、行道树及风景林树种。

图 718 中华槭

(1117) **中华槭**（丫角槭，五裂槭）

Acer sinense Pax〔Chinese Maple〕

落叶小乔木，高达 5～10m。叶较大，长 10～14cm，掌状 5 裂至中部，裂片宽肥，中上部有紧贴锯齿，叶基心形，背面脉腋有黄簇毛，叶柄无毛。雄花与两性花同株；圆锥花序。果核凸起，果翅展开成钝角或近于平角。花期 5 月；果期 9 月。

广布于长江流域至华南、西南山地。秋叶红色美丽，上海等地园林中有栽培。

(1118) **挪威槭**

Acer platanoides L.

〔Norway Maple〕

落叶乔木，高达 18～25m，树冠近球形；树皮通常不开裂；小枝、叶和红色的芽鳞中有丰富的乳液。叶掌状 5 裂，先端尖，缘疏生尖齿，有光泽。花小，黄绿色；成多花的伞房花序。翅果下垂，长 4～5cm，两果翅展开近于平角。

产欧洲及高加索、土耳其一带。本种秋叶为美丽的黄色或金黄色，树形圆整，是优良的庭荫树及行道树种，在欧洲广泛栽培。上海有少量栽培。

有许多品种，如：**'Emerald Queen'**（'绿宝石'，叶深绿色，有光泽，秋叶黄色）、**'Crimson King'**（'红王'，叶暗红至暗紫酱色）、**'Crimson Sentry'**（'红哨兵'，春季叶亮红色，夏、秋叶紫红色）、**'Goldsworth Purple'**（'大叶紫'，叶大，深紫色）、**'Royal Red'**（'皇室红'，叶在整个生长期保持亮红色）、**'Schwedleri'**（新叶红色，后渐变绿，秋天又变红色）、**'Deborrah'**（树冠圆形，春季叶紫色，夏季叶青红色）、**金叶** 'Princeton Gold'（嫩叶亮黄色，夏叶绿色，秋叶金黄色）、**银边** 'Drummondii'（树冠圆锥形，叶具不规则的白色或黄白色边）、**细裂叶** 'Palmatifidum'（叶掌状深裂，裂片细长）等。其中一些品种我国北京、大连等地已有引种栽培。

(1119) **银　槭**

Acer saccharinum L.〔Silver Maple〕

落叶大乔木，高达 40m。叶掌状 3～5 深裂，径 10～15cm，裂片边缘有疏齿裂，表面亮绿色，背面银白色。花粉红色，无花瓣；叶前开放。翅果之两翅几成直角。

原产美国东北部及邻接的加拿大；北京、熊岳、鞍山、大连及长江中下游地区有引种。耐寒性较强，生长快，喜湿润、深厚土壤。秋叶为美丽的黄色或红色，是城市公园及广场的理想树种。树液含糖分，可制糖。

有**垂枝** 'Pendulum'、**塔形** 'Pyramidale'、**金叶** 'Golden Spirit' 等品种。

(1120) **欧亚槭**（假桐槭）

Acer pseudoplatanus L.〔Sycamore Maple〕

落叶乔木，高达 30m；树皮片状剥落；小枝光滑，冬芽绿色。叶掌状 5(3) 裂，径 10～16cm，基部心形，裂片卵形，缘有粗尖齿，背面苍白色。花黄绿色；圆锥花序下垂。翅果长 4～5cm，两果翅成锐角或直角。

原产欧洲及西亚。抗性强，能适应城市严酷环境，喜石灰质土壤。可作行道树、庭荫树及风景林。有**金边**‘Drumnondii’、**银斑**‘Albo-variegatum’、**紫叶**‘Atropurpureum’、**红叶**‘Rubrum’等品种。

(1121) **糖 槭**

Acer saccharum Marsh. 〔Sugar Maple〕

落叶乔木，高达39m；干皮灰色，小枝光滑。叶掌状3～5裂，径10～15cm，基部心形，裂片先端尖，缘有粗齿。花无花瓣，淡黄绿色；伞房花序簇生，下垂；叶前开花。翅果光滑，长2.5～4.2cm，两翅夹角小。

原产北美；黑龙江、辽宁、庐山、南京、武汉等地有栽培。喜光，耐寒，耐干旱。其树液可制糖。秋叶金黄、橙色至深红色，十分美丽。加拿大国旗上的图案即为糖槭的叶片。

〔附〕**美国红槭** ***A. rubrum*** L. 〔Red Maple〕高18～27m；叶3～5裂，宽8～15cm，裂片三角状卵形，缘有不等圆锯齿；花红色；两果翅成锐角，嫩时亮红色。原产美国东部至加拿大；秋叶红色亮丽。上海、杭州及北京植物园有引种。品种**‘Red Sunset’**（‘落日红’）树冠圆形，分枝密，秋叶红艳。

图719 三峡槭

(1122) **三峡槭**（三裂槭）

Acer wilsonii Rehd. 〔Wilson Maple〕

落叶乔木，高达10～15m；树皮暗棕色，光滑。叶通常3裂，裂片卵形或长圆状卵形，先端尾状尖，全缘或近端部有浅齿。萼片5，黄绿色，花瓣5，近白色；圆锥花序顶生，长5～6cm。果核凸起，果翅展开近于平角。

产长江流域至华南地区，在三峡地区常见；南京地区有栽培。

图720 三角枫

(1123) **三角枫**（三角槭）

Acer buergerianum Miq. 〔Trident Maple〕

落叶乔木，高达20m；树皮长片状剥落。叶3裂，裂片向前伸，全缘或有不规则锯齿。果核凸起，果翅展开成锐角。花期4月；果期8～9月。

产我国长江中下游地区；日本也有分布。喜温暖湿润气候，稍耐荫，较耐水湿；耐修剪，萌芽力强。秋叶暗红或橙色，颇为美观，宜作庭荫树、行道树及护岸树种；也可栽作绿篱。

图721 细裂槭

(1124) **细裂槭**

Acer stenolobum Rehd.

落叶小乔木，高达 6m。叶较小，长 3～5cm，三叉状深裂，裂片窄长，侧裂片与中裂片几成直角，裂缘有粗钝齿或裂齿。花序伞房状。果翅张开成钝角或近平角，翅略向内曲。

产山西、陕西、甘肃等地；北京有栽培。抗性强，耐干旱瘠薄，生长慢。可栽作园林绿化树种。

图 722 茶条槭

(1125) **茶条槭**

Acer ginnala Maxim. 〔Amur Maple〕

落叶小乔木，高达 6～9m，常成灌木状。叶卵状椭圆形，长 6～10cm，3(5)裂，中裂特大，基部心形或近圆形，缘有不规则重锯齿，近无毛，叶柄及主脉常带紫红色。花序圆锥状。果翅不开展。花期 5～6 月；果期 9 月。

产我国东北、内蒙古及华北；俄罗斯西伯利亚东部、朝鲜及日本也有分布。弱阳性，耐寒；深根性，萌蘖性强。秋叶易变红色，翅果在成熟前也红艳可爱，是良好的庭园观赏树，也可栽作绿篱及小型行道树。**密枝茶条槭 'Bailey Compact'** 分枝密集，秋叶艳红。

亚种**苦茶槭** ssp. ***theiferum*** (Fang) Fang 叶卵形至椭圆状卵形，不裂或不明显 3～5 裂，缘有不规则锐尖重锯齿，背面疏生白色柔毛。产华东至华中地区。嫩叶烘干可代茶。

图 723 青榨槭

(1126) **青榨槭**（青虾蟆）

Acer davidii Franch. 〔David Maple〕

落叶乔木，高达 7～15m；枝干绿色平滑，有蛇皮状白色条纹。叶卵状椭圆形，长 6～14cm，基部圆形或近心形，先端长尾状，缘具不整齐锯齿。果翅展开成钝角或近于平角。花期 4～5 月；果期 9 月。

广布于黄河流域至华东、中南及西南各地。耐半荫，喜生于湿润溪谷。入秋叶色黄紫，颇为美观，可栽作园林绿化树种。木材坚实细致；树皮及叶可提栲胶。

(1127) **飞蛾槭**

Acer oblongum Wall. ex DC.

常绿或半常绿乔木，高达 15m；当年生小枝紫色，光滑。叶矩圆形或卵状椭圆形，长 8～11cm，全缘，近革质，羽状脉或基部三主脉，背面灰绿色或有白粉。花小，淡绿色；圆锥花序短而有柔毛。果翅展开成直角或钝角，果核凸

图 724 飞蛾槭

起。花期4月；果期9月。

产我国中部至西南部地区；印度北部、缅甸、泰国等也有分布。耐半荫，喜温暖湿润气候，不耐寒。本种枝叶茂密，翅果似蛾类展翅飞翔，颇为美观；在暖地可栽作庭园观赏树。

(1128) **樟叶槭**

Acer cinnamomifolium Hayata

常绿乔木，高达10～20m；树皮灰色光滑，内皮层红棕色；幼枝淡黄褐色或淡紫褐色，有绒毛。叶革质，长椭圆形，长7～12cm，先端短渐尖，基部钝圆，全缘，表面绿色，背面淡绿色，有白粉和绒毛，羽状脉，基部一对侧脉较长，中脉及侧脉在表面下陷，在背面凸起。伞房花序顶生，有绒毛。果翅展开成直角或锐角。

图725 樟叶槭

产我国东南部至湖南、贵州等地。耐半荫，喜温暖湿润气候，不耐寒。上海、杭州等地常栽作盆景材料。

(1129) **梓叶槭**

Acer catalpifolium Rehd.

落叶乔木，高达20～25(30)m；小枝细圆。叶卵形或卵状椭圆形，长10～20cm，基部圆形，先端尾状钝尖，全缘（偶有3浅裂），叶背无白粉，脉腋有黄色簇毛，叶脉在表面微凹，在背面凸起。翅果较大，长4.5～5.5cm，果翅端部较宽，下部渐狭窄。花期4月；果期8～9月。

图726 梓叶槭

产四川成都平原及其邻近地区。当地已用作街道及公路行道树；也是优良用材树种。

(1130) **罗浮槭**（红翅槭）

Acer fabri Hance

半常绿乔木，高达10m。叶披针形至长椭圆状披针形，长7～11cm，全缘，先端锐尖，两面无毛或仅背面脉腋稍有毛，主脉在两面凸起；嫩叶淡红色。花萼紫色，花瓣白色；伞房花序。小坚果与翅长3～3.4cm，两翅成钝角，无毛。

产华中至华南北部，西至西南部。翅果自幼至在成熟均紫红色，观赏期长达半年之久；老叶在冬季凋落前也鲜红美丽。可植于庭园观赏或栽作行道树。

图727 罗浮槭

(1131) **岭南槭**

Acer tutcheri Duthie

落叶乔木，高 5～10m；小枝纤细，无毛。叶3裂，长 6～7cm，基部圆形或近心形，裂片三角状卵形，先端尖，叶缘疏生尖齿，两面无毛或背面脉腋有簇毛。花淡黄白色，子房密被长柔毛；圆锥花序顶生，长 3～4cm。翅果初为淡红色，后变为黄色，两翅成钝角张开。花期春季；秋季果熟。

产浙江、江西、湖南、福建、广东和广西。幼叶和秋叶均为红色，花、果也有一定观赏价值；宜植为园林观赏及风景树。

图 728　岭南槭

(1132) **紫花槭**（假色槭）

Acer pseudo-sieboldianum (Pax) Kom.

落叶小乔木，高达 8m；当年生枝被白色疏柔毛，多年生枝被蜡质白粉。叶掌状 9～11 裂，长 6～10cm，基部心形，裂缘有重锯齿，幼时两面有白色绒毛，老叶仅背脉有毛。花紫色，杂性。翅果嫩时紫色，果核凸起，两翅展开成钝角或直角。花期 5～6 月；果期 9 月。

产我国东北地区海拔 700～900m 山地；俄罗斯、朝鲜也有分布。叶形美丽，可植于庭园观赏。

图 729　紫花槭

(1133) **鸡爪槭**

Acer palmatum Thunb.

〔Japanese Maple〕

落叶灌木或小乔木，高达 6～15m；枝细长光滑。叶掌状 5～9 深裂，径 5～10cm，裂片卵状披针形，先端尾状尖，缘有重锯齿，两面无毛。花紫色，子房无毛；顶生伞房花序。果翅长 2～2.5cm，展开成钝角。花期 4～5 月；果期 9～10 月。

广布于我国长江流域及朝鲜、日本。喜光，喜温暖湿润气候，耐寒性不强。播种或嫁接繁殖。本种树姿优美，叶形秀丽，秋叶红色或古铜色，为优良观赏树种。其园艺变种甚多，常见有下列几种：

①**红枫**（紫红鸡爪槭）**'Atropurpureum'**　叶常年红色或紫红色，5～7 深裂；枝条也常紫红色。

②**羽毛枫**（细裂鸡爪槭）**'Dissectum'**　叶深裂达基部，裂片狭长且又羽状细裂，秋叶深黄至橙红色；树冠开展而枝略下垂。

③**红羽毛枫 'Dissectum Ornatum'**　叶形同细叶鸡爪槭，惟叶常年古铜色或古铜红色。

④**紫羽毛枫 'Dissectum Atropurpureum'**　叶

图 730　鸡爪槭

形同细叶鸡爪槭，常年古铜紫色。

⑤**暗紫羽毛枫‘Dissectum Nigrum’** 叶形同细叶鸡爪槭，常年暗紫红色。

⑥**金叶鸡爪槭‘Aureum’** 叶常年金黄色。

⑦**花叶鸡爪槭‘Reticulatum’** 叶黄绿色，边缘绿色，叶脉暗绿色。

⑧**斑叶鸡爪槭‘Versicolor’** 绿叶上有白斑或粉红斑。

⑨**线裂鸡爪槭‘Linearilobum’** 叶5深裂，裂片线形。

⑩**红边鸡爪槭‘Roseo-marginatum’** 嫩叶及秋叶裂片边缘玫瑰红色。

图731　日本槭

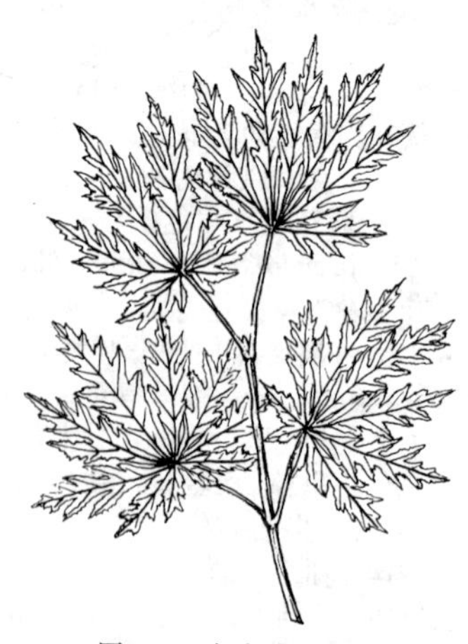
图732　乌头叶日本槭

(1134) **日本槭**（舞扇槭）

Acer japonicum Thunb. 〔Full-moon Maple〕

落叶小乔木，高达9～15m；幼枝、叶柄及幼果均被柔毛。叶掌状7～11裂，裂达中部以上，径8～12cm，基部心形，裂缘有重锯齿。花较大，萼片花瓣状，紫红色；顶生伞房花序下垂；春天花叶同时开放。果翅展开成钝角。

原产日本北部及朝鲜；我国辽宁、山东及沪、杭一带有栽培。是美丽的观花赏叶树种。

栽培变种**乌头叶日本槭**（羽扇槭）**‘Aconitifolium’** 高达3m；叶深裂达基部，裂片基部楔形，上部又缺刻状羽裂；秋叶红色美丽。我国青岛、上海、杭州等地园林中有栽培，也是盆栽、盆景的好材料。此外，还有**金叶日本槭‘Aureum’**等品种。

图733　三叶槭

(1135) **三叶槭**（建始槭）

Acer henryi Pax

落叶小乔木，高达10m，树冠开展；幼枝有柔毛。三出复叶对生，小叶椭圆形，长6～

12cm，先端尾状渐尖，基部楔形，全缘或有疏齿，暗绿色，嫩叶两面有毛，后仅背面脉腋有簇毛。花单性异株，成下垂总状花序。果翅夹角小。

产河南、陕西、甘肃及长江流域各地。秋叶亮橙色和鲜红色。可栽作庭荫树及行道树。

(1136) **拧筋槭**（三花槭）

Acer triflorum Kom.

〔Three-flowered Maple〕

落叶乔木，高达 20～30m；干皮灰褐色，剥落。小枝紫色，幼时疏生柔毛。三出复叶，小叶卵状椭圆形至长倒卵形，长 7～9cm，中上部有 2～3 个粗齿，背面脉上疏生柔毛。花小，黄绿色；伞房花序。翅果密生有毛，两果翅张开成锐角或近直角。花期 4 月；果期 9 月。

产我国东北地区，生于海拔 400～1000m 林中。秋叶亮橙红色，可作城乡绿化树种。

图 734　拧筋槭

(1137) **白牛槭**（东北槭）

Acer mandshuricum Maxim.

落叶乔木，高达 20m；小枝无毛。三出复叶，小叶长椭圆状披针形，长 5～10cm，缘有疏齿，背面灰绿色，中脉有白柔毛。翅果紫褐色，无毛。花期 6 月；果期 9 月。

产我国东北长白山区，生于海拔 500～1000m 林中。

图 735　白牛槭

(1138) **羽叶槭**（复叶槭）

Acer negundo L.

〔Box Elder，Ash-leaved Maple〕

落叶乔木，高达 20m；小枝光滑，常被白色蜡粉。羽状复叶对生，小叶 3～5，卵状椭圆形，长 5～10cm，缘有不整齐粗齿。花单性，无花瓣。两果翅展开成锐角。花期 4～5 月；果期 9 月。

原产北美；我国东北、华北及华东地区有栽培。喜光，喜冷凉气候，耐干冷，耐轻盐碱，耐烟尘；根萌芽性强，生长较快。在东北地区生长较好，在温湿地区生长欠佳。可作庭荫树、行道树及防护林树种。树液含糖分，可制糖。

有**金叶**‘Aureum’（‘Kellys Gold’）、**金边**‘Aureo-marginatum’（‘Elegans’）、**银边**‘Variegatum’、**金斑**‘Aureo-variegatum’、**花斑**‘Flamingo’（‘火烈鸟’，新叶桃红色，成叶有

图 736　羽叶槭

粉红或白色斑与绿色斑块相间)、矮生'Nanum'等品种。

【金钱槭属 *Dipteronia*】2 种，中国特产。

(1139) **金钱槭**

Dipteronia sinensis Oliv.

落叶乔木，高达 16m。裸芽。羽状复叶对生，小叶 7～11(15)，长椭圆状披针形，长 7～10cm，缘有齿。花小，杂性；圆锥花序。双翅果，果翅分别在两果核周围，由浅绿变红。花期 4 月；果期 9 月。

产河南、陕西、甘肃南部、湖北西部、四川、贵州东北部，生于海拔1000～2000m 地带。果形奇特，宜植于庭园观赏。

图 737　金钱槭

103. 橄榄科 Burseraceae

【橄榄属 *Canarium*】约 100 种，产亚洲和非洲热带及大洋洲北部；中国 7 种。

(1140) **橄　榄**

Canarium album（Lour.）Raeusch.

常绿乔木，高 10～20m。羽状复叶互生，托叶早落，小叶 9～15，对生，长椭圆形至卵状披针形，长 6～14cm，先端渐尖，基部偏斜，全缘，革质，无毛，两面细脉均明显凸起，背面网脉上有小窝点（在放大镜下可见）。花小，两性或杂性，芳香，白色；圆锥花序腋生，略短于复叶。核果卵形，长约 3cm，熟时黄绿色。花期 4～5 月；果熟期 9～10 月。

产华南及越南、老挝、柬埔寨。不耐寒，深根性。播种繁殖。枝叶茂盛，是华南地区良好的防风林和行道树种。果味先涩后甜，可生食或加工食用，并有药效。

图 738　橄　榄

〔附〕**乌榄** ***C. pimela*** Leenh.　与橄榄的主要区别点是：无托叶，小叶 17～21，背面平滑；圆锥花序长于叶；花瓣长为萼之 3 倍；果熟时紫黑色。产华南及云南南部；越南、老挝、柬埔寨也有分布。广州附近常作果树栽培。树干挺拔，枝叶茂密，树冠整齐，在暖地宜作行道树。

104. 漆树科 Anacardiaceae

【黄栌属 *Cotinus*】约 5 种，产南欧、东亚和北美；中国有 3 变种。

(1141) **黄　栌**（红叶）

Cotinus coggygria Scop. var. ***cinerea*** Engl.〔Smoke Tree〕

图 739　黄　栌

落叶灌木或小乔木，高达 8m；枝红褐色。单叶互生，卵圆形至倒卵形，长 4～8cm，全缘，先端圆或微凹，侧脉二叉状，叶两面或背面有灰色柔毛。花杂性，小而黄色；顶生圆锥花序，有柔毛；果序上有许多伸长成紫色羽毛状的不孕性花梗；核果小，肾形。

产山东、河北、河南、湖北西部及四川，多生于海拔 700～1600m 半阴而干燥的山地；欧洲东南部也有分布。秋季霜叶红艳可爱，著名的北京香山"红叶"即为此变种。枝叶可入药；树皮及叶可提制栲胶。

正种**欧洲黄栌** ***C. coggygria*** Scop.　高达 5m，叶卵形至倒卵形，无毛；产南欧。其栽培品种**美国红栌 'Royal Purple'**（叶紫红色，秋叶鲜红色）、**紫叶黄栌** 'Purpureus'（叶深紫色，有金属光泽）和**金叶黄栌** 'Golden Spirit' 已引入中国栽培，颇受欢迎。

〔附〕**粉背黄栌** ***C. coggygria*** var. ***glaucophylla*** C. Y. Wu　与黄栌的区别主要是叶背无毛而被白粉；花序近无毛。产河北、河南、陕西、甘肃、四川、贵州和云南。

【杧果属 ***Mangifera***】约 50 余种，产热带亚洲；中国 5 种。

(1142) **杧　果**（芒果）

Mangifera indica L.〔Common Mango〕

图 740　杧　果

常绿乔木，高 18～25m；小枝绿色。单叶互生，常聚生枝端，长椭圆状披针形，长 20～30cm，全缘，革质；叶柄基部膨大。花小，杂性；圆锥花序长 20～35cm，有毛。核果长卵形或椭球形，微扁，长 8～15cm，熟时黄色。春季开花；5～8 月果熟。

原产印度、马来西亚；华南有栽培。喜光，喜暖热湿润气候及深厚排水良好的土壤。抗风，抗污染力强。播种、高压或嫁接繁殖。是著名热带果树，品种很多，有"热带水果之王"的美称。果实肉多，味鲜美，芳香，多汁，含糖量高，维生素丰富；除生食外，可加工成各种食品。树冠浓密，嫩叶紫红，在华南地区可栽作庭荫树和行道树。果皮入药；木材坚硬，可造舟、车等。

(1143) **扁　桃**（桃形杧果）

Mangifera persiciformis C. Y. Wu et T. L. Ming

常绿乔木，高达 20 以上；老树干皮不规则纵裂。叶互生，狭披针形，长 13～20cm，宽 3～6，全缘。花序无毛，长约 10～20cm。核果桃形，稍扁，长约 5cm，无喙尖，核扁，有浅沟。

产广西、云南和贵州；广东、广西常见栽培。主根长，侧根少，大苗较难移植，需带大土球。树冠卵状塔形，枝叶茂密，是暖地优美的园林绿化和行道树种。

【腰果属 ***Anacardium***】约 15 种，主产热带美洲；中国引入栽培 1 种。

(1144) **腰　果**

Anacardium occidentale L.

〔Cashew，Cashew Nut〕

图 741　腰　果

常绿小乔木，高达 5～12m。叶互生，倒卵形至长圆状卵形，长 8～14cm，先端圆或微凹，基部广楔形，全缘，叶脉在两面凸起，无毛，革质。花小，杂性，黄色带粉红，雄蕊 8～10，通常仅 1 枚发育；顶生圆锥花序。核果扁肾形，长 2～2.5cm，基部有膨大而肉质的亮红色或黄色梨形果托，长 5～8cm；种子肾形，长 1.5～2cm。花期春季。

原产热带美洲，世界热带地区广为栽培；我国台湾、华南及云南有栽培。喜光，不耐寒，较耐瘠薄土壤；生长快，开花结果早。果仁味美，可生食或炒食。枝叶茂密，树冠开展，也是良好的庭园绿化树种。

【肉托果属 ***Semecarpus***】约 50 种，产热带亚洲及大洋洲；中国 3 种。

(1145) **大叶肉托果**

Semecarpus gigantifolius Vidal

常绿乔木，高 5～20m。叶互生，常集生枝端，椭圆状披针形，长 25～30cm，先端渐尖，基部近圆形，全缘，无毛。花小，白色，花瓣 5，雄蕊 5；圆锥花序顶生。核果扁球形，长约 2.5cm，熟时暗紫红色，中下部为 1 肉质膨大的花托所包；花托初为绿色，后由红变紫黑色。花期夏季至秋初；果期翌年春末夏初。

产菲律宾及我国台湾；华南地区有栽培。枝叶茂密，树姿健壮，花色洁白素净，果及果托色彩丰富，形状奇特；是暖地优良的园林观赏树种。

【黄连木属 ***Pistacia***】约 10 种，产亚洲、欧洲及北美洲；中国 2 种，引入栽培 1 种。

(1146) **黄连木**（楷木）

Pistacia chinensis Bunge

〔Chinese Pistachio〕

图 742　黄连木

落叶乔木，高达 25～30m；树皮裂成小方块状；小枝有柔毛，冬芽红褐色。偶数（罕为奇数）羽状复叶互生，小叶 5～7 对，披针形或卵状披针形，长 5～8cm，全缘，基歪斜。花小，单性异株，无花瓣；雌花成腋生圆锥花序，雄花成密总状花序。核果球形，径约 6mm，熟时红色或紫蓝色。

我国黄河流域至华南、西南地区均有分布。

喜光，适应性强，耐干旱瘠薄，对二氧化硫和烟的抗性较强；深根性，抗风力强，生长较慢，寿命长。枝密叶繁，秋叶变为橙黄或鲜红色；雌花序紫红色，能一直保持到深秋，也甚美观；宜作庭荫树及山地风景树种。木材坚硬致密，可作雕刻用材；种子可榨油。

(1147) **清香木**

Pistacia weinmannifolia J. Poiss. ex Franch.

常绿乔木，高达15～20m，常成灌木状；小枝、嫩叶及花序密生锈色绒毛。偶数羽状复叶互生，叶轴有窄翅，小叶3～8对，长椭圆形，长2～4cm，全缘，先端圆钝或微凹。花单性异株；圆锥花序腋生。核果熟时红色。

产云南、四川、广西及西藏东南部。材质细硬，为细木工及家具用材，特别适合制出口高级烟斗之用；种子可榨油；叶可提芳香油。春天嫩叶红艳美丽。

图743 清香木

(1148) **阿月浑子**

Pistacia vera L.

〔Pistachio，Pistacia Nut〕

落叶小乔木，高5～7(10)m；树冠开展，树皮龟裂。羽状复叶互生，小叶3～7(11)，椭圆形或卵形，全缘，先端圆钝，革质。花单性异株；圆锥花序。核果卵形至椭球形，黄绿色。

原产中亚和西亚；我国新疆及西南地区有栽培。喜光，能耐－32.8℃的低温，极耐干旱；深根性，萌蘖性强，生长慢。实生苗8～10年后开花结果，寿命长达300～400年。干果味美，为食品工业的珍贵原料；种仁榨油为高级食用油。19世纪美国引种多次未成，后用中国同属的黄连木作砧木嫁接成功，并在加州大面积栽培。其干果之商品名为**“开心果”**，产量居世界首位。

图744 阿月浑子

【盐肤木属 ***Rhus***】体内无乳液；羽状复叶互生。花单性异株或杂性同株，花萼、花瓣、雄蕊各为5；圆锥花序顶生；核果，熟时红色，有毛。约250种，产亚热带和温带地区；中国6种，引入栽培1种。

(1149) **盐肤木**

Rhus chinensis Mill. 〔Nutgall Tree〕

落叶小乔木，高2～4(8)m；枝芽密生黄色绒毛，冬芽被叶痕所包围。羽状复叶之叶轴有翅，

图745 盐肤木

小叶7～13，卵状椭圆形，长5～12cm，缘有粗齿，密生绒毛。花小，杂性；圆锥花序顶生。核果扁球形，径约5mm，红色，有毛。花期7～8月；果期10～11月。

产中国、朝鲜、日本、越南及马来西亚等国；我国自东北南部、黄河流域至华南、西南各地均有分布。喜光，对气候及土壤的适应性很强；生长较快。播种或分根蘖繁殖。秋叶变红色，甚美丽，可为秋景增色。叶上寄生一种虫瘿，即为著名的五倍子，供提取单宁及药用；根也可药用；种子可榨油。

变种**滨盐肤木** var. ***roxburghii***（DC.）Rehd. 与原种十分相似，区别仅是叶轴无翅。产我国南部及西南部。

图746 青麸杨

〔附〕**青麸杨** ***R. potaninii*** Maxim. 落叶乔木，高5～8(12)m；小枝无毛。小叶7～9(11)，长卵状椭圆形，长6～12cm，先端渐尖，基部近圆形，全缘或幼树之叶有粗齿，近无毛，叶轴上端有时具狭翅。花小，白色；顶生圆锥花序。核果深红色，密生毛。花期5～6月；9月果熟。产华北、西北至西南地区。

(1150) **火炬树**（鹿角漆）

Rhus typhina L.〔Staghorn Sumac〕

图747 火炬树

落叶小乔木，高5～8m，分枝少；小枝密生长绒毛。小叶11～31，长椭圆状披针形，长5～13cm，缘有锯齿，叶轴无翅。雌雄异株，花淡绿色，有短柄；顶生圆锥花序，密生有毛。果红色，有毛，密集成圆锥状火炬形。

原产北美；我国1959年引种栽培。性强健，耐寒，耐旱，耐盐碱；根系发达，根萌蘖性强，寿命短，但自然根蘖更新非常容易。秋叶红艳，比黄栌更易于变红，果穗红色，大而显目，且宿存很久。除作为风景林观赏外，也可用作荒山绿化及水土保持树种。本树对少数接触其枝叶的人会引起皮肤过敏，园林中慎用。

裂叶火炬树 'Dissecta' 小叶羽状深裂。

【漆树属 ***Toxicodendron***】与盐肤木属主要区别是：体内通常具白乳汁；圆锥花序腋生；果熟时黄白色，无毛。20余种，产东亚、北美至中美；中国16种。

(1151) **漆　树**

Toxicodendron vernicifluum（Stokes）

图748 漆　树

F. A. Barkl.（Rhus verniciflua Stokes）

〔Varnish Tree，Lacquer Tree〕

落叶乔木，高达 20m；树皮灰白色，浅纵裂；枝内有漆液，嫩枝有棕黄色短柔毛。小叶 9～15，卵状椭圆形，长 7～15cm，全缘，侧脉 8～16 对，背面脉上有柔毛。圆锥花序腋生。核果棕黄色。

产我国华北南部至长江流域；日本、印度也有分布。树干可割生漆乳液，是特用经济树种。果皮可取蜡制蜡烛；种子可榨油；根、叶可作农药。

（1152）**木蜡树**

Toxicodendron sylvestre（Sieb. et Zucc.）Kuntze

（*Rhus sylvestris* Sieb. et Zucc.）

落叶乔木，高达 10m；枝内无漆液。小叶 7～13，卵状长椭圆形，长 4～10cm，全缘，侧脉 18～25 对，背面密生黄色短柔毛。花黄色；圆锥花序腋生，花序梗密生棕黄色毛。核果淡棕黄色。

产我国长江中下游及其以南地区，山地野生；朝鲜、日本也有分布。秋叶红色，可供观赏。种子可榨油。

图 749　木蜡树　　图 750　野漆树

（1153）**野漆树**

Toxicodendron succedaneum（L.）Kuntze

（*Rhus succedanea* L.）〔Wax Tree〕

落叶小乔木，高达 10～12m，有时灌木状；小枝无毛。小叶 9～19，长椭圆状披针形，长 5～12cm，基歪斜，全缘，两面无毛，有光泽。圆锥花序腋生，花序梗光滑。核果干时有皱纹。

产我国华东、华中、华南、西南及河北；日本、印度、马来西亚也有分布。树干可割取漆液；果皮含蜡质，可制蜡烛；种子可榨油制肥皂；根、叶、果均可入药。

【南酸枣属 *Choerospondias*】1种，产印度、华南和日本。

(1154) **南酸枣**（五眼果）

Choerospondias axillaris (Roxb.) Burtt et Hill

落叶乔木，高达30m；干皮薄片状剥裂；小枝褐色，无毛。羽状复叶互生，小叶7～15，长卵状披针形，长8～14cm，基部歪斜，通常全缘，背面脉腋有簇毛。花杂性异株；单性花成圆锥花序，两性花成总状花序。核果比枣稍大，黄熟时酸香可食，果核顶端有5大小相等的小孔。花期4月；果期8～9月。

产我国长江以南及西南地区；日本、印度也有分布。喜光，耐干旱瘠薄，不耐寒；浅根性，生长快。本种冠大荫浓，宜作庭荫树及行道树；又为速生用材树种。树皮及果供药用；树皮及叶可提栲胶。

图751 南酸枣

【槟榔青属 *Spondias*】约12种，产亚洲及美洲热带；中国3种。

(1155) **岭南酸枣**

Spondias lakonensis Pierre

(*Allosoindias lakonensis* Stapf)

落叶乔木，高15～20m。羽状复叶互生，小叶11～23，椭圆形至椭圆状披针形，长6～10cm，先端渐尖，基部偏斜，全缘，背面脉上及脉腋有柔毛。花小，杂性，白色；圆锥花序腋生。核果倒卵状方块形，长0.8～1cm，熟时红色，果核方块形，顶端有4凹点。

产我国海南、广东、广西和福建等地；越南、老挝和泰国也有分布。树冠开展，枝叶茂密，在华南可栽作行道树。果酸甜可食，有酒香。

图752 岭南酸枣

【人面子属 *Dracontomelon*】8种，产热带亚洲；中国2种。

(1156) **人面子**

Dracontomelon duperreanum Pierre

常绿乔木，高达25～35m；具板根。羽状复叶互生，小叶11～17，常互生，长椭圆形，长6～12cm，全缘，基部歪斜，网脉明显，无毛或仅背面脉腋有簇毛。花小，两性；圆锥花序。核果扁球形，径约2cm，熟时黄色；8月果熟。

产亚洲东南部，我国广东、广西有分布。广州、南宁等地多栽植。喜光，喜暖热湿润气候及深

图753 人面子

厚肥沃土壤，不耐寒，抗风，抗大气污染；萌芽力强。播种繁殖。其果核有大小不等5孔，状如人面，故名人面子。果供食用，又可入药；木材坚硬耐久，可供建筑、家具等用。枝叶茂密，树姿壮观，在暖地可作庭荫树和行道树。

105. 苦木科 Simaroubaceae

【臭椿属 *Ailanthus*】约10种，产亚洲至大洋洲北部；中国6种。

(1157) **臭　椿**（樗树）

Ailanthus altissima (Mill.) Swingle 〔Tree of Heaven〕

落叶乔木，高达20～30m；树皮不裂，小枝粗壮，缺顶芽；叶痕倒卵形，内具9维管束痕。奇数羽状复叶互生，小叶13～25，卵状披针形，长7～12cm，全缘，仅在近基部有1～2对粗齿，齿端有臭腺点。花小，杂性；顶生圆锥花序。翅果长椭圆形，种子位于中部。花期6～7月；果期9～10月。

图754　臭　椿

产我国辽宁、华北、西北至长江流域各地；朝鲜、日本也有分布。喜光，耐寒，耐干旱、瘠薄及盐碱地，不耐水湿，抗污染力强；深根性，生长快，少病虫害。本种树干耸直，树姿雄伟，枝叶茂密，春季嫩叶紫红色。是优良的庭荫树、行道树及工矿区绿化树种；也是重要速生用材树种。树皮、根皮及果实均可入药。栽培变种有：

①**红果臭椿‘Erythocarpa’**　翅果在成熟前红褐色，颇为美观。

②**红叶臭椿‘Purpurata’**　幼叶紫红色，保持时间较长，至6月份渐转绿色；产山东潍坊、泰安等地。

③**千头臭椿‘Umbraculifera’**　树冠圆头形，整齐美观。特别适合作行道树，已在我国北方地区推广应用。

【苦木属 *Picrasma*】9种，产美洲和亚洲；中国2种。

(1158) **苦　木**（苦树）

Picrasma quassioides (D. Don) Benn. 〔India Quassiawood〕

落叶小乔木，高达10m；小枝青褐色，皮孔明显；裸芽，密生锈色毛。羽状复叶互生，小叶9～15，卵状椭圆形，长4～10cm，缘有不齐钝齿。花小，单性或杂性；腋生聚伞花序。核果红色，常3个聚生。花期5～6月；果期

图755　苦　木

9～10月。

产我国黄河流域及其以南各省区，多生于湿润肥沃的山坡、山谷及村边；朝鲜、日本、印度也有分布。树皮味极苦，有毒，可入药或制农药。

106. 马桑科 Coriariaceae

【马桑属 *Coriaria*】约 15 种，产南欧、亚洲、美洲及新西兰；中国 3 种。

(1159) **马 桑**

Coriaria nepalensis Wall.

(*C. sinica* Maxim.) 〔Tanner's Tree〕

落叶灌木或小乔木，高可达 6m；小枝有棱，红褐色。单叶对生，椭圆形或卵形，长 3～10cm，3 出脉，全缘，背面有白粉。花小，腋生总状花序下垂。聚合瘦果，外被宿存肉质花瓣，呈浆果状，熟时黑色。

图 756 马 桑

主产我国中部及西南部地区；印度和尼泊尔也有分布。喜光，耐干旱瘠薄；根系发达，生长快，繁殖力强。是荒山荒地习见的先锋树种。全株含马桑碱，有毒，可作土农药。可作山地水土保持树种。

107. 楝 科 Meliaceae

【香椿属 *Toona*】约 10 种，产亚洲及大洋洲；中国 3 种及几个变种。

(1160) **香 椿**

Toona sinensis (A. Juss.) Roem.

(*Cedrela sinensis* A. Juss.) 〔Chinese Toon〕

落叶乔木，高达 25m；树皮条片状剥裂；小枝有柔毛，叶痕大形，内有 5 维管束痕。偶数羽状复叶互生，小叶 10～22，对生，长椭圆状披针形，全缘或具不显钝齿，有香气。花小，两性，雄蕊 10（其中 5 枚退化），花丝分离，子房和花盘无毛；顶生圆锥花序。蒴果 5 瓣裂，长约 2.5cm，内有大胎座；种子一端有长翅。花期 6 月；果期 10～11 月。

图 757 香 椿

原产我国中部，今辽宁南部、华北至东南和西南各地均有栽培。喜光，喜肥沃土壤，较耐水湿，有一定的耐寒能力；深根性，萌蘖力强，生长速度中等偏快。播种、扦插或分根繁殖。树干通直，材质优良，冠大荫浓，是优良用材及四旁绿化树种，也可植为庭荫树及行道树。嫩芽富香气，可作蔬食；根皮及果入药。

(1161) **红　椿**（红楝子）

Toona ciliata Roem.

(*T. sureni* auct. non Roem.)

落叶乔木，高达 25～35m。小叶 14～16，对生或近对生，椭圆状披针形，长 8～15cm，全缘，背面仅脉腋有簇生毛。子房和花盘有毛，雄蕊 5。蒴果具大皮孔，长 2.5～3.5cm；种子上端有长翅，下端有短翅。花期 3～4 月；果期10～11 月。

产我国华南和西南部；印度、中南半岛、马来西亚及印尼也有分布。喜光，喜温暖气候及深厚肥沃湿润而排水良好的土壤；生长较快。播种或分株繁殖。是我国南部重要速生用材树种。木材为上等家具用材，有"中国桃花心木"之称。

图 758　红　椿

〔附〕**小果香椿** ***T. microcarpa*** (C. DC.) Harms　果较小，长不足 2cm，其余特征同红椿，分布区也近似。

【**楝属 *Melia***】3 种，产东半球热带和亚热带；中国 2 种。

(1162) **楝　树**（苦楝）

Melia azedarach L.

〔Bead Tree，Chinaberry，Persian Lilac〕

落叶乔木，高达 15～20m；树皮光滑，老则浅纵裂；枝上皮孔明显。二至三回奇数羽状复叶互生，小叶卵形至椭圆形，长 3～7cm，缘有钝齿或深浅不一的齿裂。花较大，两性，堇紫色；腋生圆锥花序；5 月开花。核果球形，径1.5～2cm，熟时淡黄色，经冬不落。

图 759　楝　树

产我国华北南部至华南、西南各地；印度、巴基斯坦、缅甸也有分布。喜光，喜温暖湿润气候，耐寒性不强。对土壤适应性强，在酸性、钙质及轻盐碱土上均能生长；生长快，寿命较短。是黄河以南低山、平原地区，特别是江南地区习见的速生用材及四旁绿化树种；在城市及工矿区用作庭荫树及行道树也很合适。树皮、叶及果均可入药。品种**伞形楝树 'Umbraculiformis'** 分枝密，树冠伞形；叶下垂，小叶狭；在美国得克萨斯州栽培起源。

(1163) **川　楝**

Melia toosendan Sieb. et Zucc.

落叶乔木；二回羽状复叶互生，小叶长卵形，全缘或有不明显疏齿。核果较大，长约 3cm，6～8 室。

图 760　川　楝

产我国西南部及中部，以云、贵、川三省最多，常生于土壤湿润肥沃低平处及村落附近。喜光，不耐寒；生长快，对烟尘及有毒气体抗性较强。华东地区有引种，生长良好。是优良的速生用材及城乡绿化树种。

图 761 山 楝

【山楝属 ***Aphanamixis***】约 25 种，产热带亚洲；中国 4 种。

(1164) **山　楝**

Aphanamixis polystachya (Wall.) R. N. Parker

常绿乔木，高达 30m。羽状复叶互生，小叶 5～11，长圆形，长 18～20cm，具细小透明点，全缘，基部极歪斜。花小，单性异株，球形，无柄，萼片 5，花瓣 3，雄蕊管近球形，子房 3 室；雄花成圆锥花序，雌花成穗状或总状花序。蒴果近卵形，径约 3cm，3 瓣裂；种子有红色假种皮。花期 5～9 月；果翌年5～6 月成熟。

产华南、滇南及印度至马来西亚。枝叶茂盛，在华南可作行道树及庭园绿化树种。

图 762 麻 楝

【麻楝属 ***Chukrasia***】1 种，产亚洲南部和东南部；中国有分布。

(1165) **麻　楝**

Chukrasia tabularis A. Juss.

〔Chittagong Chickrassy〕

落叶大乔木，高达 38m；树干通直，树皮灰褐色，内皮红褐色。偶数羽状复叶互生，小叶 10～16，互生，卵状椭圆形至长椭圆状披针形，长 7～12cm，全缘，背面脉腋有簇毛；幼苗期叶为二至三回羽状复叶。花两性，雄蕊 10，花丝合生成筒状，花药突出；顶生圆锥花序。蒴果近球形，径 3～4cm，3～5 瓣裂；种子有翅。花期5～6 月；果期 10～11 月。

产我国华南、云南和西藏东部；越南、印度、马来西亚也有分布。喜光，喜暖热气候及湿润肥沃土壤，对二氧化硫抗性较强；生长迅速。树干通直，树形美观，幼叶带紫红色。是华南低海拔地区较好的造林用材和城乡绿化树种。

图 763 大叶桃花心木

【桃花心木属 ***Swietenia***】约 7 种，主产热带美洲；中国引入栽培 2 种。

(1166) **大叶桃花心木**

Swietenia macrophylla King

〔Honduras Mahogany〕

常绿乔木，高 20～40m；树皮淡红褐色。偶数羽状复叶互生，长达 38cm，小叶 4～6 对，披针形，长 10～20cm，先端长渐尖，基部偏斜，全缘，革质而有光泽，背面网脉细致明显。花小，两性，白色，雄蕊 10，花丝合生成坛状，端 10 齿裂，花药内藏；圆锥花序腋生。蒴果木质，卵形，长 12～15cm，5 瓣裂；种子红褐色，顶端有翅，长达 8cm。花期 3～4 月；果期翌年 3～4 月。

原产热带美洲。在世界热带地区广泛栽培，我国台湾及华南地区有引种，生长良好。喜光，喜暖热气候，适生于肥沃深厚土壤，不耐霜冻；生长速度中等。播种繁殖。木材深红褐色，纹理、色泽美丽，是世界著名商品材之一。枝叶茂密，树形美丽，也是园林绿化的优良树种。

(1167) **桃花心木**

Swietenia mahagoni (L.) Jacq.

〔West Indian Mahogany〕

常绿乔木，高达 25m。羽状复叶长 10～20cm，小叶 2～5 对，卵状椭圆形至披针形，长 4～8cm，全缘，先端渐尖，基部歪斜。蒴果卵形，长达 7～10cm；种子有翅，长约 5cm。春季开花。

原产中美及西印度群岛；我国台湾、华南及云南有栽培。木材为贵重家具用材之一，是商品红木的主要来源。树冠开展，宜栽作庭荫树及行道树。

图 764　桃花心木

【非洲楝属 ***Khaya***】8 种，产非洲；中国引入栽培 1 种。

(1168) **非洲楝**（非洲桃花心木，塞楝）

Khaya senegalensis (Desr.) A. Juss.

〔Senegal Mahogany〕

常绿乔木，高达 30m。偶数羽状复叶互生，小叶 3～6 对，长椭圆形，长 5～12cm，全缘，先端突尖，网脉明显，两面有光泽。花小，两性，花瓣 4，黄白色，雄蕊 8，花丝合生呈壶形，花药内藏；成松散的圆锥花序。蒴果木质，球形，径达 5cm，4 瓣裂；种子多数，扁平，周围有薄翅。花期 3～5 月；果翌年 6 月成熟。

原产热带非洲及马达加斯加岛。东南亚各国广泛引种，华南和滇南有栽培。喜光，喜暖热气候及深厚肥沃土壤，耐干旱，抗风；萌芽力强，生长快，移栽易活。树干通直，枝叶茂密，绿荫效果好；是热带速生珍贵用材树种和优良的行道树及庭园观赏树。

图 765　非洲楝

【米仔兰属 ***Aglaia***】250～300 种，产热带亚洲及大洋洲；中国 7 种。

图 766　米仔兰

(1169) **米仔兰**（米兰，树兰）

Aglaia odorata Lour.〔Chu-lan Tree〕

常绿灌木或小乔木，高达 4～7m；多分枝，幼枝顶部常被锈色星状鳞片。羽状复叶互生，叶轴有窄翅，小叶 3～5，对生，倒卵状椭圆形，长 2～7(12)cm，全缘，两面无毛。花小而多，黄色，极香，花丝合生成筒状；圆锥花序腋生；夏至秋季开花。浆果近球形，长约 1.2cm。

原产东南亚，现广植于热带及亚热带各地；华南及西南地区有栽培。高压或嫩枝扦插繁殖。花供熏茶或提取芳香油。长江流域及其以北地区常盆栽观赏，室内越冬。

斑叶米仔兰 'Variegata' 叶有淡色斑纹。

(1170) **四季米兰**

Aglaia duperreana Pierre

常绿小乔木，树冠圆形。羽状复叶互生，小叶 5～7，倒卵形，长 2～3(5)cm，先端浑圆，叶柄及叶轴有窄翅。花小，黄色；总状花序，其下部有 2～3 个分枝。

原产越南南部。枝叶茂密，花极香，花期长；我国南方普遍栽培观赏。在广州几乎全年开花，故有四季米兰之称。

〔附〕**大叶米兰**（椭圆叶米兰）***A. elliptifolia*** Merr.　植株幼嫩部分被褐色鳞片；小叶 3～5，长椭圆形，长 9～12(20)cm，先端钝，基部圆形，侧脉8～9对，表面无毛，背面密被褐色鳞片。产我国台湾及菲律宾。

108. 芸香科 Rutaceae

【酒饼簕属 ***Atalantia***】约 18 种，产亚洲热带和亚热带；中国 6～8 种。

图 767　酒饼簕

(1171) **酒饼簕**

Atalantia buxifolia (Poir.) Oliv.

(*Severinia buxifolia* Ten.)

常绿灌木，高达 2.5m；枝有长刺。单叶互生，卵状椭圆形至倒卵形，长2～6cm，先端圆或微凹，基部广楔形，全缘，侧脉多而平行，有边脉，具透明油点。花瓣 5，白色，雄蕊 10；3 至数朵簇生。浆果球形，径约 1cm，熟时蓝黑色。花期 5～7 月和 10～12 月。

产海南、广东、广西及云南；越南、菲律宾也有分布。枝叶茂密，四季常青，我国南方有栽培，是优良的绿篱树种。

【茵芋属 ***Skimmia***】6 种，产亚洲东部；中国 5 种。

(1172) **茵　芋**（红茵芋）

Skimmia reevesiana Fort.

常绿灌木，高达 2m，栽培者通常高 30～60cm。单叶互生，常集生枝端，披针形至倒披针形，长 5～12cm，先端渐尖，基部楔形，全缘，厚革质。花小，5 基数，花苞红色，花瓣白色；圆锥花序顶生。核果浆果状，椭球形，长 1～1.5cm，朱红色，具 2～4 种子。花期 3～5 月；果期 9～10 月。

产我国南部及菲律宾。叶绿果红，十分美丽，宜植于庭园观赏，也是优良插花材料。

〔附〕**乔木茵芋 *S. arborescens*** Anders. ex Gamble　高 2～7m；叶长椭圆形，长 8～18cm，两面无毛。花芳香，花瓣淡黄色。核果近球形，长约 1cm，熟时黄色至蓝黑色。产我国西南部及广东、广西。花细密而芳香，宜植于庭园观赏。

图 768　茵　芋

【臭常山属 ***Orixa***】1 种，产日本、朝鲜和中国。

(1173) **臭常山**

Orixa japonica Thunb.

落叶灌木，高 2～3m；枝叶有臭味。单叶互生，倒卵形至椭圆形，长 6～12cm，先端渐尖，基部楔形，具透明腺点，全缘，表面有光泽。花小，单性异株，4 基数，黄绿色；雄花成总状花序，雌花单生；4～5 月开花。果由 4 个 2 瓣裂的干果组成；8～9 月果熟。

产中国东南部经中部至四川；日本及朝鲜南部也有分布。喜光，稍耐荫；能耐－15℃低温。有毒，根可药用。

图 769　臭常山

斑叶臭常山'Variegata'　叶有不规则的黄白色宽边，可栽培观赏。

【山油柑属 ***Acronychia***】约 42 种，产亚洲及大洋洲；中国 2 种。

(1174) **山油柑**

Acronychia pedunculata（L.）Miq.

常绿乔木，高 5～15m；树皮有柑橘香味。单小叶，对生，椭圆形或倒卵状椭圆形，长 7～18cm，全缘，亮绿色。花黄白色，径 1.2～1.6cm，花瓣 4，雄蕊 8，子房被毛；聚伞圆锥花序。核果近球形，略有棱角，径 1～1.5cm，淡黄色，半透明。花期 4～8 月；果期 5～10 月。

产华南及云南；印度、中南半岛及东南亚也有分布。枝叶茂密，花期长久，结果丰富，晶莹亮丽；在暖地宜植于庭园观赏。

【柑橘属 ***Citrus***】常绿木本；单身复叶互生，叶片有半透明油点，叶柄常有翅。花两性，子房 8～15 室，每室 4～12 胚珠；柑果较大。约 20 种，产东南亚；中国连引入栽培的约15种。

(1175) **柚**

Citrus maxima (Burm.) Merr.

(*C. grandis* Osb.) 〔Pummelo, Shaddock〕

常绿小乔木，高达5～10m；小枝具棱角，有毛，枝刺较大。叶较大，卵状椭圆形，长9～17cm，缘有钝齿；叶柄具宽大倒心形之翅。花白色，花梗、花萼、子房均有柔毛。果特大，径15～25cm，果皮厚，黄色；9～11月果熟。

图770 柚

原产亚洲南部；我国南部栽培历史久。其优良品种如‘沙田柚’、‘文旦柚’、‘坪山柚’等味甜酸可口，是南方重要果树之一。华北常温室盆栽观赏。

(1176) **甜 橙**（橙）

Citrus sinensis (L.) Osb.

〔Sweet Orange〕

常绿小乔木，高达5m；小枝无毛，枝刺短或无。叶椭圆形或卵形，长6～10cm，全缘或有不显钝齿；叶柄有狭翅，顶端有关节。果近球形，径5～10cm，橙黄色，果皮较平滑，与果瓣不易剥离，果肉味甜或酸甜；11月至翌年2月果熟。

图771 甜 橙

产亚洲南部；我国长江以南各省区均有栽培。是著名亚热带水果之一，有许多品种。

① **华盛顿脐橙** var. ***brasilensis*** Tanaka〔Washington Navel〕 种源出自中国，果实品质好，耐贮藏，除鲜食外，可作饮料、果酱等。

② **斑橙**（锦橙）**‘Variegata’** 灌木，叶有黄色斑纹，果橙黄色而有绿斑纹。适于盆栽，是观叶、观果佳品。

(1177) **柑 橘**

Citrus reticulata Blanco 〔Mandarin Orange〕

常绿小乔木，高3～5m；小枝无毛，通常有刺。叶长卵状披针形，长4～6cm，全缘或有细钝齿；叶柄无翅或近无翅。花白色，1～3朵簇生叶腋；4～5月开花。果扁球形，径3～7cm，橙黄色或橙红色，果皮与果瓣易剥离；10～12月果熟。

图772 柑 橘

原产我国东南部，长江以南各地广泛栽培。喜光，喜温暖湿润气候及肥沃微酸性土壤，不耐寒。是我国著名水果，栽培历史悠久，品种极多，包括柑和橘两大类：柑类果较大，皮粗糙；橘类果较小，皮平滑而较薄。果皮（中药“陈皮”）及核均入药。枝叶茂密，四季常青，春有花香，秋冬果实累累，植于庭园及风景区可兼收经济、观赏之利。

(1178) **柠　檬**

Citrus limon (L.) Burm. f. 〔Lemon〕

常绿灌木或小乔木；小枝圆，有枝刺。叶较小，叶柄有狭翅或近无，顶端有关节。花瓣里面白色，外面淡紫色。果椭球形或卵形，径约5cm，一或两端尖，果皮粗糙，较难剥离，柠檬黄色。

原产亚洲南部；现意大利及美国加州有大量栽培。我国南部有少量栽培，华北偶见盆栽观赏。喜光，怕冷，春、夏季需水量大，冬季要少水；不耐移栽。果味极酸而芳香，其汁液广泛用于制作饮料、糖果、调料等。

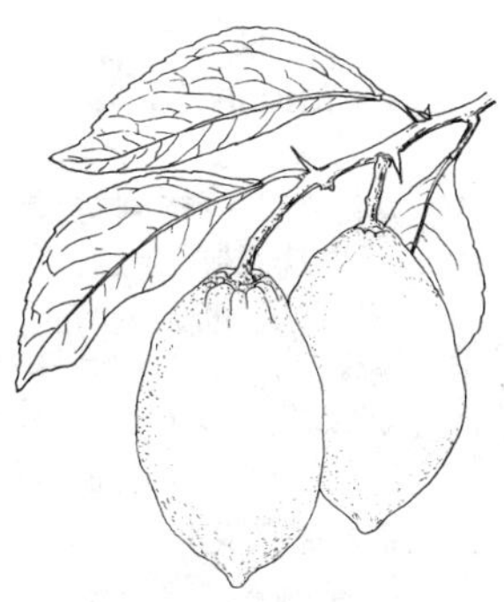

图 773　柠　檬

(1179) **黎　檬**（广东柠檬）

Citrus* × *limonia Osb.

〔Kwangtun Lemon，Lemandarin〕

常绿灌木，高2.5～5m；枝开展并下垂，刺通常少而小。叶长椭圆形，长4～10cm，先端钝尖，常微凹，缘有钝齿，叶柄几无翅翼。花芽及花瓣带紫色。果近球形，径4～5cm，通常顶端具1短乳头状突起，淡黄至橙红色，果皮与果肉分离。花期4～6月；果期10～11月。

产华南及西南地区，多作果树栽培。可能是柠檬与枸橼或柑橘的杂交种。果汁极酸，用于制作饮料。

图 774　黎　檬

(1180) **代　代**（代代花）

Citrus aurantium L. var. ***amara*** Engl.

(*C. aurantium* ‘Daidai’)

常绿灌木，高2～5m，是酸橙之变种；枝有刺，无毛。叶卵状椭圆形，长7～10cm，先端渐尖，基部广楔形，叶柄通常具倒心形之宽翅。花白色，极芳香，1至数朵成总状花序。果扁球形，径7～8cm，熟时橙红色，但到翌年夏天又变青，具花后增大之宿存花萼；果皮味苦，果味酸不堪食。

原产我国东南部；苏州地区专业温室栽培。是著名的香花之一，可用以薰茶，名“代代花茶”；也常盆栽观赏。

图 775　代　代

(1181) **佛　手**

Citrus medica L. var. ***sarcodactylis*** (Noot.) Swingle 〔Finger Citron〕

常绿灌木；枝刺短硬。叶长椭圆形，长 5～12cm，先端圆钝，缘有钝齿，叶面油点特显；叶柄无翅，顶端也无关节。花淡紫色，成短总状花序。果实各心皮分裂如拳（武佛手）或开展如手指（文佛手），黄色，有香气。

原产我国东南部地区。果形奇特，各地常盆栽观赏。果及花均供药用。

正种**枸橼**（香橼）***C. medica*** L. 高 2～4.5m；枝具短刺。果大，卵形或椭球形，长 10～25cm，有乳头状突起，熟时柠檬黄色，果皮粗厚而芳香，肉瓤小，味极酸苦，可制蜜饯。原产印度北部。春夏开花多次，深秋有金黄色的果实挂枝，宜植于庭园花盆栽观赏。

图 776　佛　手

(1182) **四季橘**（唐金柑）

Citrus madurensis Lour.（*C.* ×*microcarpa* Bunge，*C. mitis* Blance，*Fortunella japonica* 'Calamondin'）

常绿小乔木，高达 8m；多分枝，枝刺少。叶卵形至椭圆形，长 3～6cm，先端突尖，基部楔形，叶脉不明显；叶柄长约 1cm，具窄翼。果球形，略扁，径 2.5～3cm，橙红色，皮薄而平，易剥离。自春至秋 3 次开花；周年着果，盛果期 11 月至翌年 2 月。

产我国东南部，是圆金橘与柑橘的杂交种。树势强健，喜光，喜排水良好土壤，耐寒性较强。结果多，经久不凋，是重要观果树种；在广东一带大量盆栽，元旦至春节期间多用于布置室内和厅堂。果极酸，可加工制成蜜饯。

【金柑属 ***Fortunella***】约 6 种，产亚洲东部；中国 5 种及一些杂交种。有学者认为本属与柑橘属 *Citrus* 无太大区别，应予合并。

(1183) **金　橘**（金枣，罗浮）

Fortunella margarita (Lour.) Swingle (*Citrus margarita* Lour.)

〔Oval Kumquat〕

常绿灌木，高达 3m；通常无刺，多分枝。叶披针形或长椭圆形，长 5～10cm，全缘或有不显细齿，叶柄长达 1.2cm，具狭翅。花白色，芳香。果椭球形或长卵形，长 2.5～3.5cm，金黄色或橙黄色，果瓣 4～5。花期 5～8 月；果期 11～12 月。

原产我国东南部地区。是广州花市上的重要盆橘，各地常盆栽观赏。果皮较厚，味酸，适制蜜饯，并能入药。

〔附〕**金柑**（金弹）***F. crassifolia*** Swingle（*F. margarita* 'Jingtan'）〔Meiwa Kumquat〕 与金橘

图 777　金　橘

近似，但叶柄短，翅不显；果倒卵形，径2.5～3cm，果瓣5～7。果皮薄而味香甜，可生食和加工后食用。各地常盆栽生产或观赏。

(1184) **圆金橘**

Fortunella japonica (Thunb.) Swingle

(*Citrus japonica* Thunb.)

〔Round Kumquat〕

常绿灌木，高1～2m，多分枝；枝较细短，具短尖刺。叶椭圆形，长4～7cm，先端钝尖，叶柄长6～10mm，具狭翅或不显。果圆球形或略扁，橙色，径2～3cm。花期4～5月；果期11月至翌年2月。

原产中国东南部和南部，早年传入日本栽培。果皮薄易剥，甜而香，可生食，但果肉酸。栽培主要供观赏，并有斑叶'Variegata'品种。

图778 金 柑

(1185) **月月橘**（长寿金柑，四季金柑）

Fortunella obovata Tanaka

(*F. margarita* 'Changshou Jingan')

常绿灌木。叶椭圆形至倒卵形，长不足10cm，先端钝圆或微凹，基部楔形。果倒卵球形或倒卵形，径2～3cm，先端微凹，果皮薄，平滑，深橙色。

南京、上海、扬州、福州及广州等地常盆栽观赏。

(1186) **山金柑**（山橘）

Fortunella hindsii (Champ. ex Benth.) Swingle

常绿灌木，高2～3m；枝刺较发达。单小叶或兼有单叶，卵状椭圆形至倒卵状椭圆形，长4～6(9)cm，先端圆或钝尖，基部广楔形或近圆形；叶柄长6～9mm，具窄翼或无。果球形微扁，径8～10mm。花期4～5月；果期10～12月。

产我国台湾、福建南部、湖南南部、两广南部及海南。果味酸，糖渍后可食用。宜于庭园栽培或盆栽观赏。

(1187) **金 豆**

Fortunella venosa (Champ.) Huang (*F. hindsii* var. *chintou* Swingle)

常绿小灌木，高不及1m；枝有刺，长1～3cm，但花枝上的刺常不发达。单叶，卵状披针形，长2～4(8)cm；叶柄长1～3(5)mm，无关节。果扁球形，径6～8mm，橙黄色。初夏开花；果期冬季。

产我国东南部。2～3年生树即可结果。华东、华南多盆栽观赏。果味酸甜，可生食。

【山小橘属 ***Glycosmis***】50余种，产南亚、东南亚至大洋洲；中国11种。

(1188) **山小橘**（小花山小橘）

Glycosmis parviflora (Sims) Kurz

常绿灌木，高2～3m；幼枝常密被锈褐色短毛。羽状复叶互生，小叶1～3(5)，长椭圆形至倒卵状长椭圆形，长5～10(20)cm，先端尖，基部楔形，全缘。花白色，花瓣4～5，雄蕊8～10；聚伞花序排成圆锥状复花序。浆果近球形，径1～1.5cm，熟时粉红或暗红色，半透明，被油点。花期3～5月；果期7～9月。

产我国台湾、华南及贵州、云南；越南北部也有分布。枝叶茂密，几乎全年开花结果，红色小果晶莹透亮，是美丽是观果植物，宜植于庭园或盆栽观赏。果稍甜，可食。

【枸橘属 *Poncirus*】2种，中国特产。

(1189) **枸　橘**（枳）

Poncirus trifoliate (L.) Raf.

〔Trifoliate Orange〕

图779　枸　橘

落叶灌木或小乔木，高达3～7m；枝绿色，略扭扁，有枝刺。三出复叶互生，总叶柄有翅，小叶无柄，叶缘有波状浅齿。花两性，白色，径3.5～5cm，单生；春天叶前开花。柑果球形，径达5cm，黄绿色，密生绒毛，有香气。

原产淮河流域，现各地多栽培。喜光，耐半荫，喜温暖湿润气候及排水良好的深厚肥沃土壤，有一定的耐寒性（－15℃～20℃），北京能露地栽培；耐修剪。白花与黄果均可观赏，常栽作绿篱材料，并兼有刺篱、花篱的效果。可作柑橘类的砧木；果（枳）可药用。品种**飞龙枸橘 'Monstrosa'** 枝条扭曲似游龙，观赏性强。

【榆橘属 *Ptelea*】11种，产北美；中国引入栽培1种。

(1190) **榆　橘**（翅果三叶椒）

Ptelea trifoliata L. 〔Common Hop Tree〕

图780　榆　橘

落叶灌木或小乔木，高3～7.5m。3出复叶互生，小叶卵形至卵状长椭圆形，长6～12cm，全缘，有透明腺点及强烈气味，两侧小叶基部偏斜。花单性或杂性，绿白色；聚伞花序；初夏开花。翅果扁圆形，形似榆果，径1.5～2cm。

原产美国东部和中部；杭州、大连、熊岳等地有少量栽培。叶可提炼芳香油。

有**金叶 'Aurea'**、**灰叶 'Glauca'** 等品种。

【黄檗属 *Phellodendron*】约4种，产亚洲东部；中国2种。

(1191) **黄　檗**（黄波罗）

Phellodendron amurense Rupr.

〔Amur Cork-tree〕

图781　黄　檗

落叶乔木，高达15～22m；树皮木栓层发达，有弹性，纵深裂；内皮鲜黄色，味苦；冬芽为叶柄基部所包。羽状复叶对生，小叶5～13，卵状披针形，缘有不显小齿及透明油点，仅背面中脉基部及叶缘有毛，撕裂后有臭味。花小，单性异株；顶生圆锥花序。核果黑色，径约 1cm。花期 6 月；果期 9～10 月。

产我国东北、内蒙古东部、华北至山东、河南及安徽；俄罗斯、朝鲜、日本也有分布。喜光，耐寒力强，喜湿润、肥沃而排水良好的土壤；深根性，抗风，萌芽力强，耐火烧，生长较慢。材质坚硬，耐水湿，抗腐力强，纹理美，有光泽，是珍贵用材树种之一。树干内皮为中药材（黄柏）。枝叶茂密，树形美观，可栽作庭荫树及行道树。

【吴茱萸属 ***Evodia***（***Euodia***）】约 150 种，产亚洲、非洲和大洋洲；中国 20 余种。

（1192）**臭 檀**（北吴茱萸）

Evodia daniellii（Benn.）Hemsl.

落叶乔木，高达 15m；树皮暗灰色，平滑；裸芽。羽状复叶对生，小叶7～11，卵状椭圆形，长 6～13cm，缘有较明显的钝齿，表面无毛，背面主脉常有长毛。花小，单性异株，白色，5 基数，有臭味；顶生聚伞圆锥花序。聚合蓇葖果，4～5 瓣裂，紫红色，顶端有喙状尖，每瓣内含 2 粒黑色种子。花期 6～7 月；果熟期 10 月。

产我国辽宁、华北至湖北，西至四川、甘肃；朝鲜、日本也有分布。果红色美丽，秋叶鲜黄，可植为园林观赏树。木材坚硬，有光泽；种子入药。

图 782 臭 檀

（1193）**楝叶吴茱萸**

Evodia glabrifolia（Champ. ex Benth.） Huang （*E. meliaefolia* Benth.）

常绿乔木，高达 20m。羽状复叶对生，小叶 5～11，卵状椭圆形至卵形，长 5～12cm，先端渐尖，基部斜楔形，边缘浅波状或细钝齿状，无毛。花瓣白色；聚伞圆锥花序顶生。蓇葖果紫红色；每果瓣含 1 黑色种子。花期 7～8 月；果期 11 月。

产我国台湾、华南及云南东南部；越南也有分布。喜光，喜暖热气候及肥沃湿润土壤，耐干旱，不耐寒，抗风；生长快。树干直，是暖地优良速生用材及四旁绿化树种。

〔附〕**吴茱萸** ***E. rutaecarpa***（Juss.）Benth. 小乔木，高达 5m。小叶 5～9，长圆形至卵状披针形，长 3～15cm，两面被柔毛，具粗大油腺点。花白色；花序轴粗。蓇葖果红色，每果瓣含 1 种子。产我国长江流域及其以南各省区；日本也有分布。

【黄皮属 ***Clausena***】约 30 种，产亚洲、非洲和大洋洲；中国 10 种。

（1194）**黄 皮**

Clausena lansium（Lour.）Skeels 〔Chinese Wampee〕

常绿小乔木，高可达 12m；幼枝、叶柄及花

图 783 黄 皮

序均有小腺体。羽状复叶互生，小叶 5～13，卵状椭圆形至长椭圆状披针形，先端尖，基部常偏斜，长 7～12cm，叶缘浅波状。花瓣 4～5，白色，叶黄色短柔毛，子房密被毛；花蕾有 5 条脊棱；顶生圆锥花序大而直立；春季开花。浆果近球形，长 1.5～2cm，果皮具腺体并有柔毛。

产华南及西南地区，常栽培。喜半荫，喜暖热湿润气候及深厚肥沃的沙壤土，不耐寒。果酸或甜，甜者可食，并能助消化；根、叶、果核也可入药。枝叶茂密，树姿优美，花有香气，也可植于庭园观赏。

【花椒属 *Zanthoxylum*】茎枝具皮刺；羽状复叶互生，具透明油点；花小，单性异株或杂性，聚合蓇葖果。约 250 种，产东亚和北美；中国 40 余种，引入栽培 1 种。

(1195) **花　椒**

Zanthoxylum bungeanum Maxim.

落叶小乔木或灌木状，高达 3～7m；枝具基部宽扁的粗大皮刺。奇数羽状复叶互生，小叶 5～11，卵状椭圆形，长 2～5(7)cm，缘有细钝齿，仅背面中脉基部两侧有褐色簇毛。花小，单性；成顶生聚伞状圆锥花序。蓇葖果红色或紫红色，密生疣状腺体。花期 3～5 月；果期 7～10 月。

图 784　花　椒

辽宁、华北、西北至长江流域及西南各地均有分布；华北栽培最多。喜光，不耐严寒，喜肥沃湿润的钙质土，酸性及中性土上也能生长。果实辛香，是著名调味品，也可入药；种子可榨油。可植于庭园作刺篱材料。

(1196) **野花椒**（刺叶椒）

Zanthoxylum simulans Hance

〔Flatspine Pricklyash〕

落叶灌木，高 1～2m；枝具粗壮皮刺。小叶 5～9，卵形至椭圆形，叶轴具狭翅，叶片两面有粗大半透明油点，表面无毛或散生刺毛，背面中脉及叶轴上也常有刺毛。花小，黄绿色。蓇葖果棕红色，基部有明显伸长的子房柄。花期 5～6 月；果期9～10 月。

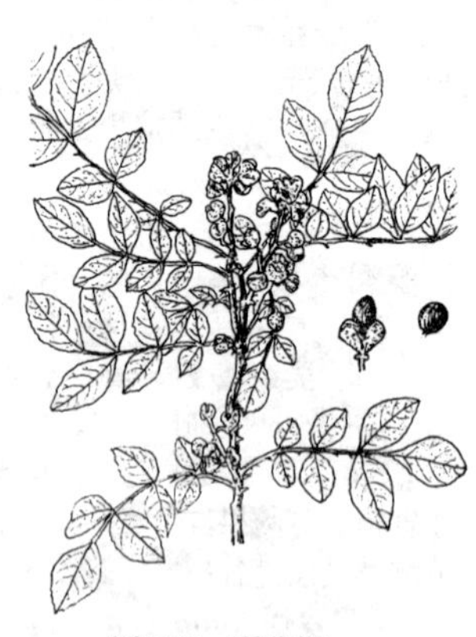

图 785　野花椒

产华北至长江中下游一带。果可作调味香料，但质量不如花椒；果、叶、根均可供药用，有散寒健胃功效。

(1197) **竹叶椒**（竹叶花椒）

Zanthoxylum armatum DC.

〔Wingleaf Pricklyash〕

落叶灌木或小乔木，高达 4m。枝上皮刺对生，基部宽扁。小叶 3～5，卵状披针形，长 5～9cm，边缘小齿下有油腺点，叶轴和总叶柄有翅和针状皮刺。花黄绿色，成腋生圆锥花序。蓇葖果红色。

分布于长江流域至华南、西南各地。果可作调味香料；果、根及叶可供药用。也可植于庭园观赏。

(1198) **胡椒木**

Zanthoxylum piperitum DC.

〔Japanese Pepper〕

常绿灌木，高达1m；枝有刺，全株有浓烈的胡椒香味。小叶 11～17，倒卵形，长 7～10mm，先端圆，基部楔形，全缘，绿色有光泽，有细密油点，叶轴有狭翅，基部有 1 对短刺。花单性异株，雄花黄色，雌花橙红色；春天开花。果椭球形，红褐色。

原产日本和朝鲜；我国台湾及华南地区有栽培。喜光，喜暖热气候及肥沃和排水良好的土壤。扦插或高压法繁殖。枝叶细密，四季青翠，又具浓烈香味。宜于暖地栽作绿篱或盆栽观赏。

图 786 竹叶椒

【九里香属 ***Murraya***】约 12 种，产热带亚洲至大洋洲；中国 9 种。

(1199) **九里香**

Murraya exotica L. 〔Orange Jasmine〕

常绿灌木或小乔木，高 3～4m；多分枝，小枝无毛。羽状复叶互生，小叶5～7(9)，互生，倒卵形至倒卵状椭圆形，长 2～5cm，先端圆钝或钝尖，全缘，表面深绿有光泽，较厚。花瓣 5，白色，长 1～1，5cm，雄蕊 10，极芳香；聚伞花序腋生或顶生。浆果近球形，长约 1cm，朱红色。花期 4～8 月；果期9～12 月。

产亚洲热带，华南及西南地区有分布。我国南方栽培广泛，常作绿篱和道路隔离带植物；长江流域及其以北地区常于温室盆栽观赏。花可提芳香油；全株药用。

图 787 九里香

〔附〕**千里香** ***M. paniculata*** (L.) Jack. 常绿小乔木，高达 12m。小叶 3～5(7)，卵形至卵状长椭圆形，长 3～9cm，先端渐尖或短尾尖，基部有时稍偏斜，全缘。花瓣白色，长 1.3～2cm。浆果椭球形，长 1～2cm，熟时橙黄至朱红色。产华南及西南地区；菲律宾、印尼和斯里兰卡也有分布。

109. 酢浆草科 Oxalidaceae

【阳桃属 ***Averrhoa***】2 种，产热带亚洲；中国引入栽培 1 种。

(1200) **阳　桃**

Averrhoa carambola L.

〔Carambola，Starfruit〕

常绿小乔木，高达8～12m。羽状复叶互生，小叶5～9，卵形至椭圆形，长3～6cm，先端尖，基部偏斜，全缘。花小，两性，白色或淡紫色，雄蕊5长5短；腋生圆锥花序；花期春末至秋。浆果卵形至长椭球形，长5～8cm，有3～5棱，绿色或黄绿色。

原产马来西亚及印尼；现广植于热带各地。华南有栽培，是南方果树之一。其优良品种果味甜而多汁，宜于生食。也可栽作庭园观赏树。

图788　阳　桃

110. 五加科 Araliaceae

【刺楸属 ***Kalopanax***】1种，产亚洲东部；中国有分布。

(1201) **刺　楸**

Kalopanax septemlobus（Thunb.）Koidz.

（*K. pictus* Nakai）〔Pricky Castor-oil Tree〕

落叶乔木，高20～30m；树干通直，小枝粗壮，枝干均有宽大皮刺。单叶互生，掌状5～7裂，径9～25cm，基部心形，裂片先端渐尖，缘有细齿，叶柄长。伞形花序聚生成顶生圆锥状复花序。

产亚洲东部，我国东北南部至华南、西南各地均有分布。喜光，适应性强，喜肥沃湿润的酸性至中性土；深根性，生长快，少病虫害。是良好的造林用材及绿化树种。树皮、根皮及枝均可药用。

变种**深裂叶刺楸** var. ***maximowiczii*** Hand.-Mazz. 叶裂片深达中部以下，裂片椭圆状披针形，背面毛较多。产日本及我国江苏镇江等地。

图789　刺　楸

【树参属 ***Dendropanax***】约80种，产热带美洲及东亚；中国16种。

(1202) **树　参**（半枫荷）

Dendropanax dentigerus（Harms ex Diels）Merr.（*D. chevalieri* Merr.）

常绿小乔木，高达8m。单叶互生，椭圆形，长6～10(15)cm，不裂或2～3掌状裂，不裂叶多生于枝下部，全缘或有不明显细齿，3主脉，网脉两面凸起，密被红色半透明腺点，革质。花小，5基数，花柱基部合生；伞形花序单生或2～5个簇生。核果椭球形，径4～6mm，具5纵棱。花期8～9月；果期10～12月。

产长江以南至华南北部及西南地区；越南、老挝和柬埔寨也有分布。枝叶茂密青翠，可植于园林绿地观赏。

【通脱木属 *Tetrapanax*】1种，中国特产。

(1203) **通脱木**（通草）

Tetrapanax papyriferus (Hook.) K. Koch

〔Rice-paper Plant〕

图790　树　参

落叶灌木或小乔木，高达6m；小枝粗壮，髓心大，白色；幼枝密生星状毛或脱落性褐色绒毛。单叶互生，心卵形，长达30(50)cm，掌状5～7(11)深裂，缘有锯齿及缺刻，具长柄；托叶2，狭披针形，长达10cm。花小，白色，花瓣4，雄蕊4；伞形花序球状，集成疏散圆锥状复花序，中轴及总梗密生绒毛。

产长江流域至华南、西南各地。喜光，耐寒性不强；萌蘖性强。分株或播种繁殖。茎髓即中药"通草"，为利尿剂；髓切成片称"通草纸"，洁白而有光泽，可制成各式装饰工艺品。也可植于庭园观赏。品种**花叶通脱木 'Variegata'** 叶边缘淡黄色。

图791　通脱木

图792　刺通草

【刺通草属 *Trevesia*】4～5种，产喜马拉雅地区及东南亚；中国1种。

(1204) **刺通草**

Trevesia palmata (Roxb.) Vis.

常绿小乔木，高3～6(9)m；枝简单而多刺，有毛。单叶互生，大型，径达60～90cm，掌状7～11裂，裂片披针形，先端长渐尖，边缘羽状深裂，裂片基部常仅存中肋而呈叶柄状，但整片叶子基部合生；叶柄长60～90cm。花瓣6～12，雄蕊与花瓣同数；由伞形花序再组成圆锥花序。核果近球形，径1～1.8cm。花期9～10月；果期翌年5～7月。

产我国西南部至印度北部及中南半岛。耐半荫，喜暖热湿润气候及肥沃和排水良好的壤土，不耐干旱和寒冷。叶形奇特，似孔雀开屏，可供庭园或盆栽观赏。

【八角金盘属 ***Fatsia***】2种，日本和中国台湾各产1种。

(1205) **八角金盘**

Fatsia japonica (Thunb.) Decne. et Planch.〔Japanese Fatsia〕

常绿灌木或小乔木，高达5m，常成丛生状。幼嫩枝叶多易脱落性的褐色毛。单叶互生，近圆形，宽12～30cm，掌状7～11深裂，缘有齿，革质，表面深绿色而有光泽；叶柄长，基部膨大；无托叶。花小，乳白色；球状伞形花序聚生成顶生圆锥状复花序；夏秋开花。

原产日本。稍耐荫，耐寒性不强，要求土壤排水良好。播种、扦插或高压繁殖。长江以南城市可露地栽培，我国北方常温室盆栽观赏。

有**银边**'Albo-marginata'、**金斑**'Aureo-variegata'、**银斑**'Variegata'、**金网**'Aureo-reticulata'(叶脉黄色)等品种。

图793 八角金盘

【常春藤属 ***Hedera***】约5种，产亚洲、欧洲和北非；中国有2变种，引入2种。

(1206) **常春藤**(洋常春藤)

Hedera helix L.〔English Ivy〕

常绿藤木，借气生根攀援；幼枝具星状柔毛。单叶互生，全缘，营养枝上的叶3～5浅裂；花果枝上的叶不裂而为卵状菱形。伞形花序。果黑色，球形，浆果状；翌年4～5月果熟。

图794 常春藤

原产欧洲；国内外普遍栽培。耐荫，不耐寒。扦插或压条繁殖。江南庭园中常用作攀援墙垣及假山的绿化材料；北方城市常盆栽作室内及窗台绿化材料。有许多品种，如**金边**'Aureo-variegata'、**银边**'Silves Queen'('Marginata')、**斑叶**'Argenteo-variegata'、**金心**'Gold-heart'、**彩叶**'Discolor'(叶较小，乳白色，带红晕)、**三色**'Tricolor'('Marginata-rubra'，绿叶白边，秋后叶变深玫瑰红色，春暖后又恢复原状)、**尖裂**'Pittsburph'(叶掌状5深裂，裂片披针形，端渐尖)等。

(1207) **中华常春藤**

Hedera nepalensis K. Koch var. ***sinensis*** (Tobl.) Rehd.

常绿藤木；幼枝上柔毛为鳞片状。营养枝上的叶全缘或3浅裂；花果枝的叶椭圆状卵形或卵状披针形，全缘。花淡黄白色或淡绿白色；伞形

图795 中华常春藤

花序；花期8～9月。果黄色或红色，翌年3月成熟。

产我国中部至南部、西南部；越南、老挝也有分布。耐荫，不耐寒。枝叶浓密常青，可用作攀援假山、树干材料或盆栽观赏。茎叶可药用。

(1208) **加那利常春藤**

Hedera canariensis Willd. 〔Algerian Ivy, Canary Ivy〕

常绿藤木，茎具星状毛；小枝及叶柄带棕红色。幼态叶较大，卵形，长6～15(20)cm，基部心形，全缘，革质；下部的叶常3～5(7)浅裂；成熟叶卵状披针形。总状圆锥花序。果黑色。

原产西北非加那利群岛。在亚热带地区常于室外栽培观赏，也是室内绿化的好材料。有许多栽培品种，其中**斑叶加那利常春藤'Variegata'**叶边有不规则黄白斑。

(1209) **菱叶常春藤**

Hedera rhombea（Miq.）Bean〔Japanese Ivy〕

常绿藤木；一年生枝疏生白色星状毛。营养枝上的叶3～5浅裂；花果枝上的叶菱状卵形至菱状披针形，长4～7cm，全缘。花淡绿色，花药鲜黄色；伞形花序；8月开花。果球形，黑色；11月果熟。

产日本及我国华南、台湾。青岛中山公园有栽培。能耐－10℃的低温。

栽培变种**银边菱叶常春藤'Variegata'** 叶有黄白色的狭边。

【熊掌木属 *Fatshedera*】1种，是属间杂交种。

(1210) **熊掌木**（常春金盘）

× ***Fatshedera lizei***（Cochet）Guill. 〔Tree Ivy〕

常绿蔓性灌木，茎较弱，如有支撑高可达2m以上；茎幼时具锈色柔毛，后渐脱落。单叶互生，掌状3～5裂，裂达近中部，叶长达20cm，革质，深绿色，有光泽。花黄绿色，径约9mm；由多数伞形花序组成顶生圆锥花序。不结果。

本种是八角金盘与大西洋常春藤（*Hedera hibernica*）的杂交种，1912年在英国育成；我国有引种。性耐荫，喜冷凉湿润环境，可耐3℃之低温，不择土壤，抗污染和盐风。可用扦插和压条法繁殖。通常多作盆栽观赏，也可栽作地被植物。品种**斑叶熊掌木'Variegata'**叶有不规则的乳白色镶边。

【鹅掌柴属 *Schefflera*】常绿木本，掌状复叶互生，小叶全缘，罕具疏齿或裂。约200余种，产热带和亚热带；中国35种，引入栽培约2种。

(1211) **鹅掌柴**（鸭脚木）

Schefflera heptaphylla（L.）Frodin

（*S. octophylla* Harms）

乔木或灌木状。掌状复叶互生，小叶6～9，长椭圆形或倒卵状椭圆形，长9～17cm，全缘，老叶无毛；总叶柄长达30余厘米，基部膨大并包茎。花小，白色，有香气；伞形花序集成大圆锥花序。浆果球形。

图796 鹅掌柴

产我国西南至东南部，是热带、亚热带地区常绿阔叶林习见树种；日本、印度、越南、老挝也有分布。喜光，喜深厚肥沃的酸性土；生长快。根、茎皮及叶均供药用。也可植于园林绿地或盆栽观赏。

图 797 鹅掌藤

(1212) **鹅掌藤**

Schefflera arboricola (Hayata) Merr.

〔Dwarf Umbrella Tree〕

藤木或蔓性灌木，能爬树和墙。掌状复叶，小叶 7～9(11)，倒卵状长椭圆形，长 8～12cm，宽 2～3cm，先端急尖或钝，基部渐狭或钝。花绿白色，无花柱，花梗长 1.5～2.5cm；伞形花序再总状排列，下垂。花期 7～10 月；果期 9～11 月。

产我国台湾、广东、海南和广西南部。喜半荫，喜暖热湿润气候，不耐寒（最低温度 5℃）。扦插繁殖。常植于庭园或盆栽观赏。

常见品种有**卵叶鹅掌藤 'Hongkong'**（叶倒卵状椭圆形，先端圆）和**斑卵叶鹅掌藤 'Hongkong Variegata'**（叶形同上，叶面有不规则黄色斑纹，是很受欢迎的观叶植物）。此外，还有**金叶** 'Aurea'（有相当多的小叶全为金黄色，部分小叶为绿色有不规则黄斑）、**金边** 'Golden Marginata'、**斑叶** 'Variegata'（绿叶上有不规则的黄斑）、**密叶** 'Compacta'、**端裂** 'Renata'（叶端 2～3 裂）、**斑裂** 'Renata Variegata'（叶有黄斑，端 3 裂）等品种。

(1213) **台湾鹅掌柴**

Schefflera taiwaniana (Nakai) Kanehira

灌木或小乔木，高 2～3m；小枝无毛。掌状复叶，小叶 7～9，倒披针形至长椭圆状披针形，长 10～15cm，先端长渐尖，基部狭楔形，全缘，无毛。花小，白色，长 2～3mm，外面疏生短毛，具花梗；由总状花序组成圆锥花序，顶生。果球形，径 5～7mm。

原产我国台湾阿里山；华南地区有栽培。枝叶茂密而雅致，是很好的观叶植物，宜植于庭园或盆栽观赏。

图 798 穗序鹅掌柴

(1214) **穗序鹅掌柴**

Schefflera delavayi (Franch.) Harms ex Diels

小乔木，高达 6m。掌状复叶，小叶 4～7，卵状长椭圆形至卵状披针形，长 8～22cm，先端渐尖，基部钝圆形，全缘或疏生不规则粗齿（幼树之小叶常羽状裂），革质，表面暗绿色，背面密被灰白色毛。花小，白色，无花梗；由穗状花序再组成顶生圆锥花序。果球形。

产我国长江以南至西南地区。可植于庭园

观赏。

(1215) **澳洲鹅掌柴**（大叶鹅掌柴）

Schefflera actinophylla (Endl.) Harms〔Queensland Umbrella Tree〕

乔木，高达12m。掌状复叶，小叶7～16，长椭圆形，长10～30cm，全缘，有光泽，小叶柄两端膨大；小叶在总叶柄端呈辐状伸展。花小，红色；由密集的伞形花序排成伸长而分枝的总状花序，长达45cm。核果近球形，紫红色。

原产大洋洲昆士兰、新几内亚及印尼爪哇。喜光，耐半荫，喜暖热多湿气候，不耐寒，最低温度要在12℃以上。本种较其他的鹅掌柴体形大，小叶也大而多，是很好的公共建筑室内的盆栽观叶树种。

有**斑叶**‘Variegata’、**密枝**‘Compacta’等品种。

(1216) **孔雀木**

Schefflera elegantissima (Veitch. ex Mast.) Lowry et Frodin

(*Dizygotheca elegantissima* R. Vig. et Guill.)〔Finger Aralia〕

常绿小乔木，高2～4(10)m。掌状复叶互生，具长柄，小叶5～9(11)，在叶柄端轮状着生，条形，长10～20cm，宽1～1.5cm，缘有疏齿裂，暗绿色，主脉红褐色。花小，5基数，花柱离生；成顶生大型伞形花序。

原产大洋洲及西南太平洋诸岛。喜光，喜温暖及较阴湿环境，冬季温度应不低于15℃。扦插或播种繁殖。是很好的观叶植物，各地常温室盆栽，暖地可植于庭园观赏。

常见有**宽叶孔雀木‘Castor’**（小叶3～5，较宽短，长约10cm）和**镶边宽叶孔雀木‘Castor Variegata’**（小叶宽短，边缘乳白色）等品种。

【五加属 *Eleutherococcus*】约30种，产亚洲东部和南部；中国18种。

(1217) **五　加**（细柱五加）

Eleutherococcus gracilistylus (W. W. Smith) S. Y. Hu

(*Acanthopanax gracilistylus* W. W. Smith)

落叶灌木，高达3m；枝常下垂，呈蔓生状。枝在叶柄基部常单生扁平刺。掌状复叶在长枝上互生，在短枝上簇生；小叶5，倒卵形至倒披针形，长3～8cm，先端尖，基部楔形，缘有钝锯齿。花小而黄绿色，花柱2(3)，离生；伞形花序腋生或2～3生于短枝顶端。浆果熟时黑色，常为2室。

产华中、华东、华南和西南地区，多生于林内、灌丛中、林缘及路边。根皮为著名中药“五加皮”，能祛风湿、强筋骨，常泡制成五加皮酒服用。

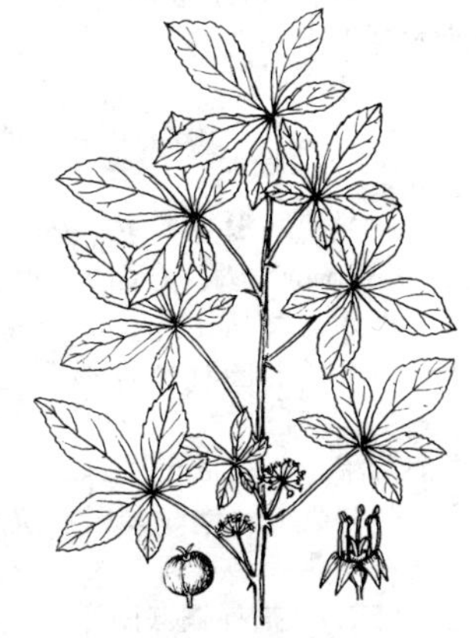

图799　五　加

(1218) **刺五加**

Eleutherococcus senticosus

(Rupr. et Maxim.) Maxim.

(*A. senticosus* Harms)

落叶灌木，高达3～5m；枝上通常密生细针刺。掌状复叶，小叶常为5，有时3，椭圆状倒卵形至长椭圆形，长6～12cm，缘具尖锐重锯齿。雄花紫黄色，雌花绿色，花柱5，合生，花梗长1～2cm；伞形花序，一至数个着生于总梗上；夏季绿化。浆果黑色，长约8mm。

产我国东北及华北地区；朝鲜、日本、俄罗斯也有分布。根皮（五加皮）为名贵补药。

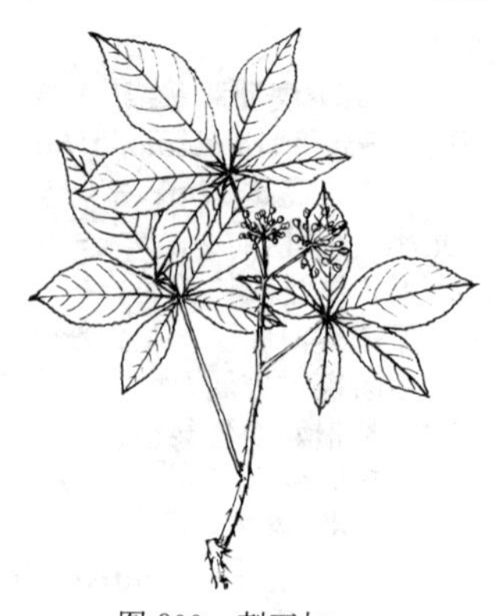
图800 刺五加

（1219）**无梗五加**

Eleutherococcus sessiliflorus

（Rupr. et Maxim.）S. Y. Hu

（*A. sessiliflorus* Seem.）

落叶灌木，高达4m；刺粗壮，基部宽，锥形。掌状复叶，小叶3～5，长达15cm；叶柄有时具刺。花淡紫色，花柱2，下部合生；近无梗，由头状花序组成圆锥状；夏末开花。浆果熟时黑色，长1.2cm，量多。

产我国河北、东北地区及朝鲜。根皮药用。

〔附〕**白簕花**（刺三加）***E. trifoliatus***（L.）S. Y. Hu（*A. trifoliatus* Merr.） 蔓性灌木；茎具钩刺。小叶3（～5），长卵形至长椭圆形，长4～10cm，缘有齿，无毛，小叶柄长2～8mm。花黄绿色；伞形花序3～10个聚成复花序，顶生。果黑色，长3～4mm。产华中、华南及西南地区。可植于庭园用作攀援绿化材料。

【梁王茶属 ***Pseudopanax***】约15种，主产大洋洲；中国2种。

（1220）**梁王茶**（掌叶梁王茶）

Pseudopanax delavayi（Franch.）W. R. Philipson

（*Nothopanax delavayi* Harms ex Diels）

常绿灌木，高2～5m。掌状复叶互生，小叶（2～）5，罕为单叶，狭披针形，长6～12cm，两端尖，缘有疏齿或近全缘，有光泽，总叶柄长4～12cm。花小，花瓣5，白色，雄蕊5；伞形花序再组成圆锥花序，长达15cm。核果扁球形，径约5mm。花期9～10月；果期12月至翌年1月。

产云南、四川西南部及贵州西南部。可盆栽观赏。

图801 梁王茶

〔附〕**异叶梁王茶** ***P. davidii***（Franch.）W. R. Philipson（*N. davidii* Harms ex Diels） 常绿小乔木，高达12m。单叶或掌状3小叶，互生；单叶长椭圆状披针形，长6～20cm，先端长渐尖，基部广楔形或近圆形，有时2～3裂，缘有齿；小叶无柄。主产我国西南部。根皮及树皮可供药用。

【福禄桐属（南洋参属）***Polyscias***】约150种，产太平洋诸岛、印度、马来西亚及美洲热带；中国引入数种。

（1221）**福禄桐**（南洋参）

Polyscias guilfoylei（Bull）Bailey〔Geranium-leaf Aralia〕

常绿灌木或小乔木，高 2～3(6)m；枝干皮孔明显。羽状复叶互生，小叶 5～9，卵状椭圆形至近圆形，长达 7～10cm，先端钝，基部圆形，缘有疏齿，边缘有黄白色斑及条纹。花小而多，绿色；圆锥状伞形花序。浆果状核果。

原产南美玻利尼西亚；我国台湾及华南地区有栽培。耐荫，喜高温多湿气候，也耐干旱；生长快。扦插繁殖。常作绿篱或盆栽观赏。栽培变种有：

①**银边福禄桐 'Laciniata'** 小叶有银白色边，并有明显的裂齿。

②**芹叶福禄桐 'Quinquifolia'** 小叶 3～7，扁圆形，长 3～4cm，边缘有不规则的浅裂、深裂和锯齿。

③**绿叶福禄桐 'Greem Leaves'** 小叶绿色，无黄白色边。

图 802 圆叶福禄桐（右上）
银边福禄桐（右下）
蕨叶福禄桐（左）

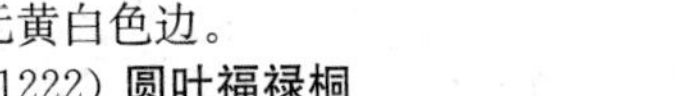

(1222) **圆叶福禄桐**

Polyscias balfouriana Bailey

常绿灌木，高 1～3m。3 出复叶，小叶近圆肾形，宽 5～8cm，先端圆，基部心形，缘有粗圆齿或缺刻，叶面绿色，无白边。花黄绿色；伞形花序再组成圆锥花序，多花。

原产新喀里多尼亚；热带地区多有栽培。耐半荫，喜高温多湿气候及湿润和排水良好的土壤，耐干旱，极不耐寒。叶色亮绿，颇为美丽，宜植于庭园或盆栽观赏。有**银边** 'Marginata'、**金斑** 'Pennockii'、**斑叶** 'Variegata'（叶有大片黄白斑）等品种。

(1223) **蕨叶福禄桐**

Polyscias filicifolia（Ridley）Bailey〔Fern-leaf Aralia〕

常绿灌木，高达 2.4m；枝常紫色。羽状复叶互生，长 25～30cm，小叶 7～11，大小和形状多变化，通常为披针形或线状披针形，长约 10cm，羽状深裂。花期秋季。

原产太平洋的一些岛屿；现广植于世界热带地区。是很好的盆栽观叶植物。有**金叶** 'Aurea'、**银边** 'Marginata' 等品种。

(1224) **复羽叶福禄桐**

Polyscias fruticosa（L.）Harms〔Indian Polyscias〕

常绿灌木，高 2～3(8)m。二至三（五）回羽状复叶，长 30～60cm，小叶近革质，异型：一种为披针形或卵状披针形，长 2.5～5cm，缘有锯齿或缺刻，另一种为线形或线状披针形，缘也有缺刻或羽状深裂。花白色或浅黄色；顶生圆锥花序，长约 60cm。花期 8～9 月。

原产印度至马来西亚、澳大利亚北部；世界热带地区广为栽培。华南有栽培，常作绿篱及盆栽观叶植物。

【楤木属 ***Aralia***】约 40 种，主产亚洲和大洋洲；中国 29 种。

(1225) **楤　木**

Aralia chinensis L.

〔Chinese Angelica Tree〕

落叶灌木或小乔木，高达8m；茎有刺，小枝被黄棕色绒毛。叶大，二至三回奇数羽状复叶互生，长达1m，叶柄及叶轴通常有刺；小叶卵形，长5～12cm，缘有锯齿，背面有灰白色或灰色短柔毛，近无柄。花小，白色；小伞形花序集成圆锥状复花序，顶生。浆果球形，黑色，具5棱。花期7～8月；果期9～10月。

华北、华中、华东、华南和西南地区均有分布。根皮入药，有活血散瘀、健胃、利尿等功效。也可植于园林绿地观赏。

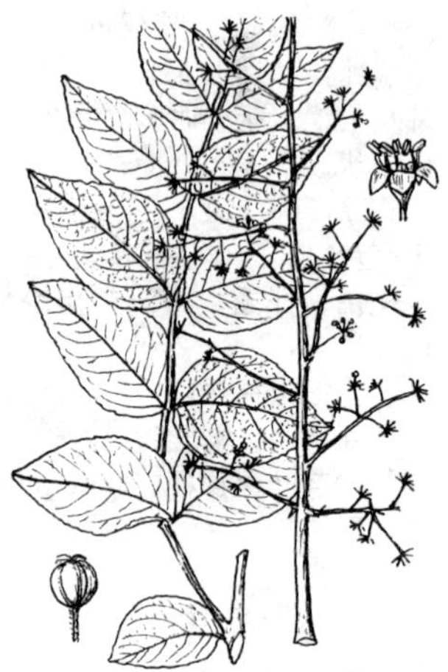

图803　楤　木

(1226) **辽东楤木**（龙牙楤木）

Aralia elata（Miq.）Seem.

〔Japanese Angelica Tree〕

落叶乔木，高可达15m；或成灌木状，高2～3m。茎、枝有刺，小枝淡黄色。二至三回羽状复叶，长达80cm，叶轴及羽片基部有短刺；小叶两面无毛或脉上有疏毛。花小，白色；由小伞形花序先集成圆锥花序再聚成伞房状。浆果黑色，鸟爱食。花期6～8月；果期9～10月。

主产我国东北地区，长白山及小兴安岭常见；俄罗斯、朝鲜、日本也有分布。不择土壤，能适应城市环境。本种全身是刺，大型羽叶张开如伞，花序大而显著；宜植于园林绿地观赏。欧美庭园中常栽培。嫩叶可蔬食。有**金边**'Aureo-variegata'、**银边**'Albo-marginata'、**银斑**'Variegata'、**塔形**'Pyramidalis'、**银边伞形**'Silver Umbrella'等品种。

图804　幌伞枫

【幌伞枫属 ***Heteropanax***】8种，产亚洲南部和东南部；中国6种。

(1227) **幌伞枫**

Heteropanax fragrans（D. Don）Seem.

常绿乔木，高达30m。三回羽状复叶互生，长达1m；小叶椭圆形，长5.5～13cm，两端尖，全缘，两面无毛。花杂性，小而黄色；伞形花序再总状排列，密生黄褐色星状毛。果扁形；种子2，扁平。花期秋冬季。

产我国云南东南部及两广南部；印度、缅甸、印尼也有分布。枝叶茂密，树冠圆整如张伞，颇为美丽，广州等地常栽作庭荫树及行道树。根及树皮入药，为治疮毒良药。

（六）菊亚纲 Asteridae

111. 马钱科 Loganiaceae

【灰莉属 *Fagraea*】约 35 种，产东南亚至大洋洲；中国 1 种。

(1228) **灰　莉**

Fagraea ceilanica Thunb.

常绿小乔木，高 12～15m；全体无毛。叶对生，椭圆形至长倒卵形，长 7～15cm，先端突尖，基部楔形，全缘，革质，有光泽。花冠白色，漏斗状 5 裂，筒部长 3～3.5cm，裂片开展，长 2.5～3cm，雄蕊 5，子房 2 室；花 1～3 朵聚伞状。浆果卵球形，径 3～5cm。花期 4～6(8)月；果期 7 月至翌年 3 月。

图 805　灰　莉

产印度及东南亚；我国台湾、华南及云南有分布。喜光，耐半荫，喜暖热气候及肥沃和排水良好土壤，不耐寒；萌发力强，耐修剪。扦插繁殖。枝叶茂密，叶色浓绿光洁，花色洁白而有清香。在暖地宜植于庭园观赏或栽作绿篱；近年多被用作大型盆栽于建筑物内外摆设观赏。品种**斑叶灰莉 'Variegata'** 叶有斑纹。

【蓬莱葛属 *Gardneria*】5 种，产亚洲东部及东南部；中国均有。

(1229) **蓬莱葛**

Gardneria multiflora Mak.

常绿藤木，长达 8m；枝圆形，无毛。叶对生，长椭圆形至披针形，长 5～15cm，两端尖，羽状脉，全缘；叶柄长 1～1.5cm。萼片 5，花冠辐状 5 深裂，黄色或黄白色，雄蕊 5，花丝短，子房上位，无毛；二至三歧聚伞花序腋生。浆果球形，径约 7mm，熟时红色。

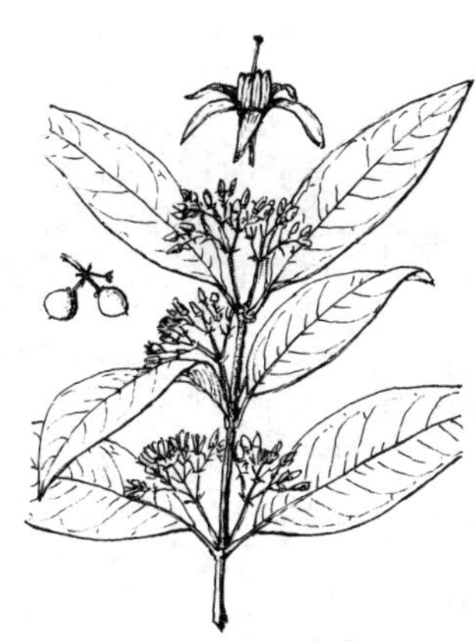

图 806　蓬莱葛

产我国长江流域及其以南地区；日本和朝鲜也有分根。根可供药用。

112. 夹竹桃科 Apocynaceae

【夹竹桃属 *Nerium*】1 种，产南亚、南欧和北非；中国有栽培。

(1230) **夹竹桃**

Nerium oleander L.（*N. indicum* Mill.，*N. odorum* Ait.）〔Oleander〕

常绿灌木，高达 5m。3 叶轮生，狭披针形，长 11～15cm，全缘而略反卷，侧脉平行，硬革质。花冠通常红或粉红色，漏斗形，径2.5～5cm，裂片5，倒卵形并向右扭旋；喉部有鳞片状副花冠5，顶端流苏状；顶生聚伞花序；6～10月开花，有时有香气。蓇葖果细长，长10～18cm。

图807 夹竹桃

原产伊朗、印度、尼泊尔，现广植于世界热带、亚热带地区。喜光，喜温暖湿润气候，不耐寒（最低温度10℃），耐烟尘，抗有毒气体能力强。扦插、压条或分株繁殖。长江流域以南地区可露地栽培，北方常温室盆栽，是常见的观赏花木。茎、叶有毒。

有**白花**'Album'、**粉花**'Roseum'、**紫花**'Atropurpureum'、**橙红**'Carneum'、**白花重瓣**'Madonna Grandiflorum'、**粉花重瓣**'Plenum'、**橙红重瓣**'Carneum Flore-pleno'、**玫红重瓣**'Splendens'、**斑叶**'Variegatum'、**斑叶玫红重瓣**'Splendens Variegatum'、**矮粉**'Petite Pink'、**矮红**'Petite Salmon'等品种。

【黄花夹竹桃属 ***Thevetia***】约8种，产热带美洲；中国引入栽培2种。

图808 黄花夹竹桃

(1231) **黄花夹竹桃**

Thevetia peruviana (Pers.) Schum.

〔Yellow Oleander〕

常绿灌木或小乔木，高达5m；体内具乳汁。叶互生，线形至线状披针形，长10～15cm，全缘，中脉显著，表面有光泽，两面无毛。花大而黄色，成顶生聚伞花序。核果扁三角状球形，由绿变红，最后变黑色。花期5～12月；果期8月至翌年春季。

原产热带美洲地区。喜高温多湿气候，很不耐寒。播种或扦插繁殖。华南有栽培，长江流域及其以北地区时见温室盆栽观赏。全株有毒，可提制药物；种子可榨油，供制肥皂等。有**白花**'Alba'、**红花**'Aurantiaca'等品种。

〔附〕**粉黄夹竹桃** ***T. thevetioides*** (HBK) Schum. 高达4.5m；叶互生，线状披针形，长达10cm，先端尖，侧脉在两面明显。花径5～8cm，橙色或粉红色，或黄里带紫；果绿色，径达3.8cm。夏季开花。原产墨西哥。花美丽，可供观赏。

【黄蝉属 ***Allamanda***】约12种，产热带美洲；中国引入栽培3种。

(1232) **黄　蝉**

Allamanda schottii Pohl (*A. neriifolia* Hook.) 〔Bush Allamanda〕

常绿灌木，高达2m。叶3～5枚轮生，长椭圆形，长5～12cm，两端尖，全缘，羽状侧脉在近叶缘处相连。花冠柠檬黄色，漏斗状5裂，长5～7cm，花冠筒基部膨大；花期6(－8)月。蒴果球形，密生长刺。

原产巴西；华南庭园常见栽培观赏。植株有毒。有**小花**‘Baby Gold’、**斑叶**‘Variegata’（叶有白斑）、**白边**‘Grey Supreme’（叶边灰奶油白色）等品种。

（1233）**软枝黄蝉**

Allamanda cathartica L.

〔Common Allamanda，Golden Trumpet〕

常绿藤状灌木，高 3～5m。叶近无柄，3～4 枚轮生，有时对生，长椭圆形至倒披针形，长 10～15cm，两端尖，仅背脉有毛。花冠黄色，漏斗状 5 裂，长 7～10cm，径 5～7cm，花冠筒基部不膨大；花期 7～9(10)月。蒴果球形，密生长刺；10～12 月果熟。

图 809　软枝黄蝉

原产巴西及圭亚那；华南有栽培。喜光，喜暖热气候及湿润土壤，不耐寒（最低温度 13～15℃）。是一美丽的庭园观赏植物，可作成花架、荫棚等，也可作为盆栽及屋顶花园材料。植株有毒。

有**大花**‘Grandiflora’（花径达 10～14cm，淡黄色）、**重瓣**‘Flore-pleno’、**狭瓣**‘Golden Butterflies’、**粉花**‘Caribbean Sunrise’等品种。

〔附〕**紫蝉花 *A. blanchetii*** A. DC.　蔓性灌木；常 4 叶轮生，长椭圆形至倒披针形，先端尖，全缘，背面脉上有绒毛。花腋生，花冠漏斗形 5 裂，径达 10cm，淡紫红至桃红色。花期春末至秋季。原产巴西，热带地区常见栽培；我国深圳等地有引种。花美丽而花期持久，是暖地庭园美化的好材料。

【鸡蛋花属 *Plumeria*】约 8 种，产热带美洲；中国引入栽培 2 种。

（1234）**鸡蛋花**（缅栀）

Plumeria rubra L. **‘Acutifolia’**

（*P. acutifolia* Poir.）〔Pagoda Tree〕

小乔木，高达 5m；枝粗肥多肉，三叉状分枝，有乳汁。单叶互生，常集生枝端，倒卵状长椭圆形，长 20～40cm，两端尖，全缘，羽状侧脉至近叶缘处相连。花冠漏斗状，5 裂，外面白色，里面基部黄色，芳香；成顶生聚伞花序；7～8 月开花。蓇葖果双生，长 10～20cm。

华南庭园中常有栽培，长江流域及其以北地区常温室盆栽观赏。花、树皮均供药用；花还可提炼芳香油。

图 810　鸡蛋花

正种**红鸡蛋花 *P. rubra*** L.〔Nosegay〕　花桃红色，喉部黄色；原产热带美洲，我国有少量栽培。它还有**黄鸡蛋花‘Lutea’**（花冠黄色）、**三色鸡蛋花‘Tricolor’**（花白色，喉部黄色，裂片外周缘桃色，裂片外侧有桃色筋条）等品种。

〔附〕**钝叶鸡蛋花** *P. obtusa* L. 常绿灌木或小乔木，高达 7m。叶倒卵形至长圆状倒卵形，长达 18cm，先端圆钝或微凹，基部无毛，有清晰的边脉。花冠漏斗形，径达 7.5cm，白色，喉部黄色，筒部长约 2cm。产西印度群岛，华南偶见栽培观赏。

【鸡骨常山属 ***Alstonia***】约 60 种，产世界热带地区；中国 8 种。

(1235) **盆架树**

Alstonia rostrata C. E. C. Fisch

(*Winchia calophylla* A. DC.)

常绿乔木，高达 25～30m，具乳汁；侧枝分层轮生，平展。叶对生或 3～4 枚轮生，椭圆形至披针形，长 5～16cm，先端急渐尖，基部楔形，全缘而边略卷，羽状侧脉细密，30～50 对，表面有光泽，薄革质。花冠白色，高脚碟状，端 5 裂，2 心皮合生；顶生聚伞花序多花。蓇葖果细长，合生；种子两端有长毛。花期 4～7 月；果期 8～11 月。

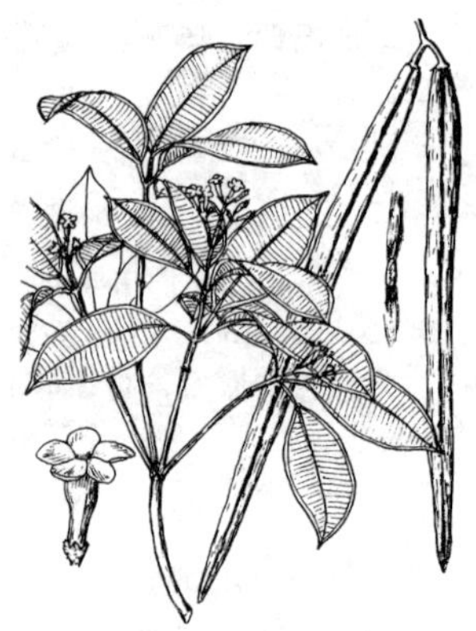

图 811 盆架树

产缅甸、印度、印尼及我国海南、云南。有一定抗风能力。枝叶秀丽，树形美观，在华南一些城市已栽作行道树及观赏树。叶、树皮入药。

(1236) **糖胶树**（黑板树）

Alstonia scholaris (L.) R. Br.

〔Devil Tree〕

乔木，高达 40m。叶 4～7 枚轮生，倒卵状长椭圆形，长 8～12(20)cm，先端钝或钝圆，基部楔形，侧脉 40～50 对，无毛；叶柄长 1.2～2cm。花冠白色，径 1.2cm，高脚碟状，端 5 裂，心皮 2，离生。蓇葖果双生，分离，红色，细长下垂，长 20～45(57)cm。花期 6～10 月；果期 10～12 月。

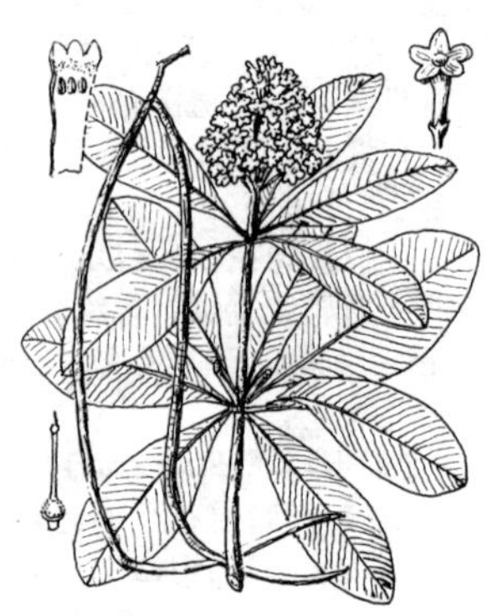

图 812 糖胶树

产亚洲热带至大洋洲，华南有分布。喜光，喜暖热多湿气候及排水良好的土壤，抗风，抗大气污染。体内富含乳汁，可提制口香糖原料。树形美观，轮状分枝如层塔，在华南一些城市常栽作观赏树和行道树。

(1237) **鸡骨常山**

Alstonia yunnanensis Diels

灌木，高 1～3m；有乳汁。叶 3～5 枚轮生，长椭圆状倒披针形，长 5～12cm，全缘，侧脉 17～22 对，背面灰绿色，两面有疏毛，无叶柄。

图 813 鸡骨常山

花冠高脚碟状，端5裂，裂片开展，紫红或粉红色，芳香。蓇葖果双生，分离。花期3～6月；果期7～12月。

产云南、贵州和广西。花美丽芳香，花期长，可植于庭园观赏。根供药用，能降血压。

【倒吊笔属 ***Wrightia***】23种，产东半球热带地区；中国6种。

(1238) **倒吊笔**

Wrightia pubescens R. Br.

〔Common Wrightia〕

落叶乔木，高达20m，有丰富的乳汁；干上皮孔横条状凸起。单叶对生，卵状椭圆形，长5～12cm，全缘。小枝及叶密生短柔毛。花冠漏斗状，白色至淡粉红色，5裂，具10枚鳞片状副花冠，雄蕊5；聚伞花序；4～8月开花。蓇葖果长柱状，2个并生；种子1端有长毛；8～12月果熟。

图814 倒吊笔

产我国西南部和南部；东南亚及澳大利亚也有分布。树形美观，花繁叶茂，可供园林绿化和观赏用。木材纹理通直，结构细致。

【海芒果属 ***Cerbera***】3种，产热带亚洲、大洋洲及非洲；中国1种。

(1239) **海芒果**

Cerbera manghas L.

常绿小乔木，高达5m；有乳汁。单叶互生，集生枝端，倒披针形，长10～15cm，全缘，有光泽；羽状脉细，在背面凸起，在近叶缘处相连。花冠高脚碟状，端5裂，白色，中心部带红色；聚伞花序。核果卵形，熟时红色。花期6(3～10)月；果期8～12月。

图815 海芒果

产热带亚洲至波利尼西亚沿岸，华南海岸有分布。喜光，稍耐荫，喜暖热湿润气候，对土壤要求不严，抗风力强；根系发达，生长快，移栽易活。树形优美，叶大亮泽，花美丽而芳香，可作庭园绿化和观赏树种。果及种子有毒，含强心甙。

【假虎刺属 ***Carissa***】约30种，产东半球热带至亚热带；中国1种，引入栽培3种。

(1240) **刺黄果**（瓜子金）

Carissa carandas L. 〔Karanda〕

常绿灌木，高达4～5m；多分枝，并有分叉刺，小枝无毛。叶对生，卵形或广卵形，长约

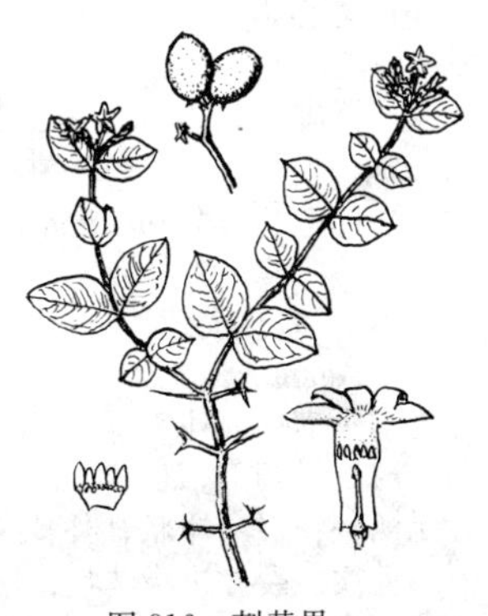

图816 刺黄果

3cm，侧脉8对，先端圆或微凹，有小尖头，全缘，革质，暗绿色，有光泽，近无柄。花冠高足碟状，白色或淡红色，花冠筒长约2cm，端5裂，裂片披针形，长约1cm，有香气；顶生或腋生聚伞花序。浆果长卵形，径1～2cm，成熟时由红变黑，有香气。花期4～6月；果期7～12月。

原产亚洲热带。华南可露地栽培，常作花篱；长江流域及其以北地区于温室盆栽观赏。果可生食。

〔附〕**假虎刺** ***C. spinarum*** L. 与刺黄果的主要区别：小枝有柔毛；叶卵圆形至椭圆形，侧脉3～5对，先端尖；花冠白色，筒部长约1cm，端4～5裂，长7mm；浆果长5～8mm。产亚洲南部，我国西南地区有分布。在暖地可栽作绿篱，兼有刺篱的作用。

(1241) **大花假虎刺**

Carissa macrocarpa (Eckl.) A. DC.

(*C. grandiflora* A. DC.)〔Natal Plum〕

常绿多分枝灌木，高达5m；分叉刺长达4cm。叶对生，卵形，长4.5～7.5cm，全缘，革质，暗绿色。花冠白色，5裂，径约5cm，花冠筒长约1.2cm，裂片宽而先端圆，芳香。浆果鲜红色，卵状椭圆形，长达5cm。

原产非洲南部；华南地区有栽培。喜光，喜暖热气候，耐干旱，很不耐寒。是很好的绿篱和盆栽植物，并有许多栽培品种。果可制果酱或蜜饯。

图817 大花假虎刺

【萝芙木属 ***Rauvolfia***】约60余种，产亚洲、非洲及美洲热带地区；中国7种。

(1242) **萝芙木**

Rauvolfia verticillata (Lour.) Baill.

常绿灌木，高1～3m。3～4叶轮生，长椭圆形至倒披针形，长5～12(25) cm，先端长渐尖，基部渐狭成细柄，全缘，两面无毛；无托叶。花有花盘，花冠高脚碟状，白色，筒部长1～1.8cm，端5裂，裂片广卵形；成下垂的二岐聚伞花序，顶生。核果椭球形，红色，长约1cm，2个离生。花期2～10月；果期4～12月。

原产亚洲热带，我国台湾、华南及西南有分布。主要是药用植物。花果美丽，观赏期长，也可植于庭园观赏。

【沙漠玫瑰属 ***Adenium***】1种（4～5亚种），产非洲和阿拉伯半岛；中国有栽培。

(1243) **沙漠玫瑰**

Adenium obesum (Forssk.) Roem. et Schult. 〔Desert Rose〕

多肉灌木或小乔木，高达2～4.5m；树干下部肿胀。叶互生，集生枝端，倒卵形至椭圆形，长达15cm，全缘，先端钝而具短尖，肉质，绿色，有光泽，近无柄。花冠漏斗状，外面有短柔毛，5裂，径约5cm，外缘红色至粉红色，中部色浅，裂片边缘波状；顶生伞房花序。春至秋季开花，夏季为盛花期。

原产东非至阿拉伯半岛南部；华南有栽培。喜阳光充足及喜干热环境，很不耐寒（最低温度 15℃）。播种或扦插繁殖。花盛开时极为美丽，并有许多品种，常植于庭园或盆栽观赏。茎干之白汁液有毒。

【棒槌树属 *Pachypodium*】17 种，产非洲南部及马达加斯加岛；中国引入栽培 2 种。

（1244）**非洲霸王树**（棒槌树）

Pachypodium lamerei Drake

落叶乔木状多肉植物，高达 8m；茎长满长尖刺（3 枚 1 簇），上部有分枝，具乳汁。叶狭披针形，长 8～15cm，全缘，有光泽，集生枝端。花冠白色，中心黄色，径 5～7cm。花期夏季。

原产马达加斯加；我国深圳等地有栽培。喜光，喜高温干旱环境，很不耐寒。形态奇特，茎、叶、花均有较高观赏价值。宜植于温室或盆栽观赏。

【狗牙花属 *Tabernaemontana*】99 种，产世界热带和亚热带；中国 5 种。

（1245）**狗牙花**（马茶花）

Tabernaemontana divaricata （L.） R. Br.‘**Flore Pleno**’

（*Ervatamia divaricata* Burk. ‘Gouyahua’）〔Butterfly Gardenia〕

图 818 狗牙花

常绿灌木，多分枝，无毛，有乳汁。单叶对生，长椭圆形，长 6～15cm，两端尖，全缘，亮绿色。花白色，高脚碟状，重瓣，边缘有皱纹，径达 5cm，芳香；聚伞花序腋生；6(4～9)月开花。扦插或高压繁殖。华南各地有栽培，供观赏。**斑叶狗牙花‘Plena Variegata’**叶有黄斑纹。

正种**单瓣狗牙花** *T. divaricata*（L.）R. Br.〔Crape Jasmine〕 花冠裂片 5，喉部有 5 个腺体。产印度、缅甸、泰国及华南，多生于山地疏林中。根可药用。

【玫瑰树属 *Ochrosia*】约 30 种，产东南亚及大洋洲；中国引入栽培 2 种。

（1246）**玫瑰树**

Ochrosia borbonica Gmel.

常绿乔木，高达 15m。小枝上部叶 3～4 枚轮生，下部叶对生，倒披针形，长 8～20cm，先端钝，基部楔形，具多数羽状侧脉，全缘，亮绿色。花冠高脚碟状，筒长约 1cm，端 5 裂，裂片长 5～9mm，白色或粉红色，芳香；聚伞花序。核果近球形，径约 4cm，双生，熟时红色，晶莹亮丽。几乎全年开花，主花期 6～7 月。

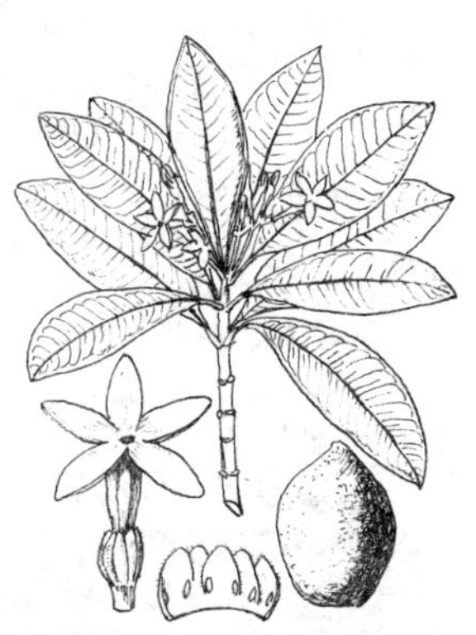

图 819 玫瑰树

原产亚洲东南部及马达加斯加；华南地区有栽培。喜光，耐半荫，喜高温多湿气候，不耐干旱和寒冷。树形美观，枝叶茂密，花美丽素雅，果鲜红晶莹；宜植于庭园观赏。

【双腺花属 ***Mandevilla***】约 100 种，产热带美洲；中国有少量引种。

(1247) **双腺花**（双腺藤，红蝉花）

Mandevilla sanderi（Hemsl.）Woodson（*Dipladenia sanderi* Hemsl.）

常绿蔓性灌木。叶对生，椭圆形至长椭圆形，长达 7.5cm，先端钝或微尖，基部圆或近心形，全缘，两面光滑。花冠漏斗形 5 裂，裂片玫瑰粉色，花冠筒外白内黄；3～5 朵成总状花序。春至秋季开花。

原产巴西，热带地区常栽培。喜高温多湿气候，不耐寒。扦插繁殖。花色花姿娇美，花期长，是暖地优良的盆栽和花篱材料。有**红双腺花‘Cerise’**（花冠玫瑰红色）、**白双腺花‘Blanc’**（花冠白色，花冠筒内面黄色）等品种。

〔附〕**红皱藤 *M.* × *amabilis* ‘Alice Du Pont’** 与红双腺花的区别在于叶面有皱，花冠筒外面黄色，里面与花冠裂片同为红色或粉红色。

【络石属 ***Trachelospermum***】约 15 种，主产亚洲，北美 1 种；中国 6 种。

(1248) **络　石**

Trachelospermum jasminoides（Lindl.）Lem.〔Star Jasmine〕

常绿藤木，长达 10m；茎赤褐色，幼枝有黄色柔毛。叶对生，椭圆形至披针形，长 3～8cm，全缘，革质。花冠白色，高脚碟状，径约 2.5cm，花冠筒中部膨大，5 裂片开展并向右扭旋，形如风车，萼片反卷，芳香；3 或 7 朵成聚伞花序；5(－7) 月开花。蓇葖果细长，双生；种子有毛。

图 820　络　石

我国分布很广，主产长江流域及东南各省。耐荫，喜温暖湿润气候，耐寒性不强。扦插繁殖。庭园中用以攀援于墙壁、山石或树干均极优美。北方常温室盆栽或制成盆景观赏。根、茎、叶、花、果均可供药用。常见变种和栽培变种：

①**花叶络石‘Variegatum’** 叶有奶油白色的边缘及斑，后变成淡红色。

②**狭叶络石**（石血）var. ***heterophyllum*** Tsiang 叶狭披针形；茎具气根。

〔附〕**亚洲络石 *T. asiaticum***（Sieb. et Zucc.）Nakai（*T. divaricatum* Kanitz） 与络石的区别是：花蕾端渐尖，花冠乳黄白色，中心部淡黄色，雄蕊稍外露，花萼裂片小而直立。产我国东南部至西南部；日本、朝鲜和印度也有分布。较络石耐寒。有**斑叶**‘Variegatum’品种。

【长春蔓属 ***Vinca***】约 5 种，产西亚至欧洲；中国引入栽培 2 种。

(1249) **长春蔓**（蔓长春花）

Vinca major L.〔Greater Periwinkle〕

常绿蔓性灌木。单叶对生，卵形，长 3～8cm，先端钝，全缘，仅叶缘有毛；叶柄长 3～5cm。花

图 821　长春蔓

单生叶腋，萼片5，线形，花冠紫蓝色，漏斗状，径3～5cm，裂片5，开展，雄蕊5，花梗长4～5cm；花期5～7月。蓇葖果双生，直立，长约5cm。

原产欧洲中部及南部。喜光，耐半荫，不耐寒。花美丽，是良好的地面覆盖兼观赏植物，我国有栽培。

有**斑叶长春蔓‘Variegata’**（叶有黄白色斑及边；常盆栽观赏，或作插花材料）、**金边长春蔓‘Marginata’**（叶边黄色）等品种。

〔附〕**小长春蔓** ***V. minor*** L.〔Common Periwinkle〕 茎细弱，高约1m。叶长圆形至卵形，长达5cm，叶缘无毛；叶柄长1～1.5cm。花紫蓝色，径2～2.5cm，花梗较短，长约1.5cm；早春开花。原产欧洲，长期栽培。有**白花**‘Alba’、**深紫**‘Atropurpurea’、**酒红**‘Burgundy’、**重瓣**‘Flore Pleno’、**白花重瓣**‘Albo-plena’、**斑叶**‘Variegata’等品种。

113. 萝藦科 Asclepiadaceae

【钉头果属 ***Gomphocarpus***】约50种，产热带非洲；中国引入栽培2种。

（1250）**钉头果**（气球果）

Gomphocarpus fruticosus（L.）Ait. f.（*Asclepias fruticosa* L.）

常绿灌木，高2～3m；小枝绿色。叶对生，线状披针形，长6～10cm，先端尖，基部下延，全缘，边缘反卷。花萼5深裂，花冠白色，副花冠裂片5，黑色，盔状；聚伞花序下垂。蓇葖果卵球形，径约3cm，顶端具长尖头，浅黄绿色，疏生刺毛；种子顶端具长毛。花期夏季；果期秋季。

原产非洲；华南地区有栽培。喜光，喜高温多湿气候，不耐干旱和寒冷。果形如气球，若被挤压扁，稍后能复原，是罕见的观花观果植物，宜植于庭园观赏。其带果之枝是新颖切花材料。

【杠柳属 ***Periploca***】约10种，产亚洲、南欧和非洲；中国5种。

（1251）**杠　柳**

Periploca sepium Bunge

〔Chinese Silkvine〕

落叶藤木；枝叶内含白乳汁，光滑。叶对生，披针形，长4～10cm，全缘，羽状侧脉在近叶缘处相连，叶面光亮。花暗蓝紫色，径约2cm，花冠裂片5，中间加厚，反折，内侧有长柔毛，副花冠杯状，端5裂，被柔毛；成腋生聚伞花序；5～6月开花。蓇葖果双生，细长；种子顶端具长毛；7～9月果熟。

产我国东北南部、华北、西北、华东及河南、贵州、四川等地。喜光，适应性强，耐寒，耐旱；繁殖力强。宜作攀援绿化及地面覆盖材料。根皮供药用，为中药“北五加皮”。

图822　杠　柳

【球兰属 ***Hoya***】约100余种，产东南亚及大洋洲；中国32种。

(1252) **球 兰**

Hoya carnosa (L. f.) R. Br.

常绿藤木，长达6m；茎柔软肉质，具气根。叶对生，卵状心形至卵状椭圆形，长5～7cm，先端渐尖，全缘，羽状脉不明显，肉质而厚；具短柄。花肉质，花冠5裂，星形，白色，中心淡红色，径1～2cm，副花冠5裂，星芒状；伞形聚伞花序多花，球状。蓇葖果条形，长6～10cm，光滑。花期4～11月；果期7～12月。

产我国东南部、华南、云南及台湾；印度、越南、马来西亚及日本也有分布。扦插或压条繁殖。花美丽，是很好的垂直绿化材料，也宜盆栽观赏。

图823 球 兰

栽培变种**斑叶球兰‘Variegata’** 叶边缘或有少量叶全部或一部为白色。

【夜来香属 *Telosma*】约10种，产东半球热带地区；中国3种。

(1253) **夜来香**

Telosma cordata (Burm. f.) Merr.

常绿藤木，长达10m；体内含乳汁。叶对生，广卵形至长圆状卵形，长6～10cm，先端渐尖，基部心形，全缘。花冠乳黄至黄绿色，近高脚碟形，裂片5（左旋状），雄蕊5（与雌蕊合生），极芳香，夜间尤甚；伞状聚伞花序腋生，下垂。蓇葖果卵状披针形，长7～10cm；种子多毛。花期5～9月。

产亚洲热带，华南地区有分布和栽培。喜光，喜温暖湿润气候及肥沃土壤，忌积水，不耐寒。是暖地较理想的香花攀援绿化植物。

图824 夜来香

【黑鳗藤属 ***Stephanotis***】15种，产热带地区；中国4种，引入栽培1种。

(1254) **非洲茉莉**（蜡花黑鳗藤）

Stephanotis floribunda Brongn.

常绿藤木，长达5m。叶对生，卵形至椭圆形，长8～10cm，全缘，革质，深绿色，富光泽。花冠漏斗状，端5裂，白色，蜡质，浓香；聚伞花序腋生。蓇葖果，长7～10cm。

原产马达加斯加；华南地区有栽培。喜暖热潮湿环境。扦插繁殖。是热带重要芳香藤本植物，宜植于庭园或盆栽观赏。

114. 茄 科 Solanaceae

【枸杞属 ***Lycium***】约80种，产南温带和北温带；中国7种3变种。

(1255) **枸　杞**

Lycium chinense Mill.

〔Chinese Matrimony Vine〕

落叶灌木，高达 1m 余；枝细长拱形，有棱角，常有刺。单叶互生或簇生，卵状披针形或卵状椭圆形，长 2～5cm，全缘。花紫色，花冠 5 裂，裂片长于筒部，有缘毛，花萼 3～5 裂；花单生或簇生叶腋。浆果卵形或椭球形，深红色或橘红色。花期 5～9；果期 8～11 月。

我国自东北南部、华北、西北至长江以南、西南地区均有分布。性强健，稍耐荫，耐寒，耐干旱及碱地。本种花期延续很长，入秋则满枝红果，甚为美观，选其虬干老株作为盆景也极雅致。果实、根皮均入药；嫩叶可作蔬菜食用。

变种**北方枸杞** var. ***potaninii***（Pojark.）A. M. Lu　叶披针形至狭披针形；花冠裂片疏被缘毛。分布偏于我国北方。

图 825　枸　杞

(1256) **宁夏枸杞**

Lycium barbarum L.〔Barbary Wolfberry〕

落叶灌木，高达 2.5m。与枸杞的主要区别点是：叶较狭，披针形至线状披针形；花冠筒稍长于花冠裂片，花冠裂片无缘毛，花萼 2(3)裂；果较大。花期 5～8 月；果期 8～11 月。

产我国西北和内蒙古；宁夏中宁地区栽培历史长久，最著名。喜光，喜水肥，耐寒，耐旱，耐盐碱；萌蘖性强。果实（枸杞子）入药，是滋补强壮剂；根皮及嫩叶也可入药。可作庭园绿化和沙地造林树种；北京园林中常见栽培观赏。

图 826　宁夏枸杞

【夜香树属 ***Cestrum***】约 175 种，产热带美洲；中国引入栽培 4 种。

(1257) **夜香树**（木本夜来香）

Cestrum nocturnum L.

〔Night-scented Jasmine〕

灌木，高达 2～3m；枝条长而拱垂。叶互生，卵状长椭圆形至披至形，长 8～15cm，全缘，纸质。花冠筒细长，长约 2cm，端 5 齿裂，奶油白色，雄蕊 5，夜间极香；伞房状聚伞花序，腋生或顶生；夏秋开花。浆果白色。

原产热带美洲，现广植于热带各地。华南及西南地区有栽培，长江流域及其以北地区常于温室盆栽。花期长，到夜晚极香，是一种良好的芳香观赏植物。

图 827　夜香树

（1258）**瓶儿花**（红瓶儿花）

Cestrum* × *newellii Nichols. （*Cestrum* ‘Newellii’）

灌木，高达2～2.5m；多分枝，茎柔软，有毛。叶互生，卵形至长椭圆状披针形，长5～10cm，全缘，有毛。花冠筒状，长2.5cm，在口部明显收缩成瓶状，端5小裂，亮深红色，外面有毛；顶生圆锥花序；几乎全年开花。浆果红色，圆球形。

是工人杂交种，其亲本原产墨西哥；现广植于世界热带地区。喜光，喜高温高湿气候及肥沃湿润土壤，不耐寒。华南有栽培，长江流域及其以北城市常于温室盆栽观赏。

（1259）**紫瓶儿花**

Cestrum elegans（Brongn.）Schlecht. （*C. purpureum* Standl.）

蔓性灌木；小枝下垂，有毛。叶卵形至卵状披针形，长达12cm，全缘，深绿色，被毛。花冠较小，长瓶形，长约2cm，红紫色，光滑无毛；成密集的总状花序；夏季开花。果深红色。

原产墨西哥；我国有栽培，供观赏。

〔附〕**黄瓶儿花 *C. aurantiacum*** Lindl. 蔓性灌木。叶卵形至长椭圆形，长8～15cm，全缘。花冠橘黄色，长2～2.5cm，裂片较大，光滑；圆锥花序顶生。浆果球形，白色。原产美洲危地马拉；广州等地有栽培，供观赏。

【鸳鸯茉莉属 ***Brunfelsia***】30～40种，产美洲热带和亚热带；中国引入数种。

（1260）**鸳鸯茉莉**（二色茉莉）

Brunfelsia acuminata Benth.

常绿灌木，高1～2m。叶互生，披针形，长4～7cm，先端尖，全缘。花冠漏斗形，筒部细，长约2cm，冠檐5裂，径约3.5cm，初开时蓝紫色，后渐变为淡蓝色，最后为白色；1至数朵成聚伞花序。春至秋季开花。

原产美洲热带；华南地区有栽培。花繁叶茂，宜植于庭园或盆栽观赏。

（1261）**大鸳鸯茉莉**

Brunfelsia calycina Benth.

半常绿灌木，高达1.2～2.5m；多分枝，无毛。叶互生，卵形、椭圆形至椭圆状披针形，长7～15cm，先端尖或钝，革质，具短柄。花萼光滑无毛，长达3cm，花冠漏斗形，筒部细，长约3.8cm，冠檐5裂，径5～7.5cm，边缘稍波状；花初开时蓝紫色，后渐变淡至白色；1～10朵成顶生聚伞花序；春天和秋天开花，夜间芳香。

原产巴西，现世界暖地普遍栽培观赏。我国广州、香港等地常栽培观赏。

〔附〕**番茉莉 *B. uniflora***（Pohl）D. Don（*B. hopeana* Benth.）〔Manaca〕灌木；叶长达7.5cm，先端急尖或渐尖。花单生，花萼管状，长1.3～1.9cm，花冠高脚碟状，筒部长达2.5cm，冠檐5裂，径2～3cm，淡蓝紫色，后变白色。原产巴西和委内瑞拉。我国各地常温室栽培观赏，华南可露地栽培。

【树番茄属 ***Cyphomandra***】约25种，主产南美洲；中国引入栽培2种。

（1262）**树番茄**

Cyphomandra betacea Sendt. 〔Tree Tomato〕

常绿灌木或小乔木，高约3m；枝叶、花梗被短柔毛。叶互生，心卵形，长达15～25cm，先端渐尖，基部深心形，全缘，浅绿色，质软，有臭味。花冠5裂，径1.5～2cm，浅粉红色；聚伞花序腋生。浆果卵圆形，长5～7cm，熟时红色或橙红色。春季为盛花期，夏季可零星开放；果期秋至冬季。

原产南美秘鲁；我国西藏、云南等地有栽培。生长快，需水量大。果味如番茄，可食用。

〔附〕**木番茄**（裂叶树番茄）***C. crassicaulis*** (Ortega) Kuntze　常绿小乔木；叶互生，长25～35cm，二回羽状裂。花径约5cm，由蓝紫色渐变为白色；聚伞花序顶生。浆果熟时红色。花期冬季。原产南美安第斯地区；华南有栽培。适应性强，生长快。四季常青，花大而美丽，花期长久；在暖地宜植于庭园观赏。

图828　树番茄

【曼陀罗木属 ***Brugmansia***】木本，花大而下垂（是从广义的曼陀罗属 *Datura* 中分出的）。5种，产南美安第斯山脉地区；中国引入栽培3种。

(1263) **曼陀罗木**（木本曼陀罗）

Brugmansia arborea (L.) Lagerh. (*Datura arborea* L.) 〔Maikoa〕

常绿灌木或小乔木，高达4.5m。叶互生，卵状披针形、椭圆形至卵形，长9～22cm，先端尖，基部偏斜，全缘或有不规则缺刻状齿，叶面有绒毛。花萼长10～14cm，花冠长漏斗状5裂，长15～23cm，白色，具绿色脉纹，裂片先端长渐尖；花单生叶腋，俯垂。蒴果浆果状，卵圆形，平滑，长6～8cm。花期7～9月；果期10～12月。

原产南美厄瓜多尔和智利北部。喜光，不耐寒，对土壤要求不严。花朵硕大下垂，颇为美观；我国南方可露地栽培，北方常于温室栽培观赏。

栽培变种**重瓣曼陀罗木 'Flore Pleno'**　花重瓣。

(1264) **杂种曼陀罗木**

Brugmansia* × *candida Pers. (*Datura* × *candida* Saff.)

〔Angel's Trumpet〕

高达3～6m；嫩枝及叶有柔毛。叶互生，卵形至长椭圆形，长25～30cm，全缘或有粗齿，叶揉碎后有臭味。花下垂，花冠喇叭形，端5裂，长20～25(30)cm，通常为白色，花萼长约为花冠长之半；芳香，夜晚更甚；花单生叶腋。蒴果浆果状，绿色，长12～15cm。几乎全年开花，而以夏、秋季最盛。

是 *B. aurea* 与 *B. versicolor* 的杂交种；通常在温室栽培观花。有白花、粉红、淡黄等品种。花、叶有毒，可供药用（大部分用 *D. arborea* 名的栽培植物都可能是本种）。

(1265) **大花曼陀罗木**

Brugmansia suaveolens Bercht. et J. Presl

(*Datura suaveolens* Humb. et Bonpl.)

范木或小乔木，高2～4.5m。叶互生，卵形至长椭圆形，全缘，暗绿色。花大，半下垂，长20～30cm，花萼2～5齿裂，宿存并包果；花冠白色，钟状喇叭形，有浅绿色纹理，檐部裂片长 3.7cm。果纺锤形，绿色，长10～15cm。

原产巴西东南部；华南有栽培，供观赏。

有**粉花**'Rosa Traun'（花冠中下部白色或淡黄色，檐部淡橙红色或淡粉红色）、**重瓣**'Plena'等品种。

【金杯花属 ***Solandra***】约 10 种，产热带美洲；中国引入栽培 1 种。

（1266）**金杯花**（金杯藤）

Solandra nitida Zucc.（*S. maxima*）

常绿藤木，长达 5m 以上，多分枝。叶互生，长椭圆形，长 10～12cm，先端渐尖，基部广楔形，全缘，有光泽。花大型，顶生；花冠黄色至淡黄色，杯状 5 浅裂，裂片反卷，筒部内有 5 条棕色线纹，花径 14～15cm，雄蕊 5。花期春至夏初。

原产墨西哥；我国台湾、福建、广东等地有栽培。喜光，喜暖热湿润气候及肥沃和排水良好的土壤，不耐干旱和寒冷。播种或扦插繁殖。枝叶茂密，花大而美丽；在暖地宜作攀援绿化材料或盆栽观赏。全株有毒，不可误食。

115. 旋花科 Convolvulaceae

【番薯属 ***Ipomoea***】约 500 种，广布于热带至温带；中国约 20 余种，引入栽培数种。

（1267）**树牵牛**

Ipomoea fistulosa Mart. ex Choisy

（*I. carnea* ssp. *fistulosa* D. F. Austin）〔Tree Morning Glory〕

常绿蔓性灌木，高达 3～6m；多分枝，具柔毛。叶互生，卵形至卵状椭圆形，长 6～25cm，先端尖，基部心形，全缘，两面有柔毛。花冠漏斗形，长 7～9cm，白色至淡粉紫色，喉部粉紫色；聚伞花序。蒴果卵形或球形，长 1.5～2cm；种子黑色，有毛。夏至秋季开花。

原产热带美洲，热带地区多有栽培；我国台湾及华南地区有栽培。喜阳光充足及高温多湿气候，也耐干旱瘠薄土壤，不耐寒。花大，素雅清丽，着花丰富，有较高观赏价值。

116. 紫草科 Boraginaceae

【厚壳树属 ***Ehretia***】约 50 种，主产南亚和非洲；中国 14 种。

（1268）**厚壳树**

Ehretia acuminata R. Br.（*E. thyrsiflora* Nakai）〔Ehretia〕

落叶乔木，高达 15m；树皮暗灰色，不整齐纵裂；小枝光滑，有显著皮孔。单叶互生，倒卵形至椭圆形，长 5～18cm，缘有齿，通常仅背面脉腋有簇毛。花小，花冠白色，裂片 5，雄蕊 5，着生在花冠筒上，有香气；成顶生或腋生圆锥花序，长 8～20cm。核果球形，径约 4mm，橘红色。4～5 月开花；7 月果熟。

产我国华东、中南及西南地区；日本、越南、印度、印尼及澳大利亚也有分布。可栽作庭荫树。

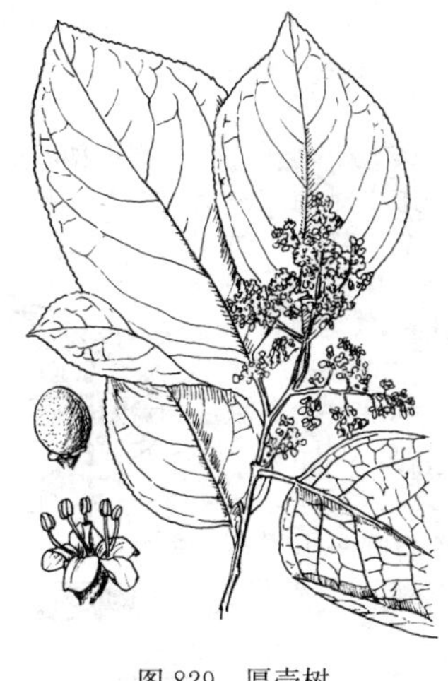

图 829　厚壳树

图 830　粗糠树

(1269) **粗糠树**

Ehretia dicksoni Hance (*E. macrophylla* Wall.)

落叶乔木，高达 10m；小枝幼时稍有毛。叶互生，椭圆形，长 9～18cm，基部广楔形至近圆形，缘有锯齿，表面粗糙，背面密生粗毛。花小，白色，芳香；伞房状圆锥花序。核果黄色，近球形，径 1～1.5cm。花果期 4～7 月。

产长江流域及其以南地区，山野常见；日本、越南、尼泊尔也有分布。可植为庭荫树。

〔附〕**西南粗糠树**（山楸木）***E. corylifolia*** C. H. Wright　与粗糠树的主要区别是：叶基部心形；核果径 6～8mm。产云南、贵州和四川。

【基及树属 ***Carmona***】1 种，产亚洲和大洋洲；中国有分布。

(1270) **基及树**（福建茶）

Carmona microphylla (Lam.) G. Don

(*Ehretia microphylla* Lam.)

灌木，多分枝，高 1～3m。单叶互生，或在短枝上簇生，匙状倒卵形，长 1～5cm，先端圆钝，基部渐狭成短柄，近端部有粗圆齿，两面粗糙，表面有白色小斑点。花小，白色，花柱分裂几达基部；2～6 朵成聚伞花序。核果球形，径约 5mm，熟时红色或黄色。花果期 11 月至翌年 4 月。

产我国广东、海南及台湾；日本、印尼及澳大利亚也有分布。喜光，喜温暖湿润气候，耐半荫，不择土壤，不耐寒；耐修剪。扦插繁殖。枝叶细密，适于修剪造型，常栽作绿篱及盆景材料。品种**斑叶基及树 'Variegata'** 叶有黄白色斑纹。

图 831　基及树

117. 马鞭草科 Verbenaceae

【紫珠属 *Callicarpa*】木本，常具星状毛或垢毛。单叶对生，通常有锯齿。花小，花冠4裂，雄蕊4；腋生聚伞花序。浆果状核果，球形如珠，紫色。约140余种，产亚洲、大洋洲和美洲；中国48种。

（1271）**小紫珠**（白棠子树）

Callicarpa dichotoma (Lour.) K. Koch

〔Purple Beauty-berry〕

落叶灌木，高1～2m；小枝带紫色，有星状毛。叶对生，倒卵状长椭圆形，长3～8cm，中部以上有粗钝齿，背面无毛，有黄棕色腺点。花淡紫色，花药纵裂，花萼无毛；花序柄长为叶柄长3～4倍，着生在叶柄基部稍上一段距离的茎上。核果球形，径约4mm，亮紫色，具4核。花期6～7月；果期9～11月。

产我国东部及中南部地区；日本、朝鲜、越南也有分布。是美丽的观果灌木，北京园林中常见栽培。品种**白果小紫珠 'Albo-fructa'** 果白色。

图832 小紫珠

（1272）**日本紫珠**（紫珠）

Callicarpa japonica Thunb.

〔Japanese Beauty-berry〕

落叶灌木，高达1.5～2m；小枝幼时有绒毛，很快变光滑。叶卵状椭圆形至倒卵形，长7～15cm，先端急尖，基部楔形，缘有细锯齿，通常两面无毛，背面有金黄色腺点，叶柄长5～15mm。花淡紫色或近白色，花药顶端孔裂；聚伞花序总柄与叶柄近等长。核果球形，径约4mm，亮紫色。花期7～8月；果期9～10月。

产我国辽宁、华北、山东、安徽、浙江、江西、湖南等地；朝鲜、日本也有分布。结果丰富而美丽，宜植于庭园观赏。品种**白果紫珠 'Leucocarpa'** 果白色。

变种**窄叶紫珠** var. *angustata* Rehd. 叶较狭，倒披针形至披针形。分布于华北、中南及陕西、贵州等地。

图833 日本紫珠

（1273）**华紫珠**

Callicarpa cathayana H. T. Chang

落叶灌木；高达1～3m。叶长椭圆形至卵状披针形，长4～10cm，先端渐尖，基部狭楔形，缘有锯齿，两面仅脉上有毛，背面有红色腺点。花淡紫色，花丝与花冠近等长，花药纵裂，花萼有星状毛；花序总柄稍长于叶柄或近等长。核果紫色。

产华东、中南及云南。果美丽，宜植于庭园观赏。根、叶可入药。

(1274) **杜虹花**

Callicarpa formosana Rolfe

落叶灌木，高 1～4m；小枝、叶柄及花序密被黄色毛。叶卵状椭圆形，长 6～15cm，先端渐尖，基部钝圆，缘有细齿，背面密被黄色星状毛和腺点；叶柄长 0.5～2cm。花冠紫色或淡紫色，长约 2.5mm，无毛。果近球形，径约 2mm，紫色或蓝紫色。花期 3～7 月；果期 8～10 月。

产我国台湾、江西南部、浙江东南部、福建、广东、广西和云南东南部；日本及菲律宾也有分布。花色淡雅，花期长，秋季枝上结满紫色小果，颇为美丽。在暖地宜植于庭园或盆栽观赏。品种**白花杜虹花 'Albiflora'** 花白色。

图 834　华紫珠

(1275) **珍珠枫**

Callicarpa bodinieri Lévl.

落叶灌木，高 1～2(3)m；小枝有毛。叶较宽大，椭圆形至卵状椭圆形，长 5～17cm，先端渐尖，基部楔形，缘有细锯齿，表面稍有毛，背面有黄褐色或灰褐色星状毛，两面均有粒状红色腺点。聚伞花序 5～7 次分歧；花冠淡紫色，有腺点。核果紫红色，光亮。7～8 月开花；9～10 月果熟。

产我国华东、中南及西南各省区；越南也有分布。果美丽，秋叶红紫色，宜植于庭园观赏。

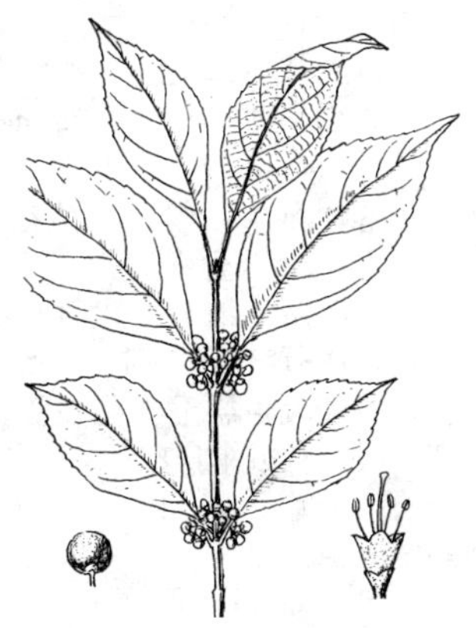

图 835　老鸦糊

〔附〕**老鸦糊 *C. giraldii*** Hesse ex Rehd.（*C. bodinieri* var. giraldii Rehd.） 与珍珠枫近似，主要不同点是：叶灰绿色，叶表面光滑，背面有黄色腺点，幼叶带古铜色。分布也大致相同。品种**丰果老鸦糊 'Profusion'** 浆果量大，国外常栽培观赏。

【桢桐属（大青属）***Clerodendrum***】单叶对生；花冠筒细长，端 5 裂，雄蕊 4；聚伞或圆锥花序；浆果状核果。约 400 种，主产热带和亚热带；中国 34 种，引入数种。

(1276) **海州常山**

Clerodendrum trichotomum Thunb.

〔Harlequin Glory-bower〕

落叶灌木或小乔木，高 3～6(8)m；幼枝有

图 836　海州常山

柔毛。单叶对生，有臭味，卵形至广卵形，长5～15cm，全缘或疏生波状齿，基部截形或广楔形，背面有柔毛。花冠白色或带粉红色，花冠筒细长，花萼紫红色，5深裂，雄蕊长而外露；聚伞花序生于枝端叶腋。核果蓝紫色，并托以红色大形宿存萼片，经冬不落。花期7～8月；果期9～11月。

产我国华北、华东、中南及西南地区；朝鲜、日本、菲律宾也有分布。喜光，稍耐荫，有一定耐寒性，对土壤要求不严，耐干旱，也耐湿，对有毒气体抗性较强。花期长，花后有鲜红的宿存萼片，再配以蓝果，很是悦目。是美丽的观花观果树种，常于园林中栽培。根、茎、叶、花均可入药。

图837　滇常山

（1277）**滇常山**

Clerodendrum yunnanense Hu ex Hand. -Mazz.

落叶灌木；嫩枝叶及花序均被黄褐色绒毛。叶对生，卵形至广卵形，长4～15cm，缘有粗钝齿，表面贴生糙毛，背面密生柔毛。花冠白色带红晕，花冠筒较短（1～2cm），稍长于花萼或近等长，萼外疏生柔毛，花柱明显超出雄蕊；聚伞花序集成头状或伞房状。

产云南、四川。根、花供药用。也可栽培观赏。

图838　臭牡丹

（1278）**臭牡丹**

Clerodendrum bungei Steud.

〔Rose Glory-bower，Glory Flower〕

落叶灌木，高达2m。叶具有强烈臭味，对生，广卵形至卵形，长10～20cm，基部心形，缘有粗齿，两面多少有毛。花芳香，玫瑰红色，花冠筒细长（3～4cm），花萼短小，花柱不超出雄蕊；成顶生密集的头状聚伞花序，径10～20cm，花序下苞片早落；6～9月开花。

产我国华北、西北及西南各省区；印度北部、越南及马来西亚也有分布。花美丽芳香，常栽培观赏。

图839　臭茉莉

（1279）**臭茉莉**

Clerodendrum chinense（Osb.）Mabb.

（*C. philippium* Schauer，

C. fragrans Vent.）

落叶灌木，高1.5～2.4m。叶对生，广卵形，长达25cm，先端急尖，基部截形或心形，缘有粗齿，叶柄长。花萼裂片披针形或线状披针形，花冠粉红或白色，径约2.5cm，重瓣，芳香；顶生聚伞花序紧密呈头状。

产云南、广东、福建等地。东南亚地区及华南常栽培观赏。

单瓣臭茉莉 var. *simplex* Moldenke 花单瓣，较少见。产云南南部、贵州西南部、广西西南部及越南北部，生于海拔650～1500m林中、溪边。

(1280) **赪　桐**

Clerodendrum japonicum (Thunb.) Sweet

图840　赪　桐

落叶灌木；全体近无毛。叶对生，广卵形或心形，长15～30cm，基部深心形，先端尖，缘有细齿。花萼大红色，5深裂；花冠鲜红色，筒部细长（1.5～2.5cm），端5裂并开展；顶生聚伞圆锥花序；5～11月开花。

产我国南部；日本、印度、马来西亚和中南半岛也有分布。分株、根插或播种繁殖。大型红色花序鲜艳夺目，花期持久，是美丽的观花灌木，华南庭园有栽培，长江流域及华北多于温室盆栽观赏。根、叶、花均药用。品种**白花赪桐'Album'**花白色，花萼淡粉红色。

(1281) **美丽赪桐**（爪哇赪桐）

Clerodendrum speciosissimum Van Geert

常绿半蔓性灌木，高达2～3m；枝四棱形。叶对生，卵圆状心形，长达30cm，全缘或有波状齿，密生毛。花鲜红色，径3.5～5cm，花冠筒细，长达3cm，雄蕊细长，具长花梗；圆锥花序长25～45cm；花期长，自夏至秋开放。果深蓝色。

原产亚洲热带，我国海南有野生。很不耐寒，最低温度15℃。扦插繁殖。花极美丽，华南地区可植于庭园观赏，北方时见盆栽观赏。

(1282) **塔形赪桐**（圆锥大青）

Clerodendrum paniculatum L.

〔Pagoda Flower〕

灌木，高1～2m。叶对生，广卵圆形，长15～20cm，3～5(7)浅裂，先端尖，基部心形，缘有齿。花深红色，花冠筒长约1.2cm，5裂片开展；由聚伞花序再集成圆锥花序，长约25～30cm，层次明显。

产东南亚，我国台湾、华南和福建有分布。是美丽的观赏花木。品种**白花塔形赪桐'Albiflorum'**花白色。

(1283) **龙吐珠**

Clerodendrum thomsoniae Balf.

〔Bleeding Glory-bower〕

图841　龙吐珠

常绿柔弱藤木，高达2～5m；茎四棱形。叶对生，椭圆状卵形，长 6～10cm，全缘，先端渐尖，基部圆形。花梗长，花朵下垂，花萼膨大，5 裂，白色，花冠高脚碟状，鲜红色，雄蕊及花柱长而突出；二歧聚伞花序；8～9 月开花。

原产热带非洲西部。喜光，喜暖热湿润气候及肥沃而排水良好的土壤，很不耐寒（最低温度 15℃）。花萼白色如玉，花冠绯红，红白相映成趣，是美丽的观花植物。华南庭园有栽培，长江流域及其以北地区常温室盆栽。叶可入药，治慢性中耳炎。品种**斑叶龙吐珠 'Vareigata'** 叶有乳白色斑。

〔附〕**红花龙吐珠** ***C. splendens*** G. Don　与龙吐珠相似，但膨大的花萼和花冠均为鲜红色；花萼持久不凋，红艳美观。华南地区有栽培。

（1284）**白花灯笼**（红萼灯笼草）

Clerodendrum fortunatum L.

落叶灌木，高 1～2.5m。叶对生，长椭圆形至倒卵状披针形，长 5～18cm，先端渐尖，基部楔形，背面有细毛和腺点。花萼 5 深裂，红紫色，膨大似灯笼，长 1～1.3cm，花冠白色或淡红色，雄蕊与花柱伸出花冠外；3～9 朵成聚伞花序，腋生。核果近球形，径约 5mm，熟时深蓝色，包于红色的宿存花萼内。

图 842　白花灯笼

产江西南部、福建、广东、广西和海南。喜光，喜暖热湿润气候，耐干旱瘠薄。花形奇特，白色或淡红色的花与紫红色膨大的宿萼颇似一盏盏小灯笼。在暖地宜植于庭园或盆栽观赏。

（1285）**蝶花大青**（蓝蝴蝶，乌干达赪桐）

Clerodendrum ugandense Prain

〔Blue Butterfly Bush〕

落叶灌木，高 1.5～2(3)m；多分枝。叶对生，倒卵状长椭圆形，长约 10cm，先端圆有突尖，基部楔形，缘有疏齿。花冠裂片 5，上部 4 片淡蓝色，最下 1 片深蓝色，雄蕊明显；聚伞花序腋生于分枝上部，成直立的圆锥花序；夏末至秋季开花。

原产热带非洲；我国深圳等地有引种栽培。花蓝色，形如蝴蝶，是美丽的观花树种。

（1286）**垂茉莉**

Clerodendrum wallichii Merr.

落叶蔓性灌木；小枝 4 棱，有翅。叶对生，长圆形至披针形，长 10～18cm，先端渐尖，基部狭楔形，全缘。花白色，花冠裂片 5，长 1～1.5cm，花丝细长，花萼在果时增大呈红色；由聚伞花序组成下垂圆锥花序，长 20～30cm；初夏至秋季开花。核果紫黑色。

产亚洲南部，广西西部、云南西部和西藏有分布；华南、华东有栽培。花姿清秀，花色素雅，宜植于庭园或盆栽观赏。

【马缨丹属 ***Lantana***】约 150 种，主产热带美洲；中国引入栽培 2 种。

(1287) **马缨丹**(五色梅)

Lantana camara L. 〔Common Lantana〕

常绿半藤状灌木,高1～2m;全株具粗毛,并有臭味。叶对生,卵形至卵状椭圆形,长3～9cm,缘有齿,叶面略皱。花小,无梗;密集成腋生头状花序,具长总梗;花初开时黄色或粉红色,渐变橙黄或橘红色,最后成深红色。核果肉质,熟时紫黑色。几乎全年开花,而以夏季花最盛。

图 843 马缨丹

原产美洲热带。喜光,喜暖湿气候,适应性强;生长快。垂枝或播种繁殖。华南地区有栽培,并已逸为野生;长江流域及华北常见温室盆栽观赏。有**黄花**'Flava'、**白花**'Alba'、**粉花**'Rosea'、**橙红花**'Mista'、**斑叶**'Yellow Wonder'等品种。

〔附〕**蔓马缨丹** ***L. montevidensis*** (Spreng.) Briq. 常绿蔓性灌木。叶对生,卵形,长达2.5cm,缘有粗齿,两面被毛。花玫瑰紫色,有黄色眼状斑;头状花序,径达2.5cm以上。几乎全年开花。原产南美;我国南方常栽作地被植物。有**白花**'Alba'品种。

图 844 豆腐柴

【豆腐柴属 ***Premna***】约200种,产东半球热带和亚热带;中国46种。

(1288) **豆腐柴**(腐婢)

Premna microphylla Turcz.

落叶灌木,高1～2m;幼枝有柔毛。单叶对生,卵形至卵状长椭圆形,长3～13cm,先端长尖,基部渐狭并下延,全缘或中上部有不规则粗齿,两面有短柔毛;叶揉碎后有臭味。花萼5浅裂,花冠4裂,淡黄色,长7～9mm,二强雄蕊;聚伞花序组成圆锥花序。核果球形或倒卵形,熟时紫色。花果期5～10月。

产我国长江流域及其以南地区;日本也有分布。产区群众常用其叶浸汁制豆腐。根、茎、叶可入药。上海等地常栽作盆景材料。

【牡荆属 ***Vitex***】约250种,广布于热带至温带;中国14种,7变种。

(1289) **黄 荆**

Vitex negundo L.

落叶灌木或小乔木,高达5m;小枝四方形。掌状复叶对生,小叶通常5枚,间有3枚,卵状长椭圆形至披针形,全缘或疏生浅齿,背面密生灰白色细绒毛。花冠淡紫色,外面有绒毛,端5裂,二

图 845 黄 荆

唇形；成顶生狭长圆锥花序。核果球形，大部为宿萼所包。夏季开花；秋季果熟。

分布几乎遍及全国，多生于山坡路旁及林缘；日本、亚洲南部、非洲东部及南美洲也有分布。茎、叶、根、种子均可入药。常见有下列两变种：

①**牡荆** var. *cannabifolia* (Sieb. et Zucc.) Hand.-Mazz. 小叶边缘有整齐之粗锯齿，背面无毛或稍有毛。我国自河北经华东、中南以至西南各省及日本均有分布。多生于山坡、路边灌丛中。

②**荆条** var. *heterophylla* (Franch.) Rehd. 小叶边缘有缺刻状大齿或为羽状裂；花期7～9月。我国东北南部、华北、西北、华东至西南各省及朝鲜、蒙古、日本均有分布。在华北是极常见的野生灌木。喜光，耐寒，耐干旱瘠薄土壤。选其老桩制成盆景也颇有风趣。北京山区有**白花荆条** f. ***albiflora*** Jen et Y. J. Chang

图 846 荆 条

〔附〕**山牡荆** ***V. quinata*** (Lour.) Will. 常绿乔木，高 4～12m。掌状复叶，小叶 5，倒卵状长椭圆形至倒披针形，全缘。花淡黄色，长 7～8mm；顶生圆锥花序。核果熟时黑色。产亚洲东南部；华东及华南地区有分布。枝叶茂密，四季常青，是良好的风景和绿化树种。

【莸属 *Caryopteris*】约 17 种，产亚洲中部至东部；中国 14 种。

(1290) **莸**（兰香草）

Caryopteris incana (Thunb.) Miq.

〔Blue Beard〕

图 847 莸

落叶半灌木，高 1.5～2m；全体具灰白色绒毛。叶对生，卵状椭圆形，长 3～6cm，先端钝或急尖，基部广楔形或近圆形，缘具粗齿，背面有金黄色细腺点。聚伞花序腋生于茎上部，自下而上开放；花冠蓝紫色，二唇形 5 裂，下裂片大而有细条状裂，雄蕊 4，伸出。蒴果成熟时裂成 4 小坚果；种子有翅。花果期 8～10 月

产华东及中南各省区；朝鲜、日本也有分布。喜光，喜温暖气候及湿润的钙质土。花美丽，可植于庭园观赏。品种**白花莸 'Candida'** 花白色。

(1291) **蒙古莸**

Caryopteris mongolia Bunge

落叶灌木，高约 1m。叶对生，条形至条状披针形，长 1～4cm，全缘，两面被绒毛。花冠蓝紫色，长 1～1.5cm，二唇形 5 裂，下唇中裂片流苏状；聚伞花序腋生。蒴果椭球形，无毛，果瓣具翅。花期 8～10 月。

产内蒙古、河北、山西、陕西、甘肃；蒙古也有分布。花色鲜艳美丽，可植于庭园观赏。花和叶可提炼芳香油。

〔附〕**金叶莸** *C.* × *clandonensis* 'Worcester Gold' 是莸与蒙古莸的杂交种。叶卵状披针形，表面鹅黄色，光滑，背面有银色毛。花蓝紫色；聚伞花序，常再组成伞房状复花序，腋生。花期夏末，可持续 2～3 个月。喜光，耐寒，耐修剪。花、叶美丽，宜植于庭园观赏，也可在园林绿地中作大面积色块及基础栽植。

图 848 假连翘

【假连翘属 *Duranta*】36 种，产热带美洲；中国引入栽培 1 种。

（1292）**假连翘**（金露花）

Duranta erecta L.（*D. repens* L.）

〔Golden Dewdrop，Sky-flower〕

常绿灌木或小乔木，高达 4.5m；枝细长，拱形下垂，有时具刺。单叶对生，倒卵形，长 3～6cm，基部楔形，中上部有疏齿，或近全缘，表面有光泽。花冠蓝色或淡紫色，高脚碟状，花筒稍弯曲，端 5 裂，二强雄蕊；总状花序生于枝端或叶腋；夏季开花。核果肉质，黄或橙黄色，包藏于扩大的花萼内，经冬不落。

原产热带美洲。喜光，耐半荫，不耐寒，要求排水良好的土壤；耐修剪，生长快。扦插或播种繁殖。花果美丽，华南城市庭园有栽培，多作为绿篱材料；上海、北京等地常在温室盆栽观赏。有**金叶**'Golden Leaves'、**斑叶**'Variegata'（叶缘有不规则白或淡黄色斑）、**大花**'Grandiflora'（花径达 2cm）、**白花**'Alba'、**矮生**'Dwarftype'（高 0.5～2m，枝叶密生，花多，深蓝色）、**斑叶矮生**'Dwarftype Variegata'、**白花矮生**'Dwarftype Alba'等品种。

【冬红属 *Holmskioldia*】3 种，产印度、马达加斯加和热带非洲；中国引入栽培 1 种。

（1293）**冬　红**（帽子花）

Holmskioldia sanguinea Retz.

〔Chinese Hat-plant〕

常绿灌木，高达 3～7m。单叶对生，卵形，长 5～10cm，全缘或有锯齿，两面有腺点。聚伞花序腋生或聚生于枝端；花萼砖红色或橙红色，由基部向上扩张成一阔倒圆锥形杯，径达 2cm；花冠筒状，弯曲，端部 5 浅裂，砖红色或橙红色，长约 2.5cm；花期冬末春初。核果倒卵形，4 裂，包藏于扩大的萼内。

图 849 冬　红

原产喜马拉雅至马来西亚；广州等华南城市有栽培。喜光，喜暖热多湿气候，不耐寒。扦插繁殖。花色鲜艳，花萼扩展形似帽檐；是一种美丽的观花灌木。品种**黄花冬红 'Aurea'**（'Lutea'）花黄色。

【柚木属 *Tectona*】3 种，产印度至东南亚；中国引入栽培 1 种。

（1294）**柚　木**

Tectona grandis L. f. 〔Teak Tree〕

落叶大乔木，高 15～40(50)m；树皮灰色，浅纵细裂；小枝方形，有沟，密被分枝绒毛。单叶对生或 3 叶轮生，倒卵形至椭圆形，长 20～30cm，先端钝或钝尖，基部楔形并下延，全缘，表面粗糙，背面密被黄棕色毛，背脉擦伤后呈红色。花小，黄白色；由聚伞花序组成顶生圆锥花序，长 25～40cm。核果包藏于增大之花萼内。几乎全年开花。

图 850　柚　木

原产印度、缅甸、马来西亚及印尼；华南及云南有引种。强阳性，适生于暖热气候及干湿季分明的地区，喜深厚肥沃土壤；根较浅，不抗风。是世界著名用材树种之一，材质坚硬，耐朽而芳香，易加工，有光泽，为一级造船和家具用材。叶大荫浓，也可用作城市园林绿化树种。近年珠江三角地区大量用作城市近郊公路行道树。

【石梓属 *Gmelina*】约 35 种，主产热带亚洲至大洋洲，少数产非洲；中国 7 种。

（1295）**海南石梓**（苦梓）

Gmelina hainanensis Oliv.

落叶乔木，高达 20m。单叶对生，广卵形，长 7～16cm，全缘，基部 3 出脉，交汇处有 2 腺体，背面灰白色。花冠漏斗状二唇形，黄绿至黄白色，下唇黄色，喉部及上唇有褐红色斑纹，雄蕊 4，不伸出，子房有毛；聚伞花序或再排成圆锥花序。核果卵形，长 2.2cm，萼宿存。夏季开花，夏末至秋初果熟

产华南及越南。在海南岛生于海拔 600m 以下丘陵山地热带季雨林中。喜光，生长快。树冠开展，树姿优美，花多而清丽，暖地可植于园林绿地观赏。材质优良，花纹美丽，耐腐，不变形，为海南一级名材。

图 851　海南石梓

〔附〕**云南石梓 *G. arborea*** Roxb.　与海南石梓的区别是：小枝、叶背及花序均密被黄褐色绒毛；花深黄色，上唇 4 裂片橙红色，子房无毛。产亚洲热带，云南南部有分布；华南有栽培。树干通直，树形美观，花美丽而芳香，在暖地可植于园林绿地观赏或作行道树。云南傣族人常用其花作糕点香料和染料。

【蓝花藤属 *Petrea*】约 25 种，主产热带美洲；中国引入栽培 1 种。

(1296) **蓝花藤**(紫霞藤)

Petrea volubilis L.

〔Purple Wreath〕

常绿缠绕藤木,长可达5m以上。单叶对生,卵形至椭圆形,长5~14(20)cm,先端尖,基部狭,全缘,两面粗糙,革质。花冠管状,端偏斜5裂,浅蓝至紫色,二强雄蕊;花萼管有毛,具5大裂片,通常蓝紫色,果期萼片扩大变绿;顶生总状花序,长7~20cm。核果包藏于花萼内。花期3~4月。

原产中美洲及西印度群岛;华南有引种栽培。很不耐寒,最低温度13~15℃。花蓝紫色,长串下垂,美丽而花期长,常于庭园栽培观赏。有**白花**'Albiflora'品种。

图852 蓝花藤

118. 唇形科 Lamiaceae(Labiatae)

【香薷属 *Elsholtzia*】多为草本,约40种,主产东亚温带;中国30种。

(1297) **木本香薷**(华北香薷)

Elsholtzia stauntonii Benth.

〔Mint Bush〕

落叶亚灌木,高约1m。单叶对生,菱状披针形,长10~15cm,先端长尖,基部楔形,缘有整齐疏圆齿;揉碎后有强烈的薄荷香味。花小而密,花冠淡紫色,外面密被紫毛,二强雄蕊直而长,紫色;顶生总状花序穗状,长10~15(20)cm,花略偏向一侧;8~10月开花。

产辽宁、华北至陕西、甘肃。花穗尚美丽,可植于庭园观赏。北京园林中有栽培。品种**白花木本香薷'Alba'**花白色。

图853 木本香薷

119. 醉鱼草科 Buddlejaceae

【醉鱼草属 ***Buddleja***】灌木;单叶对生,罕互生。花两性,整齐,花萼、花冠各4裂,雄蕊4;蒴果2裂,种子多数。约100种,主产世界热带和亚热带;中国约25种。

(1298) **醉鱼草**

Buddleja lindleyana Fort. 〔Lindley Butterfly-bush〕

落叶灌木,高达2m;小枝4棱形,略有翅,嫩枝、叶背及花序均有褐色星状毛。叶对生,卵形至卵状长椭圆形,长5~10cm,全缘或疏生波状齿。花冠紫色,筒长1.5~2cm,稍弯曲;顶生花序穗状,长达20cm,扭向一侧。蒴果椭球形，种子无翅。花期6～7月；果熟期10月。

产长江流域及其以南各省区。扦插繁殖。花美丽芳香，常于庭园栽培观赏。全株入药，有毒。

图854 醉鱼草

图855 大叶醉鱼草

(1299) **大叶醉鱼草**

Buddleja davidii Franch. 〔Orange-eye Butterfly-bush〕

落叶灌木，高1～3m；枝条开展，4棱形。叶对生，长卵状披针形，长10～25cm，缘有细锯齿，表面无毛，背面密生灰白色星状绒毛。花冠筒直，长0.7～1cm，玫瑰紫至淡蓝紫色，喉部橙黄色，芳香；顶生狭长圆锥花序。花期6～9月；果期9～12月。

产陕西和甘肃南部经长江流域至华南、西南地区，生于海拔1300～2600m山地；日本也有分布。性强健，较耐寒，华北可露地栽培。花穗较大，花色丰富，有紫色、红色、暗红、白色及斑叶等品种，且有芳香，开花期常引来蝴蝶流连。国内外常植于庭园观赏；也是很好的切花瓶插材料。

(1300) **密蒙花**

Buddleja officinalis Maxim.

〔Pale Butterfly-bush〕

灌木，高达1～3m；小枝4棱形，密生灰白色绒毛。叶对生，披针形，长5～10cm，全缘或有小齿，表面有细星状毛，背面密被灰白色至黄色星状绒毛。花淡紫色至白色，有香味；顶生圆

图856 密蒙花

锥花序，长达15cm。花期2～4月；果期5～8月。

主产我国西南及中南部地区，华东、华南及西北地区也有分布。花芳香美丽，可植于庭园观赏。花供药用。

(1301) **白花醉鱼草**（白背枫）

Buddleja asiatica Lour. 〔Asian Butterfly-bush〕

灌木或小乔木，高达2～6m；小枝圆柱形，幼枝、花序和叶背密生灰色或淡黄色短绒毛。叶对生，披针形或狭披针形，长5～12cm，全缘或有细齿，表面绿色，无毛，背面白色或淡黄色，有绒毛。花冠白色，花冠筒长2～4mm，芳香；总状或圆锥花序顶生或腋生；花期10月至翌年2月。

产亚洲南部及东南部，我国西南至东南部及台湾均有分布。花美丽，可植于庭园观赏。上海等地常植于温室作冬季插花材料。

图857 白花醉鱼草

(1302) **皱叶醉鱼草**

Buddleja crispa Benth.

落叶或半常绿灌木，高2～3m；小枝圆柱形，被柔毛。叶对生，卵形至卵状长圆状，长6～13(20)cm，先端短渐尖，基部截形或近心形，缘有波状粗齿，两面被白绒毛，背面尤密。花紫色或淡紫色，花冠筒部细长（1～1.2cm），裂片4，卵圆形，雄蕊4（着生于花冠筒中部），子房被星状毛；花序顶生或腋生，长7～12cm。花期3～4；果期7～8月。

产云南、四川、西藏及甘肃南部。喜光，不耐寒，耐干旱瘠薄土壤；萌芽力强，耐修剪。花繁色艳，幼嫩枝叶密被具有观赏性的灰白色绒毛。宜植于庭园或盆栽观赏。

(1303) **互叶醉鱼草**

Buddleja alternifolia Maxim.

〔Fountain Butterfly-bush〕

落叶灌木，高达3m；枝细长，开展并拱垂。叶互生，狭披针形，长2～8cm，全缘，表面深绿色，背面密生灰白色绒毛。花密集簇生于上年生枝的叶腋，花冠鲜紫红色或蓝紫色，芳香。花期5～7月；果期7～10月。

产我国西北部。耐寒，耐干旱。花美丽，各地庭园时见栽培观赏。

图858 互叶醉鱼草

120. 木犀科 Oleaceae

【木犀属 *Osmanthus*】约30余种，产东南亚和北美；中国约23种。

(1304) **桂　花**（木犀）

Osmanthus fragrans（Thunb.）Lour.

〔Sweet Osmanthus〕

图 859　桂　花

常绿小乔木，高达 12m；树皮灰色，不裂。单叶对生，长椭圆形，长 5～12cm，两端尖，缘具疏齿或近全缘，硬革质；叶腋具 2～3 叠生芽。花小，淡黄色，浓香；成腋生或顶生聚伞花序。核果卵球形，蓝紫色。花期 9～10 月；果期翌年 3～5 月。

原产我国西南部，现各地广为栽培。喜光，也耐半荫，喜温暖气候，不耐寒，淮河以南可露地栽培；对土壤要求不严，但以排水良好、富合腐殖质的沙质壤土为最好。压条、扦插嫁接（砧木可用小叶女贞）或播种繁殖。华北常盆栽，冬季入室内防寒。花期正值中秋，香飘数里，为人喜爱，是优良的庭园观赏树。是杭州、苏州、桂林、合肥等城市的市花。花可作香料及药用。

因花色、花期不同，可分为以下几个栽培品种（群）：

①**丹桂‘Aurantiacus’** 花橘红色或橙黄色，香味差，发芽较迟。有早花、晚花、圆叶、狭叶、硬叶等品种。

②**金桂‘Thunbergii’** 花黄色至深黄色，香气最浓，经济价值高。有早花、晚花、圆瓣、大花、卷叶、亮叶、齿叶等品种。

③**银桂‘Latifolius’**（‘Odoratus’，*O. asiaticus* Nakai） 花近白色或黄白色，香味较金桂淡；叶较宽大。有早花、晚花、柳叶等品种。

④**四季桂‘Semperflorens’** 花黄白色，5～9 月陆续开放，但仍以秋季开花较盛。其中有子房发育正常能结实的‘月月桂’等品种。

(1305) **柊树**

Osmanthus heterophyllus（G. Don）P. S. Green〔Holly Osmanthus〕

常绿灌木或小乔木，高达 6m。叶对生，硬革质，卵状椭圆形，长 3～6cm，缘常有 3～5 对大刺齿，偶为全缘。花白色，甜香，簇生叶腋。核果蓝色。10（—12）月开花；翌年 5～6 月果熟。

图 860　柊树

原产日本及我国台湾。枝叶密生，稍耐寒，生长慢。常于庭园栽培观赏。

有**金边**‘Aureo-marginatus’、**银边**‘Argenteo-marginatus’、**金斑**‘Aureus’、**银斑**‘Variegatus’、**紫叶**‘Purpureus’、**圆叶**‘Rotundifolius’(矮生，叶小而倒卵形，全缘）等品种。

〔附〕**齿叶桂 *O.* × *fortunei*** Carr. 是桂花和柊树之杂交种，叶形介于二者之间，叶缘每边有 5～10 个尖齿，叶脉明显；花白色，芳香，秋天开花。性强健，较耐寒，耐荫，耐烟尘；萌芽力强。宜植于庭园观赏。

【木犀榄属 ***Olea***】约 40 种，产东半球热带至温带；中国 12 种，引入栽培 1 种。

(1306) **油橄榄**（木犀榄，齐墩果）

Olea europaea L. 〔Common Olive〕

常绿小乔木，高达 10m。叶对生，披针形或长椭圆形，长 2～5cm，全缘，革质，表面灰绿色，背面密被银白色鳞片，给人以银灰色的外貌。花小，白色，芳香，花冠裂片长于筒部；成腋生圆锥花序。核果椭球形，长 2～2.5cm，形如橄榄。

原产欧洲南部地中海一带，是当地重要的木本油料树种。栽培历史悠久，品种甚多。我国有引种，多栽培于长江流域及其以南地区。喜光，喜温暖，喜土层深厚、排水良好的石灰质土壤，稍耐干旱，不耐水湿。果核可榨优质油，供食用或药用；果可加工食用。

图 861 油橄榄

(1307) **尖叶木犀榄**（锈鳞木犀榄）

Olea europaea L. ssp. ***cuspidata***（Wall.）Ciferri（*O. cuspidata* Wall.，*O. ferrugenea* Royle）

常绿灌木或小乔木；嫩枝具纵槽，密被锈色鳞片。叶对生，狭披针形，长 4～8cm，先端尖，全缘，边缘略反卷，表面深绿光亮，背面灰绿色，密生锈色鳞片。花白色，花冠裂片长于筒部；夏季开花。核果小，长 7～8mm。

产云南及四川西部；印度、巴基斯坦及阿富汗也有分布。枝叶细密，萌芽力强，耐修剪，宜造型，嫩叶淡黄色，颇为美观，是很好的园林绿化树种。华南常见栽培。

图 862 尖叶木犀榄

〔附〕**异株木犀榄**（云南木犀榄）***O. tsoongii***（Merr.）P. S. Green.（*O. yunnanensis* Hand.-Mazz.）常绿小乔木。叶对生，长椭圆形至倒披针形，长5～10cm，先端钝或尖，全缘或疏生浅齿，革质，无毛，也无鳞片。花杂性异株，黄白或红色，花冠裂片短于筒部。核果长 7～13mm。产亚洲南部，云南、四川西南部至华南有分布。枝叶茂密，可栽作庭荫树。

【流苏树属 *Chionanthus*】约 80 余种，产美洲、非洲、亚洲及大洋洲之热带和亚热带；中国 7 种。

(1308) **流苏树**

Chionanthus retusus Lindl. et Paxt. 〔Chinese Fringe-tree〕

落叶乔木，高达 6～20m；树干灰色，大枝树皮常纸状剥裂。单叶对生，卵形至倒卵状椭圆形，长

图 863 异株木犀榄

3～10cm，先端常钝圆或微凹，全缘或偶有小齿，背面中脉基部有毛，近革质，叶柄基部常带紫色。花单性异株，白色，花冠4裂片狭长，长1.5～3cm，筒部短；成宽圆锥花序；5月初开花。核果椭球形，蓝黑色；9月下旬果熟。

产我国黄河中下游及其以南地区；朝鲜、日本也有分布。喜光，耐寒；生长较慢。播种、扦插或嫁接（以白蜡属树种为砧木）繁殖。初夏开花，满树雪白，清丽可爱，宜植于园林绿地观赏。嫩叶可代茶。

图864 流苏树

【女贞属 *Ligustrum*】单叶对生，全缘。花小，白色，花萼、花冠各4裂，雄蕊2；顶生圆锥花序；核果。约50种，产东南亚及欧洲；中国约30种，引入栽培3种。

(1309) **女 贞**

Ligustrum lucidum Ait.

〔Glossy Privet〕

常绿乔木，高6～15m；小枝无毛。叶卵形至卵状长椭圆形，长6～12cm，先端尖，革质而有光泽，无毛，侧脉6～8对。花冠裂片与筒部等长；圆锥花序顶生，长10～20cm；6～7月开花。核果椭球形，蓝黑色；11～12月果熟。

图865 女 贞

产我国长江流域及其以南地区；朝鲜、日本也有分布。稍耐荫，喜温暖湿润气候，有一定耐寒性，北京在背风向阳处可露地栽培，抗多种有害气体，耐修剪。播种或扦插繁殖。常于庭园栽培观赏或作绿篱用。果、叶、树皮及根均入药；木材可作细木工料。**金斑女贞 'Aureo-variegatum'** 叶有黄斑。

变型**落叶女贞** f. ***latifolium*** (Cheng) Hsu 冬季落叶，产南京地区。

(1310) **日本女贞**

Ligustrum japonicum Thunb.

〔Japanese Privet〕

常绿灌木，高达3～6m；小枝幼时具短毛。叶革质，平展，卵形或卵状椭圆形，长4～8cm，先端短尖或稍钝，侧脉4～5对，不明显，中脉及叶缘常带红色。花冠裂片略短于筒部或近等长；圆锥花序长6～15cm。7～9月开花；11月果熟。

原产日本，我国有栽培。较喜阴湿环境，耐寒力较女贞强；生长慢。宜植于庭园观赏。常见栽培变种有：

①**圆叶日本女贞 'Rotundifolium'** 高达2m，

图866 日本女贞

枝密生；叶卵圆形或椭圆形，长 3～4cm，硬而厚，先端圆钝，叶缘反卷，表面暗绿而富光泽。生长慢。上海、青岛等地庭园有栽培，供观赏。

②**斑叶日本女贞‘Variegatum’** 叶披针形，具乳白色斑及边。

(1311) **小　蜡**（山指甲）

Ligustrum sinense Lour.

〔Chinese Privet〕

半常绿灌木或小乔木，高达 3～6m；小枝密生短柔毛。叶椭圆形或卵状椭圆形，长 3～5cm，背面中脉有毛。花白色，花冠裂片长于筒部，花药黄色，超出花冠裂片，显具花梗；圆锥花序，长 4～10cm。5～6 月开花；9～12 月果熟。

产长江以南各省区。较耐寒，北京小气候良好处可露地栽培；枝叶细密，耐修剪整形，生长慢。常于庭园栽作绿篱。栽培变种有：

①**红药小蜡‘Multiflorum’** 花药红色，红药衬以白色花冠，十分美丽。

②**斑叶小蜡‘Variegatum’** 叶灰绿色，边缘不规则乳白色或黄白色。

③**垂枝小蜡‘Pendulum’** 小枝下垂。

图 867　小　蜡

(1312) **小叶女贞**

Ligustrum quihoui Carr.

落叶或半常绿灌木，高达 2～3m；小枝幼时有毛。叶常倒卵状椭圆形，长 2.5～4cm，先端钝，基部楔形，无毛。花冠裂片与筒部等长，近无花梗；成细长圆锥花序，长 10～20cm。5～7(8)月开花；9～11 月果熟。

原产我国中部及西南部。喜光，较耐寒，北京可露地栽培；耐修剪。宜作绿篱材料。又可作嫁接桂花、丁香的砧木。品种**垂枝小叶女贞‘Pendulum’**小枝下垂。

图 868　小叶女贞

(1313) **水　蜡**（辽东水蜡）

Ligustrum obtusifolium Sieb. et Zucc. ssp. ***suave*** Kitag. 〔Border Privet〕

落叶灌木，高达 2～3m；小枝有柔毛。叶长椭圆形，长 3～6cm，至少背面有短柔毛。花冠筒较裂片长，花药伸出，与花冠裂片近等长，萼及花梗具柔毛；顶生圆锥花序，长 2～3.5cm，略下垂；6～7 月开花。核果黑色。

产辽宁、山东、江苏及浙江舟山群岛（正种产日本）。性较耐寒。枝叶密生，落叶晚，耐修

图 869　水　蜡

剪，是良好的绿篱材料。

(1314) **蜡子树**（尖叶女贞）

Ligustrum leucanthum （S. Moore） P. S. Green （*L. acutissima* Koehne， *L. molliculum* Hance）

落叶或半常绿灌木；高达 3m；小枝有短柔毛。叶长椭圆形至长椭圆状披针形，长 2.5～5cm，先端尖，基部广楔形或近圆形，表面微有毛，背面沿中脉有短柔毛。花冠筒长为裂片长之 2～3 倍，花药伸出一半，但不超过花冠裂片中部，花萼及花梗无毛或微有毛；总状圆锥花序，长 2～5cm。核果蓝黑色。花期 5～6 月；果熟期9～10 月。

产陕西南部、甘肃南部、河南至长江流域各省。喜温暖湿润，稍耐寒。可作园林绿化树种。

图 870 蜡子树

(1315) **卵叶女贞**

Ligustrum ovalifolium Hassk. 〔California Privet〕

半常绿灌木，树冠近球形，高达 2～3(5) m；枝叶无毛。叶椭圆状卵形，长 2.5～4(7) cm，表面暗绿而有光泽，背面淡绿色。花冠筒长为裂片长之 2～3 倍，花梗短；圆锥花序直立而多花，长 9～12cm。7 月开花；11～12 月果熟。

原产日本；中国有栽培。宜栽作绿篱材料。常见栽培变种有：

①**金边卵叶女贞** **'Aureo-marginatum'** （'Aureum'） 叶具宽的黄色或乳黄色边，更具观赏性，常植于庭园观赏。

②**银边卵叶女贞** **'Albo-marginatum'** 叶具白色或黄白色边。

③**斑叶卵叶女贞** **'Variegatum'** 叶具白色或淡黄色斑。

图 871 卵叶女贞

(1316) **欧洲女贞**

Ligustrum vulgare L. 〔Common Privet〕

落叶或半常绿灌木，高约 3m；小枝无毛或近无毛。叶卵状椭圆形至披针形，长达 7.5cm，无毛。花有梗，花冠筒与裂片近等长，雄蕊不超越花冠裂片，芳香；圆锥花序；5～6 月开花。核果球形，黑色。

原产欧洲地中海地区。当地多作园景树及绿篱栽培。耐寒性较强。

有**金叶** 'Aureum' (叶黄色或有宽窄不一的黄边)、**金斑** 'Aureo-variegatum'、**银斑** 'Argenteo-variegatum'、**矮生** 'Nanum'、**塔形** 'Pyramidale'、**白果** 'Leucocarpum'、**黄果**'Xanthocarpum'等品种。

(1317) **金叶女贞**

Ligustrum* × *vicaryi Rehd. 〔Hybrida Vicary Privet〕

落叶或半常绿灌木。叶卵状椭圆形，长3～7cm，嫩叶黄色，后渐变为黄绿色。花白色，芳香；总状花序；夏季开花。核果紫黑色。

是金边卵叶女贞与金叶欧洲女贞的杂交种。喜光，稍耐荫，较耐寒；耐修剪，对二氧化硫和氯气抗性较强。1984引入中国，近年各地栽培较普遍，赏其金黄色的嫩叶。但必须栽植于阳光充足处才能发挥其观叶的效果。

【白花连翘属 ***Abeliophyllum***】1种，产朝鲜；中国有栽培。

(1318) **白花连翘**（糯米条叶）

Abeliophyllum distichum Nakai 〔Winter Forsytia, Abelioleaf〕

落叶灌木，高达1.2m，树冠开展；小枝4棱形。单叶对生，卵形至卵状椭圆形，长2～5cm，全缘，有毛。花冠白色，径约1.5cm，4裂，裂片与筒部近等长，花子房2室，各具1胚珠；成腋生短总状花序。翅果扁，近圆形，径2～2.5cm。花期3～4月。果期7～8月。

原产朝鲜半岛；1984年引入我国，北京等地有栽培。喜光，喜肥沃而排水良好的土壤，耐寒。扦插繁殖。花洁白美丽，形似连翘，早春开花；宜栽于庭园观赏。有**红花**'Roseum'品种，北京植物园已有引种。

【茉莉属（素馨属）***Jasminum***】直立或攀援灌木；羽状复叶或单叶，对生，稀互生，全缘。花冠高脚碟状，4～9裂，雄蕊2；浆果。200～300种，产世界热带至温带地区；中国40余种，引入栽培约3种。

(1319) **茉　莉**（茉莉花）

Jasminum sambac (L.) Ait.

〔Arabian Jasmine〕

常绿灌木，高达1～3m；枝细长呈藤木状。单叶对生，卵圆形或椭圆形，长3～9cm，全缘，质薄而有光泽，两面无毛。花白色，重瓣，浓香，通常3朵成聚伞花序。5～10月开花，7月为盛花期。

原产印度及华南。喜温暖湿润气候及酸性土壤，不耐寒。扦插、分株或压条繁殖。华南常露地栽培，可植为花篱；长江流域及其以北地区通常盆栽观赏，于温室越冬，夏季移室外，需稍加遮荫。是著名的香花之一，花朵可熏茶或提炼香精。花、叶、根均可入药。

图872　茉　莉

(1320) **毛茉莉**

Jasminum multiflorum (Brum. f.) Andr.

(*J. pubescens* Willd.) 〔Star Jasmine〕

常绿蔓性灌木，全株密被淡黄褐色绒毛。单叶对生，卵形，长达5cm，基部圆形或心形。花冠白色，筒部长1～2cm，端6至多裂，裂片为筒部长之半，芳香；春夏秋三季开花。

原产印度及东南亚；世界各地广为栽培。我国各地温室时有栽培，供观赏。

〔附〕**扭肚藤** *J. elongatum*（Bergius）Willd.（*J. amplexicaule* Buch.-Ham.） 与毛茉莉相似，主要区别是：叶卵状披针形；花冠筒较细长，长 2～3cm。产亚洲南部及东南部至大洋洲北部；我国南部及西南部有分布，广州近郊常见野生。花白色，芳香，宜植于庭园观赏。

（1321）**红茉莉**（红素馨）

Jasminum beesianum Forrest et Diels〔Rosy Jasmine〕

常绿攀援灌木，茎细，长达 5m；小枝 4 棱形。单叶对生，卵形至椭圆状披针形，长 1.5～3.2cm，背面有柔毛。花较小，径 1～1.5cm，花冠常 6 裂，紫或粉红色，芳香；单生或 2～5 朵成聚伞花序；花期 3～6 月。浆果黑色，有光泽。

产云南、贵州西北部及四川。昆明等地庭园有栽培，供观赏。

（1322）**迎　春**（迎春花）

Jasminum nudiflorum Lindl.〔Winter Jasmine〕

落叶灌木，高达 2～3(5)m；小枝细长拱形，绿色，4 棱。三出复叶对生，小叶卵状椭圆形，长 1～3cm，表面有基部突起的短刺毛。花黄色，单生，花冠通常 6 裂；早春叶前开花。

产山东、河南、山西、陕西、甘肃、四川、贵州、云南等地。喜光，稍耐荫，颇耐寒（－15℃），北京可露地栽培。是早春开花的美丽花灌木，宜植于路缘，山坡、岸边及岩石园，也可栽作花篱或地被植物。

图 873　迎　春

图 874　云南黄馨

（1323）**云南黄馨**（南迎春）

Jasminum mesnyi Hance（*J. primulium* Hemsl.）〔Primrose Jasmine〕

半常绿灌木，高达 3～4.5m；枝绿色，细长拱形。三出复叶对生，叶面光滑。花黄色，较迎春花大，径 3.5～4cm，花冠 6 裂或成半重瓣，单生于具总苞状单叶之小枝端；3～4 月开花，花期延续很久。

原产我国云南、四川中西部及贵州中部；现国内外广为栽培。喜光，稍耐荫，不耐寒。扦插、分株或压条繁殖。我国南方园林中颇为常见，植于路缘，岸边、坡地及石隙均极优美。北方常温室盆栽观赏。

(1324) **探 春**（迎夏）

Jasminum floridum Bunge

〔Showy Jasmine〕

半常绿蔓性灌木，高达 1～3m；小枝绿色，光滑。羽状复叶互生，小叶 3(－5)，卵形或卵状椭圆形，长 1～3.5cm，先端渐尖，基部楔形，通常无毛，中脉在表面凹下，在背面隆起。花冠黄色，裂片 5，先端尖，花萼裂片与萼筒等长或稍长，无毛；3～5朵成顶生聚伞花序。花期 5～6 月；果期 9～10 月。

产华北南部至湖北、四川等地。耐寒性不如迎春，北京露地栽培冬季需稍加保护。各地庭园栽培或盆栽观赏。

亚种**黄素馨**（毛叶探春）ssp. ***giraldii*** (Diels) Miao (*J. giraldii* Diels) 〔Girald Jasmine〕 小枝有毛；小叶 3(5)，卵状长椭圆形，表面无毛或疏生柔毛，背面被白色长柔毛。花萼裂片较萼筒短，疏生柔毛；3～9 朵成聚伞状花序。产陕西、甘肃、四川、湖北等地，秦岭多野生。西安等地庭园有栽培，供观赏。

(1325) **浓香探春**（金茉莉）

Jasminum odoratissimum L.

〔Sweet Jasmine〕

常绿灌木，较粗壮。羽状复叶互生，小叶 5 (－7)，卵状椭圆形至长椭圆形，长 2～5cm，无毛，革质。花冠黄色，4～6 裂，萼齿三角形，长为萼筒之 1/3；成顶生聚伞花序；5～6 月开花。

原产大西洋玛德拉岛。我国华东一带庭园时见栽培观赏。

(1326) **小黄馨**（矮探春）

Jasminum humile L. 〔Italian Jasmine〕

常绿或半常绿灌木，高 1.2～2(3)m；枝多而散漫，常需扶持。羽状复叶互生，小叶(3)5～7，以 5 为多，长卵形至长椭圆状披针形，长 2～5cm，先端尖，顶端 1 枚具长柄，余者无柄，革质。花鲜黄色，芳香，萼齿三角形，长约为萼筒

图 875 探 春

图 876 浓香探春

图 877 小黄馨

之1/3，花冠裂片钝而外展，远比花冠筒短；2～6朵成顶生聚伞状花序；6～7(8)月开花。

原产亚洲热带，我国西南部及陕西南部有分布。为一美丽的观赏植物，广州、上海等城市有栽培。

图878 素方花

(1327) **素方花**

Jasminum officinale L.

〔Common White Jasmine〕

常绿藤木，茎细弱，绿色，4棱。羽状复叶对生，小叶通常5～7，卵状椭圆形至披针形，长1～3cm，无毛。花冠白色或外面带粉红色，径约2.5cm，花冠筒长5～16mm，裂片4～5，长约8mm，萼裂片线形，长3～8mm，芳香；2～10朵成顶生聚伞花序；花期5～9月。

产我国西南部及印度北部、伊朗等地。不耐寒。是攀援绿化的好材料。**斑叶素方花'Auro-variegatum'**叶有黄色斑块。

变型**大花素方花** f. *affine* (Royle ex Lindl.) Rehd. 花较大，花冠筒长达1.7cm，裂片长6～12mm，花冠外面及花芽紫红色。产我国四川、西藏及印度；欧美各国有栽培。

(1328) **素馨花**

Jasminum grandiflorum L. 〔Catalonian Jasmine, Spanish Jasmine〕

常绿藤木，茎较强健，长达5～12m。羽状复叶对生，小叶5～9，长3～8cm。花冠高脚碟状，白色，花冠筒长1.5～2.5cm，裂片长约1.5～2.5cm；2～9朵成聚伞花序，顶生或腋生，花序周边的花梗明显长于花序中央的花梗；花期8～10月。

原产阿拉伯半岛，世界各地广为栽培；我国西南部及华南有栽培，或已逸为野生。是重要芳香植物，多于庭园栽培观赏。

(1329) **多花素馨**

Jasminum polyanthum Franch.

〔Chinese Jasmine〕

常绿缠绕藤木，长3～6m；小枝圆柱形，无毛。羽状复叶对生，小叶5～7，卵状披针形至披针形，大小不等，长1.5～5cm，基部圆形至近心形，显著3主脉，仅背面脉腋有疏毛。花冠筒长约2cm，端5裂，裂片长约1cm，白色，有时外面带淡紫色，芳香，萼裂片锥形，长不足1mm；30～40朵成顶生或腋生复聚伞花序。浆果黑色。花期2～8月。

产我国云南、贵州西南部。喜光，不耐寒，喜湿润土壤，不耐干旱。白花繁多而美丽，宜植于庭园观赏。

图879 多花素馨

〔附〕**清香藤** ***J. lanceolarium*** Roxb. 常绿

蔓性灌木；小枝圆柱形，全体无毛。三出复叶对生，小叶卵形、椭圆形至披针形，长5～10cm，先端短尖，表面有光泽，背面有褐色斑点。花白色，芳香；复聚伞花序顶生或腋生。浆果椭球形，长约1cm。花期4～5月。产我国长江流域至华南及西南地区；越南、印度及缅甸也有分布。花美丽芳香，可植于庭园观赏。

【丁香属 *Syringa*】落叶灌木或小乔木；叶对生，单叶，全缘，罕羽状裂或羽状复叶。花多紫色或白色，花萼、花冠各4裂，雄蕊2；蒴果。约20种，产欧洲和亚洲；中国16种，引入栽培约3种。

(1330) **紫丁香**（丁香，华北紫丁香）

Syringa oblata Lindl.

〔Broadleaved Lilac, Early Lilac〕

高达4～5m；小枝较粗壮，无毛。单叶对生，广卵形，宽通常大于长，宽5～10cm，先端渐尖，基部近心形，全缘，两面无毛。花冠堇紫色，花筒细长，长1～1.2cm，裂片开展，花药着生于花冠筒中部或中上部；成密集圆锥花序。蒴果长卵形，顶端尖，光滑；种子有翅。花期4～5月；果期8～10月。

图880　紫丁香

产我国东北南部、华北、内蒙古、西北及四川；朝鲜也有分布。喜光，稍耐荫，耐寒，耐旱，忌低湿。是北方重要花木，春日开花，有色有香；植于草地、路缘及窗前都很合适。是哈尔滨、呼和浩特及西宁市的市花。花可提制芳香油。

主要变种和品种有：

①**白丁香'Alba'**　花白色；叶较小，背面微有柔毛，花枝上的叶常无毛。

②**紫萼丁香** var. ***giraldii*** Rehd.　花序轴及花萼紫蓝色，圆锥花序细长；叶端狭尖，背面常微有短柔毛。产东北、西北和湖北。

③**湖北紫丁香** var. ***hupehensis*** Pamp.　叶卵形，基部楔形；花紫色。产湖北西部和北部、河南西南部和甘肃东南部。是丁香育种的好材料。

④**朝鲜丁香** var. ***dilatata*** Rehd.（*S. dilatata* Nakai）　高1～3m，多分枝。叶卵形，长达12cm，先端长渐尖，基部通常截形，无毛。花冠筒细长，长1.2～1.5cm，裂片较大，椭圆形；花序松散，长达15cm。产朝鲜及我国辽宁千山至凤凰山。花大而美丽芳香，宜植于庭园观赏。

(1331) **欧洲丁香**（洋丁香）

Syringa vulgaris L.　〔Common Lilac〕

外形与紫丁香相似，主要区别点是：叶之长大于宽，基部多为广楔形至截形，质较厚，秋天叶仍为绿色；花蓝紫色，裂片宽，花药着生于花冠筒喉部稍下；花期5月，比紫丁香稍晚。

图881　欧洲丁香

图 882 波斯丁香

原产欧洲中部至东南部，是最普通的庭园观赏花木。我国北京、哈尔滨、青岛、上海等城市有栽培。喜阳光充足和湿润而排水良好的肥沃土壤，耐寒，不耐热，适合气候冷凉地区栽培。

园艺品种很多，常见有**白花**‘Alba’、**蓝花**‘Coerulea’、**紫花**‘Purpurea’、**堇紫**‘Violacea’、**红花**‘Rubra’、**重瓣**‘Plena’、**白花重瓣**(‘佛手’)‘Albo-plena’等。近年北京植物园已育出‘紫云’、‘紫罗兰’、‘香云’、‘春阁’、‘长筒白’和‘晚花紫’等优良品种。

(1332) **波斯丁香**

Syringa* × *persica L. 〔Persian Lilac〕

高达 2m；小枝细而无毛。叶披针形或卵状披针形，长 2～4cm，全缘，偶有 3 裂或羽裂，叶柄具狭翅。花蓝紫色，花冠筒细，长约 1cm，有香气；成疏散之圆锥花序；花期 5 月。

我国甘肃、四川、西藏及伊朗、印度有分布。在亚洲久经栽培，17 世纪初引入欧洲。我国北部常植于庭园观赏。有学者认为是裂叶丁香与另一种丁香的杂交种。有**白花**‘Alba’、**红花**‘Rubra’、**粉红花**‘Rosea’等品种。

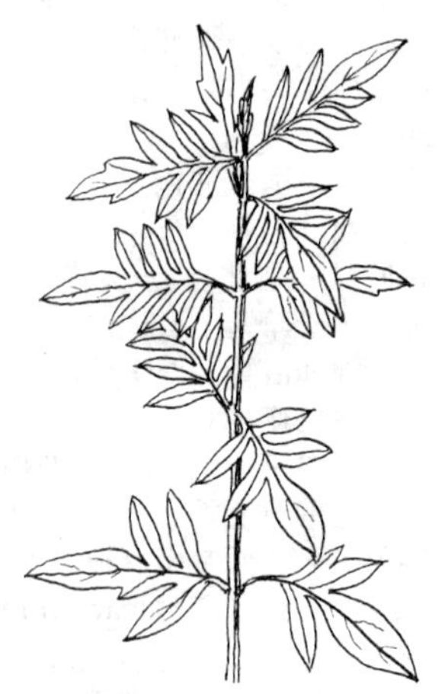
图 883 裂叶丁香

(1333) **华丁香**(甘肃丁香)

Syringa buxifolia Nakai

(*S. protolaciniana* P. S. Green et M. C. Chang)

高达 2～2.5m；枝细长，无毛。叶大部或全部羽状深裂，长 1～4cm。花淡紫色，有香气；花序侧生，长 2～10cm，在枝条上部呈圆锥花序状；花期 4～5 月。蒴果长卵形，长 1～1.5cm。

产甘肃东南部、青海东部和内蒙古贺兰山，生于海拔 800～1200 山坡林下。枝叶秀丽，花多而美丽，宜植于庭园观赏。北方地区园林绿地有栽培。

〔附〕**裂叶丁香 *S. laciniata*** Mill. (*S. persica* var. *laciniata* West.)〔Cut-leaf Lilac〕 与华丁香很相似，叶大部或全部羽状深裂，但其花粉粒大部分为不育，可能是华丁香与欧洲丁香的杂交种。

(1334) **羽叶丁香**

Syringa pinnatifolia Hemsl.

高达 3～4m。羽状复叶对生，小叶 7～11，卵形至卵状披针形，长 0.5～3cm，无柄。花白色带淡紫晕；圆锥花序侧生，长 2～6.5cm；4～5 月开花。

产内蒙古西部、陕西南部、甘肃、宁夏、四川西部。为丁香属中的珍稀种类，北京植物园有引种栽培。

(1335) **什锦丁香**

Syringa* × *chinensis Schmidt ex Willd. 〔Chinese Lilac〕

高达 3m；枝细长拱形，无毛。叶卵状披针形，长 5～7cm，先端锐尖，基部楔形，光滑无毛。花淡紫红色，芳香；圆锥花序大而疏散，略下垂，长 8～15cm；花期 5 月。

本种是 1777 年在法国 Rouen 植物园用欧洲丁香与波斯丁香杂交育成。开花茂盛，是园景及花篱的好材料。有**白花**'Alba'、**淡玫瑰紫**'Metensis'、**红花**'Sangeana'('Rubra')、**重瓣**'Duplex'、**矮生**'Nana' 等品种。

(1336) **巧玲花**（毛叶丁香）

Syringa pubescens Turcz. 〔Hairy Lilac〕

高达 2～4m；小枝细，稍 4 棱形，无毛。叶卵状椭圆形至菱状卵形，长 3～7cm，基部广楔形，侧脉 3～5 对，叶缘及背面至少脉上有硬毛。花淡紫白色，花冠筒细长，长 1～1.5cm，花药在花冠筒中上部，芳香；圆锥花序较紧密，长 7～12cm；花序轴、花梗、花萼无毛。花期 4～5(6)月；果期 8～9 月。

产吉林、辽宁、华北至西北地区，北京山地有野生。花盛开时芳香美丽，为一良好的庭园观赏花木。

图 884 巧玲花

图 885 小叶丁香

(1337) **小叶丁香**（小叶巧玲花，四季丁香）

Syringa pubescens* ssp. *microphylla (Diels) M. C. Chang et X. L. Chen (*S. microphylla* Diels) 〔Little-leaf Lilac〕

高 1.5～2m；小枝无棱，幼时多少具毛。叶卵圆形，长 1～4cm，先端尖或渐尖，幼时两面有毛，老叶仅背脉有毛或近无毛。花淡紫或粉红色，较细小，长约 1cm，花药距口部 3mm，芳香；圆锥花序较松散，长 3～7cm；花序轴及花梗紫色，有柔毛。蒴果有瘤状突起。花期 4～5 月及 9 月。

产我国北部及中西部。一年中常能春秋两次开花，是美丽的观花灌木，各地庭园时见栽培观赏。国外的优良品种 **'Superba'**（'华丽'），花玫瑰粉红色，很香，花多；5月开花，能间断地开到10月。

(1338) **关东丁香**（关东巧玲花）

Syringa pubescens ssp. ***patula*** (Palib.) M. C. Chang et X. L. Chen (*S. patula* Nakai, *S. velutina* Kom.)

高3～4m；小枝细长，4棱形，有短柔毛。叶卵形至卵状椭圆形，长3～7(10)cm，先端常斜尾尖，表面常有短柔毛，背面密被短柔毛或至少中脉及脉腋有毛，嫩叶淡紫色。花白色带淡紫色，花冠筒细长，略呈漏斗状，长8～12mm，裂片稍开张，尖端兜状；花药距口部约1mm；圆锥花序长6～20cm；花序轴、花梗及花萼稍有毛。花期5～6月；果期8～10月。

产东北长白山、辽宁及河北；朝鲜也有分布。东北地区园林中有栽培。

(1339) **蓝丁香**

Syringa meyeri Schneid.

高达1m；幼枝带紫色，有柔毛。叶椭圆状卵形，长2～5cm，基部广楔形，表面光滑，背面基部脉上有毛，侧脉2～3对；叶柄带紫色。花暗蓝紫色，花冠筒细长，长1.2～1.5cm，裂片稍开展，先端向内勾；圆锥花序花密集，长3～8cm；花期4～5月。蒴果具瘤状突起。

产太行山脉南端、山西南部和河南北部；我国北方园林中常见栽培观赏。可用小叶女贞作砧木嫁接繁殖，或用北京丁香为砧木高接成小乔木状。宜作基础种植或花境栽植。品种**白花蓝丁香'Alba'** 花白色。

变种**小叶蓝丁香** var. ***spontanea*** M. C. Chang 叶近圆形或广卵形，长1～2cm，近掌状5出脉；花紫色，花管筒长5～8mm，花序松散；花期5月。产辽宁金县和尚山，生于海拔约500m的山坡石缝中。可作盆景栽培。

图886 小叶蓝丁香

(1340) **辽东丁香**

Syringa wolfii Schneid. 〔Wolf's Lilac〕

高达3～5m；小枝光滑。叶较大，椭圆形至卵状长椭圆形，长10～15cm，叶缘及背面有毛，网脉下凹，叶面较皱。花冠蓝紫色，长1.5～1.8cm，花冠筒中部以上渐宽，裂片稍开展，端尖向内勾曲，花药在花冠筒口部1～2mm以下；圆锥花序大而松散，长12～30cm，由顶芽发出，直立。花期5～6月；果期8～9月。

主产我国东北和朝鲜，华北也有分布。喜半荫及湿润环境，耐寒力强。常植于庭园观赏。

〔附〕**匈牙利丁香** ***S. josikaea*** Jacq. f. 与辽东丁香很相似，主要区别是花药位于花冠筒喉部3～4mm以下。原产欧洲客尔巴阡山及阿尔卑斯山地区。我国20世纪50年代引入栽培。需肥沃土壤，才能开花繁密；宜植于庭园观赏。也是杂交育种的优良亲本材料之一。

(1341) **红丁香**(长毛丁香)

Syringa villosa Vahl 〔Late Lilac〕

图 887 红丁香

高达 3～5m;小枝粗壮,有疣状突起。叶较大,椭圆形,长 6～18cm,先端尖,基部楔形或广楔形,表面暗绿色,较皱,背面有白粉,沿中脉有柔毛。花紫红色至近白色,花冠筒近圆柱形,长约 1.2cm,裂片开展且端钝,花药在筒口部;圆锥花序紧密,发自顶芽,直立,长 8～30cm,花序轴基部有 1～2 对小叶。花期 5～6 月;果期 9 月。

产辽宁、华北及西北地区,生于高山灌丛中。耐寒性较强。北京园林中有栽培,供观赏。

(1342) **四川丁香**

Syringa sweginzowii Koehne et Lingelsh.

高达 3～5m;小枝紫褐色,无毛。叶长椭圆形至卵形,长 3～6(8)cm,先端常突尖,基部广楔形至圆形,表面暗绿色,背面淡绿色。花堇色或淡红色,花冠筒近圆柱形,长 8～10mm,裂片开展,先端向内勾,花药位于花管喉部以下,芳香;花序发自顶芽,长 9～20cm,花序轴基部常有 1 对小叶或无;6 月开花。

产我国四川、甘肃及陕西。花芳香美丽,宜植于庭园观赏。是丁香育种的优良亲本之一。

(1343) **西蜀丁香**

Syringa komarovii Schneid.

高达 4～6m。叶大,卵状长椭圆形至长椭圆状披针形,长 8～20cm,先端渐尖,基部楔形,表面无毛,背面有柔毛。花冠漏斗状,外面紫红、红或淡紫色,里面近白色,裂片稍开展;圆锥花序发自顶芽,圆筒形,长 12～20cm,下垂。蒴果熟时反折。花期 5～6 月。果期 7～10 月。

产四川西部、甘肃南部、陕西南部和云南;北京、沈阳等地有栽培。

变种**垂丝丁香** var. ***reflexa*** Jien ex M. C. Chang (*S. reflexa* Schneid.) 与西蜀丁香很相似,但花冠外面粉红色,花冠筒较细,裂片成直角开展;花序略下垂。花期 4～5 月。产湖北西部、四川东部山地。花美丽,宜于庭园栽培观赏。是丁香的优良育种亲本之一。

(1344) **云南丁香**

Syringa yunnanensis Franch. 〔Yunnan Lilac〕

高 2～3(5)m;幼枝红褐色,白色皮孔明显。叶椭圆形至倒卵形,长 2～8cm,先端尖,基部广楔形,两面无毛,背面苍白色。花冠漏斗状,淡紫至粉红色或近白色,特香;圆锥花序由顶芽抽出,直立,花序轴和花梗均紫色。花期 5～6 月;果期 9 月。

产云南西北部、四川西南部及西藏东南部。花芳香,可植于园林观赏,也是很好的育种材料。欧美各国有栽培。

(1345) **暴马丁香**(暴马子)

Syringa reticulata ssp. ***amurensis*** (Rupr.) P. S. Green et M. C. Chang (*S. amurensis* Rupr., *S. r.* var. *mandshurica* Hara)〔Amur Lilac〕

落叶小乔木,高达 8m;枝上皮孔显著,小枝较细。叶卵圆形,长 5~10cm,基部近圆形或亚心形,叶面网脉明显凹陷,而在背面显著隆起,背面通常无毛,叶柄较粗,长 1~2cm。花白色,花冠筒甚短,雄蕊长为花冠裂片之 1.5 倍,或略长于裂片;圆锥花序大而疏散,长 12~18cm;5 月底至 6 月开花。蒴果长 1~1.3cm,先端通常钝。

产我国东北及内蒙古南部;朝鲜及俄罗斯远东地区也有分布。花有异香,常植于庭园观赏。

正种**日本丁香** ***S. reticulata*** (Bl.) Hara 枝皮剥落;叶片较大,长达12~15cm,叶背有毛;花白色,花药黄色,花序长达 30cm。产日本和朝鲜。

图 888 暴马丁香

图 889 北京丁香

(1346) **北京丁香**

Syringa reticulata ssp. ***pekinensis*** (Rupr.) P. S. Green et M. C. Chang (*S. pekinensis* Rupr.)〔Peking Lilac〕

与暴马丁香很相似,主要区别是:叶卵形至卵状披针形,基部广楔形,两面光滑无毛,侧脉在表面平,在背面不隆起或略隆起,叶柄细,长 1.5~3cm;花黄白色,雄蕊比花冠裂片短或等长,有女贞花的香气;蒴果长 1.5~2.5cm,先端尖。

产我国北部地区。黄河流域多植于园林绿地供观赏。

有**垂枝** 'Pendula' 品种。北京近年发现有黄花的 **'北京黄'** 丁香 **'Beijinghuang'**,花明显黄色或淡黄色。

【连翘属 *Forsythia*】 落叶灌木;枝中空或有片状髓。单叶对生,很少 3 裂或 3 小叶状。花冠钟状,4 深裂,黄色,雄蕊 2;蒴果 2 裂,种子有翅。11 种,主产东亚,地中海地区 1 种;中国 6 种。

(1347) **连　翘**(黄绶带)

Forsythia suspense(Thunb.)Vahl〔Golden Bells, Weeping Forsythia〕

落叶灌木，高达3m；枝细长并开展呈拱形，节间中空，节部有隔板，皮孔多而显著。单叶，卵形或卵状椭圆形，长3～10cm，缘有齿，有少数的叶3裂或裂成3小叶状。花亮黄色，雄蕊常短于雌蕊；花单生或簇生。3～4月叶前开花；8～9月果熟。

主产我国长江以北地区。喜光，耐寒，耐干旱。春季开花，满枝金黄，甚美观，是华北习见的观赏花木。果实可入药。

有**金叶**'Aurea'、**黄斑叶**'Variegata'等品种。

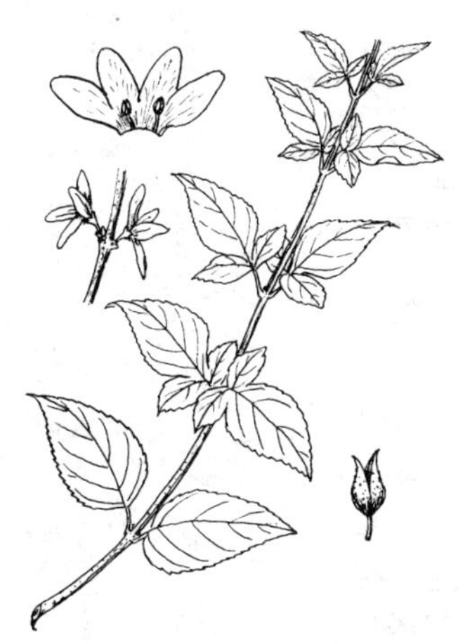

图890　连　翘

图891　金钟花

(1348) **金钟花**

Forsythia viridissima Lindl.

〔Greenstem Forsythia〕

落叶灌木，高1.5～3m；枝直立性较强，绿色，枝髓片状，节部纵剖面无隔板。叶长椭圆形，长5～10cm，全为单叶，不裂，基部楔形，中下部全缘，中部或中上部最宽，表面深绿色。花金黄色，裂片较狭长。3～4月叶前开花；8～11月果熟。

主产我国长江流域。有一定的耐寒性，南北各地园林中常栽培观赏。

变种**朝鲜金钟花** var. ***koreana*** Rehd.(*F. koreana* Nakai) 枝开展拱形，枝髓片状而节部具隔板。叶长达12cm，较金钟花略宽，基部全缘，广楔形，中下部最宽。花较大而华美，深黄色，雄蕊长于雌蕊。原产朝鲜；我国东北地

图892　朝鲜金钟花

区一些城市有栽培，尤以辽宁为多。

(1349) **金钟连翘**（杂种连翘）

Forsythia* × *intermedia Zab. 〔Border Forsythia〕

是连翘与金钟花之杂交种，于1880年育成，性状介于两者之间。枝较直立，节间常具片状髓，节部实心。叶长椭圆形至卵状披针形，基部楔形，有时3深裂。开花时满树金黄色，十分美丽。在欧美园林中常见栽培，并有一些园艺品种，常见有：

①**密花连翘‘Spectabilis’** 花鲜黄而繁密，盛花时壮丽辉煌。

②**矮生连翘‘Arnold Dwarf’** 高仅50cm，匍地而生；北京植物园已引种。

(1350) **卵叶连翘**

Forsythia ovata Nakai 〔Korean Forsythia, Early Forsythia〕

落叶灌木，高约1.5m；枝开展，具片状髓。叶卵形至广卵形，长5～7cm，缘有齿或近全缘，无毛，背脉明显隆起；萌生枝上常为3小叶。花单生，黄色，花冠长1.5～2cm，花萼长为花冠筒之半；花期较早。

原产朝鲜；我国东北地区一些城市有栽培，供观赏。

四倍体连翘‘Tetragold’ 在荷兰育成，株形密集，花较大而花期早。

〔附〕**东北连翘 *F. mandshurica*** Uyeki 高达3m；枝髓片状。叶广卵形至椭圆形，长5～12cm，缘有锯齿，背面及叶柄有毛。花黄色（带绿），1～6朵腋生；4月开花。产我国辽宁沈丹铁路沿线山地；东北地区一些城市有栽培。

图893 卵叶连翘

【雪柳属 ***Fontanesia***】2种（或1种1亚种），地中海地区和中国各产1种。

(1351) **雪 柳**

Fontanesia fortunei Carr. (*F. phillyraeoides* Labill. ssp. *fortunei* Yaltirik)

落叶灌木，高达5m；枝细长直立，4棱形。单叶对生，披针形，长4～12cm，全缘，无毛。花小，花冠4裂几乎达基部，绿白色或微带红色，雄蕊2；圆锥花序顶生或腋生；5(－6)月开花。小坚果扁，周围有翅。

主产黄河流域至长江下游地区。喜光，稍耐荫，耐寒，喜肥沃而排水良好的土壤，适应性强，耐修剪。播种、扦插或压条繁殖。在我国北方地区可栽作绿篱或配植于林带外缘。嫩叶晒干可代茶。

图894 雪 柳

【白蜡属 ***Fraxinus***】羽状复叶对生；花两性、单性或杂性，雄蕊2，圆锥花序；果实顶端有长翅。约 60 余种，主产北温带；中国 20 余种，引入栽培 3 种。

(1352) **白　蜡**（白蜡树）

Fraxinus chinensis Roxb.

〔Chinese Ash〕

落叶乔木，高达 15m，树干较光滑；小枝节部和节间扁压状，冬芽灰色。小叶通常 7，卵状长椭圆形，长 3～10cm，先端尖，缘有钝齿，仅背脉有短柔毛。花单性异株，无花瓣；圆锥花序顶生或侧生于当年生枝上。翅果倒披针形。花期 4 月；果期 9 月。

图 895　白　蜡

我国东北南部、华北、西北经长江流域至华南北部均有分布。喜光，耐侧方庇荫，喜温暖，也耐寒，在钙质、中性、酸性土上均可生长，并耐轻盐碱，耐低温，也耐干旱，抗烟尘；深根性，萌蘖力强，生长较快，耐修剪。可栽作庭荫树、行道树及堤岸树。材质优良；枝叶可放养白蜡虫。

栽培变种**金叶白蜡‘Aurea’** 叶金黄色；河南、辽宁等地有栽培。

(1353) **大叶白蜡**（花曲柳）

Fraxinus rhynchophylla Hance

(*F. chinensis* var. *rhynchophylla* Hemsl.)

落叶乔木，高达 15～25m；树皮较光滑，褐灰色。小叶 5～7，多为 5，卵形至椭圆状倒卵形，长 5～15cm，顶生小叶常特大，锯齿疏而钝，叶轴之节部常被褐色毛。花无花冠；圆锥花序生于当年生枝上。

产东北及华北地区，北京颐和园有野生。可栽作庭荫树及行道树。

(1354) **湖北白蜡**（对节白蜡）

Fraxinus hupehensis Chu, Shang et Su

落叶乔木，高达 19m。复叶叶轴有窄翼，小叶 7～9(11)，革质，披针形至卵状披针形。花杂性，密集簇生成短聚伞花序。翅果匙状倒披针形。

是 1975 年发现的新种，仅分布于湖北；生于海拔 600m 以下的低山丘陵。易于攀枝造形，是很好的盆景制作材料。

〔附〕**尖果白蜡 *F. oxycarpa*** Willd.　高达 15m；小叶 7～9，披针形至长椭圆形，长 4～7cm，先端渐尖，基部楔形，缘有锐锯齿，仅背面中脉有短柔毛；翅果倒披针形，长 2.5～4cm，先端尖，基部狭楔形。原产南欧、伊朗和土耳其；华北有栽培。耐寒，耐旱，易成活。宜作园林绿化树种。

(1355) **新疆小叶白蜡**

Fraxinus sogdiana Bunge

(*F. angustifolia* Vahl ssp. *syriaca* Yaltirik)

落叶乔木，高 10～20m；芽黑褐色，外被糠秕状毛。羽状复叶对生或轮生，小叶 5～7(11)，卵状披针形至狭披针形，长达 7cm，背面密生细腺点；叶柄长 0.5～1.2cm。花杂性，无花萼和花瓣；聚伞圆锥花序生于去年生枝上。翅果倒披针形至长圆形，长约 3.7cm。

产新疆北部、西部至俄罗斯、土耳其一带。树形挺拔优美，耐干旱，在新疆已广泛用于园林绿化，常栽作行道树。

图 896 新疆小叶白蜡

图 897 小叶白蜡

(1356) **小叶白蜡**

Fraxinus bungeana DC.

落叶小乔木，常成灌木状，高 3～5m。小叶 5～7，形小，菱状卵形、卵圆形至倒卵形，长 2～4cm，两面无毛。花瓣线形，白色；圆锥花序顶生于当年生枝上。

产东北南部、华北至河南，多生于石灰岩山地阴坡。耐干旱瘠薄，喜钙质土。树皮入药，即中药“秦皮”。

(1357) **水曲柳**

Fraxinus mandshurica Rupr.

(*F. nigra* Marsh. ssp. *mandshurica* S. S. Sun) 〔Manchurian Ash〕

落叶乔木，高达 30m。小叶 9～13，近无柄，卵状长椭圆形，长 8～16cm，缘有钝锯齿，小叶柄基部密生褐色绒毛。花单性异株，无花被；圆锥花序侧生于去年生枝上。翅果常扭曲。

主产我国东北地区，是小兴安岭和长白山区主要树种之一；华北至西北地区也有分布。喜光，耐寒，喜生于湿润肥沃的缓山坡及山谷；生长较快，抗风力强。材质致密，坚固而有弹性，抗水湿，是珍贵用材树种之一。在东北一些城市也常栽作庭荫树及行道树。

图 898 水曲柳

(1358) **光蜡树**（台湾白蜡）

Fraxinus griffithii C. B. Clarke

(*F. formosana* Hayata)

常绿或半常绿乔木，高达 15m；裸芽。小叶

5～7(11)，卵形至长椭圆形，长 5～12cm，先端渐尖，基部广楔形或近圆形，全缘，表面无毛，绿色有光泽，背面绿白色，革质。花冠白色，长约 2mm；圆锥花序顶生于当年生枝上。翅果倒披针状匙形，长 2.5～3cm。花期 (4)5～7 月；果期 8～11 月。

产陕西南部、湖北、湖南至台湾、华南及西南地区；日本及东南亚也有分布。喜光，幼树耐荫，不耐寒。在暖地宜作园林绿化树种；盆栽后枝叶变细小，易于造型，是极好的盆景制作材料。

图 899 光蜡树

(1359) **苦枥木**

Fraxinus floribunda ssp. ***insularis*** (Hemsl.) S. S. Sun (*F. insularis* Hemsl.)

高达 30m；小枝细长，稍扁平，芽密被黑褐色绒毛。小叶 (3)5～7，长圆形至椭圆状披针形，长 6～10cm，先端渐尖至尾尖，基部偏斜，缘有浅锯齿，两面无毛，网脉明显。花冠白色，花梗细长，芳香；圆锥花序，长 20～30cm，分枝细长。翅果红色至褐色，长 2～4cm，无毛。花期4～5 月；果期 7～9 月。

产我国长江以南各地及台湾；日本也有分布。因分布广，形态变异较大。在南方可作用材及城乡绿化树种。

正种**多花白蜡** ***F. floribunda*** Wall. ex Roxb. 小叶 7～9，背面有毛，翅果被红色糠秕状毛。产亚洲南部，我国华南及西南有分布。

图 900 苦枥木

(1360) **洋白蜡** (宾州白蜡)

Fraxinus pennsylvanica Marsh.

〔Red Ash〕

落叶乔木，高达 20m，树皮纵裂；小枝有毛或无毛。小叶 7～9，卵状长椭圆形至披针形，长 8～14cm，缘有齿或近全缘，背面通常有短柔毛，有时仅中脉有毛或近无毛，小叶柄长 3～6mm。花单性异株，无花瓣，有花萼；圆锥花序生于去年生枝侧；叶前开花。果翅较狭，下延至果体中下部或近基部。

原产美国东部及中部。我国北方地区有引种栽培。喜光，耐寒，耐低湿，抗冬春干旱和盐碱力强，生长较快。本种枝叶茂密，叶色深绿而有光泽，但发叶迟而落叶早。北京多栽作行道树及防护林树种。

图 901 洋白蜡

有学者将枝叶少毛或无毛、叶较狭者定为变种 var. ***subintegerrima*** Fern.〔Green Ash〕。也有学者认为应并入正种。

〔附〕**小叶洋白蜡 *F. pennsylvanica* × *F. velutina*** 落叶乔木，树皮细纵裂。小叶 5～7，以 7 居多，卵状长椭圆形至披针形，长 5～10cm，背面通常无毛，或脉上有毛。花单性异株，无花瓣；花序生于去年生枝侧。是洋白蜡与绒毛白蜡的杂交种，叶形和大小变化较大。枝叶茂密，遮荫效果好，落叶期较洋白蜡晚。近年北京、天津等地多用作城市行道树，并常以“小叶白蜡”相称，应注意区分。

(1361) **美国白蜡**

Fraxinus americana L. 〔White Ash〕

落叶乔木，高达 25～40m；小枝无毛，冬芽褐色，叶痕上缘明显下凹。小叶 7～9，卵形至卵状披针形，长 8～15cm，全缘或端部略有齿，表面暗绿色，背面常无毛，而有乳头状突起；小叶柄长 5～15mm。花萼小而宿存，无花瓣；花序生于去年生枝侧，叶前开花。果翅顶生，不下延或稍下延。

原产北美。我国北方地区及新疆有引种栽培。宜作城市行道树及防护林树种。有秋叶紫红的品种‘**Autum Purple**’，北京植物已有引种。

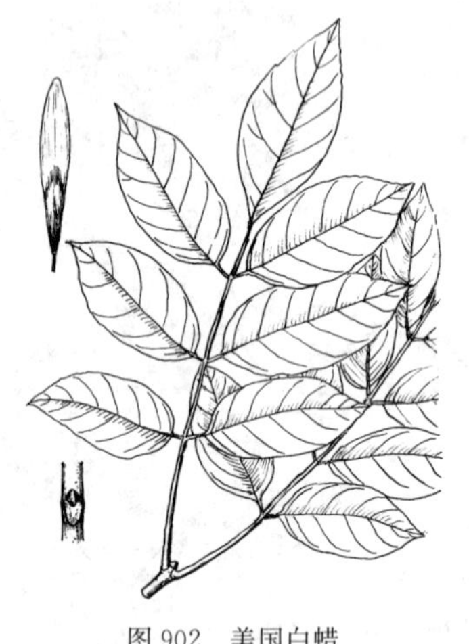

图 902 美国白蜡

图 903 绒毛白蜡

(1362) **绒毛白蜡**

Fraxinus velutina Torr.（*F. velutina* var. *toumeyi* Rehd.）〔Velvet Ash〕

落叶乔木，高达 8～15m；小枝有短柔毛或近无毛。小叶 3～5(7)，椭圆形至卵状披针形，长 3～5(8)cm，先端尖，中部以上略有齿，通常两面有毛，至少背面脉上有毛。花单性异株，花无瓣，萼宿存；圆锥花序具柔毛，发自去年生枝侧，叶前开花。翅果较小，长 1.5～2(3)cm，果翅较果体短，先端常凹。

原产美国西南部及墨西哥西北部。20 世纪初引入我国济南栽培，新中国成立后扩大栽培区，在天津一带栽培最为普遍。耐寒，耐干旱瘠薄，也耐低洼和盐碱地，对有害气体及病虫害抗性较强；落叶较晚，萌蘖性强，生长快。是优良的速生用材及城市绿化树种，常栽作行道树。本种已被定为天津市的市树。

(1363) **欧洲白蜡**

Fraxinus excelsior L. 〔European Ash〕

落叶乔木，高达30～40(45)m，树冠开展；小枝无毛，芽黑色或近黑色。小叶9～11(13)，卵状长椭圆形至卵状披针形，长5～11cm，仅背面中脉有长柔毛，无小叶柄。花杂性，无花被；圆锥花序生于去年生枝侧。翅果较宽，长2.5～4cm，先端钝、微凹或急尖。

原产欧洲及小亚细亚，我国新疆也有分布。北京有少量引种。要求湿润土壤，耐寒，抗风，生长较快，移栽易活。材质优良，秋叶黄色。

有**垂枝**'Pendula'(枝条下垂，有时可达地面，用高接繁殖)、**金枝**'Aurea'、**金垂枝**'Aurea Pendula'(小枝下垂，冬季黄色)、**塔形**'Spectabilis'、**矮生**'Nana'、**金叶**'Jaspidea'及**斑叶**'Aureo-variegata'(叶有黄斑和边)等品种。

121. 玄参科 Scrophulariaceae

【泡桐属 ***Paulownia***】落叶乔木；单叶对生。花大，花萼厚革质，花冠筒长，上部扩大成唇形5裂，二强雄蕊；顶生聚伞圆锥花序。蒴果2瓣裂；种子小而多，有翅。约10种，产亚洲东部；中国全有。

(1364) **泡　桐**(白花泡桐)

Paulownia fortunei (Seem.) Hemsl.

高达20～25m；小枝粗壮，中空，幼时被黄色星状绒毛，后渐光滑。单叶对生，心状长卵形，长15～25cm，全缘，基部心形，表面光滑，背面有绒毛。花冠漏斗状，喉部压扁，外面白色，里面淡黄色并有大小紫斑；成顶生狭圆锥花序；花蕾倒卵形，秋冬形成，次年春季叶前开花。蒴果木质，长椭球形，长6～10cm；7～8月果熟。

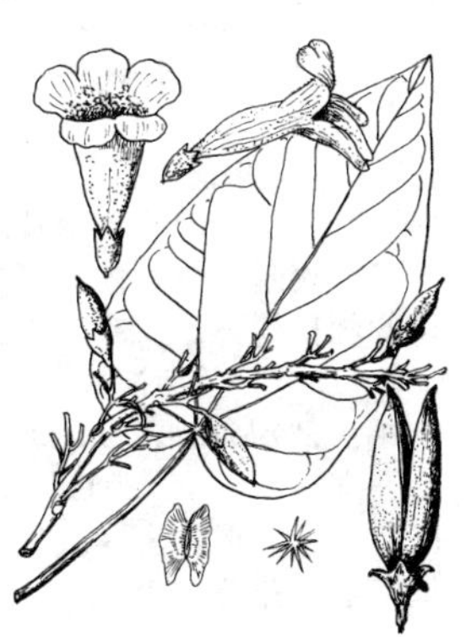

图904　泡　桐

主产长江流域及其以南地区。喜光，耐寒性不强；幼年生长极快。春天白花满树，夏日浓荫如盖，常作庭荫树及行道树。木材轻软，耐湿，不翘不裂；树皮及花可入药。

(1365) **毛泡桐**(紫花泡桐)

Paulownia tomentosa (Thunb.) Steud.

〔Princess Tree，Foxglove Tree〕

高达15～20m；幼枝、幼果密被黏腺毛，后渐光滑。叶广卵形至卵形，长12～30cm，基部心形，全缘，有时3浅裂，表面有柔毛及腺毛，背面密被具长柄的树枝状毛，幼叶有黏腺毛。花蕾圆球形，花萼裂过半，花鲜紫色，内有紫斑及黄条纹，花冠筒部常弯曲；圆锥花序宽大，明显有总梗；花期4、

图905　毛泡桐

5 月间。蒴果卵形，长 3～4cm；8～9 月果熟。

主产我国淮河流域至黄河流域；朝鲜、日本也有分布。喜光，较耐寒，耐盐碱；生长迅速。花鲜紫色，春天叶前开放，美丽而壮观，是城乡绿化及用材好树种，各地普遍栽培。

变种**小叶毛泡桐** var. ***lanata*** Schneid. 叶较小，卵形，长 9～14cm，有时 3 浅裂，背面密被黄色绒毛。花也较小，淡粉红色至紫罗兰色，内无深紫色斑点；花序狭。产浙江、湖北、广东至西南地区。

图 906 楸叶泡桐

(1366) **楸叶泡桐**

Paulownia catalpifolia Gong Tong

高达 20m，树冠圆锥形，常有明显的中心主干；枝叶较密。叶长卵形，长约为宽之 2 倍，先端长尖，基部圆形或心形，全缘，深绿色。花萼浅裂达 2/5～1/3，花冠细长，白色或淡紫色，筒内密布紫色小斑，长 7.5～9.5cm，冠幅 4～4.8cm；狭圆锥花序。蒴果纺锤形，长 4.5～5.5cm。

分布于河南伏牛山及淮河以北诸省，尤以鲁东、鲁中和豫西北丘陵地为多。喜光，较耐干旱气候及瘠薄土壤，也较耐寒。材质较好，枝叶茂密，是四旁绿化的优良树种。

图 907 兰考泡桐

(1367) **兰考泡桐**

Paulownia elongata S. Y. Hu

高达 10～15(20)m，树冠宽阔，较稀疏。叶广卵形或卵形，全缘或 3～5 浅裂，背面有灰色星状毛。花萼浅裂达 2/5～1/3，花冠较大，长 8～10cm，冠幅 4.5～5.5cm，淡紫色；狭圆锥花序，长 40～60(135)cm。蒴果卵形。花期 4～5 月；果期秋季（很少结果）。

主产豫东平原和鲁西南地区。喜光，喜温暖气候及疏松肥沃土壤，耐干旱瘠薄，不耐积水和盐碱；深根性，生长快。是北方平原及丘陵地区四旁绿化的好树种。

(1368) **川泡桐**

Paulownia fargesii Franch.

高达 20m；叶卵圆形，长 15～21cm，宽 12～15cm，先端尖，基部心形，全缘，背面有白毛。花萼裂达 1/2，花冠近白色，长 5.5～7.5cm，径 6～7cm，筒部外侧淡紫色，内部有暗紫红色斑点；组成圆锥花序的聚伞花序无总梗或总梗很短。花期 4～5；果期 8～9 月。

产我国西部至西南部地区，野生或栽培。

(1369) **华东泡桐**（台湾泡桐）

Paulownia kawakamii Ito

高达12m，主干低矮，树冠开展。叶广卵形至卵圆形，长15～30cm，常3～5浅裂，先端短尖，基部心形，两面均密被黏腺毛。花蕾小，长4～7mm；花萼深裂达1/2以上，花冠近钟形，长3.5～5cm，浅紫或蓝紫色，外被黏腺毛；宽圆锥花序，长40～100cm。蒴果卵圆形，长2.5～4cm，果皮薄，宿存萼反卷。花期4～5月；果期9～10月。

产我国台湾及长江以南地区。喜光，适应性强，生长快。因主干低矮，不适于作用材树种；但花繁色艳，可植于园林绿地观赏。

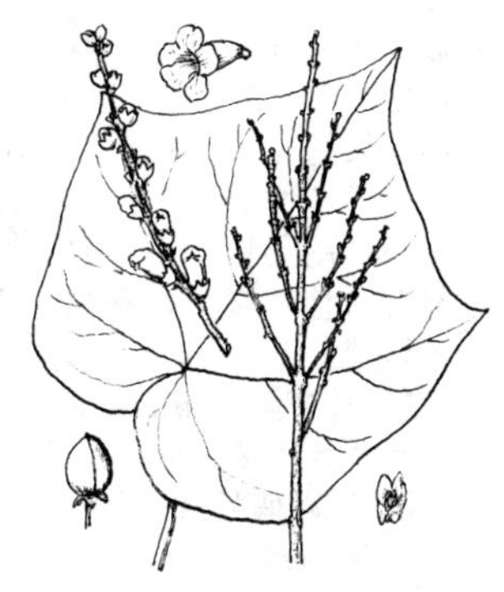

图908 华东泡桐

〔附〕**南方泡桐 *P. australis*** Gong Tong 高达23m。叶圆卵形，全缘或有浅波状角，先端锐尖，基部心形，背面被树枝状毛及粘腺毛。花萼浅裂，花冠长5～7cm，内有紫斑；聚伞花序具短总梗，组成宽圆锥花序，长达80cm。蒴果椭球形，果皮厚。产长江以南地区，可能是泡桐和华东泡桐的天然杂交种。

【炮仗竹属 ***Russelia***】约50种，产热带美洲；中国引入栽培1种。

(1370) **炮仗竹**

Russelia equisetiformis Schlecht. et Cham. 〔Coral Plant〕

常绿亚灌木，高达1.5m；茎轮状分枝，绿色，细长而拱形下垂，具4～12条纵棱。3～6叶轮生，卵形至椭圆形，长达1.5cm，有锯齿，早落；但大部叶退化为小鳞片。花冠长筒形，端部5裂，呈小喇叭形，长3～4cm，鲜红色；1～3朵聚生于枝上部。全年开花。

原产墨西哥。喜光，不耐寒。花红色美丽，我国各地温室常栽培观赏。

122. 爵床科 Acanthaceae

【单药花属 ***Aphelandra***】约80种，主产美洲热带。

(1371) **金脉单药花**

Aphelandra squarrosa Nees **'Dania'** 〔Zebra Plant〕

常绿亚灌木，高达1m；枝叶茂密。叶对生，卵状长椭圆形，长10～20(30)cm，先端尖，主脉及羽状侧脉淡黄色且较宽。顶生穗状花序，花由下至上渐次开放；苞片金黄色，花淡黄色。花期夏至秋季。

原产热带美洲，热带各地多有栽培；华南有引种。耐半荫，喜高温多湿气候，不耐寒。扦插繁殖。是美丽的观花赏叶植物，宜植于庭园或盆栽观赏。

另有**银脉单药花 *A. squarrosa* 'Louisae'**，叶脉近白色。

【金脉爵床属 ***Sanchezia***】约20种，产热带美洲；中国引入栽培1种。

(1372) **金脉爵床**

Sanchezia speciosa J. Léonard (*S. nobilis* Hook. f.)

常绿灌木，高达1.5m；多分枝，常为红色。叶对生，长椭圆形至倒卵形，长10～15(30)cm，先端突尖，基部狭并下延，缘有钝齿，深绿色，主脉及侧脉明显黄色或乳白色（较细），革质。穗状花序顶生，橙红色苞片显著，长达3.7cm；花冠管状二唇形，长约5cm，黄色，光滑，花萼红褐色。蒴果长圆形，种子6～8。夏季开花。

原产南美巴西，热带地区广为栽培；我国南部有引种。喜光，喜高温多湿环境。扦插或分株繁殖。花、叶艳丽，常温室盆栽观赏。

图909 假杜鹃

【假杜鹃属 ***Barleria***】约250种，产除大洋洲外的热带地区；中国4种。

(1373) **假杜鹃**

Barleria cristata L. 〔Philipine Violet〕

常绿亚灌木，多分枝，高达1.2m。叶对生，卵形至长椭圆形，长4～10cm，全缘，两面被细毛。花单生或数朵集生于枝条上部叶腋，近无柄，花冠漏斗状，长3.5～5(7)cm，二唇状5裂，径3～3.5cm，淡蓝色、淡紫红色或具白色条斑，二强雄蕊，小苞片线形；萼片2大2小。蒴果长圆形，长1.2～1.8cm。花期11月至翌年3月。

原产印度，热带地区多有野化；我国华南至西南地区有野生。喜生于疏林下湿润之处，常成片生长。喜光，耐半荫，喜暖热气候，不耐寒。扦插繁殖。花美丽，在华南常植于庭园观赏或作绿篱，北方常于温室盆栽观赏。

图910 喜花草

【喜花草属 ***Eranthemum***】约30种，产亚洲热带和亚热带；中国4种。

(1374) **喜花草**（可爱花）

Eranthemum pulchellum Andr.

（*E. nervosum* R. Br.）〔Blue Sage〕

常绿灌木，高1～1.5m；小枝4棱形。叶对生，椭圆形至卵形，长10～20cm，羽状侧脉弧形，先端长尖，基部渐狭并下延，缘有不显钝齿。穗状花序具覆瓦状绿色叶状苞片，苞片长1～1.5cm，具明显脉纹；花萼5深裂，近白色，花冠淡蓝色或近白色，高脚碟状，筒部细，长2.5～3cm，端5裂，裂片开展，发育雄蕊2。蒴果棒状，长1～1.6cm。花期冬春季。

产印度及我国云南；华南地区有栽培。喜半荫，喜温暖湿润气候，不耐寒。播种或扦插繁殖。花朵密集而清雅宜人，在暖地可植于庭园观赏，长江流域及其以北地区常盆栽观赏。

【驳骨草属 ***Gendarussa***】约3种，产东南亚；中国约2种。

(1375) **小驳骨**（驳骨丹）

Gendarussa vulgaris Nees（*Justicia gendarussa* Burm. f.）

常绿灌木，高约1m；嫩枝常紫色。叶对生，狭披针形，长6～10cm，先端渐尖，基部楔形，全缘。花冠二唇形，上唇稍2裂，下唇3浅裂，白色或粉红色，有紫斑，雄蕊2；穗状花序，花多而密。蒴果长约1.2cm，无毛。花期春季。

产亚洲热带地区；华南及云南有分布。扦插繁殖。我国南方多栽作绿篱。**银斑驳骨丹'Silvery Stripe'**叶灰绿，有白色斑纹；宜盆栽观赏。

〔附〕**大驳骨** *G. ventricosa*（Wall.）Nees（*J. ventricosa* Wall.） 与上种的主要区别是：叶倒卵状长椭圆形，长10～17cm；蒴果被柔毛。产华南及云南；越南、泰国及缅甸也有分布。在华南常栽作绿篱。

图911 小驳骨

【鸭嘴花属 ***Adhatoda***】5种，产东南亚及非洲；中国引入栽培1种。

(1376) **鸭嘴花**

Adhatoda vasica (L.) Nees

(*Justicia adhatoda* L.)

常绿灌木，高2～3m；茎节肿大，有环状托叶痕；嫩枝密生灰色毛。叶对生，卵状长椭圆形至披针形，长12～20cm，先端长渐尖，基部楔形，羽状弧脉明显，全缘，背面稍被柔毛；揉之有异味。穗状花序腋生，苞片大，覆瓦状；花冠二唇形，长2.5～3cm，白色或粉红色，下唇3深裂，有红色条纹，上唇明显内曲，2浅裂，雄蕊2。蒴果棒状，长约2cm。几乎全年开花，但以夏季为盛花期。

产亚洲热带（最早发现于印度）；华南地区有栽培或已野化。喜温暖湿润气候，不耐寒，较耐荫。扦插或播种繁殖。花美丽而奇特，花期长；在暖地可植于庭园观赏，长江流域及其以北地区通常于温室盆栽观赏。

图912 鸭嘴花

【麒麟吐珠属 ***Calliaspidia***】1种，产墨西哥；中国有栽培。

(1377) **虾衣花**（红虾花，麒麟吐珠）

Calliaspidia gutata Bremek.

(*Justicia brandegeana* Wassh. et L. B. Sm., *Drejerelia gutata*) 〔Shrimp Plant〕

常绿灌木，高约1m；茎较细弱，密被细毛。叶对生，卵形至长椭圆形，长3～7cm，全缘，先端短渐尖，基部渐狭成柄，有柔毛。穗状花序顶生，下垂，长达7.5cm，具覆瓦状棕红色至黄绿色之心形苞片；花冠二唇形，白色，下唇有紫红色斑。几乎全年开花，但以春、夏为盛。

图913 虾衣花

原产墨西哥。喜阳光充足和暖热气候，不耐寒。扦插繁殖。我国南部庭园和花圃常有栽培观赏，长江流域及其以北地区常于温室盆栽。

栽培变种**黄苞虾衣花**‘Yellow Queen’　花序之覆瓦状苞片黄色。

【珊瑚花属 *Cyrtanthera*】约 10 种，产热带美洲；中国有引入栽培。

(1378) **珊瑚花**

Cyrtanthera carnea (Lindl.) Bremek. (*Justicia carnea* Lindl., *Jacobinia carnea* Nichols.) 〔Brazilian Plume, Plume Flower〕

常绿亚灌木，高 1～1.8m；茎 4 棱形。叶对生，长圆状卵形，长 9～15(25) cm，先端尖，全缘或波状，叶脉显著，基部下延。穗状圆锥花序顶生，苞片显著；花冠细长二唇形，长约 5cm，紫红或粉红色，上唇先端略凹并略内曲，下唇反卷，端 3 裂，雄蕊 2。蒴果，种子 4。几乎全年开花，但以夏末至初秋为盛花期。

原产南美北部；热带地区多有栽培。扦插繁殖。花红色美丽，花序似一丛丛的珊瑚，是很好的观花植物。华南地区宜于庭园丛植或布置花坛，也常盆栽观赏。有**白花**‘Alba’品种。

【金苞花属 *Pachystachys*】约 12 种，产热带美洲；中国引入栽培 2 种。

(1379) **红珊瑚**

Pachystachys coccinea (Aubl.) Nees (*Jacobinia coccinea* Aubl.) 〔Cardinal's Guard〕

常绿灌木，高 1.5～2m。叶对生，卵形至卵状长椭圆形，长达 20cm，全缘，具短柄。穗状花序顶生，长达 12.5cm，下部的苞片排成 4 列，卵形，绿色，长达 2.5cm，先端尖；花冠弯管状二唇形，亮红色，长约 5cm，雄蕊 2。蒴果。花期春末至夏秋季。

原产南美北部，在西印度群岛已成为归化植物。扦插繁殖。花红艳悦目，花期长；我国常于温室盆栽观赏。

(1380) **金苞花**（金苞爵床，黄虾花）

Pachystachys lutea Nees 〔Golden Candles〕

常绿灌木，高约 1m；多分枝，无毛。叶对生，长卵形至广披针形，长达 12.5cm，全缘，先端尖，基部渐窄，亮绿色。穗状花序顶生，长约 10cm，直立；苞片心形，金黄色，长约 2.5cm，密集排成 4 行；花冠管状二唇形，白色，长约 5cm，伸出苞片外。花期春至秋季。

原产南美秘鲁；热带地区广泛栽培。扦插繁殖。穗状花序的金黄色苞片十分美丽而高雅，花期长达数月之久；我国常于温室盆栽观赏。

【山牵牛属 *Thunbergia*】约 100 种，产东半球热带；中国 6 种，引入栽培约 3 种。

(1381) **大花山牵牛**（大花老鸦嘴）

Thunbergia grandiflora Roxb. 〔Bengal Clock-vine, Blue Trumpet Vine〕

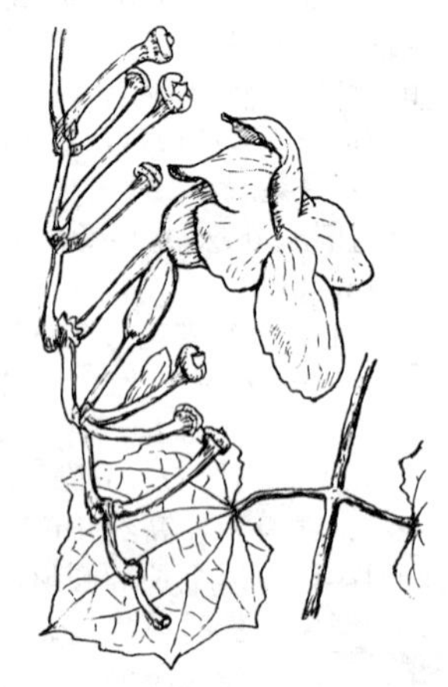

图 914　大花山牵牛

常绿大藤木，攀援性极强，全体被粗毛。叶对生，三角状卵圆形或心形，长达20cm，5～7浅裂，基部心形，具长柄。花大，淡蓝色，漏斗状，径9～16cm，稍二唇形5裂，雄蕊4；成下垂总状花序。蒴果具喙。几乎全年开花，夏至秋季为盛花期。

原产孟加拉；现广植于热带各地。喜光，喜暖热多湿气候及富含腐殖质的土壤。扦插或分株繁殖。花大而美丽，花期长，是暖地花架、棚廊的良好绿化观赏植物。有**白花**'Alba'、**斑叶**'Variegata'等品种。

(1382) **桂叶山牵牛**

Thunbergia laurifolia Lindl.

常绿大藤木，茎4棱；枝叶光滑无毛。叶对生，长椭圆形至长圆状披针形，长7～18cm，先端渐尖，基部广楔形，3出脉，全缘，罕有角状浅裂。花冠稍二唇状5裂，径6～7cm，裂片圆形，淡蓝色，喉部淡黄色；短总状花序。蒴果球形，径约1.5cm，端具长喙。花期春至秋季。

原产印度、中南半岛至马来西亚；华南及台湾有栽培。喜光，喜暖热多湿气候，耐干旱，不耐寒。茎枝蔓延力强，花美丽清雅，是暖地优良的攀缘绿化植物。

(1383) **直立山牵牛**（硬枝老鸦嘴，立鹤花）

Thunbergia erecta（Benth.）T. Anders.

〔Bush Clock-vine〕

常绿灌木，高达1～2m；小枝细，4棱形。叶对生，卵状长椭圆形，长3～7cm，缘有波状齿或不明显3裂。花单生叶腋，有2叶状苞片，花冠漏斗状，径约5cm，5裂片蓝紫色，喉部黄色，筒部浅黄白色，长达4～7cm，雄蕊4。夏至冬初开花。

原产热带西部非洲。喜光，耐半荫，喜暖热多湿气候，对土壤要求不严，耐干旱。扦插或分株繁殖。花美丽，花期长，常于庭园栽培观赏。有**白花**'Alba'品种。

图915 直立山牵牛

123. 紫葳科 Bignoniaceae

【梓树属 *Catalpa*】落叶乔木；单叶对生或3叶轮生。花冠钟状唇形，发育雄蕊2，不育雄蕊2或3。蒴果细长，2瓣裂；种子两端有白长毛。11种，产东亚和北美；中国6种，引入栽培2种。

(1384) **梓 树**

Catalpa ovata G. Don〔Chinese Catalpa〕

落叶乔木，高达15～20m。叶对生或3叶轮生，广卵形，长10～25cm，常3～5浅裂，基部心形，背面无毛，基部脉腋有4～6个紫斑。花淡黄色，内有紫斑及黄条纹；成顶生圆锥花序；5～6月开花。蒴果长22～30cm，径5～6mm，下垂。

原产中国，分布甚广，而以黄河中下游平原为中心产区。喜光，稍耐荫，喜肥沃湿润而排水良好的土壤，抗污染能力较强；根系较浅，生长较快。本种叶大荫浓，花也美丽，常栽作庭荫树及行道树，也常作工矿区及农村四旁绿化树种；又是速生用材树种。果供药用，有利尿之效。

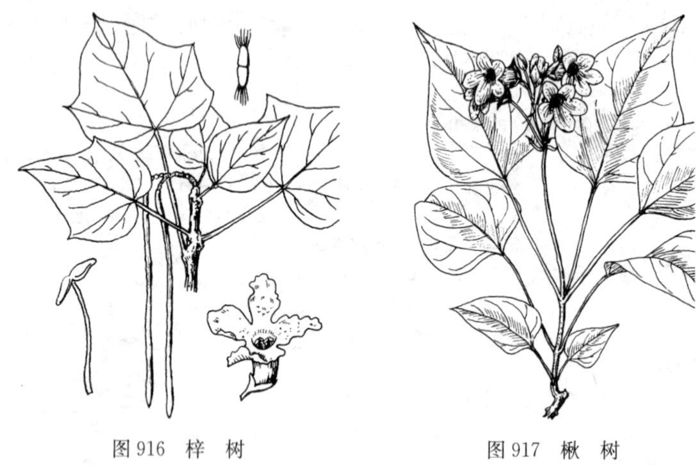

图 916 梓 树　　图 917 楸 树

(1385) **楸 树**

Catalpa bungei C. A. Mey. 〔Manchurian Catalpa〕

高达 20～30m；干皮纵裂，小枝无毛。叶对生或轮生，卵状三角形，长 6～15cm，叶缘近基部有侧裂或尖齿，叶背无毛，基部有 2 个紫斑。花冠白色，内有紫斑；顶生总状花序。蒴果细长，长 25～50cm，径约 5mm，下垂。花期 (4)5～6 月；果期 6～10 月。

主产黄河流域，长江流域也有分布。喜温和气候，不耐严寒，不耐干瘠和水湿，对有毒气体抗性较强。材质优良，树姿雄伟，干直荫浓，花大而美观，是优良的用材及绿化、观赏树种。树皮、叶及种子均可入药。

(1386) **灰 楸**

Catalpa fargesii Bur. 〔Farges Catalpa〕

高 18～25m；树皮深灰色，纵裂；小枝灰褐色，有分枝毛。叶对生或轮生，卵形，幼树之叶常 3 浅裂，长 8～16cm，背面密被淡黄色分枝软毛，后渐脱落；嫩叶青铜色。花粉红或淡紫色，喉部有红褐色斑点及黄色条纹；7～15 朵成聚伞状圆锥花序，有分枝毛。蒴果长 25～55(75)cm。花期 (3)4～5 月；果期 6～11 月。

华北、西北至华南、西南地区均有分布。是优良速生用材树种。

图 918 灰 楸

变型**滇楸**（光灰楸）f. *duclouxii*（Dode）Gilmour　高达25～30m，树皮片状开裂；小枝、叶和花序均无毛。叶较大，长12～20cm，三角状卵形至卵形。花淡紫色，有暗紫斑；3～4月开花。蒴果较长，可达60～70cm。产云南、贵州、四川、湖南、湖北等地。喜光，喜肥沃湿润土壤；生长较快，萌芽性强。树干端直，春日紫花满树，是优良的用材树及庭荫树、行道树种。

（1387）**黄金树**

Catalpa speciosa（Ward. ex Barney）Engelm.〔Western Catalpa〕

高达25～30m。叶通常为卵形，全缘（偶有3浅裂），长15～30cm，先端长渐尖，基部截形或圆形，背面有柔毛，基部脉腋有透明绿斑。花白色，内有淡紫斑及黄色条纹；10余朵成稀疏圆锥花序。蒴果较粗，径1～1.8cm，长20～45cm，下垂。花期5～6月；果期8～9月。

原产美国东部和中部。我国有栽培，生长不及梓树和楸树。可作庭荫树及行道树。在原产地为速生用材树种。

图919　黄金树

（1388）**美国梓树**（美国木豆树）

Catalpa bignonioides Walt.〔Common Catalpa，Indian Bean Tree〕

高达15～20m；树皮光滑，灰褐色，树冠开展。叶广心卵形，长15～25cm，先端突尖，有时具2小侧裂片，背面有毛，幼叶发紫，叶撕破后有臭味。花白色，径约5cm，喉部黄色，具紫斑，有香气；20～40朵成顶生圆锥花序，长20～30cm；花期6月中旬。蒴果长20～40cm，径6～8mm，下垂。

图920　美国梓树

原产美国东南部；我国沈阳、南京、合肥、安庆等地有引种栽培。适应性强，树势强健，要求排水良好的土壤；生长快。叶大荫浓，花香而美，是庭荫、观赏优良树种及速生用材树种。

有**金叶**‘Aurea’、**紫叶**‘Purpurea’、**矮生**‘Nana’等品种。

【炮弹果属 *Cresentia*】6种，产美洲热带及亚热带；中国引入栽培2种。

（1389）**十字架树**（叉叶树）

Crescentia alata HBK

（*Parmentiera alata* HBK）

常绿小乔木，高4～6m；树冠广展。三出

图921　十字架树

复叶对生或近对生，顶生小叶长椭圆状倒披针形，长5～8cm，侧生小叶较短小；总叶柄长6～10cm，两侧有宽翅；整体叶形似十字架，故而得名。花单生或簇生于小枝、老枝或树干上；花萼佛焰苞状，花冠钟状5裂，浅紫色，有紫褐色纹和褶皱，雄蕊4。果近球形，径5～7cm，绿色。花期5～6月；果期7～9月。

原产墨西哥至哥斯达黎加；广东、福建及云南等地有栽培。喜光，喜高温湿润气候，不耐干旱和寒冷。叶形奇特，花多而密，花期长久；是有较高观赏价值的园林绿化树种。

(1390) **炮弹果**（葫芦树）

Crescentia cujete L. 〔Calabash Tree〕

常绿乔木，高达10m。单叶簇生，长倒卵形至长椭圆形，长达25cm，先端渐尖，基部楔形。花冠管状钟形5裂，长2.5～5cm，白色或淡黄褐色，内侧紫色，二强雄蕊；花常生于老干上。蒴果大，近球形，径约30cm，黄绿色，果壳坚硬。

原产美洲热带及亚热带地区；广东、海南、云南有栽培。老茎生花，果实硕大；在暖地可栽作园林绿化及观赏树种。

【猫尾木属 ***Markhamia***】约10种，产东半球热带；中国2种2变种。

(1391) **猫尾木**（毛叶猫尾木）

Markhamia cauda-felina Craib (*Dolichandrone cauda-felina* Benth. et Hook. f., *M. stipulata* var. *kerrii* Sprag.)〔Cat-tail Tree〕

常绿乔木，高达15m。羽状复叶对生，小叶9～13，长椭圆形至卵形，长5～20cm，基部常歪斜，全缘，或中上部有细齿，两面密被平伏柔毛，总叶柄基部常有托叶状退化单叶。花冠漏斗状5裂，径10～15cm，基部暗紫色，上部黄色，发育雄蕊4，花萼一边开裂；顶生总状花序。蒴果下垂，长30～60cm，径3～4cm，密被绒毛，状如猫尾；种子两边有翅，长5.5～6.5cm。秋冬开花，翌年8～9月果熟。

图922 猫尾木

产广东及云南南部。喜光，稍耐荫，喜暖热湿润气候及深厚肥沃而排水良好的土壤；生长快。枝叶茂密，花大绚丽，果似猫尾。广州等地常植为庭园观赏树及行道树。

〔附〕**西南猫尾木** ***M. stipulata*** (Wall.) Seem. ex Schum. (*D. stipulata* Benth. et Hook. f.) 叶两面近无毛；花较小，筒部较细而红褐色，上部黄白色，径约10cm；果也较短小，长30～35cm，径1.5～2cm，种子连翅长3.5～5cm。产东南亚，我国云南南部和东南部、广西西部及海南有分布。

【火焰树属 ***Spathodea***】约20种，主产热带非洲和巴西，印度和澳大利亚有少量；中国引入栽培1种。

(1392) **火焰树**(火焰木)

Spathodea campanulata Beauv.

〔Flame-of-the-forest,
Africa Tulip Tree〕

图 923 火焰树

常绿乔木,高12～20m。羽状复叶对生,小叶9～19,卵状长椭圆形至卵状披针形,长6～13cm,叶脉在表面下凹,全缘,背面有柔毛。花萼佛焰苞状,革质,长约6cm,花冠阔钟状5裂,略二唇形,长达12.5cm,猩红至橙红色,雄蕊4;顶生伞房状总状花序;2～3月开花。蒴果长椭球形,两端尖,长约20cm,径约5cm,黑褐色。

原产热带非洲;我国广东、福建、台湾和云南有引种栽培。喜光,喜暖热气候及排水良好的土壤,很不耐寒;移栽易活。本种树冠开展,花大如火焰,盛开时挂满树冠,极为美丽,并有黄花类型。在热带和暖亚热带地区可栽作庭园观赏树和行道树。火焰树是加蓬的国花。

【吊瓜树属 ***Kigelia***】3～10种,产热带非洲和马达加斯加岛;中国引入栽培1种。

(1393) **吊瓜树**(羽叶垂花树)

Kigelia africana (Lam.) Benth.

(*K. pinnata* DC.) 〔Sausage Tree〕

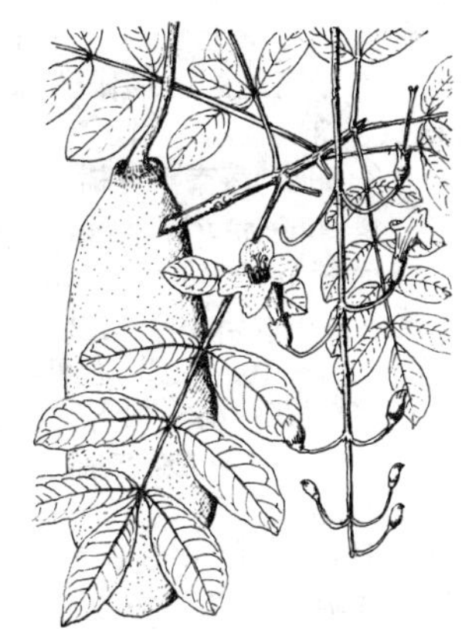

图 924 吊瓜树

常绿乔木,高达15m,树冠开展。羽状复叶对生或轮生,小叶7～9,椭圆状长圆形至倒卵状长椭圆形,长达12cm,全缘。花冠上部钟状二唇形,下部管状,紫红或褐红色,长达7.5cm,二强雄蕊;成松散下垂而具长柄的圆锥花序,长0.5～1m,生于老茎。果圆柱状长椭球形,长30～45cm,径12～15cm,灰绿色,有细长果柄,形似吊瓜。花期秋季至春季,夜晚开放,有异味。

原产西非热带。华南植物园1962年引自加纳,现已在华南一些城市推广栽培。喜光,喜暖热气候及富含腐殖质排水良好的土壤,很不耐寒。冠大荫浓,花果悬垂,颇为美观,是优良的行道树、庭荫兼观赏树。

【火烧花属 ***Mayodendron***】1种,产亚洲南部;中国有分布。

(1394) **火烧花**

Mayodendron igneum (Kurz) Kurz

(*Radermachera ignea* van Steenis)

落叶乔木,高达15m。二回羽状复叶对生,小叶卵形至卵状披针形,长6～11cm,先端长渐尖,基部偏斜,全缘,无毛。花橘红至橙黄色,花萼一边开裂成佛焰苞状，长约1cm，密被细柔毛，花冠筒状，长6～7cm，檐部裂片5，半圆形，雄蕊4；数朵成短总状花序顶生于短侧枝上。蒴果细长，长达45cm，径约7mm。花期2～5月；果期5～9月。

产我国华南、西南和台湾；缅甸、印度和中南半岛也有分布。花美丽，是先花后叶的春花树种，在暖地可栽作庭园观赏树和行道树。

图925 火烧花

【菜豆树属 ***Radermachera***】约16种，产亚洲热带；中国7种。

(1395) **菜豆树**

Radermachera sinica (Hance) Hemsl.

〔Asian Bell-tree〕

落叶乔木，高达12m；树皮深纵裂。二至三回奇数羽状复叶对生，小叶卵形至椭圆状披针形，长3～7cm，先端尖，全缘。花萼钟状5裂，花冠漏斗状5裂，长6～8cm，黄白色，二强雄蕊；顶生圆锥花序。蒴果细长，长达85cm，径约1cm；种子两侧有膜质翅。花期5(—9)月；果10～12月成熟。

产东南亚热带，我国两广及云南有分布，在次生阔叶林中常见。喜光，喜生于石灰岩山地，在酸性的红壤上也生长良好。树形美观，花色淡雅，在华南地区可栽作园林绿化树及行道树。木材供建筑、板料等用。

图926 菜豆树

(1396) **海南菜豆树**

Radermachera hainanensis Merr.

常绿乔木，高达20m。一至二回羽状复叶(或仅有小叶5片)对生，小叶卵形至卵状椭圆形，长4～10cm，先端渐尖，基部广楔形。花萼2～5裂，花冠漏斗状5裂，长3.5～5cm，淡黄至淡黄绿色；2～4朵成腋生短总状花序。蒴果长40～45cm，径约5mm。花期4～7月和11月至翌年1月；果期秋季及春季。

产海南、广东南部、广西西南部及云南南部。喜光，耐半荫，喜暖热湿润气候及肥沃湿润而排水良好的土壤，较耐干旱瘠薄土壤；生长快。树干通直，树姿优美，花色淡雅，蒴果细长下垂，引人注目；宜于暖地栽作园林风景树及行道树。

【蓝花楹属 ***Jacaranda***】约50种，产热带美洲；中国引入栽培2种。

(1397) **蓝花楹**（含羞草叶蓝花楹）

Jacaranda mimosifoia D. Don

〔Blue Haze Tree〕

图927 蓝花楹

落叶乔木，高达15m；树冠伞形。二回羽状复叶对生，羽片通常15对以上，每羽片有小叶10～24对，小叶长椭圆形，长约1cm，两端尖，全缘，略有毛。花冠二唇形5裂，蓝色，长约5cm，二强雄蕊；圆锥花序；花期春末至秋。蒴果木质，卵球形，径约5.5cm；种子小而有翅。

原产热带南美洲；华南有栽培。是一种美丽的观花树木，世界热带、暖亚热带地区广泛栽作行道树和庭荫树。

有**斑叶**'Vareigata'、**粉花**'Rosea'和**白花**'White Christmsa'等品种。

〔附〕**尖叶蓝花楹** ***J. cuspidifolia*** Mart. 落叶乔木，高达9m。二回羽状复叶具羽片8～10对，每羽片具小叶8～15对，小叶披针形，长约2.5cm，具凸尖头，无毛。花冠蓝紫色，长约4cm；春夏开花。蒴果长约7.5cm。原产巴西及阿根廷；广东、福建及云南有少量栽培。

【木蝴蝶属 ***Oroxylum***】1～2种，产南亚至东南亚；中国1种。

（1398）**木蝴蝶**（千张纸）

Oroxylum indicum（L.）Benth. ex Kurz

乔木，高达12m。叶大型，二至四回羽状复叶对生，长0.6～1.3m，小叶卵形，长5～12cm，全缘。花冠为一面膨的钟形，端5裂，淡紫色或橙红色，径达8.5cm，雄蕊5，花萼肉质；成顶生直立的总状聚伞花序，长0.4～1.5m。蒴果大，长而扁平，木质，长30～90cm；种子多数，薄而周围有膜质阔翅（故有"千张纸"之称）。

产我国西南部至南部地区；印度及东南亚也有分布。在华南可作城市绿化树种。种子入药。

图928 木蝴蝶

【掌叶紫葳属 ***Tabebuia***】约100种，产热带美洲；中国引入栽培2种。

（1399）**金花风铃木**（掌叶紫葳）

Tabebuia chrysantha（Jacq.）Nichols. 〔Golden Trumpet Tree〕

常绿乔木，高达6～15m。掌状复叶对生，小叶5(4)，披针形、长椭圆形至长倒卵形，长12～17cm，先端尖，全缘或有疏齿。花冠漏斗状5裂，稍二唇形，亮黄色，长达5.5cm，雄蕊4；成密集的头状花簇。蒴果细长，长达25cm。花期3月。

原产墨西哥至委内瑞拉；我国台湾及广州等地有栽培。喜光，喜高温，不耐寒。春季盛花时，满树金黄亮丽，颇为壮观。在暖地可作园林观赏树及行道树。

〔附〕**蔷薇风铃木** ***T. rosea***（Bertol.）DC. 〔Pink Trumpet Tree〕 常绿乔木；小叶5（3），长10～13cm，全缘。花冠钟状5裂，径6～7cm，裂片曲皱，玫瑰红至淡紫色或白色，中心鲜黄色。花期春末至夏初。原产热带美洲；华南有栽培。花大而美丽，花期长；宜植于庭园观赏。

【黄钟花属 ***Tecoma***】约10余种，产美洲；中国引入栽培1种。

(1400) **黄钟花**

Tecoma stans (L.) Juss. ex HBK

(*Stenolobium stans* Seem.) 〔Yellow Bells〕

常绿灌木或小乔木，高6～9m。羽状复叶对生，小叶5～13，披针形至卵状长椭圆形，长达10cm，有锯齿。花冠亮黄色，漏斗状钟形，长达5cm，端5裂，二强雄蕊，花萼5浅裂；顶生总状花序，花密集。蒴果细长，长达20cm；种子有2薄翅。花期冬末至夏季。

原产美国南部、中美至南美，热带地区广泛栽培；华南有引种。喜光，喜暖热气候，不耐寒。播种或扦插繁殖。花黄色亮丽，花期长，在暖地宜植于庭园观赏。

【硬骨凌霄属 ***Tecomaria***】2种，产非洲；中国引入栽培1种。

(1401) **硬骨凌霄**（南非凌霄）

Tecomaria capensis (Thunb.) Spach

(*Tecoma capensis* Lindl.) 〔Cape Honeysuckle〕

常绿半攀援性灌木，高达4.5m；羽状复叶对生，小叶5～9，广卵形，长1～2.5cm，有锯齿。花冠橙红色，长漏斗状，筒部稍弯，端部5裂，二唇形，雄蕊伸出筒外；顶生总状花序；6～9月开花。蒴果扁线形。

原产南非好望角。喜光，耐半荫，喜肥沃湿润土壤，耐干旱，不耐寒（最低温度5℃）；耐修剪。是美丽的观赏花木。华南有露地栽培，长江流域及北方城市多温室盆栽观赏。**黄花硬骨凌霄‘Aurea’**花黄色。

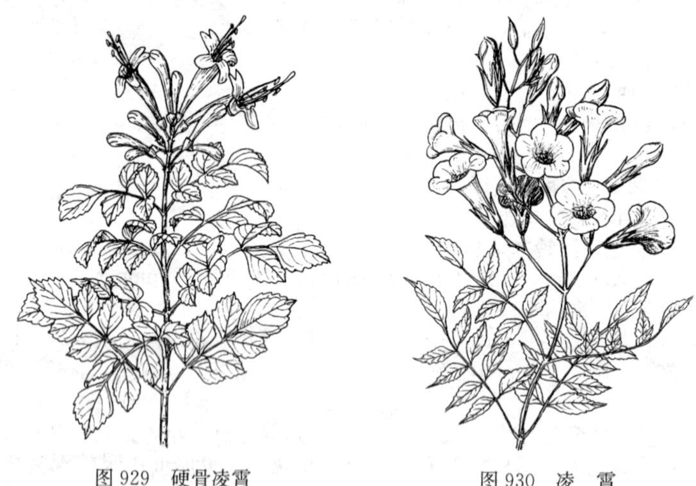

图929 硬骨凌霄　　图930 凌　霄

【凌霄属 ***Campsis***】2种，北美和东亚各产1种；中国1种，引入1种。

(1402) **凌　霄**（紫葳）

Campsis grandiflora (Thunb.) Schum. 〔Chinese Trumpet Vine〕

落叶藤木，长达9m，借气生根攀援。羽状复叶对生，小叶7～9，长卵形至卵状披针形，缘有粗齿，两面无毛。花冠唇状漏斗形，红色或橘红色；花萼绿色，5 裂至中部，有 5 条纵棱；顶生聚伞花序或圆锥花序；7～8 月开花。蒴果细长，先端钝。

主产我国中部，各地常有栽培；日本也有分布。喜光，颇耐寒。夏季开红花，鲜艳夺目，花期甚长；用以攀援墙垣、山石、枯树、棚架或花廊，均极优美。茎、叶、花均可入药。但花粉有毒，能伤眼睛，须加注意。

(1403) **美国凌霄**

Campsis radicans (L.) Seem. ex Bur. 〔Trumpet Vine〕

与凌霄相似，主要不同点是：小叶较多，9～13 枚，背面至少脉上有毛；花冠较小，橘黄或深红色；花萼棕红色，质地厚，无纵棱，裂得较浅（约1/3）；蒴果先端尖。

原产美国西南部。耐寒性比凌霄强。我国各地庭园常见栽培观赏，北京园林中栽培的绝大部分是此种。有**黄花**'Flava'品种，花鲜黄色。

〔附〕**杂种凌霄** ***C.* × *tagliabuana*** Rehd. 是凌霄与美国凌霄之杂交种，性状介于两者之间，花橙红至红色，花萼黄绿带红色。生长旺盛，攀援要求一些支持。青岛等地有栽培。

图 931 美国凌霄

图 932 粉花凌霄

【粉花凌霄属 ***Pandorea***】8 种，产马来西亚至大洋洲；中国引入栽培约 2 种。

(1404) **粉花凌霄**

Pandorea jasminoides Schum. 〔Bower Plant〕

常绿缠绕藤木，无气生根。羽状复叶对生，小叶 5～9，卵状椭圆形至披针形，长 2.5～5cm，全缘，光滑，近无柄。花冠漏斗状钟形，长 4～5cm，浅粉或粉红色，喉部色较深，二强雄蕊，内藏；花萼小，钟状，5 齿裂；成顶生少花圆锥花序。蒴果长椭圆形，长 5～10cm，木质；种子有翅。

原产澳大利亚和马来西亚。喜光，耐半荫，不耐寒（最低温度 5℃）。我国上海、广州等地常盆栽观赏。有**白花**'Alba'、**红花**'Rosea'、**白花红眼**'Red Eyes'和**斑叶**'Variegata'等品种。

〔附〕**非洲凌霄**（肖粉凌霄）***P. ricasoliana*** Baill.（*Podranea ricasoliana* Sprague）与粉花凌霄很相似，主要不同点是：花萼肿胀；蒴果长线形；小叶有齿。原产非洲；我国有少量栽培，供观赏。

【炮仗花属 ***Pyrostegia***】约5种，产南美；中国引入栽培1种。

（1405）**炮仗花**

Pyrostegia venusta（Ker-Gawl.）Miers（*P. ignea* Presl.）〔Flame Vine〕

图933 炮仗花

常绿藤木，长达10m以上；小枝有6～8纵棱。复叶对生，小叶3枚，其中一枚常变为线形3裂的卷须，小叶卵状椭圆形，长4～10cm，全缘。花冠橙红色，管状，长约6cm，端5裂，外曲，雄蕊4；成顶生下垂圆锥花序。蒴果细，长达25cm。花期1～6月。

原产南美巴西和巴拉圭；世界热带广泛栽培。喜光，喜暖热湿润气候，很不耐寒（最低温度13～15℃）。扦插或压条繁殖。红花累累成串，形如炮仗，春季开放，花期颇长，生长旺盛，是美丽的观赏植物。广州等华南城市有栽培，宜植于建筑物旁且设架令其攀援而上。

【蒜香藤属 ***Saritaea***】2种，产南美洲；中国引入栽培1种。

（1406）**蒜香藤**（紫铃藤）

Saritaea magnifica Dug.（*Pseudocalymma alliaceum* Sandw.）〔Garlic-sented Vine〕

常绿藤木，长达3m，以卷须攀缘；茎叶揉之有大蒜香味。复叶对生，由2小叶组成，小叶倒卵形至长椭圆形，长7～12cm，全缘，革质而有光泽。花冠漏斗状5裂，长达7.5cm，淡紫色至粉红色，喉部色浅，雌蕊4；成少花的聚伞状圆锥花序。蒴果长条形，长约28cm，径约1.5cm，革质。

原产哥伦比亚，热带地区广为栽培；华南及台湾有引种。喜光，喜暖热气候，生长季水、肥要充足。扦插繁殖。本种姿态秀丽，一年开花数次，盛花期花团锦簇，灿烂夺目，是暖地很好的庭园观赏及攀缘绿化植物。

【连理藤属 ***Clytostoma***】12种，产南美洲；中国引入栽培1种。

（1407）**连理藤**

Clytostoma callistegioides（Cham.）Bur. et Schum.〔Argentine Trumpet Vine〕

常绿藤木。叶对生，小叶2(1)，椭圆状长圆形，长达10cm，先端尖，叶缘波状，光滑；顶生小叶常成卷须，不分枝。花萼5齿裂，花冠漏斗状二唇形5裂，长、宽达7.5cm，裂片圆形，淡紫色，有紫色条纹，喉部淡黄色，雄蕊4；春至夏季开花。蒴果有刺。

原产巴西及阿根廷；热带地区多有栽培，我国广州、深圳等地有引种。扦插繁殖，生长快。花多而娇美可爱，常于温室栽培观赏。

124. 茜草科 Rubiaceae

【栀子属 *Gardenia*】约 250 种，产世界热带和亚热带；中国 5 种。

(1408) **栀子花**（黄栀子）

Gardenia jasminoides Ellis（*G. augusta*）〔Cape Jasmine〕

图 934 栀子花

常绿灌木，高达 1.8m。单叶对生或 3 叶轮生，倒卵状长椭圆形，长 7～13cm，全缘，无毛，革质而有光泽。花冠白色，高脚碟状，径约 3cm，端常 6 裂，浓香，单生枝端；6～7(8)月开花。浆果具 5～7 纵棱，顶端有宿存萼片，熟时黄色再转橘红色。

产我国长江以南至华南地区。喜光，也耐荫，喜温暖湿润气候及肥沃湿润的酸性土，不耐寒。扦插、压条或分株发展。长江流域及其以南地区多于庭园栽培，北方则常温室盆栽。是有名的香花观赏树种。是岳阳、常德、汉中市的市花。果可作染料及入药。常见变种、栽培变种有：

①**玉荷花**（白蟾，重瓣栀子）'**Fortuneana**'（'Flore Pleno'） 花较大而重瓣，径达 7～8cm；庭园栽培较普遍。

②**大花栀子 'Grandiflora'** 花较大，径达 4～5(7)cm，单瓣；叶也较大。

③**雀舌栀子**（水栀子）var. ***radicans*** Mak.（'Prostrata'） 植株矮小，枝常平展匍地；叶较小，倒披针形，长 4～8cm；花也小，重瓣。宜作地被材料，也常盆栽观赏。花可熏茶，称雀舌茶。品种**斑叶雀舌栀子 'Variegata'** 叶有乳白色斑，花重瓣。

④**单瓣雀舌栀子** var. ***radicans*** f. ***simpliciflora*** Mak. 花单瓣，其余特征同雀舌栀子。

(1409) **狭叶栀子花**

Gardenia stenophylla Merr.

图 935 狭叶栀子花

常绿灌木，高达 3m。叶对生或 3 叶轮生，狭披针形至线状披针形，长 3～12cm，宽 0.4～2cm。花单生，花冠白色，高脚碟状，花冠筒长 3.5～6.5cm，5～8 裂，裂片外翻，长 2.5～3.5cm，芳香。浆果长椭球形，有纵棱及宿存萼片，熟时黄色至橙红色。花期 4～8 月。

产安徽、浙江、福建至华南地区；越南也有分布。树姿优雅，花美丽而芳香；可于庭园栽作花篱或盆栽观赏。

【六月雪属 *Serissa*】2～3 种，产亚洲；中国全产。

(1410) **六月雪**

Serissa japonica (Thunb.) Thunb.

(*S. foetida* Lam.)

〔Snow-in-summer Bush〕

常绿或半常绿小灌木，高约1m，枝密生。单叶对生或簇生状，狭椭圆形，长0.7～2cm，全缘，革质。花小，花冠白色或带淡紫色，漏斗状，端5裂，长约1cm，雄蕊5，花萼裂片三角形；单生或簇生；花期6～7月。

图936 六月雪

原产日本及中国。沪、杭一带常栽作盆景或绿篱。喜温暖、阴湿环境，不耐严寒；萌芽力强，耐修剪。扦插或分株繁殖。茎叶可入药。

常见栽培变种有：

①**金边六月雪‘Aureo-marginata’** 叶边缘黄色或淡黄色。

②**斑叶六月雪‘Variegata’** 叶面及叶边有白色或黄白色斑纹。

③**重瓣六月雪‘Pleniflora’** 花重瓣，白色。

④**粉花六月雪‘Rubescens’** 花粉红色，单瓣。

⑤**荫木‘Crassiramea’** 小枝上伸，叶细小而密生小枝上；花单瓣。

⑥**重瓣荫木‘Crassiramea Plena’** 枝叶如荫木，花重瓣。

(1411) **山地六月雪**（白马骨）

Serissa serissoides (DC.) Druce

外形与六月雪相似，主要区别点是：叶较大，卵形或长卵形，长1.5～3cm，纸质；花较小，花冠白色，长5～7mm，花萼裂片披针状锥形，略短于花冠筒，苞片先端刺芒状；8月开花。

图937 山地六月雪

产我国长江中下游地区至华南地区；日本也有分布。茎叶药用，也可栽培观赏。

【龙船花属 *Ixora*】单叶对生；花冠筒细长，裂片4(5)旋转状，子房2室，成多花的伞房花序。300～400种，主产东半球热带和亚热带；中国19种，引入栽培数种。

(1412) **龙船花**（仙丹花）

Ixora chinensis Lam.

常绿灌木，高达1～2m；叶对生，通常倒卵状长椭圆形，长6～13cm，全缘；托叶生于叶柄间。花冠红色至橙红色，高脚碟状，花冠筒细长，裂片4，先端浑圆；成顶生多花的伞房花序，形似绣球；

图938 龙船花

夏季开花。浆果近球形，双生，熟时黑红色。几乎全年开花，5～9 月为盛花期。

原产亚洲热带，华南有野生。喜光，不耐寒，喜排水良好而富含有机质的沙壤土。扦插或播种繁殖。花红色美丽，花期长；热带地区常于庭园栽培观赏，或盆栽观赏。有**白花**‘Alba’、**黄花**‘Lutea’、**亮橙花**‘Sunset’、**暗橙花**‘Dixiana’等品种。

(1413) **红龙船花**（橙红龙船花）

Ixora coccinea L. 〔Flame of Woods〕

常绿灌木，高不足 1m。叶椭圆形或卵状椭圆形，长 3～4(8)cm，基部圆形或近心形，暗绿色，有光泽。花红色或橙红色，花冠裂片短，先端尖；花序径 6～12cm。夏、秋季开花。

原产印度、缅甸、马来西亚和印尼；华南有栽培。是缅甸的国花。

花色有**杏黄**‘Apricot Gold’、**大黄**‘Gillettes Yellow’（花黄色，裂片广卵形，端尖）、**玫瑰粉**‘Rosea’等品种。

〔附〕**黄龙船花** ***I. lutea*** (Veitch) Hutch. (*I. coccinea* var. *lutea* Corner) 叶倒卵状披针形或椭圆形，长 10～12cm。花冠金黄色，裂片长卵形。春末至秋季开花。原产印度。

(1414) **白龙船花**（小仙丹花）

Ixora henryi Lévl.

常绿灌木。叶长圆形至卵状披针形，长 4～15cm，先端长渐尖，基部楔形。花萼裂片比萼筒短，花冠白色，后变粉红色，花冠筒细长，长 2.5～3.5cm，裂片披针形，长 5～6mm，先端尖，芳香；花序近球形。核果橄榄形，长约 1cm。花期 3～4(8～12) 月。

产广东西南部、海南、广西及云南；越南和泰国也有分布。喜光，稍耐荫，喜温暖湿润气候及肥沃而排水良好的土壤；耐修剪，生长快。花繁而花期长；宜植于庭园或盆栽观赏。

〔附〕**小花白龙船花** ***I. parviflora*** Vahl 叶倒披针形至长椭圆形，长达 15cm。花较小，花冠白色，筒部短，长约 8mm，裂片椭圆形或倒卵状椭圆形，芳香；花序近球形，径达 15cm；春至秋季开花。原产印度、斯里兰卡和缅甸；华南及台湾有栽培。

(1415) **矮龙船花**（矮仙丹花）

Ixora* × *williamsii Sandw.

高通常不足 50cm。叶椭圆形至卵状椭圆形，长 6～15cm，表面暗绿而有光泽，背面苍绿色。花冠艳红色，筒部细，长达 3cm；成密集的球形伞房花序，径达 15cm。花艳红美丽，盛花时花团锦簇，是很好的庭园及温室观赏植物。

有**矮粉龙船花**‘Dwarf Pink’、**矮黄龙船花**‘Dwarf Yellow’、**矮橙龙船花**‘Dwarf Salmon’等品种。

【玉叶金花属 ***Mussaenda***】约 120 种，产非洲和亚洲热带；中国 31 种，引入栽培数种。

(1416) **玉叶金花**（白纸扇）

Mussaenda pubescens Ait. f.

常绿藤状灌木；小枝有柔毛。叶对生，卵状长椭圆形至卵状披针形，长

5～8cm，两端尖，表面无毛或有疏毛，背面被柔毛。花冠5裂，黄色，萼筒陀螺形，萼裂片线形，近无花梗；顶生伞房状聚伞花序，每一花序中约有扩大的白色叶状萼片3～4枚，广椭圆形，长2.5～5cm；夏季开花。浆果球形，长8～10mm。

图939 玉叶金花

广布于我国东南部、南部及西南部地区。播种或扦插繁殖。花美丽而奇特，宜栽于庭园观赏。茎叶入药，能清热疏风。

〔附〕**大叶白纸扇** ***M. esquirolii*** Lévl. 与上种的主要不同是：叶较大，长10～20cm；花萼裂片披针形，花有梗。产长江以南各省区。

(1417) **楠　藤**（厚叶白纸扇）

Mussaenda erosa Champ. ex Benth.

攀缘灌木；小枝无毛。叶对生，长圆形至卵状椭圆形，长6～12cm，幼时稍有毛，后无毛，叶色浓绿，质厚。正常的花萼裂片短于萼筒，扩大的叶状萼片白色，广椭圆形，长4～6cm，花冠橙黄色，五角星状；伞房状聚伞花序顶生。花期4～7月；果期9～12月。

图940 楠　藤

产华南至西南地区；日本琉球及中南半岛也有分布。枝叶茂密，花美丽，宜植于庭园观赏。

(1418) **红叶金花**

Mussaenda erythrophylla Schum. et Thonn.

〔Ashanti Blood〕

常绿或半常绿灌木，高约3m；枝条密被棕色长柔毛。叶对生或轮生，广卵形至长椭圆形，长7～10cm，侧脉弧曲，两面密被棕色长柔毛。花萼5片，其中有1片扩大成叶状，鲜红色；花冠筒部红色，檐部淡黄色，喉部红色；伞房状聚伞花序顶生。花期夏秋季。

原产热带西非；热带地区广泛栽培。喜光，喜高温多湿气候，不耐干旱和寒冷，对土壤要求不严。是美丽的观花树种。其扩大的叶状萼片除鲜红色外，还有粉红、橙红、肉粉、浅粉等品种。

(1419) **粉萼金花**

Mussaenda hybrida Hort. **'Alicia'**

常绿灌木，高1～3m。叶对生，长椭圆形至椭圆形，长8～10cm，先端渐尖，基部楔形，羽状侧脉在表面明显下凹。花冠金黄色，高脚碟状，檐部5裂呈星形，径约1cm，花萼5裂片均肥大并反卷，粉红色；伞房状聚伞花序顶生。花期6～10月，盛花时满树粉团。

热带地区广为栽培；华南地区有引种。

〔附〕**雪萼金花** ***M. philippica*** A. Rich. **'Aurorae'** 丛生灌木，高达3m。叶长卵形，革质；花萼5片均扩大，乳白色，花冠金黄色。原种产亚洲西南部，还有粉萼和红萼等品种。

图 941 香果树

【香果树属 ***Emmenopterys***】2 种，产中国、泰国和缅甸；中国 1 种。

（1420）**香果树**

Emmenopterys henryi Oliv.

落叶乔木，高达 26m。单叶对生，椭圆形或卵状椭圆形，长 10～20cm，先端尖，全缘，暗绿色，幼叶古铜色。花较大，淡黄色，花冠漏斗状，端 5 裂，雄蕊 5；花萼 5 裂，脱落性，但在花序中有些花的萼片中有一片扩大成叶状，白色而显著，结实后仍宿存而变粉红色；聚伞花序圆锥状，顶生。蒴果长椭球形，红色，2 瓣裂；种子多而细小，有膜质翅。花期6～8月；果期 8 月至翌年 1 月。

产我国西南部及长江流域一带。喜光，喜温暖气候及肥沃湿润土壤；生长快，根萌蘖性强。播种或夏季用半成熟枝扦插繁殖。是优良速生用材树种。树形优美，大型白色萼片甚为醒目，观赏期长，秋冬的红果也颇美丽；在暖地可栽作庭荫树及观赏树。

【团花属 ***Neolamarckia***】2 种，产南亚至大洋洲；中国 1 种。

（1421）**团　花**（黄梁木）

Neolamarckia cadamba（Roxb.）Bosser

（*Anthocephalus chinensis* auct. non A. Rich. ex Walp.）

常绿乔木，高达 30～35m；树干通直，大枝平展，树冠伞形。单叶对生，卵状椭圆形至长椭圆形，长 15～25cm，全缘，羽状弧脉明显，幼时背面密被柔毛；托叶大，两片合生包被顶芽，早落。花黄色，子房上部 4 室，下部 2 室；头状花序，单生枝顶。聚花果球形，径 3.5～4cm。花期 6～8 月；果期 7～9 月。

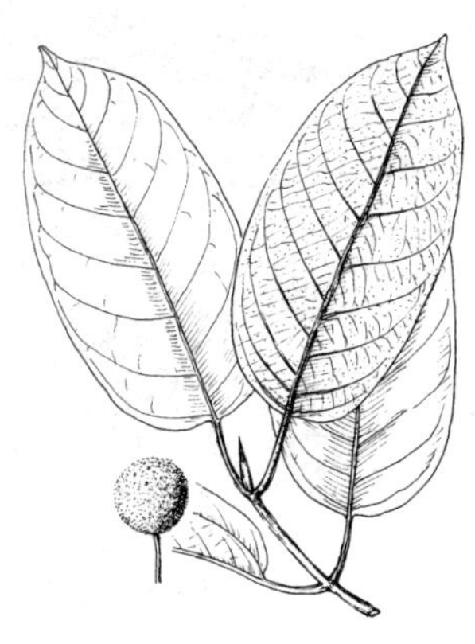
图 942 团　花

产我国两广及云南南部；印度至东南亚地区也有分布。喜光，喜高温多湿环境及深厚肥沃土壤。播种繁殖。生长异常迅速，9 年生树高达 17.5m，胸径 44.5cm。是华南优良的速生用材树种，也可植为庭荫树及行道树。

【水团花属 ***Adina***】3 种，产中国、日本和越南；中国 2 种。

（1422）**细叶水团花**（水杨梅）

Adina rubella Hance

落叶灌木，高达 3～4m；小枝有柔毛。单叶对生，卵状椭圆形至卵状披针形，长 2.5～4cm，侧脉 5～7 对，全缘；近无柄。花小，紫红色；密集成球形头状花序，单生或 2～3 个聚生；花期 7 月。蒴果；9～10 月成熟。

产长江以南各省区，多生于山坡潮湿地或水塘边；朝鲜也有分布。根深枝密，是优良的固堤护岸树种；花尚美丽，可植于庭园观赏。枝干、花球及根均可入药。

〔附〕**水团花** ***A. pilulifera*** (Lam.) Franch. 与上种的主要区别：常绿灌木或小乔木；叶较大，长 4～12cm，侧脉 6～12 对，叶柄长 2～6mm。产我国东南至中南部；日本和越南也有分布。根系发达，是优良的固堤护岸树种。

图 943 细叶水团花

【虎刺属 ***Damnacanthus***】约 13 种，产亚洲；中国 11 种。

(1423) **虎　刺**（伏牛花）

Damnacanthus indicus (L.) Gaertn. f.

常绿小灌木，多分枝，高 30～50cm。单叶对生，卵形，长 1～3cm，先端尖，基部圆形或亚心形，全缘，近无柄；叶柄间有针刺一对，长 1～2cm。花小，白色，单生或成对腋生；花冠漏斗状，喉部有毛，端 4～5 裂。核果球形，径 3～5mm，熟时红色。花期 8～9 月；10～11 月果熟。

产我国长江以南及西南地区，多生于山坡、沟边灌丛中；日本、朝鲜和南亚也有分布。绿叶红果，经冬不落，常盆栽或制成盆景观赏。斑叶虎刺 'Variegatus' 叶面有黄色斑纹。

图 944 虎　刺

图 945 滇丁香

【滇丁香属 ***Luculia***】5 种，产南亚和东南亚；中国 3 种。

(1424) **滇丁香**

Luculia pinciana Hook. (*L. intermedia* Hutch.)

常绿大灌木，高达 4～5(8)m；小枝有明显皮孔。叶对生，长椭圆形至椭圆状披针形，长 10～15(20)cm，全缘，先端长尖，基部楔形，表面侧脉明显而下凹，有光泽，背面脉上有柔毛；托叶在叶柄间，三角形，早落；主脉、叶柄及小枝均带红色。花冠粉红或浅玫瑰红色，高脚碟状，筒部长4～5cm，端5裂，裂片间内侧基部有活瓣状突起，雄蕊5；成顶生伞房状聚伞花序，径约20cm。蒴果；种子有翅。花期（5)7～8月；果期10～11月。

产我国云南、广西和西藏东南部；越南、缅甸、尼泊尔和印度也有分布。扦插易成活，也可播种繁殖。花美丽，昆明一带常植于庭园或盆栽观赏。

(1425) **馥郁滇丁香**（悦目滇丁香）

Luculia gratissima（Wall.）Sweet

常绿灌木或小乔木，高达3～6m。叶对生，卵状长圆形，长10～20cm，暗绿色。花冠粉红或淡紫红色，5裂片开展，径达3.8cm，筒部细，长2.5cm。本种主要识别点是花冠裂片间基部无附属物。

产喜马拉雅山脉地区，我国云南及西藏东南部有分布。秋末冬初奇葩争艳，芳馨浓郁，是美丽的观花树种。花、果及根均可药用。

【长隔木属 ***Hamelia***】约40种，产中、南美洲；中国引入栽培1种。

(1426) **希茉莉**（长隔木）

Hamelia patens Jacq.

〔Scarlet Bush, Fire-bush〕

常绿灌木或小乔木，高达4～7m；枝开展下垂。叶3～4枚轮生，倒卵状椭圆形至卵形，长5～8(12)cm，侧脉弧形，基部楔形，全缘，两面有毛。花冠红色或橙红色，管状，长达1.8cm，端5裂；顶生红色聚伞花序，有3～5放射分枝。浆果卵球形，长约6mm，暗红或紫色。春末至秋开花。

图946　希茉莉

原产美国佛罗里达州、西印度群岛，南至玻利维亚和巴拉圭；我国有栽培。喜光，耐半荫，不耐寒；耐修剪。播种或扦插繁殖。花美丽，在暖地可露地栽培，在北方常温室盆栽观赏。

【咖啡属 ***Coffea***】约90种，产热带非洲及亚洲；中国引入栽培约5种。

(1427) **咖　啡**（小粒咖啡）

Coffea arabica L.

〔Arabian Coffee, Coffee〕

常绿灌木或小乔木，高5～8m；基部通常多分枝，节部膨大。叶对生，长卵状椭圆形至披针形，长7～15cm，先端长渐尖，基部楔形，全缘或浅波状，两面无毛，有光泽，中脉在叶两面凸起。花白色，芳香，花冠顶部常5裂，长约1.9cm。浆果椭球形，长1～1.5cm，熟时红色，质软；种子有纵槽。

图947　咖　啡

原产非洲埃塞俄比亚和阿拉伯半岛；现广植于世界热带地区。我国台湾、华南及西南地区有引种栽培。本种抗性较强，咖啡果的质量好。枝叶茂密，果实美观，在暖地可作园林绿化及观赏树种。有**斑叶**‘Variegata’（叶有黄斑）、**黄果**‘Golden Delight’（果较大而金黄色）、**矮生**‘Nana’等品种。

〔附〕**大粒咖啡** *C. liberica* Bull. ex Hiern〔Liberian Coffee〕 叶较大，倒卵形至长椭圆形，长15～30cm，有光泽。花冠6～7裂，白色，长约2.5cm。果近球形，长约2cm，熟时由红变黑色，坚硬。原产非洲利比里亚；现热带地区广为栽培。我国台湾、华南及云南南部有引种栽培。咖啡果的质量较次。可作观花观果树种栽培。

图948 五星花

【五星花属 *Pentas*】约50种，产非洲及阿拉伯地区；中国引入栽培1种。

(1428) **五星花**（繁星花）

Pentas lanceolata (Forssk.) Schum.

〔Star Cluster〕

亚灌木，高30～60cm；全株被毛。叶对生，卵形至卵状长椭圆形，长4～15cm，先端渐尖，基部渐狭成短柄，全缘。花冠高脚碟状，径约1.2cm，筒部细长，端部5裂呈五角星状，红色，雄蕊5，花柱突出；聚伞花序集成伞房状，顶生。花期3～11月。

原产热带非洲和阿拉伯地区；华南有栽培。喜暖热气候，不耐寒。扦插繁殖。花小，星状，红色美丽而繁多，花期长；在暖地宜植于庭园或盆栽观赏。花有粉红、浅紫、白色等品种。

图949 山石榴

【山石榴属 *Catunaregam*】约10种，产南亚、东南亚及非洲；中国1种。

(1429) **山石榴**

Catunaregam spinosa (Thunb.) Tirv.

(*Randia spinosa* Poir.)

灌木或小乔木，高2～8m；枝有刺。叶对生（聚生于短枝），倒卵形至匙形，长2～10cm，全缘，无毛或仅背面微被柔毛。花萼钟形，花冠钟形5裂，白色，后渐变黄色，雄蕊5，着生于花冠喉部，子房2室；1～3朵聚生短枝端。浆果卵球形，径2～4cm，果皮厚。花期夏秋。

产南亚、东南亚及非洲东部；华南及云南有分布。在广东等地常栽作绿篱。

【野丁香属 *Leptodermis*】约40种，产东亚至喜马拉雅地区；中国35种。

图950 薄皮木

(1430) **薄皮木**

Leptodermis oblonga Bunge

落叶小灌木，高约1m；小枝具柔毛。叶对生，椭圆状卵形至长圆形，长1～2cm，全缘，表面粗糙，背面疏生柔毛。花冠紫红色，漏斗状，筒部细，长1.5～1.8cm，端5裂，无花梗；数朵簇生于枝端叶腋。蒴果5瓣裂。花果期6～9月。

产河北、山西、陕西、河南、湖北、四川、云南等地；越南也有分布。北京山区多野生，可植于庭园观赏或栽作盆景。

125. 忍冬科 Caprifoliaceae

【六道木属 ***Abelia***】灌木；单叶对生。花冠4～5裂，萼片2～5，花后增大并宿存，雄蕊4；瘦果。约30种，产东亚和墨西哥；中国9种，引入栽培1种。

(1431) **六道木**

Abelia biflora Turcz.

落叶灌木，高达3m；茎枝有明显的6纵槽。叶长椭圆形至披针形，长2～7cm，缘常疏生粗齿，两面有柔毛。花冠筒状，端4裂，淡黄色，萼片4；花成对着生于侧枝端。瘦果常弯曲，顶端宿存4枚增大之萼片。早春开花；果期8～9月。

图951 六道木

产我国北部，生于海拔1000～2000m山地。耐荫，耐寒，喜湿润；生长慢。是北方山区水土保持树种，也可栽作岩石园材料。

(1432) **糯米条**

Abelia chinensis R. Br. 〔Chinese Abelia〕

落叶灌木，高达1.5～2m；小枝开展，有毛，幼枝及叶柄带红色。叶卵形或三角状卵形，长2～5cm，缘疏生浅齿，背面脉上有白柔毛。花冠漏斗状，长1～1.2cm，端5裂，白色或带粉红色，芳香，萼片5，粉红色，雄蕊和花柱伸出；密集聚伞花序在枝梢复成圆锥状；7～8(9)月开花。

图952 糯米条

产长江以南各地，生于海拔1500m以下山区。喜光，稍耐荫，耐干旱瘠薄，有一定耐寒性，在北京可露地越冬；根系发达，萌芽性强。花繁密而芳香，花期长，且花后宿存的萼片变红，在深秋似盛开的红花，是美丽的芳香观花灌木。常植于庭园观赏，并有红萼、绿萼、繁花、小花、微型等品种。

(1433) **大花六道木**

Abelia* × *grandiflora (André) Rehd.

〔Glossy Abelia〕

半常绿灌木，高达 2m；幼枝红褐色，有短柔毛。叶卵形至卵状椭圆形，长 2～4cm，缘有疏齿，表面暗绿而有光泽。花冠白色或略带红晕，钟形，长 1.5～2cm，端 5 裂；花萼2～5，多少合生，粉红色；雄蕊通常不伸出；成松散的顶生圆锥花序；7 月至晚秋开花不断。

图 953 大花六道木

本种是糯米条与单花六道木（*A. uniflora*，萼片 2）之杂交种，1880 年在意大利育成，国内外都有栽培。耐半荫，耐寒，耐旱；生长快，根系发达，移栽易活，耐修剪。开花多而花期长，秋叶铜褐色或紫色，是美丽的观花灌木。宜丛植于草坪、林缘或建筑物前，也可作盆景及绿篱材料。有**匍匐**'Prostrata'、**矮生**'Nana'、**金叶**'Aurea'、**金边**'Francis Mason'等品种。

【猬实属 ***Kolkwitzia***】1 种，中国特产。

(1434) **猬　实**

Kolkwitzia amabilis Graebn.

〔Beauty Bush〕

落叶灌木，高达 3m；干皮薄片状剥裂；小枝幼时疏生长毛。单叶对生，卵形至卵状椭圆形，长 3～7cm，基部圆形，先端渐尖，缘疏生浅齿或近全缘，两面有毛；叶柄短。花成对，两花萼筒紧贴，密生硬毛；花冠钟状，粉红色，喉部黄色，长 1.5～2.5cm，端 5 裂，雄蕊 4；顶生伞房状聚伞花序。瘦果状核果卵形，2 个合生（有时 1 个不发育），密生针刺，形似刺猬，故名。花期 5（—6）月；果期 8～9 月。

图 954 猬　实

我国中部及西部特产；生于海拔 350～1340m 地带。喜光，喜排水良好的土壤，颇耐寒，在北京能露地栽培。花繁密而美丽，果形奇特，是优良的观花赏果灌木。国内外园林绿地及庭园均有栽培。优良品种**'Pink Cloud'**（'粉云'），花粉红色，盛开时覆盖全株，如粉云。

【七子花属 ***Heptacodium***】1 种，中国特产。

(1435) **七子花**（浙皖七子花）

Heptacodium miconioides Rehd.

（*H. jasminoides* Airy-Shaw）

落叶灌木或小乔木，高可达 7m。单叶对生，卵形至卵状长椭圆形，长 7～16cm，先端尾尖，

图 955 七子花

基部圆形，3 主脉近于平行（两侧主脉之外侧又有近于平行的支脉），背脉有柔毛，全缘。花冠白色，管状漏斗形，5 深裂，雄蕊 5；花萼 5 裂，花后增大并宿存；聚伞花序对生，集成顶生圆锥状复花序，长达 15cm。核果瘦果状，具 10 棱。花期 6～7 月；果期 9～11 月。

产浙江、安徽及湖北；生于海拔 600～1000m 山地。因小花序常具 7 朵花，故名七子花；是良好的观花树种。

【锦带花属 ***Weigela***】落叶灌木；单叶对生，缘有齿。花较大，花冠 5 裂，雄蕊 5；蒴果，2 瓣裂。12 种，产东亚；中国 3～4 种，引入栽培 2 种。

(1436) **锦带花**

Weigela florida (Bunge) A. DC.

〔Old-fashioned Weigela〕

图 956 锦带花

落叶灌木，高达 3m；小枝具两行柔毛。叶椭圆形或卵状椭圆形，长 5～10cm，缘有锯齿，表面无毛或仅中脉有毛，背面脉上显具柔毛。花冠玫瑰红色，漏斗形，端 5 裂；花萼 5 裂，下半部合生，近无毛；通常 3～4 朵成聚伞花序；4～5 (6)月开花。蒴果柱状；种子无翅。

产我国东北南部、内蒙古、华北及河南、江西等地；朝鲜、日本、俄罗斯也有分布。喜光，耐半荫，耐寒，耐干旱瘠薄，怕水涝，对氯化氢等有毒气体抗性强。本种花朵繁密而艳丽，花期长，是北方园林中重要观花灌木之一。

常见有下列变种和栽培变种：

①**白花锦带花‘Alba’** 花近白色。

②**红花锦带花**（‘红王子’锦带花）**‘Red Prince’** 花鲜红色，繁密而下垂；花期长，在北京常 2 次（5 月和 7～8 月）开花；枝叶茂密，花萼深裂；是杂种起源。

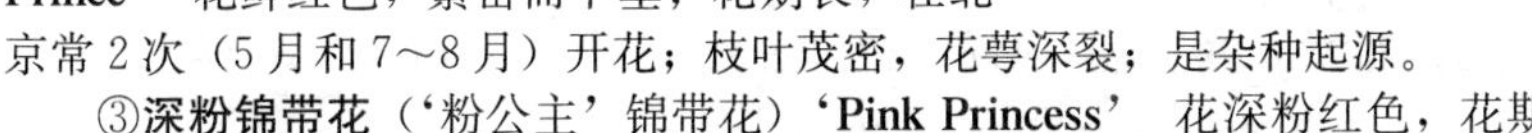

③**深粉锦带花**（‘粉公主’锦带花）**‘Pink Princess’** 花深粉红色，花期较一般的锦带花早约半个月。花繁密而色彩亮丽，整体效果好。

④**亮粉锦带花‘Abel Carriere’** 花亮粉色，盛开时整株被花朵覆盖；是杂种起源。

⑤**变色锦带花‘Versicolor’** 花由奶油白渐变为红色。

⑥**金叶锦带花‘Aurea’** 新叶金色，后变黄绿色；花红色。

⑦**紫叶锦带花‘Purpurea’** 植株紧密，高达 1.5m；叶带褐紫色，花紫粉色。

⑧**银边锦带花‘Variegata’** 叶边淡黄白色；花粉红色。

⑨**斑叶锦带花‘Goldrush’** 叶金黄色，有绿斑；花粉紫色。

⑩**四季锦带花‘Semperflorens’** 花于生长季连续开放。

⑪**美丽锦带花** var. ***venusta*** (Rehd.) Nakai 高达 1.8m；叶较小，花较大而多；花萼小，二唇形，花冠玫瑰紫色，逐渐收缩成一细管，裂片短。产朝鲜，耐寒性强。

(1437) **早锦带花**（毛叶锦带花）

Weigela praecox Bailey 〔Early Weigela〕

高达2m，与锦带花近似，主要特点是：叶两面均有柔毛；花萼裂片较宽，基部合生，多毛；花冠狭钟形，中部以下突然变细，外面有毛，玫瑰红或粉红色，喉部黄色；3～5朵着生于侧生小短枝上；开花较早（4月中下旬）。

产俄罗斯、朝鲜及我国东北南部。东北一些城市及北京园林中常有栽培。

有**白花**'Albiflora'、**斑叶**'Variegata'（叶有黄白色斑）等品种。

图957 海仙花

（1438）**海仙花**

Weigela coraeensis Thunb.

〔Korean Weigela〕

落叶灌木，高达5m；小枝较粗，无毛或近无毛。叶广椭圆形至倒卵形，长8～12cm，表面中脉及背面脉上稍被平伏毛。花冠漏斗状钟形，长2.5～4cm，基部1/3骤狭，外面无毛或稍有疏毛，初开时黄白色，后渐变紫红色；花萼线形，裂达基部；花无梗；数朵组成腋生聚伞花序；花期5～6月。蒴果2瓣裂，种子有翅。

原产日本；我国华东及华北地区常见栽培。喜光，稍耐荫，喜湿润、肥沃土壤，有一定耐寒性，北京可露地越冬。是江南园林中常见的观花树种。有**白海仙花**'Alba'（花浅黄白色，后变粉红色）和**红海仙花**'Rubriflora'（花浓红色）等品种。

图958 路边花

（1439）**路边花**

Weigela floribunda（Sieb. et Zucc.）K. Koch〔Crimson Weigela〕

落叶灌木，高达3m；小枝细长拱垂，有柔毛。叶卵形至长椭圆形，长7～10cm，先端尾尖，缘有细锯齿，两面有毛，背面尤密。花冠漏斗形，长2.5～3（4）cm，暗深红色，外面有毛，花柱伸出甚长；萼片线形，裂达基部，花无梗；花常集生于短侧枝端；5～6月开花。蒴果长约2cm，有毛；种子有翅。

产日本及我国安徽、湖北等地。可于庭园栽培观赏。

变种**变色路边花** var. ***versicolor*** Rehd.（*W. decora* Nakai） 花初开为绿白色，后变红色；产日本。

（1440）**杨　栌**（日本锦带花）

Weigela japonica Thunb.〔Japanese Weigela〕

落叶灌木，高达3m；小枝光滑或具两行毛。叶椭圆形至长倒卵形，长5～10cm，表面稍有毛，背面脉上有柔毛，叶柄长2～5mm。花冠钟状漏斗形，长2.5～3cm，初开时白色，后渐变深红色，花柱稍露出；萼片线形，裂达基部；有花梗；5～6月开花。蒴果光滑无毛；种子有翅。

原产日本。我国青岛等地有栽培，供观赏。

变种**华杨栌**（半边月，水马桑）var. ***sinica***（Rehd.）Bailey　高达 6m；叶面皱，背面密被柔毛，叶柄长 5～12mm；花冠白色至淡桃红色，下部骤狭。花期 4～5 月。产我国长江流域至华南北部。花美丽，可于庭园栽培观赏。

图 959　华杨栌

【荚蒾属 ***Viburnum***】灌木或小乔木；单叶对生。合瓣花，花冠辐射对称，5 裂，雄蕊 5；花序中全为可育花或有不育边花；浆果状核果。约 200 种，产北半球温带至亚热带；中国 74 种，引入栽培约 2 种。

（1441）**木本绣球**（斗球）

Viburnum macrocephalum Fort.

〔Chinese Snowball〕

落叶灌木，高达 4m；裸芽，幼枝及叶背密被星状毛。叶卵形或卵状椭圆形，长 5～10cm，先端钝圆，缘有齿牙状细齿。花序几乎全为大形白色不育花，形如绣球，径约 15～20cm，自春至夏开花不绝，极为美观。花期 4 月。

产中国，江南园林中常见栽培观赏。喜光，稍耐荫，耐寒性不强。

图 960　琼　花

变型**琼花** f. ***keteleeri***（Carr.）Rehd.　聚伞花序集生成伞房状，花序中央为两性的可育花，仅边缘有大形白色不育花。核果椭球形，长约 8mm，先红后黑。花期 4 月；果期 9～10 月。产长江中下游地区，多生于丘陵山区林下或灌丛中。产区各城市常于园林中栽培观赏，以扬州栽培的琼花最为有名。琼花已被定为扬州的市花。

（1442）**蝴蝶绣球**（日本绣球，粉团，雪球）

Viburnum plicatum Thunb.

〔Japanese Snowball〕

落叶灌木，高达 3m。叶卵形至倒卵形，有锯齿，表面羽状脉甚凹下，羽脉间又有平行小脉相连，背面疏生星状毛及绒毛。聚伞花序组成伞状复花序，全为大形白色不育花组成，绣球形，径 6～10cm；4～5 月开花。

产中国及日本。我国长江流域各地庭园常见栽培观赏。

图 961　蝴蝶绣球

变型**蝴蝶戏珠花**（蝴蝶树）f. ***tomentosum***（Thunb.）Rehd.　其花序中部为两性的小花，仅边缘有大形白色不育花，裂片 2 大 2 小，形如蝴蝶，故有“蝴蝶戏珠花”之名。秋天又有红色的果实缀满树梢，十分美丽。产华东、华中、华南、西南及陕西南部；日本也有分布。是优良的观花赏果树种，江南庭园中常见栽培。根及茎可供药用。

（1443）**欧洲琼花**

Viburnum opulus L. 〔European Cranberry Bush，Rose Elder〕

落叶灌木，高达4m；树皮薄，枝浅灰色，光滑。叶近圆形，长5～12cm，3裂，有时5裂，缘有不规则粗齿，背面有毛；叶柄有窄槽，近端处散生2～3个盘状大腺体。聚伞花序，多少扁平，有大形白色不育边花；花药黄色。核果近球形，径约8mm，红色而半透明状，内含1种子。花期5～6月；果期9～10月。

产欧洲、非洲北部及亚洲北部；我国新疆西北部山地有分布，青岛、北京等地有栽培。喜光，耐寒，喜湿润肥沃土壤。本种花、果美丽，秋季叶色红艳，是优良的观赏灌木，广泛应用于园林绿地。

栽培变种**欧洲雪球'Roseum'**（'Sterile'）〔Snowball〕 花序全为大形不育花，绿白色，绣球形；以观花为主，我国也有栽培。此外，在国外还有**矮生**'Nanum'、**密枝**'Compactum'、**金叶**'Aureum'、**黄果**'Xantho-carpum' 等品种。

（1444）**天目琼花**（鸡树条荚蒾）

Viburnum sargentii Koehne

（*V. opulus* var. *calvescens* Hara）

落叶灌木，高达3～4m；树皮暗灰色，浅纵裂，略带木栓质。叶卵圆形，长6～12cm，常3裂，缘有不规则大齿；叶柄端两侧有2～4盘状大腺体。聚伞花序组成伞形复花序，具大形白色不育边花；花药常为紫色；5～6(7)月开花。核果近球形，径约8mm，鲜红色；9～10月果熟。

图962 天目琼花

产亚洲东北部，我国东北、内蒙古、华北至长江流域均有分布。喜光，耐半荫，耐寒，耐旱，少病虫害。是美丽的观花赏果灌木，各地园林中常见栽培。栽培变种和变型有：

①**黄果天目琼花'Flavum'** 叶背有毛；果黄色，花药也常为黄色。

②**天目绣球'Sterile'** 花序全部为大形白色不育花组成。

③**毛叶天目琼花** f. ***puberulum*** Kom. 幼枝、叶背、叶柄和总花梗均被黄色长柔毛。

（1445）**蝶花荚蒾**

Viburnum hanceanum Maxim.

灌木，高1～2m；小枝密被星状绒毛。叶卵圆形，长4～8m，侧脉5～7对，先端急尖，基部广楔形，叶缘上半部有锯齿，两面疏被星状毛。由聚伞花序组成伞形复花序，径5～7cm；花序边有若干大型白色不育边花，不整齐4～5裂，径约2～3cm，形似蝴蝶；花序中部为可育小花，黄白色。核果卵形，径4～5cm，熟时红色。花期3～4

图963 蝶花荚蒾

月；果期8～9月。

产我国南部及东南部。春季满树白花，远看极似群蝶采花其间，秋季又有累累红果；是美丽的观花赏果树种。

(1446) **香荚蒾**（香探春）

Viburnum farreri W. T. Stearn

（*V. fragrans* Bunge）

〔Fragrant Viburnum〕

落叶灌木，高达3m。叶椭圆形，长4～8cm，缘有三角状锯齿，羽状脉明显，直达齿端，背面脉腋有簇毛，叶脉和叶柄略带红色。花冠高脚碟状，白色或略带粉红色，端5裂，雄蕊着生于花冠筒中部以上；圆锥花序；春天（4月）花叶同放。核果椭球形，紫红色。

产河南、甘肃、青海、新疆等地；华北园林中常有栽培。耐寒，略耐荫。本种花期早而芳香，花序及花形颇似白丁香，是北方园林中良好的观赏灌木。

有**白花**'Album'（花纯白色，叶亮绿色）、**矮生**'Nanum'（高约50cm，叶较小）等品种。

图964 香荚蒾

(1447) **荚 蒾**

Viburnum dilatatum Thunb.

〔Linden Viburnum〕

落叶灌木，高达3m；嫩枝有星状毛。叶广卵形至倒卵形，长3～9cm，缘有三角状齿，表面疏生柔毛，背面近基部两侧有少数腺体和多数小腺点；叶柄长1～1.5cm。聚伞花序集生成伞形复花序，径8～12cm，全为两性的可育花，白色。核果深红色。5～6月开花；9～10月果熟。

产我国黄河以南至华南、西南地区；日本、朝鲜也有分布。花、果美丽，可植于庭园观赏。

品种**黄果荚蒾'Xanthocarpum'**果黄色。

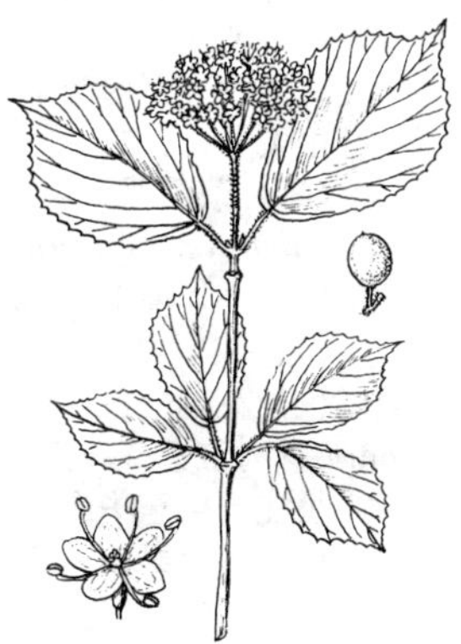

图965 荚 蒾

(1448) **陕西荚蒾**

Viburnum schensianum Maxim.

落叶灌木，高达4m；小枝幼时有星状毛，冬芽裸露。叶卵状椭圆形，长3～5cm，先端钝，基部圆形，缘有小齿牙，侧脉通常不直达齿尖，表面近无毛，背面有星状毛，侧脉5～6对。聚伞花序5叉分枝；花冠辐状钟形，白色，子房光滑。核果椭球形，由红变蓝黑色。5～6(7)月开花；8～9月果熟。

产河北、河南、山西、陕西、甘肃南部、河

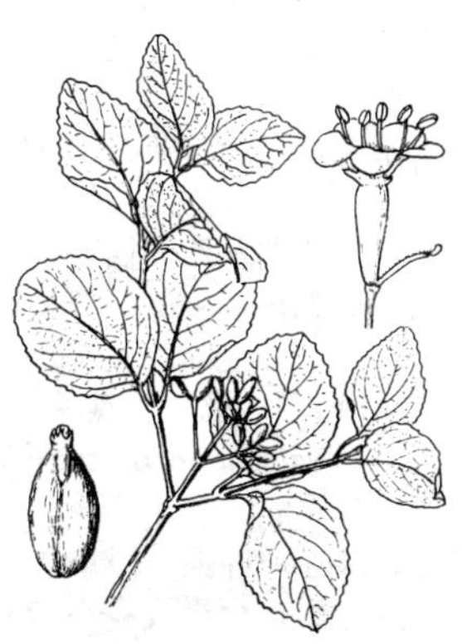

图966 陕西荚蒾

南、四川北部等地山区。耐干旱瘠薄。可作山区风景绿化及水土保持树种。

（1449）**暖木条荚蒾**

Viburnum burejaeticum Regel et Herd.

落叶灌木，高达5m；小枝较软，冬芽裸露。叶卵状椭圆形至倒卵形，长4～10cm，有波状齿，表面有疏毛，背面脉上有毛。花冠白色，钟形，5裂片平展；成密集而5叉分枝的顶生聚伞花序，径约5cm；5～6月开花。核果由红变蓝黑色；8～9月成熟。

产我国东北及河北东北部、山西中部；俄罗斯、日本和朝鲜北部也有分布。枝叶茂密，移栽易活，耐修剪。可用作园林绿化材料。

（1450）**桦叶荚蒾**

Viburnum betulifolium Batal.

落叶灌木或小乔木，高2～5(7)m；幼枝紫褐色。叶卵形至卵状长圆形或近菱形，长4～13cm，叶缘中上部有波状齿，背面密被柔毛。花冠白色，5裂，辐状，径约4mm；顶生复聚伞花序。核果近球形，径6～7mm，红色。花期4～5(6)月；果期8～9月。

产我国西北至西南部。适应性强，耐半荫，耐寒冷和干旱。果序大，结果多，红色美丽，宜植于庭园观赏。

（1451）**茶荚蒾**（汤饭子）

Viburnum setigerum Hance（*V. theiferum* Rehd.）〔Tea Viburnum〕

落叶灌木，高1.5～3.5m；冬芽大，具2对鳞片。叶卵状长椭圆形，长7～12cm，先端尖，缘疏生尖锯齿，表面暗绿色，背面脉上有长毛；叶干后黑色。花萼红色，花冠白色，径约5mm；聚伞花序，径约5cm。核果卵球形，长8～10mm，熟时红色。花期4～5月；果期9～10月。

产长江流域至华南北部。是优美的观花赏果植物，宜植于庭园或盆栽观赏。

栽培变种**橙果茶荚蒾‘Aurantiacum’** 果橙黄色。

（1452）**欧洲荚蒾**

Viburnum lantana L. 〔Wayfaring Tree〕

落叶灌木，高达4～5m；小枝幼时有糠状毛，冬芽裸露。叶卵形至椭圆形，长5～12cm，先端尖或钝，基部圆形或心形，缘有小齿，侧脉直达齿尖，两面有星状毛。聚伞花序再集成伞形复花序，径6～10cm；花冠白色，裂片长于筒部。核果卵状椭球形，长约8mm，由红变黑色。花期5～6月；果期8～9月。

产欧洲及亚洲西部，久经栽培。北京植物园有引种。生长强健，耐寒性较强。是观花观果的好树种，有时秋叶变暗红色。果熟时能引来鸟类，给园林增添生气。有**金叶**‘Aureum’、**斑叶**‘Variegatum’、**变色叶**‘Versicolor’等品种。

（1453）**枇杷叶荚蒾**（皱叶荚蒾，山枇杷）

Viburnum rhytidophyllum Hemsl.

常绿灌木或小乔木，高达4m，树冠开展；幼枝、叶背及花序均密被星状绒毛；裸芽。叶大，厚革质，卵状长椭圆形，长8～20cm，先端钝尖，基部圆形或近心形，全缘或有小齿，叶面深绿色，皱而有光泽，侧脉不达齿端。花序扁，径达20cm；花冠黄白色，裂片与筒部近等长。核果小，由红色变黑色。花期4～5月；果期9～10月。

产陕西南部、湖北西部、四川及贵州等地。喜光，耐半荫，有一定的耐寒性；生长旺盛。果实美丽，宜植于园林观赏。有**粉花**‘Roseum’品种，花深粉红色。

（1454）**华南珊瑚树**（早禾树）

Viburnum odoratissimum Ker-Gawl.

〔Sweet Viburnum〕

常绿小乔木，高达 10(15)m；树皮灰色，平滑，枝上有小瘤体。叶革质，长椭圆形，长 7～15(20)cm，先端短尖或钝形，全缘或上部有不规则浅波状钝齿，表面深绿而有光泽，背面脉腋有小孔，孔口有簇毛。花小而白色，花冠筒长约 2mm，裂片长于筒部，芳香；顶生圆锥花序。核果卵状椭球形，由红色变黑色。花期 5～6 月；果熟期 9～10 月。

图 967 华南珊瑚树

产我国华南及湖南南部、福建东南部和台湾；日本、印度、缅甸、泰国、越南也有分布。可于园林绿地栽培观赏或作绿篱。

变种**珊瑚树**（法国冬青）var. ***awabuki***（K. Koch）Zab. ex Rumpl.（*V*. *awabuki* K. Koch）叶较狭，倒卵状长椭圆形，先端钝尖，全缘或上部有疏钝齿，革质，富有光泽。花冠筒长 3.5～4mm，裂片短于筒部。核果倒卵形，熟时先红后变蓝黑色。花期 5～6 月；果熟期 7～9 月。主产日本及朝鲜南部，我国浙江和台湾有分布。稍耐荫，喜温暖气候，不耐寒；耐烟尘，对二氧化硫及氯气有较强的抗性和吸收能力，抗火力强，耐修剪。我国长江中下游各城市及园林中普遍栽作绿篱或绿墙，也是工厂区绿化及防火隔离的好树种。

图 968 珊瑚树

【忍冬属 ***Lonicera***】灌木或藤木；单叶对生，全缘。花常二唇形，成对着生于叶腋或轮生于枝端；浆果。200 余种，产北温带至亚热带；中国约 100 种，引入栽培数种。

（1455）**金银花**（忍冬）

Lonicera japonica Thunb.

〔Japanese Honeysuckle,

Gold-and-silver Flower〕

半常绿缠绕藤木；小枝中空，有柔毛。叶卵形或椭圆形，长 3～8cm，两面具柔毛。花成对腋生，有总梗，苞片叶状，长达 2cm；花冠二唇形，长 3～4cm，上唇具 4 裂片，下唇狭长而反卷，约

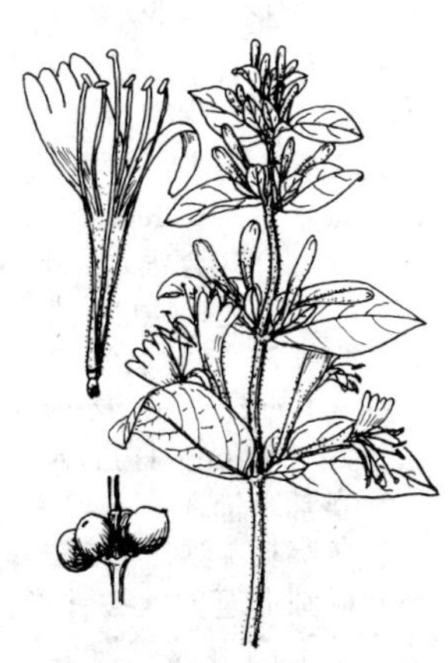

图 969 金银花

等于花冠筒长，花由白色变为黄色，芳香，萼筒无毛。浆果黑色，球形。花期5～7月；果期10～11月。

产辽宁、华北、华东、华中及西南地区；朝鲜、日本也有分布。性强健，喜光，也耐荫，耐寒，耐干旱和水湿；根系繁密，萌蘖性强。本种为轻细藤木，夏日开花不绝，黄白相映，且有芳香；是良好的垂直绿化及棚架材料。花为有名中药材，能清热解毒、抗菌消炎。变种和栽培变种有：

①**红金银花** var. ***chinensis***（Wats.）Baker 茎及嫩叶带紫红色，叶近光滑，背脉稍有毛；花冠外面淡紫红色，上唇的分裂大于1/2。

②**紫脉金银花** var. ***repens*** Rehd. 叶近光滑，叶脉常带紫色，叶基部有时有裂；花冠白色或带淡紫色，上唇的分裂约为1/3。

③**黄脉金银花 'Aureo-reticulata'** 叶较小，叶脉黄色。

④**紫叶金银花 'Purpurea'** 叶紫色。

⑤**斑叶金银花 'Variegata'** 叶有黄斑。

⑥**四季金银花 'Semperflorens'** 晚春至秋末开花不断。

〔附〕**华南忍冬**（山银花）***L. confusa***（Sweet）DC. 与金银花甚相似，惟其萼筒被柔毛。产华南和越南。可植于庭园观赏。

图970 金银木

(1456) **金银木**（金银忍冬）

Lonicera maackii（Rupr.）Maxim.

〔Amur Honeysuckle〕

落叶灌木或小乔木，高可达6m；小枝髓黑褐色，后变中空。叶卵状椭圆形或卵状披针形，两面疏生柔毛。花成对腋生，总梗长1～2mm，苞片线形；花冠二唇形，白色，后变黄色，长约2cm，下唇瓣长为花冠筒的2～3倍。浆果熟时红色。花期(4)5～6月；9～10月果熟。

产东北、华北、华东、陕西、甘肃至西南地区；朝鲜、日本、俄罗斯也有分布。性强健，喜光，耐半荫，耐寒，耐旱，管理简单。是良好的观花、观果树种，常植于园林绿地观赏。品种**繁果金银木 'Multifera'** 结果多而红艳。

变种**红花金银木** var. ***erubescens*** Rehd. 花较大，淡红色；嫩叶也带红色。

图971 郁香忍冬

(1457) **郁香忍冬**

Lonicera fragrantissima Lindl. et Paxt.

〔Winter Honeysuckle〕

半常绿灌木，高2～3m；枝具白髓，无顶芽，冬芽具芽鳞2枚；幼枝无毛或疏生刚毛。叶卵状椭圆形至卵状披针形，长4～8cm，先端短尖，基部圆形或广楔形，表面无毛，背面蓝绿色，近基部及中脉有刚毛。花成对腋生，总花梗长 2～10mm，苞片条状披针形；两花萼筒合生达中部以上，花冠二唇形，无毛，长 1～1.5cm，白色或带粉红色，芳香；(2)3～4 月开花。浆果球形，红色，两果基部合生；5～6 月果熟。

产安徽南部、江西、湖北、河南、河北、陕西南部、山西等地。花期早而芳香，果红艳，常植于庭园观赏。

亚种**苦糖果** ssp. ***standishii***（Carr.）Hsu et H. J. Wang（*L. standishii* Carr.） 与郁香忍冬很近似，主要区别点是：幼枝及叶柄密被刚毛；叶边缘有睫毛，叶两面有刚毛；花冠外有毛。产我国中西部至东部。

图 972 鞑靼忍冬

(1458) **鞑靼忍冬**（新疆忍冬）

Lonicera tatarica L.

〔Tatarian Honeysuckle〕

落叶灌木，高达 3～4m；小枝中空，无毛。叶卵形或卵状椭圆形，长 2.5～6cm，基部圆形或心形，两面无毛，表面暗绿色，背面苍绿色。花成对腋生，具一长总花梗；花冠二唇形，长 2～2.5cm，粉红、红或白色，上唇 4 裂（中间两裂片之间裂得较浅），花冠外面光滑，里面有毛；5～6(7)月开花。浆果红色，晶莹透亮，常合生；7～9 月果熟。

产欧洲东部至西伯利亚，我国新疆北部有分布。华北及东北地区有栽培，供观赏。

有**白花**‘Alba’、**大花纯白**‘Grandiflora’、**大花粉红**‘Virginalis’、**浅粉**‘Albo-rosea’、**深粉**‘Sibirica’、**深红**‘Arnold Red’、**黄果**‘Lutea’、**橙果**‘Morden Orange’、**繁果**‘Myriocarpa’、**矮生**‘Nana’等品种。

图 973 华北忍冬

(1459) **华北忍冬**

Lonicera tatarinovii Maxim.

落叶灌木，高达 2m；小枝褐色，光滑，芽具 4 棱。叶长椭圆状披针形，长 3～7cm，叶面较皱，幼叶背面密被灰白色绒毛，后渐脱落，叶缘无睫毛。花暗紫色，二唇形，长 0.8～1cm，筒部短于裂片，上唇 4 裂，下唇长圆形；花成对腋生，总花梗长 1～2cm。浆果近球形，红色，两个合生。花期 5～6 月；果期 8～9 月。

产我国华北、东北南部及朝鲜，为山地常见灌木。可植于庭园观赏。

(1460) **葱皮忍冬**（秦岭忍冬）

Lonicera ferdinandii Franch.

落叶灌木，高达 3m；茎皮薄片状剥落，如葱皮。枝有顶芽，芽鳞 2 片；枝髓白色，充实；小枝密生粗毛。叶卵形至披针形，长 3～5(8)cm，先端尖，基部近圆形，背面有粗毛。花成对腋生，总梗极短，苞片叶状，长约1cm；花冠二唇形，长1.5～2cm，鲜黄色，外被腺毛，筒基驼曲；5～6月开花。果为坛状壳斗所包，成熟后裂开，露出红色浆果；9～10月果熟。

产我国东北南部、山西、河南、陕西、甘肃南部及四川北部等地。北京和东北一些城市有栽培，供庭园观赏。

〔附〕**柯氏忍冬**（蓝叶忍冬）***L. korolkowii*** Stpf. 落叶灌木，高达3～4m。叶卵形至椭圆形，长达2.5cm，蓝绿色，背面有毛。花成对腋生，花冠二唇形，长1.3cm，玫瑰红色，稀白色；晚春开花。浆果亮红色。原产土耳其一带。稍耐荫，耐寒，适应性强。北京、沈阳和长春等地有栽培，供庭园观赏。

(1461) **蓝靛果忍冬**

Lonicera caerulea L. var. ***edulis*** Turcz.

(*L. edulis* Turcz.)

落叶灌木，高达1.5m。叶卵状长椭圆形至长椭圆形，长2～5cm，基部常圆形。花成对腋生；花冠黄白色，长9～15mm。果长椭球形，长约1.5cm，蓝色或蓝黑色，稍有白粉。花期5～6月；果期8～9月。

产东北、内蒙古、西北及华北高山灌丛中；朝鲜、日本及俄罗斯远东地区也有分布。枝叶茂密，果蓝色美丽，宜植于庭园观赏。果味酸甜可食。

图974 盘叶忍冬

(1462) **盘叶忍冬**

Lonicera tragophylla Hemsl.

〔Chinese Honeysuckle〕

落叶缠绕藤木，长达6m；小枝无毛。叶对生，长椭圆形，长5～12cm，先端钝尖，表面光滑，背面至少脉上有毛，具白粉。花在枝端轮生，每轮具3～6花，1～2轮；花冠黄色或橙黄色，长筒状，二唇形，长7～9cm；花序下1(2)对叶基部合生。果黄色或红色，后变深红色。花期6～7月；果熟期9～10月。

产我国中西部（沿秦岭诸省山地）及安徽、浙江等地。花大而美丽，果也可观，宜植于庭园观赏或作垂直绿化材料。

(1463) **贯月忍冬**（贯叶忍冬）

Lonicera sempervirens L.

〔Trumpet Honeysuckle〕

常绿或半常绿缠绕藤木，长达6m；小枝无毛。叶对生，卵形至椭圆形，长3～8cm，先端钝或圆，背面灰绿色，有时有毛，花序下1～2对叶基部合生。花冠橘红色至深红色（内部黄色），长筒状，长5～7.5cm，端5裂片短而近整齐；每6朵为一轮，

图975 贯月忍冬

几轮排成顶生短穗状花序；晚春至秋陆续开花。

原产北美东南部。喜光，不耐寒，土壤以偏干为好。上海、杭州等城市常盆栽观赏。在暖地可令其攀援于园墙、拱门或金属网上，形成美丽的花墙、花门和花篱。

(1464) **布朗忍冬**

Lonicera* × *brownii (Regel) Carr.

落叶或半常绿藤木，是贯月忍冬与硬毛忍冬（L. hirsuta）的杂交种。外形与贯月忍冬近似，主要不同点是：花冠较短，长约3～5cm，多少二唇形，花冠筒基部稍呈浅囊状；叶背稍有毛，叶缘有时疏生缘毛。花橙色至橙红色，花期6～9月。北京植物园1982年从美国引入；现北方一些城市有栽培。

常见栽培变种有：

①**'垂红'布朗忍冬'Dropmore Scarlet'** 老枝金黄色；叶较大，卵形，蓝绿色；花10余朵轮生于枝端，下垂；花冠长约4cm，外面红色，里面橘红色，裂片略反卷，花丝外露。

②**'倒挂金钟'忍冬'Fuchsioides'** 落叶性；花冠长约4cm，外面鲜红色，能自春至早秋连续不断开花。耐寒性强（－15℃）。

(1465) **台尔曼忍冬**

Lonicera* × *tellmanniana Hort. Spaeth

落叶藤木，长达6m，是盘叶忍冬与贯月忍冬的杂交种。单叶对生，卵形，暗绿色；花序下的几对叶常合生。花冠二唇形，亮橙黄色，长3～4cm；成下垂的通常为2轮的顶生头状花序；(5)6～7月开花。

1920年前后产生于布达佩斯；北京植物园有引种。花深黄华丽，生长健壮，较耐荫，能耐－10℃的低温。

〔附〕**金红久忍冬 *L.* × *heckrottii*** Rehd. 半常绿藤木，长达5m；老枝灰色。叶长圆形至卵形，表面暗绿色，背面淡蓝色；花序下的叶合生成浅杯状。花冠紫红至玫瑰红色，内部黄色，长4～5cm，二唇形，上唇4裂，下唇反卷；10朵轮生于枝端。可能是贯月忍冬与北美忍冬（*L. americana*）的杂交种；1995年引入北京栽培。

栽培变种**'金焰'忍冬'Gold Flame'** 花开放前玫瑰红色，开放后内侧肉色，后再变金黄色；夏季开花。

【毛核木属 ***Symphoricarpus***】北美产15种；中国产1种，引入栽培2种。

(1466) **雪　果**

Symphoricarpus albus (L.) S. F. Blake〔Snowberry〕

落叶灌木，高达1～1.5m。叶对生，椭圆形至卵形，长达5cm，全缘或有裂，背面有毛，具短柄。花冠钟形，粉红色，长约6mm，雄蕊不伸出花冠外；1～3朵簇生；6～8月开花。浆果白色，蜡质；10～12月果熟并宿存越冬。

原产北美；北京植物园有引种。耐寒，耐瘠薄和石灰性土壤。可植于庭园赏其白果，或栽作果篱。

〔附〕**红雪果 *S. orbiculatus*** Moench〔Red Snowberry〕 高1.5～2m；叶对生，椭圆形至卵形，长6～7cm，背面有绒毛。花白色；果红色或桃红色，径约6mm。花期6～7月；果期8～9月。原产墨西哥及美国；北京有引种栽培。

【双盾木属 ***Dipelta***】3种，中国特产。

(1467) **双盾木**

Dipelta floribunda Maxim.

图 976 双盾木

落叶灌木或小乔木，高达 6m。叶对生，卵形至椭圆状披针形，长达 10cm，先端尖，全缘。花冠筒状钟形 5 裂，略二唇形，长约 2.5cm，粉红色或白色，喉部黄色，花萼裂片 5，线形，全被小苞片所包，二强雄蕊，芳香；成少花的聚伞花序，基部具苞片。核果包藏于宿存苞片和小苞片中，小苞片 2，径达 2.5cm，形如双盾。花期 4～6 月；果期 8～9 月。

产陕西、甘肃、湖北、湖南、广西、四川。花美丽，果形奇特，可于庭园栽培观赏。

〔附〕**云南双盾木** ***D. yunnanensis*** Franch. 与双盾木的主要区别是：花萼裂片披针形，不为小苞片所包；核果不被宿存的苞片和小苞片包藏，小苞片 2，圆肾形，以其弯曲部分与果贴生。产我国西部至西南部。花美丽，宜植于庭园观赏。

【鬼吹箫属 ***Leycesteria***】约 8 种，产喜马拉雅地区；中国 6 种。

(1468) **鬼吹箫**（风吹箫）

Leycesteria formosa Wall. 〔Himalayan Honeysuckle〕

落叶灌木，高 1～3m，全株被紫色短腺毛。叶对生，卵形至卵状长圆形，长 4～13cm，全缘。花冠漏斗状 5 裂，长 1.3cm，白色或粉红色，外被毛，雄蕊 5，子房 5 室；穗状花序长 3～10cm，每节具 6 花，并具红紫色叶状苞片（长达 2～3cm）。浆果卵形，径 5～7mm，熟时由红变黑紫色，具宿存萼片。花期 5～8 月；果期 9～10 月。

产四川南部、贵州西部、云南、西藏等地；印度、尼泊尔及缅甸也有分布。喜光，也耐荫；发芽力强，耐修剪。花果艳丽，宜植于庭园观赏。

【接骨木属 ***Sambucus***】羽状复叶对生；浆果状核果。约 28 种，主产东亚和北美；中国 5 种，引入栽培约 2 种。

(1469) **接骨木**

Sambucus williamsii Hance.

〔Williams Elder〕

图 977 接骨木

落叶灌木或小乔木，高 4～8m；小枝无毛，密生皮孔，髓部淡黄褐色。羽状复叶对生，小叶 5～11，卵形至长椭圆状披针形，长 5～15cm，质较厚而柔软，缘具锯齿，通常无毛；叶揉碎后有臭味。花小而白色，成顶生圆锥花序；4～5 月开花。核果浆果状，红色或蓝紫（黑）色，径 4～5mm；7～9 月果熟。

产我国东北、华北、华东、华中、西北及

西南地区。性强健，喜光，耐寒，耐旱；根系发达，萌蘖性强。本种枝叶茂密，红果累累，宜植于园林绿地观赏。枝、叶、根及花均可药用。

变种**毛接骨木** var. ***miquelii***（Nakai）Y. C. Tang　小叶3～7，小叶柄、叶背基部脉上及叶轴均有长硬毛。产东北和内蒙古海拔1000～1400m林中。

（1470）**西洋接骨木**

Sambucus nigra L. 〔Common Elder，European Elder〕

落叶灌木或小乔木，高4～8(10)m；小枝髓部白色。小叶(3)5～7，椭圆形，长达12.5cm，缘有尖锯齿。花黄白色，有臭味；成5叉分枝的扁平状聚伞花序，径12～20cm；5～6月开花。核果亮黑色，径6～8mm；9～10月果熟。

产南欧、北非及西亚地区；我国山东、江苏、上海和北京等地有栽培。开花美丽，可供观赏。

国外有很多品种，如**粉花**‘Roseiflora’、**重瓣**‘Plena’、**白果**‘Alba’、**绿果**‘Viridis’、**金叶**‘Aurea’、**金边**‘Aureo-marginata’、**银边**‘Albo-marginata’、**雪叶**‘Pulverulenta’（Albo-punctata）、**紫叶**‘Purpurea’、**裂叶**‘Laciniata’、**垂枝**‘Pendula’、**塔形**‘Pyramidalis’及**矮生**‘Nana’等。

（1471）**欧红接骨木**

Sambucus racemosa L. 〔European Red Elder〕

落叶灌木，高达3.5m；枝髓褐色。小叶5～7，卵形至椭圆形，长达10cm，缘有粗锯齿。花小，黄白至浅绿色；成密集的卵形圆锥聚伞花序，长达9cm。核果小，鲜红色。花期春天至初夏。

产欧洲及西亚；长期栽培。有学者认为与接骨木 *S. williamsii* 是同一种。

有**金叶**‘Aurea’、**裂叶**‘Laciniata’、**金裂叶**‘Plumosa Aurea’等品种。

〔附〕**加拿大接骨木 *S. canadensis*** L. 〔American Elder〕　落叶灌木，高3～4m；枝髓白色。小叶7，长椭圆形至披针形，长达15cm。花白色；聚伞花序扁平状，由5分枝组成，径达25cm。果紫黑色。花期6～7月。原产北美。有**金叶**‘Aurea’、**银边**‘Agenteo-marginata’、**细裂叶**‘Acatiloba’、**红果**‘Rubra’、**大花序**‘Maxima’、**绿果**‘Chlorocarpa’等品种。

126. 菊　科 Asteraceae（Compositae）

【蚂蚱腿子属 *Myripnois*】1种，中国特产。

（1472）**蚂蚱腿子**

Myripnois dioica Bunge

落叶小灌木，高达50～80cm，光滑。单叶互生，卵形至广披针形，长2～4cm，全缘，3主脉；在短枝上之叶簇生，基部楔形。头状花序腋生，常有花5（—10）朵；雌花花冠舌状，淡紫色，两性花花冠筒状二唇形，白色；雌花与两性花异株，芳香；4月上、中旬花与叶同放。

产辽宁西部、内蒙古东南部、河北、山西、河南和陕西，多生于低海拔的山地阴坡及林缘，常形成灌丛群落。北京山地常见，可作水土保持树种。

Ⅱ. 单子叶植物纲 Liliopsida (Monocotyledons)

127. 棕榈科 Arecaceae (Palmae)

【棕榈属 *Trachycarpus*】茎单生；叶掌状裂，叶柄两侧有细齿。花单性或杂性，同株或异株；佛焰花序簇生，多分枝，佛焰苞多数。约 10 种，产东亚；中国约 6 种。

(1473) **棕 榈**

Trachycarpus fortunei (Hook. f.) H. Wendl. 〔Windmill Palm〕

常绿乔木，高 2.5～5(10)m；茎圆柱形，径 50～80cm，不分枝，具纤维网状叶鞘。叶簇生茎端，掌状深裂至中部以下，裂片较硬直，但先端常下垂；叶柄两边有细齿。花小，单性异株；圆锥花序，鲜黄色。花期 4～5 月；果期 10～12 月。

原产中国，长江流域及其以南地区城乡常见栽培。稍耐荫，喜温暖湿润气候，不耐寒，抗大气污染。北方常温室桶栽观赏。棕皮供制棕绳、蓑衣、毛刷等；花、果、种子可入药。是城乡绿化及园林结合生产的好树种。

图 978 棕 榈

〔附〕**龙棕** ***T. nana*** Becc. 灌木，高不足 1m，有时几乎无地上茎，地下茎盘曲。叶掌状 24～32 深裂，径 25～35cm，叶裂深达近基部，条形。果蓝黑色，径约 1.2cm。产云南南部及贵州。是我国特有珍稀树种，可植于庭园或盆栽观赏。

【蒲葵属 *Livistona*】乔木，茎单生；叶掌状裂，裂片先端尖并 2 裂，叶柄两侧有倒刺。花两性，佛焰花序长而分枝，佛焰苞多数；核果球形。约 20 余种，产澳大利亚和东南亚；中国 5 种，引入栽培数种。

(1474) **蒲 葵**

Livistona chinensis (Jacq.) R. Br. ex Mart. 〔Chinese Fan-palm〕

常绿乔木，高 10～20m；茎不分枝。外形似棕榈，主要不同点是：叶裂较浅，裂片先端 2 裂并柔软下垂，叶柄两边有倒刺；花两性。春夏开花；11 月果熟。

原产华南地区。喜光，喜暖热多湿气候，不耐寒，抗风，抗大气污染；生长慢，寿命较长。树形优美，大型叶片可制葵扇等，是华南地区园林结合生产的优良树种。长江流域及其以北城市常于温室桶栽观赏。

图 979 蒲 葵

(1475) **高山蒲葵**(大蒲葵)

Livistona saribus(Lour.)Merr. ex A. Chev. 〔Taraw Palm〕

高达 23m。叶大型,长达 1.5m,掌状裂,裂片先端 2 裂;叶柄细长,有大倒刺,柄基有纤维状物。小树之叶面超过 360°,即叶基有部分重叠。叶柄基部在干上呈莲座状排列。

产亚洲东南部、印尼及菲律宾群岛;我国广东封开、海南和云南南部有分布。本种在云南南部的景洪寨子里是最高、最显眼的树木。

(1476) **澳洲蒲葵**

Livistona australis(R. Br.)Mart.

〔Australian Fan Palm, Cabbage-tree Palm〕

高 8~23m,干径 40cm。叶大型,宽 1~1.5(2.4)m,掌状 40~50(70)裂,深达叶之中部以下,裂片细长,先端尖 2 裂并下垂;叶柄两侧常有刺齿。花序长达 1.5m。核果球形,紫黑色,径 1.6~2cm。

原产澳大利亚东部;我国台湾、广东、广西及云南有引种栽培。主要用于城市街道、公园和庭园绿化。

(1477) **美丽蒲葵**

Livistona speciosa Kurz

高 15~20m,干径 10~15cm。叶扇形,径 1.8~2m,掌状中裂,裂片先端 2 浅裂,不下垂,中肋明显;叶柄基部两侧密生黑褐色长刺(长 2.5~3cm),叶鞘具浓密纤维。花序长 60~120cm。果椭球形,长约 1.6cm,熟时蓝黑色,有光泽。花期 1~3 月;果期 3~10 月。

产云南南部,常在寺院和村寨栽培;缅甸也有分布。华南及东南部有引种。

(1478) **红叶蒲葵**(旱生蒲葵)

Livistona mariae F. v. Muell. 〔Red-leafed Palm〕

高 15~18m;干径约 38cm,基部膨大。叶扇形,径达 3m,掌状裂,灰绿色,有光泽,较坚硬;叶柄长约 1.8m,有多数小刺;幼株之叶发红,颇具观赏性。花浅黄至黄绿色;圆锥花序密集。果球形,径不及 2cm,熟时茶褐至黑色。

原产澳大利亚中部半干旱地区;在热带和亚热带地区常有栽培。华南及云南南部有栽培,供观赏。

〔附〕**圆叶蒲葵**(爪哇蒲葵)***L. rotundifolia***(Lam.)Mart.〔Footstool Palm〕 高达 24m;叶近圆形,径约 1.5m,掌状 60~90 浅裂,裂片先端尖,叶色翠绿,有光泽;叶柄常长于叶片,两侧具粗尖齿。果球形,猩红色,熟时黑色。原产马来西亚和印尼。幼株晶翠美观,宜桶栽观赏。

【霸王棕属 ***Bismarckia***】1 种,产非洲;中国有引种。

(1479) **霸王棕**(俾斯麦棕)

Bismarckia nobilis Hild. et H. Wendl.

茎单生,高 15~30m,径达 30~60cm,光滑,灰绿色,基部稍膨大。叶片巨大,径 1.5~3m,掌状裂,裂片间有线状物,蜡质,蓝灰色;叶柄与叶片近等长,有刺状齿,基部开裂。雌雄异株,雄花序具 4~7 红褐色小花轴,长达 21cm;雌花序较长而粗。果实卵球形,褐色,长达 4cm,果柄长达 1.9cm。

原产非洲马达加斯加西部,热带及亚热带地区广泛栽培;华南有引种,生长良好。喜阳光充足、气候温热与排水良好的环境,耐旱;生长快。本种高大壮观，加上蓝灰色的叶子，十分引人注目，是深受欢迎的观赏棕榈。其绿叶型变种更适宜在沿海或气候较凉的地区种植。

【丝葵属 ***Washingtonia***】乔木，茎单生，有叶鞘及叶柄基宿存；叶掌状裂，裂片间常有丝状物。佛焰花序圆锥状，佛焰苞长；核果椭球形。2种，产北美；中国有引种。

(1480) **丝 葵**（加州蒲葵，老人葵）

Washingtonia filifera H. Wendl. 〔Washington Palm, Desert Fan Palm〕

高达25m以上，干近基部径可达1.3m。叶大型，径达1.8m，掌状50～70中裂，裂片边缘有垂挂的纤维丝。花小，两性，乳白色，几无梗，生于细长肉穗花序的小分枝上。浆果状核果球形，熟时黑色。夏季开花；冬季果熟。

原产美国加利福尼亚州；华南有少量引种。适应性较强，生长快。在当地常栽作行道树及园林风景树。老叶枯干后在干端叶丛下面垂而不落，远看像老人的胡子而有"老人葵"之名。

〔附〕**大丝葵**（墨西哥蒲葵）***W. robusta*** H. Wendl. 〔Thread Palm〕 茎干较丝葵细；叶较小，亮绿色，裂片间的丝状纤维通常仅见于幼龄植株，先端通常不下垂；叶柄边缘红褐色，密生钩刺。原产墨西哥北部；华南有引种。本种比丝葵耐寒性稍强，而且生长更高，可在华南地区栽作行道树及园景树。

【棕竹属 ***Rhapis***】丛生灌木，茎细长，有环纹；叶掌状深裂。雌雄异株，佛焰花序细长，有分枝，佛焰苞2～3，管状；浆果多为球形。约15种，产东亚；中国7种。

(1481) **棕 竹**（筋头竹）

Rhapis excelsa (Thunb.) Henry ex Rehd. 〔Bamboo Palm〕

高2～3m；干细而有节，色绿如竹，上部包有网状叶鞘。叶5～10掌状深裂，裂片较宽；叶柄顶端的小戟突常半圆形。

产我国华南及西南地区。华南地区常植于庭园或盆栽观赏。品种**花叶棕竹 'Variegata'** 叶裂片有黄色条纹。

图980 棕 竹

(1482) **细叶棕竹**（矮棕竹）

Rhapis humilis (Thunb.) Bl. 〔Reed Palm〕

高1.5～3m；外形与棕竹甚相似，但叶掌状7～20深裂，裂片狭长；叶柄顶端小戟突常三角形。

产我国西南及华南地区。喜荫，喜湿润的酸性土，不耐寒。华南一些城市常用于布置庭园；长江流域及其以北城市常盆栽观赏，是很受欢迎的室内绿化树种。

(1483) **多裂棕竹**（金山棕竹）

Rhapis mutifida Burr.

高1～1.5(3)m，干径1～2cm，叶鞘纤维较粗。叶长18～25cm，掌状(20)25～30深裂，裂片狭条形，先端渐尖，缘有细齿，两侧及中间之1裂片较宽

（约 2cm），并有 2 条纵脉，其余裂片仅 1 条纵脉，宽约 1cm。

原产广西西部及云南东南部。本种叶片细裂而清秀，深受人们喜爱，在华南一些城市多盆栽观赏或在山石盆景中配植。

〔附〕**细棕竹** ***R. gracilis*** Burr. 高 1～1.5m。叶掌状 2～4 深裂，裂片长 15～18cm，宽 1.7～3.5cm，先端切齿状；叶柄长 8～10cm。产广东和海南。耐荫性强，叶色苍翠，是室内盆栽观赏佳品。品种**斑叶细棕竹 'Variegata'** 叶裂片有黄色条纹。

【琼棕属 *Chuniophoenix*】叶掌状深裂，叶柄腹面具深凹槽。花两性，圆锥状聚伞花序，佛焰苞管状；核果浆果状，球形。2 种，产中国及越南；中国 1 种。

（1484）**琼　棕**

Chuniophoenix hainanensis Burr.

丛生灌木或小乔木；干径达 6cm，有吸芽自叶鞘生出。叶掌状 14～18 深裂，长 55～65cm，裂片线形，先端尖或 2 浅裂；叶柄腹面具深凹槽。花两性，紫红色。果红黄色。

产我国海南及越南北部。喜暖热气候，不耐寒。株形优雅，较耐荫，可作园林观赏树及室内绿化树种。

〔附〕**矮琼棕** ***C. nana*** Burr. （*C. humilis* C. Z. Tang et T. L. Wu） 灌木，高达 2m，干较细而不具吸芽。叶半圆形，掌状 4～7 深裂。花淡黄色；果熟时鲜红色。产我国海南及越南。绿叶红果，又较耐荫，宜植于庭园或盆栽观赏。

【红脉榈属（拉坦棕属）*Latania*】乔木，干有环纹；叶掌状裂。雌雄异株，花序腋生，分枝明显；果内种子 3 粒。3 种，原产西印度洋的马斯克林群岛；中国有引种。

（1485）**红脉榈**（红脉葵）

Latania lontaroides （Gaertn.） H. E. Moore 〔Red Latan〕

高达 15m 以上。叶掌状深裂，长 1.2～1.8m，裂片披针形，先端渐尖，灰绿色，主脉及边缘皆为红色；叶柄暗红或紫褐色（随着生长逐渐变淡），基部膨大抱茎。花序长达 1.5m。果球形，径 3.5～4.5cm，熟时红褐色。

原产毛里求斯；华南近年有引种。是优美的观赏棕榈。

（1486）**黄脉榈**（黄脉葵）

Latania verschaffeltii Lem. 〔Yellow Latan〕

高达 15m 以上；茎干基部膨大。叶掌状深裂，长达 1.5m，浅绿色，叶面无白粉，主脉及叶柄边缘黄色；叶柄被灰白色绵毛。花序长达 1.8m。果倒卵形，长约 5cm，具 3 棱。

原产毛里求斯；华南近年有引种。幼苗叶柄及叶脉金黄色，非常美丽，是观赏棕榈类之珍品。

〔附〕**蓝脉榈**（蓝脉葵） ***L. loddigesii*** Mart. 〔Blue Latan〕 叶长 1～1.5m，叶面被白粉，呈蓝灰绿色，主脉带红色；叶柄幼时边缘有刺。果倒卵形，褐色。原产毛里求斯；华南近年有引种。

【轴榈属 *Licuala*】灌木，茎有环纹；叶掌状深裂或不裂，裂片楔形，顶端平截或有齿；叶柄细长，两侧有刺。花两性，佛焰苞革质，管状，宿存。约 100 余种，产热带亚洲及大洋洲；中国 3 种，引入数种。

(1487) **轴 榈**（穗花轴榈）

Licuala fordiana Becc.

丛生灌木，高1.5～2(5)m。叶近扇形，径0.4～1.3m，掌状8～22全裂，裂片狭楔形，有2～3条纵脉，呈折叠状，顶端截形，有钝齿。花序细长，长1.5～2m，有少量1次分枝。核果球形，径约8mm。

产海南、广东南部及东南亚地区。耐荫性强，喜湿润环境，不耐寒。宜在暖地庇荫处栽植观赏，也是优美的厅堂盆栽植物。

(1488) **圆叶轴榈**（扇叶轴榈）

Licuala grandis（Bull.）H. Wendl.

茎单生，高2～3m。叶片近圆形或半圆形，长0.6～1.2m，掌状脉明显，仅边缘有短尖裂，亮绿色；叶柄有刺。

原产巴布亚新几内亚北部；华南有引种栽培。是优美的观赏棕榈植物之一。

〔附〕**花叶轴榈 *L. robinsoniana*** Becc. 无明显茎干；叶掌状深裂，裂片楔形，在绿叶上密布黄色斑纹和斑点，叶柄长而有刺。原产越南和广西十万大山地区。喜半荫和潮湿环境，较为耐寒。叶形叶色皆美，适于庭园及盆栽观赏。

【**糖棕属 *Borassus***】约8种，产热带非洲和亚洲；中国引入栽培1种。

(1489) **糖 棕**（扇叶糖棕）

Borassus flabellifer L. 〔Palmyra Palm〕

常绿乔木，单干粗壮，高12～18m，干径达1m。叶掌状裂，裂片约80，形大如蒲葵，径约1.5m；叶柄宽大，边缘有不规则锯齿，基部成"人"字形开裂。花单性异株；雄花序长达1.5m，约有7个主枝；雌花序长约30cm，有花8～16朵，花径约5cm。果大，球形或椭球形，径约15cm。

原产印度、缅甸、柬埔寨之较干旱地区；华南及西南地区有栽培。播种繁殖。未开放的花序割汁可制糖，是著名热带木本产糖作物。

【**箬棕属 *Sabal***】约25种，产美洲热带及亚热带；中国有少量引入栽培。

(1490) **箬 棕**（菜棕）

Sabal palmetto（Walt.）Lodd. ex Roem. et Schult. f.

〔Cabbage Palm，Palmetto〕

茎单生，高10～24(27) m，径达30～50cm。叶鸡冠状掌裂，径达2m，随叶轴的背弯，使叶片末端呈明显的弯拱形；裂片长60～140cm，先端2裂，裂片间有丝状物；叶柄比叶片长。雌雄同株；花小，黄绿色至近白色，花梗长；花序腋生，长2.4m。果球形，径约1cm，熟时黑色，有光泽。

原产美国东南部和西印度群岛；华南地区有栽培。植株雄伟而优美，是美国佛罗里达州的州树。喜光，耐旱，抗风，可在−5℃低温下生长。在暖地可栽作行道树及园景树。

【**贝叶棕属 *Corypha***】约8种，产亚洲热带至澳大利亚；我国引入栽培1种。

(1491) **贝叶棕**

Corypha umbraculifera L. 〔Talipot Palm〕

常绿大乔木，茎干单生，通直，高达24(30)m，径达1m。叶大型，宽3～4(5)m，掌状70～100裂，裂片条状披针形，先端尖或2裂，裂片间有灰色丝状纤维，边缘有钩刺；叶柄长1.5～3m，边缘有不显小刺；叶柄基部薄而宽，无纤维，在干上呈鳞状。花两性；肉穗花序圆锥状，顶生，长达6m；佛焰苞多数，管状。果近球形，径约3.5cm。

原产印度南部、斯里兰卡及马来西亚等地；早在700多年前传入我国云南西双版纳地区，在傣族村寨及寺庙附近多有栽植。播种繁殖，60～80年生树一次性开花结果后死亡。植株高大，树姿优美，是热带地区园林绿地及庭园绿化的好树种。其叶片巨大，古人用它来代纸书写经文，称“贝叶经”。

【刺葵属 *Phoenix*】羽状复叶，近基部小叶常成刺状。雌雄异株；花序分枝，佛焰苞鞘状；果长椭球形。约17种，产亚洲和非洲；中国2种，引入栽培4种。

(1492) **长叶刺葵**（加那利海枣）

Phoenix canariensis Hort. ex Chabaud〔Canary Island Date Palm〕

乔木，高达10～15m，干径达90cm，干上有整齐的鱼鳞状叶痕。羽状复叶，长达4～5(6)m，小叶基部内折，长20～40cm，宽1.5～2.5cm，基部小叶成刺状，小叶在中轴上排成数行。花序长约2m。浆果球形，长约1.8cm。花期4～5月和10～11月；果期7～8月和翌年春季。

原产非洲西部加那利群岛。树形美丽壮观，在华南可栽作行道树或在滨海地段配植；北京有盆栽，供观赏，温室越冬。

(1493) **海　枣**（枣椰子，伊拉克蜜枣）

Phoenix dactylifera L. 〔Date Palm〕

乔木，高达20～25m，基部常有萌蘖产生。羽状复叶，长达3(～4)m；小叶条状披针形，硬直，有白粉，长30～40cm，宽2～3cm，基部内折；基部小叶成针刺状。果椭球形，长4～5cm。花期3～4月；果期9～10月。

产热带非洲及西亚。华南及滇南有少量栽培。播种或分蘖繁殖。果肉味甜可食，常制成蜜饯。茎干挺拔，羽叶劲直而发蓝，颇具特色，在暖地可栽作园林绿化树种，或温室盆栽观赏。**斑叶海枣‘Variegata’**叶具黄斑。

(1494) **银海枣**（林刺葵）

Phoenix sylvestris（L.）Roxb. 〔Indian Wild Date，Silver Date Palm〕

乔木，高10～16m，干径30～33cm，密被狭长的叶柄基部。羽状复叶，长3～5m，灰绿色；小叶剑形，长15～45cm，宽1.7～2.5cm，先端尾状渐尖，排成2～4列；叶轴下部针刺长约8cm，常2枚簇生。花白色；花序长60～100cm；佛焰苞开裂成2舟状瓣。核果椭球形，径约1.5cm，熟时橙黄色。花期3～4月；果期7～8月。

原产印度、缅甸；我国台湾、华南及云南有引种栽培。喜高温和阳光充足环境，有较强的抗旱力；生长慢。树姿壮美，叶色银灰；宜植于园林绿地水边或草坪作园景树。树液含糖，可提制棕糖。

(1495) **刺　葵**（小针葵）

Phoenix loureirii Kunth（*P. hanceana* Naud.，*P. humilis* Royle）

茎常丛生，高2～5(9)m，干径达30cm。羽状复叶较坚硬，长达2m，灰绿至苍白色；小叶近180片，2～3片簇生，在叶轴上常成4列，长15～20(40)cm，宽1～1.5cm，先端尖，背脉有鳞片，基部小叶成针刺状。花浅黄色。核果小，椭球形，熟时红色，后变黑色。

产华南、台湾、云南及印度等地。当地居民常栽作围篱。

(1496) **软叶刺葵**（江边刺葵）

Phoenix roebelenii O'Brien〔Pygmy Date Palm〕

常绿灌木，高1～3m，茎单生或丛生，茎干有残存的三角舌状叶柄基。羽状复叶长1～2m，常拱垂；小叶较柔软，2列，近对生，长20～30cm，宽约1cm，先端长尖，基部内折；基部小叶成刺状。花小，黄色。果黑色，鸡蛋状，簇生，下垂。夏季开花；秋季果熟。

产中南半岛，云南南部有分布。树形美丽，广州等地庭园有栽培；更宜盆栽观赏，是室内绿化的好树种。

【散尾葵属 ***Chrysalidocarpus***】羽状复叶。雌雄同株；佛焰花序生于叶鞘束下，基部有2佛焰苞；果近球形或陀螺状。约20种，产马达加斯加岛；我国引入栽培2种。

(1497) **散尾葵**

Chrysalidocarpus lutescens H. Wendl.

（*Dypsis lutescens* Beentje et Dransf.）

〔Yellow Palm, Golden Cane Palm〕

丛生灌木，高7～8m；茎干如竹，有环纹。羽状复叶，长约1m，小叶条状披针形，2列，先端渐尖，背面光滑，叶柄和叶轴常呈黄绿色，上部有槽，叶鞘光滑。

原产非洲马达加斯加。不耐寒，最低温度5℃。播种或分株繁殖。姿态优美，是热带园林景观中最受欢迎的棕榈植物之一。华南庭园常栽培观赏；长江流域及北方城市常盆栽观赏，也是大量生产的盆栽棕榈植物之一。其切叶是插花的好材料。

【三角椰子属 ***Neodypsis***】约14种，产马达加斯加岛；中国引入栽培1种。

(1498) **三角椰子**

Neodypsis decaryi Jum. （*Dypsis decaryi* Beentje et J. Dransf.）

〔Tree-cornered Palm, Triangle Palm〕

茎干单生，高3～6(9)m，径30～40cm，具残存叶鞘（其包裹部分的横切面呈三角形，故名三角椰子）。羽状复叶，在茎上排成整齐的3列，长达2.5m，端部弓形，小叶55～60对，排列整齐，细条形，灰绿色；叶柄棕褐色。雌雄同株；肉穗花序有分枝，腋生，花黄绿色。核果球形，径达2.5cm，黄绿色。

原产马达加斯加雨林；华南近年有引种栽培。适应性较强，耐寒又耐旱。羽叶纤细优美，在暖地宜植于园林绿地观赏，也可盆栽装饰宾馆和大型商场。

【猩红椰子属 ***Cyrtostachys***】约12种，产马来半岛；中国有引种。

(1499) **猩红椰子**

Cyrtostachys lakka Becc. 〔Sealing-wax Palm〕

丛生灌木，高3.5～5m；茎干细长，光滑。羽状复叶，长1.2～1.5m，小叶约25对，条形，长约45cm，宽4cm，先端锐尖，表面深绿色，背面灰绿色；叶鞘、叶柄至叶轴皆猩红色。雌雄同株，肉穗花序腋生，长30～60cm，分枝初为绿色，后变红色。果长卵状锥形，长约1cm，熟时由红变黑色。

原产马来西亚及太平洋岛屿；华南有栽培。喜光照充足和高温高湿环境。本种叶柄及叶鞘猩红色，十分美丽醒目，常盆栽用于装饰环境。

(1500) **大猩红椰**(红柄椰)

Cyrtostachys renda Bl.

茎丛生,高达10m;茎干有环状叶痕。羽状复叶,长约2m,小叶条状披针形,先端钝,常2浅裂,表面绿色,背面灰绿色;其叶鞘、叶柄和叶轴皆橙红色(通常要到树龄15年以上始显出)。肉穗花序长达1m,下垂。果卵形,径约1cm,熟时黑色。

原产马来西亚和印尼苏门答腊;华南地区有引种。叶鞘、叶柄明显深红色,十分美丽,是很好的观赏棕榈植物。

【石山棕属 ***Guihaia***】2种,产中国和越南。

(1501) **石山棕**

Guihaia argyrat S. K. Lee, F. N. Wei et J. Dransf.

丛生灌木,高0.5~1.2m。叶掌状10~20深裂,径40~50cm,裂片条状披针形,背面密被毡状银白色绒毛;叶柄长达1m,两侧具细齿;叶鞘初为管状,后渐变成深褐色纤维质针刺状。雌雄异株,花序及花部密被鳞秕状毛。核果近球形,径4~6mm,黑褐色。

产湖南、广东、广西及云南。植株矮小,常年青翠,玲珑可爱;在华南地区可植于庭园观赏,尤宜与山石相配或制作盆景。

【荷威椰子属 ***Howea***】2种,产澳大利亚;中国有引种。

(1502) **荷威椰子**(金帝葵)

Howea forsteriana(F. v. Muell.)Becc. 〔Kentia Palm, Sentry Palm〕

茎干单生,高15~20m,但盆栽通常不超过3m;茎干有环状或斜向叶痕,基部膨大。羽状复叶长达3m,近平展,先端弯垂,小叶条状披针形,宽1~1.5cm,间隔较大(约2.5cm),先端尖或微2裂,暗绿色,有光泽;叶柄长,叶鞘开裂,具纤维。花序长约90cm。果近椭球形,长约3.2cm,熟时红褐色。

原产澳大利亚劳德豪威岛;华南有引种栽培。喜温暖湿润气候,耐荫性较强,有一定耐寒性;生长快。姿态优美,叶色浓绿,适应性广,被认为是20世纪最好的室内观叶植物之一,也可植于园林绿地观赏。

〔附〕**拱叶荷威椰子**(富贵椰子)***H. belmoreana***(F. v. Muell.)Becc. 〔Belmore Sentry Palm〕 植株较矮,高3~7m,茎干基部膨大。羽叶长达2m,羽叶和小叶都向下拱弯,叶脉仅在上面明显;叶柄短。原产澳大利亚劳德豪威岛;华南有引种栽培。是优美的观叶棕榈植物。

【狐尾椰属 ***Wodyetia***】1种,产澳大利亚;中国有引种。

(1503) **狐尾椰子**

Wodyetia bifurcata A. K. Irvine 〔Foxtail Palm〕

茎干单生,高10~15m,径20~25cm,光滑,有环纹,银灰色,稍呈瓶状。羽状复叶长2~3m,拱形;小叶狭披针形,亮绿色,在叶轴上分节轮生,形似狐尾;叶柄短,叶鞘包茎,形成明显的冠茎。雌雄同株,花浅绿色;花序生于冠茎下,分枝较多。果卵形,长6~8cm,熟时橘红至橙红色。

原产澳大利亚昆士兰东北部;华南近年有引种。喜光,耐旱,抗风,较耐寒(−5℃),生长较快。高大挺拔,叶形奇特优雅,遮荫效果好,适应性广;是热带、亚热带地区最受欢迎的棕榈植物之一,宜栽作行道树及园景树。

【椰子属 ***Cocos***】1种,原产西太平洋诸岛屿,现广布于热带海岸和岛屿。

(1504) **椰　子**

Cocos nucifera L. 〔Coconut Palm〕

乔木，高达 15～35m；树干具环状叶痕。羽状复叶集生于干端，长 3～7m，柔中具刚，小叶条状披针形，先端渐尖，基部外折。花单性同序，肉穗花序生于叶丛之中。核果大，径约 25cm。

产世界热带岛屿及海岸，以亚洲最集中；华南和台湾有栽培，以海南岛最多。喜光，喜暖热多湿气候，寿命长达 100 年。是优美的风景树及海岸防护林树种，在海滨栽植最能体现热带风光。椰子全身是宝：椰水是清凉饮料，椰肉可加工成油料及各种食品，椰壳可制器皿或工艺品，椰衣可制绳、刷、帚等；花序可割取糖液。

有**金叶**'Aurea'、**矮生**'Malay Dwarf'（植株矮小；果大而多，金黄色）等观赏品种。

图 981　椰　子

【酒瓶椰子属 ***Hyophorbe***】茎干单生，基部或近中部常膨大，具环纹；羽状复叶，具明显的叶鞘束。雌雄同株；花序具早落的佛焰苞数枚。约 5 种，产西印度洋的马斯克林群岛；中国引入 3 种。

(1505) **酒瓶椰子**

Hyophorbe lagenicaulis (Bailey) H. E. Moore (*Mascarena lagenicaulis* Bailey) 〔Bottle Palm〕

茎干高达 2m，上部细，中下部膨大如酒瓶，径可达 80cm。羽状复叶集生茎端，小叶 40～70 对，长达 45cm，宽约 5cm，排成二列。花小，黄绿色；穗状花序。果实椭球形，带紫色，长约 2.5cm。

图 982　酒瓶椰子

原产毛里求斯的罗得岛；华南有引种栽培。树干奇特，是珍贵的园林观赏树种；宜在暖地植于庭园或盆栽观赏。

(1506) **棍棒椰子**

Hyophorbe verschaffeltii H. Wendl. (*Mascarena verschaffeltii* Bailey) 〔Spindle Palm〕

茎干高达 6m，基部及上部均较细，惟中部粗大（径达 30～60cm），状如棍棒。羽状复叶，长达 2m，小叶 30～50 对，长达 75cm，宽约 2.5cm，排成二列。

原产毛里求斯的罗得里格斯岛。我国厦门、广州等地引种栽培，供观赏。

【竹节椰子属（玲珑椰子属）***Chamaedorea***】灌木；叶羽状全裂或仅先端 2 裂，叶鞘筒状。雌雄异株；花序具佛焰苞 3 或多数。果实近球形。约 120 种，主产中美洲热带；中国引入约 10 种。

(1507) **袖珍椰子**

Chamaedorea elegans Mart. (*Collinia elegans* Liebm.) 〔Parlor Palm, Good-luck Palm〕

茎单生，细长如竹，高达1.8m。羽状复叶，深绿色，叶轴两边各具小叶11～13,条形至狭披针形，长达20cm，宽约1.8cm。花小，黄白色；花序直立，具长梗。果球形，径约6mm，黑色。

原产墨西哥、危地马拉；世界各地普遍栽培，我国有引种。不耐寒（最低温度10℃），耐荫性较强。植株小巧玲珑，羽叶青翠亮丽，是室内盆栽观赏佳品，在暖地也可配植于庭园。

（1508）**璎珞椰子**

Chamaedorea cataractarum Mart.

丛生灌木，高达80cm，茎有明显的环状叶痕。羽状复叶集生茎端，小叶13～16对，排列整齐，条状披针形，先端尖，主脉及侧脉在正面明显下凹，在背面凸起；叶柄上面平，背面圆。花小，黄色；肉穗花序细长。果淡红色。花期5月；果期7月至翌年1月。

原产墨西哥；华南有引种。耐荫性强，宜盆栽观赏和庭园配植。

（1509）**竹节椰子**（雪佛里椰子）

Chamaedorea seifrizii Burr.

丛生灌木，高达3m，茎纤细而中空，绿色，节间较短。羽状复叶，多着生于茎干中上部；小叶互生，13～18对，排列整齐，条状披针形，长达35cm，宽达1.6cm，末端1对稍宽，翠绿而有光泽；叶鞘筒状，包被茎干。雄花芳香；肉穗花序直立，黄绿色。果球形，紫红色。

原产墨西哥、危地马拉、巴西等地；全球热带、亚热带均有栽培。喜高温高湿环境，耐荫性强。茎似翠竹，姿态优雅，特别适合盆栽室内观赏。

（1510）**竹茎椰子**（大叶竹节椰子）

Chamaedorea erumpens H. E. Moore〔Bamboo Palm〕

丛生灌木，高2～4m，茎干细如绿竹。羽状复叶，长45～50cm，小叶5～10对，披针形，长13～15(27)cm，宽达3cm，表面深绿色，背面发白，叶质较薄而软；顶端的一对小叶明显较宽并呈V形鱼尾状。果近球形，径约1cm，深绿褐色。

原产中美洪都拉斯及危地马拉；近年我国有引种栽培，表现良好。喜高温湿润和半荫环境，低于5℃易受冻害。株形优美，叶色浓绿，又较耐荫，既适合盆栽装饰室内，又可植于庭园观赏。

〔附〕**小穗竹节椰子** ***C. microspadix*** Burr.　丛生灌木，高1～3m。羽状复叶，约有小叶9对，披针形，表面深绿色，背面灰绿色，末端一对小叶合生成鱼尾状。花乳白色。果橙色至红色。原产墨西哥；我国有引种。本种常用来盆栽并作为祝贺礼物；也宜在暖地庭园栽培观赏。

（1511）**鱼尾椰子**（玲珑椰子，金光竹节椰子）

Chamaedorea metallica O. F. Cook ex H. E. Moore

茎干单生，高0.5～1m，光洁如竹。叶片长椭圆形，羽状脉，先端2裂，状似鱼尾（有时部分叶羽状裂），深绿而有金属光泽，革质。花黄色；肉穗花序直立。果橙红色。

原产墨西哥；我国近年有引种。耐荫性强，叶色浓绿富光泽，是室内盆栽观赏的好树种。

〔附〕**二裂坎棕**（二裂竹节椰子）***C. ernesti-augusti*** H. Wendl.　茎干单生，

高达1.8m。叶广倒卵形，长30～45cm，基部楔形，仅先端2深裂，侧脉13～16对。花序具长梗，苞片5。果椭球形，黑色。产墨西哥至洪都拉斯。

【国王椰子属 *Ravenea*】约10余种，均有较高观赏价值；中国有引种。

(1512) **国王椰子**

Ravenea rivularis Jum. et Perr.

茎干单生，高9～12(25)m，径30～80cm，叶鞘脱落后表面光滑，灰色，有环纹，基部明显膨大。羽状复叶，长2～3m，初时挺直，后渐拱弯；小叶多而排列整齐，条形，长45～60(90)cm，先端尖；叶轴和叶柄常被绒毛。雌雄异株，花白色；肉穗花序腋生。核果近球形，熟时红褐色。

原产马达加斯加；华南有引种，已被广泛种植。喜暖热而光照和水分都充足的环境，也较耐荫，抗风力强；生长快，耐移植。树形优美，茎干光洁，羽叶纤细优雅，叶色翠绿，观赏效果好。宜栽作庭园及街道绿化树种，也是盆栽用于室内绿化观赏的好材料。

【射叶椰子属 *Ptychosperma*】约30种，均为优美的园林植物；中国有引种。

(1513) **青　棕**

Ptychosperma macarthurii (H. Wendl.) Nichols 〔Macarthur Palm〕

丛生灌木，茎干细长，高3～6m，径3～8cm，具竹节状环纹。羽状复叶，长1～1.5m，小叶20～25，整齐二列，条形，长15～20(30)cm，宽2～4cm，先端宽钝截状并有缺刻。雌雄同株；肉穗花序长20～30cm，淡黄色。果椭球形，长1.3～2cm，熟时鲜红色。

原产澳大利亚东北部及新几内亚中南部；华南地区有引种。喜温暖湿润气候，耐半荫，较耐寒；生长较快。株形优雅，红果艳丽；适于庭园观赏或盆栽用于室内绿化装饰。

【王棕属 *Roystonea*】乔木，茎有环纹；大型羽状复叶。雌雄同株；花序分枝长而下垂，佛焰苞2；果近球形。约6～10种，主产加勒比海群岛及周边滨海地区；中国引入栽培2～3种。

(1514) **王　棕**（大王椰子）

Roystonea regia (HBK) O. F. Cook 〔Royal Palm〕

高达20(30)m；干灰色，光滑，幼时基部膨大，后渐中下部膨大。羽状复叶聚生干端，长达3.5m，小叶互生，条状披针形，长60～90cm，宽2.5～3.5cm，通常排成4列，基部外折；叶鞘包干，形成绿色光滑的冠茎。花序长达60cm。花期3～5月和10～11月；果期8～9月和翌年5月。

原产古巴、牙买加和巴拿马；现广植于世界热带地区。喜高温多湿和阳光充足，土质不拘，很不耐寒（最低温度16～18℃）。树形雄伟，是世界著名的热带风光树种，在华南地区多栽作行道树及园林风景树。

(1515) **菜王棕**（甘蓝椰子）

Roystonea oleracea (Jacq.) O. F. Cook 〔Caribbean Royal Palm〕

高30～40m，干径50～60cm，基部膨大，中部较均匀，浅灰色，具宽环纹。羽状复叶长3～4(7)m；小叶100～200对，2列，平展，条状披针形，长60～100cm，宽约4cm，先端尖并2裂；叶鞘光滑，绿色包茎。果椭球形，长1.2～2cm，熟时黑色。

原产南美洲；华南有引种。在原产地其嫩芽常作蔬菜食用，故名。在华南地区可植于园林绿地观赏，或栽作行道树。

【金山葵属 *Syagrus*】约 32 种，产南美；中国引入栽培 1～2 种。

（1516）**金山葵**（皇后葵）

Syagrus romanzoffiana （Cham.）Glassm.

（*Arecastrum romanzoffianum* Becc. var. *australe* Becc.）〔Queen Palm〕

乔木，高 8～15m，干灰色。羽状复叶长达 2～5m，小叶条状披针形，多行排列，长 40～90cm，宽 2.5～3.5cm，先端尖而浅 2 裂，基部外折，中脉腹面高隆起，叶柄和叶轴背面圆且被灰色易脱落的秕状绒毛。花单性同株；肉穗花序圆锥状分枝。果倒卵形至卵形，黄色，长约 3cm。花期夏季；果期 11 月。

原产巴西至阿根廷；现广植于热带地区。喜光，喜暖热多湿气候，不耐寒，抗风力强；移栽易活。树干挺拔，树形壮美，华南一些城市有栽培，常作行道树。

【槟榔属 *Areca*】乔木；羽状复叶，叶鞘长，圆筒形；雌雄同株，佛焰花序下垂；坚果多球形。约 60 种，产热带亚洲和大洋洲；中国引入约 3 种。

（1517）**槟　榔**

Areca catechu L.

〔Areca-nut，Betel Palm〕

茎单生，高 20～30m，径约 15cm，光滑，具环状叶痕，上部绿色如竹。羽状复叶集生干端，长1～2(4)m，叶鞘平滑绿色，小叶长 30～80cm，宽10～12cm，具多条纵脉，先端齿裂，背面绿色，光滑。花白色，芳香，雄蕊 6，单性同序；花序生于叶丛之下。果长 6～8cm。

原产南洋群岛；东南亚各地多栽培。喜高温多雨气候及富含腐殖质的土壤。树姿挺拔优雅，在华南常栽作园林绿化树种。种子及果皮均供药用。

图 983　槟　榔

（1518）**三药槟榔**

Areca triandra Roxb. ex Buch. -Ham.

〔Bungua Areca-palm〕

丛生灌木，高 2～3.5(6)m；茎干细长如竹，绿色，有环状叶痕。羽状复叶长 1～1.7m，小叶长约 40～50cm，宽约 5cm，具多条纵脉，先端有齿或浅裂，背面绿色，光滑。雄蕊 3；花序圆锥状分枝。果小，长椭球形，长 2.5cm，熟时红色或橙红色。春季开花；果期秋冬季。

产印度至马来半岛；华南有栽培。喜暖热湿润和半荫环境，不耐寒。茎干形似翠竹，姿态优雅，红果美丽而繁多；在暖地宜植于庭园或盆栽观赏。

【山槟榔属 *Pinanga*】约 120 种，产亚洲热带；中国约 8 种。

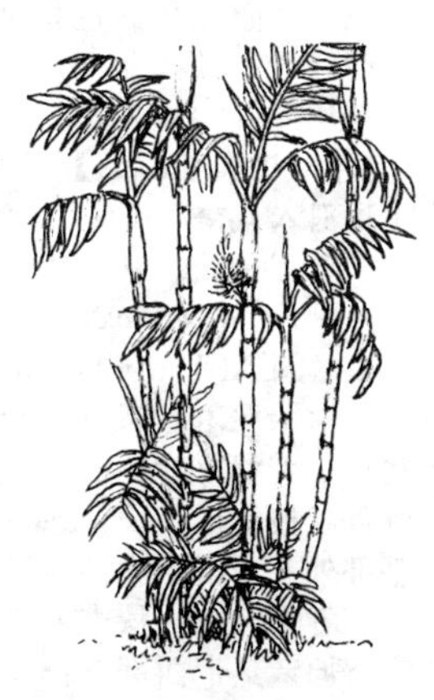

图 984　三药槟榔

(1519) **变色山槟榔**(燕尾棕)

Pinanga discolor Burr.

灌木，茎干纤细如竹，高 3～4(8)m，径 1～2cm，节间长 4～10(15)cm。羽状叶长约 1m，裂片 4～8(10)对，长圆状披针形，长 30～45cm，宽5～12cm，表面深绿色，背面灰白色，顶端斜截形并有三角形齿缺。肉穗花序下垂，有2～3 次分枝，长 8～15cm，佛焰苞 1。核果近纺锤形，长 1.5～2cm，熟时紫红色。

产马来西亚、印度及我国华南、云南。喜温暖湿润气候，忌强烈光照。树形优美秀雅，宜于暖地荫处栽植观赏；也是盆栽供室内绿化装饰的好材料。

【假槟榔属 ***Archontophoenix***】约 6 种，产澳大利亚；中国引入栽培 2 种。

(1520) **假槟榔**(亚历山大椰子)

Archontophoenix alexandrae(F. v. Muell.) H. Wendl. et Drude

〔Alexandra Palm〕

乔木，高达 20(30)m；干径 15～25cm，幼时绿色，老则灰白色，光滑而有梯形环纹，基部略膨大。羽状复叶簇生干端，长达 2～3m，小叶排成二列，条状披针形，长 30～35cm，宽约 5cm，背面有灰白色鳞秕状覆被物，侧脉及中脉明显；叶鞘筒状包干，绿色光滑。花单性同株，花序生于叶丛之下。果卵球形，长约 1.2cm，红色美丽。1 年开花结果两次。

图 985 假槟榔

原产澳大利亚昆士兰；亚洲热带地区广泛栽培。喜光，喜高温多湿气候，不耐寒，抗风，抗大气污染。植株高大，茎干通直，叶冠广展如伞，树姿秀雅，是著名热带风光树种，在华南城市常栽作庭园风景树或行道树。

〔附〕**阔叶假槟榔** ***A. cunninghamii*** H. Wendl. et Drude 与假槟榔的区别是：小叶两面绿色，背面无灰白色秕糠。原产澳大利亚东部；华南有引种。能耐－3℃的短期低温。在国外普遍被用来替代假槟榔，用于园林绿地栽培观赏。

【油棕属 ***Elaeis***】2 种，产热带非洲和美洲；中国引入栽培 1 种。

(1521) **油 棕**

Elaeis guineensis Jacq.

〔African Oil Palm〕

常绿乔木，高达 10m；干粗大，上有叶柄基宿存。羽状复叶，长 3～6m，叶柄两侧有刺；小叶条状披针形，长 70～80cm，宽 3～5cm，较软，基部外折。花单性，同株异序。核果熟时黄褐色。春季开花；秋季果熟。

图 986 油 棕

原产热带西部非洲常绿雨林中；现广植于热带各地，我国台湾、海南及滇南有栽培。播种繁殖。果肉及种子均可榨油，供工业用及食用。是热带速生高产油料树种，有“世界油王”之称。树形壮美，在暖地可栽作庭园树及行道树。

【桄榔属 ***Arenga***】茎干密被黑粗纤维状叶鞘残体；羽状复叶，小叶基部一侧或两侧耳垂状。雌雄同株；佛焰花序腋生，多分枝而下垂，佛焰苞多数。约20种，产热带亚洲至澳大利亚；中国约4种，引入栽培1种。

（1522）**桄　榔**（砂糖椰子，羽叶糖棕）

Arenga pinnata (Wurmb) Merr. 〔Sugar Palm〕

乔木，高达12(20)m；叶鞘宽大，留干，边缘纤维成粗长针状，黑色。羽状复叶，长6～8m，小叶约60对，条状，长0.8～1.5m，基部有1～2耳垂，叶缘上部有齿，叶端呈撕断状，背面灰白色；小叶排列不匀齐。花序生于叶丛中，下垂，长达1.5m。果近球形，径约5cm。夏季开花；2～3年后果熟。

产华南、印度至马来西亚。播种繁殖，12年生树即开花，可割取花序汁液制砂糖，但连续割4～5年即会枯死。树干髓部含淀粉，可加工食用。也可栽作庭园绿化及观赏树。

（1523）**矮桄榔**（散尾棕，香棕）

Arenga engleri Becc.

丛生灌木状，高2～4m。羽状复叶基生，长2～3m，小叶互生，约40对，排列整齐，条形，长30～50cm，宽2～3cm，先端长尖，中部以上边缘有不规则的啮蚀状齿，基部仅一侧有耳垂，表面深绿色，背面灰绿色。花序长50～90cm。核果近球形，径约2cm，熟时橘红色。

产我国台湾、华南及云南；日本琉球也有分布。喜温暖湿润气候，较耐寒，对土壤要求不严。本种较耐荫，生长旺盛，姿态秀美，开花时雌花芳香；宜植于园林绿地及庭园观赏，也可盆栽用于室内绿化装饰。

〔附〕**鱼骨桄榔**（鱼骨葵）***A. tremula*** (Blanco) Becc.　茎丛生，中等大小。羽状复叶直伸，较少下垂，小叶狭长，羽状排列整齐（如鱼骨状）。花黄色，芳香；花序结实后下弯。果近球形，径1.5～2cm，熟时红色。原产菲律宾；华南有引种。可在暖地植于园林绿地及庭园观赏。

【布迪椰子属 ***Butia***】约10种，产南美洲东部；中国引入栽培1种。

（1524）**布迪椰子**（弓葵）

Butia capitata (Mart.) Becc. 〔Jetty Palm〕

单干粗壮，高3～6(8)m，干径约45cm。羽状复叶，长达2～2.6m，成弧形弯曲，小叶条形，长达70cm，先端尖，灰绿色，较柔软；叶柄细长，两侧具刺。花单性同株；佛焰花序长达1.2～1.5m，具细长侧生分枝。核果圆锥状卵形，基部有壳斗。

原产南美巴西及乌拉圭；华南有引种栽培，表现良好。喜光，喜温暖气候，耐干热、干冷，耐寒性较强；生长较慢。姿态优美，可植于暖地园林绿地及庭园观赏。果实可食。

【鱼尾葵属 ***Caryota***】二至三回羽状复叶，小叶半菱形，上部边缘具撕裂状齿。雌雄同株；花序生叶丛中，下垂，佛焰苞3～5；浆果近球形。约12种，产热带亚洲至澳大利亚东北部；中国4种。

图 987 鱼尾葵

（1525）**鱼尾葵**

Caryota ochlandra Hance

（*C. maxima* Bl.）〔Fishtail Palm〕

乔木，高达 20m；干具环状叶痕。叶大型，二回羽状复叶，聚生干端，小叶鱼尾状半菱形，基部楔形，上部边缘有不规则缺刻。圆锥状肉穗花序，长 1.5～3m。浆果熟时淡红色。花期 6～7 月，一生中能多次开花。

产亚洲热带，华南有分布。耐荫，喜暖热湿润气候及酸性土壤，抗风，抗大气污染；寿命约 50 年。树干通直，树形优美，叶形奇特，华南城市常栽作庭荫树及行道树。

（1526）**短穗鱼尾葵**

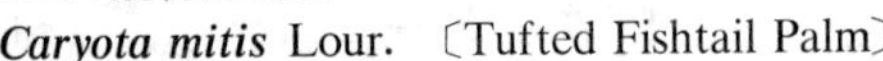

Caryota mitis Lour. 〔Tufted Fishtail Palm〕

与鱼尾葵甚相似，主要区别点是：植株较矮，高达 5～9m；树干常丛生，基部有吸枝；小叶较小，叶柄具黑褐色秕糠状鳞片。花序较短，长约 60cm；果熟时蓝黑色。

产亚洲热带，我国海南岛有分布。喜光，也耐荫，对土壤要求不严，抗风、抗污染力强；生长快。是优美的园林绿化树种，华南园林绿地中有栽培，长江流域及北方城市常于温室盆栽观赏。有**斑叶**‘Variegata’品种。

〔附〕**单穗鱼尾葵 *C. monostachya*** Becc. 丛生灌木，高 1～3m。二回羽状复叶，小叶广楔形，长 12～18cm，宽 4～8cm。花序多为单穗，长 30～60cm，偶有 2～3 分枝。产云南、广西、广东及贵州；印度也有分布。耐荫性强，可植于庭园观赏。

（1527）**董　棕**（钝叶鱼尾葵）

Caryota obtuse Griff. （*C. urens* auct. non L.）〔Wine Palm〕

乔木，高达 25m；干具明显的环状叶痕，有时中下部增粗成瓶状。大型二回羽状复叶集生于干端，长达 6～8m，宽达 5m，平展而齐整；小叶斜菱形，长 15～25cm，宽 11～15cm，内缘有圆齿，先端无尾尖，深绿色。圆锥花序下垂，长达 3m；雄花具雄蕊 64～80。果球形，径 2～2.5cm，带黑色。

产我国云南南部、广西、西藏南部；印度阿萨姆、泰国也有分布。能耐－4℃的低温。树干挺拔，大型羽叶广张如伞，十分壮观，是热带地区优良的行道树及庭荫观赏树。可惜寿命短，约 20 年生一次性开花后不久即死亡。树干髓心可提取淀粉；树皮可制乌木筷等，经久耐用。

〔附〕**孔雀椰子**（小董棕）***C. urens*** L. 与董棕相似并常相混，但本种小叶较窄，内缘有尖齿，先端渐尖；雄蕊较少（40～50）；果较小，径 1.2～1.6cm，熟时淡红色。产印度、斯里兰卡至马来西亚；我国台湾有栽培。

128. 露兜树科 Pandanaceae

【露兜树属 ***Pandanus***】茎有分枝；叶条状，革质，集生于枝端。花单性异株，无花瓣和萼片；聚花果形似菠萝。约 600～700 种，分布于东半球热带地区；中国约产8种，引入栽培数种。

(1528) **露兜树**

Pandanus tectorius Sol. 〔Beach Screw Pine, Pandanus Palm〕

常绿灌木或小乔木，高达6m，茎常二叉分枝，基部常具支柱根。叶螺旋状集生茎端，带状披针形，长达1～1.5m，宽3～6cm，先端尖，叶缘及叶背中肋均有尖刺。花白色，芳香。聚花果球形，径15～20cm，熟时橙红色。

原产亚洲及澳大利亚热带地区，我国台湾和华南有分布；通常生长于海边沙地。喜光，稍耐荫，喜高温多湿气候及肥沃湿润土壤，不耐干旱和寒冷。可植于庭园观赏。果熟后味香美可食。

(1529) **红刺露兜树**

Pandanus utilis Bory 〔Common Screw Pine〕

常绿乔木，高达5～18m，树干光滑，螺纹状叶痕明显，下部有多数粗壮的支柱根（长达2m）；茎上部有少量分枝。叶螺旋状密集着生分枝端，剑状长披针形，长1～1.8m，宽5～10cm，革质，叶背面苍白色，边缘及叶背中肋有红色尖刺。聚花果圆球形或椭球形，长达20cm，由多数核果组成。

原产马达加斯加；现热带地区广泛栽培，我国台湾、福建及广东等地有引种。喜光，也耐荫，喜高温多湿气候，不耐寒。可植于园林绿地或盆栽观赏。叶可用作编织材料。

(1530) **花叶露兜树**

Pandanus veitchii (Dall.) Hort.

常绿灌木或小乔木，干基有粗壮的支柱根。叶剑状带形，先端尖，叶缘及背面中肋具刺，叶面绿色，有多条乳黄色纵条纹。

原产波利尼西亚及太平洋诸岛；我国有栽培。叶极雅致美观，宜植于庭园或盆栽观赏。

我国南方栽培观赏的本属植物还有**狭叶金边露兜树** ***P. pygmaeus*** Hook. **'Golden Pygmy'**（叶带形，长30～60cm，宽约1cm，绿色，边缘黄色，有刺）和**金边露兜树** ***P. sanderi*** Mast. **'Roehrsianus'**（叶较宽，边缘黄色，仅叶缘有刺，叶背中脉无刺）等。

129. 禾本科 Poaceae (Gramineae)

1. 地下茎合轴型，秆丛生，或因秆柄于地下延生而呈散生状：
   2. 高山竹类，秆疏生或成多丛；秆壁厚或近实心，每节3（2）枝以上；雄蕊3 ………………………… **箭竹属** *Sinarundinaria*
   2. 低山平地竹类，秆丛生；秆每节多分枝，秆梢弧弯或下垂：
      3. 秆有枝刺 ………………………… **孝顺竹属** *Bambusa*
      3. 秆无枝刺：
         4. 箨鞘质薄，宿存，无箨耳；叶之小横脉不明显 ………… **泰竹属** *Thyrsostachys*
         4. 箨鞘质坚韧，脱落：
            5. 秆壁较薄 ………………………… **孝顺竹属** *Bambusa*
            5. 秆壁较厚；叶大 ………………………… **牡竹属** *Dendrocalamus*
1. 地下茎单轴或复轴型，秆散生：
   6. 秆每节1分枝：

7. 灌木竹类：
8. 秆环隆起；雄蕊 6 …………………………………………………… **赤竹属** *Sasa*
8. 秆环较平；雄蕊 3 ………………………………………………… **箬竹属** *Indocalamus*
7. 乔木竹类；秆环较平，节内不明显 ………………………………… **矢竹属** *Pseudosasa*
6. 秆每节 2 分枝，秆在分枝一侧扁平或具沟槽；雄蕊 3 ………… **刚竹属** *Phyllostachys*
6. 秆每节 3 分枝以上：
9. 秆每节 3～5 分枝，分枝短，着叶 1～2 片；灌木竹类 ……… **鹅毛竹属** *Shibataea*
9. 秆每节 3(5)分枝，分枝长，具次级分枝：
10. 秆在分枝一侧中部以下具沟槽；假小穗无柄：
11. 秆箨之箨叶极小，长不及 1(2)cm；秆环常明显隆起 ……………………
……………………………………………………… **方竹属** *Chimonobambusa*
11. 秆箨之箨叶明显；秆环微隆起或平；雄蕊 3：
12. 假小穗细长，苞片通常较小 ……………………… **唐竹属** *Sinobambusa*
12. 假小穗短，苞片大，叶状 ………………… **业平竹属** *Semiarundinaria*
10. 秆之节间圆筒形，或基部具沟槽；小穗具柄，雄蕊 3 …… **青篱竹属** *Arundinaria*

【泰竹属 *Thyrsostachys*】2 种，产缅甸、泰国及中国；中国 1 种，引入 1 种。

(1531) **泰　竹**

Thyrsostachys siamensis (Kurz ex Munro) Gamble

秆密集丛生，细长而梢头劲直；高 7～13m，秆径 3～5(8)cm，节间长 15～30cm，壁甚厚，分枝点高，每节多分枝，主枝不明显。秆箨宿存，箨鞘紧包秆，淡灰绿色，顶端凹缺。小枝具叶 4～7 片，叶狭披针形，长 8～15cm，宽 0.7～1.5cm，多片羽状排列。

产泰国、缅甸及我国云南南部；台湾、厦门、广州等地有少量引种。分株繁殖。竹秆挺拔，枝细叶秀，为滇南著名庭园观赏竹种，傣族常植于村舍及寺庙旁。笋味鲜美，泰国每年有大量鲜笋出口。

(1532) **大泰竹**

Thyrsostachys oliveri Gamble

秆丛生，高 10～25m，秆径 5～8cm，节间长 30～45(60)cm，壁薄，每节多分枝；新秆有白色细毛。秆箨迟落或宿存，箨鞘质薄，黄绿色，顶端平截。小枝具叶 3～4 片，叶狭披针形，长 10～20cm，宽 1.2～2cm。

原产缅甸和泰国；我国云南、广东有栽培。姿态优美，宜植于庭园观赏。

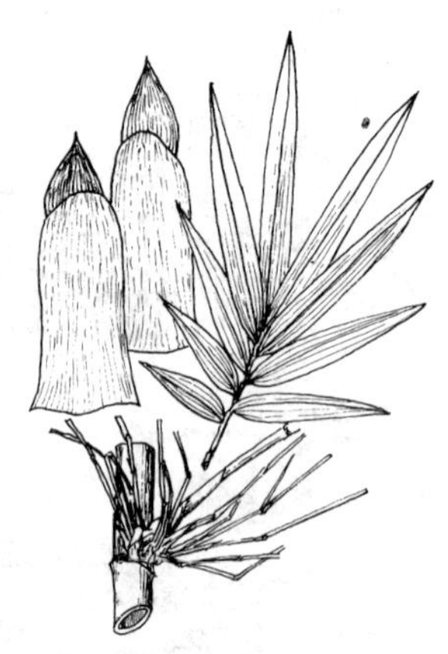

图 988　孝顺竹

【孝顺竹属(刺竹属) *Bambusa*】丛生竹；秆上部每节多分枝，主枝常发达，节间无沟槽；秆壁薄，竹梢通常不下垂；叶小型至中型。箨叶常直立，箨耳常发达。雄蕊 6，柱头 3。约 100 种，产亚洲、非洲和大洋洲之热带和亚热带；中国 60 余种。

(1533) **孝顺竹**（凤凰竹，蓬莱竹）

Bambusa multiplex (Lour.) Raeusch.

(*B. glaucescens* Sieb. ex Munro)

〔Hedge Bamboo〕

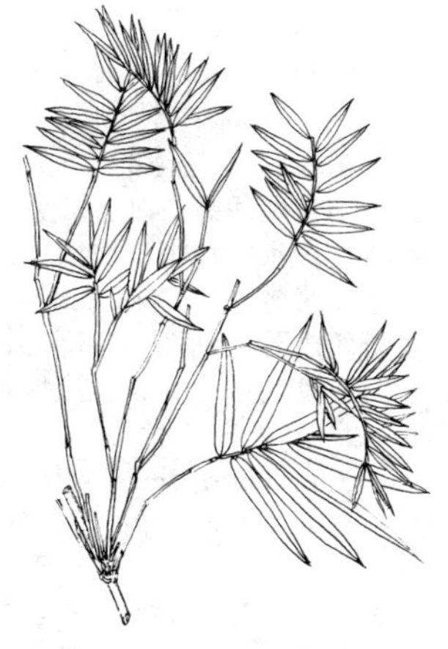

图 989　观音竹

高达 3～5(8)m，秆径 2～4cm，绿色，后变黄；无刺，近实心。每 1 小枝上有叶 5～9 片，排成二列状；叶条状披针形，长 4～14cm，无叶柄；叶鞘相当短，喉部有睫毛。圆锥花序有少量小穗，小穗具 3～5 朵花。

原产中国，长江流域及其以南地区园林绿地中习见栽培观赏或作绿篱。常见栽培变种和变种如下：

①**金秆孝顺竹‘Golden Goddess’** 竹秆金黄色。

②**黄纹孝顺竹‘Yellow-stripe’** 绿秆上有黄色纵条纹。

③**花秆孝顺竹**（小琴丝竹）**‘Alphonse Karr’** 竹秆金黄色，节间有绿色纵条纹。长江以南各地庭园时见栽培观赏。

④**菲白孝顺竹‘Albo-variegata’** 叶片在绿底上有白色纵条纹。有较高观赏价值，宜植于庭园观赏。

⑤**凤尾竹‘Fernleaf’** 秆细小而空心，高常 1～2m；叶也细小，长 3～6cm，宽 4～7mm；每小枝具叶 9～13 片，羽状二列。我国南方常植于庭园或盆栽观赏。

⑥**条纹凤尾竹‘Stripestem Fernleaf’** 植株颇似凤尾竹，但秆之节间浅黄色，并有不规则深绿色纵条纹；叶绿色。

⑦**观音竹**（实心凤尾竹）var. ***riviereorum*** Maire 秆紧密丛生，高 1～3m，径 3～5mm，实心；每小枝具叶 13～23 片，羽状二列，叶长 1.6～3.5cm，宽3～6mm。产我国东南部，常植于庭园观赏。

图 990　小佛肚竹

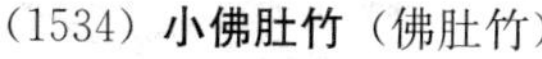

(1534) **小佛肚竹**（佛肚竹）

Bambusa ventricosa McCl. 〔Buddha Bamboo〕

秆有两种：一种是正常秆，高 3～7(15)m，秆径 2～3(5)cm，节间长 20～30cm；另一种是畸形秆，高通常不足 60cm，径 1～2cm，节间长 2～5cm，中下部节间膨大如花瓶。箨鞘光滑无毛。分枝 1～3，小枝具叶 7～13 片，叶条状披针形，长 10～20cm，次脉 5～9 对，背面具微毛。

产广东，华南城市常植于庭园或盆栽观赏。为了获得观赏性强的畸形秆，采用盆栽或桶栽是必要的。如果地栽，则在地下围以砖石限制其生长，可到达同样的目的。

(1535) **龙头竹**（泰山竹）

Bambusa vulgaris Schrad. ex J. C. Wendl.

高达 9～18m，秆径 4～8(12)cm；壁厚 1～1.5cm，亮绿色，有时有黄色条纹，箨环有棕色刺毛；分枝 3～5，主枝较粗。箨鞘顶部“山”字形，背面密被深棕色刺毛。每小枝有叶 7～9 片，叶长 16～25cm，宽 1.8～2.5(3)cm，次脉 6～8 对，脉间小横脉不显，叶缘和叶背面粗糙。

东南亚暖热地带广泛分布；华南及滇南园林绿地中有栽培。栽培变种有：

①**黄金间碧竹**（青丝金竹）**‘Vittata’**（‘Striata’） 秆鲜黄色，有显著绿色纵条纹多条。在华南庭园中常见栽培观赏。

②**大佛肚竹‘Wamin’** 竹丛变矮（高 2～5m），节间缩短而膨大。与小佛肚竹的主要区别在于各部都较大，且箨鞘背面密生暗褐色刺毛。在华南常植于庭园或盆栽观赏；长江流域及其以北城市常见盆栽，温室越冬。

(1536) **青皮竹**

Bambusa textilis McCl.

高 6～10m，秆径 3～6cm，顶端弓形下垂，节间长（40～60cm），壁薄，中部常有白粉及刚毛，后脱落，分枝节高；分枝多而细，簇生，主枝略粗。秆箨早落，箨叶窄三角形，外面基部被脱落性刺毛，箨耳小，长椭圆形，两面有小刚毛。叶片长 11～24cm。

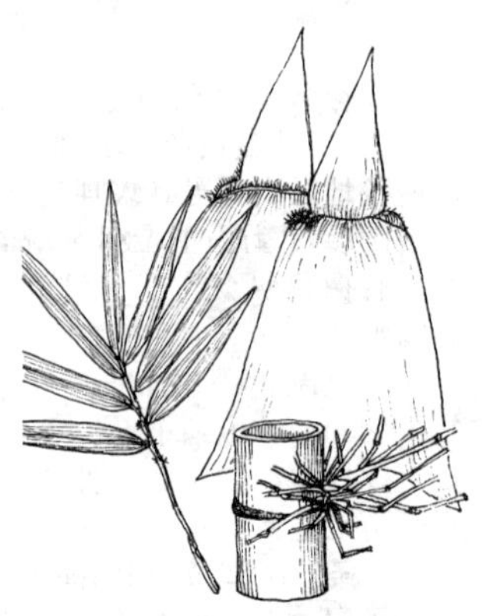

图 991 青皮竹

产广东、广西。竹材坚韧，宜劈篾供编织用，是华南优良篾用竹材，畅销国内外。竹秆修长青翠，也常植为园林绿化材料。栽培变种和变种有：

①**紫纹青皮竹‘Maculata’** 秆下部节间有紫红色线状斑纹；颇具观赏价值。

②**绿篱竹**（花秆青皮竹）var. ***albo-striata*** McCl. 竹秆下部节间和箨鞘均为绿色而有黄白色条纹。在广州等地常栽作绿篱。

③**崖州竹** var. ***gracilis*** McMlure 竹秆较细，常不足 3cm，节间近无毛；箨鞘背面近两侧及近基部均疏生暗棕色刺毛。产广东和广西；多植于庭园观赏。

(1537) **车筒竹**（车角竹）

Bambusa sinospinosa McCl.

高 10～24m，秆径 5～15cm，顶梢下垂，箨环上密生棕色刺毛。主枝粗长，常之字形曲折，枝的节上常有 2 或 3 刺，呈丁字形。小枝具叶 6～8 片，叶长6～20cm，宽 0.6～2cm。

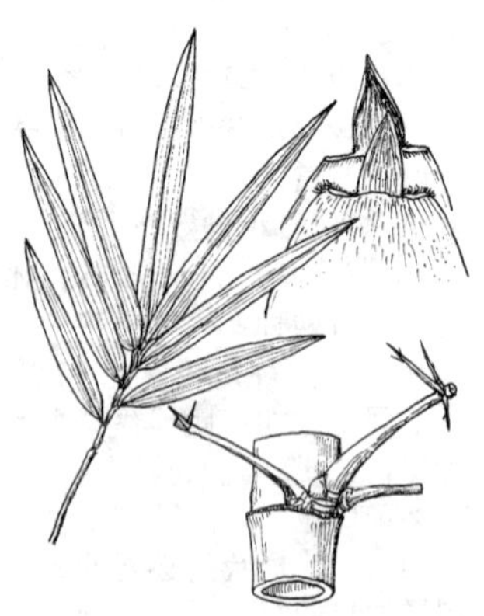

图 992 车筒竹

产华南及西南地区。适应性强，广泛栽植于村旁及河流沿岸。竹材坚韧厚硬，可作建筑材料等；常作水车的戽斗，故名车筒竹。又因高大丛生，分枝低且多刺，故有良好的防风及防范作用。

(1538) **撑篙竹**

Bambusa pervariabilis McCl.

高 7～15m，秆径 5～6cm，顶梢直立；秆绿色，无白粉，密被棕色小刺毛，近基部数节节间有白色纵条纹；箨耳极不等大。竹秆的分枝点低；每小枝具叶 5～9 片，叶片长 9～14cm，宽 7～11cm。

产闽南及两广，多栽于平地及河边。秆壁厚而坚韧，篾性柔韧。是华南主要用材竹之一，也可栽培供观赏及防风等用。

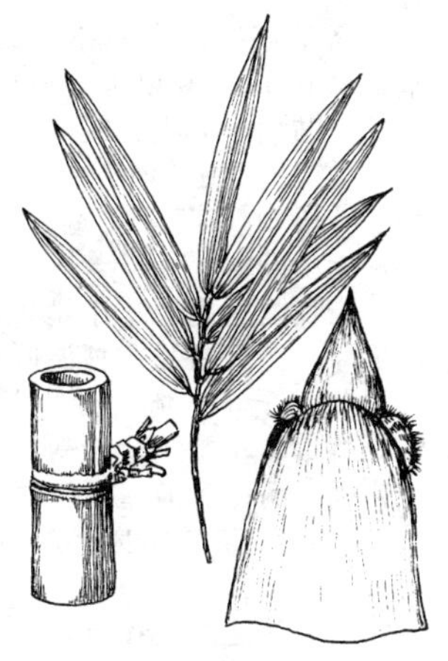

图 993 撑篙竹

(1539) **大眼竹**

Bambusa eutuldoides McCl.

高 6～12m，秆径 4～5m；节间长约 30cm，无毛，节部稍隆起；分枝常自秆基第二或第三节开始，每节多数分枝中有 3 枝较粗长。箨鞘早落，箨耳极不相等（大耳极下延，倒披针形，小耳近圆形），箨片直立，易脱落，呈不对称的三角形。每小枝有叶 8～10 片，叶片条状披针形，长 10～22cm。

产华南地区，多见于村落附近及溪流两岸。喜暖热湿润气候及肥沃湿润的沙壤土。栽培变种有：

①**银丝大眼竹 'Basistriata'** 秆和箨鞘均为绿色，但有黄白色条纹。

②**青丝大眼竹 'Viridi-vittata'** 秆柠檬黄色并具绿色纵条纹；箨鞘绿色具柠檬黄色纵条纹。

(1540) **粉单竹**

Bambusa chungii McCl.

(*Lingnania chungii* McCl.)

高 10～18m，秆径 5～8cm；秆圆筒形，壁薄，幼时有显著白色蜡粉，节间甚长（45～100cm），箨环隆起成一圈木栓质并有倒生毛；顶端略弯垂，分枝多数，主枝较粗。箨叶外翻，箨鞘背面基部密生柔毛。叶片羽状排列，长达 20cm，宽约 3.5cm，次脉 5～6 对。

中国南方特产，华南地区多植于园林绿地；浙江、四川有栽培。分株或扦插繁殖。竹材韧性强，为优良篾用竹。

〔附〕**单竹** ***B. cerosissima*** McCl. (*Lingnania cerosissma* McCl.) 秆比粉单竹略小，幼时密被白粉，顶端弯垂甚长，箨环无毛；箨鞘背面遍生微毛。产华南；成都有栽培。

图 994 粉单竹

(1541) **慈 竹**（钓鱼慈，钓鱼竹）

Bambusa emeiensis Chia et Fung

(*Dendrocalamus affinis* Rendle, *Neosinocalamus affinis* Keng f.)

高5～10m，秆径3～6cm，壁薄，顶端弧垂；每节分枝20以上，主枝通常较侧枝粗长；幼秆有贴生小刺毛，脱落后留下小疣点。箨鞘顶部呈“山”字形，罕截平，无箨耳，箨叶外翻。叶长10～25cm，宽1～3cm，次脉5～10对，无小横脉。

产我国西南及华中地区，云南和四川（成都平原）尤为常见。喜温暖湿润气候及肥沃疏松土壤，干旱、瘠薄处生长不良。竹材坚韧，宜制竹索、农具及造纸等用。竹秆丛生，枝叶茂盛而秀丽；房前屋后、亭廊周围、围墙内外均宜种植。兼具防风、观赏、用材三大功效。其栽培变种有：

图995 慈 竹

①**大琴丝竹‘Striatus’**（‘Flavidorivens’）秆之节间淡黄色，间有深绿色纵条纹；叶片有时也有淡黄色条纹。

②**金丝慈竹‘Viridiflavus’** 秆之节间分枝一侧具宽窄不一的黄色条纹。

【牡竹属（龙竹属）*Dendrocalamus*】大型丛生竹，秆壁厚，竹梢下垂；每节具多分枝，无刺；叶大型。雄蕊6，柱头通常单一。约50余种，产亚洲热带和亚热带；中国10余种。

(1542) **麻 竹**

Dendrocalamus latiflorus Munro

（*Sinocalamus latiflorus* McCl.）

图996 麻 竹

高20～25m，秆径10～25(30)cm，节间圆筒形，长30～50cm，壁薄，顶端下垂，每节具多数分枝，主枝粗大。箨耳极小，箨叶小而外翻。叶宽大，长15～35cm，宽4～7cm，次脉11～16对，具明显小横脉。笋期7～10月。

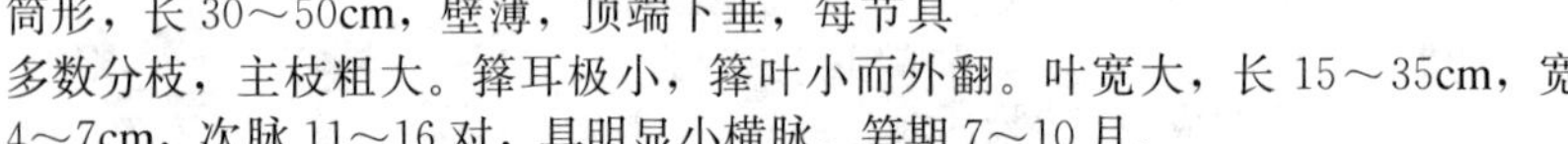

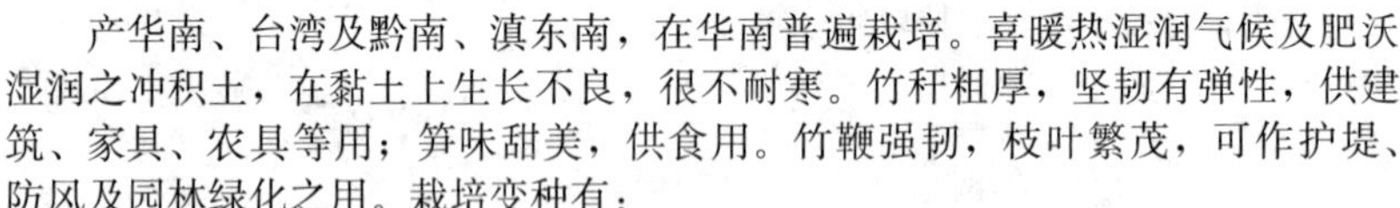

产华南、台湾及黔南、滇东南，在华南普遍栽培。喜暖热湿润气候及肥沃湿润之冲积土，在黏土上生长不良，很不耐寒。竹秆粗厚，坚韧有弹性，供建筑、家具、农具等用；笋味甜美，供食用。竹鞭强韧，枝叶繁茂，可作护堤、防风及园林绿化之用。栽培变种有：

①**葫芦麻竹‘Subconvex’** 秆节间缩短并膨胀呈葫芦状（介于大、小佛肚竹之间），为珍贵观赏竹种。在我国台湾中部和南部有栽培。

②**花秆麻竹‘Meinung’** 秆黄绿色而有深绿色纵条纹。

(1543) **龙 竹**

Dendrocalamus giganteus Munro〔Giant Bamboo〕

高20～30m，秆径20～30cm；节间长30～40cm，端梢下垂，多分枝。箨舌具齿，高在1cm以上。每小枝常具叶8片，幼枝之叶特宽大，长30～55cm，宽4～11cm，老枝之叶较小；次脉4～8对，小横脉不明显。小穗长不足2cm。

产亚洲热带；我国滇南和滇西南、两广及台湾有栽培。是优良的建筑和竹制品用材。大型花枝上具球状簇生的小穗，也颇为美观。

(1544) **巨龙竹** (歪脚龙竹)

Dendrocalamus sinicus Chia et J. L. Sun

高达30m，秆径达30cm以上；与龙竹相似，但其节间较短（长17～22cm），基部数节常一面膨胀而使各节斜交；小穗较大，长达3.5cm。

产我国云南南部和西南部，常植于村庄附近。是我国最高大的竹种。

【刚竹属 ***Phyllostachys***】地下茎横走，秆散生；节间在分枝侧常有浅沟槽，每节具2分枝。雄蕊3，柱头3。约50余种，产亚洲；中国约30余种，长江流域至南岭山地为分布中心。

(1545) **毛　竹** (孟宗竹)

Phyllostachys edulis (Carr.) H. de Leh. (*P. pubescens* Mazel, *P. heterocycla* var. *pubescens* Ohwi)

〔Edible Bamboo, Moso Bamboo〕

高10～25m，秆径12～20cm，基部节间短，长1～5cm，中部节间长达30cm，每节一环（秆环不明显）。叶较小，长5～10cm，每小枝具叶2～3片。箨鞘厚，密生褐色粗毛，并有褐黑色斑。一年出笋两次：冬至前后出冬笋，清明前后出春笋；可供食用。

原产中国，分布于秦岭、汉水流域至长江流域以南海拔1000m以下广大酸性土山地，常组成大面积纯林。是我国竹类中分布最广的竹种，华东和华中地区为其栽培中心，通常在向阳背风的山坡生长较好。1737年引入日本，后又引至欧美各国栽培。是我国南方重要用材竹种，用于建筑、水管、竹筏，也可劈篾供编织用。又是优美的风景林竹种。栽培变种如下：

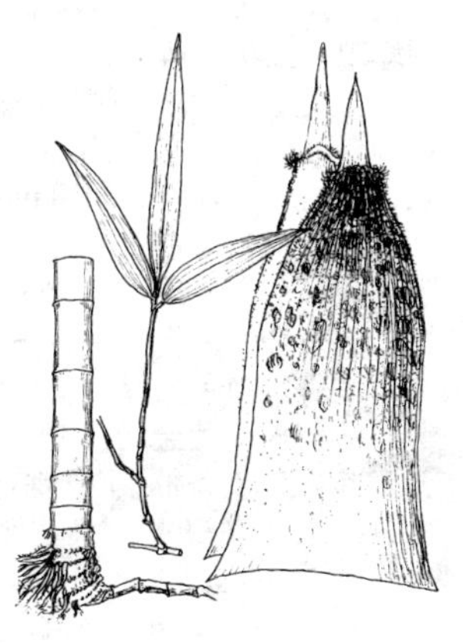

图997　毛　竹

①**龟甲竹**（龙鳞竹）**'Heterocycla'**　秆较矮小，下部节间短而肿胀，并交错成斜面。偶见于毛竹林中，但性状不稳定。可用竹鞭移栽于园林中观赏。

②**花秆毛竹 'Bicolor'**（'Tao Kiang'）　竹秆以黄色为主，间有宽窄不一的绿色纵条纹，沟槽绿色。

③**绿皮花毛竹 'Nabeshimana'**　竹秆绿色，间有宽窄不一的黄色纵条纹。

④**黄槽毛竹 'Luteosulcata'**　竹秆绿色，沟槽内为黄色。

⑤**绿槽毛竹 'Viridisulcata'**　竹秆黄色，沟槽内全为绿色。

⑥**佛肚毛竹 'Ventricosa'**　秆之中部以下10余节节间膨大；产浙江安吉。

⑦**梅花毛竹 'Obtusangula'**　秆具5～7条钝棱，其横断面呈梅花形；产湖南君山。

⑧**方秆毛竹 'Tetrangulata'**　秆钝四棱形；产湖南君山。

⑨**金丝毛竹 'Gracilis'**　秆较矮小，高7～8m，径4～5cm，壁薄；产江苏宜兴。

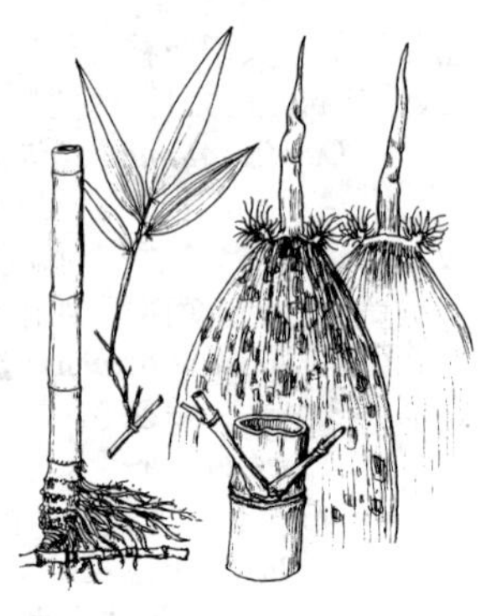
图 998 桂 竹

(1546) **桂 竹**(刚竹)

Phyllostachys bambusoides Sieb. et Zucc.

〔Timber Bamboo〕

高达15～20m,秆径8～10(16)cm,中部节间长达40cm,秆环、箨环均隆起,新秆无蜡粉,无毛。箨鞘黄褐色,密被黑紫色斑点或斑块,常疏生直立短硬毛,一侧或两侧有箨耳和毛;箨叶三角形至带形,橘红色,绿边,皱折下垂。每小枝具叶3～6片,叶片长8～20cm,宽1.3～3cm,背面有白粉;叶鞘鞘口有叶耳及放射状硬毛,后脱落。笋期5月中至7月。

原产中国,淮河流域至长江流域各地均有栽培。是我国最早引入日本栽培的刚竹属竹种。喜深厚肥沃土壤,适应性较强,较耐寒(-18℃),并耐盐碱。竹材坚韧致密,弹性强,用途广;笋可食用。是长江流域重要用材竹种,也常于园林绿地及风景区栽种。同时也是扩大黄河流域地区竹材生产最有希望的竹种。有以下栽培变种:

①**斑竹**(湘妃竹)**'Tanakae'** 竹秆有紫褐色斑块和斑点(内深外浅),分枝也有紫褐色斑点。通常栽培观赏;秆可加工成工艺品。(有学者认为竹秆之斑是由病菌危害所致,不宜作为分类单位。)

②**黄金间碧玉竹**(金明竹)**'Castilloni'** 秆黄色,间有宽绿条带;有些叶片上也有乳白色的纵条纹。原产中国,早年引入日本,并长期栽培。

③**碧玉间黄金竹**(银明竹)**'Castilloni-inversa'** 与上种正相反,竹秆绿色,间有黄色条带。在日本有栽培。

(1547) **金 竹**(黄皮刚竹)

Phyllostachys sulphurea (Carr.) A. et C. Riv.

高5～8(10)m,秆径达4cm;新秆、老秆均为金黄色,秆表面呈猪皮毛孔状;节下有白粉环,分枝以下的秆环不明显,箨环隆起。箨鞘无毛,淡黄绿色或淡黄褐色,有绿色条纹及褐色至紫褐色斑点或斑块,无箨耳,箨舌边缘有纤毛。每小枝有叶2～6片,叶长6～16cm,宽1～2.2cm,叶背基部常有毛。

产江苏、浙江等地,因竹秆全为金黄色,为名贵观赏竹种,国内外多引种栽于园林中。其栽培变种和变种如下:

①**黄皮绿筋刚竹'Robert Young'** 新秆黄绿色,渐变为黄色,间有宽窄不等的绿色纵条纹;叶片也常有淡黄色纵条纹。

②**绿皮黄槽刚竹**(槽里黄刚竹)**'Houzeau'** 竹秆绿色,纵槽淡黄色。

③**黄皮绿槽刚竹'Viridisulcata'** 竹秆黄色,纵槽绿色。

④**刚竹** var. **viridis** R. A. Young ('Viridis') 秆高10～15m,径3.5～8cm,挺直,全为绿色或淡绿色。原产中国,长江下游各省普遍栽培。笋味略苦,水浸后可食。竹材坚硬,可供小型建筑和农具柄用,是重要用材竹之一。也常于园林绿地及风景区栽植。

(1548) **红哺鸡竹**(红壳竹)

Phyllostachys iridescens C. Y. Yao et S. Y. Chen

高6～8(10)m,秆径4～4.5cm;节间绿色,常有不明显的黄色纵条纹;节间白粉上厚下薄。箨鞘紫红色，密被紫黑色斑点；箨舌弧形隆起，紫褐色，先端具红色长纤毛；箨叶带状而平直。叶片长 10～17cm，宽 1.2～2cm。

产浙江、江苏和安徽，浙江农村普遍栽培。竹材耐晒，宜作晒竿及农具柄等。笋味鲜美，供食用。笋壳鲜红褐色，春季出笋时颇为美丽。是良好的城乡绿化竹种，近年各地广为引种栽培。

(1549) **乌哺鸡竹**

Phyllostachys vivax McCl.

高 10～15m，秆直立，上部枝叶密集下挂，略呈拱形；秆径 4～8cm，中部节间长 25～35cm，秆节歪斜，秆环常一边略突出。箨鞘淡黄褐色，密布黑褐色斑点和斑块。

江苏、浙江农村习见栽培，山东、河南也有分布。发笋力强而集中，笋期短。笋味鲜美，供食用。有**黄槽**‘Aureosulcata’（秆之沟槽黄色）、**黄秆**‘Aureocaulis’（秆黄色，基部节间有绿色条纹）等品种。

(1550) **白哺鸡竹**

Phyllostachys dulcis McCl. 〔Chinese Edible Bamboo〕

高 7～10m，秆径 4～5cm，中部节间长约 24cm，竹壁薄；新秆绿色，无毛，节下有白粉环，秆环微隆起。秆箨淡黄色，疏生斑点；箨耳发达，箨叶皱折。每小枝 2～4 叶，叶带状披针形，长 10～16cm，宽 1.5～2.5cm，背面密生细毛。笋期 4 月下旬。

产浙江、安徽、江苏、江西等地；杭州及其附近农村栽培普遍。笋味鲜美，发笋集中，为浙江重要笋用竹种。

(1551) **甜　竹**（曲秆竹）

Phyllostachys flexuosa（Carr.）A. et C. Riv. 〔Zigzag Bamboo〕

高 5～6m，秆径 2～4cm，中部节间长 25～30cm，于节部弯曲；新秆绿色，被白粉，节下尤为明显，秆环微隆起。秆箨绿褐色，有条纹及褐色斑点，无毛，也无白粉，箨舌先端平截，箨叶带状，下垂。每小枝 2～4 叶，叶带状披针形，长 5～9cm，宽 1～1.5cm，背面有白粉，近基部有毛。笋期 4 月下旬至 5 月上旬。

产河南、山西、河北、陕西、江苏等地；19 世纪被引至欧美栽培。较耐寒，能耐－20℃低温；较耐干旱。发笋力强，笋味甜，可食用。竹材篾性好，是黄河流域重要用材竹种之一。

(1552) **人面竹**（罗汉竹，布袋竹）

Phyllostachys aurea Carr. ex A. Riv. et C. Riv. 〔Fishpole Bamboo〕

高 5～8(12)m，秆径 2～5cm，下部节间不规则短缩或畸形肿胀，或其节环交互歪斜，或节间近正常而于节下有长约 1cm 的一段明显膨大。箨鞘无毛，上部两侧常焦边，基部有一圈细毛环，无箨耳。叶狭长披针形，长 6.5～13cm，宽 1～2cm。笋期 5 月。

图 999　人面竹

原产中国，南北各地常栽培观赏。耐寒性

较强。竹秆可作手杖、钓鱼竿等；笋味甘美，供食用。有**花叶**‘Albo-variegata’（叶有白条纹）、**花秆**‘Holochrysa’（秆黄色而有绿色条纹）、**黄槽**‘Flavescens-inversa’（秆绿色，沟槽黄色，叶也有条纹）等品种。

（1553）**紫　竹**

Phyllostachys nigra（Lodd. ex Lindl.）Munro〔Black Bamboo〕

高 3～5(10)m，秆径 2～4cm，中部节间长 25～30cm，新秆绿色，老秆紫黑色；新秆、箨环和箨鞘（无斑点）均被较密刚毛；箨耳镰形，箨舌长而强力隆起。每小枝有叶 2～3 片，叶片长 6～10cm，宽 1～1.5cm。笋期 4～5 月。

原产中国，在日本长期栽培。我国各地有栽培，主要供观赏。秆可制箫笛、手杖、伞柄及工艺品等。

变种**毛金竹** var. ***henonis***（Miff.）Stapf ex Rendle 与紫竹的主要区别是：秆绿色至灰绿色，较高大，可达 7～15m，秆壁较厚。与淡竹（粉绿竹）的主要区别是：节间较短，箨鞘常短于节间而无斑点，有明显箨耳。原产中国，广布于长江流域及其以南各地。笋味美可食；竹材坚韧，专供劈篾编结竹器；竹沥、竹茹均为清凉药。

（1554）**淡　竹**（粉绿竹）

Phyllostachys glauca McCl.

秆高 5～10m，径 2～5cm，中部节间长 30～40cm，无毛，新秆布满白粉，老秆仅节下有白粉环，秆环隆起。箨鞘淡红褐色或淡绿色，有稀疏褐紫色斑点，无毛和白粉，无箨耳；箨舌截平，暗紫色，微有波折，边缘具细短纤毛。每小枝具叶 5～7 片，常保留 3 片；叶片长 7～17cm，宽 1.2～2cm，叶舌紫褐色。笋期 4～5 月。

原产中国，分布于江苏、浙江、安徽、河南、山东等省。笋味淡，可食。竹材篾性好，供编织，也可整竿使用。

栽培变种**筠竹‘Yunzhu’** 秆初为绿色，然后渐次出现紫褐色斑点或斑块（外深内浅）。分布于河南、山西。笋可食用；竹材匀齐劲直，柔韧致密，秆色美观，为河南博爱著名“清化竹器”的原材料，适于编织竹器及各种工艺品。也是园林绿化的好竹种。

（1555）**旱　竹**（燕竹，雷竹）

Phyllostachys violascens（Carr.）A. Riv et C. Riv.

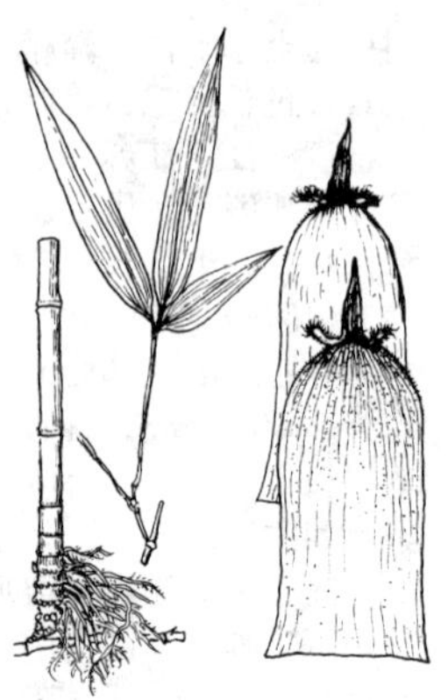
图 1000　毛金竹

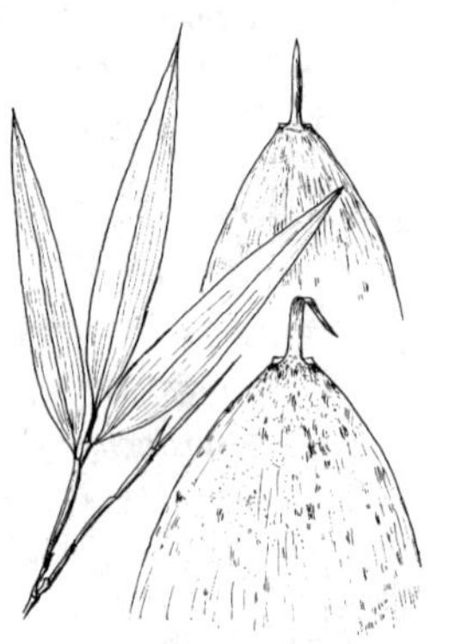
图 1001　淡　竹

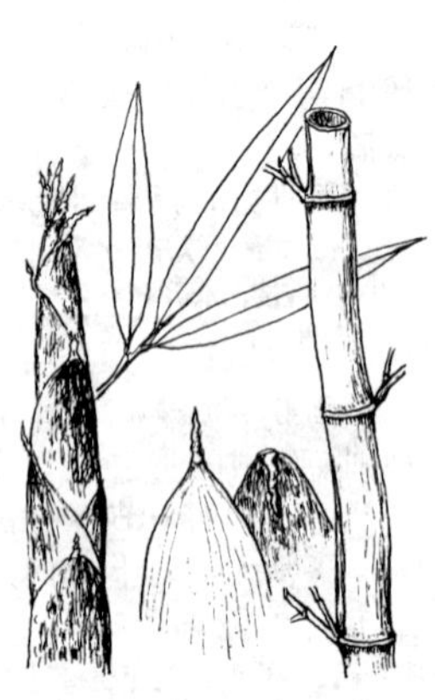
图 1002　旱　竹

(*P. praecox* C. D. Chu et C. S. Chao)

秆高 7～10m，径 (2)3～6cm，中部节间长 20～25cm，常于一侧微肿胀，秆环、箨环均隆起，新秆深绿色，节部常紫褐色，无毛，密被白粉；老秆淡黄绿色，部分老秆隐约有黄色纵条纹。箨鞘墨绿色或褐绿色底上有深褐色斑点或斑块，无毛；箨叶带状披针形，极皱折，外展或下垂；箨舌极隆起。每小枝留叶 2～3 片，叶片长 6～16cm，宽 0.8～2cm。笋期 3 月下旬至 5 月。

产浙江及江苏南部；在杭嘉湖一带城镇近郊农村多栽培为笋用竹。笋味美，笋期早而长，产笋量高。也是很好的城市绿化竹种。

有**黄槽早竹'Notata'**（秆绿色，节间纵槽黄色）和**花秆早竹'Viridisulcata'**（秆黄色，分枝侧有宽绿条，其他部分也有细绿条纹）等品种。

(1556) **早园竹**（沙竹）

Phyllostachys propinqua McCl.

秆高 4～8(10)m，径 3～5cm，新秆绿色，被白粉；箨环、秆环均略隆起。箨鞘淡红褐色或黄褐色，有时带绿色，有紫斑，无毛，被白粉，上部边缘常枯焦；箨舌弧形，淡褐色。每小枝具叶 3～5 片，叶长 12～18cm，宽 2～3cm，背面中脉基部有细毛。笋期 4～5 月。

原产中国，广西、浙江、江苏、安徽河南等地有分布。耐寒，适应性较强，轻盐碱地、沙土及低洼地均能生长，而以湿润肥沃土壤生长最好。笋微甜，为较好的笋用竹；秆劲直，竹材坚韧，篾性好，可作各种柄材及搭棚架等用。也是优良的园林绿化竹种，北京园林绿地中常见栽培。

(1557) **黄槽竹**

Phyllostachys aureosulcata McCl. 〔Yellow-groove Bamboo〕

秆高 3～5m，径 1～3(5)cm，秆绿色或黄绿色而纵槽为黄色；秆环、箨环均隆起。箨鞘质地较薄，背部有毛，常具稀疏小斑点，上部纵脉明显隆起；箨舌弧形，有短于其本身的白短纤毛；箨耳常镰形，与箨叶明显相连。每小枝具叶 3～5 片，叶片长达 15cm，宽达 1.8cm。

原产中国，在美国广泛栽培。耐寒性是本属中最强的一种。北京园林绿地中常见栽培观赏。笋可食用。常见有以下栽培变种：

①**金镶玉竹'Spectabilis'** 秆金黄色，纵槽为绿色。北京、大连等地园林中有栽培，主要供观赏。在江苏连云港云台山有成片野生。

②**京竹'Pekinensis'** 秆全为绿色。北京、浙江、河南等地有少量栽培。

③**黄秆京竹'Aureocaulis'** 秆黄色，纵槽也为黄色，节间时有绿色条纹。初见于北京八大处大悲寺，后引种到北京植物园和一些公园及浙江安吉等地。

【业平竹属 *Semiarundinaria*】散生竹，分枝 3 (5)；雄蕊 3，柱头 3。约 10 种，产日本和中国；中国 2 种。

(1558) **短穗竹**

Semiarundinaria densiflora (Rendle) Wen

(*Brachystachyum densiflorum* Keng)

灌木状散生竹，高达 2～4m；新秆有细毛，老时脱落，节隆起，中部每节具 1 芽，上部每节具 3(～5)开展的分枝（中央 1 枝较粗）；秆箨早落。叶片披针形，长 5～18cm，宽 1～2.5cm，顶端急缩成尾状的部分常易干枯，小横脉明显。

原产江苏南部和浙江，多生于低海拔向阳山坡和路旁。安徽、江西、湖北、广东等地有引种；江南园林绿地中也有栽培。

【青篱竹属 ***Arundinaria***】地下茎单轴或复轴型；秆常散生，分枝一侧无明显沟槽，或仅基部略扁；分枝3～7，粗细常不等。雄蕊3，柱头2～3。约70种，产亚洲和北美（1种）；中国约30余种。

(1559) **四季竹**

Arundinaria lubrica（Wen）C. S. Chao et G. Y. Yang（*Semiarundinaria lubrica* Wen, *Oligostachyum lubricum* Keng f.）

秆散生或复丛生，高5～8m，径达2～3cm，节间长约30cm，绿紫色，分枝一侧有沟槽，髓部片状；分枝3，子枝6～8。叶披针形，长10～15cm，两面无毛。秆箨迟落，且脱落不完全；无箨耳。雄蕊3，柱头3。春、秋开花，开花性强，数年回复。

图1003 四季竹

产浙江、福建和江西；浙江多栽培。笋味淡可食；篾性韧，供编织生活用具。株形优美，秆绿叶秀，生长旺盛，是优良的园林绿化竹种。

(1560) **茶秆竹**（青篱竹）

Arundinaria amabilis McCl.（*Pseudosasa amabilis* Keng f.）〔Tonkin Banboo〕

地下茎复轴混生；秆坚硬挺直，高6～15m，秆径3～6cm，节间长30～40cm，秆环平，箨环线状，老秆被蜡质斑块，下部每节具1分枝，上部常为3分枝，基部贴近主秆。箨鞘迟落，厚革质，背面有小刺毛，无箨耳。每小枝具叶4～8片，叶狭长披针形，长13～35cm，宽2～3.5cm。

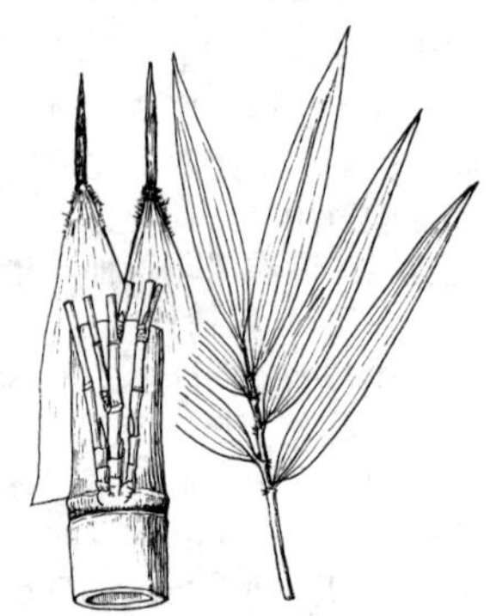

图1004 茶秆竹

产广东、广西、湖南、福建及江西，常生于丘陵山谷地带；浙江及苏南有引种，生长良好。竹材优良，是传统出口商品。也是城乡绿化的好材料。

(1561) **苦　竹**

Arundinaria amara Keng

（*Pleioblastus amarus* Keng f.）

秆散生，高3～7m，秆径2～4cm，节间长25～40cm，在分枝侧略扁，壁较薄，幼秆具厚白粉，秆环、箨环均隆起，箨环常有一圈木栓质的箨鞘残留物，两环间距4～8mm；每节分枝3～6，无明显主枝，直立或斜举。箨鞘无斑点或有时具

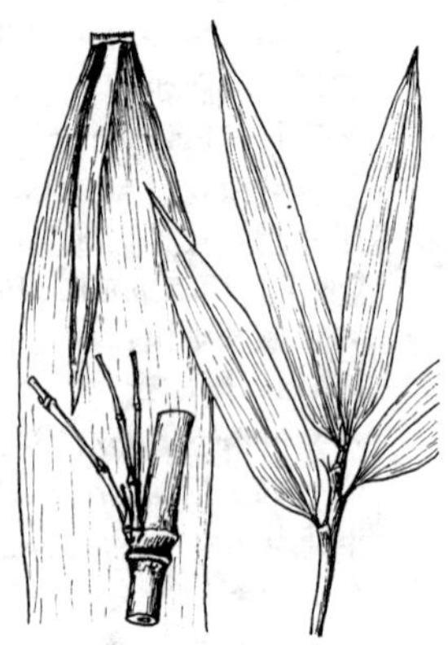

图1005 苦　竹

紫色小斑点，有淡棕色刺毛。叶条状披针形，长 5.5～11(20)cm，宽 1～2.8cm，次脉 4～8 对。笋期 4～5 月。

产江苏、浙江、安徽、江西、四川及广东等地。耐寒性较强，北京能露地栽培。竹秆供伞柄、帐竿、支架等用；笋味苦。也常植于庭园观赏。

〔附〕**斑苦竹** ***A. maculata***（McCl.）C. D. Chu et C. S. Chao（*P. maculatus* C. D. Chu et C. S. Chao） 与苦竹的主要区别是：箨鞘被深褐色斑点，无毛或有疏毛，基部被棕黄色长绒毛。产陕西南部、四川、云南和广西。在四川盆地常栽培观赏。笋味苦，不堪食用。

（1562）**大明竹**

Arundinaria graminea（Bean）Mak.（*Pleioblastus gramineus* Nakai）

秆细长，密集成丛或散生，高 3～5m，秆径 0.5～1.5cm，端下垂；秆深绿色，有明显纵条，秆环显著隆起，上部每节有 3～5 分枝。叶片极狭长，长 15～30cm，宽 0.6～1.4cm，质较厚，小横脉明显，尤其在叶背面。雄蕊 3，柱头 3。

在日本普遍栽培；我国杭州、上海、无锡等地庭园中有引种栽培。本种之叶狭长似禾草，是优美的观赏竹种之一，宜植于庭园观赏。

（1563）**巴山木竹**

Arundinaria fargesii E. G. Camus（*Bashania fargesii* Keng f. et Yi）

秆散生，高达 10m，秆径 4～5cm，节间长 40～60cm，无纵槽，壁厚，近实心；新秆有白粉；上部节上分枝 3～5(7)，粗细不等，主枝明显粗。每小枝有叶 4～6，叶带状披针形，长 10～20(30)cm，宽 1～2.5(5)cm。雄蕊 3，柱头 2。产陕西、四川、甘肃、湖北、河北等地，集中分布于秦岭和巴山海拔 1000m 以下。耐干旱，也有较强的耐寒性。北京有引种栽培。

【赤竹属 ***Sasa***】灌木，每节分枝 1（～3）；雄蕊 6，柱头 3。37 种，产东亚；中国约 8 种，引入栽培约 3 种。

（1564）**菲白竹**

Sasa fortunei（Van Houtte）Fiori（*S. variegata*，*Arundinaria fortunei* A. et C. Riv.，*A. variegata*，*Pleioblastus fortunei*，*P. variegates*）

〔Dwarf Striped Sasa Bamboo〕

低矮竹类，地下茎复轴混生；高 30～80cm，秆纤细，径 1～2mm，下部每节常为 1 分枝，上部 2 至数分枝。叶片长 8～15cm，宽 0.8～2cm，在绿底上有乳白色纵条纹。

原产日本；我国上海、杭州一带园林中常见栽培。喜温暖湿润气候，耐荫；浅根性。是美丽的观叶植物，栽作地被、绿篱或与假山相配都很合适；也是盆栽及盆景中配植的好材料。

〔附〕**菲黄竹** ***S. auricoma***（Mitf.）E. G. Camus（*Arundinaria viridistriata* Mak. ex Nakai，*Pleiobastus auricoma*） 高达 1.2m；叶较大，长 10～20cm，绿底上有黄色宽纵条纹。原产日本；上海、杭州、南京等地园林中有栽培。

（1565）**翠　竹**

Sasa pygmaea（Miq.）E. G. Camus（*Arundinaria pygmaea* Mitf.）

秆散生，高 20～30cm，秆径 1～2mm，节间短，节部密被毛；分枝 1(2)。小枝具叶 4～10 片，紧密 2 列，叶片披针形，长 3～7cm，宽 5～8mm，基部近圆形，表面疏生短毛，背面常1侧具细毛。

原产日本；我国华东一些城市有栽培。是最小的竹种之一，叶色翠绿，宜栽作绿篱、地被及大型盆景的盆面覆盖材料。

变种**无毛翠竹** var. *distcha*（Mitf.）C. S. Chao et G. G. Tang. 秆之节部及叶片均无毛。原产日本；上海、南京、浙江等地有栽培。用途同翠竹。

（1566）**铺地竹**

Sasa argenteistriatus（Regel）E. G. Camus

矮小竹种，高30～50cm，秆径2～3mm，节间长5～10cm；秆绿色，无毛，节下具窄白粉环。箨鞘绿色，短于节间。叶披针形，绿色，偶有黄或白色条纹。

产浙江、江苏一带；上海、成都、昆明等地有栽培。宜作地被或盆栽植物。

〔附〕**山白竹** ***S. veitchii***（Carr.）Rehd.〔Kuma Sasa〕 高达1.5m；茎具紫色条纹，节具1分枝，节下被白粉。叶长15～20(25)cm，宽约5cm，先端短尖，绿色，叶边缘不久变白色，有细齿。原产日本南部；我国有引种。宜植于庭园观赏。

【箬竹属 *Indocalamus*】 矮生竹类，秆散生或丛生；秆细，每节分枝1(～3)，分枝直立且与主秆近等粗。叶通常大型，有多条次脉和小横脉。雄蕊3，柱头2。约30种，产亚洲；中国10余种。

（1567）**阔叶箬竹**

Indocalamus latifolius（Keng）McCl.

高约1m，下部秆径5～8mm，节间长5～20cm，微被毛，每节1分枝。秆箨宿存，背部有棕色刺毛，箨耳不明显，箨叶小，箨舌平截。小枝具叶1～3片，叶长10～30(40)cm，宽2～5(8)cm，次脉6～12对；叶鞘革质，无叶耳。

产江苏、浙江、安徽、河南及陕西南部，多生于低山、丘陵向阳山坡。秆可作笔秆、竹筷等；叶可制斗笠、包粽子等。也常植于庭园观赏，或栽作地被植物。

（1568）**箬　竹**

Indocalamus tessellatus（Munro）Keng f.

高约75cm，秆径4～5mm，节间长2.5～5cm，每节1(2)分枝。秆箨宿存，长20～25cm，背部无毛，仅边缘下部具纤毛，箨舌弧形。叶片巨大，长达45cm以上，宽10cm以上，次脉多至15～18对，小横脉极明显。

产长江流域各地，生于低山丘陵。叶大而质薄，可制防雨用品及包粽子等。

（1569）**箬叶竹**

Indocalamus longiauritus Hand.-Mazz.

高1～2m，秆径5～10mm，秆环、箨环均隆起；每节1～3分枝。小枝具叶1～3片，叶长10～30cm，宽2～6cm；叶鞘坚硬，叶耳发达。

产陕西、河南、贵州、湖南、四川、广西、福建等省区；常生于山坡及路边。北京园林绿地中有栽培。

〔附〕**善变箬竹** ***I. varius***（Keng）Keng f. 高约90cm；秆细，节下有一圈白粉，每节1～2分枝。秆箨宿存，箨鞘无毛，有白粉，无箨叶。小枝具叶2～3片，叶长5～11cm，宽1～2cm。原产浙江；北京（北海、故宫）有栽培。

【矢竹属 *Pseudosasa*】雄蕊3～4，柱头3。约4种，产东亚。

（1570）**矢　竹**（日本箭竹）

Pseudosasa japonica（Sieb. et Zucc.）Mak. ex Nakai

（*Arundinaria japonica* Sieb. et Zucc.）〔Arrow Banboo〕

丛生竹，高2～5m，秆径0.5～1.5(2)cm。箨鞘迟落，表面有粗毛。秆中上部每节1分枝。每小枝具叶3～10片，叶狭长，长8～30cm，宽1～4cm，表面深绿色，有光泽，背面带白色。

原产日本及朝鲜南部。喜潮湿而肥沃的土壤，能耐－15℃的低温。华东一些城市偶有栽培，供庭园观赏。有**花瓶矢竹‘Tsutsumiana’**（下部节间膨大似长花瓶状）、**花叶矢竹‘Akebono’**（叶有黄白色纵条纹）等品种。

【唐竹属 *Sinobambusa*】雄蕊3，柱头2～3。13种，产亚洲；中国6～7种。

（1571）**唐　竹**

Sinobambusa tootsik（Sieb.）Mak.

秆散生，高5～8(12)m，秆径3～4(6)cm，节间长30～40(60)cm，分枝一侧有沟槽，秆环甚隆起，箨环具木栓质隆起，分枝3(～6)；秆箨早落。叶披针形，长10～20cm，宽2～3cm，背面有细毛。

产华南低山丘陵；早年（隋唐）传入日本，并广泛栽培。笋味苦；竹材较脆。浙江一带多栽培，是良好的园林绿化竹种。

栽培变种**花叶唐竹‘Albo-striata’** 绿叶上有白色纵条纹。

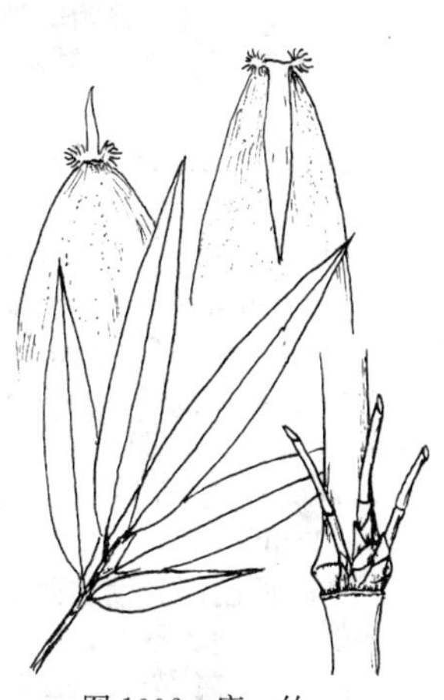

图1006　唐　竹

【方竹属 *Chimonobambusa*】雄蕊3，柱头2。约20种，产亚洲；中国全产。

（1572）**方　竹**

Chimonobambusa quadrangularis（Fenzi）Mak.〔Square Banboo〕

秆散生，高3～8m，秆径1～4cm，深绿色，下方上圆，节间具小疣而粗糙，基部数节常有一圈刺状气根；上部每节具3分枝，秆环甚隆起；小枝近实心。

产华东至西南地区。笋期通常在8月至翌年1月，但水肥条件好的可以四季出笋；笋味美可食。通常植于庭园观赏。

〔附〕**金佛山方竹** ***C. utilis***（Keng）Keng f. 与方竹相近似，但节间平滑，无小疣和毛；叶较坚韧。产贵州（道真金佛山）、重庆、云南等地。笋为食用佳品。

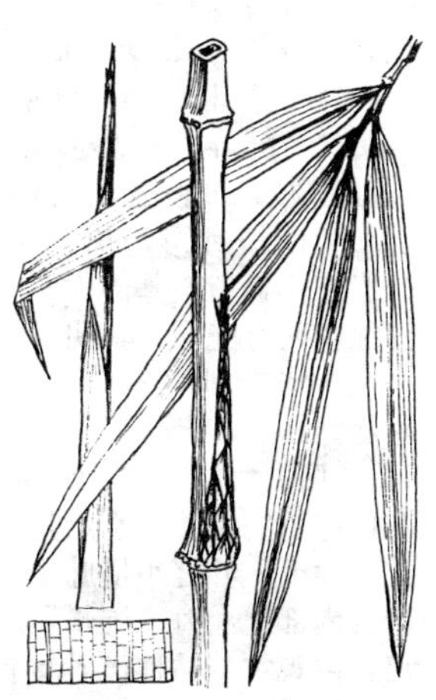

图1007　方　竹

(1573) **筇 竹**

Chimonobambusa tumidinoda (Hsueh et Yi) Wen (*Qiongzhuea tumidinoda* Hsueh et Yi)

高3～6m，秆径1～3cm，中部节间长15～25cm，圆筒形，秆壁厚，基部数节近实心；秆环甚隆起，肿胀成一显著圆脊，有关节，易脆断；每节3分枝。秆箨早落，被棕色刺毛。每小枝2～4叶，叶窄披针形，长5～14cm，宽0.5～1.2cm，侧脉2～4对，无毛，背面灰绿色。笋期4月。

产四川南部及云南东北部。竹秆形态奇特，为名贵观赏竹；宜于庭园配植或盆栽观赏。秆可制作手杖及工艺家具等材料，有较高艺术价值；笋味鲜美。

图1008 筇 竹

【箭竹属 ***Sinarundinaria***】约80余种，产亚洲、非洲及南美洲；中国60余种。

(1574) **箭 竹**(华西箭竹)

Sinarundinaria nitida (Mitf. ex Stapf) Nakai (*Fargesia nitida* Keng f. ex Yi)

散生竹，高1.5～5m，秆径1～1.5cm，中部节间长约20cm；幼秆绿色，被白粉；秆圆，壁厚，节部微隆起，每节3～5分枝。箨鞘紫红或紫褐色，背面密被暗棕色刺毛。每小枝3～5叶，披针形，长5～10cm，宽0.5～1cm。

产陕西南部、湖北西部、湖南西部、四川及贵州东部，多生于海拔1000～2300m的山地。耐寒，较耐荫。笋可食用。为大熊猫主要食料之一。

【鹅毛竹属 ***Shibataea***】6～7种，产东亚；中国全产。

(1575) **鹅毛竹**

Shibataea chinensis Nakai

矮生灌木竹类，秆散生或丛生，高约60cm，秆径2～3mm，秆环肿胀；秆箨背部无毛；每节3～6分枝，分枝通常只有2节，仅上部节生1(2)叶。叶广披针形，长6～10cm，宽1.2～2.5cm，叶缘有小锯齿，基部为不对称圆形，两面无毛，表面绿色而有光泽，具明显小横脉。夏季出笋。

产华东地区；江南地区常植于庭园作地被植物。

〔附〕**倭竹** ***S. kumasasa*** (Zoll. et Steud.) Mak. 与鹅毛竹的主要区别点是：秆箨背面有柔毛；叶背疏生柔毛，叶之小横脉不明显。产浙江、福建及日本西南部。上海、杭州及广州等地园林绿地中有栽培，供观赏。品种**斑叶倭竹 'Albo-variegata'** 叶有白斑纹。

图1009 鹅毛竹

(1576) **江山倭竹**

Shibataea chiangshanensis Wen

高50cm，秆径2mm，分枝3，秆之节间在分枝侧甚扁平，嫩秆淡红色，密被白细毛，老秆带红棕色；秆箨背部具柔毛。小枝具1叶，卵状披针形，长6～8cm，宽1.1～2.3cm，叶缘中上部有细齿，表面有黄白色短线纹；两面无毛。

产浙江江山；江苏、四川等地有栽培。秆丛矮密，绿叶上的黄白线纹清丽；宜作园林地被植物或与山石相配。

【芦竹属 ***Arundo***】约12种，产东半球热带和亚热带；中国2种。

(1577) **芦　竹**（荻芦竹）

Arundo donax L. 〔Giant Eeed〕

多年生粗壮草本，高2～6m，秆径1～2cm；地下茎节间短，味苦。叶片条状披针形，长30～60cm，宽2～5cm，基部近叶鞘处篾黄色，软骨质，略成波状；叶鞘长于节间，无毛。顶生圆锥花序大而长。花果期9～12月。

产亚洲南部及地中海沿岸地区；华南有分布，现各地常见栽培。是优良的造纸原料及固堤护土植物；在园林绿地中常植于水边或小岛上观赏。

栽培变种**花叶芦竹 'Variegata'**（'Versicolor'） 叶片上有黄白色纵条纹，其观赏价值较高，常植于庭园水边观赏。

130. 旅人蕉科 Strelitziaceae

【旅人蕉属 ***Ravenala***】1种，产非洲马达加斯加；中国有引种栽培。

(1578) **旅人蕉**

Ravenala madagascariensis Sonn.

〔Traveler's Plant〕

常绿乔木状植物，高达10m左右；茎直立，常丛生。叶大型，具长柄及叶鞘，在茎端成二列互生，呈折扇状；叶片长椭圆形，长3～4m，酷似芭蕉。花白色，萼片3，离生，花瓣3；蝎尾状聚伞花序腋生。蒴果木质，熟时3瓣裂。

原产非洲马达加斯加；现热带及暖亚热带各地有栽培。树形别致，是一极富热带风光的观赏植物。华南一些城市庭园中有栽培。喜光照充足及高温多湿气候，要求排水良好的沙质壤土。栽植时要注意叶子的排列方向，以便于观赏。传闻在马达加斯加旅行的人口渴时，可用小刀戳穿叶柄基部得水而饮，故有旅人蕉之名。

图1010　旅人蕉

131. 芭蕉科 Musaceae

【芭蕉属 ***Musa***】约30种，主产东半球热带；中国约10种。

(1579) **芭　蕉**

Musa basjoo Sieb. et Zucc. 〔Japanese Banana〕

多年生高大草本，茎直立，高达4～6m。叶螺旋状排列，叶鞘复叠成树干状，叶片长椭圆形，长达2～3m，宽达40cm，中脉粗大，侧脉羽状，多而平行。穗状花序顶生，大苞片佛焰苞状，通常红褐色；花序上部为雄花，下部为雌花；萼片3，与2花瓣合生，另一花瓣较大并离生。果实浆果状，长三棱形，近无柄，有种子。

原产日本琉球群岛，我国台湾可能有野生。长江流域及其以南地区普遍植于庭园观赏；窗前、墙隅栽植尤为合适。果不能食；叶、根、花均可入药。

〔附〕**香蕉** ***M. nana*** L. 原产华南，野生种已灭绝；栽培种之果内无种子。

132. 百合科 Liliaceae

【假叶树属 ***Ruscus***】约3种，产南欧及地中海区域；中国引入1种。

(1580) **假叶树**

Ruscus aculeatus L. 〔Butcher's Broom〕

常绿灌木，高30～70cm；茎绿色，多分枝。叶退化成小鳞片状；腋生叶状枝，硬革质，绿色，卵形至卵状披针形，长1～2cm，先端尖，全缘。花小，单性异株，绿白色，生于叶状枝中脉之中下部。浆果球形，红色或黄色。3～4月开花；10月果熟。

图1011　假叶树

原产南欧及小亚细亚；我国有引种栽培。喜温暖、潮湿及半荫环境。华南可于庭园配植，北方城市常于温室盆栽观赏。

〔附〕**大叶假叶树** ***R. hypoglossum*** L. 株高约40cm；叶状枝长达10cm，宽约4cm；浆果鲜红色。原产南欧。

【丝兰属 ***Yucca***】常绿木本，茎不分枝或少分枝。叶狭长剑形，丛生。花杯状，下垂，花被片6，乳白色，雄蕊6；在花茎顶端组成圆锥花序。蒴果或稍肉质。播种或用根萌条扦插繁殖。约40种，产美洲；中国引入约4～6种。

(1581) **凤尾兰**（波萝花）

Yucca gloriosa L. 〔Spanish Dagger〕

植株具茎，有时分枝，高达2.5m。叶剑形硬直，长40～60(80)cm，宽5～8(10)cm，顶端硬尖，边缘光滑，老叶边缘有时具疏丝。花下垂，乳白色，端部常带紫晕，长5～10cm；圆锥花序窄，高1～1.5(2)m；夏（6月）、秋（9、10月间）两次开花。蒴果不开裂，长5～6cm。

图1012　凤尾兰

原产北美东部及东南部；我国南方园林中常栽培观赏。有一定耐寒性，北京可露地栽培。品种**花叶凤尾兰‘Variegata’**绿叶有黄白色边及条纹。

〔附〕**软叶凤尾兰** ***Y. recurvifolia*** Salisb. 植株具短茎，高达1～2m，常有分枝。叶较柔软，常于中部反曲下垂，长50～100cm，宽3.5～5.5cm，先端成尖刺状。花乳白或略带粉红色；圆锥花序窄而松散，高0.6～1(1.5)m；8～10月开花。果下垂。原产美国东南部；我国偶有栽培。

（1582）**千手兰**

Yucca aloifolia L. 〔Spanish Bayonet〕

植株高达2～3(8)m，单干或有少数分枝。叶剑形，质较厚而硬直，先端尖锐，叶面凹，长50～75cm，宽3～6cm，灰绿色，叶缘粗糙（有细齿），无丝。花奶油白色，染紫晕，子房有柄；圆锥花序高约30～60cm；晚夏开花。蒴果肉质，长7.5～10cm，下垂。

原产美国东南部、墨西哥和西印度群岛。喜光，耐干旱，不耐寒（最低温度7℃）。我国有栽培，供观赏。

有**金边**‘Marginata’（叶有黄边）、**金心**‘Quadricolor’（叶较宽，大部黄色，有绿窄边）等品种。

（1583）**丝　兰**

Yucca smalliana Fern. 〔Adam's Needle〕

植株近无茎，叶丛生，较硬直，线状披针形，长30～75cm，宽2.5～4cm，先端尖成针刺状，基部渐狭，边缘有卷曲白丝。花白色，下垂，花被片开展，先端渐尖；圆锥花序宽大直立，高1～2(3)m，花序轴有毛；6～7(8)月开花。蒴果3瓣裂。

原产美国东南部。我国有栽培，供观赏。

与丝兰相似，叶缘有丝的还有**匙叶丝兰** ***Y. filamentosa*** L.（叶硬直而较厚，先端突尖，上部边缘内卷呈匙形）和**软叶丝兰** ***Y. flaccida*** Haw.（叶较薄而柔软，成熟叶常拱曲，边缘的白丝较少卷曲），均原产美国东南部。

（1584）**象脚丝兰**（巨丝兰）

Yucca elephantipes Hort. ex Regel（*Y. gigantean* Lem.）〔Giant Yucca〕

乔木状，常于基部分枝，高达9m，干粗而圆，颇似大象之腿。叶剑形，密集生于枝端，长50～80(120)m，宽约7.5cm，边缘粗糙，先端突尖呈针状，深绿色，革质，坚挺。花白色或淡黄白色；圆锥花序。夏季开花。

原产墨西哥及危地马拉；华南有栽培。茎干肥大奇特，剑叶四季常绿，为优良观赏植物。可地栽，也可如香龙血树那样插干盆栽。

栽培变种**斑叶象脚丝兰‘Variegata’** 叶面有黄白色边及纵条纹。

【酒瓶兰属 ***Nolina***】约24种，产美国南部至墨西哥和危地马拉的干旱地区；中国引入栽培1种。

（1585）**酒瓶兰**

Nolina recurvata（Lem.）Hemsl.

（*Beaucarnea recurvata* Lem.）〔Pony Tail〕

常绿小乔木，高2～5(10)m；茎不分枝，基部特膨大，形似酒瓶，老株干皮龟裂，状如龟甲，颇具特色。叶集生茎端，线状披针形，长80～150cm，宽1～2cm，蓝绿色或灰绿色，常向下弯垂。花小，黄白色；圆锥花序顶生。

原产墨西哥；世界热带地区多有栽培。喜暖热湿润和光照充足环境，越冬温度要在7℃以上，耐干旱。茎干奇特，为室内盆栽观赏佳品。

栽培变种**花叶酒瓶兰'Marginata'** 叶近两边有黄色细条纹。

【龙血树属 *Dracaena*】 常绿木本；叶通常剑形，革质。花两性，花被片6，下部合生成管状；雄蕊6；子房上位，3室，每室1胚珠；根黄色或橙红色。约150种，主产东半球热带，少数产美洲；中国5种，引入栽培数种。

(1586) **龙血树**（非洲龙血树）

Dracaena draco L. 〔Dragon's Blood Tree〕

单干，多分枝，高3～9m，最高可达20m。叶集生茎端，剑形，较硬直，长45～60cm，宽3～4.5cm，灰绿色，基部抱茎，无叶柄。花小，黄绿色。浆果橙色。

原产非洲加那利群岛。喜光，喜排水良好的土壤，耐干旱和高温，较耐寒；生长缓慢，寿命极长。在暖地可植于庭园或盆栽观赏。

(1587) **柬埔寨龙血树**（小花龙血树）

Dracaena cambodiana Pierre ex Gagn.

高达3～4m，基部有少量分枝，叶集生茎端。叶带状披针形，长50～70(100)cm，宽2～3(4)cm，有光泽，基部抱茎，无柄。花小，黄白色，长不足1cm，下部合生成花被管，有香味；圆锥花序，长约40cm，花序轴有毛或近无毛。

产我国海南、云南南部至中印半岛。喜暖热气候，耐旱，喜钙质土。为美丽的庭园及室内观叶植物。茎干受伤后流出的树脂可提取血竭，有止血、活血、生肌功能。

(1588) **狭叶龙血树**（长花龙血树）

Dracaena angustilolia Roxb.

茎细长丛生，高3～5m。叶集生茎上部，带形，长15～35cm，宽1～5.5cm，弯垂，中脉明显，绿色而富光泽；无叶柄（叶基部扩大抱茎）。花绿白色，长1.5～2cm，芳香；圆锥花序，长达60cm。浆果球形，径约1cm，橙黄色。花期3～5月；果期6～8月。

产我国海南、云南河口及台湾；马来西亚、印度、菲律宾及大洋洲也有分布。喜高温，喜光，也耐荫。叶翠绿优雅，适于盆栽供宾馆、会场、客厅点缀；在暖地也可植于庭园观赏。有**镶边**'Honoriae'（叶橄榄绿色，有黄白色边）、**金边**'Variegata'（叶绿色，具黄色边）等品种。

(1589) **香龙血树**（巴西木，巴西铁）

Dracaena fragrans (L.) Ker-Gawl..

高达6m，叶集生茎端。叶狭长椭圆形，长40～90cm，宽5～10cm，绿色，革质。花淡黄色，芳香。

原产非洲几内亚和阿尔及利亚。是很常见的美丽室内观叶植物。

有**金心**'Massangeana'（叶有宽的绿边，中央为黄色宽带，新叶更明显）、**金边**'Victoria'（叶大部分为金黄色，中间有黄绿色条带）、**黄边**'Lindenii'（叶有黄白色的宽边条）、**银边**'Rothiana'、**金叶**'Golden leaves'等品种。

〔附〕**岩棕 *D. loureri*** Gagnep. 茎干圆柱形，不分枝，高达4m，灰褐色。叶密集生于茎端，带状披针形，绿色，革质；嫩叶坚挺斜上开展，老叶下垂。

厦门、广州、深圳等地植物园有栽培。是良好的园林风景树种。

(1590) **竹　蕉**(异味龙血树)

Dracaena deremensis Engl.

高达1.5～4.5m，叶集生茎端。叶剑形，长达60～70cm，宽约5cm，暗绿色，有光泽。花冠外面暗红色，里面白色。

原产热带非洲。喜高温多湿气候，冬季温度要求不低于15℃。是美丽的室内观叶植物。常见栽培变种有：

①**银线竹蕉'Warneckei'** 绿叶有两条白色狭带，有时中肋也为白色；栽培较普遍。

②**黄纹竹蕉'Warneckei Striata'** 绿叶具宽窄不一的黄色条纹。

③**金边竹蕉'Roehrs Gold'** 叶绿色，具黄色或黄白色宽边。

④**银心竹蕉'Longii'**('Bausei') 叶绿色，中间有一条白色宽带。

⑤**密叶竹蕉**('太阳神')**'Compacta'** 叶较宽短，广披针形，长约15cm，绿色，密生于茎干，状似绿色鸡毛掸；较耐荫，是很好的盆栽观叶植物。

⑥**银纹密叶竹蕉**(银纹太阳神)**'Warneckei Compacta'** 叶较宽短，密集，有白色条纹，茎端新叶常旋转状卷曲。

⑦**月光竹蕉'Lemon Lime'** 叶片黄色或黄绿色，近中脉有两条白色条纹。

〔附〕**也门铁** ***D. arborea*** (Willdo) Link. 高达20m，有主干和分枝；盆栽者高约50～100cm。叶密生茎上部，宽带状剑形，直伸，深绿色，质较厚。花小，白色；圆锥花序顶生。耐荫性强。宜盆栽用于室内绿化。

(1591) **马尾铁**(红边千年木)

Dracaena marginata Lam.

高达3～10m，具明显主干和多数分枝；盆栽者高常不足1m，茎细圆，布满环状叶痕。叶狭带状剑形，长40～60cm，宽约1.5～2cm，先端锐尖，无叶柄，中脉明显，叶灰绿色，叶边紫红色，新叶硬直向上伸展，老叶常悬垂状。花小，白色；圆锥花序。

原产马达加斯加岛。栽培容易，是美丽的室内观叶植物。栽培变种有：

①**三色马尾铁'Tricolor'** 叶边红色，中间绿色并有两条乳黄色纵纹。

②**彩虹马尾铁'Tricolor Rainbow'** 叶之三色，以红为主，色彩缤纷明艳。

③**二色马尾铁'Bicolor'**('Variegata') 叶绿褐色，具白或黄白色镶边。

④**条纹马尾铁'Colorama'** 叶面乳白色，中间有淡绿和暗绿相间的条纹，有狭长的红边。

〔附〕**紫边龙血树** ***D. concinna*** Kunth 株形紧凑，高达1.8m；茎干略带紫色。叶倒披针形，长60～90cm，宽6～8cm，暗绿色，边缘紫红色。原产毛里求斯。

(1592) **富贵竹**(仙达龙血树)

Dracaena sanderiana Sander ex Mast. 〔Belgian Evergreen〕

灌木，高1.5～2m。叶披针形，长10～15(23)cm，宽1.8～3.2cm，边缘常白色或黄白色，叶柄长7～9cm，基部抱茎。

原产西非喀麦隆及刚果；热带地区多栽培。是美丽的室内观叶植物，除盆栽外，也常以其茎枝作瓶插或扎成塔状、笼形水养供室内装饰之用。

有**绿叶**'Virens'('Virescens')、**银边**'Margaret'、**金边**'Celica'、**银心**

'Margaret Berkey'、**金心**'Borinquensis'等品种。

(1593) **百合竹**(红果龙血树)

Dracaena reflexa Lam.

灌木或小乔木，高达6～9m，盆栽者高约2m；茎较细长，长高后易弯斜，多分枝。叶通常较松散，螺旋状着生于枝端部，剑形至狭披针形，长15～20(25)cm，略反曲，黄绿色，近革质，有光泽，基部成鞘状，近无柄。花冠浅黄至白色，长达2cm，裂片长为筒部长之4倍；花序常下弯。花于夜间开放，味甜香。浆果亮红色。花期春季；果期初夏。

原产非洲马达加斯加及毛里求斯；我国台湾、福建和广东等地有栽培。耐半荫，喜高温多湿气候，耐旱也耐湿，不耐寒。株形优美，叶色终年亮绿，是常见的优良观叶植物。宜植于暖地庭园半荫处或盆栽观赏。

有**黄纹**'Striped'(叶中间有两条黄带)、**金边**'Variegata'('Song of India'，叶边缘有黄色宽带，中间有细黄线)、**金心**'Song of Jamaica'(叶中部有黄色条带，两边黄绿色)、**三色**'Tricolor'(叶有黄、绿、粉红三色)等品种。

(1594) **虎斑龙血树**(虎斑木)

Dracaena goldieana Hort. ex Baker

灌木，茎细长，高30～60(200)cm。叶宽大，卵状椭圆形，长达20cm，宽12cm，表面亮绿色，有灰白色虎斑状横纹，背面褐红色；明显具叶柄。花小，白色；头状花序，花密集。果红色，径1.3～2cm。

原产非洲几内亚。耐荫，不耐寒。是很好的盆栽观叶植物。

(1595) **星点木**(洒金龙血树)

Dracaena godseffiana Hort. ex Baker

茎细长如竹，高1～1.8m；分枝纤细，4棱形。叶对生或3叶轮生，长椭圆形，长7～9cm，先端尾状渐尖，基部圆形，革质，绿色叶面有不规则的黄白色或白色小斑点。花小，长筒形，淡绿黄色，长1.5～2cm，有香味；总状花序具长梗，下垂。浆果红色，径不足1cm。

原产热带非洲西部。喜半荫及高温多湿环境，耐干旱，不耐寒。扦插繁殖。是优良的观叶植物，宜植于庭园或盆栽观赏。

有**白道星点木'Milky Way'**(叶除有星点外，中间有一道宽的白带)和**斑叶星点木'Florida Beauty'**(绿叶面上密生白色或黄白色大斑块)等品种。

〔附〕**油点木 *D. surculosa*** Lindl. **'Maculata'** 高1～3m，分枝细长下垂。叶对生或3叶轮生，长椭圆状披针形，长7～20cm，宽2～6cm，暗绿色叶面有黄色或黄白色油渍状的斑点。花小，白色；伞形花序下垂。原产热带非洲西部。是优良的观叶植物，宜庭园点缀或盆栽观赏。

【朱蕉属 ***Cordyline*****】**与龙血树属的主要区别是：子房每室有数个胚珠；根白色。约15种，产东半球热带；中国1种，引入栽培1～2种。

(1596) **朱　蕉**(红叶铁树)

Cordyline fruticosa (L.) A. Chev.

(*C. terminalis* Kunth) 〔Good-luck Plant〕

常绿灌木，单干或少分枝，高1～3m，径1～3cm。单叶互生，聚生茎端，披针状长椭圆形，长30～50cm，宽5～10cm，有中脉和多数斜出侧脉，先端渐尖，基部狭成一有槽而抱茎的叶柄，叶片绿色或染紫红色。花被管状，6裂，淡红色至青紫色，稀为淡黄色，雄蕊 6，子房 3 室，每室 4 至多胚珠，花近无柄；顶生圆锥花序由总状花序组成。花期 5～6 月。

产喜马拉雅山脉东部至华南及南洋群岛。耐半荫，喜暖热多湿气候及肥沃而排水良好的土壤，不耐寒。扦插繁殖。株形优雅，叶色美丽，华南城市常植于庭园观赏，长江流域及其以北地区常温室盆栽观赏。栽培变种颇多，常见有：

图 1013 朱 蕉

①**亮红朱蕉**（‘爱知赤’）**‘Aichiaka’**（‘Rubra’） 叶红色亮丽，后渐变绿色或紫褐色，有艳红色边缘。1953 年在日本爱知县产生。

②**彩叶朱蕉‘Amabilis’** 叶绿色，部分叶片黄白色并有红色条纹。

③**狭叶朱蕉‘Bella’** 叶较狭，暗绿而杂有紫红色条纹。

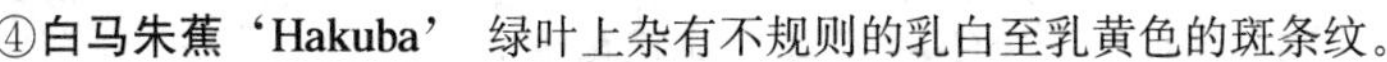

④**白马朱蕉‘Hakuba’** 绿叶上杂有不规则的乳白至乳黄色的斑条纹。

⑤**斜纹朱蕉‘Baptistii’** 绿叶的边缘及侧脉橙黄色。

⑥**暗红朱蕉‘Cooperi’** 叶暗红紫色。

⑦**黑扇朱蕉‘Purple Compacta’** 叶较宽短，密生，深紫至暗绿紫色。

⑧**三色朱蕉‘Tricolor’** 叶中间绿色，两侧黄色，边缘红色。

⑨**翡翠朱蕉‘Crystal’** 叶色彩丰富，绿中具淡黄、粉红、淡绿条纹，幼叶边缘红色。

⑩**基维朱蕉‘Kiwi’** 叶较宽，绿色杂以黄绿色条纹，叶边为粉红色。

⑪**五彩朱蕉‘Goshikiba’** 绿叶杂有红、粉、黄、白等多色条纹。

⑫**梦幻朱蕉‘Dreamy’** 叶片有红、绿、粉红和白等色彩。

⑬**红条朱蕉‘Rubro-striata’** 绿叶有红色条纹。

⑭**黄条朱蕉‘Crystal’** 绿叶有黄色条纹。

⑮**红肋朱蕉‘Ferrea’** 叶暗褐色，中脉发红。

⑯**红边朱蕉‘Red Edge’** 叶暗绿或紫褐色，边缘桃红色。

⑰**小朱蕉**（微型朱蕉）**‘Minima’** 体型小，叶较狭。

⑱**绿叶朱蕉‘Ti’** 叶全为绿色。

⑲**银边翠绿朱蕉‘Youmeninsihiki’** 叶绿色，边缘乳白色。

⑳**银边狭叶朱蕉‘Angusta-marginata’** 叶细长，宽 1.5～2cm，绿色，边缘乳白色。

（1597）**细叶朱蕉**（细叶千年木）

Cordyline stricta **Endl.**

图 1014 细叶朱蕉

常绿灌木，高达 2～3m，单干或有分枝。叶螺旋状着生茎端，剑形，长 30～60cm，宽 2～3.5cm，缘有不明显的细锯齿，两面绿色而光亮，无柄。圆锥花序顶生或侧生；花小，淡紫色；5～7月开花。果紫红色。

原产澳大利亚。喜光，喜暖热气候，不耐寒。我国各地常温室盆栽观赏。

（1598）**剑叶朱蕉**（新西兰朱蕉）

Cordyline australis Hook. f. 〔New Zealand Cabbage Tree〕

乔木状，高达6～10m，少分枝。叶集生茎端，狭剑形，长60～100cm，宽4～6.5cm，先端急尖，绿色或铜绿色，中脉明显；新叶硬直，老叶拱垂。花乳白色，星形，具甜香；宽大圆锥花序顶生；春末和夏季开花。果小，球形，白色或浅蓝色；秋季成熟。

原产新西兰；华南有栽培。能耐5℃的低温，生长慢。

有**紫叶**'Atropurpurea'、**斑叶**'Albertii'（植株较矮小，绿叶上有浅黄色条纹，嫩枝叶鲜粉红色）等品种。

【万年兰属 ***Furcraea***】约20种，产美洲热带；中国有引种。

（1599）**万年兰**（万年麻）

Furcraea foetida（L.）Haw.

常绿丝兰状灌木，茎不明显。叶披针状剑形，呈放射状丛生，叶缘通常无刺，稍呈波状弯曲，先端有尖刺。大型圆锥花序。

原产热带美洲；世界热带地区多有栽培。喜光，喜高温，耐干旱。植株约10年生方可开花，花后种子在脱离母株前萌发，并长成幼株；也可分株繁殖。宜盆栽观赏或用于庭园美化。常见栽培变种有：

①**黄纹万年兰'Striata'**叶有宽或狭乳黄色纵条纹，全缘。

②**中斑万年兰'Mediopicta'**幼叶中心有黄白色宽条纹，后变为灰绿色和灰白色。

〔附〕**金边万年兰** ***Furcraea selloa*** C. Koch **'Marginata'** 株高约1m，茎短。叶剑形，质坚，劲直斜上，绿色，叶边黄色，并有黄色短刺齿。

133. 禾木胶科 Xanthorrhoeaceae

【禾木胶属 ***Xanthorrhoea***】约30种，产澳大利亚；中国引入1种。

（1600）**黑仔树**（南方草树）

Xanthorrhoea australis R. Br. 〔Blackboy，Southern Grass Tree〕

茎粗短，黑褐色，高达数米，上部有分枝。叶集生茎端，细长线状，拱形下垂，长1～1.5m，绿色，革质，横断面4边形。花小，花瓣5，线形，白色或乳黄色；直立细长穗状花序，高达2m以上；初夏开花。

原产澳大利亚东南部；华南有栽培。生长缓慢，约15年生始开花；寿命极长。播种繁殖。形态独特，是珍贵庭园观赏植物。

附　录

（一）主要木本植物分科检索表

1. 植物有种子 ………………………………………………………………………… 3
1. 植物无种子，以孢子繁殖；羽状叶集生茎端【蕨类植物门】：
2. 二至多回羽状复叶状深裂；孢子囊群圆形 ………………………… 1. **桫椤科** Cyatheaceae
2. 一回羽状复叶；孢子囊群长形或条形 ……… 2. **乌毛蕨科** Blechnaceae（苏铁蕨属）
3. 胚珠包藏于子房中；花通常具花被，两性或单性【被子植物门】 ………………………… 17
3. 胚珠裸露，无子房构造；无典型的花，单性，罕两性【裸子植物门】：
4. 茎分枝；单叶，常绿或落叶 ………………………………………………………… 6
4. 茎通常不分枝；羽状复叶，常绿：
5. 幼叶拳卷，小叶具中脉，无侧脉；大孢子叶叶状……………… 3. **苏铁科** Cycadaceae
5. 幼叶芽时直，小叶具多数纵脉或侧脉；大孢子叶不为叶状 …… 4. **泽米铁科** Zamiaceae
6. 叶扇形，二叉状叶脉；落叶乔木 ………………………………… 5. **银杏科** Ginkgoaceae
6. 叶非扇形，常绿，罕落叶：
7. 花无花被；乔木，少数为灌木 ………………………………………………………… 9
7. 花具假花被：
8. 从生灌木；叶退化成膜质鞘状 ………………………………… 14. **麻黄科** Ephedraceae
8. 常绿藤木；叶宽大，对生；种子核果状 ……………………… 15. **买麻藤科** Gnetaceae
9. 雌球花发育成 1 或几粒具肉质假种皮的种子 ………………………………………… 15
9. 雌球花发育成木质球果，罕为浆果状：
10. 每苞鳞具 1 种子（种鳞不发育），常雌雄异株 ………… 6. **南洋杉科** Araucariaceae
10. 每种鳞具 1 至多数种子，常雌雄同株：
11. 种鳞与苞鳞离生，每种鳞具 2 种子 ………………………………………… 7. **松科** Pinaceae
11. 种鳞与苞鳞合生，每种鳞具 1 至多数种子：
12. 叶及果鳞均螺旋状互生 ……………………………………………… 9. **杉科** Taxodiaceae
12. 叶对生或轮生：
13. 叶鳞形或刺形，常绿性 …………………………………………… 10. **柏科** Cupressaceae
13. 叶扁线形：
14. 叶柔软，落叶性，对生成二列 ……………………… 9. **杉科** Taxodiaceae（水杉属）
14. 叶革质，常绿性，多枚轮状着生 ………………………… 8. **金松科** Sciadopitycaeae
15. 雄蕊具 2 花药，花粉常有气囊 …………………………… 11. **罗汉松科** Podocarpaceae
15. 雄蕊具 3～9 花药，花粉无气囊：
16. 雌球花具多数苞片，每苞片具 2 胚珠；种子核果状，全为假种皮包 ………………
……………………………………………………………… 12. **三尖杉科** Cephalotaxaceae
16. 雌球花仅具 1 胚珠；种子仅部分为假种皮所包，罕全包 …… 13. **红豆杉科** Taxaceae
17. 种子具 1 子叶；茎中无形成层；花部 3 基数，罕为 4 基数；叶多具平行脉〖单子叶植物纲〗 ……………………………………………………………………………… 302
17. 种子具 2 子叶；茎中有形成层，木本植物能每年增粗；花部 4～5 基数，罕为 3 基数；叶脉网状〖双子叶植物纲〗：
18. 花有花被 ……………………………………………………………………………… 33
18. 花无花被：

19. 花单性或杂性 ………………………………………………………………………… 25
19. 花两性：
    20. 单叶互生；雄蕊 4 至多数 ……………………………………………………… 22
    20. 叶对生：
21. 单叶；雄蕊 1～3，合生成单体，子房 1 室；小核果 ……… **金粟兰科** Chloranthaceae
21. 羽状复叶；雄蕊 2，子房 2 室；翅果 ………………… 121. **木犀科** Oleaceae（白蜡属）
    22. 落叶性；花簇生叶腋，聚合翅果 ……………………… 30. **领春木科** Eupteleaceae
    22. 常绿性；总状花序顶生，聚合蓇葖果 …………… 28. **昆栏树科** Trochodendraceae
23. 子房 3 室；杯状花序；体内含乳汁 ………………………… 93. **大戟科** Euphorbiaceae
23. 不为上述情况：
    24. 子房 6～10 室；头状花序，基部具 2 白色叶状苞片 ………………………………
    ……………………………………………… 87. **蓝果树科** Nyssaceae（珙桐属）
    24. 子房 1～2 室：
25. 子房 1 室 …………………………………………………………………………… 27
25. 子房 2 室：
    26. 羽状复叶，对生；翅果 ……………………………………… 120. **木犀科** Oleaceae
    26. 单叶，互生；蒴果 ………………………………… 32. **金缕梅科** Hamamelidaceae
27. 合生心皮雌蕊，柱头 2～4 裂 ………………………………………………………… 29
27. 离生心皮雌蕊：
    28. 叶对生，不分裂；聚合蓇葖果 ……………………… 29. **连香树科** Cercidiphyllaceae
    28. 叶互生，掌状裂；果序球形 ……………………………… 31. **悬铃木科** Platanaceae
29. 雄花簇生，雌花单生；翅果 ……………………………… 34. **杜仲科** Eucommiaceae
29. 葇荑、穗状或头状花序：
    30. 子房 1 室，胚珠多数；蒴果，种子有毛 …………………… 61. **杨柳科** Salicaceae
    30. 子房具 1～2 胚珠：
31. 叶退化成鞘齿状，轮生；小枝细长，绿色 …………… 42. **木麻黄科** Casuarinaceae
31. 叶不为鞘齿状，互生：
    32. 羽状复叶，落叶性；具翅小坚果，集成球果状果序 …… 38. **胡桃科** Juglandaceae
    32. 单叶，常绿性；核果 ……………………………………… 39. **杨梅科** Myricaceae
33. 花具花萼和花冠 ……………………………………………………………………… 86
33. 单被花，或花萼、花冠区分不明显：
    34. 两性花、雌花、雄花均具花被，罕仅雄花或雌花具花被 ……………………… 39
    34. 仅雄花或雌花具花被：
35. 仅雄花具花被 ………………………………………………………………………… 37
35. 仅雌花具花被：
    36. 雄蕊 1～3，互生；小核果；单叶对生……………… **金粟兰科** Chloranthaceae
    36. 雄蕊 3 至多数，离生；单叶互生，罕对生 ………………………………………… 38
37. 叶退化成鞘齿状，轮生 ………………………………… 42. **木麻黄科** Casuarinaceae
37. 单叶互生，缘有齿 ……………………………………………… 41. **桦木科** Betulaceae
    38. 蒴果 2 裂 ………………………………………… 32. **金缕梅科** Hamamelidaceae
    38. 坚果被叶状苞片或总苞所包 ……………………………… 41. **桦木科** Betulaceae
39. 合生心皮雌蕊，罕心皮靠合或单心皮雌蕊 …………………………………………… 46
39. 离生心皮雌蕊；聚合果：
    40. 萼片或花被片排成 2 至多轮，罕 1 轮 ……………………………………………… 42
    40. 萼片 4～5（8），排成 1 轮；叶对生：
41. 聚合蓇葖果；乔木 ……………………………………… 29. **连香树科** Cercidiphyllaceae

41. 聚合瘦果，宿存花柱羽毛状；多为藤本 …………………… 22. **毛茛科** Ranunculaceae
42. 复叶，互生；藤本 ……………………………………………… 25. **木通科** Lardizabalaceae
42. 单叶：
43. 叶对生；离生心皮雌蕊生于中空花托内 …………………… 18. **蜡梅科** Calycanthaceae
43. 叶互生：
44. 藤木；无托叶；花单性 ………………………………… 21. **五味子科** Schisandraceae
44. 乔木或灌木：
45. 小枝具环状托叶痕；离生心皮螺旋状排列 ………………… 16. **木兰科** Magnoliaceae
45. 无托叶；离生心皮轮辐状排列 ……………………………… 20. **八角科** Illiciaceae
46. 子房 1 室 ……………………………………………………………………… 68
46. 子房 2 至多室：
47. 心皮靠合或部分合生，结果时分离；花丝合生成柱状 ……… 54. **梧桐科** Sterculiaceae
47. 心皮完全合生：
48. 萼片或花被片离生，罕基部合生 ………………………………………… 50
48. 萼片或花被片基部合生，或成管状、钟状：
49. 花被管状，弯曲，3 裂，雄蕊 6；蒴果；藤本 ……………… **马兜铃科** Aristolochiaceae
49. 花被仅基本合生，或为钟状 ……………………………………………… 52
50. 花两性，雄蕊多数，花药孔裂；单叶互生 …………… 52. **杜英科** Elaeocarpaceae
50. 花单性或杂性；雄蕊 4～10：
51. 叶对生；翅果……………………………………………… 102. **槭树科** Aceraceae
51. 单叶互生；蒴果 2 瓣裂 ………………………………… 32. **金缕梅科** Hamamelidaceae
52. 花单性或杂性 …………………………………………………………………… 56
52. 花两性：
53. 雄蕊 2；翅果，羽状复叶对生 ……………………………… 120. **木犀科** Oleaceae
53. 雄蕊 4～10：
54. 雄蕊 8～10；羽状复叶；小浆果……………………………… 108. **芸香科** Rutaceae
54. 雄蕊 4～5；单叶：
55. 雄蕊 4～5，子房 2～4 室；核果 ………………………………… 93. **鼠李科** Rhamnaceae
55. 雄蕊 4，与萼片对生，子房 4 室；蒴果 4 深裂 ………… 27. **水青树科** Tetracentraceae
56. 子房 3～7 室，罕 2 室 ……………………………………………………… 63
56. 子房 2 室，每室 1～2 胚珠：
57. 花单性；叶互生，罕对生 …………………………………………………… 59
57. 花杂性；叶对生，无托叶；翅果：
58. 雄蕊 2；羽状复叶………………………………………… 120. **木犀科** Oleaceae
58. 雄蕊 8（4～10）；单叶 ………………………………… 102. **槭树科** Aceraceae
59. 雌雄异株；无托叶 …………………………………………………………… 62
59. 雌雄同株；有托叶：
60. 雌花或雄花无花被，雄花排成葇荑花序 ……………………… 41. 桦木科 Betulaceae
60. 雌、雄花均具花被；雄花不成葇荑花序：
61. 子房 3 室；蒴果，少数为浆果或核果 ………………………… 92. **大戟科** Euphorbiaceae
61. 蒴果 2 瓣裂；常被星状毛 ……………………………… 32. **金缕梅科** Hamamelidaceae
62. 雄蕊 5～12；核果；单叶互生或簇生 …………… 33. **虎皮楠科** Daphniphyllaceae
62. 雄蕊 2；翅果；羽状复叶对生………………………………… 120. **木犀科** Oleaceae
63. 子房下位 ……………………………………………………………………… 67
63. 子房上位：
64. 偶数羽状复叶；花杂性 ………………………………… 100. **无患子科** Sapindaceae

64. 单叶；花单性：
65. 无托叶，常绿性；子房多为3室 …………………………………… 91. **黄杨科** Buxaceae
65. 有托叶：
66. 体内无乳汁；核果 ………………………………………………… 93. **鼠李科** Rhamnaceae
66. 体内含乳汁；子房3室；蒴果或浆果 ………………………… 91. **大戟科** Euphorbiaceae
67. 叶具掌状脉，叶柄基部有鞘 ………………………………………… 88. **山茱萸科** Cornaceae
67. 叶具羽状脉；坚果具木质总苞…………………………………………… 40. **山毛榉科** Fagaceae
68. 胚珠1 ……………………………………………………………………………………… 74
68. 胚珠2至多数；子房上位：
69. 雄蕊1～10（12） ……………………………………………………………………………… 71
69. 雄蕊多数：
70. 花单性或杂性；单叶互生…………………………………… 57. **大风子科** Flacourtiaceae
70. 花两性；荚果；叶互生……………………………………………… 74. **含羞草科** Mimosaceae
71. 雄蕊1；小枝细长，绿色；叶退化成鞘齿状 ……………… 42. **木麻黄科** Casuarinaceae
71. 雄蕊3～10（12）：
72. 花被片2至多轮；雄蕊6，与花被片对生；花药瓣裂 ……………………………… ……………………………………………………………………………… 23. **小檗科** Berberidaceae
72. 花被片1轮；雄蕊3～10（12），花药纵裂：
73. 雄蕊4，花丝贴生于花被片上 ………………………………………… 78. **山龙眼科** Proteaceae
73. 雄蕊3～8，着生于花托或花盘上；花柱单生；荚果；
偶数羽状复叶 ………………………………… 75. **苏木科** Caesalpiniaceae（无忧花属）
74. 子房下位，或花被管与子房贴生 …………………………………………………………… 85
74. 子房上位：
75. 花萼或花被管状，或钟状、壶状、漏斗状 …………………………………………………… 82
75. 花萼或花被片离生，至少不为管状：
76. 花药瓣裂；体内含芳香油 …………………………………………… 19. **樟科** Lauraceae
76. 花药纵裂：
77. 花单性或杂性 …………………………………………………………………………………… 80
77. 花两性：
78. 托叶膜质，鞘状；瘦果 ………………………………………………… 44. **蓼科** Polygonaceae
78. 托叶不为膜质鞘状，或无托叶：
79. 叶对生，三角状或圆柱状；胞果为宿存翅状花萼所包 ……………………………… ……………………………………………………………… **藜科** Chenopodiaceae（梭梭属）
79. 叶互生，具齿；翅果 ……………………………………………… 35. **榆科** Ulmaceae（榆属）
80. 三小叶或羽状复叶；柱头3裂；核果 ………………………… 104. **漆树科** Anacardiaceae
80. 单叶；柱头2裂：
81. 体内含乳汁；雄蕊4 ……………………………………………………… 36. **桑科** Moraceae
81. 体内无乳汁；叶排成2列 ……………………………………………… 35. **榆科** Ulmaceae
82. 雄蕊4 ………………………………………………………………………………………… 84
82. 雄蕊5～10：
83. 雄蕊5～10；瘦果；聚伞花序常具彩色总苞…………………… 43. **紫茉莉科** Nyctaginaceae
83. 雄蕊8，成2列着生于花被管上；浆果或核果 ……………… 81. **瑞香科** Thymelaeaceae
84. 叶一至二回羽状深裂；蒴果木质 …………… 78. **山龙眼科** Proteaceae（银桦属）
84. 单叶，全缘，被盾状鳞片；果核果状 ………………………… 77. **胡颓子科** Elaeagnaceae
85. 单叶，有托叶；体内含乳汁 ……………………………………………… 36. **桑科** Moraceae
85. 羽状复叶，无托叶，体内无乳汁 …………………………………… 38. **胡桃科** Juglandaceae

86. 花瓣合生 …… 240
86. 花瓣离生：
87. 单心皮雌蕊或合生心皮雌蕊 …… 107
87. 离生心皮雌蕊或仅心皮靠合，罕单心皮雌蕊具2并生胚珠：
88. 花单性或杂性 …… 98
88. 花两性：
89. 花托不中空 …… 91
89. 花托中空，离生心皮着生于花托内壁；聚合瘦果：
90. 单叶对生，全绿；枝无刺 …… 18. **蜡梅科** Calycanthaceae
90. 羽状复叶，罕单叶，有齿；托叶与叶柄合生；枝具皮刺 …… 73. **蔷薇科** Rosaceae
91. 雄蕊10；聚合瘦果，为肉质花被所包；单叶对生或轮生 …… 106. **马桑科** Coriariaceae
91. 雄蕊多数：
92. 花萼5（4～8）；花丝较长 …… 95
92. 萼片和花瓣3至多轮，每轮3数；花丝甚短：
93. 离生心皮轮状排列；聚合蓇葖果星形 …… 20. **八角科** Illiciaceae
93. 离生心皮螺旋状着生：
94. 小枝具环状托叶痕；聚合蓇葖果或具翅坚果 …… 16. **木兰科** Magnoliaceae
94. 无托叶；聚合浆果 …… 17. **番荔枝科** Annonaceae
95. 花萼合生；雄蕊和花瓣着生在萼筒上 …… 73. **蔷薇科** Rosaceae
95. 萼片离生；雄蕊和花瓣着生在花托上：
96. 萼片花瓣状；聚合瘦果，具羽毛状宿存花柱；叶对生 ……
…… 22. **毛茛科** Ranunculaceae
96. 萼片不为花瓣状；聚合蓇葖果；叶互生：
97. 叶深裂或成二回三出复叶 …… 47. **芍药科** Paeoniaceae
97. 叶不裂，羽状脉，侧脉多而平行 …… 46. **五桠果科** Dilleniaceae
98. 头状花序；叶掌状裂，叶柄下芽 …… 31. **悬铃木科** Platanaceae
98. 非头状花序：
99. 离生心皮2～10 …… 103
99. 离生心皮多数：
100. 雄蕊多数，一部或全部合生成肉质球状体；藤本；
单叶互生 …… 21. **五味子科** Schisandraceae
100. 花丝分离：
101. 雄蕊6；藤本，3小叶 …… 24. **大血藤科** Sargentodoxaceae
101. 雄蕊多数：
102. 叶对生，无托叶；枝无刺 …… 22. **毛茛科** Ranunculaceae
102. 叶互生，有托叶；枝有皮刺 …… 73. **蔷薇科** Rosaceae
103. 花部4～5基数 …… 105
103. 花部3基数；藤本：
104. 掌状复叶，常绿性 …… 25. **木通科** Lardizabalaceae
104. 单叶，有时掌状裂，罕3小叶 …… 26. **防己科** Menispermaceae
105. 雄蕊10；无花盘；单叶对生或轮生 …… 106. **马桑科** Coriariaceae
105. 雄蕊3～8；有花盘：
106. 叶具透明油腺点 …… 108. **芸香科** Rutaceae
106. 叶无透明油腺点 …… 105. **苦木科** Simaroubaceae
107. 子房下位或半下位 …… 213
107. 子房上位：

108. 子房1室 …………………………………………………………………… 188
108. 子房2至多室：
109. 花丝合生成单体 ………………………………………………………… 176
109. 花丝离生，或仅基部合生，或合生成束：
110. 雄蕊少数，罕至15 ……………………………………………………… 129
110. 雄蕊多数：
111. 花药1室；花大，萼肉质；蒴果，内有棉毛；大乔木 …… 55. **木棉科** Bombacaceae
111. 花药2室，罕3～4室：
112. 花药孔裂，罕短纵裂 …………………………………………………… 126
112. 花药纵裂：
113. 子房2～8室 ……………………………………………………………… 117
113. 子房10至多室：
114. 花单性或杂性 …………………………………………………………… 116
114. 花两性：
115. 子房每室胚珠1；萼片5，有颜色，宿存，花瓣5～10；单叶互生 ………………………………………………………………… 48. **金莲木科** Ochnaceae
115. 子房每室胚珠多数；花瓣5；单小叶互生，具透明油腺点；柑果……………………………………… 108. **芸香科** Rutaceae
116. 子房每室胚珠1；单叶对生，具透明油腺点……………… 51. **藤黄科** Clusiaceae
116. 子房每室胚珠多数；单叶互生；藤木 ……………… 43 **猕猴桃科** Actinidiaceae
117. 花单性或杂性 …………………………………………………………… 123
117. 花两性：
118. 叶对生；花瓣有皱折；蒴果 ………………………… 80. **千屈菜科** Lythraceae
118. 叶互生：
119. 无花盘 …………………………………………………………………… 121
119. 有花盘，花丝分离：
120. 叶具透明油腺点，无托叶 ………………………… 108. **芸香科** Rutaceae
120. 叶无透明油腺点，有托叶 ………………………… 48. **金莲木科** Ochnaceae
121. 雄蕊和花瓣着生在萼筒上；羽状复叶 ………………… 73. **蔷薇科** Rosaceae
121. 雄蕊和花瓣下位着生；单叶：
122. 花萼镊合状排列；有托叶 ………………………………… 53. **椴树科** Tiliaceae
122. 花萼覆瓦状排列；无托叶 ………………………………… 49. **山茶科** Theaceae
123. 花单性，子房3室；蒴果；体内含乳汁 ……………… 92. **大戟科** Euphorbiaceae
123. 花杂性：
124. 叶对生，具透明腺点；花萼4，花瓣4 ……………… 51. **藤黄科** Clusiaceae
124. 叶互生：
125. 子房5室；蒴果；乔木 ……………………… 53. **椴树科** Tiliaceae（蚬木属）
125. 子房多室；浆果；藤木 ……………………… 50. **猕猴桃科** Actinidiaceae
126. 子房多室；多杂性或单性异株；浆果；藤木 …… 50. **猕猴桃科** Actinidiaceae
126. 子房2至多室：
127. 花单生或近枝端簇生 ……………………………………… 49. **山茶科** Theaceae
127. 聚伞、总状或圆锥花序：
128. 有花盘；花瓣端常撕裂状或全缘 ……………… 52. **杜英科** Elaeocarpaceae
128. 无花盘；常有星状毛 …………………………………… 53. **椴树科** Tiliaceae
129. 子房2～3室 ……………………………………………………………… 145
129. 子房4～8室：

130. 花两侧对称，花丝有毛；总状花序；蒴果木质；羽状复叶 …………………………………………………… 99. **伯乐树科** Bretchneideraceae
130. 花辐射对称，罕稍两侧对称；花丝无毛：
131. 花药1室；花大，萼肉质；蒴果，内具棉毛；大乔木 ……… 55. **木棉科** Bombaceae
131. 花药2室：
132. 花药孔裂；雄蕊8～10 ………………………………………………… 144
132. 花药纵裂：
133. 有花盘 ………………………………………………………………… 139
133. 无花盘：
134. 花丝基部合生；雄蕊10或5 ……………………………………………… 138
134. 花丝离生：
135. 叶对生；蒴果 ………………………………………………… 80. **千屈菜科** Lythraceae
135. 叶互生：
136. 花两性，花萼4，花瓣4，雄蕊8；浆果 ……………… **旌节花科** Stachyuraceae
136. 花单性或杂性：
137. 雄蕊10或5；浆果；体内有乳汁 ………………………… 60. **番木瓜科** Caricaceae
137. 雄蕊4；核果 ………………………………………………… 90. **冬青科** Aquifoliaceae
138. 羽状复叶；浆果具3～5棱 ……………… 109. **酢浆草科** Oxalidaceae（阳桃属）
138. 单叶；蒴果 ……………………………………………………… 96. **亚麻科** Linaceae
139. 叶具透明油腺点；浆果或核果………………………………… 108. **芸香科** Rutaceae
139. 叶无透明油腺点：
140. 子房2～5深裂，罕不裂；羽状复叶 …………… 105. **苦木科** Simaroubaceae
140. 子房不裂：
141. 子房每室1胚珠；雄蕊10；核果 ………………………… 104. **漆树科** Anacardiaceae
141. 子房每室2至多数胚珠：
142. 雄蕊8～10；核果；羽状复叶 ………………………… 103. **橄榄科** Burseraceae
142. 雄蕊5，或4～6：
143. 子房每室2胚珠；种子具假种皮；单叶 ………………… 89. **卫矛科** Celastraceae
143. 子房每室8～12胚珠；蒴果，种子有翅；羽状复叶 ………… 107. **楝科** Meliaceae
144. 叶互生；藤本；浆果 ……………………………… 50. **猕猴桃科** Actinidiaceae
144. 叶对生，具3～5（9）主脉 ………………………… 84. **野牡丹科** Melastomataceae
145. 子房2室 ……………………………………………………………… 168
145. 子房3室：
146. 花两侧对称；蒴果 …………………………………………………… 166
146. 花辐射对称：
147. 花单性或杂性 ………………………………………………………… 158
147. 花两性：
148. 雄蕊4～5 …………………………………………………………… 153
148. 雄蕊6～15：
149. 叶互生 ……………………………………………………………… 151
149. 叶对生或近对生：
150. 子房每室1胚珠，雄蕊10；花瓣5，端有齿裂或撕裂状 …………………………………………………… 97. **金虎尾科** Malpighiaceae
150. 子房每室多数胚珠，花萼裂片间有附属体；蒴果 …… 80. **千屈菜科** Lythraceae
151. 叶具透明油腺点………………………………………… 108. **芸香科** Rutaceae
151. 叶无透明油腺点：

152. 核果；羽状复叶 ………………………………… 103. **橄榄科** Burseraceae
152. 蒴果；单叶 ………………………………………… **山柳科** Clethraceae
153. 有花盘 ……………………………………………………………… 155
153. 无花盘：
154. 花丝基部合生，发育雄蕊 5，退化雄蕊 5 ……………… 96. **亚麻科** Linaceae
154. 花丝离生；种子具假种皮………………………… 70. **海桐科** Pittosporaceae
155. 子房每室多数胚珠；叶对生 ……………………… 98. **省沽油科** Staphyleaceae
155. 子房每室 1～2 胚珠：
156. 叶具透明油腺点；无托叶 …………………………… 108. **芸香科** Rutaceae
156. 叶无透明油腺点；有托叶：
157. 雄蕊（4～5）与花瓣互生；种子具假种皮………………… 89. **卫矛科** Celastraceae
157. 雄蕊（4～5）与花瓣对生………………………………… 93. **鼠李科** Rhamnaceae
158. 雄蕊 2～5（6）；每室 1～2 胚 ……………………………………… 162
158. 雄蕊 6～10（15）：
159. 体内常含乳汁；多为单叶 ……………………………… 92. **大戟科** Euphobiaceae
159. 体内无乳汁；羽状复叶：
160. 花盘 10 裂：翅果 ……………………………… 105. **苦木科** Simaroubaceae
160. 花盘环状、杯状或 5 裂：
161. 雄蕊 6（—10）；花瓣 3～5；核果 ……………………… 103. **橄榄科** Burseraceae
161. 雄蕊 8～10；花瓣 5；蒴果或核果状 ……………………… 100. **无患子科** Sapindaceae
162. 无花盘，雄蕊 4；核果 …………………………………… 90. **冬青科** Aquifoliaceae
162. 有花盘：
163. 花盘腺体状；雄花簇生，雌花单生；蒴果 ……………… 91. **大戟科** Euphorbiaceae
163. 花盘环状或盘状：
164. 叶具透明油腺点；圆锥花序，小核果 ………… 108. **芸香科** Rutaceae（茵芋属）
164. 叶无透明油腺点：
165. 蒴果，种子具假种皮……………………………………… 89. **卫矛科** Celastraceae
165. 核果……………………………………………………… 93. **鼠李科** Rhamnaceae
166. 无花盘；花药孔裂；蒴果木质；羽状复叶互生 ……………………………………………………… 99. **伯乐树科** Bretschneideraceae
166. 有花盘；花药纵裂：
167. 叶对生，掌状复叶 ……………………………… 101. **七叶树科** Hippocastanaceae
167. 叶互生，羽状复叶 ………………………………… 100. **无患子科** Sapindaceae
168. 花单性或杂性 ……………………………………………………………… 182
168. 花两性：
169. 有花盘 ……………………………………………………………………… 173
169. 无花盘：
170. 雄蕊 2，花瓣 4 ……………………………………… 120. **木犀科** Oleaceae
170. 雄蕊 4～12，罕多数：
171. 叶互生；种子有假种皮 ………………………………… 70. **海桐科** Pittosporaceae
171. 叶对生：
172. 蒴果 ……………………………………………………… 80. **千屈菜科** Lythraceae
172. 翅果 ……………………………………………………… 102. **槭树科** Aceraceae
173. 羽状复叶；核果 ………………………………………… 103. **橄榄科** Burseraceae
173. 单叶或掌状复叶：
174. 有卷须；藤本 ……………………………………………… 95. **葡萄科** Vitaceae

174. 无卷须：
175. 子房每室1胚珠；核果或蒴果……………………………… 93. **鼠李科** Rhamnaceae
175. 子房每室2胚珠；蒴果，种子具假种皮……………………… 89. **卫矛科** Celastraceae
176. 有花盘 ……………………………………………………………………… 178
176. 无花盘；叶对生：
177. 雄蕊8（4～10）；翅果 ……………………………………… 102. **槭树科** Aceraceae
177. 雄蕊2（3～4）；核果 ……………………………………… 120. **木犀科** Oleaceae
178. 有托叶；雄蕊4～5 ………………………………………………………… 181
178. 无托叶；雄蕊6或8，罕4或10：
179. 叶对生；翅果 ……………………………………………… 102. **槭树科** Aceraceae
179. 叶互生，羽状复叶：
180. 子房每室2胚珠；奇数羽状复叶 ………………………… 103. **橄榄科** Burseraceae
180. 子房每室1胚珠；偶数羽状复叶 ……………………… 100. **无患子科** Sapindaceae
181. 蒴果，种子常具假种皮……………………………………… 89. **卫矛科** Celastraceae
181. 核果…………………………………………………………… 93. **鼠李科** Rhamnaceae
182. 花两性 ……………………………………………………………………… 184
182. 花单性或杂性：
183. 叶对生，侧脉细密；花萼4，花瓣4；浆果 ………………… 51. **藤黄科** Clusiaceae
183. 叶互生 ……………………………………………………………………… 187
184. 花药1室；花大，花萼肉质；蒴果，内生棉毛；乔木，掌状复叶 ………………
……………………………………………………………… 55. **木棉科** Bombaceae
184. 花药2室，或因花丝分裂而成1室：
185. 花常具副萼或小苞片；蒴果 ……………………………… 56. **锦葵科** Malvaceae
185. 花通常无副萼，花药2室：
186. 单叶或掌状复叶 ………………………………………… 54. **梧桐科** Sterculiaceae
186. 羽状复叶 ……………………………………………………… 107. **楝科** Meliaceae
187. 花单性；体内含乳汁……………………………………… 92. **大戟科** Euphorbiaceae
187. 花杂性；体内无乳汁 ………………………………………… 107. **楝科** Meliaceae
188. 花两侧对称，雄蕊常为10；荚果 …………………………………………… 212
188. 花辐射对称：
189. 花单性或杂性 ……………………………………………………………… 205
189. 花两性：
190. 花药纵裂；花部4～5基数 ………………………………………………… 192
190. 花药瓣裂；花被片3枚1轮，2至多轮：
191. 雄蕊3～4轮，每轮3枚；体内含芳香油 ……………………… 19. **樟科** Lauraceae
191. 雄蕊6，与花瓣对生 ……………………………………… 23. **小檗科** Berberidaceae
192. 雄蕊4～10 ………………………………………………………………… 198
192. 雄蕊多数：
193. 花丝离生 …………………………………………………………………… 195
193. 花丝合生：
194. 花丝合生成管状；荚果旋卷；二回羽状复叶 ……………………………
……………………………………………… 74. **含羞草科** Mimosaceae（猴耳环属）
194. 花丝合生成3～5束，并与花瓣对生；蒴果；单叶对生或轮生 ………………
……………………………………………………… 51. **藤黄科** Clusiaceae（金丝桃属）
195. 花瓣、雄蕊着生在萼筒上；核果；单叶互生，有托叶 ……………………………
…………………………………………………………… 73. **蔷薇科** Rosaceae（李亚科）

195. 雄蕊着生于子房基部：
196. 单心皮雌蕊；荚果；羽状复叶………………………… 74. **含羞草科** Mimosaceae
196. 雌蕊由 2 个以上心皮构成：
197. 侧膜胎座 2；蒴果被软刺，种皮红色 ………………………… 58. **胭脂树科** Bixaceae
197. 侧膜胎座 3～5；叶排成 2 列……………………………… 57. **大风子科** Flacourtiaceae
198. 侧膜或特立中央胎座；果不为荚果 ……………………………………………… 200
198. 边缘胎座；荚果：
199. 花瓣大，多为覆瓦状排列 ………………………………… 75. **苏木科** Caesalpiniaceae
199. 花瓣小，多为镊合状排列 ………………………………… 74. **含羞草科** Mimosaceae
200. 花瓣、雄蕊着生在萼筒上；核果 ……………… 73. **蔷薇科** Rosaceae（李亚科）
200. 雄蕊着生在花托上：
201. 二至三回羽状复叶 …………………………… 23. **小檗科** Berberidaceae（南天竹属）
201. 单叶，互生：
202. 叶细小，鳞片状 ……………………………………………… 59. **柽柳科** Tamaricaceae
202. 叶不为鳞片状：
203. 雄蕊 5；蒴果，种子具假种皮 ……………………………… 70. **海桐科** Pittosporaceae
203. 雄蕊 8 或 10：
204. 雄蕊 8，花具 2 小苞片 …………………………………… **旌节花科** Stachyuraceae
204. 雄蕊 10；浆果；体内含乳汁 ……………………………… 60. **番木瓜科** Caricaceae
205. 花丝离生，或仅基部合生 …………………………………………………………… 207
205. 花丝合生：
206. 雄蕊合生成壶状；羽状复叶或 3 小叶 ………………………… 107. **楝科** Meliaceae
206. 雄蕊合生成管状；荚果旋卷；二回羽状复叶………… 74. **含羞草科** Mimosaceae
207. 子房具 1～2 胚珠 …………………………………………………………………… 210
207. 子房具多数胚珠；浆果：
208. 体内含乳汁；叶掌状深裂；浆果 ……………………… 60. **番木瓜科** Caricaceae
208. 体内无乳汁：
209. 花单性异株，花萼 5，花瓣 5 ……………………………… 57. **大风子科** Flacourtiaceae
209. 花杂性，花萼 4，花瓣 4，雄蕊多数，子房有长柄 ……………………………………
…………………………………………………………… 62. **白花菜科** Capparidaceae（鱼木属）
210. 花药瓣裂；体内含芳香油 ……………………………………… 19. **樟科** Lauraceae
210. 花药纵裂：
211. 雄蕊 1～10，花柱侧生；圆锥花序 ……………………… 104. **漆树科** Anacardiaceae
211. 雄蕊多数；叶对生，侧脉细密，具透明油腺点 … 51. **藤黄科** Clusiaceae（红厚壳属）
212. 花多少两侧对称，近轴（上方）的花瓣在里面，雄蕊离生……………………
…………………………………………………………… 75. **苏木科** Caesalpiniaceae
212. 蝶形花冠，旗瓣在外面；雄蕊常合生成 1～2 束 ……… 76. **蝶形花科** Fabaceae
213. 雄蕊少数，罕至 15 ……………………………………………………………… 222
213. 雄蕊多数：
214. 叶对生 …………………………………………………………………………… 218
214. 叶互生：
215. 无花盘，雄蕊着生于花冠上 ………………………………… 89. **山矾科** Symplocaceae
215. 有花盘：
216. 有托叶；梨果 ………………………………… 73. **蔷薇科** Rosaceae（苹果亚科）
216. 无托叶：
217. 子房 1～2 室，每室 1 胚珠；花丝离生；花瓣条形，常外卷；

核果 ························ 86. **八角枫科** Alangiaceae

217. 子房 2～4 室，每室多数胚珠；花丝基部常合生；蒴果；体内含芳香油 ························ 82. **桃金娘科** Myrtaceae

218. 花萼厚革质；浆果，种子具肉质假种皮 ························ 83. **石榴科** Punicaceae

218. 花萼不为厚革质：

219. 无花盘；蒴果，种子小而多 ························ 71. **八仙花科** Hydrangeaceae

219. 有花盘：

220. 子房每室 2 胚珠；小枝节部肿胀 ························ **红树科** Rhizophoraceae

220. 子房每室多胚珠：

221. 子房下位，1～5 室；浆果；叶之侧脉细密 ························ 82. **桃金娘科** Myrtaceae

221. 子房 1/2～1/3 下位，4 至多室 ························ 79. **海桑科** Sonneratiaceae

222. 雄蕊 2～5 ························ 231

222. 雄蕊 6～10（20）：

223. 子房 1 室 ························ 228

223. 子房 2～10 室：

224. 叶互生 ························ 226

224. 叶对生：

225. 有花盘；果革质，不裂；小枝节部肿胀 ························ **红树科** Rhizophoraceae

225. 无花盘 ························ 227

226. 核果，花瓣条形，常外卷； ························ 86. **八角枫科** Alangiaceae

226. 蒴果 ························ 67. **野茉莉科** Styraceae

227. 花药孔裂，罕纵裂；叶具 3～9 主脉 ························ 84. **野牡丹科** Melastomataceae

227. 花药纵裂；蒴果 ························ 71. **八仙花科** Hydrangeaceae

228. 子房每室 1 胚珠；叶互生 ························ 230

228. 子房每室胚珠 2 至多数：

229. 子房半下位，胚珠多数，雄蕊 4～12（与花瓣对生），叶互生 ························ 57. **大风子科** Flacourtiaceae（天料木属）

229. 子房下位，胚珠 2～12；叶对生；果常有翅 ························ 85. **使君子科** Combretaceae

230. 聚伞花序；花瓣条形，常外卷 ························ 86. **八角枫科** Alangiaceae

230. 头状、总状或伞形花序；核果或翅果状 ························ 87. **蓝果树科** Nyssaceae

231. 子房 1 室 ························ 238

231. 子房 2～10 室：

232. 花药孔裂，罕纵裂；叶对生，3～9 主脉 ························ 84. **野牡丹科** Melastomataceae

232. 花药纵裂：

233. 伞形花序，常再集成复花序；核果 ························ 110. **五加科** Araliaceae

233. 非伞形花序，罕是伞形花序（着生于叶面）：

234. 子房半下 ························ 237

234. 子房下位；每室 1 胚珠：

235. 花萼 4 裂；伞形花序生于叶面中脉上 ························ 88. **山茱萸科** Cornaceae（青荚叶属）

235. 花萼 5 裂，花瓣 5：

236. 雄蕊 5；叶柄基部鞘状 ························ 88. **山茱萸科** Cornaceae（鞘柄木属）

236. 雄蕊 5～12；叶柄基部不为鞘状 ························ 87. **蓝果树科** Nyssaceae

237. 无花盘；蒴果 ························ 32. **金缕梅科** Hamameliaceae

237. 有花盘；蒴果或核果 ························ 93. **鼠李科** Rhamnaceae

238. 胚珠多数；浆果；叶互生或簇生，常掌状裂 ························ 72. **茶藨子科** Grossulariaceae

238. 胚珠 1；雄蕊着生于花托上：

239. 头状或聚伞花序 ………………………………………………… 87. **蓝果树科** Nyssaceae
239. 圆锥花序；浆果或核果……………………………………… 88. **山茱萸科** Cornaceae
240. 不具下列综合性状 …………………………………………………………………… 242
240. 蓇葖果双生，种子常具丝毛；雄蕊5，着生于花冠筒上；体内含乳汁：
241. 花粉不形成花粉块；花盘环状、杯状，或为分离腺体 … 111. **夹竹桃科** Apocynaceae
241. 花粉在药室内成块；无花盘 ……………………………… 113. **萝藦科** Asclepiadaceae
242. 花丝离生，或仅基部合生 ……………………………………………………… 248
242. 花丝合生成管状，或在基部合生：
243. 雄蕊5，花丝合生成管状；浆果 ………………………… 94. **火筒树科** Leeaceae
243. 雄蕊8至多数：
244. 雄蕊8～12（16） ……………………………………………………………… 247
244. 雄蕊多数：
245. 二回羽状复叶；荚果 ……………………………………… 74. **含羞草科** Mimosaceae
245. 单叶：
246. 花常具副萼或小苞片；花丝合生成柱状；有托叶 ……… 56. **锦葵科** Malvaceae
246. 花无副萼；无托叶 ………………………………………………… 49. **山茶科** Theaceae
247. 花单性；雌花无花瓣，子房2～4室；蒴果 ………… 92. **大戟科** Euphorbiaceae
247. 花两性；花丝基部合生，着生于花冠筒上 ………………… 67. **野茉莉科** Styracaceae
248. 子房下位、半下位 …………………………………………………………………… 286
248. 子房上位：
249. 雄蕊少数，罕至15 ………………………………………………………………………… 251
249. 雄蕊多数：
250. 子房1室；荚果；羽状复叶……………………………… 74. **含羞草科** Mimosaceae
250. 子房2～10室；单叶 ……………………………………………… 49. **山茶科** Theaceae
251. 子房1室 …………………………………………………………………………………… 282
251. 子房2至多室：
252. 花单性或杂性 ……………………………………………………………………………… 276
252. 花两性：
253. 雄蕊2～5 ……………………………………………………………………………………… 256
253. 雄蕊6～10（15），着生于花冠筒上：
254. 雄蕊6或12，浆果 ………………………………………………… 65. **山榄科** Sapotaceae
254. 雄蕊10；胚珠多数：
255. 花药纵裂；浆果；体内含乳汁 ………………………………… 60. **番木瓜科** Caricaceae
255. 花药孔裂；蒴果 ………………………………………………… 64. **杜鹃花科** Ericaceae
256. 花药纵裂 ……………………………………………………………………………………… 258
256. 花药孔裂，罕短纵裂；子房每室具多数胚珠：
257. 雄蕊5～10；蒴果 ………………………………………………… 64. **杜鹃花科** Ericaceae
257. 雄蕊5，着生于花冠筒上；浆果 ………………………………… 114. **茄科** Solanaceae
258. 雄蕊4～5 ……………………………………………………………………………………… 260
258. 雄蕊2；子房2室：
259. 花辐射对称；子房每室1～2胚珠 …………………………… 120. **木犀科** Oleaceae
259. 花冠二唇形；子房每室多数胚珠；蒴果细长，种子有毛 …… 123. **紫葳科** Bignoniaceae
260. 雄蕊下位；藤本，有卷须；浆果 ……………………………… 95. **葡萄科** Vitaceae
260. 雄蕊着生于花冠筒上：
261. 花两侧对称 …………………………………………………………………………………… 269
261. 花辐射对称：

262. 子房每室 1～2（4）胚珠 …………………………………………………………………… 266
262. 子房每室多数胚珠：
263. 叶互生；雄蕊 5；浆果 …………………………………………………… 114. **茄科** Solanaceae
263. 叶对生（罕互生）：
264. 羽状复叶；花冠 5 裂，雄蕊 4（5）；蒴果，种子有翅 ……………………………
……………………………………………………………………………… 123. **紫葳科** Bignoniaceae
264. 单叶：
265. 灌木；花冠 4 裂，雄蕊 4；蒴果 …………………………… 119. **醉鱼草科** Buddleiaceae
265. 藤木；花冠 4～5 裂，雄蕊 4～5；浆果 ……………………… 111. **马钱科** Strychnaceae
266. 叶对生，大形；核果 ………………………………………… 117. **马鞭草科** Verbenaceae
266. 叶互生，罕对生：
267. 花具总苞，花冠裂片折扇状旋转排列；蒴果；多为藤本 … 115. **旋花科** Convolvulaceae
267. 花无总苞，花冠裂片覆瓦状排列，罕旋转排列：
268. 浆果；花萼 4～8 裂………………………………………………… 65. **山榄科** Sapotaceae
268. 核果；花萼 5 裂，宿存…………………………………………… 116. **紫草科** Boraginaceae
269. 雄蕊 4（2 强），有时为 2 …………………………………………………………………… 272
269. 雄蕊 5，花稍两侧对称：
270. 二至四回羽状复叶；蒴果 ……………… 123. **紫葳科** Bignoniaceae（木蝴蝶属）
270. 单叶：
271. 子房 1 室或不完全 2～3 室，每室数胚珠；浆果 ……………………………………
…………………………………………………………… 111. **马钱科** Strychnaceae（灰莉属）
271. 子房 4 室，每室 1 胚珠；核果，包于增大花萼内 ……………………………………
………………………………………………………… 117. **马鞭草科** Verbenaceae（柚木属）
272. 胚珠 2 至多数 ……………………………………………………………………………… 274
272. 子房每室 1 胚珠：
273. 子房不裂或稍 4 裂，花柱在顶端；核果，常分裂为几个小果 ……………………………
……………………………………………………………………………… 117. **马鞭草科** Verbenaceae
273. 子房 4 深裂，花柱基生或近基生；4 小坚果 ………………… 118. **唇形科** Lamiaceae
274. 胚珠 2 至几个；蒴果弹裂，罕不裂 ……………………… 122. **爵床科** Acanthaceae
274. 胚珠多数；种子常有翅：
275. 多为羽状复叶，顶生小叶有时成卷须 ……………………… 123. **紫葳科** Bignoniaceae
275. 单叶；中轴胎座 ………………………………………… 121. **玄参科** Scrophulariaceae
276. 羽状复叶 …………………………………………………………………………………… 278
276. 单叶：
277. 雄蕊 6～10；子房 3 室；蒴果；叶互生………………………… 100. **无患子科** Sapindaceae
277. 雄蕊 2（—4）；子房 2 室；叶常对生 …………………………… 120. **木犀科** Oleaceae
278. 雄蕊 2（—4）；子房 2 室；叶常对生 …………………………… 120. **木犀科** Oleaceae
278. 雄蕊 3 至多数；子房 2～16 室；叶互生：
279. 花瓣 4（5），仅基部稍合生；核果 …………………………… 90. **冬青科** Aquifoliaceae
279. 花冠壶状、管状或漏斗状：
280. 侧膜胎座；雄蕊 10；体内含乳汁 ………………………………… 60. **番木瓜科** Caricaceae
280. 中轴胎座；体内无乳汁：
281. 雄蕊 3 至多数；浆果 …………………………………………………… 66. **柿树科** Ebenaceae
281. 雄蕊 5，着生于花冠筒上 ………………………………………… 116. **紫草科** Boraginaceae
282. 雄蕊 10；浆果；体内含乳汁 ……………………………………… 60. **番木瓜科** Cariaceae
282. 雄蕊 4～6：

283. 花具总苞，花冠裂片折扇状旋转排列，罕覆瓦状；蒴果，种子常有毛；藤本或灌木 ……………………………………………………………… 115. **旋花科** Convolvulaceae
283. 花无总苞，花冠裂片覆瓦状排列，罕旋转排列：
　284. 子房每室1～2胚珠；花萼管状或漏斗状 ……… 45. **白花丹科** Plumbaginaceae
　284. 子房每室多数胚珠，罕少数：
285. 花辐射对称；浆果；叶常互生 …………………………………… 69. **紫金牛科** Myrsinaceae
285. 花两侧对称；蒴果，种子常有翅；叶常对生 ……………… 123. **紫葳科** Bignoniaceae
　286. 子房下位 ……………………………………………………………………………… 292
　286. 子房半下位：
287. 雄蕊4～10（15）；花辐射对称 …………………………………………………… 289
287. 雄蕊多数：
　288. 落叶性；核果 ………………………………………………… 65. **山矾科** Symplocaceae
　288. 常绿性；蒴果；花萼、花冠合生成帽状体，横裂脱落 ………………………………………………………………… 82. **桃金娘科** Myrtaceae（桉属）
289. 雄蕊10（—15），花丝下部合生，着生于花冠筒上 ………… 67. **野茉莉科** Styraceae
289. 雄蕊4～5：
　290. 子房2～3室，埋藏于花盘内；花瓣5，靠合成帽状 …… 93. **鼠李科** Rhamnaceae
　290. 子房1室：
291. 胚珠1；花药合生；瘦果 ………………………………………… 126. **菊科** Asteraceae
291. 胚珠多数；花冠5裂，雄蕊与花冠裂片对生 …… 69. **紫金牛科** Myrsinaceae（杜茎山属）
　292. 子房1室 ……………………………………………………………………………… 300
　292. 子房2至多室：
293. 叶互生 ……………………………………………………………………………………… 296
293. 叶对生：
　294. 托叶生于叶柄内或叶柄间 ………………………………… 124. **茜草科** Rubiaceae
　294. 无托叶，或托叶甚小：
295. 雄蕊多数；叶具透明油腺点 ………………………………… 82. **桃金娘科** Myrtaceae
295. 雄蕊4～5 ……………………………………………………… 125. **忍冬科** Caprifoliaceae
　296. 雄蕊8～10 …………………………………………………………………………… 299
　296. 雄蕊多数
297. 穗状、总状或圆锥花序；花瓣5～10深裂；核果 ………… 68. **山矾科** Symplocaceae
297. 伞形或头状花序：
　298. 子房每室1胚珠；核果 ………………………………………… 110. **五加科** Araliaceae
　298. 子房每室多数胚珠；蒴果；体内富含芳香油 ………… 82. **桃金娘科** Mytraceae
299. 花药纵裂，花丝基部合生 ……………………………………… 67. **野茉莉科** Styraceae
299. 花药常孔裂；浆果 ……………………………………………… 64. **杜鹃花科** Ericaceae
　300. 叶互生；头状花序；花药合生；瘦果 ……………………… 126. **菊科** Asteraceae
　300. 叶对生或轮生：
301. 花冠4～5裂，雄蕊5；核果扁 ………………………… 125. **忍冬科** Caprifoliaceae
301. 花冠5～10裂，雄蕊5～10；萼管有棱脊 ………………… 124. **茜草科** Rubiaceae
　302. 茎有节，常中空；叶狭长，纵向平行脉；花被退化，雄蕊3或6，花柱羽毛状；颖果 ………………………………………………………… 129. **禾本科** Poaceae
　302. 茎实心，节不明显 ……………………………………………………………………… 303
303. 木本植物 …………………………………………………………………………………… 305
303. 多年生草本植物：
　304. 叶狭长，肉质，基生；花被片6，雄蕊6（无退化者）；总状或圆锥花序 ………………………………………………………………………… **龙舌兰科** Agavaceae

304. 叶大型，中脉粗壮，螺旋状排列；雄蕊 6，其中 1 枚退化；
浆果长形 ………………………………………………………… 131. **芭蕉科** Musaceae

305. 花被不完全发育或无，雄蕊多数，子房 1 室；叶条状披针形，集生于枝端 …………
……………………………………………………………… 128. **露兜树科** Pandanaceae

305. 花被片 6（罕 3），雄蕊 6（罕 3），子房通常 3 室：

306. 藤木，茎具皮刺；托叶变成卷须；伞形花序，浆果 ………… **菝葜科** Simlaceae

306. 乔木，灌木，罕藤木；无托叶变成卷须：

307. 花两侧对称，雄蕊 6，其中有 1 枚退化；叶大型，在茎上排成 2 列；
蒴果 ………………………………………………………… 129. **旅人蕉科** Strelitziaceae

307. 花辐射对称，罕稍两侧对称；雄蕊 6，无退化雄蕊：

308. 叶退化成干膜质小鳞片，从其腋间发出叶状枝，中脉生花 ………………………
…………………………………………………… 132. **百合科** Liliaceae（假叶树属）

308. 叶正常，常集生茎端或基部：

309. 花大或较大，成顶生总状或圆锥花序；叶窄长 ………………… 132. **百合科** Liliaceae

309. 花小：

310. 花被片不为干膜片状，肉质圆锥或复穗状花序，常具佛焰苞；叶大型，常掌状裂或羽状复叶状 …………………………………………… 127. **棕榈科** Arecaceae

310. 花被片小，干膜片状；细长穗状花序，无佛焰苞；叶细长线形，
集生茎端 ………………………………… 133. **禾木胶科** Xanthorrhoeaceae

（二）树木中文名索引（按汉语拼音顺序）

C

D

E

F

G

J

M

Q

R

S

X

Y

Z

（三）拉丁文科属名索引

D

E

F

G

H

I

J

Q

R

S

T

U

V

W

X

Y

Z

后　记

本书的前身《园林树木1200种》于2005年3月出版前，国内树木方面的重要文献《中国树木志》第四卷和《中国高等植物》（共13卷）的好几卷还没有问世，这对本书的编著者来说多少是一种遗憾。但不久它们就陆续出版了，而且涌现出大量图文并茂的园林树木方面的图书和文献，这使我产生对原书进行增补和充实的意愿。经过几年的准备和努力，于是就完成了今日的新书《园林树木1600种》。

本书是于去年10月交稿的，年底我收到已排印出的书稿。当我打开厚厚的一大捆书稿后，发现新增的插图质量很差，同时字体、排版格式等都存在一些问题，但更大的问题是书太厚，不便携带。为此我经过反复思考，想出初步解决方案后，就约请出版社的杜洁同志与我一起前往图书排版公司。在那里，很快就解决了新增插图的质量问题。然后我们向排版人员交代排版的一些具体要求，并重点切磋为本书“减肥”的问题。最后决定采用适当缩小插图、缩小行距（由每页36行增至42行）和缩小附录字体等多项措施来达到“减肥”的目标。当我第二次看到改进后的书稿时，全书已由原来的770多页减到不足600页，同时版面也有了很大的改进。这使我感到十分欣慰。

在此新书即将与读者见面之际，我要特别感谢中国建筑工业出版社本书的责任编辑杜洁同志对我的鼓励和大力支持。同时，我也要感谢排版员赵艳欢同志，由于她的悟性、耐心、致细和认真的工作促使本书达到令人满意的效果。

此外，我要感谢我的同事苏雪痕教授。是他于2008年1月为我提供与他及他的研究生们一起赴广州和深圳考察华南园林树木的大好机会。这次南方之行对丰富本书内容及更好选择树种等方面大有帮助。

最后，我要感谢我的恩师陈俊愉院士。是他最初为我的《园林树木900种》审阅书稿，其后又分别为我的《园林树木1000种》和《园林树木1200种》审阅书稿并写序言。这次，陈先生已是94岁高龄，又欣然为本书提词。

张天麟

2010年2月28日